高等教育安全科学与工程类系列教材

安全人机工程学

第 2 版

王保国　王新泉　刘淑艳　霍　然　编著

龙升照　主审

机械工业出版社

本书以安全科学、系统科学和人体科学为核心，强调人、机、环境三大要素之间的相互关联与制约，十分重视基本概念、基本原理、基本方法的阐述，强调内容的科学性、系统性、新颖性。全书共13章，涵盖了以下六大方面的内容：人的特性及其数学模型；机的特性以及人机界面的设计；环境特性以及作业空间的设计；人—机—环境系统的总体性能分析与安全评价计算；安全人机工程学基础理论的应用；人为失误导致的典型事故分析；人—机—环境工程的展望。

本书可作为高等院校理工类安全科学与工程类专业及人机与环境工程等相关专业的本科教材，也可供有关教师、科技人员以及研究生学习参考。目录中标注"＊"的章节，可作为研究生课程的讲授内容，对本科生可不作要求。

为方便教师授课，本书配有相关教学课件，请需要的教师通过 http：//www.cmpedu.com 注册后免费下载使用。

图书在版编目（CIP）数据

安全人机工程学/王保国等编著. —2 版. —北京：机械工业出版社，2016.4（2025.7 重印）
高等教育安全科学与工程类系列教材
ISBN 978-7-111-53516-4

Ⅰ.①安…　Ⅱ.①王…　Ⅲ.①安全工程－人－机系统－高等学校－教材　Ⅳ.①X912.9

中国版本图书馆 CIP 数据核字（2016）第 076328 号

机械工业出版社（北京市百万庄大街 22 号　邮政编码 100037）
策划编辑：冷　彬　责任编辑：冷　彬
责任校对：张　薇　封面设计：张　静
责任印制：张　博
固安县铭成印刷有限公司印刷
2025 年 7 月第 2 版第 10 次印刷
184mm×260mm · 24 印张 · 596 千字
标准书号：ISBN 978-7-111-53516-4
定价：69.90 元

电话服务　　　　　　　　　网络服务
客服电话：010-88361066　机　工　官　网：www.cmpbook.com
　　　　　010-88379833　机　工　官　博：weibo.com/cmp1952
　　　　　010-68326294　金　书　网：www.golden-book.com
封底无防伪标均为盗版　机工教育服务网：www.cmpedu.com

安全科学与工程类专业教材
编审委员会

"安全工程"本科专业是在 1958 年建立的"工业安全技术""工业卫生技术"和 1983 年建立的"矿山通风与安全"本科专业基础上发展起来的。1984 年，国家教委将"安全工程"专业作为试办专业列入普通高等学校本科专业目录之中。1998 年 7 月 6 日，教育部发文颁布《普通高等学校本科专业目录》，"安全工程"本科专业（代号：081002）属于工学门类的"环境与安全类"（代号：0810）学科下的两个专业之一[○]。据"高等学校安全工程学科教学指导委员会"1997 年的调查结果显示，自 1958～1996 年年底，全国各高校累计培养安全工程专业本科生 8130 人。近年，安全工程本科专业得到快速发展，到 2005 年年底，在教育部备案的设有安全工程本科专业的高校已达 75 所，2005 年全国安全工程专业本科招生人数近 3900 名[○]。

按照《普通高等学校本科专业目录》的要求，以及院校招生和专业发展的需要，原来已设有与"安全工程"专业相近但专业名称有所差异的高校，现也大都更名为"安全工程"专业。专业名称统一后的"安全工程"专业，专业覆盖面大大拓宽[○]。同时，随着经济社会发展对安全工程专业人才要求的更新，安全工程专业的内涵也发生了很大变化，相应的专业培养目标、培养要求、主干学科、主要课程、主要实践性教学环节等都有了不同程度的变化，学生毕业后的执业身份是注册安全工程师。但是，安全工程专业的教材建设与专业的发展出现尚不适应的新情况，无法满足和适应高等教育培养人才的需要。为此，组织编写、出版一套新的安全工程专业系列教材已成为众多院校的翘首之盼。

机械工业出版社是有着悠久历史的国家级优秀出版社，在高等学校安全工程学科教学指导委员会的指导和支持下，根据当前安全工程专业教育的发展现状，本着"大安全"的教育思想，进行了大量的调查研究工作，聘请了安全科学与工程领域一批学术造诣深、实践经验丰富的教授、专家，组织成立了"安全工程专业教材编审委员会"（以下简称"编审委"），决定组织编写"高等教育安全工程系列'十一五'教材"[○]。

[○] 此序作于 2006 年 5 月，为便于读者了解本套系列教材的产生与延续，该序将一直被保留和使用，并对其中某些的数据变化加以备注，以反映本套系列教材的可持续性，做到传承有序。

[○] 按《普通高等学校本科专业目录》（2012 版），"安全工程"本科专业（专业代码：082901）属于工学学科的"安全科学与工程类"（专业代码：0829）下的专业。

[○] 这是安全工程本科专业发展过程中的一个历史数据，没有变更为当前数据是考虑到该专业每年的全国招生数量是变数，读者欲加了解，可在具有权威性的相关官方网站查得。

[○] 自 2012 年更名为"高等教育安全科学与工程类系列教材"。

并先后于 2004 年 8 月（衡阳）、2005 年 8 月（葫芦岛）、2005 年 12 月（北京）、2006 年 4 月（福州）组织召开了一系列安全工程专业本科教材建设研讨会，就安全工程专业本科教育的课程体系、课程教学内容、教材建设等问题反复进行了研讨，在总结以往教学改革、教材编写经验的基础上，以推动安全工程专业教学改革和教材建设为宗旨，进行顶层设计，制订总体规划、出版进度和编写原则，计划分期分批出版 30 余门课程的教材，以尽快满足全国众多院校的教学需要。

由安全学原理、安全系统工程、安全人机工程学、安全管理学等课程构成的学科基础平台课程，已被安全科学与工程领域学者认可并达成共识。本套系列教材编写、出版的基本思路是，在学科基础平台上，构建支撑安全工程专业的工程学原理与由关键性的主体技术组成的专业技术平台课程体系，编写、出版系列教材来支撑这个体系。

本系列教材体系设计的原则是，重基本理论，重学科发展，理论联系实际，结合学生现状，体现人才培养要求。为保证教材的编写质量，本着"主编负责，主审把关"的原则，编审委组织专家分别对各门课程教材的编写大纲进行认真仔细的评审。教材初稿完成后又组织同行专家对书稿进行研讨，编者数易其稿，经反复推敲定稿后才最终进入出版流程。

作为一套全新的安全工程专业系列教材，其"新"主要体现在以下几点：

体系新。本套系列教材从"大安全"的专业要求出发，从整体上考虑、构建支撑安全工程学科专业技术平台的课程体系和各门课程的内容安排，按照教学改革方向要求的学时，统一协调与整合，形成一个完整的、各门课程之间有机联系的系列教材体系。

内容新。本系列教材的突出特点是内容体系上的创新。它既注重知识的系统性、完整性，又特别注意各门学科基础平台课之间的关联，更注意后续的各门专业技术课与先修的学科基础平台课的衔接，充分考虑了安全工程学科知识体系的连贯性和各门课程教材间知识点的衔接、交叉和融合问题，努力消除相互关联课程中内容重复的现象，突出安全工程学科的工程学原理与关键性的主体技术，有利于学生的知识和技能的发展，有利于教学改革。

知识新。本套系列教材的主编大多由长期从事安全工程专业本科教学的教授担任，他们一直处于教学和科研的第一线，学术造诣深厚，教学经验丰富。在编写教材时，他们十分重视理论联系实际，注重引入新理论、新知识、新技术、新方法、新材料、新装备、新法规等理论研究、工程技术实践成果和各校教学改革的阶段性成果，充实与更新了知识点，增加了部分学科前沿方面的内容，充分体现了教材的先进性和前瞻性，以适应时代对安全工程高级专业技术人才的培育要求。本系列教材中凡涉及安全生产的法律法规、技术标准、行业规范，全部采用最新颁布的版本。

安全是人类最重要和最基本的需求，是人民生命与健康的基本保障。一切生活、生产活动都源于生命的存在。如果人们失去了生命，一切都无从谈起。全世界平均每天发生约 68.5 万起事故，造成约 2200 人死亡的事实，使我们确认，安全不是别的什么，安全就是生命。安全生产是社会文明和进步的重要标志，是经济社会发展的综合反映，是落实以人为本的科学发展观的重要实践，是构建和谐社会的有力保障，是全面建成小康社会、统筹经济社会全面发展的重要内容，是实施可持续发展战略的组成部分，是各级政府履行市场监管和社会管理职能的基本任务，是企业生存、发展的基本要求。国内外实践证明，安全生产具有全局性、社会性、长期性、复杂性、科学性和规律性的特点，随着社会的不断进步，工业化进程的加快，安全生产工作的内涵发生了重大变化，它突破了时间和空间的限制，存在于人们日常生活和生产活动的全过程中，成为一个复杂多变的社会问题在安全领域的集中反映。安全问题不仅对生命个体非常重要，而且对社会稳定和经济发展产生重要影响。党的十六届五中全会提出"安全发展"的重要战略理念。安全发展是科学发展观理论体系的重要组成部分，安全发展与构建和谐社会有着密切的内在联系，以人为本，首先就是要以人的生命为本。"安全·生命·稳定·发展"是一个良性循环。安全科技工作者在促进、保证这一良性循环中起着重要作用。安全科技人才匮乏是我国安全生产形势严峻的重要原因之一。加快培养安全科技人才也是解开安全难题的钥匙之一。

高等学校安全工程专业是培养现代安全科学技术人才的基地。我深信，本套系列教材的出版，将对我国安全工程本科教育的发展和高级安全工程专业人才的培养起到十分积极的推进作用，同时，也为安全生产领域众多实际工作者提高专业理论水平提供学习资料。当然，由于这是第一套基于专业技术平台课程体系的教材，尽管我们的编审者、出版者夙兴夜寐，尽心竭力，但由于安全学科具有在理论上的综合性与应用上的广泛性相交叉的特性，开办安全工程专业的高等院校所依托的行业类型又涉及军工、航空、化工、石油、矿业、土木、交通、能源、环境、经济等诸多领域，安全科学与工程的应用也涉及人类生产、生活和生存的各个方面，因此，本套系列教材依然会存在这样和那样的缺点、不足，难免挂一漏万，诚恳地希望得到有关专家、学者的关心与支持，希望选用本套系列教材的广大师生在使用过程中给我们多提意见和建议。谨祝本套系列教材在编者、出版者、授课教师和学生的共同努力下，通过教学实践，获得进一步的完善和提高。

"嘤其鸣矣，求其友声"，高等学校安全工程专业正面临着前所未有的发展机遇，在此我们祝愿各个高校的安全工程专业越办越好，办出特色，为我国安全生产战线输送更多的优秀人才。让我们共同努力，为我国安全工程教育事业的发展做出贡献。

中国科学技术协会书记处书记[一]
中国职业安全健康协会副理事长
中国灾害防御协会副会长
亚洲安全工程学会主席
高等学校安全工程学科教学指导委员会副主任
安全科学与工程类专业教材编审委员会主任
北京理工大学教授、博士生导师

冯长根

[一] 曾任中国科学技术协会副主席。

序　二

　　安全人机工程学是一门发展中的新兴学科。随着钱学森先生亲自倡导的人—机—环境系统工程与系统科学的飞速发展，安全人机工程学的发展得到了更大的促进，其内涵也更加丰富了。本书以人、机、环境三大要素所构成的系统为研究对象，以安全、环保、高效、经济为主要评价指标，以控制论、模型论和优化论等基础理论为支撑，深入探讨人、机、环境系统中的最优组合问题，进行了这方面有益的尝试。很显然，这里优化论是人、机、环境系统工程的精髓。当然，它也应该是安全人机工程学的重要内容之一。另外，书中关于人的数学模型、人的热舒适计算、系统的建模与辨识以及系统安全的综合评价等都写得十分准确、精彩，它凝练了几十年来作者们从事这方面科研与教学的精华与心血，同时也展现了本书的重大特色。书中给出的 12 个重大事故案例再次警示了学习这门课程的重要性。全书共 13 章，分别从人的特性、机的特性、环境的特性、人机关系与人环关系以及人—机—环境系统的总体性能与安全评价计算等方面进行了细致的讨论与分析。本书还列举了 612 篇参考文献，这对学有余力的读者的确是一个很好的文献索引。

　　本书的四位作者都是长期活跃在教学与科研第一线的教授。本书的第一作者王保国博士是一位数学、力学功底深厚的教授、博士生导师。1998 年荣获英国剑桥杰出成就奖（Gold Star Award），2000 年荣获美国 Barons Who's Who 颁发的 New Century Global 500 Award 奖项。2007 年荣获"北京市教学名师"荣誉称号以及北京理工大学"师德十大标兵"荣誉称号；同时还荣获"1997～2007 年度全国人—机—环境系统工程研究个人突出贡献奖"。2011 年 10 月 22 日在钱学森先生创建的全国人—机—环境系统工程学术研究 30 周年大会上，他荣获"人—机—环境系统工程研究个人终身成就奖"（全国两名获奖人之一）。他在中国科学院工作过 16 年，在清华大学任教 10 余年，是清华大学优秀的教授与博士生导师，深得同学们的爱戴与欢迎，并两次获清华大学教学优秀奖，荣获国家人事部优秀博士后奖，两次获中国科学院重大成果奖，2003 年作为知名教授受邀到北京理工大学任教，曾先后担任该校 3 个二级学科的学术带头人。曾成功地创建了该校人机与环境工程博士点，并担任该博士点的首任学科带头人。2013 年 1 月起，他还全职担任了中国航空研究院新技术研究所的气动力学高级顾问。王保国教授现任中国人类工效学学会副理事长、人机工程专业委员会主任，中国系统工程学会人—机—环境系统专业委员会副秘书长，中国交通运输协会交通运输安全委员会委员，中国职业安全健康协会安全工程教育委员会委员。另外，他还是北京热物理与能源工程学会理事、北京力学学会专业委员会副主任。他是著名的气体动力学家，在流场模拟、微气候研究与人的热舒适计算、人机可靠性计算以及系统分析等方面有较深的研究。他在科学出版社出版的《高超声速气动热力学》《工程流体力学》（上、下册），在机械工业出版社出版的《流体力学》《计算流体力学典型算法与算例》《安全人机工程学》《传热学》以及在清华大学出版社出版的《人机系统方法学》等16部学术专著与全国规划教材深得学界和高校师生的厚爱。本书的第二作者王新泉教授是安全科学与工程界的知名专家，他是中国建筑学会建筑施工分会副理事长，河南省土木建筑学会副理事长兼秘书长，他还是全国机械安全标准化技术委员会（SAC/TC208）委员、第一届高等学校安全工程学科教学指导委员会委员（1996～2004）、中国职业安全健康协会理事、河南省职业安全健康协会副理事长、河南省安全生产专家组组长、《安全工程师论坛》主编、《安全与环境学报》编委。王新泉教授早年指导的学生多已成为我国安全科学与工程学科带头人、高校知名教授及安全生产监督管理工作者。他在建筑环境特性与控制、职业危害与职业安全健康、人体热舒适性、作业空间设计等方面有较深的研究，著作颇丰。本书的第三作者刘淑艳教授在交通运输以及驾驶行为理论方面有较深的研究并在科学出版社出版过相关专著。本书的第四位作者霍然教授是我国从事火灾爆炸预防与控制方面的知名专家之一，他早年留学英国，出版过多部消防安全方面的著作，在事故分析与安全防护等方面有很深的研究。这四位教授优势互补，密切合作，共同编著了这部概念清晰、体系完整、方法先进、内容丰富、贴近前沿的专业基础课教材，它较好地体现了加强基础、面向前沿、突出思想、关注应用、方便阅读的编写原则。我深信，它的出版将大大丰富安全人机工程学的内涵，为我国安全科学与工程类专业、人机与环境工程类专业、管理科学与工程类及航空航天类专业的本科生与研究生提供一部优秀教材。

中国系统工程学会人—机—环境系统工程专业委员会主任

国防科工委人—机—环境系统工程专家组成员

《人—机—环境系统工程研究进展》第1～14卷主编

国防科工委总装备部航天医学工程研究所工效研究室前主任

前　言

　　安全人机工程学是安全科学与工程类专业以及人机与环境工程类专业的重要专业基础课程之一。它从安全的角度出发，以人、机、环境三大要素所构成的系统为研究对象，以安全、高效、经济三者为主要评价指标，以系统科学和人体科学（包括人体工程学、工程心理学等）为基础理论、以系统工程方法为工具深入细致地研究人、机、环境系统的最优组合，它是一门典型的新兴交叉学科。显然，安全人机工程学既是一种设计思想和理论，又是一种有效的系统综合设计与评价技术，因此这门科学已成为推动工业生产发展的新技术动力，它的发展与完善倍受工程界与科学技术界的关注与重视。

　　在本书编写过程中，我们始终以安全科学、系统科学和人体科学为核心，十分重视基本概念、基本原理、基本方法的阐述，非常强调教材的科学性、系统性、新颖性和整体构思的完整性。全书分13章，涵盖了以下六大方面的内容：

　　（1）人的特性及其数学模型，主要研究人在工作中的生理、心理特征，内容包括人的基本特征与热感觉，人的作业能力与疲劳分析，人的自然倾向以及人的可靠性模型等。这些内容是人机工程学的重要基础理论之一，是研究人—机—环境系统的基础和设计依据。

　　（2）机的特性以及人机界面的研究，内容包括机的可操作性、机的易维护性、机的本质可靠性、显示器与控制器的设计原则与方法、人机功能匹配研究、典型安全防护装置的设计等。

　　（3）环境特性以及作业空间的研究，内容包括作业空间分析、工作座椅的舒适性设计、微气候的评价与人热舒适性的计算、职业危害以及相关的防护等。

　　（4）人—机—环境系统的总体性能分析与安全评价计算，内容包括总体性能与总体指标的确定、系统的建模与辨识、人机系统可靠性的分析、系统故障树的定性与定量分析、系统的安全综合评价方法等。

　　（5）基础理论的应用以及人为失误而导致的典型事故案例分析，内容包括视频显示装置的安全设计、汽车运输作业中的驾驶行为分析、航天作业中的安全人机问题、车辆人机环境系统中乘员热舒适的计算问题以及12个人为失误典型重大事故案例的分析等。

　　（6）绿色和智能化人机环境工程的分析与展望，内容包括环境生态健康与可持续发展、人机环境系统总体性能评价的四项指标、数字化人机环境安全工程、信息化人机环境安全工程、虚拟场景下人机环境安全工程、智能化人机环境安全工程、基于认知神经科学的显示界面设计以及多学科人机环境系统的优化。

全书图文并茂，给出了 300 多幅插图及附表。另外，书后还列举了 612 篇参考文献，这些文献列出了许多相关领域中世界著名科学家写的名著，这就为学有余力的读者进一步阅读、学习安全人机工程学方面的专著、教材等文献，提供了一个较为完整、全面的目录。此外，编著者通过对多年教学实践与长期科学研究成果的提炼、升华，认真编写了每章的习题，这些题目对加深理解书中所讲授的基本内容、密切与现代科研方向的联系、提高学生解决工程实践问题的能力都是十分有益的。

本书由北京理工大学、中原工学院、中国科学技术大学的四位教授，在几十年从事科学研究的基础上并且经历了多年的教学实践之后编写定稿的。2007 年该书出版至今，累计重印了 6 次，深得众多高校和社会各界读者们的厚爱。第 2 版主要增加了第 13 章，对人机环境系统的未来发展进行了展望，同时对人机环境系统总体性能的评价指标由三项变为四项，增加了"环保"这个重要指标。另外，在显示界面设计时，强调了脑科学、认知神经科学、意识神经科学、工程心理学的作用。注意了脑电、心电、眼动等重要指标在分析驾驶员脑力负荷时所起的重要作用。显然，这些新内容的增加开阔了读者对人机环境系统认识的新视野。编写中力求文献新、数据全、方法先进、适应面广、理论体系完整、思想逻辑性强，能使初学者尽快掌握这门课程的整体核心框架并达到学到手、会应用的基本目的。中国系统工程学会人—机—环境系统工程专业委员会主任、博士生导师龙升照教授对本书编写所给予了大量的关心与大力的支持，龙教授是钱学森先生亲自指导并于 1981 年创建人—机—环境系统工程理论的创始人之一。他自 1993 年起至今一直坚持举办全国人—机—环境系统工程研究进展大会并得到钱学森先生的高度评价与赞扬，钱先生曾两次亲笔写贺信给龙教授肯定他为学科的发展所做的重大贡献。本书编著者万分感谢他在百忙中细致地审阅了本书，并提出了十分宝贵的指导性意见。同时要提到的是在本书的编写过程中，安全科学与工程类专业教材编审委员会积极组织专家对本书的编写大纲和书稿进行审纲和审稿工作，在此向他们表示衷心的感谢。

由于编著者的水平有限，本书难免存在一些缺点与不足，敬请各位专家及广大读者批评指正。如有需要请和主编王保国联系（E-mail：bguowang@163.com）。

编著者

目　录

第 *1* 章

安全人机工程学概述及其研究方法

安全人机工程学既属于安全科学的一个分支[1]，又属于系统科学的一个分支[2,3]，也是人—机—环境系统工程的一个分支[4~6]，因此它具有多个学科的特点，属于典型的一门交叉分支学科。

1.1 人—机—环境系统及工程概论

1.1.1 系统

系统（systems）是具有特定功能的、相互之间具有有机联系的许多要素（或元素）（element）所构成的一个整体。一般系统论的创始人、理论生物学家贝塔朗菲（Bertalanffy）把系统定义为"相互作用的诸元素（或要素）的综合体"。美国著名学者阿柯夫（Ackoff）教授认为：系统是由两个或两个以上相互联系的任何种类的元素（或要素）所构成的集合。综上所述，一个系统通常是由多个元素所构成的，它是一个有机的整体，并具有一定的功能。在物质世界中，系统的任何部分都可以看为一个子系统，而每一个系统又可以成为一个更大规模系统中的一个组成部分。

1.1.2 系统的特性

一般系统都具有以下五个特性。

1. 相关性

系统论强调组成系统的要素与要素之间是相互联系、相互依存、相互作用与制约的。以人体系统为例，每一个器官或者子系统都离不开人体这个整体而存在，各个器官和组织的功能与行为都直接影响着人整体的功能与行为，因此系统的这种相关性恰能体现出系统具有结构性的特征。

2. 目的性

通常系统都具有某种目的。为达到这一目的，系统都具有一定的功能。系统的目的一般用更具体的目标去体现。一般说来，一个复杂的系统都具有不止一个的目标，因此可以用一个指标体系去描述系统的目标。

3. 层次性

系统可分为若干子系统，每个子系统又可再分为子系统直至要素（或称元素），而每个系统又往往隶属于一个更大的系统。于是在系统的整体与部分之间便形成了许多等级，这就是层次性的含义。层次性是系统相关性的一种特殊属性，下层要素从属于或者受控制于上层某些要素，因此研究分析一个系统时，首先应确定所研究的系统的等级，即研究的对象属于哪一级或哪一层次。

4. 整体性

系统的整体性是指组成系统的要素具有独立的功能，而要素之间所具有的相关性与层次性等在系统整体上应进行统一与协调。因此系统的整体功能通常并不等于各个要素功能之和。研究系统整体性的目的就是为了在实现系统目标的前提下，使系统各要素之间的相对性与层次性等的总体效果最佳。

5. 适应性

任何系统都存在于一定的环境中，环境与系统之间发生着物质、能量和信息的交换，这种交换称为系统的输入与输出。外界环境的变化必然会引起系统内部各要素的变化。因此，只有适应外界变化时，系统才会具有生命力。如果系统具有自动调节自身的功能，具有适应环境变化的能力，这时的系统便称为具有自组织性的系统。

1.1.3 系统科学体系及系统科学的研究方法

系统科学是以系统及其机理为研究对象的一种元科学，它着重探讨许多学科研究对象中的共同方面（如系统的构成、组织结构、秩序、信息传递、控制与反馈、演化、发展等），抽取其中的机理、性质和过程特征，用统一的、精确的科学概念、数学模型和方法加以描述与分析。系统科学体系可划分为如下几个层次与内涵：

1. 系统学或一般系统论

它研究各种系统，特别是复杂系统的共同本质与特征，揭示其运动和演进规律[7]，并找出适用的表达方式与模式[8]。

2. 系统理论中的各专门学科

针对系统对象某些方面的特点，出现了一些研究系统结构、功能和行为的专门学科，例如运筹学、控制论、信息论、耗散结构论、协同学及突变论等。表1-1给出了20世纪40～70年代出现的一些相关分支学科，显然这些分支学科的出现有力地促进了系统科学的研究与发展。下面对部分分支学科略做简介。

表1-1 20世纪40～70年代出现的与系统理论相关的分支学科

创始人	分支学科名称	出现时间	创始人	分支学科名称	出现时间
冯·诺依曼	对策论	1944年	W. R. 阿会布	自组织系统原理	1962年
冯·贝塔朗菲	一般系统论	1945年	R. 罗森	自复制自动机	1965年
C. E. 香农	信息论	1948年	L. 扎德	模糊集与系统	1969年
N. 维纳	控制论	1949年	I. 普利高津	耗散结构论	1970年
冯·贝塔朗菲	开放系统理论	1954年	艾根	超循环理论	1970年
钱学森	工程控制论	1957年	J. G. 米勒	生命系统理论	1972年
A. H. 哥德	系统工程	1957年	汤姆	突变论	1972年
R. 别依曼	动态规划论	1961年	P. 齐格勒	建模与仿真理论	1972年
M. D. 曼萨诺维克	一般系统的数学理论	1962年	H. 哈肯	协同学	1969年

运筹学[9]是综合性的数学学科，包括规划论、决策与对策论、图论、排队论及可靠性理论等。它们为系统论的定量化提供了数学基础。

控制论（cybernetics）[10~13]是研究机器、生物体和社会等系统中控制与通信过程的科学。20 世纪 70 年代以来，现代控制论更着重于研究复杂大系统的最优控制理论与方法。

信息论[14]是研究信息的采集、度量、传输、识别和处理中的一般规律，它并不限于人造通信系统，而是渗透于心理学、生物医学、语言学和社会科学等领域。

耗散结构论[15]认为远离平衡态的开放系统必须不断地与周围环境发生物质、能量、信息的传递与交换，以转化、增强或调整系统自身的结构，才能去保持系统的动态平衡并且向上进化。比利时物理化学家普利高津（Prigogine）把这种在远离平衡态下所形成的新有序结构称为耗散结构（dissipative structure）。耗散结构论较一般系统论的先进之处在于它揭示了系统稳定的具体机制。

协同学[16]是德国物理学家哈肯（Haken）1969 年提出的，它是研究系统的各个部分如何进行协作，并通过协作导致系统在空间（或者时间）、功能上的有序。在一定条件下，能自发产生在时间、空间和功能上稳定的有序结构，这就是自组织（Self-organization）。因此协同是有序的原因，有序是协同的结果。协同学较耗散结构论的先进之处在于它进一步揭示了系统动态演化的过程，具体解释了系统有目的性的原因。

艾根（Eigen）吸收了进化论思想和自组织理论，于 1970 年发表了超循环理论[17]，把生命起源解释为自组织现象，提出了一个自然界演化的自组织原理。汤姆（Thom）于 1972 年提出了突变论[18]，讨论了自然界各种形态结构和社会活动中的非连续性突然变化现象，并从系统运动的机制上，广义地回答了为什么有的事物不变、有的渐变、有的突变的问题，它从另一方面深化了量变质变的思想。突变理论借助于协同学及耗散结构理论与系统论联系了起来，并且推动了系统论的进一步深化和发展。

任何一个有目的系统必然包含着控制，而控制要依赖于信息的传输、交换与反馈，因此系统、信息、控制这三者相互渗透、相互交叉、相互促进。也就是说，系统论、信息论、控制论（简称"三论"）和运筹学是系统科学的重要理论基础及工具，即运筹学提供了定量分析的工具，"三论"为系统科学的研究注入了新的思想，为系统的整体优化奠定了分析问题的理论基础。

3. 系统方法论

系统研究的基本方式是[19~36]，用系统论的观点来研究对象，首先从整体上确定系统的形式、层次与目标，然后在相互联系中分析系统的要素与结构，研究系统的功能，摸清系统的信息传递过程，建立最优控制，以期实现系统的最优目标。

4. 系统方法论的运用

将系统论及其方法用于实际工程或者管理中便产生了系统工程分支学科[2,12,37~39]。事实上，任何一种社会与经济活动都会形成一个系统，这个系统的组织建立、管理与有效运转就称为一项系统工程，例如工业系统工程，农业系统工程、城市规划系统工程等[40~48]。

1.1.4 人—机—环境系统

人类社会发展的历史就是一部人、机（包括工具、机器、计算机、系统及技术）、环境三大要素相互关联、相互制约、相互促进的历史[6]。因此，人、机、环境便构成了一个复杂系统。在这个要研究的系统中"人"是作为工作的主体（如操作人员或决策人员）；"机"是人所控制的一切对象（如汽车、飞机、轮船、生产过程等）的总称；"环境"是指人与机所处的特定工作条件（如外部作业空间、物理环境、生化环境、社会环境等）。这样的一个系统可称为人—机—环境系统，这是在钱学森先生亲自指导下于参考文献［5］中首次提出的一个新概念。

1.1.5 人—机—环境系统工程

人—机—环境系统工程是运用系统科学思想和系统工程方法，正确处理人、机、环境三大要素的关系，探讨人—机—环境系统最优组合的一门科学。人—机—环境系统工程的研究对象为人—机—环境系统，系统最优组合的基本目标是安全、高效、经济。所谓"安全"是指不出现人体的生理危害或伤害，并且避免各种事故的发生[49~53]；所谓"高效"是指全系统具有最好的工作性能或最高的工作效率；所谓"经济"是指在满足系统技术要求的前提下，系统所需要的投资最少，也就是说保证了系统的经济性。人—机—环境系统工程的研究内容主要包括了七个方面（见图1-1[6,53~56]）：①人的特性研究；②机的特性研究；③环境的特性研究；④人—机关系的研究；⑤人—环关系的研究；⑥机—环关系的研究；⑦人—机—环境系统总体性能的研究。

人—机—环境系统工程研究的基本核心问题可概括为：从三个理论（控制论、模型论、优化论）出发，着重分析三个要素（人、机、环境）[23,57~60]，历经三个步骤（方案决策、研制生产、工程实用），去实现整个系统总性能的三个目标（安全、高效、经济）。这里还必须指出的是，随着 20 世纪 80 年代以来，地球生态环境被破坏、地球大气环境急剧恶化，人类对环保问题已引起了高度关注，对人机环境问题的性能评价里应加入"环保"这个指标，因此总的评价指标已由三个变为四个，对于这方面的详细说明可参阅本书 13.2 节。

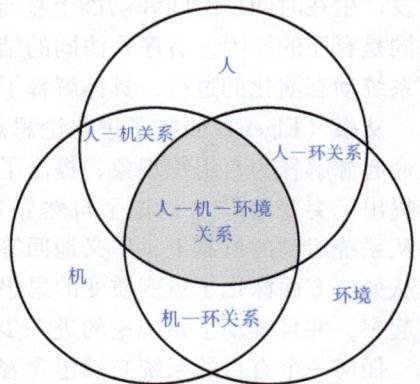

图 1-1 人—机—环境系统工程
研究范畴的示意图

1.2 人机工程学及安全人机工程学

1.2.1 人机工程学

人机工程学是 20 世纪中期发展起来的交叉学科，它广泛地运用人体科学、系统科学、社会学、管理学、技术科学等学科的理论与知识，主要研究人、机和人机界面之间的关系，探讨通过适当的设计使人机系统达到高工效和安全地工作。由众多文献[61~103]的叙述中可以看出，这门学科目前在国内外尚无统一的定义，而且随着学科的发展，其定义也在不断地发生变化。这里仅介绍国际人类工效学学会（International Ergonomics Association，简称 IEA）对人机工程学下的定义：这门学科主要是研究各种工作环境中人的因素，研究人、机器及环境的相互作用，研究人在工作、生活中怎样才能够统一考虑工作效率、人的健康、安全和舒适等问题。尽管该学科在定义上尚不统一，但本学科在研究对象、研究方法、理论体系等方面并不存在根本上的差异，这恰恰是人机工程学能够作为一门独立分支学科存在的源由。

1.2.2　安全人机工程学

1. 安全科学

在未研究安全人机工程学之前，先简略地介绍一下安全科学。

安全科学是一个既属于自然科学又属于社会科学范畴的综合性学科。它是人类社会在生产、生活与生存活动中为保护人类身心安全与健康所创造的有关物质财富与精神财富的总和。安全科学是一门专门研究事物安全的本质、规律，揭示事物安全相对立的客观因素及转化条件，预防或消除事故发生的一门新兴科学。安全科学的本质特征可归纳为以下三点：

（1）安全科学要体现本质安全，即要从本质上达到事物或者系统的安全。

（2）安全科学要体现科学性、理论性，即不但要研究实现安全目标的技术方法和手段，而且还要研究安全的理论与策略。

（3）安全科学既要体现它的交叉性，又要体现研究对象的全面性。这里所谓的交叉性是指安全科学不仅要涉及工程科学与技术科学的知识，而且还要涉及基础科学理论及认识论和方法论的知识；这里所谓研究对象的全面性是指安全科学的研究对象应该包括人类的生存及发展过程中所面临的一切潜在的不安全效应。

安全科学研究的对象是人类生产和生活中的安全因素，研究的重点是各种技术危害，如工业事故、交通事故及职业危害等。安全科学研究的内容主要有：①安全科学的基础理论（如事故致因理论、灾变理论、灾害物理学、灾害化学等）；②安全科学的应用理论（例如安全人机学、安全心理学、安全法学、安全经济学等）；③安全科学的专业技术（例如各类安全工程、职业卫生工程及安全管理工作等）。图 1-2 给出了安全科学学科体系的层次框架，图 1-3 给出了安全工程学的知识体系。另外，图 1-2 与图 1-3 又可归并为图 1-4 所示的安全科学技术体系框架。

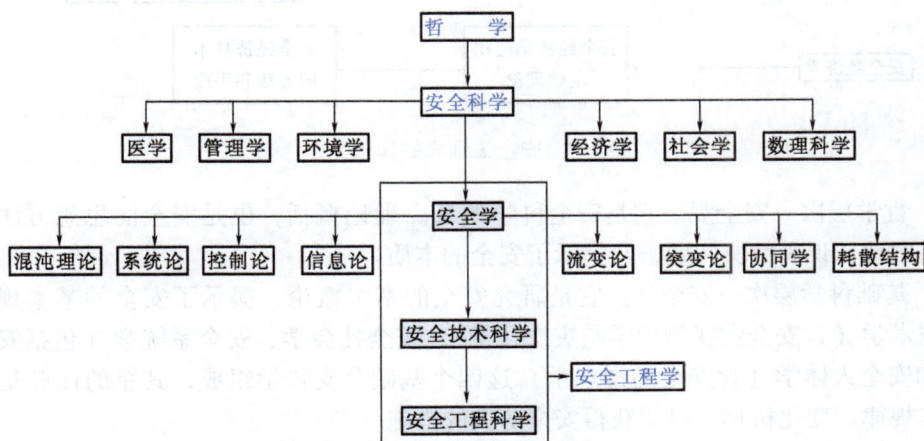

图 1-2　安全科学学科体系的层次框架

2. 安全科学技术体系

下面以图 1-4 所示的四个基本组成为例说明所包含的相应的内容。

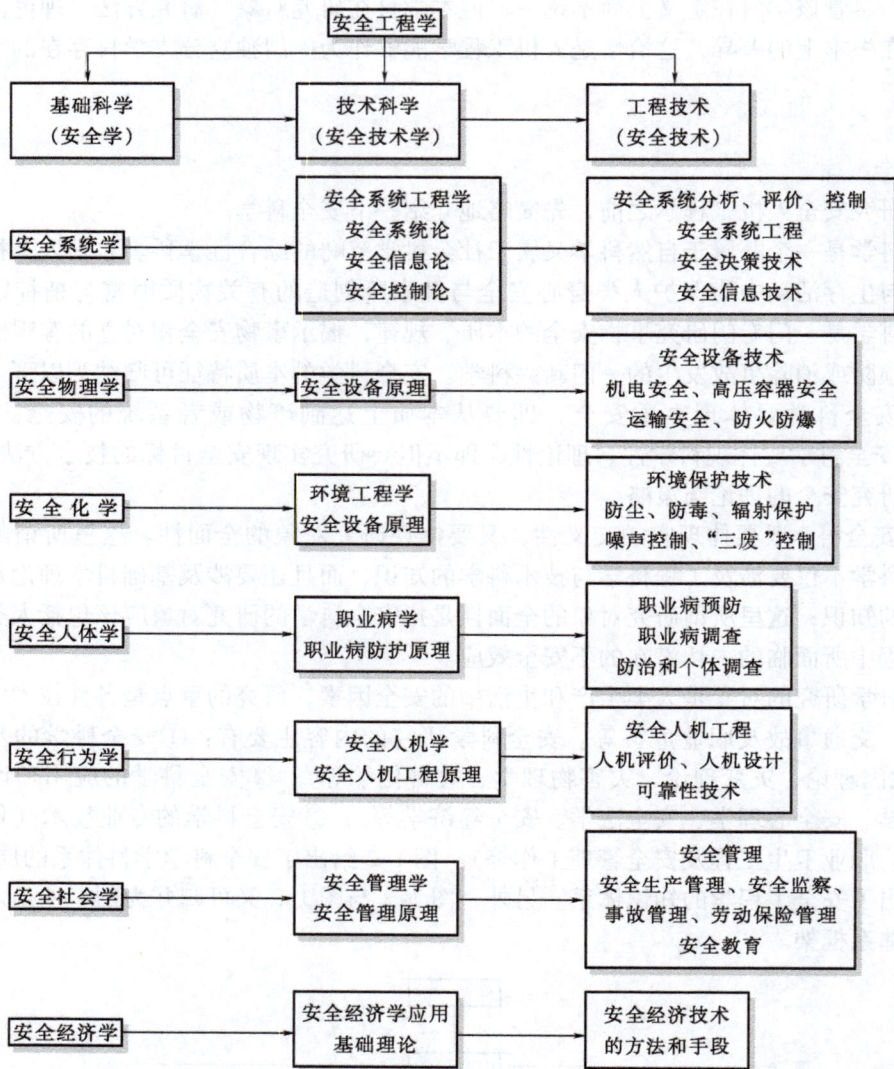

图 1-3 安全工程学的知识体系

（1）哲学层次—安全观。它是安全科学的最高理论概括，也是安全的思想方法论，指导人们科学地认识和解决问题，它揭示了安全的本质。

（2）基础科学层次—安全学。它是研究安全的基本概论，揭示了安全的基本规律。它由安全技术学（含安全灾变物理学与灾变化学）、安全社会学、安全系统学（包括安全灾变理论）和安全人体学（含安全的毒理学）这四个基础分支科学组成，其总的任务是发现安全的基本规律、变化机理，以便获得安全防灾的措施。

（3）技术科学层次—安全工程学。它也由安全技术工程学、安全社会工程学、安全系统工程学和安全人体工程学四个分支构成，它们是回答实现安全必须怎么做或者说怎么做就能达到安全的问题。另外，根据安全因素的性质及其作用的不同方式，各分支学科还可以进一步细分为：

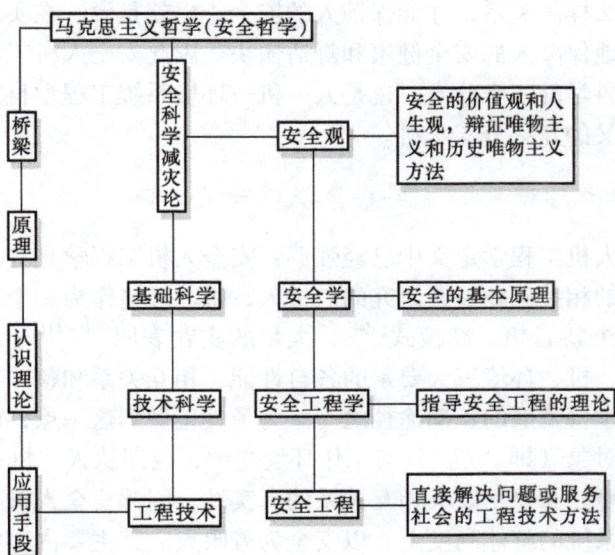

图 1-4　安全科学技术体系框架

1）安全技术工程学可分为直接损害人躯体的安全技术工程学和间接破坏人的机体或者危害人的心理方面的安全卫生工程学。

2）安全社会工程学又可分为安全管理工程学、安全教育学、安全法学和安全经济学。

3）安全系统工程学又可分为安全运筹学、安全控制论及安全信息论等。

4）安全人体工程学可以分为安全生理学（包括劳动生理学与生物力学）、安全心理学（包括劳动心理学）和安全人机工程学（其中包括人机工程学、人体工程学、人类工效学、劳动卫生学和环境学等部分内容）。安全人体工程学不仅为采取安全工程技术措施提供了必要的安全人体理论依据，同时也是一切安全活动的出发点和归宿。

（4）工程技术层次—安全工程。这个层次是直接为实现安全服务的，它是进行安全预测设计、施工、运转等一系列具体安全技术活动和方法的总称。

3. 安全科学的基础理论

从当前安全科学发展的趋势来看，安全科学的基础理论可概括为以下三个方面：

（1）动力理论。动力理论是确定劳动安全卫生工作在社会生产中的地位、方向，指导和推动劳动安全卫生工作有规律地向前发展的理论。

（2）事故致因理论。事故致因理论是研究造成工伤事故和职业危害的原因和机理，寻求在什么情况下会发生工伤事故和职业病危害的规律。目前流行的这方面理论有事故因果论、轨迹交叉论、突变理论等。

（3）人机学理论。人机学是研究如何使人与作业环境、机器设备之间保持协调、安全、舒适、高效。这种人机关系是实现安全生产本质安全化的核心，因此人机学理论也是劳动安全卫生的基础理论之一[1,49~52]。

4. 安全人机工程学学科分类

显然，安全人机工程学（Safety Ergonomics）是从安全的角度出发，以安全科学、系统科学和行为科学为基础，运用安全原理及系统工程的方法去研究在人—机—环境系统中人与机及人与环境保持什么样的关系，才能保证人的安全。也就是说，在实现一定的生产效率的同时，如何最大限度地保障人的安全健康和舒适愉快。因此安全人机工程学既是安全科学的一个分支，又是系统科学的一个分支，也是人—机—环境系统工程学科的一个分支，它是一个跨门类、多学科交叉的新兴分支学科。

1.2.3　安全人机工程学研究的主要内容及其研究方法

前面讲述的安全人机工程学定义中已经强调：安全人机工程学是在人—机—环境系统中对人与机及人与环境的相关问题展开研究的。把人、机、环境作为一个系统整体进行研究是钱学森先生倡导的一个新思想、新模式[104]，大量的实践表明[105~111]：从系统整体的高度，去正确处理和研究人、机、环境三大要素的各自性能、相互关系和整体变化规律，是人—机—环境系统工程分支学科发展的正确途径之一。为了真正做到这一点，就必须自始至终强调把人置于真实的工作对象（即"机"）与工作环境之中，也即从人—机—环境系统的总体高度来强调人、机、环境三大要素及其相互关系的真实性。因此安全人机工程学所研究的内容也应在人—机—环境系统的整体高度上，以安全为着眼点。其主要内容如下。

1. 人的特性的研究

在人—机—环境系统中，人始终是工作的主体，因此在设计任何人—机—环境系统时都应充分考虑人的特性，体现"以人为本"的宗旨。在对人的特性进行研究时，着重进行人的工作能力、人的基本素质的测试和评价、人的体力负荷、智力负荷和心理负荷等的研究。另外，还要对人的可靠性、人的数学模型（包括控制模型、决策模型及人体热调节系统的模型[112~115]等）及人体测量技术（包括人的疲劳、人体热舒适）等方面进行研究。

2. 机的特性的研究

人—机—环境系统工程的一个主要特点之一，就是机的设计要符合人的要求。尽管在进行机的设计时需考虑的方面很多，但总的宗旨必须符合人使用的三种主要特性（即可操作性、易维护性和本质可靠性）。这三种特性对人—机—环境系统的总体性能（即安全、高效、经济）影响极大。因此在进行机的特性研究时首先应开展这方面的研究，并建立机特性的相应数学模型。

3. 环境特性的研究

环境是人和机共处场所的工作条件，是人—机—环境系统的三大要素之一。在人—机—环境系统中，环境与人、环境与机器之间存在着密切的联系，存在着物质、能量和信息的交换，它们相互作用、相互影响并且有机地结合为整体，这是在进行环境特性研究时必须要注意的。

4. 人—机关系的研究

人—机—环境系统工程的最主要特征之一是机的设计既要符合人的特点，又要考虑如何保证人的能力适合机的要求。因此，在人—机—环境系统工程中正确处理好人—机关系更显得重要。因为只有人—机关系处理好了，才能确保人—机—环境系统的总体性能得到实现。

人—机关系通常可分为静态人—机关系与动态人—机关系两大方面。静态人—机关系主要研究人、机之间的空间关系；动态人—机关系主要研究人、机之间的功能关系和信息关系（其中包括人—机界面的分析、设计与评价）[116~129]。当然，人机界面的安全标准研究及人—机系统的安全设计问题都是着重研究的问题之一。应当指出的是，无论是进行人、机、空间关系研究，还是进行人、机功能关系和信息关系方面的研究，它们都不是孤立的，而是互相关联的。

5. 人—环关系的研究

在人—机—环境系统中，人是系统的主体，是机的操纵者和控制者；环境是人和机所处的场所，是人生存和工作的条件。因此，人和环境的关系是相互联系和相互作用的关系。环境对人提供必要的生存条件和工作条件，但恶劣的环境也对人产生各种不良的影响[130~141]，所以开展环境对人的影响、人体对环境的影响及环境防护方面的研究，是最基本和最重要的研究问题之一。

6. 人—机—环境系统总体性能的研究

人—机—环境系统工程不是孤立地去研究人、机、环境这三个要素，而是从系统的总体高度，将它们看成一个相互作用、相互依赖的复杂系统，并运用系统工程方法使系统处于最优的工作状态。因此，探讨如何实现人—机—环境系统的最优组合正是研究的核心问题之一。人—机—环境系统工程认为，"安全、高效、经济"是任何一个人—机—环境系统都应该满足的综合效能准则。在考虑系统总体性能时，把"安全"放在第一位是理所当然的，然而，建立人—机—环境系统的目的并不是单纯为了安全，而是为使整个系统能高效率地进行工作。"高效"应该是对系统提出的最根本要求，否则便失去了一个系统存在的意义。当然，在设计和建立任何一个人—机—环境系统时，为确保"安全"和"高效"性能的实现，往往希望尽量采用最先进的技术。但在这样做的同时，就必须充分考虑为此而付出的代价。因此，在满足系统技术要求的前提下，尽可能使投资最省（即"经济"）也是衡量系统优劣的一个不可缺少的指标。所以开展对系统总体性能的评价与分析也是安全人机工程学研究的重要方向之一。

7. 事故预防及事故致因的研究

对于安全人机工程学来讲，事故的预防与事故的致因理论方面的研究也必不可少。研究事故致因的目的是为改进与完善人—机系统的安全设计。研究事故的预防是为了更有效地去控制人的不安全行为及物的不安全状态，使系统运行更安全、更可靠[142~148]，因此开展这方面的研究也是安全人机工程学研究的重要方向之一。

研究安全人机工程学的基本方法是：以系统科学[2,3,8]、安全科学[1,178]、工程生理学[23,59,141]、工程心理学、优化理论[4,294]、管理科学[4,46]及工程控制理论[12,13]为基础理论，瞄准人—机—环境系统，强调系统性，注重工程应用性。坚持"以人为本"的基本指导思想，在确保人身安全的前提下，研究人、机、环境三大要素相互之间如何才能达到最佳匹配，探讨使人—机—环境系统总体性能达到最优的工程方法和措施。因此，理论分析和试验研究是安全人机工程学研究的两大基本手段，缺一不可。

习　　题

1. 安全科学是一门跨学科、跨行业的新兴科学，试从分支学科的角度分析一下安全科学的体系层次。

2. 安全科学的基础理论可概括为哪几个方面？请谈一下对这些理论的认识与理解。

3. 系统科学是以系统及其机理为研究对象的一种元科学，试阐述系统科学的体系可划分成哪几个层次？并阐述各层次的内涵。

4. 人—机—环境系统工程研究的基本核心问题是什么？它是从哪几个基础理论出发的，着重分析哪几个要素？历经哪几个步骤？去实现整个系统总体性能的哪些目标？

5. 何谓人机工程学？它所研究的对象是什么？其内涵是什么？

6. 何谓安全人机工程学？它在安全科学、系统科学、管理科学及人—机—环境系统工程学科中处于什么位置？如何理解它所处的位置？

7. 在人—机—环境系统的整体高度上去研究人的特性与孤立地去研究人的特性有何区别？请举例说明。

8. 安全人机工程学研究哪些方面的内容？为什么要进行这些方面的研究呢？为什么在进行某一方面研究时仍然强调要把人、机、环境作为系统整体，从系统整体出发去进行相应方面的研究？

9. 研究安全人机工程学的基本方法是什么？为什么说安全人机工程学的研究必须"以系统科学、安全科学、工程生理学、工程心理学、优化理论、管理科学及工程控制理论为基础理论，瞄准人—机—环境系统，强调系统性，注重工程应用性。坚持以'以人为本'的基本指导思想，在确保人身安全的前提下，研究人、机、环境三大要素相互之间如何才能达到最佳匹配，探讨使人—机—环境系统总体性能达到最优的工程方法和措施"。你如何理解这段话？能否举例说明这段话的深刻含义？

10. 为什么说理论分析和试验研究是安全人机工程学研究的两大基本手段？请举例说明。

11. 为什么说安全人机工程学也是提高工作效率的一门科学？请举例说明。

12. 正如许多教科书中所指出的，航空、航天和交通运输业中的事故是令人震惊的。例如：1980年8月19日，沙特阿拉伯一架 L—1011 型飞机在首都紧急着陆时失事，死亡 265 人。1982 年 4 月 26 日 16 时，从广州飞往桂林的 266 号飞机在桂林上空失事，机上 112 人无一生还。据英国官方统计：1986 年英国共发生交通事故 21.5 万起，其中死亡人数达 5400 人，比 1985 年的死亡人数上升 4%，重伤人数为 6.9 万人，轻伤 21.7 万人。据美国国家安全委员会统计，在美国每 18 分钟就有一人伤于交通事故，每年约有 15 万人因交通事故致废，有 10 万个家庭因交通事故而发生不幸。据我国有关职能部门统计，1987 年 1-5 月，国内道路交通事故死亡人数为 17500 多人，平均不到 13 分钟就有 1 人死于交通事故，平均 21 天就有 2500 人死于车祸。这相当于每隔 21 天就要发生一次地震（事实上 1994 年 1 月 17 日震惊全世界的洛杉矶大地震也不过死亡 62 人）。1991 年我国道路交通事故进一步升级，全年共发生交通事故 264817 起，死亡 53292 人，伤 162019 人，直接经济损失 4 亿 3 千万元人民币。1997 年交通事故死亡 73861 人，伤 190128 人，直接经济损失 18.5 亿元。据国外有关资料公布，自汽车问世的 100 多年来，全世界已有 2200 多万人死于交通事故。很显然，世界上因交通事故而伤亡的人数远远超过有史以来任何一年战争的伤亡人数或者瘟疫的死亡人数。读完上述资料后，你有什么感想？能否结合交通人机安全问题谈一下学习"安全人机工程学"的重要性？

13. 安全人机环境工程是安全人机工程学研究的主要内容之一，它是建立在系统论、控制论、模型论和信息论等基础理论之上而发展起来的新兴边缘技术科学。这里控制论用系统、信息、反馈等概念打破了生命与无生命的界限，实现了人们用统一的观点与尺度来研究人、机、环境这三个物质属性本质截然不同的对象，使其成为一个密不可分的整体；而模型论能为人机环境系统的研究提供一套完整的数学工具；信息论则把人、机、环境三者之间的信息流通、信息加工与信息控制形成了一个完整的整体。能否以控制论为例，具体地说明它在安全人机工程学中所起的作用？请结合具体实例说明。

14. 最早建立人机学学术团体的是英国人机工程学会（Ergonomics Research Society，也译作人机学研究学会）成立于 1950 年。随后建立国家人机学学会的有：联邦德国（1953 年）、美国（1957 年）、前苏联（1962 年）、法国（1963 年）、日本（1964 年）。1957 年起英国人机工程学会发行会刊《Ergonomics》（人机工程）由英国剑桥大学人机心理研究所（Psychological Laboratory）的 A. T. Wetford 任主编，现今该刊已成为国际著名刊物，它对国际人机学的发展贡献卓著。在美国，20 世纪 50 年代就创办了 IEEE Transactions on Human Factors in Electronics；60 年代该刊改名为 IEEE Transactions on Man-Ma-

chine System（人—机系统）；70 年代该刊与 IEEE Transactions on System Science & Cybernetics（系统科学与控制论）合并，改名为 IEEE Transactions on System，Man，and Cybernetics（系统、人与控制论）。该名称一直沿用至今，并将它分为 3 个部分（分卷）出版：Part A，System and Human（系统与人）；Part B，Cybernetics（控制论）；Part C，Applications and Reviews（应用与述评）。美国的人机学研究机构大部分设在大学里，如哈佛大学、麻省理工学院、普林斯顿大学、约翰霍普金斯大学、密兹根大学、普度大学、俄亥俄州立大学等院校。另一部分设在海、陆、空的军队系统中，其服务对象主要是国防工业，其次才是其他产业部门。国际人机工程学学会（IEA，又译作国际人类工效学学会）成立于 1960 年。中国人类工效学学会（Chinese Ergonomics Society，简称 CES）于 1989 年 6 月成立，是我国与 IEA 对应的国家学术团体，是中国科学技术协会所属的国家一级学会。中国科学院张侃先生、北京大学王生教授和清华大学张伟教授曾分别担任该学会的理事长；本书第一作者王保国教授一直任副理事长（任期 2008～2016 年），一直担任人机工程专业委员会主任（2003 年至今）。《人类工效学》是 CES 主办的全国核心期刊。在钱学森先生的亲自倡导下，人—机—环境系统工程在我国创立了。1984 年 10 月国防科工委成立了人—机—环境系统工程军用标准化技术委员会；1987 年 4 月国防科工委成立了人—机—环境系统工程专业组；1993 年 10 月，中国系统工程学会人—机—环境系统工程专业委员会成立，龙升照教授首任主任至今，并陆续召开了 14 届全国人—机—环境系统工程学术会议，编辑了《人—机—环境系统工程研究进展》第 1～14 卷在全国公开出版。另外，英文版《International Journal of Man- Machine- Environment System Engineering》国际学报也于 2007 年创刊，龙升照教授任该国际学报主编。另外，由王保国、王伟等人合著的《人机系统方法学》由清华大学出版社出版发行，这是一部遵照钱学森先生《系统学》宗旨，在方法层面上系统研究人机系统问题的学术专著，它给出了更多研究系统问题，尤其人机复杂系统问题的处理方法。读完上述国内外人机学学术团体的发展简况后，你能否叙述一下我国安全人机工程方面的发展状况？试列举国内外经常发表安全人机工程方面文章的相关杂志。

第 2 章

人因失误事故模型

安全生产是我国的一项基本国策，是保护劳动者安全健康、保证经济建设持续发展的基本条件，如何保证工业安全生产一直是人们所关注的课题。对于从事系统安全的人们来讲，如何对一个系统的安全进行正确的定性与定量的评价，对可能发生的事故进行预测，事先给有关人员提出警示，及时采取有效的预防措施，减少或防止事故的发生，的确是件非常重要的事情。因此，研究事故的致因理论和抽象出事故发生的模型理论，以便从本质上阐明工伤事故的因果关系，这对人们认识事故本质、提高人机系统的安全性十分必要。因此本章首先讨论事故致因的相关理论，然后着重介绍人因失误事故模型。

2.1 事故致因理论

2.1.1 事故的基本特征

事故的特性主要包括：事故的因果性，事故的偶然性、必然性和规律性，事故的潜在性、再现性与预测性[149~158]。

1. 事故的因果性

因果即原因与结果。事故是许多因素互为因果连续发生的结果，一个因素是前一个因素的结果，而又是后一因素的原因。因果关系具有继承性与多层次性的特征。

2. 事故的偶然性、必然性和规律性

从本质上讲，伤亡事故属于在一定条件下可能发生，也可能不发生的随机事件。但就某一个特定事故而言，其发生的时间、地点等均无法预测。事故的偶然性还表现在事故是否产生后果（包括人员伤亡、物质损失）及后果的大小如何都是难以预测的。事故的偶然性决定了要完全杜绝事故发生是困难的；而事故的因果性决定了事故发生的必然性。事故的必然性中包含着规律性。既为必然，就应该有规律可循，从而为事故的发生提供依据。

3. 事故的潜在性、再现性和预测性

事故往往是突然发生的，而导致事故的潜在隐患是早就存在的，只是未被发现。一旦条件成熟，潜在的危险就会酿成事故。

事故一经发生，就成为过去。然而如果不能真正了解事故发生的原因并采取有效措施去

消除的话，则类似的事故还会再出现。

事故的预测是在认识事故发生规律的基础上进行的。预测事故的目的在于识别和控制危险，最大限度地减少事故的发生。

2.1.2　事故因果理论

1. 事故因果连锁理论及事故因果类型

事故现象的发生与其原因存在着必然的因果关系。"因"与"果"有继承性，因果是多层次相继发生的，一次原因是二次原因的结果，二次原因是三次原因的结果，如此类推。事故发生的层次顺序如图2-1所示。

通常事故原因分为直接的和间接的。直接原因又称一次原因，在时间上是最接近事故发生的原因。直接原因又可分为两类：物的原因和人的原因。物的原因是由于设备、物料、环境等不安全的状态所引起的；人的原因是人的不安全行为所引起的。间接原因是二次原因、三次原因以至多层次来自事故本身的基础原因。间接的原因大致可分为六类：①技术的原因；②教育的原因；③身体的原因；④精神的原因；⑤管理的原因；⑥社会及历史的原因。其中，技术、教育和管理这三项是最重要的间接原因。另外，在①～⑥项间接原因中，①～④是二次原因，⑤、⑥为基础原因。在二次原因中，①是物质和技术方面的原因，而②、③、④三项是人的原因。

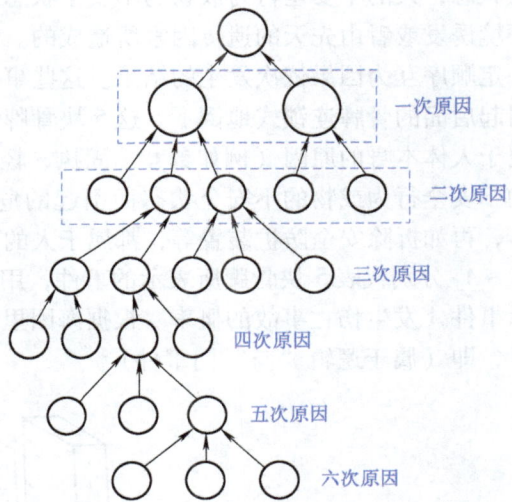

图2-1　事故发生的层次顺序

事故因果连锁理论又称作因果继承原则。可以将因果继承原则看成这样一个连锁事件链：损失←事故←一次原因（直接原因）←二次原因（间接原因）←基础原因。显然，追查事故时，应该从一次原因逆行查起。因果有继承性，是多层次的连锁关系。一次原因是二次原因的结果，二次原因又是三次原因的结果，如此类推。

事故的因果类型可分为三类：多因致果型、因果连锁型、集中连锁复合型。图2-2～图2-4分别给出了这三种类型。

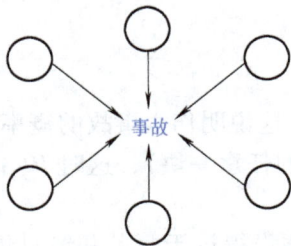

图2-2　多因致果型

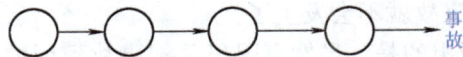

图2-3　因果连锁型

图 2-4　集中连锁复合型

2. 多米诺骨牌事故模型

海因里希（Heinrich）用多米诺骨牌来形象地描述事故因果的连锁关系，如图 2-5 所示。他认为，人员伤亡的发生是事故的结果；事故的发生是由于人的不安全行为和物的不安全状态；人的不安全行为或物的不安全状态是由于人的缺点造成的；而人的缺点是由于不良环境诱发或者由先天的遗传因素所造成的。海因里希认为，伤亡事故的发生是一连串事件按一定顺序互为因果依次发生的结果。这些事件就好像 5 块平行摆放的骨牌，第一块倒下后将引起后面的骨牌连锁式地倒下。这 5 块骨牌依次代表：M——由于遗传或社会环境而造成的属于人体本身的原因（例如鲁莽、固执、轻率等先天性格）；P——人为过失；H——由于人的不安全行为或物的不安全状态而引起的危险性（例如用起重机吊物、不发信号就启动机器，再如拆除安全防护装置等，都属于人的不安全行为）；D——发生事故；B——伤亡。用 $A_1 \sim A_5$ 分别代表 5 块骨牌所表示的事件，用 A_0 代表伤亡事故发生的这一事件，用 $P(A)$ 表示事件 A 发生伤亡事故的概率。根据海因里希连锁论，伤亡事故要发生，必须 5 块骨牌都倒下，即（属于逻辑"与"门事件）

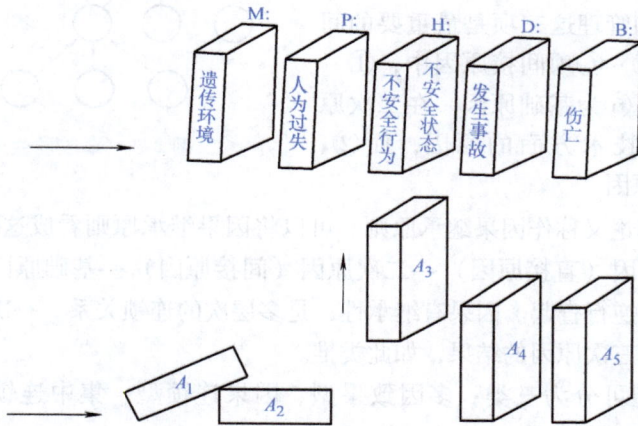

图 2-5　海因里希连锁论

$$A_0 = A_1 A_2 A_3 A_4 A_5$$

于是
$$P(A_0) = P(A_1) P(A_2) P(A_3) P(A_4) P(A_5) \tag{2-1}$$

由于 $P(A_i)$ 都小于 1（这里 $i = 1 \sim 5$），因此 $P(A_0) \ll 1$，这说明伤亡事故的概率是很小的。显然，如果某一个 $P(A_i) = 0$（即相当于抽去 5 块骨牌中的任意一块），这时 $P(A_0)$ 便为零（这相当于事故就不会发生了）。

应该指出的是，虽然海因里希把事故致因的事件链假设得过于简单和绝对化了（事实上，各个骨牌之间的连锁关系是复杂的、随机的。前面的牌倒下，后面的牌可能倒下，也可能不倒下。另外，事故也并不是全部都造成伤害，不安全状态也并不是必然会造成事故等），然而他的事故因果连锁理论促进了事故致因理论的发展，成为事故研究科学化的先导，具有重要的历史地位[159~166]。

2.1.3 能量意外转移理论

1. 能量与事故

1961年吉布森（Gibson）、1966年哈登（Haddon）等人提出了能量意外转移理论。他们认为，事故是一种不正常的或许不希望的能量释放，并转移于人体。在生产过程中，能量是必不可少的。人类利用能量做功以实现人们生产的目的。人类在利用能量时必须采用措施去控制能量，使能量按照人们的意图产生、转换和做功。如果由于某种原因能量失去了控制，发生了异常或意外的释放，则会发生事故。如果发生事故时意外释放的能量作用于人体，并且能量的作用超过了人体的承受能力，则将造成人员伤害；如果意外释放的能量作用于设备、建筑物、物体等，并且能量的作用超过它们的抵抗能力，则将造成设备、建筑物、物体等的损坏。表2-1给出了能量意外转移的能量的类型及所产生的伤害。

表 2-1　能量类型与产生的伤害

能 量 类 型	产生的伤害	事 故 类 型
机械能	刺伤、割伤、撕裂、挤压皮肤和肌肉、骨折、内部器官损伤	物体打击、车辆伤害、机械伤害、起重伤害、高处坠落、坍塌、冒顶片帮、放炮、火药爆炸、瓦斯爆炸、锅炉爆炸、压力容器爆炸
热能	皮肤发炎、烧伤、烧焦、焚化、伤及全身	灼烫、火灾
电能	干扰神经-肌肉功能、电伤	触电
化学能	化学性皮炎、化学性烧伤、致癌、致遗传突变、致畸胎、急性中毒、窒息	中毒和窒息、火灾
电离辐射	细胞和亚细胞成分与功能的破坏	反应堆事故中，治疗性与诊断性照射，滥用同位素、辐射性粉尘的作用。具体伤害结果取决于辐射作用部位和方式

能量引起的伤害可以分为两大类：一类是由于转移到人体的能量超过了局部或全身性损坏阈值而产生的；另一类是由于影响局部或全身性能量的交换引起的（如因物理或化学因素而引起的窒息等）。另外，在能量转移理论中的另一个重要的概念是：在一定条件下，某种形式的能量能否产生对人的伤害，除了与能量的大小有关外，还与人体接触能量的时间长短、效率的高低、身体接触能量的部位及能量的集中程度有关。

能量转移理论与其他事故致因理论相比，具有两个优点：其一是把各种能量对人体的伤害归结为伤害事故的直接原因，从而决定了对能量装置加以控制可以作为防止与减少伤害事故发生的最佳手段；其二是按照这种理论对伤害事故进行统计分类时较全面、合理。

2. 能量意外转移观点下的事故因果连锁

调查伤亡事故原因时发现，大多数伤亡事故都是因为过量的能量，或干扰人体与外界正常能量交换的危险物质的意外释放所引起的，而且造成能量意外释放大都是由于人的不安全行为或者物的不安全状态造成的。美国矿山局的札别塔基斯（Zabetakis）给出了能量意外释放所建立的事故因果连锁模型，如图2-6所示。这个模型为采用能量观点分析事故提供了工具。

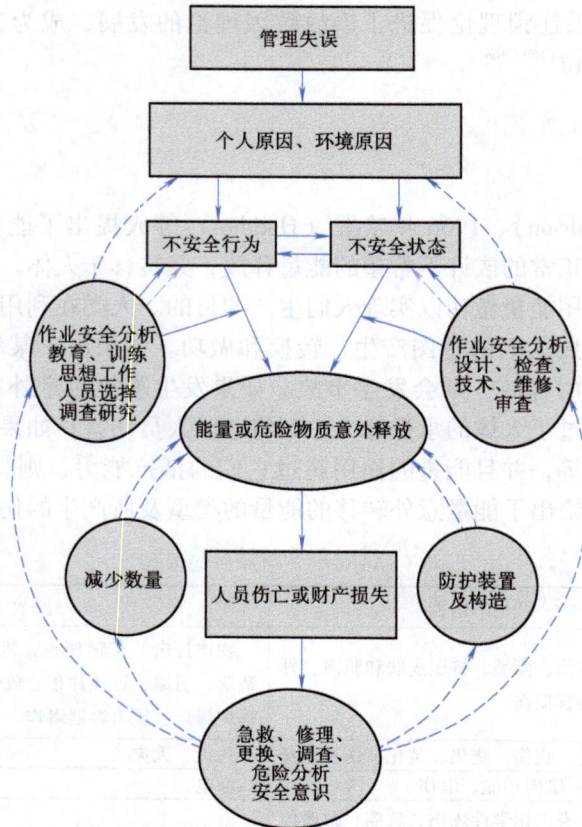

图 2-6 能量观点下的事故因果连锁模型

2.1.4 轨迹交叉理论

轨迹交叉理论的基本思想是：伤害事故是由许多相互联系的事件顺序发展的结果。这些事件概括起来可分为人与物（包括环境）两大系列。当人的不安全行为和物的不安全状态处于各自发展过程时，如果在一定的时间和空间上两者发生了接触（或交叉），于是导致能量转移到人体，便发生了伤害事故。当然，人的不安全行为和物的不安全状态之所以产生和发展，往往是受多种因素作用的结果。图 2-7 给出了该事故的

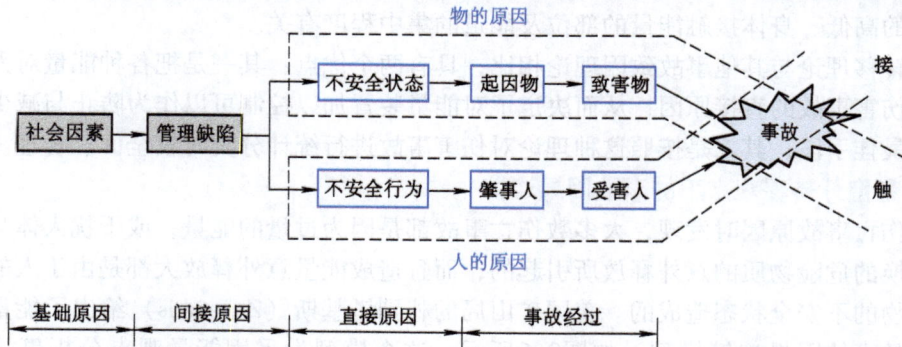

图 2-7 轨迹交叉理论所建立的事故模型

模型图。轨迹交叉理论作为一种事故致因理论，它强调了人的因素与物（包括环境）的因素在事故致因中占有同样重要的地位，这一观点对于调查和分析事故来讲是十分重要的[149,150]。

......

2.2　基于人体信息处理的人因失误事故模型

这类事故理论都有一个基本观点，即人失误会导致事故，而人失误的发生是由于人对外界信息（刺激）的反应失误所造成的。

2.2.1　威格里斯沃思模型

1972 年威格里斯沃思（Wigglesworth）提出了"人的失误构成所有类型事故的基础"的观点。他认为：在生产操作过程中，各种各样的信息不断地作用于操作者的感官，给操作者以"刺激"。如果操作者能对"刺激"做出正确的响应，事故就不会发生；反之，就有可能出现危险。危险是否会带来伤害事故，则取决于一些随机因素。图 2-8 给出了该事故模型的流程图。

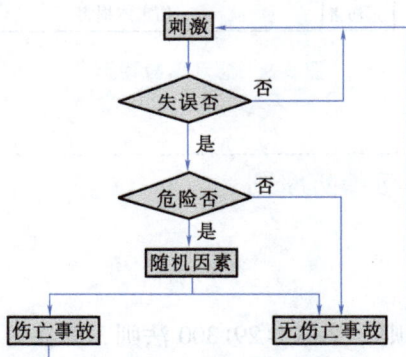

图 2-8　威格里斯沃思的事故模型流程图

2.2.2　瑟利模型

1969 年，Surry（瑟利）把事故的发生过程分为危险出现与危险释放两个阶段。这两个阶段各自包括一组人的信息处理（即人的知觉、认识和行为响应）的过程。在危险出现阶段，如果在人的信息处理的每个环节上都正确，则危险就能被消除或得到控制；反之，只要任何环节出现了问题，便会使操作者直接面临危险。另外，在危险释放阶段，如果在人的信息处理的各个环节都正确，则虽然面临着已经显现的危险，但仍然可以避免危险释放出来，也就不会造成伤害或损坏；反之，只要任何一个环节出错，则危险就会转化成伤害或损害。图 2-9 给出了瑟利事故模型的流程图，显然，这种模型适用于描述危险局面出现得较慢时的情况。

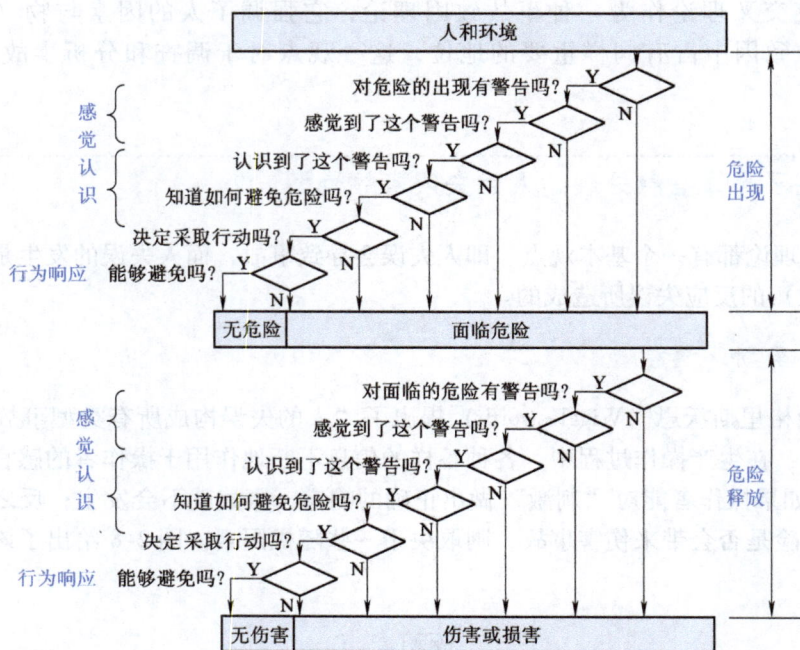

图 2-9　瑟利事故模型

2.3　事故的统计规律与预防原则

2.3.1　事故的统计规律

事故的统计规律即事故法则，又称 1∶29∶300 法则，即在每330个事故中，会造成死亡、重伤事故 1 次，轻伤、微伤事故 29 次，无伤事故 300 次。这一法则是美国安全工程师海因里希（Heinrich）在统计分析了 55 万起事故之后提出的，得到了安全界的普遍承认。人们经常根据事故法则的比例关系绘制三角形图，称之为事故三角形，如图 2-10 所示。

2.3.2　事故的预防原则

事故是有其固有规律的，除了人类无法预防像地震、山崩之类自然因素造成的事故外，在人类生产和生活中所发生的各种事故都是可以预防的。事故的预防工作可以从技术、组织管理与安全教育三大方面进行[167～182]，应当遵循以下基本原则。

1. 技术原则

在生产过程中，客观上存在的隐患是事故发生的前提。因此要预防事故的发生，就需要针对危险采取有效的技术措施进行治理，其基本原则是：

（1）消除潜在危险的原则。如用不可燃材料代替可燃材料，再如消除噪声、尘毒对工人健康的影响等。

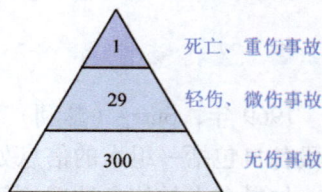

图 2-10　事故三角形

（2）降低潜在危险严重度的原则。如在高压容器中安装安全阀、手电钻采用双层绝缘措施等。

（3）闭锁原则。如冲压机械安装安全互锁器、煤矿上使用电闭锁装置等。

（4）能量屏蔽原则。如建筑业高空作业安装安全网、核反应堆设置安全壳等。

（5）距离保护原则，应尽量使人与危害源距离远一些。如化工厂应远离居民区建立等。

（6）个体保护原则。如作业者系安全带、戴护目镜等。

（7）警告、禁止信息原则。如使用警灯、警报器、安全标志等。

（8）作业时间保护原则。

此外，还有根据需要而采取的预防事故发生的技术原则。

2. 组织管理原则

（1）系统整体性原则。安全工作涉及企业生产过程中的各个方面，要注意主次，有效地抓住各个环节，体现出安全工作的系统性、整体性。

（2）计划性原则。安全工作要有计划、有近期和长期的目标，要形成闭环式的管理模式。

（3）效果性原则。

（4）责任制原则。

（5）坚持合理的安全管理体制的原则。

3. 安全教育原则

安全教育可概括为安全态度教育、安全知识教育和安全技能教育，详细内容可查阅参考文献［183］~［186］，这里因篇幅所限不再展开讨论。

习　题

1. 阐述事故的基本特征有哪些？

2. 事故的因果类型可以分为哪几类？试用图加以说明。

3. 为什么说海因里希的骨牌理论是事故研究科学化的先导，并且具有重要的历史地位？

4. 能量意外转移理论认为能量引起的伤害分几大类？请举例分别说明。

5. 试比较威格里斯沃思事故模型与瑟利事故模型的基本特点。它们对预防事故的发生有什么指导意义？

6. 阐述轨迹交叉论的基本思想是什么？试举例说明一下这个事故模型所涉及的人事件链与物（含环境）事件链随着时间的发展及运动轨迹相交所造成事故的过程。

7. 海因里希曾调查了美国的 75000 起工业伤害事故，发现占总数 98% 的事故是可以预防的，只有 2% 的事故超出人的能力所能达到的范围，是不可预防的。在可预防的工业事故中，以人的不安全行为占主要原因的事故有 88%，以物的不安全状态为主要原因的事故占 10%，如图 2-11 所示。

因此，海因里希得出结论：几乎所有的工业伤害事故都是由于人的不安全行为造成的。然而，后来许多学者发现这种观点是有局限性的。根据日本的统计资料，1969 年在机械制造业休工 8 天以上的工伤事故中，96% 的事故与人的不安全行为有关，91% 的事故与物的不安全状态有关；1977 年机械制造业休工 4 天以上的 104638 件伤害事故中，与人的不安全行为无关的只占 5.5%，与物的不安全状态无关的只占 16.5%；这些统计数字表明：大多数工业伤害事故的发生既与人的不安全行为有关，也与物（包括环境）的不安全状态有关。试用轨道交叉论建立的事故模型分析 1977 年日本机械制造业所发生的伤害事故。从上面讲的这件事中，你对事故调查的内容和调查采样的数量[187~192]有什么感受？

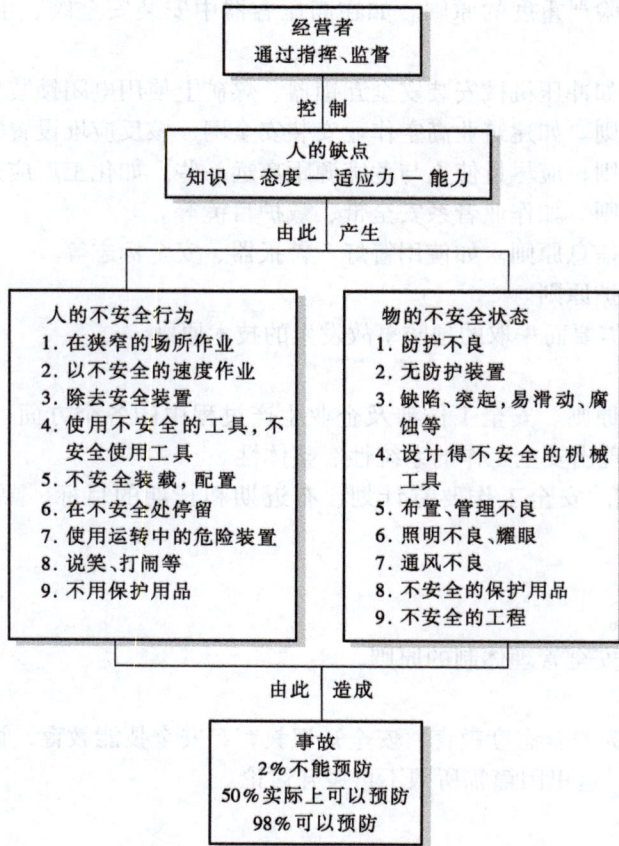

图 2-11 事故的直接原因

请说明应该注意的事项。

8. 什么叫事故法则？为什么说安全工作必须从基础抓起呢？事故的预防原则是什么？

9. 煤与瓦斯突出常给煤矿安全生产特别是井下工作人员的生命及财产安全造成极其严重的威胁，因此研究煤与瓦斯的突出机理十分重要。大量的现场实际现象和观测结果表明：煤岩具有明显的流变性质，因此许多学者认为可以通过对含瓦斯煤岩流变本构方程的研究去达到对煤和瓦斯突出现象本质规律认识的目的。在三维应力空间中，含瓦斯煤岩的三维流变本构方程为

$$\frac{g_2}{\mu_3}(\overline{T}_{ij} - \sigma_y) + \left(1 + \frac{\mu_2}{\mu_3} + \frac{g_2}{g_1}\right)\dot{T}_{ij} + \frac{\mu_2}{g_1}\ddot{T}_{ij} = 2g_2\dot{S}_{ij} + 2\mu_2\ddot{S}_{ij} \tag{2-2}$$

式中，$\dot{T}_{ij}$ 和 $\ddot{T}_{ij}$ 分别表示有效应力偏张量对时间的一阶和二阶导数；$\dot{S}_{ij}$ 和 $\ddot{S}_{ij}$ 分别表示应变张量对时间的一阶和二阶导数；g_1 和 g_2 为切变模量；μ_2 和 μ_3 为动力黏度；σ_y 为等效有效屈服应力；$\overline{T}_{ij}$ 为等效有效应力偏张量。显然，当变形量达到含瓦斯煤岩的极限变形变量时，则含瓦斯煤岩就会急剧破坏与垮落。式 (2-2) 是二阶微分方程，如果在边界条件给定的情况下，你能否使用 Fortran 语言或 C 语言或 Matlab 的工具箱求解式 (2-2)？请尝试完成一个具体算例（这里边界条件及相关数据由读者自己结合算例给定）。

第 3 章

人机系统中人的基本
特性与热感觉

3

在人—机—环境系统中，包含着人、机、环境三大要素，它们相互依存、相互制约、互相补偿。在这三大要素中人是工作的主体，是主要方面，起着主导作用。因此，在设计任何人—机—环境系统时都需要对人的特性进行充分考虑，确保机的设计和环境的设计符合人的需要。人是一个有意识活动的极其复杂、开放的巨系统[4,193~196]，随时随地要与外界进行物质交换、能量交换和信息交换[197~199]，因此研究与掌握人的基本特性非常必要。

本章将从人的物理特性、生理特性、心理特性及人的数学模型与热感觉等方面进行分析。

3.1 人的物理特性

人的物理特性主要包括几何特性、力学特性、热学特性、电学特性、声学特性及其他物理特性。这些物理特性对实现人、机、环境三者优势的最优组合，并使人在使用时处于安全、舒适和宜人的环境之中起了重要作用。因此，它是人—机—环境系统工程中必须要熟悉与掌握的人机学基本数据之一。

3.1.1 人的几何特性

应用于人机工程设计的人的几何特性（又称人体测量数据）可分为人体静态几何特性和人体动态几何特性。人体静态几何特性又称静态人体测量尺寸（如人体的长度、宽、高、围等）；人体动态几何特性又称动态人体测量尺寸（例如人体活动时的各种度量）；这些数据均来源于国家标准规定的人体测量数据。

1. 人体测量的基本术语与测量用的主要仪器

《人体测量术语》（GB/T 3975—1983）和《用于技术设计的人体测量基础项目》（GB/T 5703—2010）规定了人机工程学使用的人体测量术语和人体测量方法，它适用于成年人和青年人借助于《人体测量仪器》（GB/T 5704—2008）中所规定的人体测量仪器进行的测量。

人体测量，属人体测量学的研究范畴。人体测量学也是一门新兴科学，在人体测量学中，只有当被测者的姿势、测量基准面、测量方向、测点都符合相应的国家标准要求时，测量出的数据才有效[200,201]。

人体测量时的基本姿势有两种：一种为直立姿势（简称立姿）；另一种为坐姿。测量基准面如图 3-1 所示。三个测量基准轴分别为垂直轴（z 轴）、纵轴（y 轴）与横轴（x 轴）。垂直轴又称铅垂轴，纵轴又称矢状轴，横轴又称冠状轴。三个测量基准面为正中面（矢状面）、冠状面和水平面。

人体测量基准点是人体几何参数测量的参照基准点，分布于人体的各特征部位。我国国家标准[202]规定了人体测量的各主要基准点（简称测点），并给予了命名与编号，其中头部16个测量点（见图3-2），躯干部10个测点，四肢部12个测点（见图3-3），总共38个测点。除了上述主要测点之外，GB/T 3975—1983还规定了推荐使用的23个测点，使用时可以根据人体测量的不同目的和要求，以上述测点为测量基准得到人体测量的各种基本数据；而且，还规定了测量项目，其中头部测量12项，躯干和四肢部位测量项目69项（其中包括立姿40项、坐姿22项、手与足部6项、体重1项）。GB/T 5703—2010中规定了适用于成年人与青年人的人体参数测量方法，对上述81个测量项目的具体测量方法及各个测量项目所使用的测量仪器做了详细的规定与说明，凡是进行人体测量，必须要严格按照规定标准的测量方法进行测量，其测量结果才有效。另外，测量值读数的精度：线性测量项目的测量值读数精度为1mm，体重的读数精度为0.5kg。

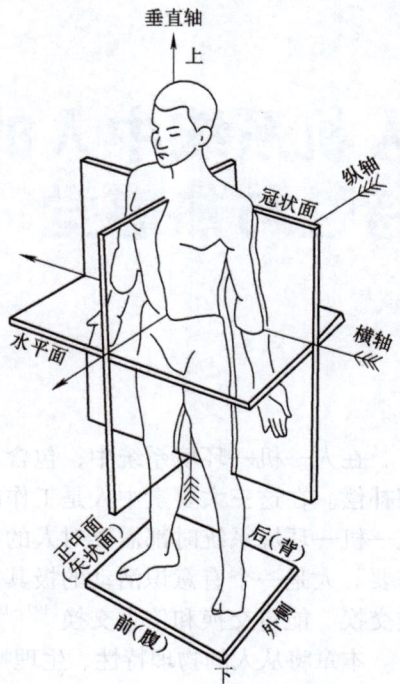

图3-1 人体的测量基准面和基准轴

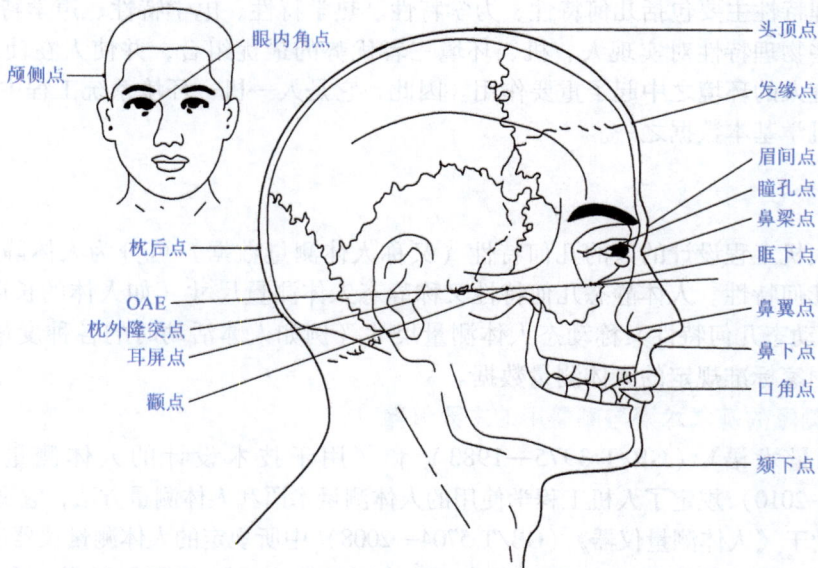

图3-2 人体测量头部基准点

2. 人体测量数据的应用

在人体测量中，被测者通常只是一个特定群体中较少量的个体，其测量数值为离散的随机变量[188,189,203]。为了得到所需的群体尺寸，则必须对通过测量个体所得到的测量值进行数理统

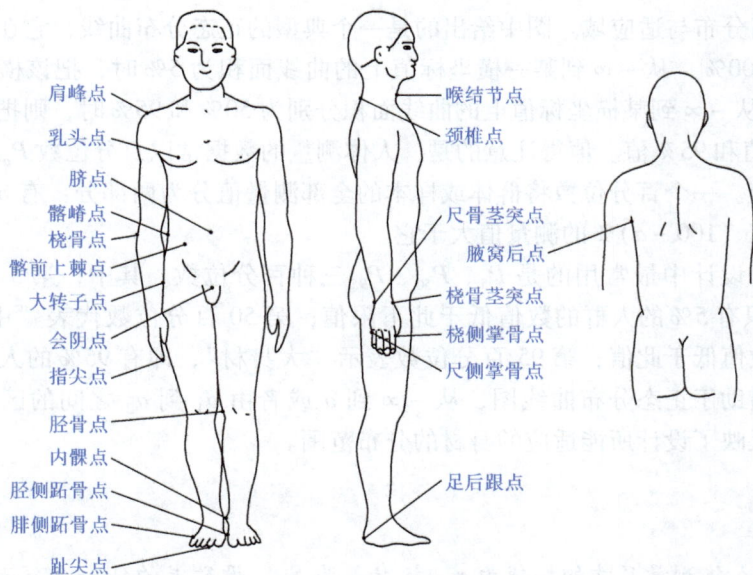

图 3-3 人体测量躯干部与四肢部基准点

肩峰点
乳头点
脐点
髂嵴点
桡骨点
髂前上棘点
大转子点
会阴点
指尖点
胫骨点
内踝点
胫侧跖骨点
腓侧跖骨点
趾尖点

喉结节点
颈椎点
尺骨茎突点
腋窝后点
桡骨茎突点
桡侧掌骨点
尺侧掌骨点
足后跟点

计处理，以便使测量数据能够反映出该群体的形态特征及差异程度。对于静态人体测量数据，应遵循概率统计的理论原则。人体尺寸基本是呈正态高斯分布曲线。例如，把人体身高的测量值按计量单位从小到大排列作为横坐标，把各测量值的相对频数作为纵坐标，便得到了图 3-4

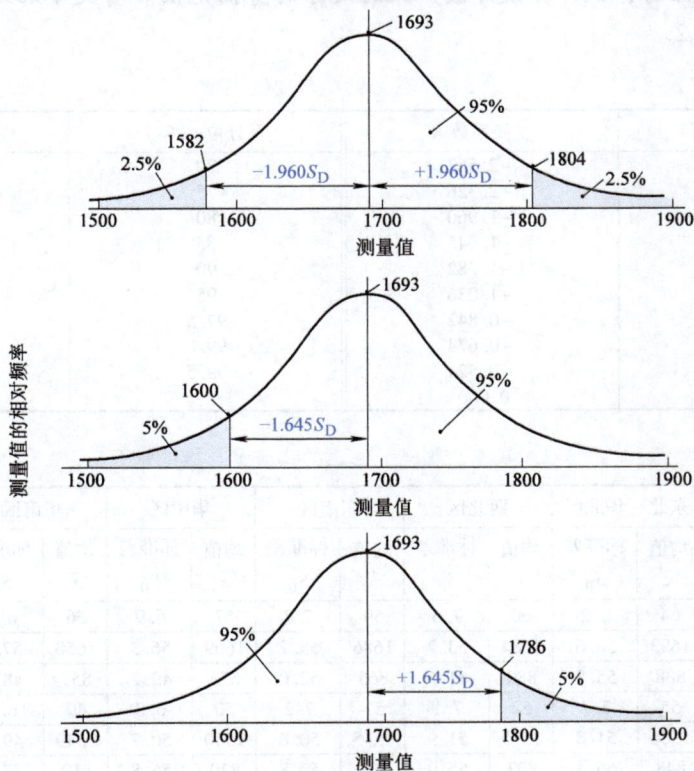

图 3-4 人体身高分布和适应域

所示的人体身高分布与适应域。图中给出的是一个典型的正态分布曲线，它在横坐标轴上覆盖的总面积为100%，从 $-\infty$ 到某一横坐标值上的曲线面积为5%时，把该横坐标轴值称为5%值。同理，从 $-\infty$ 到某横坐标值上的曲线面积分别为50%和95%时，则把该横坐标轴值分别称为50%值和95%值。值得注意的是，人体测量的数据常以百分位数 P_a 作为一种位置指标、一个界值。一个百分位数将群体或样本的全部测量值分为两部分：有 $a\%$ 的测量值等于或小于它；有 $(100-a)\%$ 的测量值大于它。

在人机工程设计中最常用的是 P_5、P_{50}、P_{95} 三种百分位数。其中，第5百分位数代表"小身材"，即只有5%的人群的数值低于此下限值；第50百分位数代表"中身材"，即有50%的人群的数值低于此值；第95百分位数表示"大身材"，即有95%的人群的数值低于此值。另外，借助于正态分布曲线图，从 $-\infty$ 到 a 或者由 a_1 到 a_2 之间的区域定义为适应度。该适应度反映了设计所能适应的身材的分布范围。

例 3-1

已知某项人体测量尺寸的均值为 $\bar{x}$，标准差为 S_D，设欲求的任一个 a 百分位的人体测量尺寸为 x_a 时，则 x_a 值可由下式决定，即

$$x_a = \bar{x} + KS_D \tag{3-1}$$

式中，K 为与 a 有关的变换系数（见表3-1），借助于式（3-1），在设计适用于90%华北男性使用的产品时，试计算设计该产品的尺寸的身高范围。有关华北地区男性的人体测量数据见表3-2。

表3-1 百分位数与变换系数

百分位 $a(\%)$	变换系数 K	百分位 $a(\%)$	变换系数 K
0.5	-2.567	70	0.524
1.0	-2.326	75	0.674
2.5	-1.960	80	0.842
5.0	-1.645	85	1.036
10.0	-1.282	90	1.282
15.0	-1.036	95	1.645
20.0	-0.842	97.5	1.960
25.0	-0.674	99.0	2.326
30.0	-0.524	99.5	2.576
50.0	0.000	—	—

表3-2 身高、胸围、体重的均值 $\bar{x}$ 及标准差 S_D

项目		东北、华北区 均值 $\bar{x}$	标准差 S_D	西北区 均值 $\bar{x}$	标准差 S_D	东南区 均值 $\bar{x}$	标准差 S_D	华中区 均值 $\bar{x}$	标准差 S_D	华南区 均值 $\bar{x}$	标准差 S_D	西南区 均值 $\bar{x}$	标准差 S_D
男（18~60岁）	体重/kg	64	8.2	60	7.6	59	7.7	57	6.9	56	6.9	55	6.8
	身高/mm	1693	56.6	1684	53.7	1686	55.2	1669	56.3	1650	57.1	1647	56.7
	胸围/mm	888	55.5	880	51.5	865	52.0	853	49.2	851	48.9	855	48.3
女（18~55岁）	体重/kg	55	7.7	52	7.1	51	7.2	50	6.8	49	6.5	50	6.9
	身高/mm	1586	51.8	1575	51.9	1575	50.8	1560	50.7	1549	49.7	1546	53.9
	胸围/mm	848	66.4	837	55.9	831	59.8	820	55.8	819	57.6	809	58.8

> **解：**
>
> 首先由表 3-2 查得华北地区男性身高平均值 $\bar{x}=1693\text{mm}$，标准差 $S_D=56.6\text{mm}$；欲使产品适用于 90% 的人，应以第 5 百分位数和第 95 百分位数为确定尺寸的界限值。由表 3-1 查变换系数 K（当 a 取 5 时，$K=-1.645$；当 a 取 95 时，$K=1.645$），于是借助于式（3-1）便得到：
>
> $$x_5=(1693-1.645\times56.6)\text{mm}=1600\text{mm}$$
> $$x_{95}=(1693+1.645\times56.6)\text{mm}=1786\text{mm}$$
>
> 于是按身高 1600~1786mm 范围这个尺寸设计产品，将适用于 90% 华北地区的男性。

3. 人体静态几何特性

人体结构尺寸指静态尺寸，人体功能尺寸指动态尺寸。下面首先介绍我国成年人（男 18~60 岁，女 18~55 岁）的人体结构尺寸。《中国成年人人体尺寸》GB/T 10000—1988 提供了 7 类共 47 项人体尺寸基础数据，同时还将年龄分成了 3 段：18~25 岁（男、女）；26~35 岁（男、女）及 36~60 岁（男）、36~55 岁（女），分别按这些年龄段给出了各项人体尺寸的数据。

人体主要尺寸包括身高、体重、上臂长、前臂长、大腿长、小腿长共 6 项已由 GB/T 10000—1988 给出。除体重外，其余 5 项主要尺寸的部位如图 3-5a 所示，表 3-3 给出了我国成年人的人体主要形体指标。立姿人体尺寸有眼高、肩高、肘高、手功能高、会阴高、胫骨点高 6 项，相应的部位由图 3-5b 给出，表 3-4 给出了具体的尺寸。

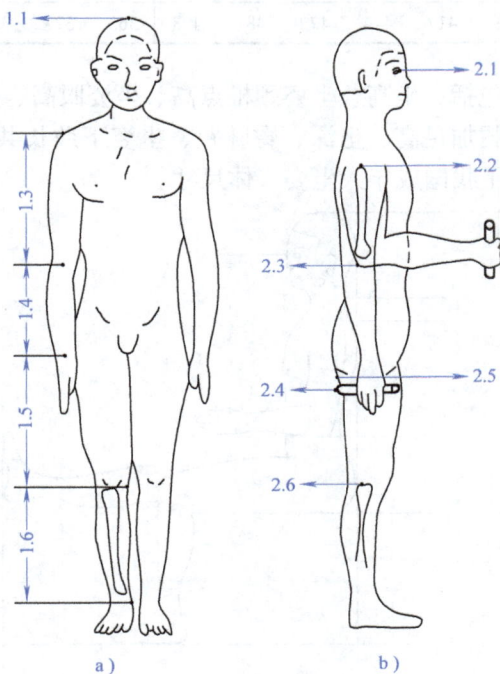

a）   b）

图 3-5 立姿人体尺寸（代号与表 3-3、表 3-4 对应）

表 3-3　人体主要形体指标　　　　　　　　（单位：mm）

测量项目	男（18~60岁）							女（18~55岁）						
年龄分组 百分位数	1	5	10	50	90	95	99	1	5	10	50	90	95	99
1.1　身高	1543	1583	1604	1678	1754	1775	1814	1449	1484	1503	1570	1640	1659	1697
1.2　体重/kg	44	48	50	59	70	75	83	39	42	44	52	63	66	71
1.3　上臂长	279	289	294	313	333	338	349	252	262	267	284	303	302	319
1.4　前臂长	206	216	220	237	253	258	268	185	193	198	213	229	234	242
1.5　大腿长	413	428	436	465	496	505	523	387	402	410	438	467	476	494
1.6　小腿长	324	338	344	369	396	403	419	300	313	319	344	370	375	390

表 3-4　立姿人体尺寸　　　　　　　　　（单位：mm）

测量项目	男（18~60岁）							女（18~55岁）						
年龄分组 百分位数	1	5	10	50	90	95	99	1	5	10	50	90	95	99
2.1　眼高	1436	1474	1495	1568	1643	1664	1705	1337	1371	1388	1454	1522	1541	1579
2.2　肩高	1244	1281	1299	1367	1435	1455	1494	1166	1195	1211	1271	1333	1350	1385
2.3　肘高	925	954	968	1024	1079	1096	1128	873	899	913	960	1009	1023	1050
2.4　手功能高	656	680	693	741	787	801	828	630	650	662	704	746	757	778
2.5　会阴高	701	728	741	790	840	856	887	648	673	686	732	779	792	819
2.6　胫骨点高	394	409	417	444	472	481	498	363	377	384	410	437	444	459

　　成年人坐姿人体尺寸包括：坐高、坐姿颈椎点高、坐姿眼高、坐姿肩高、坐姿肘高、坐姿大腿厚、坐姿膝高、小腿加足高、坐深、臀膝距、坐姿下肢长共 11 项。坐姿尺寸部位如图 3-6 所示，表 3-5 给出了我国成年人坐姿人体尺寸。

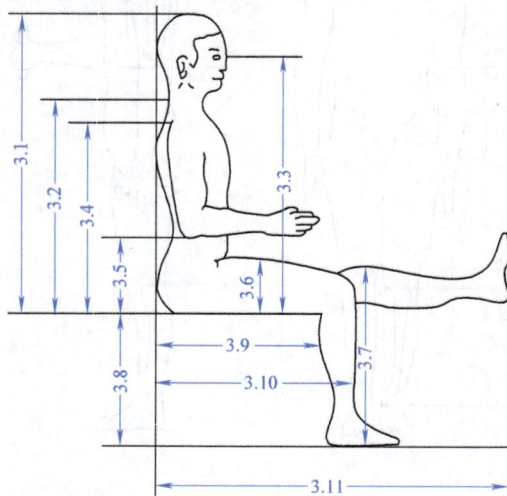

图 3-6　坐姿人体尺寸（代号与表 3-5 对应）

表 3-5　坐姿人体尺寸　　　　　　　　　　　　（单位：mm）

年龄分组 百分位数 测量项目	男（18~60岁）							女（18~55岁）						
	1	5	10	50	90	95	99	1	5	10	50	90	95	99
3.1　坐高	836	858	870	908	947	958	979	789	809	819	855	891	901	920
3.2　坐姿颈椎点高	599	615	624	657	691	701	719	563	579	587	617	648	657	675
3.3　坐姿眼高	729	749	761	798	836	847	868	678	695	704	739	773	783	803
3.4　坐姿肩高	539	557	566	598	631	641	659	504	518	526	556	585	594	609
3.5　坐姿肘高	214	228	235	263	291	298	312	201	215	223	251	277	284	299
3.6　坐姿大腿厚	103	112	116	130	146	151	160	107	113	117	130	146	151	160
3.7　坐姿膝高	441	456	461	493	523	532	549	410	424	431	458	485	493	507
3.8　小腿加足高	372	383	389	413	439	448	463	331	342	350	382	399	405	417
3.9　坐深	407	421	429	457	486	494	510	388	401	408	433	461	469	485
3.10　臀膝距	499	515	524	554	585	595	613	481	495	502	529	561	570	587
3.11　坐姿下肢长	892	921	937	992	1046	1063	1096	826	851	865	912	960	975	1005

　　人体水平尺寸包括：胸宽、胸厚、肩宽、最大肩宽、臀宽、坐姿臀宽、坐姿两肘间宽、胸围、腰围、臀围共 10 项，其相应部位如图 3-7 所示，表 3-6 给出了人体水平尺寸。

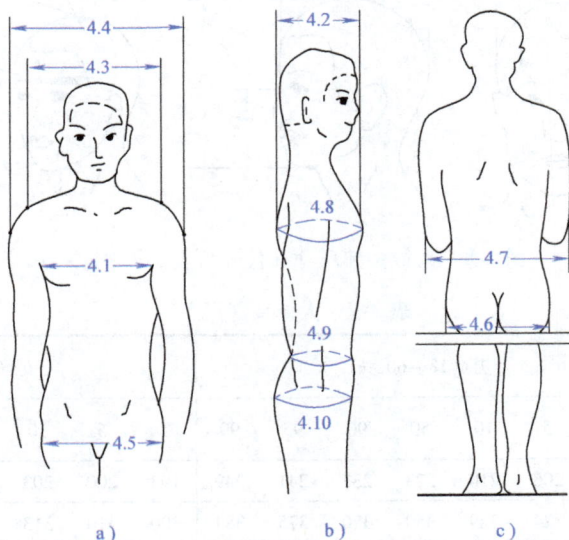

图 3-7　人体水平尺寸（代号与表 3-6 对应）

表 3-6　人体水平尺寸　　　　　　　　　　　　（单位：mm）

年龄分组 百分位数 测量项目	男（18~60岁）							女（18~55岁）						
	1	5	10	50	90	95	99	1	5	10	50	90	95	99
4.1　胸宽	242	253	259	280	307	315	331	219	233	239	260	289	299	319
4.2　胸厚	176	186	191	212	237	245	261	159	170	176	199	230	239	260

（续）

测量项目	男（18~60岁）							女（18~55岁）						
百分位数	1	5	10	50	90	95	99	1	5	10	50	90	95	99
4.3　肩宽	330	344	351	375	397	403	415	304	320	328	351	371	377	387
4.4　最大肩宽	383	398	405	431	460	469	486	347	363	371	397	428	438	458
4.5　臀宽	273	282	288	306	327	334	346	275	290	296	317	340	346	360
4.6　坐姿臀宽	284	295	300	321	347	355	369	295	310	318	344	374	382	400
4.7　坐姿两肘间宽	353	371	381	422	473	489	518	326	348	360	404	460	378	509
4.8　胸围	762	791	806	867	944	970	1018	717	745	760	825	919	949	1005
4.9　腰围	620	650	665	735	859	895	960	622	659	680	772	904	950	1025
4.10　臀围	780	805	820	875	948	970	1009	795	824	840	900	975	1000	1044

　　人体头部尺寸包括头全高、头矢状弧、头冠状弧、头最大宽、头最大长、头围、形态面长 7 项，其相应部位如图 3-8 所示，表 3-7 给出了我国成年人的人体头部尺寸。

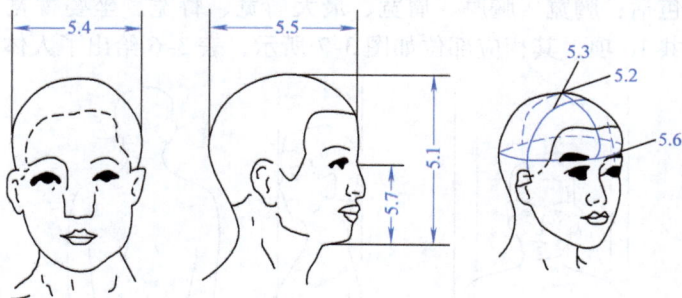

图 3-8　人体头部尺寸（代号与表 3-7 对应）

表 3-7　人体头部尺寸　　（单位：mm）

测量项目	男（18~60岁）							女（18~55岁）						
百分位数	1	5	10	50	90	95	99	1	5	10	50	90	95	99
5.1　头全高	199	206	210	223	237	241	249	193	200	203	216	228	232	239
5.2　头矢状弧	314	324	329	350	370	375	384	300	310	313	329	344	349	358
5.3　头冠状弧	330	338	344	361	378	383	392	318	327	332	348	366	372	381
5.4　头最大宽	141	145	146	154	162	164	168	137	141	143	149	156	158	162
5.5　头最大长	168	173	175	184	192	195	200	161	165	167	176	184	187	191
5.6　头围	525	536	541	560	580	586	597	510	520	525	546	567	573	585
5.7　形态面长	104	109	111	119	128	130	135	97	100	102	109	117	119	123

　　人体手部尺寸包括手长、手宽、食指长、食指近位指关节宽、食指远位指关节宽 5 项。其相应的部位如图 3-9 所示，表 3-8 给出了人体手部尺寸。人体足部尺寸包括足长、足宽 2

项，这 2 项的部位如图 3-10 所示，表 3-9 给出了我国成年人的人体足部尺寸。

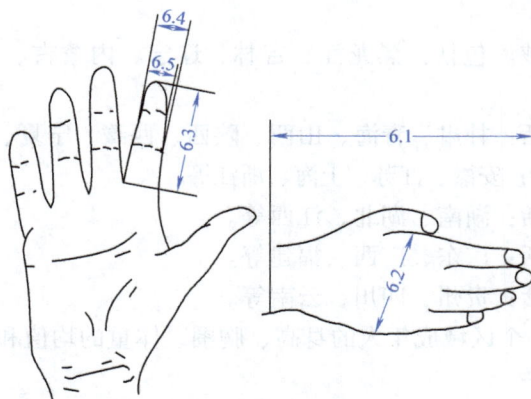

图 3-9　人体手部尺寸（代号与表 3-8 对应）

表 3-8　人体手部尺寸 （单位：mm）

测量项目	男（18～60 岁）							女（18～55 岁）						
年龄分组 百分位数	1	5	10	50	90	95	99	1	5	10	50	90	95	99
6.1 手长	164	170	173	183	193	196	202	154	159	161	171	180	183	189
6.2 手宽	73	76	77	82	87	89	91	67	70	71	76	80	82	84
6.3 食指长	60	63	64	69	74	76	79	57	60	61	66	71	72	76
6.4 食指近位指关节宽	17	18	18	19	20	21	21	15	16	16	17	18	19	20
6.5 食指远位指关节宽	14	15	15	16	17	18	19	13	14	14	15	16	16	17

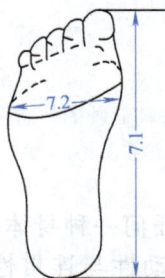

图 3-10　人体足部尺寸（代号与表 3-9 对应）

表 3-9　人体足部尺寸 （单位：mm）

测量项目	男（18～60 岁）							女（18～55 岁）						
年龄分组 百分位数	1	5	10	50	90	95	99	1	5	10	50	90	95	99
7.1 足长	223	230	234	247	260	264	272	208	213	217	229	241	244	251
7.2 足宽	86	88	90	96	102	103	107	78	81	83	88	93	95	98

我国地域辽阔，不同地区间人体尺寸有较大的差异，可按以下6个区域分类说明。

（1）东北、华北区域。包括：黑龙江、吉林、辽宁、内蒙古、山东、北京、天津、河北等。

（2）西北区域。包括：甘肃、青海、山西、陕西、西藏、宁夏、河南、新疆等。

（3）东南区域。包括：安徽、江苏、上海、浙江等。

（4）华中区域。包括：湖南、湖北、江西等。

（5）华南区域。包括：广东、广西、福建等。

（6）西南区域。包括：贵州、四川、云南等。

表3-2给出了上述6个区域成年人的身高、胸围、体重的均值和标准差。

4. 人体动态几何特性

动态人体尺寸测量的重点是测量人在执行某种动作时的身体特征。图3-11给出了车辆驾驶的静态图和动态图。静态图3-11a强调驾驶员与驾驶座位、转向盘、仪表等的物理距离；动态图3-11b则强调驾驶员身体各部位的动作关系[66,68,79]。

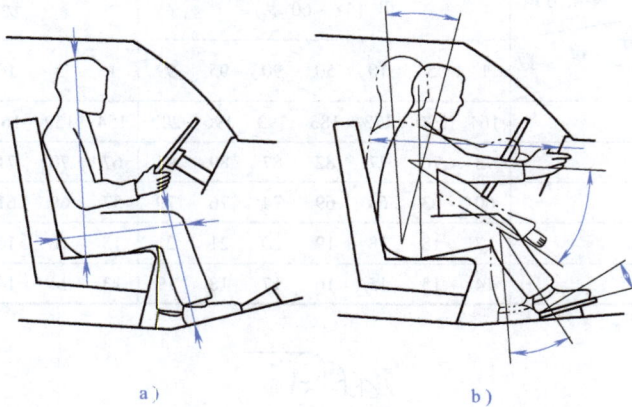

图3-11 车辆驾驶的静态图与动态图
a）静态图 b）动态图

动态人体尺寸测量的特点是，在任何一种身体活动中，身体各部位的动作并不是独立无关的，而是协调一致的，具有活动性与连贯性。例如手臂可及的极限并非唯一由手臂长度所决定，它还受到肩部运动、躯干的扭转、背部的弯曲及操作本身所带来的影响。

动态人体测量通常是对手、上肢、下肢、脚所及的范围，以及各关节能达到的距离和能转动的角度进行测量，如图3-12所示。《工作空间人体尺寸》（GB/T 13547—1992）提供了我国成年人立、坐、跪、卧、爬等常取姿势时的功能尺寸数据[204]，经整理归纳后列于表3-10。表中所列数据均为裸体测量结果，使用时应增加适当的修正余量。另外，图3-13给出了人体各部位的活动范围，表3-11给出了相应的数据。当然，为了保证测量数据的有效性[205]，应该采用国家标准中所规定的测量仪器[206]。

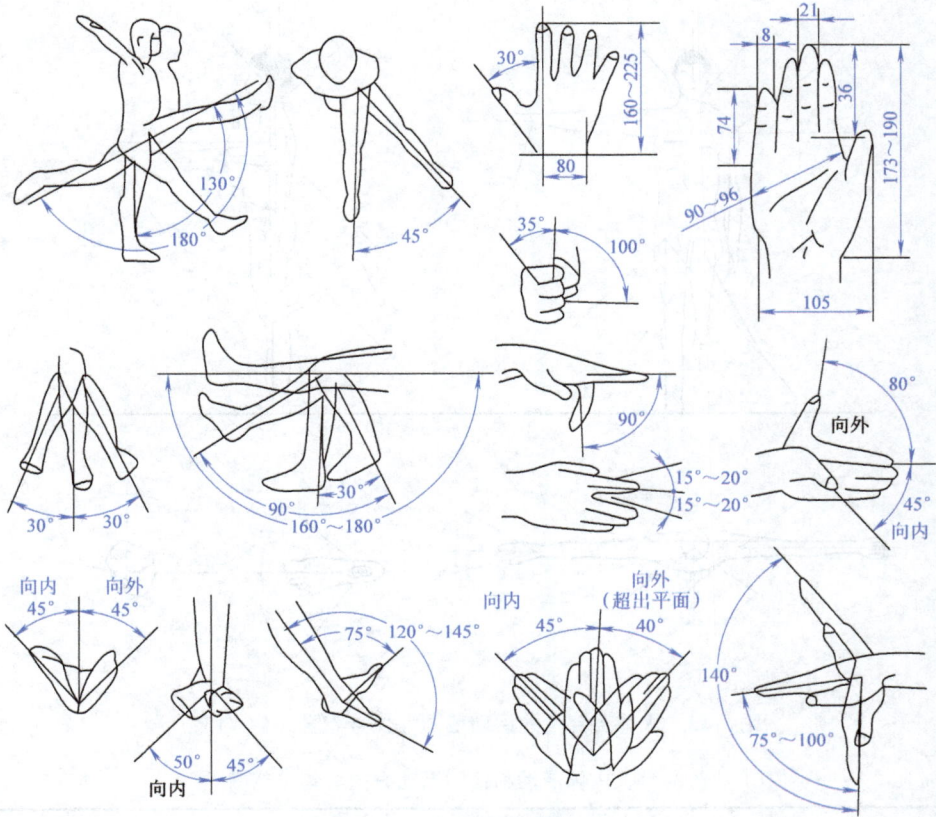

图 3-12 上、下肢的转动、移动范围

表 3-10 我国成年男、女上肢功能尺寸 （单位：mm）

测量项目	男（18～60岁）			女（18～55岁）		
	P_5	P_{50}	P_{95}	P_5	P_{50}	P_{95}
立姿双手上举高	1971	2108	2245	1845	1968	2089
立姿双手功能上举高	1869	2003	2138	1741	1860	1976
立姿双手左右平展宽	1579	1691	1802	1457	1559	1659
立姿双臂功能平展宽	1374	1483	1593	1248	1344	1438
立姿双肘平展宽	816	875	936	756	811	869
坐姿前臂手前伸长	416	447	478	383	413	442
坐姿前臂手功能前伸长	310	343	376	277	306	333
坐姿上肢前伸长	777	834	892	712	764	818
坐姿上肢功能前伸长	673	730	789	607	657	707
坐姿双手上举高	1249	1339	1426	1173	1251	1328
跪姿体长	592	626	661	553	587	624
跪姿体高	1190	1260	1330	1137	1196	1258
俯卧体长	2000	2127	2257	1867	1982	2102
俯卧体高	364	372	383	359	369	384
爬姿体长	1247	1315	1384	1183	1239	1296
爬姿体高	761	798	836	694	738	783

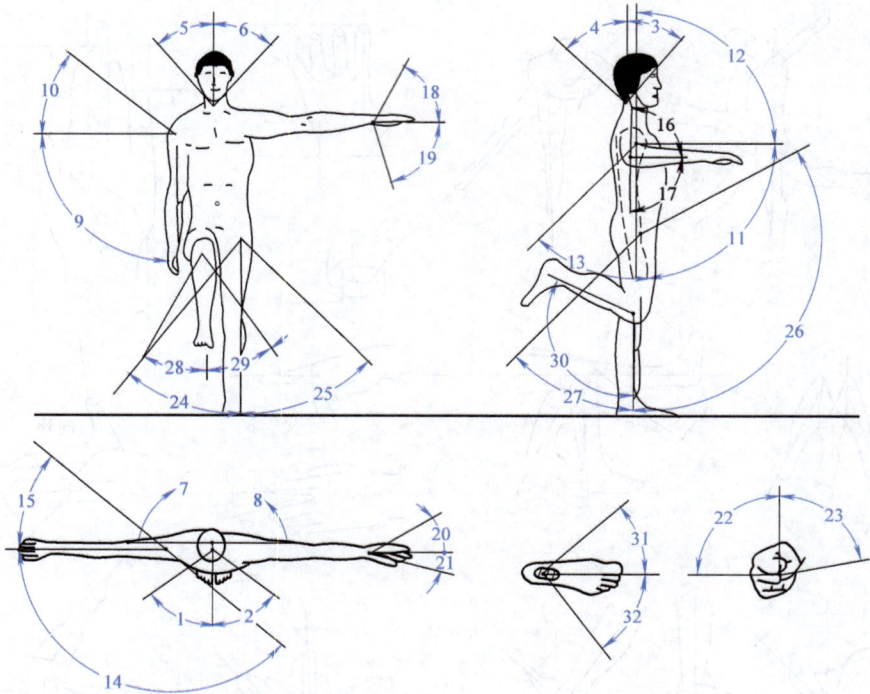

图 3-13　人体各部位的活动范围（代号与表 3-11 对应）

表 3-11　人体活动部位的活动方向与角度范围

身体部位	移动关节	动作方向	动作角度		身体部位	移动关节	动作方向	动作角度	
			代号	(°)				代号	(°)
头	脊柱	向右转	1	55	腕（枢轴关节）		背屈曲	18	65
		向左转	2	55			掌屈曲	19	75
		屈曲	3	40	手		内收	20	30
		极度伸展	4	50			外展	21	15
		向一侧弯曲	5	40			掌心朝上	22	90
		向一侧弯曲	6	40			掌心朝下	23	80
臂	肩关节	外展	9	90	肩胛骨	脊柱	向右转	7	40
		抬高	10	40			向左转	8	40
		屈曲	11	90	腿	髋关节	内收	24	40
		向前抬高	12	90			外展	25	45
		极度伸展	13	45			屈曲	26	120
		内收	14	140			极度伸展	27	45
		极度伸展	15	40			屈曲时回转（外观）	28	30
		外展旋转					屈曲时回转（内观）	29	35
		（外观）	16	90	小腿足	膝关节踝关节	屈曲	30	135
		（内观）	17	90			内收	31	45
							外展	32	50

　　人体并不是一块刚体，在很多场合下可以视为由多个节段组成的复合刚体。体节是从动力学角度将人体划分为若干个节段，每个节段可以看作理想的刚体。以此建立人体动力学模型[207~209]，每个节段便是一个模块。常用的模型有 14 个模块，如图 3-14 所示。在这个模型中人体被分解成头、躯干、左上臂、右上臂、左前臂、右前臂、左手、右手、左大腿、右大

腿、左小腿、右小腿、左足与右足共 14 个节段。将两个体节连接起来，并保持两者之间可以相对运动的生理结构称为关节。在这里，关节的含义与解剖学上的关节含义有些不同。在解剖学上，人体全身关节共有 200 多个，而图 3-14 的人体模型中只有 13 个关节。关于体节的活动范围，参考文献［98］中有详细叙述，这里因篇幅所限不予赘述。

5. 人体模型

以人体参数为基础建立的人体模型是描述人体形态特性与力学特性的有效工具，是研究、分析、设计、评价、试验人机系统不可缺少的辅助手段。根据使用的目的不同，人体模型的用途、功能、构造方法也有所不同[210~212]。例如按用途来分，有分析工作姿势用的人体模型，有分析动作用的人体模型，有用于运动学分析用的人体模型，有用于动力学分析用的人体模型，有研究人机界面匹配评价用的人体模型，有用于各种试验用的人体模型。如果按照人体模型的构造方法来分，可分为两类：一类是物理仿真模型，另一类是数学仿真模型。下面仅扼要介绍一下人机工程学科领域中常用的人体模型。

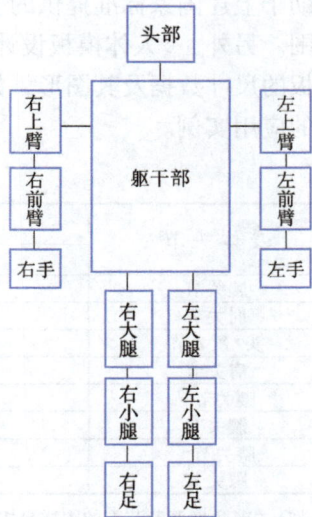

图 3-14　人体的 14 节段模型

《坐姿人体模板功能设计要求》（GB/T 14779—1993）[213]中规定了 3 种身高等级的成年人坐姿模板的功能设计基本条件、功能尺寸、关节功能活动角度、设计图和使用条件。图 3-15 给出了

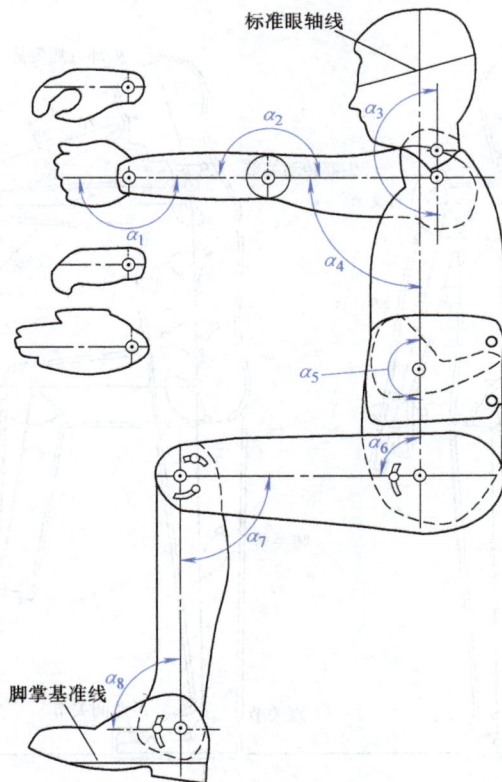

图 3-15　坐姿人体模板的侧视图

借助于上述国家标准提供的坐姿人体模板侧视图，表 3-12 给出了人体模板关节角度的活动范围。另外，《人体模板设计和使用要求》（GB/T 15759—1995）提供了用于设计人体外形模板的尺寸数据及其图形，如图 3-16 所示。图 3-17 给出了用人体模板去校核轿车驾驶室设计的应用实例。

表 3-12　人体模板关节角度的活动范围

身 体 关 节		调节范围[1]		
		侧 视 图	俯 视 图	
腕关节	α_1	140°~200°	β_1	140°~200°
肘关节	α_2	60°~180°	β_2	60°~180°
头/颈关节	α_3	130°~225°	β_3	55°~125°
肩关节	α_4	0°~135°	β_4	0°~110°
腰关节[2]	α_5	168°~195°	β_5	50°~130°
髋关节	α_6	65°~120°	β_6	86°~115°
膝关节[3]	α_7	75°~180°	β_7	90°~104°
踝关节	α_8	70°~125°	β_8	90°

[1] 关节角度调节范围的图样是按照功能技术测量系统绘出的。

[2] 模板腰部的设计仅表现一种协调关系，并不体现它在生理意义上可能有的活动范围。

[3] 模板的正视图中取消了膝关节，此时小腿的运动将围绕髋关节进行。

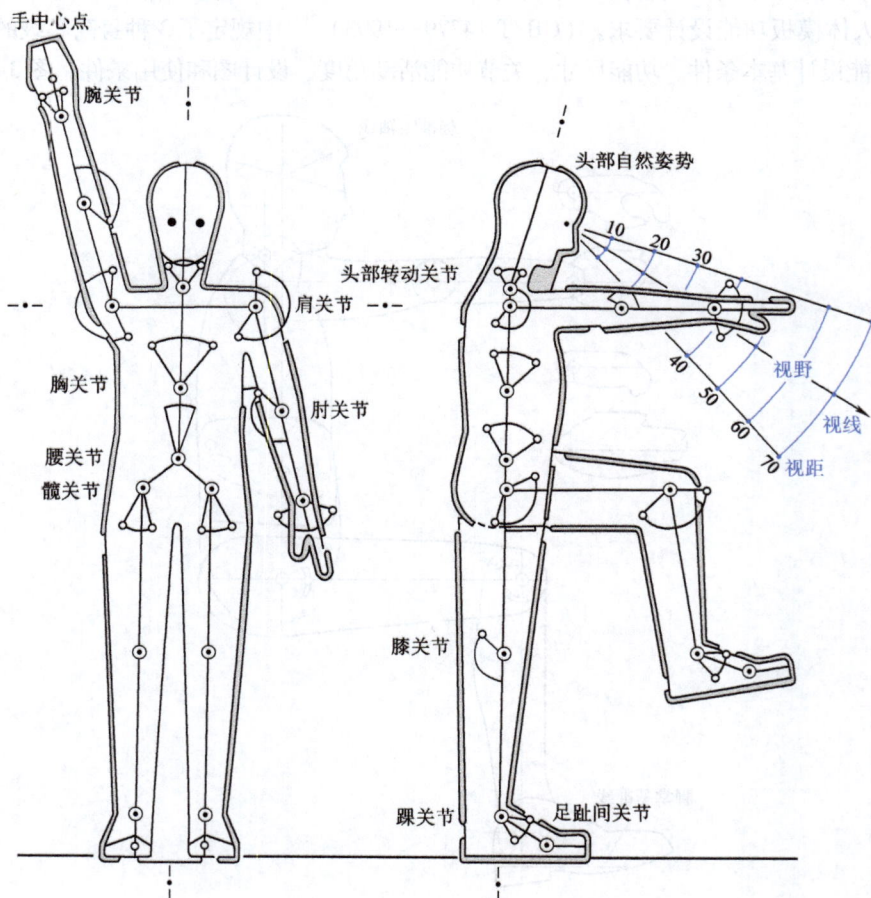

图 3-16　人体外形模板

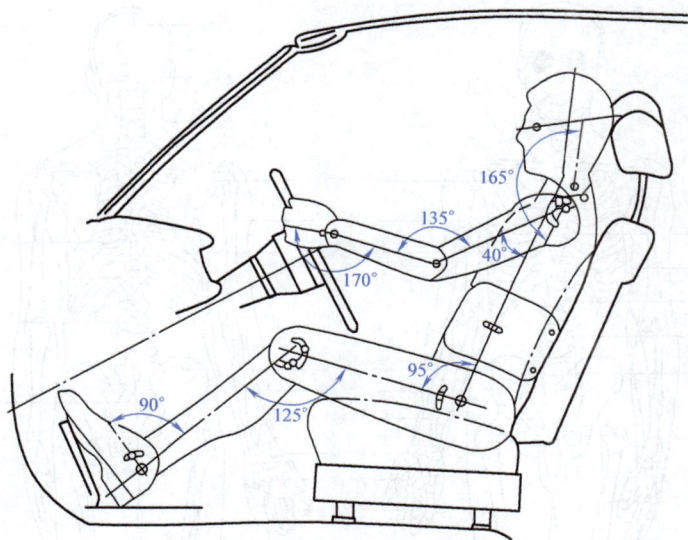

图 3-17 人体模板用于轿车驾驶室的设计

3.1.2 人的力学特性

生物力学是研究生物系统运动规律的科学[214~216]。生物系统包括有机整体与有机整体的联合体。有机整体是由各种器官和组织及其中的液体和气体组成的整体；有机整体的联合体是由生物体的各部分，例如，头、躯干、四肢及内脏等组成的有机整体联合体。人体生物力学侧重研究人体各部分的力量、活动范围、速度，人体组织对于不同阻力所发挥出的力量等问题。人的骨骼和肌肉是人体的主要运动器官，人体的力学特性也主要由这两种器官决定的。图 3-18 给出了人体骨骼分布图。人体骨骼共有 206 块，其中有 177 块直接参与人体运动。人体的主要肢体骨均属于密质骨。密质骨可视为胡克弹性体，表 3-13 给出了人体主要骨骼的力学特性。

表 3-13 人体主要骨骼的力学特性

力 学 特 性	股 骨	胫 骨	肱 骨	桡 骨
抗拉强度极限/MPa	124 ± 1.1	174 ± 1.2	125 ± 0.8	152 ± 1.4
最大伸长百分比（%）	1.41	1.50	1.43	1.50
拉伸时的弹性模量/GPa	17.6	18.4	17.5	18.9
抗压极限强度/MPa	170 ± 4.3	—	—	—
最大压缩百分比（%）	1.85 ± 0.04	—	—	—
拉伸时抗剪强度极限/MPa	54 ± 0.6	—	—	—
扭转弹性模量/GPa	3.2	—	—	—

人体中的肌肉可分为 3 类，即骨骼肌、心肌和平滑肌。人体的运动和力量主要来自骨骼肌。人体全身共有大小骨骼肌 600 多块，总质量约占全身质量的 35%~40%；人体产生的力量是骨骼肌收缩时表现出的一种力学特性。人体在日常作业中，最常用的力量是握力、推拉力、蹬力和提拉力。一般男子的握力相当于自身重力的 47%~58%，女子的握力相当于自身

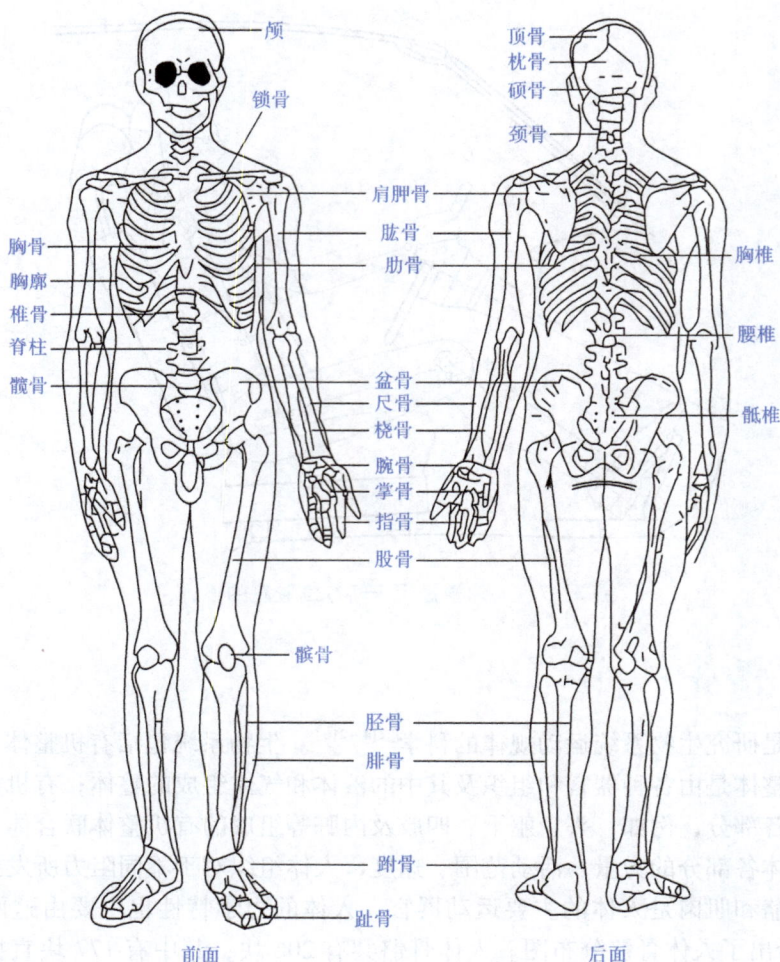

图 3-18　人体骨骼分布图

重力的 40%~48%；手做左右运动时，则推力大于拉力，最大推力约为 392N；手做前后运动时，拉力明显大于推力，瞬时动作的最大拉力可达 1078N，连续操作的拉力约为 294N；在垂直方向，手臂的向下拉力也要明显大于向上拉力。腿的蹬力是腿部肌肉产生伸展运动时的力量，右腿最大蹬力平均可达 2568N，左腿可达 2362N。

肌肉收缩的力学特性可用三元件简化力学模型[217]加以描述，如图 3-19 所示。图中 C. C 表示收缩元件；S. C 表示串联顺应元件，相当于串联的无阻尼弹性元件；P. C 表示并联顺应元件，相当于并联的无阻尼弹性元件。三个元件构成的性质共同决定了肌肉的力学特性。图 3-20 给出了肌肉的收缩速度与肌肉产生的张力之间的关系。由图上可以看出：在中等程度的后负荷作用下，产生的张力与它收缩时的初速度大致呈反比关系。

事实上，著名的希尔（Hili）方程给出了肌肉收缩速度 v 与张力 P 之间的数学描述，即

$$P = \frac{(P_0 + a)b}{v + b} - a \tag{3-2}$$

$$v = \frac{(P_0 + a)b}{P + a} - b \tag{3-3}$$

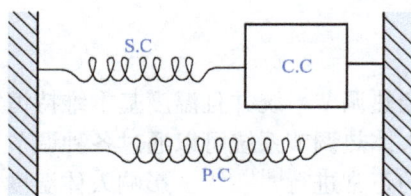

图 3-19　肌肉的三元件简化力学模型

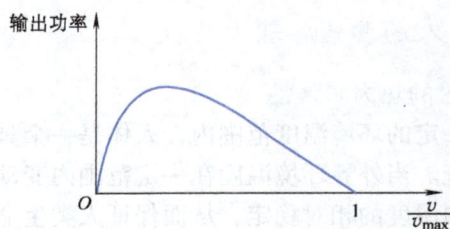

图 3-20　肌肉的功率-速度曲线

式中，P 为肌肉张力；v 为肌肉收缩速度；P_0 为肌肉的初张力；a 与 b 为常数。

　　值得注意的是，上述速度与张力之间的曲线是在前负荷固定于某一数值而改变后负荷时肌肉所表现的收缩形式和速度、张力间的变化关系。关于前负荷与后负荷的概念可参阅参考文献 [218]，这里因篇幅所限不做介绍。肌肉的输出功率由张力与缩短速度的乘积决定，由图 3-20 可知，当肌肉缩短速度为 $(0.2 \sim 0.3)v_{max}$ 时，其输出功率最大。

　　肌肉收缩是由肌肉的动作电位引起的，记录肌肉动作电位变化的曲线称为肌电图（Electromyograms，简称 EMG）。肌电图的形状可反映肌肉本身机能的变化，反映了人体局部肌肉的负荷情况，对客观、直接地判断肌肉的神经支配状况及运动器官的机能状态具有重要意义。另外，在人机工程学上，也常用肌电图的电压幅值和收缩频率来评价作业设计、作业姿势，以及工具设计的人性化与合理化。

　　人体所能产生的最大功率可以用如下近似公式给出，即

$$W = 0.47 \left[tQ_1 + \Delta Q_2 \right] / t \tag{3-4}$$

$$Q_1 = (56.592 - 0.398A) M \times 10^{-3} \tag{3-5}$$

式中，W 为人体运动所产生的功率（kW）；t 为运动时间（min）；Q_1 为最大耗氧量（L/min），ΔQ_2 为超过最大耗氧量的氧需量，又称为氧债（L）；A 为人的年龄；M 为人的体重（kg）。

　　表 3-14 给出了人体在不同工作时间内所产生的最大功率[67]。

表 3-14　人体在不同工作时间内所产生的最大功率

性别	年龄	身高 /cm	体重 /kg	人体表面积/m²	Q_1 /(L/min)	ΔQ_2 /L	最大功率/kW				
							15s	60s	4min	30min	150min
男	15	154	45	1.416	2.23	3.689	5.87	2.04	1.05	0.82	0.78
	16	158	49	1.489	2.382	4.072	6.45	2.26	1.18	0.87	0.83
	17	160	52	1.536	2.481	4.370	6.89	2.37	1.24	0.90	0.87
	18	161	53	1.565	2.551	4.578	7.21	2.46	1.28	0.93	0.89
	20~23	162	56	1.596	2.536	6.051	9.25	2.97	1.39	0.95	0.90
女	15	149	43	1.353	1.678	2.205	3.63	1.35	0.77	0.60	0.59
	16	150	46	1.390	1.724	2.266	3.73	1.38	0.80	0.625	0.60
	17	151	47	1.411	1.760	2.314	3.80	1.40	0.81	0.632	0.61
	18	152	48	1.422	1.764	2.332	3.83	1.42	0.82	0.65	0.62

3.1.3 人的其他物理学特性

1. 人的热力学特性

在一定的环境温度范围内，人体是一个具有复杂热调节系统并且温度基本维持恒定的热力学系统。当外界环境温度在一定范围内变动时，人体热调节系统可以通过各种调节手段去维持体内温度的相对稳定，从而保证人类生命活动的正常进行[219~223]。影响人体温度恒定的因素是人体的自身产热和外界环境的热量交换。

新陈代谢是所有生物不可缺少的重要特征。生物从外界环境获取必要的物质，排泄不必要的代谢产物，同时也进行了能量的代谢。各种能源物质在体内氧化过程中所产生能量的不足一半被肌体以高能磷酸键的形式存储于体内，一半以上的能量直接转化为热能。以高能磷酸键形式存储的能量可为人体完成肌肉收缩、舒张、腺体分泌等生理活动提供能量。

人体的能量代谢和产热量受诸多因素的影响，如环境温度、体力负荷、饮食结构、精神状态，甚至某些内分泌疾病都可能影响人的能量代谢。基础代谢量是人体在基础状态下单位时间内测出的能量代谢量。所谓基础状态，是指人体清晨进食前，静卧半小时后水平仰卧、肌肉松弛、清醒而精神放松的状态[224~226]。表 3-15 给出了不同年龄男女的基础代谢率（BMR）。由表中数据可以看出：随着年龄的增长，基础代谢率在逐渐减小；对于同龄人，女性的基础代谢比男性低。另外，体力负荷对人体的能量代谢和产热量有非常明显的影响。例如，当活动强度加大时，耗氧量和能量代谢便显著增加，可达到安静状态下的 10~20 倍。这时肌肉是人体的主要产热器官，其产热量占总产热量的 90% 以上，表 3-16 给出了人体不同类型活动下的能量代谢率[6]。

表 3-15 不同年龄人的基础代谢率

年龄/岁	男性 /[kJ/(m² · h)]	女性 /[kJ/(m² · h)]
15	175	159
20	162	148
25	157	147
30	154	147
35	153	147
40	152	146
45	151	144
50	150	142
55	148	139
60	146	137
65	144	135

表 3-16 人体不同类型活动下的能量代谢率

人体活动状态	能量代谢率 /[kJ/(m² · min)]
静卧	2.73
开会	3.40
擦窗	8.30
洗衣	9.89
清扫	11.37
打排球	17.05
打篮球	24.22
踢足球	24.98

代谢活动在人体内表现为一系列的生化反应，而温度是保证生化反应正常进行的一个重要因素。体温过高或过低都会对体内的生化反应产生严重的影响。但是，对于人体来讲，各部分的温度并不相同。体表的温度称为体表温度或皮肤温度；人体深部的温度，包括颅腔、胸腔和腹腔内部的温度，称为核心温度。在环境温度为 23℃ 时，人体躯干的体表温度为 32℃，额部为 33~34℃，手部为 30℃，足部为 27℃；人体核心温度不易测量，通常临床用

较易测定的腋下、口腔或直肠温度代替核心温度，简称体温（通常，腋下温度的正常值为36.0～37.4℃，口腔温度为36.6～37.7℃，直肠温度为36.9～37.9℃）。

体温的相对稳定是依赖人体复杂的体温调节系统来保证的，下丘脑是体温生理调节的神经中枢，它能感受局部脑组织0.1℃温度的变化。人体的体温调节机制可分为生理性调节与行为性调节两类，其调节系统是个复杂的负反馈控制系统，如图3-21所示，图中T_C与T_S分别表示核心温度与皮肤温度；T_0为基准温度（其调定点为：核心温度为37.0℃，皮肤温度为33.3℃）。关于该系统的详细介绍见本书3.5节。

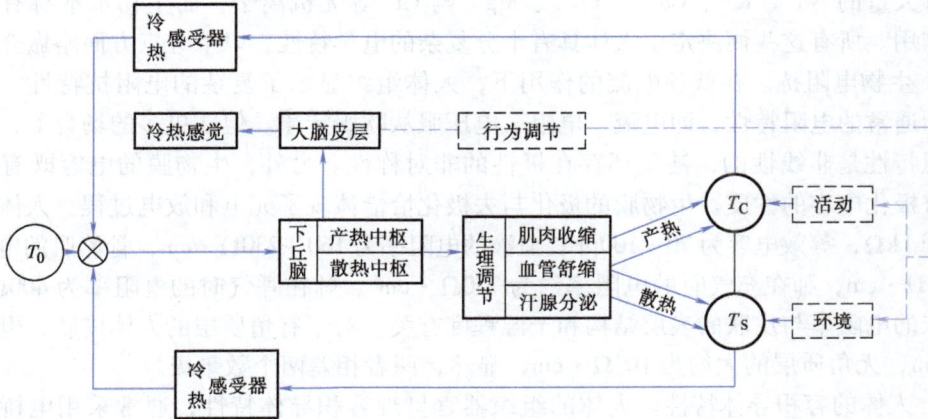

图3-21　人体温度调节负反馈控制系统

人体与环境之间的热交换主要有4种形式：辐射、传导、对流和蒸发。

辐射热交换主要取决于物体间的温度差、有效辐射面积以及物体表面的反射特性和吸收特性，其关系式为[227~229]

$$q_r = \sigma \left[(\overline{T}_S)^4 - (\overline{T}_r)^4 \right] A_r \tag{3-6}$$

式中，σ为斯蒂芬-玻耳兹曼（Stefan-Boltzmann）常数；$\overline{T}_S$与$\overline{T}_r$分别为物体表面平均温度与环境的平均辐射温度；A_r为有效辐射面积。

人体与环境间的导热热流率为

$$q_K = \lambda (T_1 - T_2) \tag{3-7}$$

式中，λ为导热系数；T_1与T_2分别为两物体的表面温度。

人体与环境间的对流热交换为

$$q_C = \alpha (\overline{T}_S - \overline{T}_a) \tag{3-8}$$

式中，α为对流换热中的表面换热系数；$\overline{T}_S$与$\overline{T}_a$分别为物体表面平均温度与流体介质平均温度。对于不同的环境条件，α的取值是不同的，其相应的取值可参考传热学方面的书籍（如参考文献［227］～［229］等）。

蒸发换热是人体与环境进行的另一种形式的热交换，它是人体通过汗液蒸发、利用相变的形式向环境散发热量。蒸发时，人体表面的水分由液态变为气态，因此，水的汽化潜热是导致人体蒸发散热的实质。蒸发热交换主要取决于人体表皮肤的p_{SK}值和环境的p_a值，其关系式为

$$q_E = \alpha_e (p_{SK} - p_a) \tag{3-9}$$

式中，p_{SK}为皮肤温度下水的饱和蒸汽压；p_a为环境空气中水的饱和蒸汽压；α_e为蒸发换热系数。

当然，人体蒸发散热还要受到风速、气压、湿度等环境条件的影响。环境流场的计算可借助于流体力学的方法[230~232]进行预测与模拟，这里因篇幅所限不做介绍。

2. 人的电学特性

组成人体的许多生命物质，特别是组成蛋白质的氨基酸能够离解产生离子基团或者形成电偶极子；核酸大分子中的碱基和磷酸酯也存在丰富的离子基团和电偶极子。另外，生物体内水带有大量的 Na^+、K^+、Ca^{++}、Fe^{++}、Mg^{++} 与 Cl^- 等无机离子，而生物水本身有极强的电偶极作用。所有这些便决定了人体具有十分复杂的电学特性，以下分三方面略做介绍。

（1）生物电阻抗。在低频电流的作用下，人体组织显示了复杂的电阻抗特性。一些组织表现为通常的电阻特性，即电流、电阻、电压服从欧姆定律。但在更多的场合下，人体组织的电阻特性是非线性的，甚至还存在极性的非对称性。另外，生物膜的电容既有储能作用，也有极化电容的性质。生物膜的极化与去极化恰恰体现了充电和放电过程。人体的等效电阻大于 $1k\Omega$，等效电容为 $70\sim100pF$；血液的电阻率为 $160\sim230\Omega\cdot cm$，骨骼肌的电阻率为 $470\sim711\Omega\cdot cm$，肺在充气时的电阻率约为 $750\Omega\cdot cm$，肺在呼气时的电阻率为 $400\Omega\cdot cm$，人体皮肤的电阻率与皮肤的表层结构和干湿程度有关。对于有角质层的人体皮肤，电阻率为 $10^5\Omega\cdot cm$，无角质层的大约为 $10^3\Omega\cdot cm$，显然，两者相差两个数量级。

（2）人体的容积导体特性。人体的组织器官呈现容积导体特性，通常采用电桥法或者四电极法测量人体组织器官的电阻抗。这些电子仪器根据测量结果画出的图形称为电阻抗图，如心阻抗图、肺阻抗图、脑阻抗图等。这些阻抗图对判断组织器官的正常与病变有重要价值。

（3）人体生物电。生物电现象是人体乃至生物界的普遍现象，细胞膜电位的瞬时改变导致组织兴奋。应该指出：单个细胞的电活动往往是非常微弱的，生物电位的变化是微伏级的水平，只有当组织内许多细胞的群体性和一致性的电活动时才可以构成明显的生物电信息。这些生物电信息可以反映出相应组织器官的功能状态与特性。

3. 人的磁学特性

人体组织本身是非磁性的、磁化率很小。但是，体内生命过程产生生物电的同时也就会产生生物磁场。肌细胞或神经细胞的兴奋在体内都产生离子电流，这些电流可产生外部磁场。例如心脏的电活动、脑的生物电活动等都会分别产生磁场。人体磁场属弱磁场，它的强度十分微弱，例如，脑的磁场强度为 $10^{-12}\sim10^{-14}T$，仅为地磁强度的十亿分之一；心脏的磁场强度稍高，为 $10^{-10}\sim10^{-12}T$，但与地磁强度相比仍是小量。

4. 人的声学特性

人语言的频率范围较宽，其中对语言可懂度有贡献的频谱范围覆盖了 $200\sim7000Hz$，而且 $300\sim3400Hz$ 这一范围对听取和理解语言的作用最大。在人们日常对面交谈中，人口部辐射的声功率为 $10mW$，在离人嘴部前 $1m$ 远处，长时间谈话的有效声压级平均为 $65dB$（其中男性为 $67dB$，女性为 $63dB$）左右。语言的峰值声压级比平均值约高 $12dB$，最小值比平均值约低 $18dB$。

另外，随着心脏的搏动，血流在心脏及全身流动时在许多部位将产生"声"。在血液流速快的部位，有可能产生人耳可以听到的声音；在血流慢的部位，则可能产生人耳不能直接分辨的微弱声强或者频率范围已进入人耳不可监听的次声区域。心脏在周期性搏动过程中挤压血液引起心脏和动脉管壁的弹性变形，产生声信号。对于一般正常的人，在一个心脏周期中可明显地听到两个信号，即第一心音和第二心音。第一心音的音调低沉，持续时间为0.2s；第二心音的音调较高，持续时间为0.08s；心音的频率范围在40～300Hz。对于心音与血管音，都可以用相应的传感器拾取其信号，进行相关的测量，对此可参阅生物医学测量方面的相关文献（如参考文献［233］～［235］）。最后还应指出，人的听觉系统的组织十分特殊，尤其是耳。正常人可感受声音的频率范围是20～20000Hz（约10个倍频程），显然其范围较广。另外，人体的听觉通常可分为声学过程与生理过程，前者是指从外耳集声、中耳传声至耳蜗基底膜运动及毛细胞纤毛弯曲等机械活动；后者指毛细胞受刺激后引起电变化、化学递质释放、神经冲动传至中枢的信息中心等生理活动。对于这方面内容，参考文献［236］、［237］中有论述，可供读者进一步参考。

5. 人的光学特性

人体辐射出的电磁波谱分布范围较宽，但强度很弱，必须用专门的仪器才能感知其存在。从辐射的电磁波成分上看，可分为可见光辐射与红外线辐射。前者反映了人的肤色，后者主要反映于人体热成像图。人的肤色主要有黄、白、黑、棕这四种肤色。不同的肤色对辐射能的反射与吸收有差异。例如，对于波长为0.3～0.4μm的太阳光来说，白色皮肤的吸收系数为0.6，黑色皮肤为0.8。另外，还应当指出，人体的红外辐射是人体电磁辐射中最重要与最显著的部分，它的波谱大约在3～16μm，因此借助于红外线热成像仪可以监测到红外辐射的信号。这一技术常常被用于夜间发现敌人目标的军事侦察上。

3.2　人的生理特性

人的生理特性、心理特性和人的能力限度是进行人—机—环境系统设计与优化的基础，因此，在进行人—机—环境系统研究中搞清楚人的生理与心理特性至关重要。人的生理特性主要包括人的感觉特性、适应性和生理节律性，人体的兴奋性和反应性也反映在上述特性中。

3.2.1　人的感觉与知觉特性

1. 人的感觉特性

人体借助于各种类型的感受器将周围环境（包括自身内环境）中的各种信息的变化转化为生物电位变化，并以神经冲动的方式通过传入神经纤维传向中枢神经系统，然后再经分析、处理并且通过一系列的反射性活动使机体能更好地去适应环境的变化。感觉是人脑对直接作用于感觉器官的客观事物某些属性的反映。例如，一个香蕉放在人面前，通过眼睛看便产生了香蕉呈黄色的视觉；若摸一下便产生光滑感的触觉；若闻一下便产生清香的嗅觉；若吃一下，便产生甜滋滋的味觉。由此产生的视觉、触觉、嗅觉、味觉都属于感觉。此外，感觉还反映人体本身的活动状态，例如人感到内部器官工作状态舒适、疼痛、饥饿等。感觉又是一个过程，客观事物直接作用于人的感觉器官，产生神经冲动，并由传入神经传到中枢神经系统，引起感觉。感觉可分为三大类：①接受外部刺激的外感受器，它可以反映外界事物属性的外部感觉，如视觉、听觉、嗅觉、味觉和皮肤感觉；②接受人体内部刺激的内感受器，它反映内脏器官在不同状态时的内部感觉，如饥、渴等内脏感觉；③在身体外表面和内表面之间的本体感受器，它反映身体各部分的运动和位置情况的本体感觉，如运动感觉、平衡感觉等。

感觉的基本特性可归纳为以下3点。

（1）感受性以及感觉阈限。人体的各种感觉器官都有各自最敏感的刺激形式，这种刺激形式可称为对应于该感觉器的适宜刺激。当适宜刺激作用于该感受器时，只需要很小的刺激能量就能引起感受器的兴奋。对于非适宜刺激，则需要较大的刺激能量。表3-17给出了人体主要感觉器官的适宜刺激以及感觉反映。

表3-17　适宜刺激与感觉反映

感觉类型	感觉器官	适宜刺激	刺激起源	识别外界的特征	作　用
视觉	眼	可见光	外部	色彩、明暗、形状、大小、位置、远近、运动方向等	鉴别
听觉	耳	一定频率范围的声波	外部	声音的强弱和高低，声源的方向和位置等	报警，联络
嗅觉	鼻腔顶部嗅细胞	挥发的和飞散的物质	外部	香气、臭气、辣气等挥发物的性质	报警，鉴别
味觉	舌面上的味觉	被唾液溶解的物质	接触表面	甜、酸、苦、咸、辣等	鉴别
皮肤感觉	皮肤及皮下组织	物理和化学物质对皮肤的作用	直接和间接接触	触觉、痛觉、温度觉和压力等	报警
深部感觉	机体神经和关节	物质对机体的作用	外部和内部	撞击、重力和姿势等	调整
平衡感觉	半规管	运动刺激和位置变化	内部和外部	旋转运动、直线运动和摆动等	调整

感受性是感觉器官对适宜刺激的感觉能力，可以用感觉阈限的大小来度量。人的各种感觉具有下面两种类型的感受性和感觉阈限。

1）绝对感受性与绝对阈限。刚刚能引起感觉的最小刺激量称为绝对感觉阈限的下限；感觉出最小刺激量的能力称为绝对感受性。表3-18给出了人体主要感觉的感觉阈值。

2）差别感受性和差别感觉阈限。当两个不同强度的同类型刺激同时或先后作用于某一感觉器官的时候，它们在强度上的差别必须达到一定的程度之后才能引起人的差别感觉。差别感觉阈限即为刚刚能够引起差别感觉的刺激之间的最小差别量；而对最小差别量的感受能力便称为差别感受性。德国生物学家韦伯（E. H. Weber）发现，在中等强度的刺激范围内，差别感觉阈限 ΔI 与最初刺激强度的变化呈现正比例变化，即

$$\frac{\Delta I}{I} = K \tag{3-10}$$

式中，ΔI 为差别感觉阈限；I 为最初刺激的强度；K 为韦伯比例常数。

表 3-18　各种感觉的感觉阈值

感 觉 类 型	感 觉 阈 值		感 觉 类 型	感 觉 阈 值	
	最 低 限	最 高 限		最 低 限	最 高 限
视觉 /J	$(2.2 \sim 5.7) \times 10^{-17}$	$(2.2 \sim 5.7) \times 10^{-8}$	温度觉 /(kg·J/ (m²·s))	6.28×10^{-9}	9.13×10^{-6}
听觉 /(J/m²)	1×10^{-12}	1×10^{2}	味觉 (硫酸试 剂浓度)	4×10^{-7}	
触压觉 /J	2.6×10^{-9}		角加速度 /(rad/s²)	2.1×10^{-3}	
振动觉 /mm	振幅 2.5×10^{-4}		直线 加速度 /(m/s²)	减速时 0.78	加速时 (49~78) 减速时 (29~44)
嗅觉 /(kg/m³)	2×10^{-7}				

表 3-19 中给出了不同感觉在中等刺激强度范围内的韦伯比例常数 K 值，表中括号内的数值为最初刺激的强度。

表 3-19　不同感觉在中等刺激强度范围内的韦伯比例常数 K 值

刺激类型	韦伯比例常数	刺激类型	韦伯比例常数
音高 (2000Hz)	0.0003 = 1/333	响度 (100dB, 1000Hz)	0.088 = 1/11
重压觉 (400g)	0.013 = 1/77	橡胶气味 (200 嗅单位)	0.104 = 1/10
视觉明度 (1000 光子)	0.016 = 1/62	皮肤压觉 (5g/mm²)	0.136 = 1/7
举重 (300g)	0.019 = 1/53	咸味 (3mol/L)	0.200 = 1/5

人的各个感觉器官的感受能力发展很不平衡，在感受能力方面不同职业又有各自不同的要求。例如，对从事音乐的工作者要求较高的听觉分辨能力；对从事检验行业与美术行业的工作者需要有较高的视觉颜色分辨能力。另一方面，人的感觉能力又具有很大的发展潜力，可以通过训练之后使某些方面的感受性得到提高。

（2）感觉的适应。在同一刺激的持续作用下，人的感受性发生变化的过程称为感觉的适应。这种适应现象几乎在所有的感觉中（痛觉除外）都存在，但是适应的表现和速度是不同的（例如，视觉适应中的暗适应需要 45min 以上，明适应需要 1~2min；听觉适应需要15min；味觉和轻触觉适应分别约需 30s 和 2s）。

（3）余觉。刺激取消之后，感觉可以存在一极短时间，这种现象称为余觉。例如，在暗室里急速转动一根燃烧着的火柴，可以看到一圈火花，这就是余觉的感觉。

2. 人的知觉特性

知觉是人脑对直接作用于感觉器官的客观事物和主观状况整体的反映。知觉是在感觉的基础上产生的，感觉到的事物的个别属性越丰富、越精确，则对事物的知觉就越完整、越正确。但知觉不是感觉的简单相加，而是表现为对事物的整体认知。知觉是一个主动的反映过程，它比感觉更加依赖于人的主观态度和过去的知识经验。知觉大体上可分为空间知觉、时间知觉和运动知觉三大类。

知觉的基本特性可归纳为以下 4 点：

（1）知觉的整体性。

（2）知觉的理解性。

（3）知觉的恒定性。当知觉的条件在一定的范围变化时而知觉的印象却保持相对不变的特性，这就叫知觉的恒定性。

（4）错觉。错觉是在特定条件下，人们对作用于感觉器官之外事物所产生的不正确的知觉。错觉现象十分普遍，各种知觉中都可能发生。错觉的种类很多，有空间错觉、运动错觉、时间错觉等。人的错觉有害也有益。在人—机—环境系统中，错觉有可能造成判断与操作上的失误，甚至可能酿成事故。但在军事行动、体育比赛、绘画、服装、建筑造型及工业产品造型方面，利用错觉有时反而能收到很好的效果。

3. 感觉与知觉的相互关联

这里应指出的是，在生活或生产活动中，感觉与知觉往往是密切关联的，人们往往都是以知觉的形式直接反映事物，而感觉只作为知觉的组成部分存在于知觉之中，很少有孤立的感觉存在。正是由于感觉与知觉如此密切，所以在心理学中就将感觉与知觉统称为感知觉。正如许多人体生理学教科书所指出的那样，对于一个完整的人体来讲，从形态和功能上可划分为运动系统、消化系统、呼吸系统、泌尿系统、生殖系统、循环系统、内分泌系统、感觉系统和神经系统这九个系统。各个系统的功能活动相互联系、相互制约，在神经、体液的支配与调节下构成了一个完整的有机整体并进行着正常的功能活动。而对于人体的感觉来讲，根据感受器和感觉器官的不同感觉内容和属性又可分为视觉、听觉、触觉、痛觉、嗅觉、冷热觉和平衡觉等。其中在人—机—环境系统工程中，视觉、听觉、触觉和平衡觉最为重要。为此下面对人的视觉、听觉略做介绍。

（1）人的视觉。视觉是人体接受环境信息的最主要感觉。在输入人脑的全部感觉信息中约80%以上来自于视觉。人体的视觉系统由视觉器官、视神经和视皮层组成。人的视觉器官主要由眼球及附属结构（如眼睑、泪腺和眼肌等）组成。人眼视网膜上共有600万～700万个视锥细胞和1.1亿～1.3亿个视杆细胞。视锥细胞主要感受强光和颜色的刺激，而视杆细胞主要感受弱光的刺激。在光线的刺激下，视网膜上的视锥细胞与视杆细胞中的感光物质发生光化学反应，将光能转化为生物电能，引起视觉细胞的兴奋，经双极细胞使视神经节细胞产生冲动，将携带物像信息的神经冲动序列传递到大脑视皮层。视杆细胞内只有一种感光色素，它无色觉；视锥细胞有红、绿、蓝三种感光色素，这三种感光色素分别对波长为440nm、535nm和565nm的光线最为敏感。很显然，视杆细胞与视锥细胞在感光功能上是互补的。

（2）人的听觉。听觉是人体对环境声波振动信息的感觉。听觉信息在输入人脑的全部感觉信息中占第二位，仅次于视觉信息。听觉系统由听觉器官、听觉神经和听觉中枢组成。听觉器官由外耳、中耳和内耳组成。外耳和中耳为听觉器官的导音部分，起着声音的传导作用；内耳为听觉器官的感音部分，起声音的感受作用。内耳由前庭器官和耳蜗组成。人的每侧耳蜗有外毛细胞12000个，内毛细胞约3000个。毛细胞的顶端有纤毛，在声波作用下，纤毛以根部为基点对盖膜做相对运动，将机械能转化为生物电能。应该指出，听觉过程是一个经历了机械、电、化学、神经冲动的转换与传递过程。大体上包括在中耳的传声、内耳的声电转换、听觉信息编码及听觉中枢信息的处理过程。对此，本节因篇幅所限不做详细介绍。人耳能听到的声音的频率范围为20～20000Hz，低于20Hz的声音为次声，高于20000Hz

的声音为超声。次声和超声均可刺激人耳，但不能诱发听觉。人耳最灵敏的频率范围是500~4000Hz，平均听阈在5dB左右。

3.2.2 人的生理适应性

当外界环境变化时，人体将不断地调整体内各部分的功能及其相互关系，以维持正常的生命活动。人体所具有的这种根据外界环境的情况对自身内部机能进行调节的功能称为适应性。当然，条件反射也是实现机能调节和适应性的重要方面之一。另外，疲劳也是人生理适应性的一种特殊表现形式。

1. 人体的生理调节

人体的内部细胞、组织和器官所处的环境称为内环境，并以此去区别人体本身所处的外部环境。外部环境的条件一般不适合于人体生命运动所需要的温度，为了保证体内生命活动的正常进行，必须使人体内环境保持一定的稳定性。例如，外环境的温度可由零下几十摄氏度变化到零上几十摄氏度，而人体内的温度始终在37℃左右。同样，内环境的压力、酸碱度等其他理化参数也保持相对稳定，不随外环境变化。这种体内环境相对稳定不随外环境变化的机制称为生理稳态。人体的生理稳态是通过一系列生理调节过程来实现的（例如外环境温度过高时，人体则通过排汗散发体内的余热以维持体温的稳定）。生理调节方式主要有神经调节、内分泌调节和自身调节。以下对这三种调节方式略做介绍。

神经调节是人体生理调节的最主要手段，其基本方式是采取神经反射。神经反射是在中枢神经系统的参与下，机体对内外环境刺激所做的规律性反应。神经反射的基本结构单元是反射弧。它是由感受器、传入神经纤维、中枢、传出神经纤维和效应器组成。感受器是将外界刺激能量转化为神经脉冲，神经冲动经传入神经纤维到达中枢神经系统，在中枢神经系统经过加工处理之后再以神经脉冲方式经特定的传出神经纤维传至效应器，最后由效应器做出适当的反应（例如引起肌肉的收缩或体液的分泌等）。

体液调节是指人体通过某一器官或组织分泌某种化学物质达到调节的功能。这类具有生理调节功能的化学物质统称为激素，分泌激素的器官或组织称为内分泌腺。各内分泌腺组成内分泌系统，调节全身许多重要器官的功能活动（如甲状腺分泌甲状腺素调节全身的能量代谢）。

人体组织器官的有些调节并不依赖于神经调节与体液调节，而是通过自身固有的机制进行调节，这种调节在一定情况下起着保护作用（例如当回流到心脏的血流量突然增加时，心肌被拉长，心肌的收缩力会自动加大，排出更多的血液，使心脏不至于过度扩张）。

2. 条件反射

巴甫洛夫认为，条件刺激与非条件反射在大脑皮层建立的暂时联系是产生条件反射的机理。正是由于条件反射是机体经过后天学习而建立的反射，所以机体就可以通过学习将环境中的种种有关刺激作为条件刺激和非条件刺激结合起来，从而使机体对环境的适应性大大提高。

3. 疲劳及相应的生理与心理表现

过度的刺激与工作负荷可引起人体的疲劳。机体的疲劳有多种形式，反复或过度的机械性负荷可引起肌肉的疲劳。反复或过度的感觉刺激可引起神经的疲劳；脑力和心理上的过分负担还可引起精神的疲劳。对于肌肉疲劳表现为承担过度机械负荷的肌肉群酸痛，收缩力减弱，有时还发生痉挛，生物化学检查可发现血液中乳酸含量增加，生物电检查可发现肌电图异常。神经疲劳可表现为过度使用的神经疼痛，对感觉刺激的阈值提高。对于视觉疲劳可引起视锐度下降，闪光融合频率提高；对于听觉疲劳可引起暂时性听阈偏移。生物电检查可发现诱发电位的变化及自发脑电图中低幅慢波的增加。疲劳时心理的变化是多方面的，精神疲劳是其主要特征。精神疲劳首先是自我感觉全身的不适，即疲劳感。对外界刺激反应淡漠，兴趣降低，情绪低落，精神感到压抑、嗜睡。在工作中表现为注意力分散不集中，操作错误增多，工作效率明显下降，所以长期疲劳往往是导致事故发生的主要原因之一。

3.2.3　人的生理节律性

生理节律性，又称生理节律，是生命过程的时间特性。人的生理节律可分为：昼夜节律、周节律、月节律等。

人体的生理活动具有明显的昼夜节律。昼夜节律关系到人的睡眠和觉醒等生命的基本运动。例如，人的活动主要发生在白昼的觉醒时间内，其睡眠主要发生在夜间，对于大部分人，平均睡眠时间为8小时左右（而且大多数睡眠发生在晚上22时至次日6时）；再如，人的心率通常都是凌晨4点左右为最低，而体温通常在早6点温度最低；人体的生理节律性具有不同的形成机理，引起人体生理节律性的条件主要有自然环境、体内激素和人为环境，详细情况可参阅人体生理学的相关资料（如参考文献［225］、［226］）。

3.3　人的心理特性

人的心理活动具有普遍性和复杂性。普遍性是因为它始终存在于人的日常生活与完成工作任务的全过程。复杂性则体现在它既有有意识的自觉反映形式，又有无意识的自发反映形式；既有个体感觉与行为水平上的反映，又有群体社会水平上的反映。总地概括起来，人的心理特性可分为心理过程与个性心理两个方面。

3.3.1　人的心理过程

人的心理过程可以分为认识过程、情感过程和意志过程。在这三个过程中，认识过程是最基本的心理过程，情感过程与意志过程均是在认识过程的基础上产生的。认识过程主要包括感觉、知觉、记忆和思维过程。

（1）感觉是人脑对直接作用于感觉器官的客观事物个别属性的反映。感觉按其刺激的来源可分为外部感觉与内部感觉两种。外部感觉是人对外界环境刺激源的反映，主要包括视觉（眼）、听觉（耳）、嗅觉（鼻）、味觉（舌）和触觉（皮肤）在接受外界的光、声、化学成分和压力等理化因素的刺激，并转换为神经冲动传入人脑，从而做出反映；内部感觉是人对自身内部环境刺激的反映，主要包括运动感、平衡感和机体感（又称内脏感觉）。所谓运动感，是对人体各部位的位置、张力和相对运动状况的反映；而平衡感是人体整体作直线变速运动或者旋转运动时的反映。人类的平衡感受器是位于两侧内耳的前庭器官。机体感是指人体对内部脏器状态的感觉，这些感受器或神经末梢通常分布于脏器的壁上，将内脏的状态信息传递给中枢神经系统。

（2）知觉是人脑对直接作用于感觉器官的客观事物整体属性的反映。知觉过程是建立在感觉过程的基础上的，是对多个或多种感觉信息的整合。知觉又可分为三种，即空间知觉、时间知觉和运动知觉。

（3）记忆是个复杂的心理过程，它由识记、保持和重现三个环节构成。另外，按照记忆过程的时间特征，记忆又可分为感觉记忆、短时记忆和长时记忆。正是由于外界信息和人自身行为的多样性决定了人的记忆形式也是多样的，如形象记忆、情景记忆、情绪记忆、运动记忆和语义记忆等。

（4）思维是人脑对现实事物间接的和概括的加工形式。思维过程的主要特征是间接性和概括性，这与感觉和知觉有本质的不同。思维又可分为动作思维、形象思维、抽象思维三种类型；根据概括思维的创新程度不同，又可将思维分为常规性思维和创造性思维。当然，还可以有其他统一分法，这里就不予赘述。

情感过程是人对外界事物所持态度的体验。情感与情绪是情感过程的两个层面；情感是与人的高级社会性需要相联系的体验方式，兼具有情境性和稳固性；情绪是较低层次的情感过程，是情感产生的基础。人的情绪是多样性的，例如，我国古代学者就将情绪归为七情（即喜、怒、哀、惧、爱、恶、欲）；现代心理学[238~240]中将情绪分为 8 种基本类型，即高兴、悲伤、愤怒、恐怖、警戒、惊愕、憎恨和接受。大量的试验研究表明，情绪对人的工作效率和身体健康有重要影响[241]。

意志是大脑的机能，表现于人的行动中。人的意志活动的实质，不仅在于意志行动是自觉的确定行动的目的，而且在于积极调节行动以实现目的。意志对行动的调节作用表现在激动与抑制两个方面，而意志的行动过程主要体现在决策阶段与执行阶段。另外，意志具有自觉性、坚韧性、果断性和自制力等基本品质，而且意志过程与人的情感过程及人的认识过程关系密切，它是人的三个基本心理过程之一。

3.3.2　人的个性

个性是人所具有的个人意识倾向性和比较稳定的心理特点的总称。人的个性是受家庭、社会潜移默化的影响，并在长时间过程中逐渐形成的。个性主要包括个性倾向和个体心理特征两大方面。个性心理倾向包括需要、动机、兴趣、理想、信念与价值观等，而个性的心理特性主要包括气质、能力与性格三个方面。另外，自我意识也是人个性的重要组成部分之一，是个性结构中的自我调节系统。自我意识的发展又主要表现为自我评价、自我体验和自我调控这三种重要形式。对于这些方面的内容，感兴趣者可阅读参考文献［242］、［243］的相关内容。

3.4* 　人的数学模型

在人—机—环境系统工程研究中，人的数学模型的建立是件非常关键、非常困难、非常复杂的一项工作。这一方面由于人体是一个开放的，复杂的巨系统[4~6]，人的行为具有随机性、时变性和非线性特征[57,59,71]；另一方面由于人不同于普通机械装置与设备，也不同于一般动物，人具有自适应能力，有学习的能力与自适应的功能，在任何人—机—环境系统中，人主要完成控制与决策两大功能。以下着重从这两方面阐述人的数学模型的建立。

3.4.1 人的控制模型

人的数学控制模型[244~257]的发展可以划分为三个时期（见图3-22），而且这三个时期的发展都与工程控制理论[258~325]的发展密切相关。

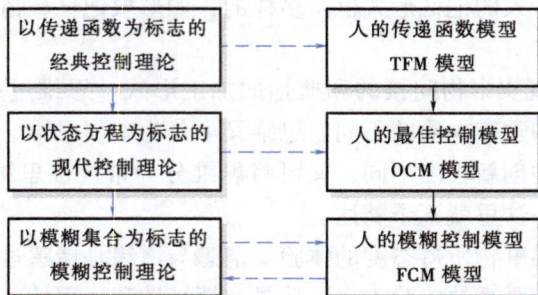

图3-22 人的数学控制模型的发展与控制理论的关系

人的传递函数模型（Transfer Function Model，简称TFM模型）是第一个发展时期的主要模型。这类模型是20世纪40年代中期根据经典控制理论（即自动调节原理）发展起来的。传递函数模型的种类较多，其中，以 D. T. McRuer 提出的"非线性模型"与"穿越模型"和 S. M. Shinners 提出的"时间序列模型"最具有代表性。由于经典控制理论主要研究线性、定常的自动控制系统，并且被控对象几乎全部为单输入与单输出，因此，对工程中出现的多输入与多输出的被控对象问题便遇到了麻烦，所以要发展新的解决办法。

20世纪60年代，Kleiman D. L. 根据现代控制理论，提出了人的最佳控制模型（Optimal Control Model，简称OCM）的概念，这标志着人的控制模型的研究已经进入了第二个发展时期。人最佳控制模型的基本思想是把人看作一个最佳控制器，并以状态方程为基础，用卡尔曼（R. E. Kalman）滤波和均方预测为手段来描述人的控制行为。现代控制理论主要用来研究多输入—多输出的被控对象，而这时系统可以是线性或非线性的，也可以是定常或时变的。这种理论是用一组一阶微分方程（亦称为状态方程）代替经典理论中的一个高阶微分方程来描述系统，并且把系统中各个量均取为时间 t 的函数，因而它属于时域分析方法，显然它有别于经典理论中的频域法，因此更有利于用计算机进行运算；在现代控制理论的发展过程中，庞特里亚金（Л. С. Поитрягин）1961年提出的极大值原理，贝尔曼（Bellman）1957年提出的动态规划最佳原理以及20世纪70年代初奥斯特隆姆（K. J. Aström）教授和朗道（I. O. Landau）教授在确定性自适应控制与不确定性自适应控制方面所做的研究，为现代控制理论的发展做出了重大贡献。正是众多科学家们的努力，才使得现代控制理论及应用取得了令人满意的成果。

显然，上述两类模型都是用确定性的数学方法来描述人的不确定行为，故有一定的局限性。20世纪70年代末开始的智能控制理论与大系统理论可以认为是控制理论第三个发展阶段的开端。神经网络（Neural Network）和模糊控制（Fuzzy Control）方面的文章早在1988年就在《Neural Network》杂志上刊载了。需要指出的是，模糊数学和模糊控制的概念是美国加利福尼亚大学著名教授查德（L. A. Zadeh）首次提出的，他的基本思想发表在他的三篇论文[326~328]中。1974 年英国伦敦大学的 Mamdani 教授首先利用（基于模糊控制语句组的）模糊控制器在实验室中成功控制了锅炉和汽轮机的运行[329]，1977 年 Mamdani 教授对英国十字路口交通枢纽的指挥采用模糊控制，试验结果表明[330]该方法使车辆平均等待时间减少 7%；1984 年美国推出了"模糊推理决策支持系统"，1985～1986 年间日本在模糊控制技术方面已进入实用化的阶段。从 20 世纪 80 年代初期开始，以龙升照先生为代表的我国人—机—环境系统工程方面的研究工作者采用模糊数学方法研究建立人的数学模型，并建立了人的模糊控制模型（Fuzzy Control Model，简称 FCM 模型）[6,253~256]，它标志着人控制模型的研究已经进入了第三个发展时期。正如自动控制方面许多专著所指出的，模糊控制和模糊专家系统以及模糊控制工程，将是构成未来系统即"人类友好系统"（Human-Friendly System）的主要途径；同样地，对于人机与环境工程及安全工程学科来讲，建立与完善人的模糊控制模型是实现人—机—环境系统工程数值预测与计算机仿真的关键环节之一。

下面仅对人的传递函数模型、人的最佳控制模型及人的模糊控制模型分别做简明阐述。

1. 人的传递函数模型

人的传递函数模型（Transfer Function Model，TFM）是 20 世纪 50 年代根据经典控制理论发展起来的。第二次世界大战期间，人的传递函数被认为是一种线性函数，即

$$G(S) = \frac{\text{系统输出}}{\text{系统输入}} = K_P \frac{(1 + T_A S)}{S} e^{-DS} \tag{3-11}$$

式中，D 为人的反应延缓时间；T_A 为操作者的提前时间常数；K_P 为控制环节的零频增益；S 为拉普拉斯变换的算子。

1947 年，人们发现操纵反应与输入信号不成线性关系，于是塔斯廷将人的传递函数修改为

$$G(S) = K_P \frac{(1 + T_A S)}{S} e^{-DS} + N(S) \tag{3-12}$$

1957 年，Mc Ruer 提出了通用线性连续模型，其传递函数为

$$G(S) = K \frac{(1 + T_A S) e^{-DS}}{(1 + T_L S)(1 + T_N S)} \tag{3-13}$$

式中，K 为人工控制环节的增益，其取值范围为 1～100；T_A 与 D 的定义同式（3-11），T_A 的取值范围为 0～2.5s，D 的取值范围为（0.2±0.2%）s；T_L 为操作者的误差平滑滞后时间常数，其取值范围为 0～20s；T_N 为操作者的收缩神经肌肉延迟，其取值范围为（0.1±20%）s；另外，式（3-13）中的 S 的定义同式（3-11），为拉普拉斯变换的算子。在上述 K、D、T_A、T_L 和 T_N 5 个参数中，K、T_A 和 T_L 可以认为是人的自适应特性的量化描述，它们取值的大小可以根据输入量的性质与受控系统的动态特性进行适当的调节。参数 D 和 T_N 是与人的神经肌肉系统的动态特性有关。对于每一个操作者，一般可假设 D 与 T_N 为固定值，但是在不同的操作者之间，它们可以在一定范围内变动。应该指出，式（3-13）已经广泛用于描述人的动态特征，在工程中得到了成功的应用。大量的实践表明，当一个受过较好训练的操作者去执行某一任务时，如果人跟踪的是低频信息，则式（3-13）给出的结果与实际情况十分吻合。另外，在式（3-13）中，K、T_A 和 T_L 还可以是人的自适应函数，人能够用增加时间常数 T_A 的方法对系统中的滞后进行补偿；同理，人用增加时间常数 T_L 就能

够把系统的高频噪声滤掉；而调节 K 值的大小，就能改变系统的带宽或稳定性。所有这些表明了式（3-13）在描述人的模型时，能够通过改变人本身的动态特性，去补偿受控系统在动态特性方面的变化。图 3-23 给出了人操作者的准线性传递函数模型，它适用于补偿跟踪作业问题。

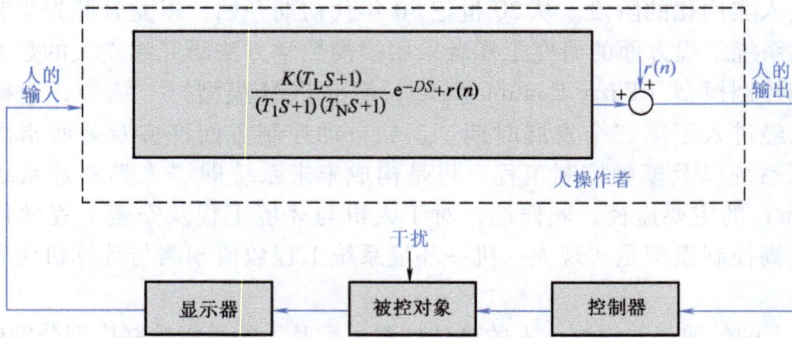

图 3-23　人操作者的准线性传递函数模型

1965 年，McRuer 在准线性模型的基础上又做了进一步改进，提出了"穿越模型"（Cross Over Model）。这个模型的基本出发点是，在人—机—环境系统的闭环控制中，考虑到人具有调节自身行为的能力，因而当被控对象的动力学模型低于二阶时，人可以通过改变自己的动态特征（如采用适当的提前或滞后），使人—机—环境系统的动态品质保持不变，也就是说使系统开环传递函数的幅频特性在截止频率附近保持为某一斜率。这样一来，在截止频率附近，人—机—环境系统的正向环节便可以用一个非常简单的两参数穿越模型来表示，如图 3-24 所示。

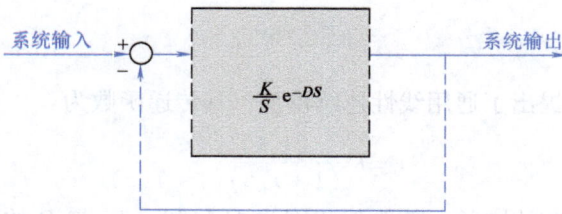

图 3-24　人的穿越模型

$$G(S) = G_\mathrm{P}(S)\,G_\mathrm{c}(S) = \frac{K}{S}\mathrm{e}^{-DS} \tag{3-14}$$

式中，$G_\mathrm{P}(S)$ 为人的传递函数；$G_\mathrm{c}(S)$ 为被控对象的传递函数；D 为有效时延。

在许多情况下，使用穿越模型要比准线性模型更方便。

20 世纪 70 年代中期，根据时间序列理论，人们提出一种以离散数据为基础的传递函数模型，即时间序列模型。该模型根据操作者输入、输出数据的离散时间序列来进行分析，该模型能够描述人的即时行为。由自动控制原理的基础课程可知，研究离散系统的性能需要建立离散系统的数学模型。与连续系统的数学模型类似，线性离散系统的数学模型有差分方程、脉冲传递函数和离散状态空间表达式三种。这里，时间序列模型的表达式用一个多阶差分方程给出的，即

$$y_t = -a_1y_{t-1} - a_2y_{t-2} - \cdots - a_ny_{t-n} + b_1x_{t-1-\tau} + \cdots + b_nx_{t-n-\tau} + \varPhi(t) \qquad (3\text{-}15)$$

式中，n 为差分方程的阶数（一般约为 3~4 阶）；τ 为有效时延（一般取为 0.2~0.5s）。

　　借助于 z 变换（又称采样拉普拉斯变换）便可将描述离散系统的差分方程转换为 z 的代数方程，然后写出离散系统关于 z 的传递函数，再用 z 反变换法求出离散系统的时间响应。这种模型的优点是能用较少的样本数据来估算和预测人操作者的控制行为，在某些特殊场合（如飞机空战时的拦截攻击阶段）中，这种模型的优点显得更为突出。

　　最后给出两个成功应用的典型范例，一个是使用人的传递函数解决登月着陆模拟器[244]的设计，另一个是土星-V 推进器的成功设计[246]。参考文献［244］中记载，J. Adams 等人曾利用一个多回路作业中航天员的传递函数模型，对全尺寸的月球着陆模拟器的驱动系统进行了分析与设计。结果表明，模拟器驱动系统的动力学特性影响航天员的登月操作响应，而且模拟器的纵向驱动系统的增益应尽可能保持得高一些，从而减少对人的登月操作的影响。在模拟器投入运行之后，上述的理论分析结果在实践中得到了证实。参考文献［246］中写到，以 D. T. McRuer 为首的研究团体利用人的传递函数模型对土星-V 推进器的完全人工控制和辅助人工控制系统进行了研究，其研究结果也为推进器人工控制系统的设计提供了指导性的依据。这两个航天工程中成功的范例，它有力地说明了合理使用人的传递函数模型，的确能够解决工程系统中的许多问题。

2. 人的最佳控制模型

　　人的最佳控制模型是 20 世纪 60 年代末期 D. L. Kleiman 借助于现代控制理论提出的，它的基本思想是将人操作者看作一个最佳控制器。这种模型考虑了人所固有的生理限制，包括时延、神经肌肉滞后、观察噪声和运动噪声。整个模型的结构如图 3-25 所示，图中，τ 为有效时延（一般取为 0.15~0.25s），W_V 为观察噪声（一般约为 -20dB），W_M 为运动噪声（一般约为 -25dB），T_N 为神经肌肉滞后（一般为 0.08~0.16s）。参考文献［247］给出了这个模型较详细的论述。

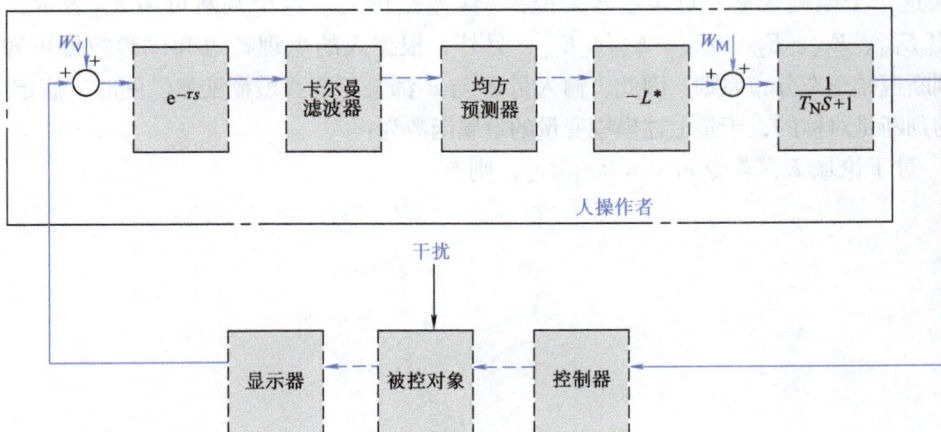

图 3-25　人的最佳控制模型结构

τ—有效时延，一般为 0.15~0.25s　　W_V—观察噪声，一般约为 -20dB

W_M—运动噪声，一般约为 -25dB　　T_N—神经肌肉滞后，一般为 0.08~0.16s

3. 人的模糊控制模型

为便于讨论，今考虑一个单自由度控制系统，并假定忽略显示器与控制器的动力学特性。为了对机器（被控对象）进行控制，人首先必须对系统的控制误差与误差的变化率进行感知，并将感知到的信息用人脑中预先确定的概念进行判断，然后再根据上述判断进行分析，以决定需要采取何种控制策略（即对推理结果做出决断）；最后再通过神经肌肉的反应来使之实施，从而产生所需要的控制量输出。同时，考虑到人运动的随机性，因而在最终的控制量输出上还需叠加一个余项，即白噪声。这是操作者对被控对象（即机器）进行控制活动的完整过程，如图 3-26 所示。

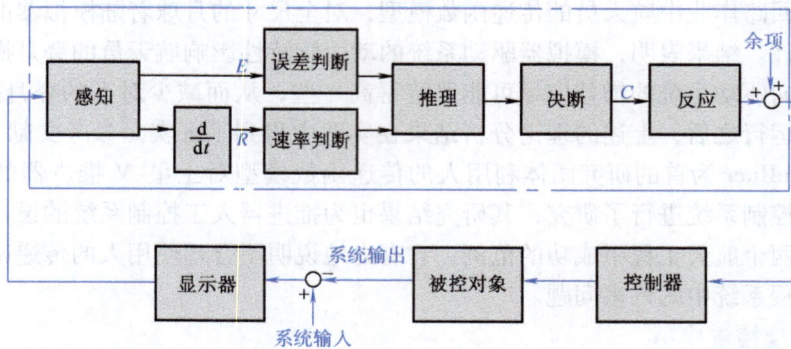

图 3-26 人操作者的模糊控制模型结构图

由图 3-26 可知，这里被研究的论域有 3 个：E 为人操作者感知的被控对象偏离目标值（即系统的输入）的误差，简称为误差；R 为人操作者感知的误差变化速率，简称速率；C 为人操作者作用于被控对象的控制量输出，简称为控制量。假定这 3 个论域有 7 个模糊子集，即 PL、PM、PS、ZE、NS、NM、NL，它们分别代表正大、正中、正小、零、负小、负中、负大这 7 个模糊变量。对误差 E 来说，"误差是正大"这个判断可用 E_{PL} 表示，类似地可定义出 E_{PM}、E_{PS}、E_{ZE}、E_{NS}、E_{NM}、E_{NL}；另外，根据人的生理特点和试验数据可知，人对事物的判断遵循正态分布原则。因此，输入量 E 与 R 都是正态型模糊变量。同时，假定人对正、负信号的判断是对称的，于是上述模糊变量的隶属函数为：

（1）对于论域 E，若令 $e_1 < e_2 < e_3 < e_4$，则有

$$E_S(x) = \begin{cases} 1 & 0 < x \leqslant e_1 \\ e^{-\left(\frac{x-e_1}{\sigma_e}\right)^2} & x > e_1 \end{cases}$$

$$E_M(x) = \begin{cases} 1 & e_2 \leqslant x \leqslant e_3 \\ e^{-\left(\frac{x-e_3}{\sigma_e}\right)^2} & x > e_3 \end{cases}$$

$$E_L(x) = \begin{cases} e^{-\left(\frac{x-e_4}{\sigma_e}\right)^2} & 0 < x < e_4 \\ 1 & x \geqslant e_4 \end{cases}$$

$$E_{ZE}(x) = \begin{cases} 0 & x \neq 0 \\ 1 & x = 0 \end{cases}$$

（3-16）

（2）对于论域 R，若令 $r_1 < r_2 < r_3$，则有

$$\begin{cases} R_{\mathrm{S}}(x) = \begin{cases} 1 & 0 < x \leqslant r_1 \\ \mathrm{e}^{-\left(\frac{x-r_1}{\sigma_{\mathrm{r}}}\right)^2} & x > r_1 \end{cases} \\ E_{\mathrm{M}}(x) = \mathrm{e}^{-\left(\frac{x-r_2}{\sigma_{\mathrm{r}}}\right)^2} & x > 0 \\ E_{\mathrm{L}}(x) = \begin{cases} \mathrm{e}^{-\left(\frac{x-r_3}{\sigma_{\mathrm{r}}}\right)^2} & 0 < x < r_3 \\ 1 & x \geqslant r_3 \end{cases} \\ E_{\mathrm{ZE}}(x) = \begin{cases} 0 & x \neq 0 \\ 1 & x = 0 \end{cases} \end{cases} \tag{3-17}$$

为了描述人的推理活动，将论域 E、R 和 C 中 PL、PM、PS、ZE、NS、NM、NL 分别定义为 3，2，1，0，−1，−2，−3；在推理过程中，人的思维活动并不表现为对单一现象做出反应。表 3-20 给出了 49 个推理规则，并假定它大致概括了人控制行为的推理范围。上述推理规则可以用一个带修正因子 α 的式子表达

$$C = -[\alpha E + (1 - \alpha)R] = -[n] \tag{3-18}$$

式中，α 的取值范围为 0～1；符号 $[n]$ 代表一个与 n 同号，并且绝对值大于或等于 $|n|+0.5$ 的最小整数。显然，α 值的选取便可以对人的推理规则进行相应的改变。

表 3-20 的每条规则都是一个似然推理。例如对第一行、第一列这条规则来说，其含义是："如果误差与速率都是负大，则控制量是正大。"应该指出，似然推理中的结论可称为一个决断。同样这样的决断也属于正态型模糊变量，并且假定它具有正负对称性，于是可得到 7 个模糊集合。对于论域 C 来说，若令 $C_1 < C_2 < C_3$，则它的模糊集合表达式为

表 3-20　推理规则表的量化表示（取 $\alpha = 0.3$）

数　　值		R						
		−3	−2	−1	0	1	2	3
E	−3	3	2	2	1	1	0	−1
	−2	3	2	1	1	0	0	−1
	−1	2	2	1	0	0	−1	−1
	0	2	1	1	0	−1	−1	−2
	1	1	1	0	0	−1	−2	−2
	2	1	0	0	−1	−1	−2	−3
	3	1	0	−1	−1	−2	−2	−3

$$\begin{cases} C_{\mathrm{S}}(x) = \mathrm{e}^{-\left(\frac{x-c_1}{\sigma_{\mathrm{c}}}\right)^2} & x > 0 \\ C_{\mathrm{M}}(x) = \mathrm{e}^{-\left(\frac{x-c_2}{\sigma_{\mathrm{c}}}\right)^2} & x > 0 \\ C_{\mathrm{L}}(x) = \mathrm{e}^{-\left(\frac{x-c_3}{\sigma_{\mathrm{c}}}\right)^2} & x > 0 \\ C_{\mathrm{ZE}}(x) = \begin{cases} 0 & x \neq 0 \\ 1 & x = 0 \end{cases} \end{cases} \tag{3-19}$$

根据模糊集理论，表3-20的每条似然推理规则可用模糊运算进行描述。例如对第一行、第一列这条规则，它可表达为

$$C_1 = E \circ (E_{NL} \times C_{PL}) \cdot R \circ (R_{NL} \times C_{PL}) \tag{3-20}$$

同理可得出 C_2，C_3，$\cdots$，C_{48}，C_{49} 的规则。由于推理过程是选择可能性最大的，故表3-20的全部推理规则可概括为

$$C = C_1 + \cdots + C_{49} = E \circ (E_{NL} \times C_{PL}) \cdot R \circ (R_{NL} \times C_{PL}) + \cdots + \\ E \circ (E_{PL} \times C_{NL}) \cdot R \circ (R_{PL} \times C_{NL}) \tag{3-21}$$

在式（3-20）与式（3-21）中，+、·、×及。分别表示模糊集理论中的并、交、笛卡尔积及合成运算。显然，式（3-21）概括了人脑思维活动（概念、判断、推理，直至决断）的基本过程；再加上人的感知延迟 e^{-DS}、神经肌肉滞后 $1/(1+T_N S)$ 及人的偶然活动余项 $N(S)$（见式（3-13）和式（3-12）），于是便构成了人的模糊控制模型的全貌（见图3-26）。一般来讲，3个模糊变量（$E(x)$、$R(x)$、$C(x)$）、推理规则表、感知延迟 D（或用有效延迟 τ 表示）、神经肌肉滞后时间常数 T_N 与余项 $N(S)$ 就是该模型的7个基本变量。

为了检验人的模糊控制模型的有效性，必须先对人的模糊控制模型进行参数辨识。参数辨识的基本任务是：在给定模型结构和模型参数类型的基础上，需要找出一组最优模型参数，使得模型的输出与人的实际输出之间的拟合误差最小。然后将辨识后的最优模型参数代入模型中，并将模型的输出与人的实际输入进行比较。图3-27给出了参数辨识方法进行有效性检验的框图，图3-28给出了某算例采用人的模糊控制模型的拟合输出与人的实际控制输出的比较，显然，结果令人满意。

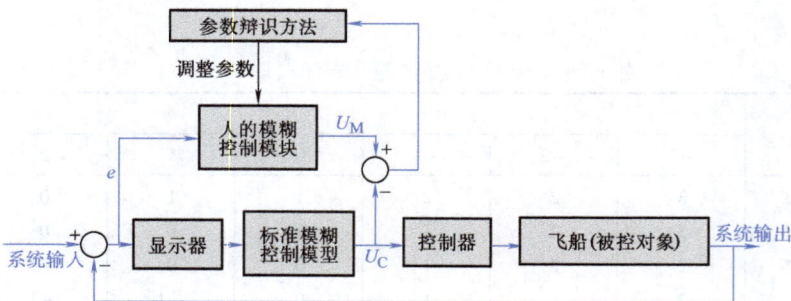

图3-27 参数辨识方法有效性检验框图

3.4.2 人的决策模型

在人—机—环境系统中，根据人所完成任务的不同可以建立不同类型的决策模型。参考文献［6］中详细阐述了人的最佳决策模型（Optimal Decision Model，简称为ODM），图3-29给出了人的最佳决策模型的结构图。这里因篇幅所限不多做介绍，读者可参阅相关文献（如参考文献［6］）。

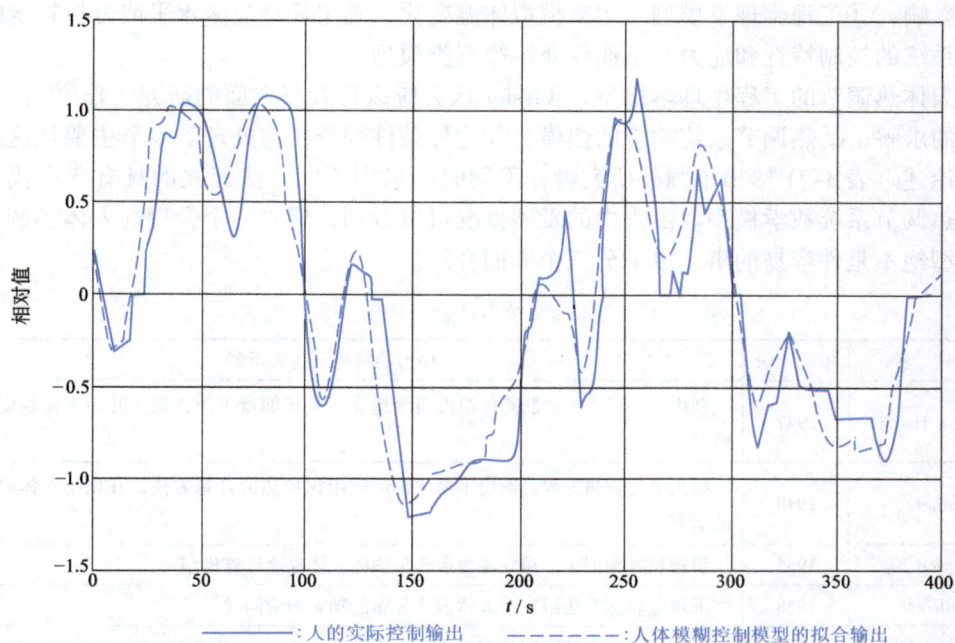

図 3-28　模糊控制模型输出与人实际输出的比较

────────：人的实际控制输出　　　－－－－－－：人体模糊控制模型的拟合输出

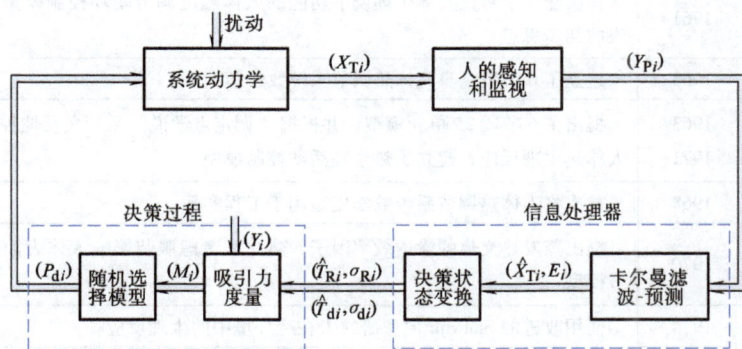

图 3-29　人的最佳决策模型的结构图

3.5* 人—机—环境系统中人体热调节的数学模型

通常，人体生理系统的建模主要指的是呼吸系统、循环系统、热调节系统、神经系统、脑系统和视觉系统的研究。然而，20 世纪 60 年代初以来，人体热调节系统数学模型的研究变成了一个非常活跃的研究领域，这其中主要原因是航天安全事业的需要。美国为了实施"阿波罗"登月工程计划，对人体热调节系统的数学模型进行了大量研究，从而为解决飞船乘员舱空调系统设计和航天服设计等航天安全问题奠定了坚实的基础。

人体热调节模型的研究总的可以分为三类[331]：①纯生理学模型，用来探索人体热调节的正常生理学基础以便预测生理学反应；②应用生理学模型，用来预测疾病及临床治疗对热调节的影响；③工程生理学模型，用来模拟体温变化，确定环境应激水平或分析特定的人机与环境系统的控制特性和能力。下面仅介绍第三类模型。

对人体热调节的工程生理学模型，Wissler 认为应该开展三方面的研究工作[332]：①人体温度场的求解；②热调节系统响应的建模；③边界条件的分析与处理。本节主要从这三个方面进行论述。表 3-21 给出了国外研究者在不同时期采用不同方法建立的具有典型代表意义的人体热调节系统数学模型。由表中的发展概况可以看到，建立一个合理的人体热调节系统数学模型绝不是件容易的事，以下分三个方面介绍。

表 3-21　人体热调节系统数学模型的发展概况

研　究　者	年　　份	模型的特色及主要贡献
Machle、Hatch	1947	利用中央核心和皮肤壳体温度概念建立了人体能量平衡方程，开始人体温度分布的研究
Pennes	1948	提出了生物热方程，给出了灌注血液同组织换热的计算方法，开创了人体温度分布的研究
Burton	1955	引进热效率因子，建立考虑服装影响的人体温度计算模型
Woodcock	1958	采用电模拟方法研究了人体温度分布的动态响应问题
Wyndham、Atkins	1960	首次研究了人体温度分布的动态响应问题
Brown	1961	采用电模拟方法研究了冷水浸泡人体温度分布计算模型
Crosbie	1961	首次建立了考虑人体生理调节功能的人体温度调节闭环控制模型，提出了调定点学说的初步思想
Wissler	1963	建立了 6 节段全身人体热调节系统数学模型
Stolwijk	1963 1971	提出了 6 节段 25 单元模型，并根据"调定点学说"采用负反馈控制系统定量描述了人体热生理反应，建立了热生理活动控制模型
Buchberg、Harm	1968	首次将人体热调节系统数学模型用于工程实际
Nishi	1970	提出蒸发热交热的渗透效率因子，建立了考虑服装影响人体表面蒸发换热的人体调节模型
Motgomery	1974	使用改进的 Stolwijk 模型研究人在冷环境中的生理反应
Gordon	1975	根据一些新的生理数据建立了冷气环境中人体温度调节数学模型，把皮肤热流量作为控制信号的一部分
Kuznetz	1976	改进了 Stolwijk 模型，并将模型用于"阿波罗"登月工程。这是迄今为止人体热调节系统数学模型最重要的工程应用实例
Werner	1977 1988	采用数学系统分析方法，建立了目前最复杂、最完善的三维人体热调节系统数学模型
Shitzer	1984	发表了 14 节段二维模型，在模型中引入临界出汗温度，对出汗量计算做了重要修改
Chen、Holems	1980	提出了目前最为完善的生物热方程
Wissler	1985	建立了可用于冷热环境中的 15 节段模型。该模型可以计算 225 个温度
Tikuisis	1988	以 Stolwijk 与 Montgomery 模型为基础建立了冷水浸泡人体热调节模型，根据试验观察现象建立了寒颤产热的经验公式

1. 人体热调节功能的引入

1961 年，Crosbie 等人首次建立了考虑人体生理调节功能的人体温度调节闭环控制模型[333]，提出了体温调定点理论的初步思想，这一思想至今仍在许多热调节模型中应用。

2. 反馈控制概念的引入

1963 年，Stolwijk 提出了负反馈控制的人体热调节系统模型[334]，即将生理学上体温调节的"调定点"学说通过一个负反馈控制系统用数学方程定量地描述人体的热调节过程。该模型的控制变量是人体温度。Stolwijk 引进反馈控制的建模思想对后来的研究者影响较大，并且被认为是人体热调节系统建模研究中的一个重要里程碑[335]。当今人体热调节系统仍然是以体温调定点，负反馈控制为主导思想进行研究。另外，1976 年 Kuznetz 改进了 Stolwijk 模型并将改进后的模型用于"阿波罗"登月工程的生命保障系统设计，这是迄今为止人体热调节系统数学模型最重要的工程应用实例。

3. 发展多维数学模型

1979 年，Kuznetz 建立了二维动态热调节系统数学模型[336]；1984 年 Shitzer 首次在模型中引入临界出汗温度的概念，提出了他的二维模型[337]；1977 年 Werner 提出了用数学系统分析的方法来研究人体热调节系统[338,331,339]，他用三维网格来划分人体，网格的特征尺度为 $0.5 \sim 1.0\text{cm}$，目前 Werner 模型已可以进行 4×10^5 个节点的动态人体温度分布计算。因此许多学者认为，Werner 模型是目前使用的最完善的模型之一，它基本上代表了当今的研究水平。

3.5.1　人体热调节系统的控制框图

在未研究非均匀热环境下人体热调节系统的数学模型之前，先讨论一下人体温度控制系统的简化框图（见图 3-30）。人体温度调节系统是由许多器官和组织构成的。从控制论的角度来看，它是一个带负反馈闭环控制系统。在该系统中，体温是输出量，人体的基准温度为参考输入量（见图 3-30）。

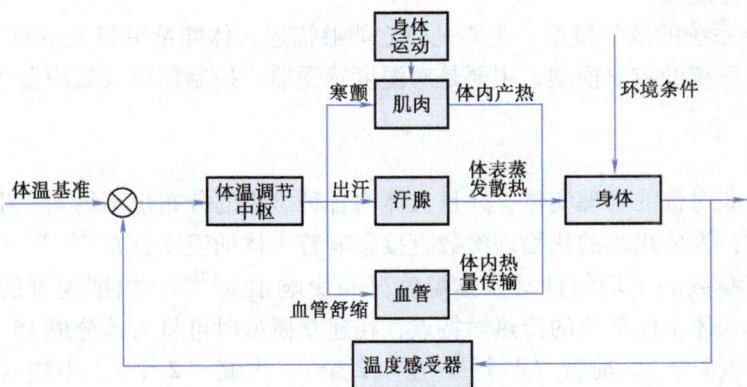

图 3-30　人体温度控制系统简图

它与一般的闭环控制系统一样，也包括测量元件、控制器、执行机构与被控对象等。在人体中，广泛地存在着温度感受器。感受器是系统的测量元件，这些感受器将感受到的体温变化传送到体温调节中枢；体温调节中枢把收到的温度信息进行综合处理，而后向体温调节效应器发出相应的启动指令；效应器则根据不同的控制指令进行相应的控制活动，这些活动包括：血管舒张与收缩运动、汗腺活动、肌肉运动等。效应器的这些活动将控制身体产热和散热的动态平衡，从而保证体温的相对稳定。

人体热调节控制系统由控制分系统和被控分系统两部分组成（见图3-31）。控制分系统由温度感受器、控制器及效应器组成；被控分系统是指温度感受器、控制器及效应器以外的人体部分，以下将被控分系统简称为人体。

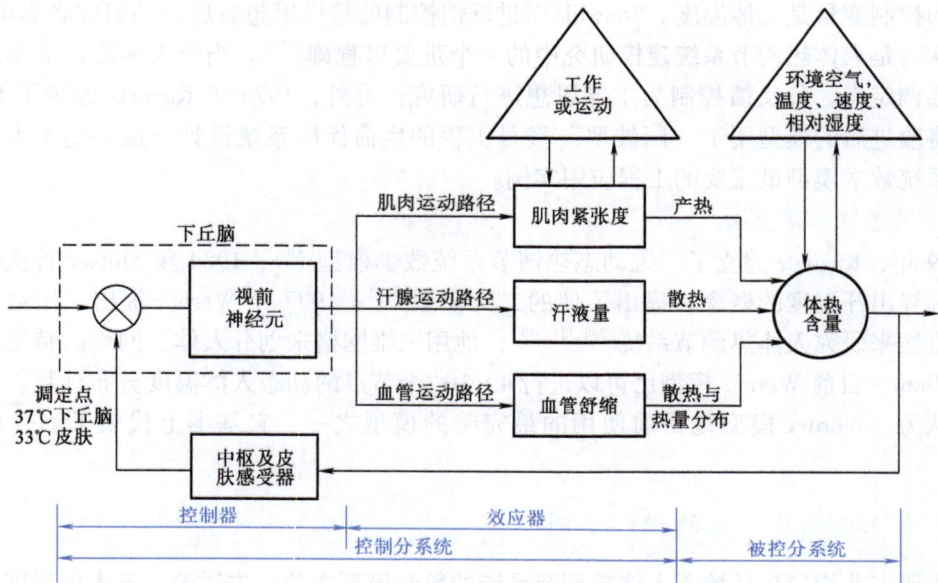

图3-31 人体热调节系统控制框图

显然，由图3-31可知，人体热调节系统是一个带有负反馈的自动调节系统，其数学模型可由以下两部分组成：

（1）被控分系统的数学模型，主要是建立能够描述人体能量平衡关系的生物热方程。

（2）控制分系统的数学模型，主要是对温度感受器、控制器以及效应器进行数学描述。

3.5.2 被控分系统数学模型——人体生物热方程

人体是一个非对称的物理实体，并且人体内各种组织的分布也不均匀。生物传热学的大量研究结果表明：人体组织的热物理参数直接影响着人体的温度分布[340~343]；另外，人体几何形状及热物理参数的不均匀性对人体温度分布影响很大[344]。根据现有的人体解剖学数据，同时考虑到人体不同部位的传热学特点，在建立模型时可将人体分成15个节段，即头、颈、躯干、上臂（2个）、前臂（2个）、手（2个）、大腿（2个）、小腿（2个）、足（2个），如图3-32所示。人体的各节段是由各种组织构成的，这些组织包括：内脏、血管、骨骼、肌肉、结缔组织、脂肪、皮肤等。由于不同生物组织的热物理特性（如导热系数 λ、密度 ρ、比热容 c 等）以及热物理参数（如代谢产热、血流量等）都存在较大差别，为了考虑人体组织分布的不均匀性对人体温度分布的影响，因此将各节段进一步分成四个同心层：核心层、肌肉层、脂肪层及皮肤层（见图3-33）。表3-22给出了标准人的生理参数；表3-23

给出了人体组织的热物理参数；表 3-24 给出了人体各节段核心层质量加权平均的热物性参数；表 3-25 给出了人体各节段的基础代谢产热和基础血流量。被控分系统数学模型除了上述人体各节段的构成特点外，还应包括人体能量控制微分方程，即生物热方程。代谢活动是人体能量的源泉，它将化学能转换成热能，通过组织的传导和血液对流换热，热能从体内传向体外，并且体表以对流、辐射、传导以及蒸发等方式将热量传给外环境。

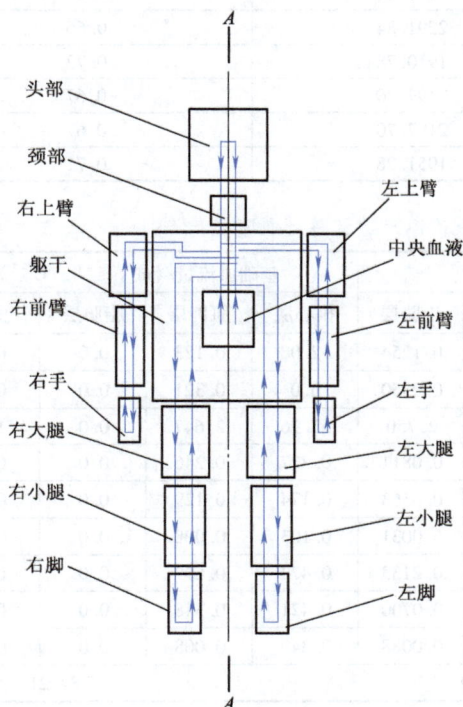

图 3-32　人体节段划分的示意图

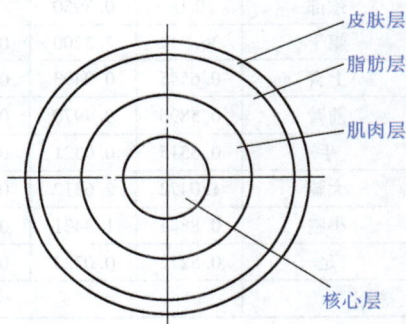

图 3-33　节段的分层示意图

表 3-22　标准人的生理参数

体重/kg	年龄/a	身高/cm	体积/m³	面积/m²
68.0	25.0	176.0	0.069	1.79

表 3-23　人体组织的热物理参数

序号	组织名称	热物理参数		
		密度/(kg·m⁻³)	比热容/(J·kg⁻¹·℃⁻¹)	导热系数/(W·m⁻¹·℃⁻¹)
1	皮肤	1085.0	3680.0	0.44
2	肌肉	1085.0	3800.0	0.51
3	脂肪	920.0	2300.0	0.21
4	骨骼	1357.0	1700.0	0.75
5	结缔组织	1085.0	3200.0	0.47
6	血液	1059.0	3850.0	0.47

表 3-24　人体各节段核心层的质量加权平均热物性参数

序号	节段名称	密度/(kg·m⁻³)	比热容/(J·kg⁻¹·℃⁻¹)	导热系数/(W·m⁻¹·℃⁻¹)
1	头部	1192.80	2767.40	0.58
2	颈部	1357.00	1700.00	0.75
3	躯干	1137.41	3153.14	0.52
4	上臂	1267.57	2291.84	0.66
5	前臂	1267.57	2291.84	0.66
6	手	1328.05	1910.78	0.72
7	大腿	1281.79	2197.70	0.67
8	小腿	1281.79	2197.70	0.67
9	足	1319.03	1951.28	0.71

表 3-25　人体各节段的基础代谢产热和基础血流量

序号	节段名称	基础代谢产热热流量/W				基础血流量/(m³·s⁻¹·℃⁻¹)			
		核心层	肌肉层	脂肪层	皮肤层	核心层	肌肉层	脂肪层	皮肤层
1	头部	17.761	0.4421	0.0838	0.1254	12.08	0.123	0.0	0.510
2	颈部	0.0	0.3950	0.0	0.0350	0.0	0.321	0.0	0.098
3	躯干	36.912	7.5200	0.4188	2.750	53.96	2.647	0.0	1.673
4	上臂	0.6545	0.9493	0.0519	0.0811	0.327	0.246	0.0	0.443
5	前臂	0.5896	0.4970	0.0362	0.0563	0.174	0.129	0.0	0.311
6	手	0.3515	0.0321	0.0291	0.0031	0.103	0.008	0.0	0.874
7	大腿	1.0472	2.6312	0.1290	0.2133	0.472	0.699	0.0	0.353
8	小腿	0.8845	1.3431	0.0696	0.0700	0.421	0.348	0.0	0.603
9	足	0.5272	0.0323	0.0381	0.0088	0.349	0.008	0.0	0.595
总计		86.60				84.21			

影响上述过程的三个重要因素是：①人体组织的导热；②血液与组织间的对流换热；③体表与环境之间的热交换。为了推导人体生物热方程，做以下四点假设：

（1）人体各节段内的导热具有二维性质，即仅考虑人体沿径向与沿周向的温度变化。

（2）人体节段各层中的热物理参数（如 ρ，c，λ）以及热生理参数（如血流量、代谢产热）是均匀分布的，但层与层之间由于组织构成不同而存在差异。

（3）在计算血液与组织间的对流换热时，假定血液流入组织的温度等于中央血液的温度，血液流出组织的温度等于组织的温度，并认为热交换是充分的。

（4）忽略了宏观上血液对流换热对组织温度的影响。

借助于上述假设，选取圆柱坐标系，取如图 3-34 所示的微元体，对人体生物热方程做简略推导如下：

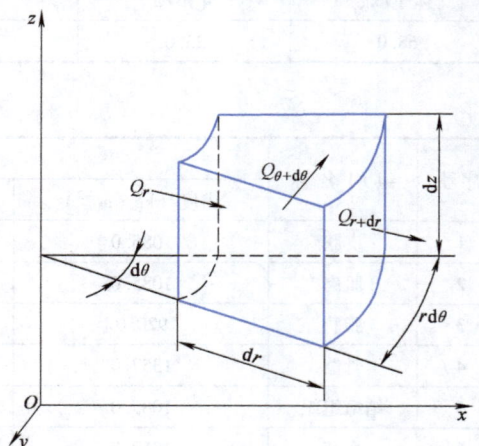

图 3-34　微元体的能量平衡关系

单位时间内以导热方式沿径向导入微元体的净热流量为

$$Q_r - Q_{r+dr} = \left[-\lambda \frac{\partial T}{\partial r} r d\theta dz \right] - \left[-\lambda \frac{\partial T}{\partial r} r d\theta dz - \frac{1}{r} \frac{\partial}{\partial r} \left(\lambda r \frac{\partial T}{\partial r} \right) r d\theta dz dr \right] \tag{3-22}$$

$$= \frac{1}{r} \frac{\partial}{\partial r} \left(\lambda r \frac{\partial T}{\partial r} \right) r d\theta dz dr$$

单位时间内以导热方式沿周向导入微元体的净热流量为

$$Q_\theta - Q_{\theta+d\theta} = \left[-\lambda \frac{\partial T}{r\partial \theta} dr dz \right] - \left[-\lambda \frac{\partial T}{r\partial \theta} dr dz - \frac{1}{r} \frac{\partial}{\partial \theta} \left(\lambda \frac{\partial T}{r\partial \theta} \right) r d\theta dz dr \right] \tag{3-23}$$

$$= \frac{1}{r} \frac{\partial}{\partial \theta} \left(\lambda \frac{\partial T}{r\partial \theta} \right) r d\theta dz dr$$

单位时间内人体组织生理活动产生的代谢热流量为

$$Q_m = q_{V,m} \Delta\Omega \tag{3-24}$$

式中，$q_{V,m}$ 为单位体积内的代谢产热热流量（W/m^3）；$\Delta\Omega$ 为微元体的体积，即 $\Delta\Omega = r d\theta dz dr$。

单位时间内微元体中血液通过对流换热给组织的热流量为

$$Q_b = \dot{m}_{V,b} c_b (T_b - T) \Delta\Omega \tag{3-25}$$

式中，$\dot{m}_{V,b}$ 为单位体积内的血流量（$kg/(m^3 \cdot s)$）；c_b 为血液的比热容；T_b 为血液的温度。

单位时间内微元体内组织温升所需的热流量为

$$Q_t = \rho c \frac{\partial T}{\partial t} \Delta\Omega \tag{3-26}$$

式中，c 为人体组织的比热容；ρ 为人体组织的密度。

对微元体列出能量守恒定律，便有

$$Q_r + Q_\theta + Q_m + Q_b = Q_t \tag{3-27}$$

将方程（3-27）中的各项代入，化简后有

$$\rho c \frac{\partial T}{\partial t} = \frac{1}{r} \frac{\partial}{\partial r} \left(\lambda r \frac{\partial T}{\partial r} \right) + \frac{1}{r} \frac{\partial}{\partial \theta} \left(\lambda \frac{\partial T}{\partial \theta} \right) + \dot{m}_{V,b} c_b (T_b - T) + q_{V,m} \tag{3-28}$$

上式用算子表示便可写为

$$\rho c \frac{\partial T}{\partial t} = \nabla \cdot (\lambda \nabla T) + \dot{m}_{V,b} c_b (T_b - T) + q_{V,m} \tag{3-29}$$

值得注意的是，1948 年 Pennes 提出的生物热方程[345]有以下形式

$$\rho c \frac{\partial T}{\partial t} = \nabla \cdot (\lambda \nabla T) + \dot{m}_{V,b} c_b (T_{ar} - T) + q_{V,m} \tag{3-30}$$

式中，T_{ar} 为动脉血液温度，计算时一般取 T_{ar} 为核心温度。

显然，当 T_{ar} 取为 T_b 时，方程（3-30）与式（3-29）等价。另外，对于式（3-28），考虑图 3-33 所示的某一层时，由于导热系数在层内是均匀分布的，所以该式又可简化为

$$\rho c \frac{\partial T}{\partial t} = \lambda \left(\frac{1}{r} \frac{\partial T}{\partial r} + \frac{\partial^2 T}{\partial r^2} + \frac{1}{r^2} \frac{\partial^2 T}{\partial \theta^2} \right) + \dot{m}_{V,b} c_b (T_b - T) + q_{V,m} \tag{3-31}$$

式中，ρ 为人体组织的密度；c 为人体组织的比热容；λ 为人体组织的导热系数；t 为时间变量。方程（3-31）的边界条件为

径向：当 $r = R_0$ 时，
$$-\lambda \frac{\partial T}{\partial r} = q_c + q_r + q_e - q_s \tag{3-32a}$$

周向：
$$T(2\pi) = T(0) \qquad (3\text{-}32b)$$

式中，q_c 为人体与环境之间的对流换热；q_r 为人体与环境之间的辐射换热；q_e 为人体蒸发散热；q_s 为太阳对人体的辐射换热。应当指出，q_e 包括皮肤的有感蒸发、无感蒸发以及呼吸换热三部分[340,335]。另外，在通常情况下人体通过导热向环境的散热是十分有限的；而对流换热占总换热量的 32%~35%，辐射散发的热量占 42%~44%，蒸发散热占 20%~25%[141]。对于 q_r、q_e、q_s 以及 q_c 的计算，许多文献与教科书中都有详细介绍（如参考文献 [55]、[112]、[340]、[223]、[346]~[348]），这里因篇幅有限不多介绍。

3.5.3 控制分系统数学模型——人体热调节的生理学模型

首先对控制分系统各种数学模型的研究历史做简要回顾。1963 年，Stolwijk 提出了负反馈控制系统的数学模型[334]。在这个模型中，被控变量是人体的温度。人体的每个单元都设定了一个不变的调定点。应该指出，从生理学的角度看 Stolwijk 模型将调定点分布在人体全身的做法可能与人的实际生理情况不符。1968 年，Hemmel 提出了用下丘脑温度作为单一被控温度的负反馈控制系统数学模型[349]。在 Hemmel 的模型中认为不同的效应器具有不同的参考温度（调定点）。Hemmel 在模型中没有直接考虑皮肤温度对人体热调节系统的影响。1971 年 Huckaba 提出了具有单一参考温度的负反馈控制系统数学模型[350]。Huckaba 认为出汗和寒颤效应器存在各自的工作阈值，只有当参考温度超过这个阈值时，这两种效应器才开始工作；而血管运动效应器的工作是连续进行的。此外，Huckaba 还根据皮肤温度的变化速率定义了一个预报控制信号。Huckaba 模型与 Hemmel 模型很相似，这两个模型的主要区别是，Huckaba 模型中只有一个参考温度而 Hemmel 模型中不同的效应器有不同的参考温度。Shitzer 认为，Huckaba 模型比较接近于人体热调节的实际生理过程，是比较成功的控制系统数学模型之一。1984 年 Shitzer 在 Hemmel 与 Huckaba 研究的基础上，提出了他的控制数学模型[337]。在他的模型中，下丘脑温度为被控温度，并且 Shitzer 还借助于 Huckaba 的出汗效应器存在工作阈值的观点，对出汗量的计算做了重要修改，给出了出汗临界温度的计算方法。1977 年，Werner 采用数学系统分析的方法提出了一种新的控制系统数学模型[338,339,351]。Werner 认为，用人体的真实温度作为人体热调节系统的被控变量是欠妥的，因为被控变量可能是下丘脑中央控制点的温度，但也可能是由身体各处的温度通过加权计算获得一个积分变量。因此在 Werner 的模型中，没有明确定义该系统的被控变量，而是强调了被控变量的分布性。这充分体现了他的建模思想，即单一被控温度很难实现人体全身温度分布的控制。应该指出，Werner 的分布参数控制系统数学模型与 Stolwijk 模型存在着本质区别：可认为 Werner 模型中的被控变量是经过加权积分的"当量被控温度"，而 Stolwijk 模型中的被控变量是人体各单元的真实温度。另外，Werner 在模型中首次给出了人体热调节系统中温度感受器、控制器及效应器的详细数学描述，并使用经过简化的数学方程定量地描述了人体热调节过程中有关生理参数的变化[338,339,351,352]，因此可以说，Werner 的分布参数控制系统数学模型能够较好地描述了人体热调节的实际生理过程，使用它所获得的数值结果与试验数据较接近，而且模型的动态性能良好[344]。

从前面简要回顾控制系统数学模型的研究历史中不难发现，对生物控制系统进行精确的数学描述是一项非常困难的工作。要建立一个合理的控制模型，既需要研究者具有坚实的生物学基础，对有关生理活动的机制有比较深刻的了解，又需要研究者具有扎实的生物控制理论的基础功底，并且还要有一定的对生物控制系统进行数学描述的技巧。以下的讨论，将以 Werner 模型为主要依据，同时参考 Stolwijk 模型、Hemmel 模型、Huckaba 模型以及 Shitzer 模型中的合理成分，建立可用于二维人体温度分布计算的控制系统数学模型。

正如图 3-31 所示，人体热调节控制系统具有感受器、控制器和效应器三种基本控制元件。温度感受器是人体热调节系统的重要组成部分，为体温调节中枢感受器输送温度信息。根据温度感受器的分布，又可分为外周温度感受器和中枢性温度感受器。外周温度感受器对温度的感受很灵敏，它分布在全身皮肤或某些黏膜上，并与神经末梢相联系。中枢性温度感受器指的是存在于下丘脑、脑干网状结构、脊髓中的一些对温度变化敏感的神经元。通常认为，外周温度感受器对冷感受起重要作用，而中枢性温度感受器对温热的感受起重要作用。电生理试验证明，刺激下丘脑前部可以引起产热和散热反应，而刺激下丘脑后部则效果不显著。因此可以认为下丘脑前部是中枢性温度感受器存在的部位，而下丘脑后部可能是对体温信息进行整合处理的部位。这就是说，它将中枢性温度感受器发放的神经冲动与从皮肤温度感受器输入的神经冲动统一起来，并在当时体温的基础上对体温进行综合调节。

体温调节中枢的基本部分位于下丘脑。电生理学研究证明，体温调节神经元可以分为温度监测器和中枢神经元两种类型。下丘脑前部和视前区一带存在着密集的热感受神经元和少数冷感受神经元。这些神经元起到温度检测的作用；而中枢神经元则与监测器的突触联系。引起温度感受神经元兴奋的阈值称为调定点（set-point）。在正常情况下，体温调定点为37℃，并且其变动范围很小。

效应器由血管、汗腺和肌肉组成。它可以根据体温调节中枢传来的指令完成相应的动作，从而调节人体的产热和散热情况，去控制人体的温度。效应器的生理活动主要包括汗腺活动、血管扩张和收缩、肌肉运动三种。图 3-35 给出了短时间冷应激情况下简化的负反馈人体热调节系统。与研究热应激时身体反应的模型类似，冷环境下人体的热调节系统也包含两个基本的组成部分：身体受控系统与动态控制系统。受控系统表示身体特征及热传递关

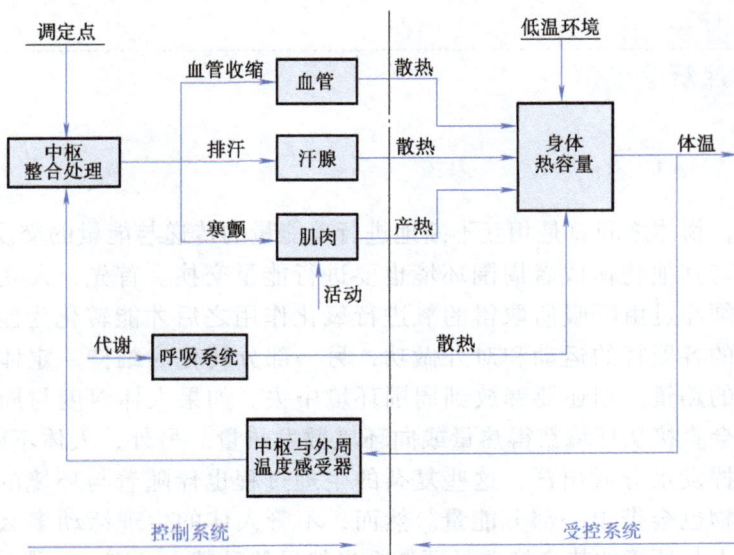

图 3-35　短时间冷应激情况下负反馈人体热调节系统简化框图

系，动态控制系统由周身神经系统与中枢神经系统组成。这两部分是相互交织的，只是在研究热调节系统中从概念上加以区分。下面给出上述三个控制元件的数学描述。

1. 温度感受器

温度感受器的关系式可表示为

$$f_a(X,t) + \tau_r(X)\frac{\partial f_a(X,t)}{\partial t} = K_r(X)\left[T(X,t) + \tau_d(X)\frac{\partial T(X,t)}{\partial t}\right] \tag{3-33}$$

式中，f_a 为温度感受器输出信号，τ_r 与 τ_d 为时间常数；K_r 为增益系数，X 为三维空间坐标；T 为人体温度（或组织温度）；t 为时间变量。

2. 温度控制器

$$f_{ej}(X,t) + \tau_c(X)\frac{\partial f_{ej}(X,t)}{\partial t} = \int C_j(X,Y)f_a(X,t)\,\mathrm{d}X \tag{3-34}$$

式中，f_{ej} 为温度控制器输出信号（$j=1$，为代谢产热；$j=2$，为血管运动；$j=3$，为出汗）；C_j 为温度感受器与效应器空间坐标间的匹配矩阵（这里 j 的含义同上）；f_a 的定义同式（3-33）；Y 为效应器的三维空间坐标；X 为三维空间坐标；τ_c 为时间常数；t 为时间变量。

3. 效应器

$$F_j(Y,t) + \tau_e(Y)\frac{\partial F_j(Y,t)}{\partial t} = K_{fj}(Y)f_{ej}(Y,t) \tag{3-35}$$

式中，F_j 为效应器输出信号（j 的含义同上）；K_{fj} 为各种效应器的增益（j 的含义同上）；τ_e 为效应器时间常数；f_{ej} 的定义同式（3-34），Y 为效应器的三维空间坐标；t 为时间变量。

以上 3 个方程只是给出了 3 种控制元件的一般数学描述。应该知道，要确定这些方程的具体形式是非常困难的，其中上述诸方程中的时间常数、增益系数以及匹配矩阵的具体确定需要大量的生理试验方面的支持。为此，Werner 又做了进一步的假设，使上述 3 个方程进一步简化，这里因篇幅所限，这些简化后的方程不再列出，读者可参阅参考文献［339］、［344］、［55］。

3.6* 人体热舒适模型

3.6.1 人体与周围环境的热交换以及热平衡方程

在自然界里，物体之间总是相互不断地进行着能量的传递与能量的交换。人作为一个有机的生命体，与其他物体或者周围环境也要进行能量交换。首先，人获得能量主要靠进食，但食物必须经过由呼吸所取得的氧进行氧化作用之后才能转化为能量。这些能量一部分用于人体的各器官的运动和对外做功，另一部分转化为维持一定体温所需的热量。如果有多余的热量，则还要释放到周围环境中去。如果人体温度与周围环境温度不同，那么人体也会直接从环境获得热量或向环境散发热量。另外，人体不断地进行呼吸，皮肤表面不断地挥发水分或出汗，这些复杂的生理过程也伴随着与环境的能量交换。再者，人体排泄废物也会带走一部分能量。然而，不管人体的生理活动多么复杂，从热力学的观点来看，人与环境的热交换总是要遵循自然界的最基本法则——能量转换及守恒定律（又称热力学第一定律）。如果将人体看作一个系统，那么系统所获得的能量减去系统

所失去的能量应该等于系统的能量积累。从这一观点出发，可以用热平衡方程式去描述人与环境的热交换，即

$$S = M - W - R - C - E \tag{3-36}$$

式中，M 为人体新陈代谢率；W 为人体所完成的机械功；R 为人体与环境的辐射热交换；C 为人体与环境的对流热交换量；E 为人体由于呼吸、皮肤表面水分蒸发以及出汗所造成的与环境的热交换量；S 为人体的蓄热率。式中各项采用的单位均为 W/m²。

M 是人体通过新陈代谢作用将食物转化为能量的速率，简称为新陈代谢率。人体摄取食物就获得了能量，需要说明的是，食物本身也具有一定的温度，即食物本身携带着一定的热量，但这部分热量是相当小的，因此在研究人体与环境的热交换中不考虑这部分热量的进入。所以这里主要研究食物通过氧化作用所能释放出来的能量，即在热平衡方程中，M 项始终是正值。W 为人体所完成的机械功。人体对外界做机械功，如人走上楼梯，身体的势能增加了，这部分增加的势能是由新陈代谢所产生的能量转换而来的，因此 W 取正值；反之，如果人体从外界获得机械功，如人走下楼梯，人体原先具有的一部分势能将通过复杂的生理过程转化为进入人体内的热量，此时 W 取负值。R 是人体通过辐射的形式与环境的热交换。当人体表面温度高于环境壁面的温度时，R 为正值，表明人体系统的热损失；反之，R 取负值。C 为人体通过对流的形式与环境热交换。当人体表面温度高于周围空气温度时，发生对流散热，C 取正值；反之，C 取负值。这里 R 与 C 项所涉及的人体表面温度，对于裸体的人来说就是皮肤表面温度；对于穿着一定服装的人来说，因为他身体的若干部分为服装所覆盖，因而情况就比较复杂了，对此将另做专门分析。人从环境吸入空气，经过呼吸道到达肺泡，完成氧气与二氧化碳的交换后再呼出体外。在这一生理过程中发生了两种热交换过程：一种是由于吸入与呼出的空气温度发生变化，例如，吸入 18℃ 的空气，呼出 36℃ 的空气，这样就从人体带走热量；另一种是由于吸入和呼出的空气湿度发生变化，通常是呼出的空气中含有更多的水蒸气，这部分增加的水蒸气来自于人体，要带走相应的汽化潜热。另外，人体的皮肤表面不断地向周围空气蒸发水分，人体出汗时，汗液在人体皮肤表面蒸发，这两种情况都会从人体带走气化潜热。通常情况下 E 为正值。只有在环境湿度非常大时 E 才可能出现负值。在式（3-36）中，S 为人体的蓄热率。当 S 项为正表示人体所得到的热量大于失去的热量；反之，则 S 项为负值。如果蓄热率 S 为零，则表明人体得热正好等于失热，从动态平衡的角度看，人体正处于热平衡状态。人体蓄热率 S 与人体温度之间的关系可表示为

$$S = \frac{c_b G}{A_D} \frac{dT_b}{dt} \tag{3-37}$$

式中，c_b 为人体组织的平均比热容（通常取为 3.49kJ/（kg·℃））；A_D 为人体的杜波依斯（DuBois）外表面积；G 为人体的质量；T_b 为人体平均温度；t 为时间。

在式（3-36）中，新陈代谢率 M 的表达式由威尔（Weir）在 1949 年提出，1963 年利德尔（Liddell）做了进一步简化，其表达式为

$$M = 20600\Omega(O_i - O_e)/A_D \tag{3-38}$$

式中，Ω 为呼吸换气量；O_i 与 O_e 分别为吸气中氧气的体积百分数与呼气中氧气的体积百分数。一般 $O_i = 0.2093$，但要测定 O_e 比较麻烦，故也可用下式计算

$$M = 352.2(0.23\beta + 0.77)\Omega_{O_2}/A_D \tag{3-39}$$

式中，β 为呼吸商（即人体呼出的二氧化碳与同一时间内的耗氧量的体积之比）；Ω_{O_2} 为人体耗氧量；A_D 定义同式（3-37）。

人在清醒时，为了维持心跳、呼吸及其他一些基本的生理活动（即使不进行任何工作）也必须有一定量的最基本的能量代谢，称之为基础新陈代谢率。1964 年戴维森（Davson）给出了测量结果，如图 3-36 中的实线所示。以 35 岁的男性为例，从图中查得基础新陈代谢率约为 46W/m²，这与用式（3-39）的计算结果非常吻合。在式（3-36）中，对外所做的机械功 W 为

$$W = \eta M \tag{3-40}$$

式中，η 为机械效率。

经过研究与实测发现（见维因汉姆（Wyndham）1966 年给出的试验曲线即图 3-37），其机械效率是很低的，最大不超过 20%；另外，在式（3-37）计算人体蓄热率时要用到人体平均温度 T_b，通常可用人体核心温度与皮肤平均温度的加权得出，即

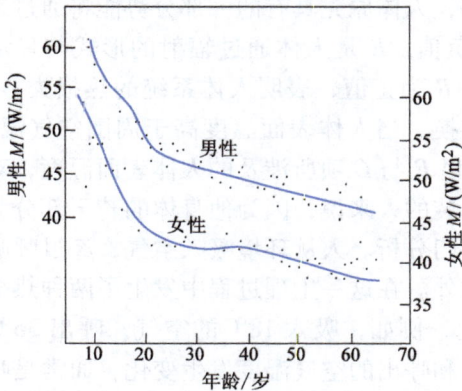

图 3-36　不同年龄及性别的基础新陈代谢率　　图 3-37　不同活动时受试者的机械效率

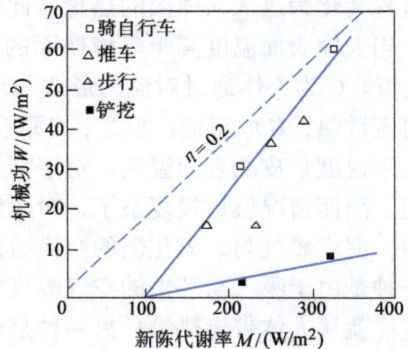

$$\left. \begin{array}{l} T_b = 0.9 T_{CO} + 0.1 T_{ms} \quad （在热环境中）\\ T_b = 0.67 T_{CO} + 0.33 T_{ms} \quad （在冷环境中）\end{array} \right\} \tag{3-41}$$

式中，T_{ms} 为人体皮肤的平均温度（Mean Skin Temperature），通常 T_{ms} 在 20～40℃之间。T_{CO} 为人体的核心温度（Core Temperature），严格地讲，人体核心温度应当是人体内部的平均温度，为方便起见，常用直肠温度代替 T_{CO} 值；在式（3-36）中，R 为人体与环境的辐射热交换，借助于 Stefan-Boltzmann 定律这里可表示为

$$R = \varepsilon \sigma f_{ef} f_{cl} (T_{cl}^4 - T_{mr}^4) \tag{3-42}$$

或者

$$R = 3.9 \times 10^{-8} f_{cl} (T_{cl}^4 - T_{mr}^4) \tag{3-43}$$

式中，f_{ef} 为着装人体的有效辐射面积系数，其取值可采用表 3-26 的数据，这些数据分别是由 Fanger（1972 年）以及 Guibert&Taylor（1952 年）对一些受试对象用照相的办法确定下来的；ε 为着装人体外表面的平均黑度；σ 为 Stefan-Boltzmann 常数；f_{cl} 为服装面积系数（即着装人体的表面积与裸体人体表面积之比）；T_{cl} 为着装人体外表面的平均温度；T_{mr} 为环境的平均辐射温度。

考虑到在一般情况下人体与环境辐射换热所处的温度范围是比较小的。为了简化计算，也可用线性温差来代替 4 次方温差，于是式（3-42）这时变为

表 3-26　人体的有效辐射面积系数

姿　势	f_{ef}值	
	范格（1972）	盖伯特和泰勒（1952）
坐着	0.70	0.70
站着	0.72	0.78
半立着		0.72

$$R = \varepsilon h_r f_{ef} f_{cl}(T_{cl} - T_{mr}) \tag{3-44}$$

式中，h_r 为线性辐射换热系数，即

$$h_r = 4\sigma\left(\frac{T_{cl} + T_{mr}}{2}\right)^3 \tag{3-45}$$

常温下，$h_r = 5.7\text{W}/(\text{m}^2 \cdot \text{K})$，或可近似地表达为

$$h_r = 4.6(1 + 0.01T_{mr}) \tag{3-46}$$

在式（3-36）中，C 为人体与环境的对流热交换，其表达式为

$$C = f_{cl}h_c(T_{cl} - T_a) \tag{3-47}$$

式中，T_{cl} 为人体外表面平均温度，T_a 为人体周围空气温度；h_c 为人体与空气的对流换热系数；f_{cl} 为服装面积系数（如果是裸体的人时，则 $f_{cl} = 1$）。

参考文献［348］、［353］中列举了国外许多学者针对受迫对流与自然对流时所给出的平均表面传热系数表达式，这里因篇幅所限不做介绍。引进综合显热换热系数 h_{cr}，其定义为

$$h_{cr} = h_c + h_r \tag{3-48}$$

并注意到 $R + C$ 为显热换热量，于是，可以参照牛顿换热公式的形式将 $R + C$ 表达为

$$R + C = f_{cl}h_{cr}(T_{cl} - T_0) \tag{3-49}$$

式中，T_0 称为环境折算温度，其定义式为

$$T_0 = \frac{h_r T_{mr} + h_c T_a}{h_r + h_c} \tag{3-50}$$

对于裸体者，则 $T_{cl} = T_{ms}$，于是式（3-49）此时变为

$$R + C = h_{cr}(T_{ms} - T_0) \tag{3-51}$$

对于着装者，$R + C$ 可以有下列表达式

$$R + C = f_{cl}h_{cr}(T_{ms} - T_0)F_{cl} \tag{3-52}$$

式中，F_{cl} 为服装的有效传热效率（这里 $F_{cl} < 1$）；在式（3-36）中，E 为人体由于呼吸、皮肤表面水分蒸发以及出汗所造成的与环境的热交换。

事实上当人在没有进食与排泄，也没有汗珠掉落的情况下，由于水分蒸发所造成的总的热损失是可以通过测量人体体重的变化来估算的，即

$$E = \frac{60r}{A_D}\frac{\Delta G}{\Delta t} \tag{3-53}$$

式中，E 为人体总的蒸发热损失；r 为水的汽化潜热，通常可取 2450kJ/kg；ΔG 为人体体重的变化；Δt 为测定的时间（min）；A_D 的定义式同（3-37）。

这个式子尽管物理意义清晰，但由于这个计算方法的基础是实测体重的变化，因此每次

都需要做实测，所以用起来很不方便，为此讨论下面的计算方法。

现将总的蒸发热损失分成两部分：一部分是由于呼吸造成的蒸发热损失（这里呼吸不仅从人体带走水分，造成潜热损失，同时由于环境空气的温度与人体温度不一致，吸入的空气经过呼吸道被加热，也会造成显热损失）；另一部分是皮肤蒸发水分造成的蒸发热损失。呼吸的潜热损失可用下式计算，即

$$E_{re1} = 0.0173M(5.87 - \varphi_a p_a^*) \tag{3-54}$$

呼吸的显热损失可按下式计算，即

$$E_{re2} = 0.0014M(34 - T_a) \tag{3-55}$$

以上两式中，M 为人体新陈代谢率；φ_a 为周围空气的相对湿度；p_a^* 为在周围空气温度下的饱和水蒸气分压力，这里的单位为 kPa；T_a 为呼出空气的温度。

注意：在式（3-55）中已将人体的平均温度近似取为34℃；对于人体皮肤水分蒸发所造成的热损失的分析就更复杂了。理论上，人体通过出汗使汗液在皮肤表面完成蒸发，可以带走汽化潜能，事实上分析起来，汗液的蒸发可以分三种情况：

（1）人体皮肤表面看上去是干燥的，没有汗液造成的湿润情况。这时人体的一部分水分仍可通过皮肤表面层直接蒸发到周围空气中去，这种情况称为隐性出汗（或称皮肤扩散），这时所造成的潜热损失用 E_d 表示，其计算式为

$$E_d = 3.054(0.256T_{ms} - 3.37 - \varphi_a p_a^*) \tag{3-56}$$

式中，T_{ms} 为皮肤表面的平均温度；符号 φ_a 与 p_a^* 的定义同式（3-54）。

（2）由于大量出汗，人体皮肤完全被汗液所润湿，这时汗液蒸发热损失达到最大值，用 E_M 表示，称为显性出汗，其计算式为

$$E_M = 16.7h_c(p_{SK}^* - \varphi_a p_a^*) \tag{3-57}$$

式中，h_c 为对流传热系数；p_{SK}^* 为在皮肤温度下空气中水蒸气的饱和分压力（kPa）；φ_a 与 p_a^* 的定义同式（3-54）。

这里需要指出的是，在式（3-57）中的16.7为刘易斯（Lewis）数 Le 的取值，通常在海平面上可取 $Le = 16.7℃/kPa$。

（3）大多数情况则是，人体表面部分被汗液浸湿，部分保持干燥，这时的蒸发所造成的热损失介于 E_d 和 E_M 之间。这里引入皮肤湿度 ω_{rs} 的概念，其定义为

$$\omega_{rs} = \frac{E_{rsw}}{E_M} \tag{3-58}$$

式中，E_{rsw} 为在一定皮肤湿度下的实际蒸发热损失（W/m²）；ω_{rs} 为皮肤湿度。E_{rsw} 的计算式为

$$E_{rsw} = 16.7\omega_{rs}h_c(p_{SK}^* - \varphi_a p_a^*) \tag{3-59}$$

式中，ω_{rs} 为皮肤湿度，符号 h_c、p_{SK}^*、φ_a 与 p_a^* 的定义同式（3-57）。

综上所述，由于水分蒸发造成的人体总蒸发热损失为

$$E = (E_{re1} + E_{re2}) + (E_d + E_{rsw}) = E_{res} + E_{SK} \tag{3-60}$$

式中，E_{SK} 为皮肤蒸发热损失，其计算式为

$$E_{SK} \equiv E_d + E_{rsw} = (1 - \omega_{rs}) \times (0.06E_M) + \omega_{rs}E_M \tag{3-61}$$

$$= 16.7(0.06 + 0.94\omega_{rs})h_c(p_{SK}^* - \varphi_a p_a^*)$$

这里对 E_d 的计算使用了下式

$$E_d = 0.06(1 - \omega_{rs})E_M \qquad (3-62)$$

值得注意的是，以上分析人体的蒸发热损失时都是以未穿衣服为前提的。如果穿着服装之后，情况则会有变化。这时呼吸蒸气发热损失仍可用式（3-54）与式（3-55），因为普通的服装并没有阻碍呼吸通道，服装引起其他热损失的变化所带来的影响可以反映在新陈代谢率 M 的变化中。但是，服装对于皮肤的蒸发热损失 E_{SK} 的影响是显著的。为此引进服装的渗透系数 F_{pcl}[354~356]，其计算式为

$$F_{pcl} = \frac{1}{1 + 0.143f_{cl}h_c I_{cl}} \qquad (3-63)$$

式中，f_{cl} 为服装面积系数（即着装人体的表面积与裸体人体表面积之比）；h_c 为人体与空气的对流换热系数；I_{cl} 为服装基本热阻（clo）；

于是在着装后 E_{SK} 可表示为

$$E_{SK} = 16.7(0.06 + 0.94\omega_{rs})h_c(p_{SK}^* - \varphi_a p_a^*)F_{pcl} \qquad (3-64)$$

至此，式（3-36）中的 R、C 与 E 项便可由式（3-52）、式（3-54）、式（3-55）以及式（3-64）进行计算，将这些式子代入式（3-36），得到

$$S = M(1 - \eta) - f_{cl}h_{cr}(T_{ms} - T_0)F_{cl} - 0.0173M(5.87 - \varphi_a p_a^*) - \qquad (3-65)$$
$$0.0014M(34 - T_a) - 16.7(0.06 + 0.94\omega_{rs})h_c(p_{SK}^* - \varphi_a p_a^*)F_{pcl}$$

显然，描述人与周围环境热交换的热平衡方程式（3-65）中主要包括了以下三个方面的变量：

（1）与周围环境有关的变量——空气温度 T_a、相对湿度 φ_a、环境折算温度 T_0，综合显热换热系数 h_{cr}。

（2）与人体自身生理活动有关的变量——新陈代谢率 M、对外做机械功 W（或者相应的机械效率 η）、皮肤表面的平均温度 T_{ms}、皮肤湿度 ω_{rs}。

（3）还有一个变量就是环境与人体的中介即服装基本热阻 I_{cl}，它虽然没有直接反映在热平衡方程中，但它直接影响到服装的特性系数 F_{cl} 与 F_{pcl} 的值。

另外还有一些环境变量也会影响到热平衡的建立。如空气流速 V，它的影响已反映在对流换热系数 h_c 的值内，进而又要影响综合显热换热系数 h_{cr} 值以及 F_{cl} 与 F_{pcl} 等。另外，大气压的变化也会影响 h_c 值。

因此，为了使用热平衡方程式（3-65）来分析人体与环境的热交换情况，必须首先定量地确定以下三个方面的参数：

（1）与人体正在从事的活动相对应的人体新陈代谢率 M 以及机械效率 η 值。

（2）人体所穿着的衣服的热工性能，主要是服装的热阻 I_{cl} 以及 F_{cl} 与 F_{pcl} 值。

（3）确定所处环境的对流换热系数 h_c 以及辐射换热系数 h_r 值。

其他一些可以直接测定的参数，如气温 T_a、相对湿度 φ_a、人体皮肤平均温度 T_{ms} 等也应该预先确定[354~359]。引进人体净得热（或称净产热率）H 以及环境空气中的水蒸气分压力 p_a，其表达式分别为

$$H \equiv M - W = M(1 - \eta) \qquad (3-66)$$
$$p_a \equiv \varphi_a p_a^* \qquad (3-67)$$

于是，式（3-65）又可表示为

$$S = M\big[(1-\eta)-0.0173(5.87-p_a)-0.0014(34-T_a)\big] - \tag{3-68}$$
$$f_{cl}h_{cr}(T_{ms}-T_0)F_{cl}-16.7(0.06+0.94\omega_{rs})h_c(p_{SK}^*-\varphi_a p_a^*)F_{pcl}$$

上式的右边又可简记为函数 $f(x)$，于是式（3-68）变为

$$S = f(M,T_a,p_a,V,T_{ms},T_{mr},E_{rsw},I_{cl}) \tag{3-69}$$

式中，M 为人体新陈代谢率；T_a 为人体周围空气的温度；p_a 为人体吸入空气中的水蒸气分压力；V 为人体周围空气的流速；T_{ms} 为皮肤的平均温度；T_{mr} 为人体所处环境的平均辐射温度（见式（3-44））；E_{rsw} 为在一定皮肤湿度下的实际汗液蒸发热损失（见式（3-59））；I_{cl} 为服装基本热阻。

显然，函数 f 含有 8 个变量。

3.6.2 范格的热舒适方程

热舒适技术是现代人类生活环境研究领域的高科技[354,360~362]，它涉及面广、是多种学科、多种技术的综合，是从事劳动卫生和劳动保护工作者以及人类工效学家、安全人机工程学家始终关注的重要课题之一。早在 1919 年美国采暖通风工程师学会（ASHVE）的匹兹堡实验室就开始了这方面的研究。20 世纪 60 年代中期，人们对热舒适技术研究的兴趣更浓了，并且那时美国采暖通风工程师学会的环境实验室搬到了堪萨斯州，因此美国堪萨斯州立大学实验室便成为这一研究的中心，他们组织了 1600 多个受试者进行过多种因素下舒适性方面的试验，积累了大量有关舒适条件方面的数据，这些数据奠定了范格（Fanger）热舒适方程的基础。任职于丹麦理工大学的范格教授将他所得到的有关热舒适方面的资料与人体传热的物理方程相结合，首次将环境的物理变量、人体新陈代谢率以及服装热工性能参数等综合在一个方程中，这就是下面要讨论的著名的热舒适性方程。

范格认为能够确定人体舒适状态的物理参数主要应该与人体有关。例如一个人所感觉到的是他自己的皮肤温度，而不是周围空气的温度。范格提出了人在某一热环境中要感到热舒适必须应满足以下三个最基本的条件：

（1）人体必须处于热平衡状态。这里所指的热平衡是当热平衡方程式中的人体内蓄热项 $S=0$ 时严格意义上的热平衡。如果 $S\neq0$，人体将会蓄热或失热，体温将升高或下降，因此人迟早会感到不舒适。热平衡不是热舒适的充分条件，通过出汗之类的生理机制可以维持热平衡[359,363,364]，然而在这种情况下却是很不舒适的。

（2）皮肤平均温度应具有与舒适相适应的水平。人体的热感觉与皮肤平均温度有关，当新陈代谢率较高时，舒适需要的皮肤温度通常低于坐着工作时的皮肤温度。

（3）为了舒适，人体应具有最佳的排汗率，排汗率也是新陈代谢率的函数。

范格认为，如果人处于热舒适的状态下，那么人体表面的平均温度 T_{ms} 以及人体实际的出汗蒸发热损失 E_{rsw} 应该保持在一个较小的范围内，并且两者都是新陈代谢率 M 的函数。也就是说人要感到舒适，除满足条件 1 之外还必须满足第 2 和第 3 个基本条件。由基本条件 1，则要求 $S=0$，于是式（3-69）变为

$$f(M,T_a,p_a,V,T_{ms},T_{mr},E_{rsw},I_{cl})=0 \tag{3-70}$$

由基本条件 2 与基本条件 3，于是式（3-70）可以由 8 个变量简化为 6 个变量，并且用函数 F 表达如下

$$F(M, I_{cl}, T_a, p_a, V, T_{mr}) = 0 \tag{3-71}$$

式（3-71）表明，对于确定的人的活动量（这里反映在新陈代谢率 M 上）与着装情况（这里反映在服装热阻 I_{cl} 上），可以找到一种 T_a、T_{mr}、p_a、V 的最佳组合，给出一个热舒适的环境。

在一个稳定的热环境中，经过一定时间的热调节和热适应，如果一个人达到了热平衡，则热平衡方程也可表达为：

$$H - (E_d + E_{rsw}) - (E_{re1} + E_{re2}) = K = R + C \tag{3-72}$$

式中，H、E_d、E_{re1} 与 E_{re2} 分别由式（3-66）、式（3-56）、式（3-54）与式（3-55）定义；R 与 C 分别由式（3-43）与式（3-47）定义；E_{rsw} 代表实际汗液蒸发热损失；K 表示由人体皮肤表面到服装外表面（通过服装）的传导热损失。

事实上，通过服装从皮肤表面到服装外表面的显热传递是非常复杂的。在人体与服装之间有空气层，服装与服装之间也有空气层。服装织物本身有热阻，而纤维之间的空隙内也含有空气。因此这里的"传导"实际上可能是包含了导热、对流、辐射三种传热方式在内的复杂过程。要详细地讨论上述过程，对于本书来讲因篇幅所限是不可能的。为了反映服装的这一综合传热特性，这里引进了服装基本热阻（Basic Clothing Insulation）I_{cl} 的概念，它包括了上述提到的各种空气层以及纤维本身的热阻在内，是从皮肤表面到服装外表面的总传热热阻，于是 K 可以表示为[365]

$$K = \frac{T_{ms} - T_{cl}}{0.155 I_{cl}} \tag{3-73}$$

将各项的具体表达式代入到式（3-72）中，得到

$$M(1 - \eta) - 3.054(0.256 T_{ms} - 3.37 - p_a) - E_{rsw} - 0.0173 M(5.87 - p_a) -$$
$$0.0014 M(34 - T_a) = \frac{T_{ms} - T_{cl}}{0.155 I_{cl}} = 3.9 \times 10^{-8} f_{cl}(T_{cl}^4 - T_{mr}^4) + f_{cl} h_c (T_{cl} - T_a) \tag{3-74}$$

在稳定状态下，热舒适所需的第一个最基本条件已由式（3-74）给出，它是热平衡方程式。这里需指出的是，式（3-72）与式（3-68）主要的不同点在于：一是 S 项的取值不同，前者为零，后者可以不为零；二是在式（3-72）引进了过渡项 K，其目的在于可以借助于热平衡状态下的方程（如式（3-74））求出服装外表平均温度 T_{cl} 值，显然这在最后求解热舒适方程式时非常有用。另外，式（3-74）表达了对于活动量以及着装一定的人，在一定的热环境中可以造成一定的生理反应以维持热平衡，而这一反应主要可通过 T_{ms} 以及 E_{rsw} 的适当组合来实现，即保持一定的皮肤温度及出汗量。但是当要求热舒适时，这 2 个变量就必须限制在一个非常小的范围，即应当有

$$a_1 < T_{ms} < a_2 \tag{3-75}$$
$$0 < E_{rsw} < b_1 \tag{3-76}$$

这两个限制范围的界限值 a_1、a_2 与 b_1 对于每一个具体的人都可能是不同的，但确实存在着这样的一个确定范围，关于这一点已被许多的试验所证实。应该指出，式（3-75）与式（3-76）所确定的界限范围仅适用于稳定状态，即环境参数保持相对稳定时的情况。

通过大量的试验测定，得到了图 3-38 与图 3-39 所示的曲线，它们分别表示了在热舒适状态下人体皮肤平均温度与新陈代谢率 M 的关系，以及人体汗液蒸发热损失与 M 间的关系。

由图 3-38 与图 3-39 可以看出，为了保持热舒适，当人的活动量增加时则要求环境温度

要降低一些，也就是说在稳定环境中要保持舒适，如果活动量上升，则相应的皮肤表面平均温度要降低。将上述的两张图的试验结果回归成两个线性方程，得：

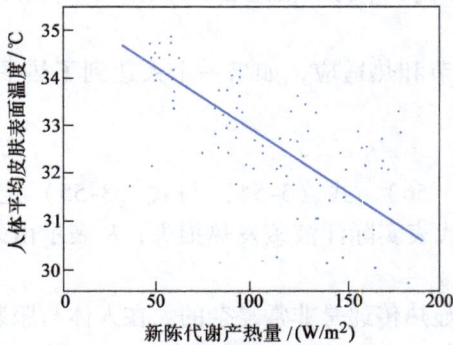

图 3-38 热舒适状态下 T_{ms} 与 M 的关系图　　图 3-39 热舒适状态下 E_{rsw} 与 M 的关系图

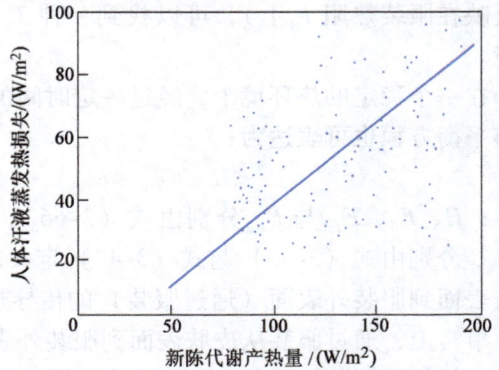

$$T_{ms} = 35.7 - 0.0275H \tag{3-77}$$
$$E_{rsw} = 0.42(H - 58.15) \tag{3-78}$$

式中，T_{ms} 的单位为℃，E_{rsw} 的单位为 W/m²。将式（3-77）与式（3-78）代入到式（3-74）后得到：

$$M(1-\eta) - 3.054(5.765 - 0.007H - p_a) - 0.42(H - 58.15) - $$
$$0.0173M(5.87 - p_a) - 0.0014M(34 - T_a) = \frac{35.7 - 0.0275H - T_{cl}}{0.155I_{cl}} \tag{3-79a}$$

$$\frac{35.7 - 0.0275H - T_{cl}}{0.155I_{cl}} = 3.9 \times 10^{-8} f_{cl}(T_{cl}^4 - T_{mr}^4) + f_{cl}h_c(T_{cl} - T_a) \tag{3-79b}$$

解式（3-79a），得到

$$T_{cl} = 35.7 - 0.0275H - 0.155I_{cl}[M(1-\eta) - 3.054(5.765 - 0.007H - p_a) - $$
$$0.42(H - 58.15) - 0.0173M(5.87 - p_a) - 0.0014M(34 - T_a)] \tag{3-80}$$

由式（3-79a）和式（3-79b）两式，可得到范格的热舒适方程式，即

$$M(1-\eta) - 3.054(5.765 - 0.007H - p_a) - 0.42(H - 58.15) - $$
$$0.0173M(5.87 - p_a) - 0.0014M(34 - T_a)$$
$$= 3.9 \times 10^{-8} f_{cl}(T_{cl}^4 - T_{mr}^4) + f_{cl}h_c(T_{cl} - T_a) \tag{3-81}$$

值得注意的是，式（3-81）中的 T_{cl} 项可借助于式（3-80）获得。这里再次从三个方面明确一下热舒适方程式（3-81）所涉及的变量以及它们所采用的单位：

（1）作为服装热工特性有：I_{cl} 为服装的基本热阻（clo）；f_{cl} 为服装的面积系数，这两个参数可以从有关服装设计方面的资料和计算公式中获得。

（2）作为人体活动量的有：M 为人体的新陈代谢率（W/m²）；η 为人的机械效率（%）；这两个参数可以用经验公式，也可以从有关资料中获得。

（3）作为环境变量有：V 为人体周围空气的流速（m/s），这里用的是速度矢量的模；T_a 为人体周围空气的温度（℃）；p_a 为吸入空气中的水蒸气分压力（kPa）；T_{mr} 为

环境的平均辐射温度（℃）；这些参数可以直接用仪器或者用公式计算获得。

热舒适方程式的理论价值在于它首次将众多的变量归结到一个方程中，给出了这些变量之间的关系，这显然比过去仅仅对单一变量的变化进行的试验研究要先进与合理，而且通过对方程中某一变量的偏微分，可以从理论上得出该变量随其他变量变化的规律，反过来对试验有很好的指导意义。热舒适方程式的实用价值在于它的工程应用很方便。方程的形式简单，若运用计算机求解时可以非常方便的绘出舒适图，因而更能够体现出这一方程式的优越性。图3-40给出了使用范格的热舒适方程计算[354,366~368]与试验结果（该试验分别由奈维氏（Nevins）[369]以及麦克奈尔（McNall）[370,371]完成）的比较。图 3-40 中横坐标表示空气温度 T_a，纵坐标表示湿球温度 T_s；图中做出了相对湿度分别取为 0%、20%、40%、60%、80% 与 100% 时的线；另外，在图 3-40 中，虚线表示用热舒适方程计算的结果，实线表示奈维氏与麦克奈尔的试验结果。这里应指出的是，T_s 主要是为了反映环境的湿度情况。事实上，只要测定了干球温度 T_a 及湿球温度 T_s 后，则环境空气的水蒸气分压力 p_a 便可由下式决定，即

$$p_a = p_s^* - 0.0667(T_a - T_s) \tag{3-82}$$

式中，p_a 的单位为 kPa，而任意温度 T 下的饱和水蒸气分压力 p_s^* 为

$$p_s^* = \exp[16.6536 - 4030.183/(T+235)] \tag{3-83}$$

式中，p_s^* 的单位为 kPa。另外，在图 3-40 的分析整理时做了 $T_a = T_{mr}$ 的近似假设。如果 $T_a \neq T_{mr}$，则 T_{mr} 由下式计算，即

$$T_{mr} = T_g + 2.44\sqrt{V}(T_g - T_a) \tag{3-84}$$

式中，T_g 为黑球温度计（Blcak Globe Thermometer）读数；V 为空气的流速；T_{mr} 的单位为℃。从图 3-40 中可以看到，对于坐态活动情况时，计算与试验值两者非常吻合。对于其他活动情况，基本上也是吻合的。对于范格的热舒适方程，从总体上来说，能够得到与试验结果如此接近的数值解，已是非常不易的了。

3.7　人的热感觉及相关的评价指标

用最少最简单的指标去评价不同的热环境并且研究其可能对人造成的热感觉一直是人机与环境工程领域中最为关注的重要课题之一，这里因篇幅所限仅对热应力、热感觉以及 PMV 指标等略做介绍。

3.7.1　热应力、热感觉及热感觉的分级

1. 热应力指标 HSI（Heat Stress Index）
热应力指标是表示人体维持热平衡所需的通过皮肤的实际蒸发热损失与可能的最大蒸发

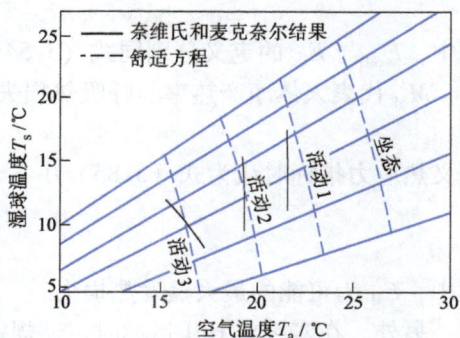
图 3-40　热舒适方程的数值计算与试验结果的比较

热损失之比值。由式 (3-36)，于是可变为

$$S + E_{SK} = [M(1-\eta) - E_{re1} - E_{re2}] - (R+C) = M_{SK} - (R+C) \tag{3-85}$$

式中，E_{re1} 与 E_{re2} 的定义分别同式 (3-54) 与式 (3-55)；E_{SK} 代表皮肤蒸发热损失。

M_{SK} 代表人体净产热率与呼吸热损失之差，即

$$M_{SK} = M(1-\eta) - (E_{re1} + E_{re2}) \tag{3-86}$$

定义热应力指标时认为式 (3-85) 中 $S=0$，于是有

$$HSI = \frac{M_{SK} - (R+C)}{E_M} \times 100\% \tag{3-87}$$

式中，E_M 为可能的最大蒸发热损失。

另外，在实际求 HSI 指标时，还规定了皮肤平均温度 $T_{ms}=35℃$；这样，当环境的HSI > 100 时，这意味着人体开始蓄热，体温升高；当 HSI < 0 时，人体开始失热，体温下降；当 HSI = 0 时，则无热应力。

2. 热感觉等级（Thermal Sensation Scale）

对热感觉等级，表3-27 分别列出了托马斯·拜德福（Thomas Bedford）以及 ASHRAE 提出的两种七级分级法。研究表明，采用七级分级法是适合正常人的分辨能力的，并且七级的好处在于使热舒适或热中性状态正好在等级中心。

表 3-27　热感觉等级的七级分级法

拜德福德法	ASHRAE 法	指 标 值
极热	热	7
太热	暖和	6
适度的热	稍暖	5
舒适（不冷也不热）	中性（舒适）	4
适度的冷	稍凉	3
太冷	凉	2
极冷	冷	1

等级的指标也可以采用从 −3 ~ +3 并且以 0 为中性状态（见表3-28）。表中的计算公式是在大量试验结果的基础上进行回归分析获得的。由于这些回归公式仅涉及 T_a 与 p_a 两个指标，也就是说它们只反映了温度、湿度方面对人热感觉所造成的影响，而 T_{mr}（平均辐射温度）、服装以及活动量等均被限定在一个很小的范围内，关于这一点在使用表3-28 中的回归公式时应该特别注意。

表 3-28　热感觉等级的预测公式

暴露时间/h	性别组合	回归公式 T_a/℃，p_a/kPa
1.0	男	$Y = 0.220T_a + 0.233p_a - 5.673$
	女	$Y = 0.272T_a + 0.248p_a - 7.245$
	混	$Y = 0.245T_a + 0.248p_a - 6.475$

（续）

暴露时间/h	性别组合	回归公式 $T_a/℃$，p_a/kPa
2.0	男 女 混	$Y = 0.221T_a + 0.270p_a - 6.024$ $Y = 0.283T_a + 0.210p_a - 7.694$ $Y = 0.252T_a + 0.240p_a - 6.859$
3.0	男 女 混	$Y = 0.212T_a + 0.293p_a - 5.949$ $Y = 0.275T_a + 0.255p_a - 8.622$ $Y = 0.243T_a + 0.278p_a - 6.802$

3.7.2　热感觉的平均预测指标（PMV）

PMV 指标是在范格热舒适方程的基础上建立起来的一种评价指标，它涉及 T_a、p_a、T_{mr}、空气流速 V、服装热阻以及人体活动量这 6 个变量。因此，建立 PMV 指标的计算公式关键是在于找出热感觉的等级值与上述 6 个变量之间的关系。正如生理学基础课程所讲的，人体能够在较大的环境变化范围内维持热平衡，主要靠的是人自身的调节机能（例如血管的收缩与舒张、汗液分泌以及肌肉紧张、寒颤、发抖等）。在这样一个较大的范围内，仅有较小的一个区域可以认为是舒适的。假定偏离舒适条件越远，不舒适程度越大，则环境给人体调节机能造成的负荷也就越重。

现在引进人体热负荷，记作 L，它是人体内的产热与（人体对实际环境的）散热之差。于是单位人体表面积上人体热负荷 L 可以表述为

$$L = M(1 - \eta) - 3.054(5.765 - 0.007H - p_a) - 0.42(H - 58.15) -$$
$$0.0173M(5.87 - p_a) - 0.0014M(34 - T_a) -$$
$$3.9 \times 10^{-8} f_{cl}(T_{cl}^4 - T_{mr}^4) - f_{cl}h_c(T_{cl} - T_a)$$

$$(3-88)$$

式中各项参数的定义同式（3-81），并且 T_{cl} 值由式（3-80）决定，而 h_c 可由下式计算

$$h_c = 2.05(T_{cl} - T_a)^{0.25} \quad \text{或} \quad h_c = 10.4\sqrt{V} \qquad (3-89)$$

在式（3-89）中含有 2 个表达式，计算时应选用其中较大者。式中，T_{cl} 为人体外表平均温度；V 为空气的流速。对于式（3-88），显然若 $L = 0$ 则意味着满足热舒适条件。在其他环境中，为了保持 $L \neq 0$ 时的热平衡，人体调节机能作用的结果是改变了实际的 T_{ms} 或 E_{rsw}，因而热负荷是环境对人体造成的一种生理紧张。

1968 年，McNall 给出了人体热负荷 L、新陈代谢率 M 与热感觉等级 Y 间的经验关系式，即

$$Y = (0.303e^{-0.036M} + 0.0275)L \qquad (3-90)$$

在通常情况下，热感觉应该是人体热负荷与新陈代谢率的函数，即

$$Y = f(L, M) \qquad (3-91)$$

图 3-41 给出了基于试验数据而获得的 $\partial Y/\partial L$ 与新陈代谢量 M 之间的关系曲线，此曲线的方程为

$$\frac{\partial Y}{\partial L} = 0.303e^{-0.036M} + 0.0275 \qquad (3-92)$$

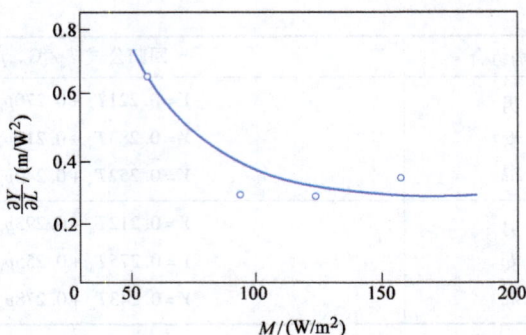

图 3-41 $\partial Y / \partial L$ 与 M 的关系

显然，将式（3-88）代入到式（3-90）中消去 L 便得出了这时 Y（即 PMV）的表达式

$$
\begin{aligned}
PMV = {} & (0.303e^{-0.036M} + 0.0275)\,[\,M(1-\eta) - 3.054(5.765 - 0.007H - p_a) - \\
& 0.42(H - 58.15) - 0.0173M(5.87 - p_a) - \\
& 0.0014M(34 - T_a) - 3.9 \times 10^{-8} f_{cl}(T_{cl}^4 - T_{mr}^4) - f_{cl}h_c(T_{cl} - T_a)\,]
\end{aligned}
\tag{3-93}
$$

这时，PMV 值涉及了 M、T_{cl}、T_a、T_{mr}、p_a 与 V 这 6 个变量。此外，表 3-29 还给出了 PMV 值与热感觉的对应关系，显然当 $PMV = 0$ 时，人的热感觉属于舒适的。目前，在许多场合下可以认为 PMV 值取在 $-1 \sim +1$ 范围内时，环境可视为热舒适环境。

表 3-29 PMV 值与热感觉的对应关系

热感觉描述	PMV 值	热感觉描述	PMV 值
热	+3	稍凉	-1
暖	+2	凉	-2
稍暖	+1	冷	-3
舒适	0		

习　题

1. 人的基本特性包括哪些方面？为什么研究人—机—环境工程问题时必须了解和掌握人的基本特性呢？

2. 什么是人体的静态测量？它与动态测量有何区别？

3. 某地区人体测量的平均值 $\bar{x} = 1650\,mm$，标准差 $S_D = 57.1\,mm$，求该地区第 95、90 以及第 80 百分位的尺寸数据。

4. 已知某地区人体身高第 95 百分位的数据为 $x_a = 1734.28\,mm$，标准差 $S_D = 55.3\,mm$，均值 $\bar{x} = 1686\,mm$，求其变换系数 K。利用此变换系数求适用于该地区人们穿的鞋子长度值。假定该地区足长均值为 26.40 mm，标准差为 4.56 mm。

5. 为什么说人体测量参数是人机工程中一切设计的基础？

6. 人体与周围环境的热交换主要有哪几种方式？能否给出这些热交换方式的数学表达式？

7. 人的生理特性主要包含哪些方面？人的知觉特性大体上可以从哪些方面进行研究？人的三个基本心理过程是什么？

8. 在人—机—环境系统工程研究中，人的数学模型的建立是最关键、最复杂、最困难的一步。请回答：在人—机—环境系统工程中，人主要完成哪几项大功能？能否给出人的控制模型的发展与控制理论发展之间的关系框图？

9. 20 世纪 60 年代，美国科学家使用人的传递函数成功解决了登月着陆模拟飞行器[244]生命保障系统的设计，成功的完成了土星-Ⅴ推进飞行器设计[246]中人体的热调节系统数值模拟。这是人体热调节系统数学模型用于工程并解决工程问题最成功的两个例子，你是否知道人体热调节系统的控制框图主要包括哪些控制分系统？请给出每个控制分系统的大致框图。

10. 龙升照教授在人—机—环境系统人的模型研究中，最早将 Fuzzy 的概念用到人体建模[253]中，在钱学森先生的直接指导下，他在人的模糊控制模型方面做出了贡献。请你用模糊数学的语言描述一下人的模糊控制模型。

11. 请你推导一下人体生物热方程？并给出它的边界条件。如果将这里的边界条件与流体流过固体表面时的边界条件相比较有什么不同？为什么？为什么说求解空气绕人体的流动与传热问题是项非常复杂、非常困难的前沿课题之一？

12. 人体热调节的控制分系统包括哪几个控制元件？请给出它们的数学表达式。

13. 热舒适技术是现代人类生活环境研究领域的高科技[354,360]，范格提出的热舒适方程早已被国际学术界公认并获得了广泛应用。请给出热舒适应满足的三个最基本条件，并用相应的数学表达式去描述这三个条件。

14. 研究人的热感觉是安全人机工程学领域中热安全方向的前沿课题之一。对于热感觉等级的分法可以有很多种，请比较 Thomas Bedford 以及 ASHRAE 提出的两种七级分级法有何不同？上述这些科学家们借助于大量试验数据所归纳给出的回归公式中涉及哪几个指标？为什么说这些回归公式的适用范围较小呢？

15. 什么是热感觉的平均预测指标（PMV）？请推导 PMV 的数学表达式并回答在 PMV 的表达式中含哪几个变量？

16. 在式（3-81）与式（3-93）中都含有（$34 - T_a$）项，你知道这里 34 的含义吗？你能否总结一下在推导范格的热舒适方程式（3-81）的过程中，引入了哪些假设以及经验公式呢？请在自己动手详细推导式（3-81）的过程中，对所使用的假设与经验公式一一给予说明。

17. 本书在讨论用 PMV 值评价环境时这样写到："目前，在许多场合下可以认为 PMV 值取在 $-1 \sim +1$ 范围内时，环境可视为热舒适环境。"请问对这段话如何理解？

18. 在使用 PMV 指标去评价一个房内人员较少、房间较宽敞的热环境与去评价一个空间狭窄、舱内温度分布很不均匀并有乘员存在的坦克车舱热环境时，哪种情况在评价时会遇上困难？遇上什么困难？（这里主要讨论在计算 PMV 值过程中可能遇到的困难。）

19. 在龙升照先生和 Dhillon B. S. 教授主编的《第 11 届人—机—环境系统工程大会论文集》中，2011 年王保国教授代表 AMME Lab（Aerothermodynamic and Man-Machine-Environment Laboratory，中文为"高超声速气动热力学与人机环境系统工程中心"，常简称为高速气动热与人机工程中心）发表了《近 20 年 AMME Lab 在人—机—环境系统工程中的研究与进展》这篇重要文章，详细报导了该团队所取得一系列重要成果，其中包括计算国际上 18 种著名航天器与探测器的 242 个典型飞行工况，进行绕流计算，得到了相关气动力，气动热的计算数据；还包括创建 3125 个驾驶员样本库的详细过程与有关数据。今由式（3-13）出发，仅考虑人的反应延缓时间 D 的变化，试建立该问题的样本库。

第4章

人的作业能力与疲劳分析

在人进行体力作业时，人体将产生种种生理、生化以及心理效应。本章将讨论人进行作业时的生理效应（即人体作业对能量代谢、心血管系统以及呼吸系统的影响），并对作业疲劳进行系统的分析。

4.1 人体作业时能量交换的特性

4.1.1 人体能量的产生机理

人体的一切活动都是通过人体的运动系统完成的。人体的运动系统主要由骨骼、关节、肌肉三大部分组成。人体的运动是以关节为支点，通过附着于骨面上的骨骼肌的收缩，牵动骨骼改变位置。因此在人体的运动过程中，骨起杠杆作用，关节起枢纽作用，骨骼肌则是运动的动力源。肌肉的基本机能是将生物化学能转变为机械位能或动能，而骨骼肌的收缩又是在神经系统的支配和调节下进行的。肌肉收缩时，所需要的能量是由肌肉中储存的能源物质（即三磷酸腺苷——ATP、磷酸肌酸——CP 以及糖原和脂肪等[103,210]）分解放热而产生的。三磷酸腺苷在人体内分解为二磷酸腺苷（ADP）并产生能量，这种能量直接供给肌肉收缩，是肌肉收缩的唯一直接能量来源。磷酸肌酸分解所产生的能量可供 ADP 转化为 ATP。这一供能系统在生理学基础课程中称为 ATP- CP 系统。该系统的特点是能在极短的时间内释放出能量。值得注意的是，ATP 和 CP 在肌肉中的储量极少，一般只能维持几秒钟的能量供应，所以仅适合于短暂剧烈活动的供能；肌糖原在无氧或氧供应不足的情况下进行不完全分解所释放的能量，可以供给 ATP 的再合成。但这时也同时会产生代谢中间产物乳酸。乳酸是一种强酸，它在肌肉中的积累，可使肌肉反应迟缓，引起肌肉疲劳、疼痛，最终导致活动无法进行。所以这一供能系统也只能在很短的时间内（几秒至 1 分钟左右）为肌肉收缩提供能量；糖原或脂肪在氧供应充足的情况下进行完全分解，产生代谢产物 CO_2 和 H_2O，并释放大量的能量，提供 ATP 的再合成。这一过程称为有氧氧化供能。该系统不仅产生的能量多，而且生成的 CO_2 和 H_2O 极易排出体外，没有导致疲劳的物质产生，因此是长时间能量供应的最主要形式。

综上所述，骨骼肌约占人体总质量的 40%，因此人们进行体力劳动时能量的消耗较大。骨骼肌活动的能量来自细胞中的储能元——ATP，肌肉活动时肌细胞中的 ATP 与 H_2O 结合，

生成 ADP 和磷酸根（Pi），同时释放出 29.3kJ/mol 的能量，即

$$ATP + H_2O \longrightarrow ADP + Pi + 29.3kJ/mol \tag{4-1}$$

在肌细胞中的 ATP 贮量有限，因此能量释放过程中必须及时补充肌细胞中的 ATP。补充 ATP 的过程称为产能。产能可通过三种途径供给。

1. ATP- CP 系列（或称 ATP-CP 系统）

在要求能量释放速度很快的情况下，肌细胞中的 ATP 由 CP 与 ADP 合成予以补充，即

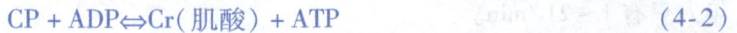

$$CP + ADP \Longleftrightarrow Cr(肌酸) + ATP \tag{4-2}$$

上述过程简称为 ATP-CP 系统。ATP-CP 系统提供能量的速度极快，但由于 CP 在人体内的贮量有限，其产能过程只能维持肌肉几秒钟大强度活动。

2. 需氧系列

肌肉中含 CP 甚少，只能供肌肉活动几秒至 1 分钟，因此在中等劳动强度下（这时 ATP 的分解以中等速度进行），需要通过糖和脂肪的氧化磷酸化合成得到 ATP 以此作为补充，即

$$葡萄糖或脂肪 + 氧 \xrightarrow{氧化磷酸化} ATP \tag{4-3}$$

由于上述过程需要氧参与合成 ATP，故称为需氧系列。在合成的开始阶段，以糖的氧化磷酸化为主，随着活动时间的持续延长，脂肪的氧化磷酸化逐渐转为主要过程。

3. 乳酸系列

在大强度劳动时，能量需求速度较快，相应 ATP 的分解也必须加快，需氧系列受到供氧能力的限制，不能满足肌肉活动的需要。这时，要依靠无氧糖酵解产生乳酸的方式提供能量，故称乳酸系列，既

$$葡萄糖(糖原) \xrightarrow{糖酵解} ATP + 乳酸 \tag{4-4}$$

由于糖酵解的速度比氧化磷酸化的速度快 32 倍，所以是高速提供能量的重要途径。应该指出，乳酸系列需耗用大量葡萄糖才能合成 ATP，在体内糖原含量有限的条件下，这种产能方式不经济。另外，乳酸还是一种导致疲劳的物质，所以乳酸系列提供能量的过程不可能持续较长的时间。

三种产能过程的一般特性见表 4-1。肌肉活动的时间越长，强度越大，恢复原有储备所需的时间也越长。在食物营养充足合理的条件下，一般在 24h 内可得到完全恢复。肌肉转换化学能做功的效率约为 40%，若包括恢复期所需的能量，其总效率大约为 10%~30%，其余 70%~90% 的能量以热的形式释放。

表 4-1 三种产能过程的一般特性

名 称	代谢需氧状况	供能速度	能源物质	产生 ATP 的量	体力劳动类型
ATP-CP 系统	无氧代谢	非常迅速	CP	很少	劳动之初和极短时间内的极强体力劳动的供能
乳酸系列	无氧代谢	迅速	糖原	有限	短时间内的强度大的体力劳动的供能
需氧系列	有氧代谢	较慢	糖原、脂肪、蛋白质	几乎不受限制	持续时间长、强度小的各种劳动的供能

4.1.2 作业时人体的耗氧动态

作业时人体所需要氧量的大小主要取决于劳动强度与作业时间。劳动强度越大，持续时间越长，需氧量也就越多。人体在作业过程中，每分钟所需要的氧量叫氧需（Oxygen Demand），它主要取决于循环系统的机能，其次取决于呼吸器官的功能。血液每分钟能供应的最大氧量称为最大摄氧量，正常成年人一般不超过3L/min；常锻炼者可达4L/min以上，老年人只有1~2L/min。

从事体力作业的过程中，需氧量随着劳动强度的加大而增加。但人的摄氧能力却有一定的限度，所以当需氧量大于实际供氧量时即两者出现了差额，此差值称为氧债。通常，在作业开始的几分钟内，呼吸和循环系统还不能满足氧需，也就是这时略有氧债产生。几分钟后，呼吸和循环系统的活动逐渐加强和适应，氧的供应得到满足，即所谓供氧的稳定状态。这样的作业可维持很长的时间。若劳动强度过大，氧需超过供氧上限，这时人体处于供氧不足状态下作业，肌肉内的储能物质（主要为糖原）迅速消耗，作业就无法持续。作业停止后的一段时间内，机体持续消耗高于安静代谢的氧以偿还氧债。ATP、CP、血红蛋白、肌红蛋白等非乳酸氧债可在2~3min内得到补偿；而乳酸氧债需10余min，甚至1h以上才能完全补偿。

如果体力作业时人体出现氧债衰竭现象，则可能导致血液中的乳酸急剧上升，pH值下降。这时肌肉、心脏、肾脏以及神经系统都将产生不良影响。因此合理安排作业间的休息，对于重体力劳动是至关重要的。

氧债的计算通常是由求得的最大摄氧量作为基础的。布鲁斯（Bruce）于1972年给出了年龄与最大摄氧量间的经验关系式[64]，即

$$(\dot{V}_{O_2})_{max} = 56.592 - 0.398A \tag{4-5}$$

式中，$(\dot{V}_{O_2})_{max}$ 为最大摄氧量 $[cm^3/(kg \cdot min)]$；A 为人的年龄（岁数）。

巴斯奇尔克（Buskirk）1974年给出了最大心率（H_r）$_{max}$（单位为次/min）与年龄 A 间的经验关系式[64]，即

$$(H_r)_{max} = 209.2 - 0.74A \tag{4-6}$$

4.1.3 能量代谢与能量代谢率

人体能量产生和消耗称为能量代谢。人体代谢所产生的能量等于消耗于体外做功的能量与在体内直接、间接转化为热的能量之总和。当人不对外做功时，体内所产生的能量等于由身体散出的能量，从而使体温维持在相对恒定的水平上。能量代谢可分为三种，即基础代谢、安静代谢和活动代谢。

1. 基础代谢

人体代谢的速率是随人体所处条件的不同而异。生理学将人清醒、静卧、空腹以及室温在20℃左右定为基础条件。人体在基础条件下的能量代谢称为基础代谢。单位时间内的基础代谢量称为基础代谢率（Basal Metabolic Rate），并用 B 表示，其单位为 W/m^2。它反映了单位时间内人体维持最基本的生命活动所消耗的最低限度的能量。我国正常人基础代谢率平均值见表4-2。应该指出，健康人的基础代谢率是比较稳定的，一般不超过平均值的15%；另外，基础代谢率一般是男性高于同龄女性，儿童少年高于同性的成年人，中年人高于老年人。此外，温度、精神状态、训练等也在一定程度上影响基础代谢率。

表4-2　我国正常人基础代谢率平均值　　　　　　（单位：W/m²）

年　龄	11～15	16～17	18～19	20～30	31～40	41～50	51 以上
男性	54.3	53.7	46.2	43.8	44.1	42.8	41.4
女性	47.9	50.5	42.8	40.7	40.8	39.5	38.5

2. 安静代谢（Repose Metabolic Rate）

安静代谢是作业开始之前，为了保持身体各部位的平衡以及某种姿势条件下的能量代谢。安静代谢包括基础代谢量。测定安静代谢量一般是在作业前或者作业后，被测者应坐在椅子上并保持安静状态，通过呼气取样采用呼气分析法进行的。安静状态可通过呼吸次数或脉搏数予以判断。安静代谢率一般取为基础代谢率的 1.2 倍。安静代谢率用 R 表示，另外，R 与 B 之间常使用以下关系式

$$R = 1.2B \tag{4-7}$$

3. 活动代谢

活动代谢亦称为劳动代谢、作业代谢或工作代谢。它是人在从事特定活动过程中所进行的能量代谢。因为在实际活动中所测得的能量代谢率（称为实际能量代谢率，用 M 表示），不仅包括活动代谢，也包括基础代谢与安静代谢，所以活动代谢率 M_r 应为

$$M_r = M - R \tag{4-8}$$

式中，M_r 的单位是 kcal/(m²·min) 或者 kJ/(m²·min)。应该指出的是，作业时的能量消耗是全身各器官系统活动能耗量的总和。最紧张的脑力劳动的能量代谢量不会超过安静代谢量的 10%，而肌肉活动的能耗量却可高出基础代谢率的 10～25 倍。

4. 相对能量的代谢率

正是由于人的体质、年龄和体力等差别，从事同等强度的体力劳动所消耗的能量则因人而异，因此无法用能量代谢量进行比较。为了消去个人之间的差别，引进相对能量代谢率（Relative Metabolic Rate），并用 RMR 表示，其表达式为

$$RMR \equiv \frac{\text{活动代谢率}}{\text{基础代谢率}} = \frac{M-R}{B} \tag{4-9}$$

或者

$$M = (RMR + 1.2)\,B \tag{4-10}$$

用 RMR 衡量劳动强度比较准确，目前在日本已被广泛使用。表4-3、表4-4 与表4-5 分别给出了不同活动类型时 RMR 的实测值与推算值，使用表4-3 与表4-4 给出的 RMR 值以及基础代谢率可以较好地估算出劳动时人的总能耗量。另外，德塔（Datta）等人对搬运重物时的七种方式进行了十分细致的研究，给出了相应作业时的能耗，读者可查阅他们的文献[96,102,241]。

表4-3　不同活动类型的 RMR 实测值（一）

活 动 项 目	动 作 内 容	RMR
睡眠		基础代谢量×90%
整装	洗脸、穿衣、脱衣	0.5
扫除	扫地、擦地	2.7
	扫地	2.2
	擦地	3.5

（续）

活动项目	动作内容	RMR
做饭	准备	0.6
	做饭	1.6
	做饭后收拾	2.5
运动	广播体操的运动量	3.0
用饭、休息		0.4
上厕所		0.4
步行	慢走（45m/min）、散步	1.5
	一般（71m/min）	2.1~2.5
	快走（95m/min）	3.5~4
	跑步（150m/min）	8.0~8.5
上下班	自行车（平地）	2.9
	公交车（坐着）	1.0
	公交车（站着）	2.2
	轿车	0.5
楼梯	上楼时（46m/min）	6.5
	下楼时（50m/min）	2.6
学习	念、写、看、听（坐着）	0.2
笔记	用笔记录（一般事务）	0.4
	记账、算盘	0.5

表 4-4   不同活动类型的 RMR 实测值（二）

活动类型	RMR	活动类型	RMR
小型钻床作业	1.5	慢走（45m/min）、散步	1.5
齿轮切削机床作业	2.2	快走（95m/min）	3.5
空气锤作业	2.5	跑走（150m/min）	8.0
焊接作业	3.0	上楼（45m/min）	6.5
造船的铆接作业	3.6	下楼（50m/min）	2.6
汽车轮胎的安装作业	4.5	骑自行车	2.9
铸造型芯的作业	5.2	做广播体操	3.0
煤矿的铁镐作业	6.4	擦地	3.5
拉钢锭作业	8.4	缝纫	0.5

表 4-5   RMR 的推算值

动作部位	动作方法	被测人主诉	RMR
手指	机械运动	手腕微酸	0~0.5
	指尖动作	指尖长时间酸痛	0.5~1.0
由指尖到上臂	指尖动作引起前臂动作	工作轻，不累	1.0~2.0
	指尖动作引起上臂动作	有时想休息一下	2.0~3.0

（续）

动 作 部 位	动 作 方 法	被测人主诉	*RMR*
上肢	一般动作	不习惯、难受	3.0 ~ 4.0
	较用力动作	上肢肌肉局部酸累	4.0 ~ 5.5
全身	一般用力	每 20 ~ 30min 想休息一下	5.5 ~ 6.5
	均匀地加力	连续工作 20min 就感到难受	6.5 ~ 8.0
	瞬时用全身力	5 ~ 6min 就感到很累	8.0 ~ 9.5
全身	剧烈劳动，用力尚留有余地	用大力干，不能超过 5min	10.0 ~ 12.0
	拼出全力，只能坚持 1min	拼命用力	12.0 以上

4.1.4 能量代谢的测定

能量代谢的测定方法有两种，即直接法和间接法。目前用得较多的是间接法[130,372]，其基本原理是，能量代谢率（Energy Metabolic Rate）可通过人体的耗氧量反映出来，因此先要测得糖、脂肪等能源物质在体内氧化时的耗氧量和二氧化碳的排出量，求得呼吸商（即在一定时间内排出的二氧化碳与吸氧量之比），由此便可算出作业时所消耗的能量。

人体消耗的能量来自人体所摄取的食物，糖、脂肪和蛋白质是食物中的三大供能物质。通常把 1g 供能物质氧化时所释放出的热量定义为该物质的卡价。糖和脂肪在体外燃烧与体内氧化所产生的热量相等，即 1g 糖平均产生热量 17.4kJ；1g 脂肪平均产生热量 40kJ；1g 蛋白质在体外燃烧产生热量 23.4kJ，而在体内不能完全氧化只产生热量 17.9kJ（这时剩下的 5.5kJ 的热量是以尿素的形式排泄到体外）。

物质氧化时，每消耗 1L 氧气所产生的热量称为物质的氧热价。由于物质分子结构上的不同，氧化时消耗的氧也不相同。例如 1g 糖完全氧化约耗氧气 0.83L，根据 1g 糖的卡价便可算出每消耗 1L 氧气可产生 17.4/0.83 = 20.9kJ 的热量。同理，可以算出其他物质的氧热价（见表 4-6）。

表 4-6 三种营养物质氧化时的数据

营养物质	产生热量 /(kJ/g)	氧耗量 /(L/g)	CO_2 产生量 /(L/g)	氧热价 /(kJ/L)	呼吸商 *RQ*
糖	17.4	0.83	0.83	20.9	1.000
脂肪	40.0	2.03	1.45	19.7	0.706
蛋白质	17.9	0.95	0.76	18.8	0.802

通常把机体在同一时间内产生的 CO_2 量与消耗的 O_2 量之比称作呼吸商（Respiratory Quotien），并用符号 *RQ* 表示。由表 4-6 可知，不同物质在体内氧化时 *RQ* 值不同，一般混合食物的呼吸商可在 0.85 左右[96,88]。

由于蛋白质中的氮以尿素排泄，所以受试者吸进的氧气量和产生的 CO_2 应减去验尿测定出的尿氮分解所需的 O_2 量和产生的 CO_2 量。此时的 CO_2 产生量与 O_2 的消耗量之比称为非蛋白呼吸商，并用 *NRQ* 表示。非蛋白呼吸商和氧热价的关系已由表 4-7 列出。

表 4-7 非蛋白呼吸商与氧热价的关系

非蛋白呼吸商	氧化的百分比（%）		氧热价/（kJ/L）
	糖	脂 肪	
0.707	0.00	100.0	19.616
0.71	1.10	98.9	19.632
0.72	4.76	95.2	19.683
0.73	8.40	91.6	19.733
0.74	12.0	88.0	19.787
0.75	15.6	84.4	19.800
0.76	19.2	80.8	19.888
0.77	22.8	77.2	19.942
0.78	26.3	73.7	19.992
0.79	29.9	70.1	20.043
0.80	33.4	66.6	20.097
0.81	36.9	63.1	20.147
0.82	40.3	59.7	20.197
0.83	43.8	56.2	20.252
0.84	47.2	52.8	20.302
0.85	50.7	49.3	20.352
0.86	54.1	45.9	20.407
0.87	57.5	42.5	20.457
0.88	60.8	39.2	20.507
0.89	64.2	35.8	20.557
0.90	67.5	32.5	20.612
0.91	70.8	29.2	20.662
0.92	74.1	25.9	20.712
0.93	77.4	22.6	20.767
0.94	80.7	19.3	20.817
0.95	84.0	16.0	20.867
0.96	87.2	12.8	20.922
0.97	90.4	9.58	20.972
0.98	93.6	6.37	21.022
0.99	96.8	3.18	21.077

实际应用中，人们经常采用省略尿氮测定的简便方法，即直接根据受试者在同一时间内吸入的氧气量和产生的 CO_2 量，以混合食物每消耗 1L 氧产生 17.94kJ 的热量近似计算能量消耗。实践证明，采用这种简易处理方法得到的结果不会导致显著误差。

例 4-1

某受试者在安静状态下，呼出气体的体积分数为：$O_2 = 16.23\%$，$CO_2 = 4.23\%$，呼出气量为 5L/min；标准状态下空气的组成（体积分数）为：$O_2 = 20.93\%$，$CO_2 = 0.03\%$，$N_2 = 79.04\%$，求受试者的能量消耗。

解：

（1）求单位体积的耗氧量：由 $(20.93\% - 16.23\%) \times 1.0L = 0.047L$，即每升空气的耗氧量为 47mL。

（2）求单位时间内的耗氧量：由 $(47 \times 5)mL/min = 235mL/min$，即 0.235L/min。

（3）求能耗：以混合食物每消耗 1L 氧气产生 17.94kJ 的能量（即取混合食物的氧热价为 17.94kJ/L）做计算，每 1min 便为 $(0.235 \times 17.94)kJ/min = 4.22kJ/min$，每 1h 为 $(4.22 \times 60)kJ = 253.2kJ$。

本算例也可以根据呼吸商计算：

（1）CO_2 的呼出量 $= ((4.23 - 0.03)\% \times 5)L/min = 0.21L/min$。

（2）计算呼吸商 $RQ = \dfrac{0.21}{0.235} = 0.89$。

（3）由 $RQ = 0.89$ 查表 4.7 便得氧热价为 20.56kJ/L，

每 1min 耗能为 $(0.235 \times 20.56)kJ = 4.83kJ$；

每 1h 耗能为 $(4.83 \times 60)kJ = 289.80kJ$（略比上述计算出的 253.2kJ 大）。

例 4-2

某工种的工人身高 $h = 1.68m$，体重为 69kg，测定他在作业中的各参数为：

耗氧（V_{O_2}）$= 0.22L/min$；安静代谢率 $R = 2.72kJ/(min \cdot m^2)$，基础代谢率 $B = 2.23kJ/(min \cdot m^2)$；作业代谢 $V_{O_2} = 1.44L/min$（工作时），$-\Delta V_{O_2} = 1.22L/min$（安静时），$+\Delta V_{O_2} = 1.02L/min$

试计算相对能量代谢率 RMR。

解：

（1）首先计算受试者的体表面积 S。

我国人体表面积的常用计算公式为

$$S = 0.0061h + 0.0128G - 0.1529 \tag{4-11}$$

式中，h 代表人的身高（cm）；G 代表人的体重（kg）；S 代表体表面积（m^2）；于是

$$S = (0.0061 \times 168 + 0.0128 \times 69 - 0.1529)m^2 = 1.755m^2$$

（2）计算呼吸商 RQ。

$$RQ = \frac{\Delta V_{CO_2}}{\Delta V_{O_2}} = \frac{1.02}{1.22} = 0.840$$

由 RQ 值于表4-7查得1L氧的热价为20.302kJ，1L氧的热价乘以耗氧量便得消耗率 N

$$N = (1.44 \times 20.302) \text{kJ/min} = 29.23 \text{kJ/min}$$

$$N/S = (29.23/1.755) \text{kJ/(min} \cdot \text{m}^2) = 16.65 \text{kJ/(min} \cdot \text{m}^2)$$

于是

$$RMR = \frac{16.65 - 2.72}{2.23} = 6.25$$

表4-8给出人的极限工作能力参数表，用它可以评价疲劳程度、选拔工人身体素质、制定劳动定额等。

表4-8　人的极限工作能力参数表

负荷/W	氧耗量/ (L/min)	能量消耗/ (kJ/(min·m²))	RMR	心率 (次/min)	极限负荷时间 /min
基础	0.18	2.23	—	64.1	—
安静	0.22	2.72	—	75.0	—
50	0.99	12.35	4.32	113	—
75	1.32	16.32	6.10	124	215
100	1.44	17.85	6.78	128	158
125	1.58	19.55	7.55	133	112
150	1.76	21.73	8.52	140	72
175	2.03	25.02	10.0	149	37
200	2.43	30.59	12.50	166	12
225	2.54	31.49	12.90	168	10
250	2.64	32.60	13.40	171	8
275	2.80	34.58	14.29	177	5
300	3.06	37.79	15.73	187	3

既然作业时消耗的 O_2 量和产生 CO_2 量可以换算出能量的消耗，相对代谢率也可以通过分别测定作业者在作业时与安静时消耗的 O_2 量和产生的 CO_2 量的比值并且分别计算出作业者在安静时和作业时各自的 O_2 消耗量，然后乘以每消耗1L的 O_2 所产生的热量（即氧热价）便可分别折算出作业时与安静时的能量消耗。同理，作业者的基础代谢量也可以换算成氧气消耗量，于是相对代谢率便可表示为

$$RMR = \frac{\text{作业时的 } O_2 \text{ 消耗量} - \text{安静时的 } O_2 \text{ 消耗量}}{\text{基础代谢时的 } O_2 \text{ 消耗量}} \tag{4-12}$$

4.2　作业时人体的调节与适应

4.2.1　神经系统的调节与适应

作业时每一个有目的的操作动作，既取决于中枢神经系统的调节作用，又取决于机体从

内外感受器传入的各种神经冲动（包括第一和第二信号系统），在大脑皮层进行综合分析，然后再去调节各器官以适应作业活动的需要，维持机体与环境的平衡。

如果作业者长期在同一环境中从事同一项作业活动，借助于复合条件反射便会逐渐形成一种程序化、自动化的熟练操作潜意识，称为动力定型（Dynamic Stereotype），也称习惯定型。习惯定型不仅能提高作业能力，还会使机体各器官从作业一开始就能去适应作业需要，使操作协调、轻松、反应迅速，能量消耗经济。动力定型在建立时虽然比较困难，但一旦建立，对提高作业能力极为有利，故应该积极利用神经系统的这一特性。

建立习惯定型应该循序渐进，注意节律性和重复性。若改变习惯定型，就必须破坏已经建立的习惯定型，这对大脑皮层细胞是一种很大的负担。若转变过急，便有可能导致高级神经活动的紊乱。因此，在作业性质或操作复杂程度需要做出较大的变动时，不可操之过急，必须进行重新训练，这对保障身体健康和避免发生事故具有重要意义。由此可见，中枢神经系统的机能状态，对作业时机体的调节和适应过程起着决定性作用。

体力劳动还会影响感觉器官的功能，适当的轻度作业能使眼睛的暗适应敏感；而大强度作业会使眼睛的暗适应敏感性下降；重作业和大强度作业能引起视觉及皮肤感觉的时滞延长，作业后数十分钟才能恢复。

4.2.2 心血管系统的调节与适应

1. 心率

心率是单位时间内心脏博动的次数。正常人安静时的心率为 75 次/min，最大心率（即心脏博动的最高次数）是随着年龄的增长而逐渐减小，其表达式为

$$最大心率 = 220 - 年龄值 \tag{4-13}$$

最大心率与安静时心率之差称为心博频率储备，该值可用来表示体力劳动时心率可能增加的潜在能力。

当人从事体力作业时，心率在作业开始后的 30~40s 内迅速增加，大约经过 4~5min 后便可达到与劳动强度相适应的水平。对于强度较小的体力劳动，心率增加不多，在很快达到与劳动强度相适应的水平后，心率便保持在一个恒定的水平上。而强度较大的劳动，心率将随作业的延续不断加快，直到最大心率值（通常可达到 150~195 次/min）。图 4-1 给出了上述两种劳动强度下心率的变化曲线。

在停止作业后，由于氧债的存在，心率需经过一段时间才能恢复到安静状态时的心率。一般作业停止后的几秒到 15s 后心率才开始迅速减速，然后 15min 内缓慢地恢复到安静心率。当然，恢复时间的长短与劳动强度、环境条件以及劳动者的健康状况有关。

心率通常可作为衡量劳动强度的一项重要指标，若以该指标为标准，

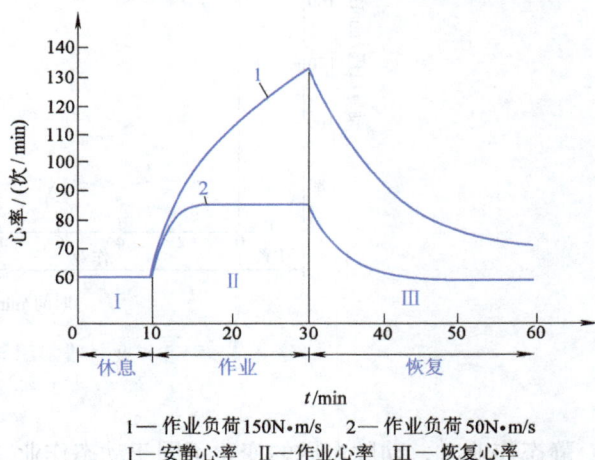

I—作业负荷150N·m/s　2—作业负荷50N·m/s
I—安静心率　II—作业心率　III—恢复心率

图 4-1　不同劳动强度下心率的变化曲线

对于健康男性，作业心率为110～115次/min（女性应略低于此值），停止作业后15min内恢复到安静心率时则认为该体力劳动负荷处于最佳范围，可以连续工作8h。如果停止作业后0.5～1min时测得心率不超过110次/min，并且在2.5～3min时测得心率不超过90次/min，在满足上述两个条件时，劳动者也可连续工作8h。

2. 心脏血液输出量

心脏每博动一次，由左心室射入主动脉的血量称为每博输出量。每分钟由左心室射出的血量称为心脏血液输出量，简称心输出量。心输出量为每博输出量与心率的乘积。正常男性成年人安静时每博输出量为50～70mL，心输出量约为3.75～5.25L/min（女性心输出量比同体重的男性约低10%）。一般人的心输出量最高可达25L/min。

体力作业开始之后，在心率加快的同时，心脏的每博输出量迅速增加并逐渐达到最大值。随后心输出量的增加便依赖于心率的加快。通常，中等劳动强度作业时，心输出量可比安静时增加50%；而特大强度的作业，心输出量可高达安静时的5～7倍。

3. 血压

血压是血管内的血液对于单位面积血管壁的侧压力，通常多指血液在体循环中的动脉血压，一般以毫米汞柱（mmHg）为单位（1mmHg＝133.32Pa）。通常，人安静时的动脉血压较为稳定，变化范围不大。心室收缩时动脉血压的最高值即收缩压为100～120mmHg，心室舒张时动脉血压的最低值即舒张压为60～80mmHg。当然，血压还受到性别、年龄、劳动作业强度以及情绪等众多因素的影响，对此感兴趣者可阅读参考文献[98]、[103]等。

动态作业开始之后，由于心输出量的增多，收缩压立刻升高，并且随着劳动强度的增加而继续升高，直达到最高值；而舒张压却几乎保持不变（或略有升高），因此形成收缩压与舒张压之差即脉压的增大，如图4-2所示。脉压逐渐增大或维持不变，是体力劳动可以继续有效进行的标志。

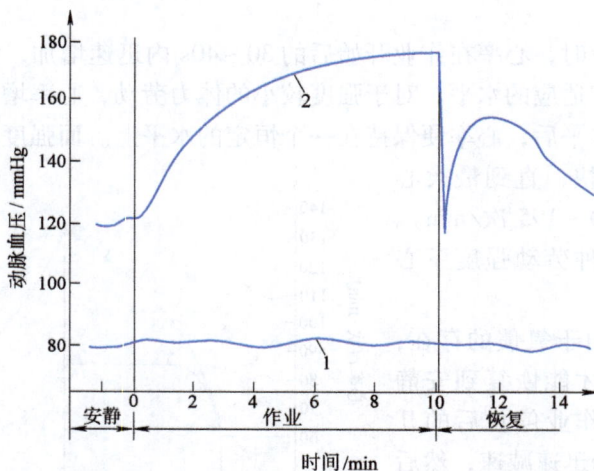

图4-2　动态作业时收缩压与舒张压的变化
1—舒张压　2—收缩压

静态作业时，动脉血压的变化不同于动态作业。静态作业使收缩压、舒张压、平均动脉压都升高，而心率和心输出量相对增加得较少。

作业停止后，血压迅速下降，通常在 5min 内便可恢复到安静状态时的水平。但在较大强度的劳动作业后，恢复时间较长，约需 30~60min 才能恢复到作业前的水平。

4. 血液的重新分配

人处于安静状态时，血液流向肾、肝以及其他内脏器官；而体力作业开始后，心脏射出的血液大部分流向骨骼肌，以满足其代谢增加的需要。表 4-9 给出了安静时与重体力劳动时的血液分配状况。显然，进行重体力作业时流向骨骼肌的血液量较安静时多 20 倍以上。

表 4-9　安静时和重体力劳动时的血液分配状况

器　官	安 静 休 息		重体力劳动	
	（%）	L/min	（%）	L/min
内脏	20~25	1.0~1.25	3~5	0.75~1.25
肾	20	1.00	2~4	0.50~1.00
肌肉	15~20	0.75~1.00	80~85	20.00~21.25
脑	15	0.75	3~4	0.75~1.00
心肌	4~5	0.20~0.25	4~5	1.00~1.25
皮肤	5	0.25	0.5~1	0.125~0.25
骨	3~5	0.15~0.25	0.5~1	0.125~0.25

4.2.3　其他系统的调节与适应

作业时呼吸的频率随作业强度的增加而增加，重强度作业时可达 30~40 次/min，极大强度作业时可达 60 次/min，肺通气量也由安静时的 6~8L/min 增加到 40~120L/min 以上。一般作业后，则靠加快呼吸频率去适应肺通气量的变化。

人体在正常条件下，每昼夜排尿量为 1.0~1.8L，通常体力作业后，尿液减少 50%~70%，这主要是由于汗液分泌增加及血浆中水分减少所造成的。另外，汗腺具有调节体温和排泄代谢产物的双重功能。在汗液中，98% 为水分。再者，体力劳动之后，也会引起汗液中的乳酸含量增多，这一点也应该引起注意。

4.2.4　脑力劳动与持续警觉作业生理变化的特点

1. 脑力作业

脑的氧代谢较其他器官要高，安静时约为等量肌肉耗氧量的 15~20 倍，占成年人体总耗氧量的 10%。但由于脑的质量仅为身体总质量的 2.5% 左右，所以即使大脑处于高度紧张状态，能量消耗量的增加也不至于超过基础代谢的 10%；葡萄糖是脑细胞活动的最主要能源，平时人体 90% 的能量都依靠它的分解来提供。表 4-10 给出了脑力作业和技能作业时的 *RMR* 值。

表 4-10　不同类型的脑力作业和技能作业的 *RMR* 实测值

作业类型	RMR	作业类型	RMR
操作人员监视面板	0.4~1.0	记账、打算盘	0.5
仪器室作记录、伏案办公	0.3~0.5	一般记录	0.4
电子计算机操作	1.3	站立（微弯腰）谈话	0.5
用计算器计算	0.6	坐着读、看、听	0.2
讲课（站立）	1.1	接、打电话（站立）	0.4

2. 持续警觉作业

化工厂、发电厂、雷达站和自动化生产系统中仪表的监控，舰艇与飞机的驾驶，都要求作业者长时间地保持警觉状态。在持续警觉作业中，信号漏报是衡量作业效能下降的指标。信号漏报是指信号已出现，但观察者却报告没有发现信号。随着作业时间的增加，信号漏报比例增高，即发现信号的能力下降。若以接近感觉阈限的信号即临界信号的出现频率为横坐标，以发现信号率为纵坐标，即可画出图4-3所示的曲线。由该曲线可知，信号频率增加时，发现信号的百分比也随之增加，但信号频率增加到一定程度后，如再继续增加，发现信号的百分比反而出现下降。由此可见，信号频率存在一个最佳值。在作业时，信号频率低于其最佳值时，观察者处于警觉降低状态；而信号频率高于其最佳值时，观察者又处于信息超负荷状态（即超过了人的信息加工能力）。因此，两者都将导致作业效能的降低。图4-3中信号频率的最佳值为100～300信号数/30min；如果以觉醒状态为横坐标，以作业效能为纵坐标，于是便可得到觉醒-效能曲线（如图4-4所示）。显然，它与图4-3所示的曲线形状极为相似。觉醒-效能曲线是人机工程学的一条极为重要的理论曲线。借助于该曲线可以获得与人的最高作业效能相对应的觉醒状态，即最佳觉醒状态。影响持续警觉作业效能下降的主要因素有：不良的作业环境（如噪声大、温度高、干扰信息多），信号强度弱、信号频率不适宜、作业者的主观状态（如过分激动的情绪、失眠、疲劳）等。其中，信号出现的时间极不规则性是造成信号脱漏的重要原因。

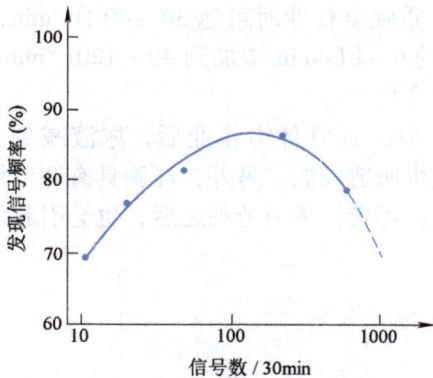

图4-3 信号频率与作业效能的关系

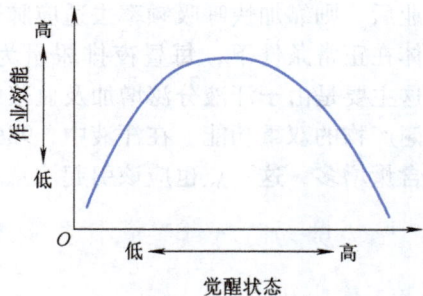

图4-4 觉醒-效能曲线

4.3 作业能力的动态分析

能力是指一个人完成一定活动所表现出的稳定的心理、生理特征。它直接影响着活动的效率。能力总是与活动联系在一起，并且在活动中表现出来。能力通常可分为：一般能力与特殊能力两种。一般能力主要是指认识活动能力，也称智力，它包括观察力、记忆力、注意力、思维力、想像力等，是人们从事各项活动都需要的能力。特殊能力是从事某项专业活动所需要的能力，如写作能力、管理能力、作业能力等。一般能力是特殊能力的基础，而特殊能力的发展又会促进一般能力的发展与进步。两者相互渗透、相互结合、相互促进。

4.3.1　作业能力的动态变化规律

作业能力是指作业者完成某项作业所具备的生理、心理特征和专业技能等综合素质。它是作业者蕴藏的内部潜力。这些心理、生理特征，可以从作业者单位作业时间内生产的产品数量和质量间接地体现出来。在实际生产过程中，生产的成果（这里指产量和质量）除受作业能力的影响外，还要受到作业动机等因素的影响，即

$$生产成果 = f(作业能力 \times 作业动机) \tag{4-14}$$

在作业动机不变的情况下，生产成果的波动主要反映在作业能力的变化上。图4-5给出了体力作业时典型的动态变化规律，它一般呈现三个阶段。

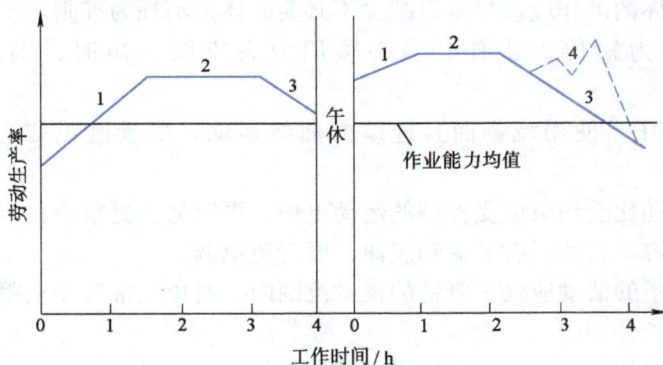

图 4-5　体力作业时作业能力动态变化的典型曲线
1—入门期　2—稳定期　3—疲劳期　4—终末激发期

（1）入门期（Induction Period）。作业开始时，由于神经调节系统的"一时性协调功能"尚未完全恢复与建立，致使呼吸与血液循环系统以及四肢调节迟缓，导致作业效率起点较低；随着"一时性协调功能"的加强，作业动作逐渐加快并趋于准确，习惯定型得到了巩固，作业效率迅速提高。入门期一般可持续 1~2h。

（2）稳定期（Steady Period）。作业效率稳定在最好水平，产品质量达到控制状态，此阶段一般可维持 1~2h。

（3）疲劳期（Fatigue Period）。作业者产生疲劳感，注意力起伏分散，操作速度和准确性降低，作业效率明显下降，产品质量出现非控制状态。

通常经过午休之后，下午的作业又会重复上述的三个阶段，但这时入门期和稳定期的持续时间要比午休前的短，而且疲劳期出现得早。有时在作业快结束时出现一种作业效率提高的现象（如图4-5的虚线所示），这种现象称为终末激发期（Terminal Motivation）。通常，这个时期的维持时间很短。

以脑力劳动和神经紧张型为主的作业，其作业能力动态特性的差异很大。这种作业的能力变化情况，取决于作业类型及其紧张程度，作业者的生理和心理指标的变化，很难找出具体的规律性。

4.3.2　动作的经济与效率法则

动作的经济与效率法则又称动作经济原则，它是一种为保证动作既经济又有效的经验性

法则。该法则首先由吉尔布雷斯（Gilbreth）提出，然后，众多的学者在吉尔布雷斯研究的基础上做了进一步的改进与发展，其中以巴恩斯（R. M. Barnes）的工作更为突出，他将动作经济原则归纳总结为三大类共22条[373]。这些原则是以人的生理、心理特点为基础，以减轻人在操作过程中的疲劳为目的而建立的。这些原则不仅适用于工厂车间的作业，而且也适用于教育、医护、军事等各个领域。这22条内容简介如下。

1. 利用人体的原则

（1）双手应同时开始，并同时完成动作。

（2）除休息时间外，双手不应同时闲着。

（3）双臂的动作应对称，方向应相反，并同时进行。

（4）双手和身体的动作应该尽量以减少不必要的体力消耗为准则。

（5）应当利用力矩协助操作。当必须用力去克服力矩时，则应将其降至最低限度。

（6）动作过程中，使用流畅而且连续的曲线运动，尽量避免方向发生突然急剧的变化。

（7）抛物线运动比受约束或受控制的运动更快、更容易、更精确。

（8）动作要从容、自然、有节奏和规律，要避免单调。

（9）作业时眼睛的活动应处于舒适的视觉范围内，避免经常改变视距。

2. 布置工作地点的原则

（1）应该有固定的工作地点，要提供所需的全部工具与材料。

（2）工具和材料应该放在固定的地方，以减少寻找所造成的人力与时间上的浪费。

（3）工具、物料以及操纵装置应放在操作者的最大工作范围之内，并且要尽可能靠近操作者，但应避免放在操作者的正前方。应使操作者手移动的距离和移动次数越少越好。

（4）应借助于重力去传送物料，并尽可能将物料送到靠近使用的地方。

（5）工具和材料应按最佳动作顺序进行排列与布置。

（6）应尽量借助于下滑运动传送物料，要避免操作者用手去处理已完工的工件。

（7）应提供充足的照明。提供与工作台高度相适应并能保持良好姿势的座椅。工作台与座椅的高度应使操作者可以变换操作姿势，可以坐、站交替，具有舒适感。

（8）工作地点的环境色应与工作对象的颜色有一定的对比，以减少眼睛的疲劳。

3. 设计工具和设备的原则

（1）应尽量使用钻模、夹具或脚操纵的装置，将手从所有的夹持工件的工作中解脱出来，以便做其他更为重要的工作。

（2）尽可能将两种或多种工具结合为一种。

（3）在应用手指操作时，应按各手指的自然能力分配负荷。

（4）工具中各种手柄的设计，应尽量增大与手的接触面，以便施加较大的力。

（5）机器设备上的各种杠杆、手轮和摇把等的位置，应尽量使作业者在使用时不改变或极少改变身体位置，并应最大限度地使用机械力。

4.4 作业疲劳及其测定

4.4.1 作业疲劳的特点与分类

疲劳是一个很难准确解释的概念，迄今尚无统一的确切定义。常见的有下面两种说法：一种定义为疲劳就是作业者在作业过程中，作业机能衰退，作业能力明显下降，有时伴有疲倦等主观症状的现象；另一种定义为，疲劳就是人体内的分解代谢和合成代谢不能维持平衡。作业疲劳的特点突出表现在，疲劳不仅是生理反映，而且还包含着大量的心理因素、环境因素等。通常，疲劳可分为四种类型：①个别器官疲劳（例如抄写、刻写蜡纸、长时间打字等）；②全身性疲劳，表现为全身肌肉关节酸痛、疲乏、不愿动、主观疲倦感和客观上作业能力明显下降、错误增加、操作迟钝混乱，甚至打瞌睡等；③智力疲劳，主要是长时间从事紧张的脑力劳动所引起的第二信号系统活动能力的减退，表现为头昏脑胀、全身乏力、肌肉松弛等；④技术性疲劳，例如汽车、拖拉机、飞机的驾驶作业以及收发电报或者操纵半自动化生产设备时都易出现这种疲劳现象。

4.4.2 疲劳发生的机理

疲劳的类型不同，发生的机理不尽相同。

1. 疲劳物质的累积机理

短时间大强度体力劳动所引起的局部肌肉疲劳，是由于乳酸在肌肉和血液中大量积蓄引起的，这就是疲劳物质累积的发生机理。

2. 糖原耗竭机理

对于较长时间的轻度或中等强度的劳动所引起的疲劳，这时既有局部肌肉疲劳，又有全身性疲劳。这种局部肌肉疲劳不是由于乳酸积蓄所致，而是由于肌糖原储备耗竭之故。

3. 中枢变化机理

强烈或单调的劳动刺激会引起大脑皮层细胞贮存的能源迅速消耗，这种消耗会引起恢复过程的加强。当消耗占优势时，会出现保护性抑制，以避免神经细胞进一步耗损并加速其恢复过程，这种机理称为中枢变化机理。

4. 生化变化机理

全身性体力疲劳是由于作业及其环境所引起的体内平衡状态紊乱所致的。引起这种平衡紊乱除局部肌肉疲劳外，还有许多其他原因，如血糖水平下降、肝糖原耗竭、体液丧失（脱水）、电解质丧失（如 Na^+ 与 K^+）、体温升高等，因此，称上述发生的机理为生化变化机理。

5. 局部血流阻断机理

静态作业引起的局部疲劳，是由于局部血液阻断引起的。当肌肉收缩时，这时肌肉变得非常坚硬，其内压可达几十千帕，因此会部分地或完全地阻断血流通过收缩的肌肉。例如，股四头肌张力在最大收缩力的 5%～10% 时，血流达到稳定状态，此时产能在有氧状况下进行，因此作业可维持很长时间；当张力在最大收缩力的 20%～30% 时，作业时血流稳定增加，作业停止后，血流仍然有所增加，以补偿"血流债"，可见此时有一部分能量是在无氧的情况下产生，而乳酸堆积速率和收缩力呈线性关系；当张力在最大收缩力的30%时，血流开始减少；当张力达到最大收缩力的30%～60%时，血液中乳酸堆积得最多；当张力达到最大收缩力的70%时，血液流动完全停止。因此，上述疲劳机理称为局部血流阻断机理。

4.4.3 测定疲劳的方法

疲劳可以从三种特征上表露出来：①身体的生理状态发生特殊变化，如心率（脉率）、血压（压差）、呼吸以及血液中乳酸含量等发生了变化；②作业能力的下降，如对特定信号的反应速度、正确率、感受性等能力下降；③疲倦的自我体验。

检验疲劳的基本方法可分三类：①生化法；②生理心理测试法；③他觉观察和主诉症状调查法。现对前两类方法简述如下。

1. 生化法

该方法通过检查作业者的血、尿、汗以及唾液等体液成分的变化判断疲劳。这种方法的不足之处是，测定时需要中止作业者的作业活动，而且还容易给被测者带来不适和反感。

2. 生理心理测试法

该方法主要包括：膝腱反射机能检查法，两点刺激敏感阈限检查法，频闪融合阈限检查法，反应时间测定法，脑电肌电测定法，心率（脉率）、血压测定法等。下面仅对其中的几种方法略作介绍。

（1）膝腱反射机能检查法。该方法是用医用小硬橡胶锤，按规定的冲击力敲击被试者的膝部，根据小腿弹起的角度大小评价疲劳程度的一种方法。一般认为，作业前后反射角度变化在5°～10°时为轻度疲劳；反射变化在10°～15°时为中度疲劳；反射角度变化在15°～30°时为重度疲劳。

（2）频闪融合阈限检查法。该方法是利用视觉对光源闪变频率的辨别程度来判断机体疲劳的方法。当光源以某一频率闪变时，人眼能够辨别出光源一明一暗。若把闪变频率提高到使人眼对光源闪变感觉消失时，此时称为融合现象。对于开始产生融合现象的闪变频率称为融合度。相反，在融合状态下降低光源的闪变频率，使人眼产生闪变感觉的临界闪变频率称为闪变度。融合度与闪变度的均值便称为频闪融合阈限，它表征着中枢系统机能的迟钝化程度。显然，频闪融合阈限因人而异，但均受机体疲劳程度的影响。为了表征疲劳程度，一般以频闪融合阈限的日间变化率（用符号 d_R 表示）与周间变化率（用符号 w_R 表示）表达，即

$$d_R = \frac{F_{d2} - F_{d1}}{F_{d1}} \tag{4-15}$$

$$w_R = \frac{F_{w2} - F_{w1}}{F_{w1}} \tag{4-16}$$

式中，F_{d1} 为作业前的频闪融合阈限；F_{d2} 为休息日后第一天作业后的频闪融合阈限；F_{w1} 为休息日后第一天作业前的频闪融合阈限；F_{w2} 为周末作业前的频闪融合阈限。

表4-11给出了日本早稻田大学大岛的研究成果，可作为正常作业时应满足的标准。

表 4-11 频闪融合阈限值

劳动类型	日间变化率（%）		周间变化率（%）	
	理想界限	允许界限	理想界限	允许界限
体力劳动	−10	−20	−3	−13
体力、脑力结合的劳动	−7	−13	−3	−13
脑力劳动	−6	−10	−3	−13

（3）反应时间测定法。反应时间的变化同样能表征中枢系统机能的迟钝化程度，测定作业者的反应时间，根据其反应时间的长短也能判断出作业者的疲劳状况。另外，也可用脑电图反映作业者的疲劳程度；对于局部肌肉疲劳，也可采用肌电图测量肌肉的放电反应，去判断肌肉的疲劳程度。当肌肉疲劳时，肌肉的放电反应振幅增大，节律变慢。

（4）心率（脉率）、血压测定法。该方法可以在作业者的作业过程中实现对作业者的心率（脉率）、血压遥控检测，而且又不会给作业者增加负担。图 4-6 给出了某男性青年进行四次负荷运动时所测定的强化疲劳曲线。试验分 4 次进行，每次运动 3min，休息 3min。这 4 次试验的负荷分别是 147.1W、196.1W、245.2W 与 294.2W；图 4-6a 给出了心率变化随试验时间的变化情况；图 4-6b 给出了各次试验末血压的变化情况。每次试验前后分别要检测视觉反应能力，在进行第 4 次负荷（即 294.2W）运动时由于被测者体力不支，此时检查其视觉反应能力，已明显地迟钝了。

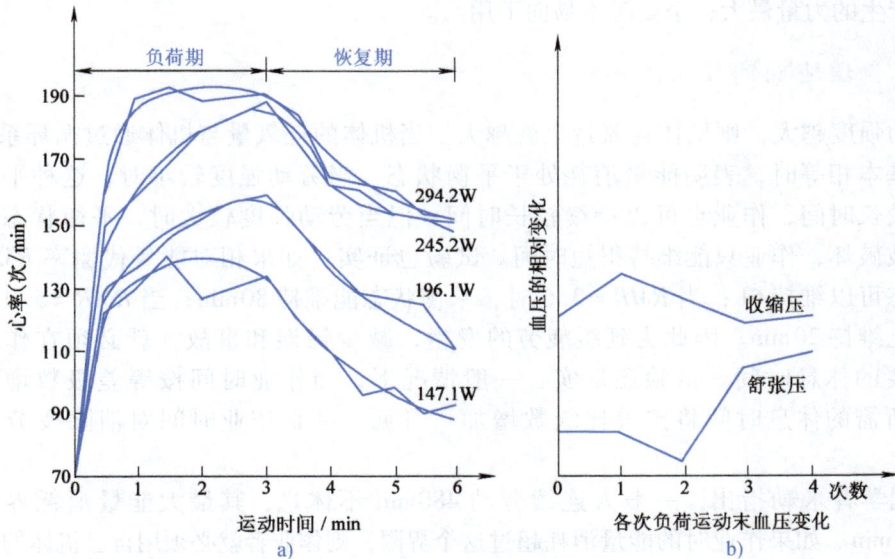

图 4-6 某男性青年进行强化疲劳试验的测定曲线
a）心率测定 b）血压测定

4.5 提高作业能力与降低疲劳的措施

4.5.1 改进作业方法，合理地使用体力

改进作业方法使作业者处于一种合理的作业姿势，这对减少体能消耗、缓解机体的疲劳程度至关重要。在作业姿势一定的情况下，还应该为作业者提供合适的工作台和座椅。例如以身高1.7m的男性作业者为例，采用立姿进行轻劳动强度的装配作业，当工作台高度在1.1～1.15m之间时作业者的耗氧量是290mL/min；当工作台高度增加到1.2m时，耗氧量增加到310mL/min。由此可见，找出一个最合适的作业姿势及其相适应的工作台与座椅是减轻疲劳提高工作效率的重要条件。

合理设计作业过程中的用力方法主要从以下几个方面考虑：

（1）合理安排负荷，使单位劳动成果所消耗的能量最少。这里不妨以负重步行为例，当负荷重量小于作业者体重40%时，单位作业量的耗氧量基本上不变；当负荷重量超过作业者体重的40%时，则单位作业量的耗氧量便急剧增加。因此，这时将最佳负荷重量定为作业者体重的40%为宜。

（2）要善于利用生物力学原理去合理用力。例如当举起重物时，应该用体重平衡负荷，随着重物向上移动，人体重心向下移动可以减少内耗；再如人向下用力时，则站立姿势要比坐姿更有效。

（3）利用人体的动作经济原则，保持动作自然、对称、有节奏。

（4）要充分考虑不同体位的用力特点。例如人坐在有固定靠背和扶手的椅子上时，脚蹬踩时产生的力量最大；坐姿时不易向下用力。

4.5.2 合理地确定作业休息制度

劳动强度越大，则机体耗氧量也就越大。当机体的耗氧量与机体通过循环系统所摄取的氧量基本相等时，表明能量消耗处于平衡状态。当劳动强度较小时，这种平衡状态可以维持较长时间，作业也可以持续较长时间；但当劳动强度较大时，平衡状态在短时间内就会被破坏，作业只能维持很短时间。试验也证实：如果相对能量代谢率 $RMR \leqslant 2$ 时，平衡状态可以维持6h；当 $RMR = 3.6$ 时，平衡状态能维持80min；当 $RMR = 5.0$ 时，平衡状态只能维持20min。因此为延缓疲劳的发生，减少错误和事故，就必须在作业过程中插入必要的休息时间。试验还证实：一般情况下，当作业时间按等差级数增加时，恢复疲劳所需的休息时间将按等比级数增加。可见，延长作业时间对消除疲劳是极为不利的。

德国学者米勒指出，一般人连续劳动480min不休息，其最大能量消耗界限大约为16.75kJ/min。如果作业时的能量消耗超过这个界限，则作业者就必须用自己机体的能量储备，因此作业后就必须通过休息去补充能量储备。米勒假定标准能量储备为100.47kJ。如果要避免疲劳积累，则工作时间加上休息时间的平均能量消耗不能超过16.75kJ/min。因此可以称16.75kJ/min的能量消耗是耐力水平。设作业时增加的能量消耗为 M^*，实际劳动时间为 t_L，休息时间为 t_x，于是实际劳动率 t_w 为

$$t_w = \frac{t_L}{t_L + t_x} \qquad\qquad (4\text{-}17)$$

休息率 t_r 为

$$t_r = \frac{t_x}{t_L} \qquad\qquad (4\text{-}18)$$

因为实际劳动时间应该是能量储备（即 100.47kJ）的耗尽时间，于是有

$$t_L = \frac{100.47}{M^* - 16.75} \qquad\qquad (4\text{-}19)$$

并注意到

$$t_L M^* = (t_L + t_x) \times 16.75 \qquad\qquad (4\text{-}20)$$

于是有

$$t_x = \left(\frac{M^*}{16.75} - 1 \right) t_L \qquad\qquad (4\text{-}21)$$

$$t_r = \frac{M^*}{16.75} - 1 \qquad\qquad (4\text{-}22)$$

$$t_w = \frac{1}{1 + t_r} \qquad\qquad (4\text{-}23)$$

例 4-3

能量消耗量为 31.40kJ/min 的作业，安静状态的能量消耗量为 6.28kJ/min，试求作业时间 t_L、休息时间 t_x 以及实际劳动率 t_w 各为多少？

解：作业增加的能量消耗量 M^* 为

$$M^* = (31.40 - 6.28) kJ/min = 25.12 kJ/min$$

由式（4-19）可计算出 t_L，由式（4-22）计算得出 t_r，由式（4-18）计算出 t_x，由式（4-23）计算得出 t_w 值，于是它们分别为

$$t_L = \left(\frac{100.47}{25.12 - 16.75} \right) min \approx 12min$$

$$t_r = \left(\frac{25.12}{16.75} - 1 \right) \times 100\% \approx 50\%$$

$$t_x = t_L t_r = 12min \times 50\% = 6min$$

$$t_w = \frac{1}{1 + 0.5} = \frac{2}{3}$$

最后还应指出的是，许多作业都需要工间休息，如用铁锨铲煤的能量消耗为 41.86kJ/min，木工用手工工具做活的能量消耗为 33.49kJ/min，显然这两种作业的能量消耗都超过了最大能耗界限，因此从事这两种作业者不能连续作业 8h。

事实上，为了使作业者不至于过度劳累，就必须根据具体作业时的相对代谢率合理地去安排休息时间。表 4-12 与表 4-13 分别给出了实际劳动率的标准与我国采用的劳动强度的分级，可供参考。

表4-12 各种劳动强度的实际劳动率标准

劳动强度	极轻劳动	轻劳动	中等劳动	重劳动	极重劳动
RMR	0~1	1~2	2~4	4~7	>1
实际劳动率（%）	>80	80~75	75~65	65~40	<40
8h工作消耗的能量/kJ	2302~3851	3851~6483	6483~7326	7326~9084	>9084
一天消耗的能量/kJ	7744~9209	9209~10674	10674~12767	12767~14651	>14651

表4-13 我国采用的劳动强度分级与实际劳动率的关系

劳动强度指数 *I*	8h工作日平均能量代谢率 M/(kJ·min^{-1}·m^{-2})	实际劳动率 t_w（%）
15	8.071	50
	7.891	60
	7.711	70
	7.535	80
	7.355	90
20	11.059	50
	10.884	60
	10.704	70
	10.524	80
	10.344	90
25	14.052	50
	13.872	60
	13.692	70
	13.512	80
	13.332	90

4.5.3 克服单调感，合理调节作业速率

作业过程中出现许多短暂而又高度重复的作业或者操作，称作单调作业。单调作业使作业者产生不愉快的心理状态，称为单调感（又称枯燥感）。克服单调感的主要措施就是根据作业者的生理和心理特点重新设计作业内容，使作业内容丰富化。作为例子，参考文献第[374]项中给出了一系列预防驾驶单调感的措施，可供感兴趣者参考。

作业速率对疲劳和单调感的产生都有很大的影响。人的生理上有一个最有效或最经济的作业速率，例如在一定的负荷下，人步行速度为60m/min时的耗氧量最少，因此该速度就称为该步行作业的经济速率。在这个经济速率下，机体不易疲劳，作业持续时间最长。事实上，作业速率过高，会加速作业者的疲劳，甚至会影响身体健康。当作业速率过慢，会使作业者的情绪冷淡，感到工作内容贫乏，不能激发作业能力的发挥，而且还容易出现废品。然而，如何确定适当的作业速率却是一件十分困难的事。这里因为篇幅所限，对此不做详细讨论。

习　题

1. 产能通常有哪几种途径？请对这些途径做简要说明。

2. 什么叫基础代谢率？什么叫相对能量代谢率？什么叫安静代谢率？它们三者之间的关系是什么？请用数学表达式进行描述。

3. 某受试者在安静状态下呼出气体的体积分数为 O_2 占 17.1%，CO_2 占 3.8%；呼出气量为 5.2L/min，求该受试者的能量消耗（注：标准状态下空气的组成（体积分数）为 O_2：20.93%；CO_2：0.03%；N_2：79.04%）。

4. 正常人安静时的心率是多少？试求 62 岁老人的最大心率。

5. 请给出体力作业时典型的动态变化规律，并对其几个阶段做简要的说明。

6. 动作经济原则最早是谁提出的？Barnes 归纳的有关动作经济原则的三大类 22 条内容是什么？

7. 通常疲劳可分为几种类型？发生疲劳的机理是什么？

8. 测定疲劳的方法主要有哪些？请简要说明几种测定疲劳的方法。

9. 如果安静期时能量消耗为 6.25kJ/min，试求出能量消耗量为 32.6kJ/min 的作业时间、休息时间以及实际劳动率各为多少？

10. 为什么一定要合理地安排作业休息制度呢？请举例说明。

第 *5* 章

人的自然倾向与人的可靠性概论

5

5.1　习惯与错觉

5.1.1　群体习惯

习惯分个人习惯和群体习惯。群体习惯是指在一个国家或一个民族内部，人们所形成的共同习惯。一个国家或一个民族内的人，常对工器具的操作方向（前后、上下、左右、顺时针和逆时针等）有着共同认识，并在实际中形成了共同一致的习惯。这类群体习惯有的是世界各地相同的，也有的是国家之间、民族之间不同的。例如，顺时针方向旋拧螺栓是拧紧，逆时针方向旋拧是放松；逆时针方向旋转水龙头是放水，顺时针旋转是关水等，这些在世界各地几乎是一致的。而电灯开关扳钮却是另外一种情况，英国人往下扳动为开灯，中国人往上扳动为开灯。至于生活风俗习惯，不同之处就更多了。

符合群体习惯的机械工具，可使作业者提高工作效率，减少操作错误。因此对群体习惯的研究在人机工程学中占有相当重要的位置。

5.1.2　动作习惯

绝大多数人习惯用右手操作工具和做各种用力的动作。他们的右手比较灵活而且有力。但在人群中也有5%~6%的人惯用左手操作和做各种用力的动作。至于下肢，绝大多数人也是惯用右脚，因此机械的主要脚踏控制器，一般也放在机械的右侧下方。

总之，惯用右侧者在人群中占绝大多数，这个事实在人机系统设计时应该予以考虑。

5.1.3　错觉

错觉是指人所获得的印象与客观事物发生差异的现象。造成错觉的主要原因有心理因素和生理因素。

首先，讨论视错觉。视错觉主要是对几何形状的错觉，可分四类：①长度错觉；②方位错觉；③透视错觉；④对比错觉。除了视错觉之外，还有空间定位错觉、大小与重量错觉、颜色错觉、听错觉、运动视觉中的错觉等。同样，正确的认识与掌握人可能导致的错觉现象，这对指导人机系统的合理设计十分有益。

5.2　精神紧张与躲险动作

5.2.1　精神紧张、慌张以及惊慌

　　人在工作繁忙时，常处于精神紧张状态。一般来讲，紧张状态的发展可分为三个阶段：警戒反应期、抵抗期、衰竭期。在不超过衰竭期的紧张状态下，人在紧张状态时的工作能力还有可能提高。例如，某人短期内要完成某项重大科研任务，这是责任心与紧迫感会使人满怀激情地作业，从而增加了动力，提高了活动积极性。

　　表5-1给出了紧张程度与各种作业因素之间的关系。以办公室的作业种类为例，打字的紧张度为30%，记账为45%，打珠算（又称算盘）为53%，默读为62%，操作计算机为67%。

表5-1　紧张程度与各种作业因素之间的关系

事　项	紧张度大↔紧张度小
能量消耗	大↔小
作业速度	快↔慢
作业精密度	精密↔粗糙
作业对象的种类	多↔少
作业对象的变化	变化↔不变化
作业对象的复杂程度	复杂↔简单
是否需要判断	需要判断↔机械式地进行
人所受限制	限制很多↔限制很少
作业姿势	要求作勉强姿势↔可采取自由姿势
危险程度	危险感多↔危险感少
注意力集中程度	高度集中注意力↔不需要集中注意力
人际关系	复杂↔简单
作业范围	广↔窄
作业密度	大↔小

　　慌张是作业者在某种心理状态下所出现的一种工作状态，表现为着急慌忙，工作急于求成，而且忙中又常出错。着急慌忙有两方面的原因：一是本人主观上的性格，二是由于种种原因想尽快将某件事情做完。表5-2是作业者在慌忙状态下与平静状态下的动作对比。其中"转来转去的动作"、"无意义的动作"、"自以为是的动作"、"看错、想错"等都是与事故有联系的动作。总之，着急慌忙时的动作与平静条件下的动作相比，事故的危险性明显增大。

表5-2　慌忙与平静时的动作对比

动　作	着急慌忙	平静正常
动作的次数	20.7	6.7
每次动作平均时间/s	8.5	36.4
无效动作次数	15.4	1.6
有秩序有计划的动作（%）	13.3	63.7
转来转去的动作（%）	37.4	17.2

（续）

动　作	着急慌忙	平静正常
无意义的动作（%）	28.2	1.4
自以为是的动作（%）	31.4	1.8
看错、想错的次数	4.2	0.2

惊慌是在异常情况下，尤其是在紧急危险状况下（例如发生火灾、爆炸或即将发生房屋倒塌、突然涌水等），多数人心理会骤然发生变化，内心十分紧张，一时失去正确的判断能力，行动也随之失去常态；或者惊呆不能动弹；或者张惶失措，行动不能自控；也有的在生理上出现种种不正常现象，如心率加快、血压升高、大小便失禁、哆嗦、上下牙齿振碰、口吃等。抢险救灾必须分秒必争，如果这时人处于上述惊慌失措状态，往往会贻误时机，不但不能及时采取有效措施抵御灾害，有时还会采取错误行动、扩大灾害。

人在恐惧不安时，心电图上会显示出明显的变化。正常人平时心脏收缩时，波形是正常而有规律的；恐惧时由于心跳加快，波的间隔变窄；若恐惧进一步加重，则心电图中的 T 波几乎完全消失；解除恐惧以后，波形又恢复正常。人在紧急危险状态下，常会做出一些莫名其妙的举动，这些举动没有经过深思熟虑，事后当事者本人也说不出为什么当时要这样做。例如房屋失火时，有的人不是先把重要物件抢救出来，而是急急忙忙把无关紧要的东西抢出来；头顶上重物快要落下时，不是赶快躲开，而是用手捂着头顶在那里等着……因此，要做到临危不惧，遇事不慌，平时就必须注意意志的锻炼，以便培养人们在紧急事态下能辨明事态真相，迅速做出决定的能力。这点对于工厂或矿山从事作业的人员便显得十分重要，平时多注意进行防灾训练，使广大作业者搞清楚在紧急情况下如何切断电源、关闭哪些阀门、如何快速逃出室外等，以免灾害发生时惊惶失措。

5.2.2　躲险行动

躲险行动的研究十分重要。当人静立时发现前方有物袭来会立刻做出反应，采取躲避行动。至于躲向何侧，有人曾做过试验统计（见表5-3）。由该表可知，躲向左侧的人数大致为躲向右侧的 2 倍。这是因为人体重心偏右，站立时身体略向左倾，而且右手右脚又比较强劲有力，所以在紧急时身体自然容易向左侧移动。当人在步行中如发现危险物自前方飞来时其躲险方向除了上面所说的以外，还要看这时迈出的是左脚还是右脚。迈出左脚时，有物飞来则身体比较容易向右倾斜；而迈出右脚时，有物飞来则身体容易向左倾斜。大量的观察表明：向左躲避的情况远比向右的多。由此可知，无论是静立时还是步行时，当事者均显示出向左躲的倾向。因此，在人工作位置的左侧留出一点安全地带，是比较合适的。

表5-3　静立时躲避方向的特点

躲避方向＼落下物飞来方向	由左前方	由正面	由右前方	总　　计
左侧（%）	19.0	15.6	16.1	50.7
呆立不动（%）	3.0	10.5	7.3	20.8
右侧（%）	11.3	7.3	9.9	28.5
左右侧比值	1.68	2.14	1.62	1.77

对于从人所在位置正上方落下的物体，人们如何采取躲避行动，对此曾做过试验。这个试验是让被测验者直立在楼房外面，从其前方距地面 7m 的 3 楼窗户内大声喊叫被测验者的名字，在被测人听到声音后便向上仰望的同时，从被测人的正上方掉落一个物体，并观察被测人躲避落下物的行动。试验结果表明：几乎所有的被测试者在仰头向上的同时，都能发现落下物并且表现出表 5-4 给出的有关反应。这些反应可大致分为两类：一种是采取防御姿势，另一种是不采取防御姿势。采取防御姿势的占 41%，不做防御姿势的占 59%；在不采取防御措施的人中，又有 41% 的全然没有任何行动的表现，其中大多数是女性。试验结果显示，人对来自上方的危险物往往表现为无能为力。因此，建议在作业场所，特别是立体作业的现场，要求作业者一定要戴安全帽。另外，还要防止器物由上方坠落，在适当的地方应安装安全网或其他遮蔽物。

表 5-4　躲避落下物的行动类型

防　御　与　否	行　动　特　征	比率（%）
采取防御姿势	1. 抱住头部	3
	2. 想在头部接住落下物	28
	3. 上身向后仰，想接住落下物	10
不采取防御姿势	1. 不采取行动（僵直，呆立不动）	24
	2. 采取微小行动（只动手）	10
	3. 脚不动，只转头部	7
	4. 想尽快逃离（离开中心）	18

5.3　人为差错

5.3.1　人为差错的定义与分类

人为差错是指人未能实现规定的任务，从而可能导致中断计划运行或引起设备或财产的损坏行为。按照参考文献［375］、［376］的归纳，人为差错发生的方式可分为五种：①人没有实现某一个必要的功能任务；②实现了某一个不应该实现的任务；③对某一任务作出了不适当的决策；④对某一意外事故的反应迟钝和笨拙；⑤没有察觉到某一危险情况。

人为差错所造成的后果随人为差错程度的不同以及机械安全设施的不同而不同，一般可归纳为四种类型：第一种类型，由于及时纠正了人为差错，且设备有较完善的安全设施，故对设备未造成损坏，对系统运行没有影响；第二种类型，暂时中断了计划运行，延迟了任务的完成，但设备略加修复，工作顺序略加修正之后系统仍可正常运行；第三种类型，中断了计划运行，造成了设备的损坏和人员的伤亡，但系统仍可修复；第四种类型，导致设备严重损坏，人员有较大伤亡，使系统完全失效。

5.3.2　人为差错发生的原因

在系统的研究与开发阶段，人为差错可分为六类[102]。

1. 设计差错

由于设计人员设计不当造成的，例如负荷拟定不当，选材不当，经验参数选择不当，结构不妥，计算有错误等。一般说，许多作业人员的差错，都是由于设计中潜在隐患所造成的，因此设计差错是引起操作时人为差错的主要原因之一。

2. 制造差错

制造差错是指产品没有按照设计图样进行加工与装配。例如使用了不合格的零件，漏装或错装了零件，接错线路等。

3. 检验差错

检验手段不正确，放宽了标准，没有完成检验的有关项目，未发现产品所潜在的缺陷。

4. 安装差错

没有按照设计图或说明书进行安装与调试。

5. 维修差错

对设备未能进行定期维修或设备出现异常时，没有及时维修和更换零部件。

6. 操作差错

操作差错是指操作人员错误地操纵机器和设备。

表 5-5 扼要地给出了系统的研究与开发阶段时人为差错的六种情况[102,377]。对于人为差错发生的机理，目前尚不清楚，但可以肯定人为差错是人、环境、技术、机械和管理等诸多因素相互作用的结果，粗略地可归纳如图 5-1 所示。

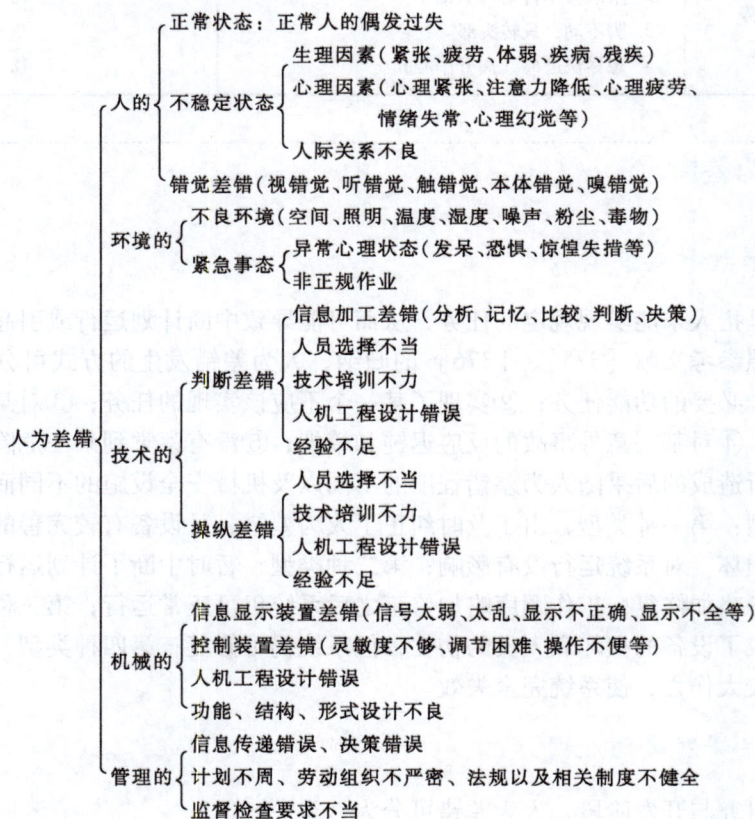

正常状态：正常人的偶发过失

人的
　不稳定状态
　　生理因素（紧张、疲劳、体弱、疾病、残疾）
　　心理因素（心理紧张、注意力降低、心理疲劳、情绪失常、心理幻觉等）
　　人际关系不良
　错觉差错（视错觉、听错觉、触错觉、本体错觉、嗅错觉）

环境的
　不良环境（空间、照明、温度、湿度、噪声、粉尘、毒物）
　紧急事态
　　异常心理状态（发呆、恐惧、惊惶失措等）
　　非正规作业

人为差错

技术的
　判断差错
　　信息加工差错（分析、记忆、比较、判断、决策）
　　人员选择不当
　　技术培训不力
　　人机工程设计错误
　　经验不足
　操纵差错
　　人员选择不当
　　技术培训不力
　　人机工程设计错误
　　经验不足

机械的
　信息显示装置差错（信号太弱、太乱、显示不正确、显示不全等）
　控制装置差错（灵敏度不够、调节困难、操作不便等）
　人机工程设计错误
　功能、结构、形式设计不良

管理的
　信息传递错误、决策错误
　计划不周、劳动组织不严密、法规以及相关制度不健全
　监督检查要求不当

图 5-1　导致人为差错发生的因素

表 5-5　人为差错的分类

差错类型	差错的造成或发生差错的阶段	发生差错的原因
设计差错	由于设计人员设计不当造成的，发生在设计阶段	不恰当地分配人机功能 没有满足必要的条件 不能保证人机工程设计要求 指派的设计人选不称职。设计时过分草率，设计人员对某一特殊设计方案的倾向和对系统需求的分析不当
制造差错	由加工和装配人员造成，发生在产品制造阶段，是工艺不良的结果 通常发生故障后，在使用现场被发现	不合适的环境，如照明不足、噪声太大、温度太高 设计不当的工作总体安排，混乱的车间布置 缺少技术监督和培训 信息交流不畅 不合适的工具 说明书和图样质量差 没有进行人机工程设计
检验差错	没有达到检验目的。检验时未发现产品缺陷，装配、使用时被发现	检测不是 100% 准确，平均的检验有效度约为 85%，可能造成在公差范围内的零件被认为不合格，而超差的零件反被使用
安装差错	发生在安装阶段，属短期错误	没有进行人机工程设计 没有按照说明书或图样进行设备安装
维修差错	发生在对有故障的设备修理不正确的现场 随着设备的老化，维修频率增大，故发生维修错误的可能性增加	对设备调试不正确 在设备的某些部位使用了错误的润滑脂 对维修人员缺乏必要的培训 没有进行人机工程设计
操作差错	由操作人员造成，在使用现场的环境中发生	不适当的和不完全的技术数据 缺少或违反正常的操作规程 任务复杂或超负荷程度太高 环境条件不良 没有进行人机工程设计 作业场所或车间布置不当 人员的挑选和培训不适当，操作人员粗心大意和缺少兴趣 注意错误和记忆错误 操作、识别和解释错误

由于篇幅所限，对于上述列出的各种影响因素不做进一步的展开与分析，读者可阅读参考文献［375］～［382］。

5.3.3　人为差错的概率估计

人为差错的概率是对人的动作的基本量度。参考文献［378］对人为差错概率给出了以下定义式

$$P_{\text{he}} = \frac{E_n}{Q_{\text{pe}}} \tag{5-1}$$

式中，Q_{pe}为发生错误机会的总次数；E_n为给定类型错误的总次数；P_{he}为在完成规定任务时人为差错发生的概率。表5-6列举了参考文献［379］中所给出的有关任务时人为差错的概率值。参考文献［380］与［381］分别详细讨论了空中交通控制系统中的人为差错以及核电站运行系统中的人为差错。据参考文献［380］报导，美国联邦航空管理局（FAA）组织了一支大约27000名空中交通管理人员的队伍，通常每天空中交通管理系统调度的飞行次数约有14000次，空中交通管理系统所记载的文件显示：造成系统差错的原因中有90%以上属于人为因素。另外，据日本1980年制造业的事故统计，在因事故伤亡的106162人中，大约有94%是由于人为差错造成的；另据我国秦皇岛港务局安检处的统计，1980年以来，该港务局系统各类工伤事故中，约有95%是由人为差错造成的。此外，参考文献［381］还报导了1973.6.1～1975.6.30间美国商用轻水核反应堆所发生事故的统计情况，在这短短的期间内就发生了401次人为差错，这再次告诫人们：人为差错的研究与预防问题是非常重要的。

表5-6 给定任务下人为差错概率的估计

任 务 号	任 务 说 明	人为差错概率
1	图表记录仪读数	0.006
2	模拟仪读数	0.003
3	读图	0.01
4	不正确地理解指示灯上的指示 （个别地检查某些特殊的目的）	0.001
5	在紧张的情况下将控制转向错误的方向	0.5
6	正确地使用清单	0.5
7	与一连接器相匹配	0.01
8	从很多相似的控制板中选错了控制板	0.003

5.4 人的生理节律

生理功能所显示出的周期性变化，通常称为生理节律。人体存在着像心电波那样以若干秒为周期的生理节律，也有像睡眠与觉醒那样以天为周期的生理节律。人的这种生理节律对作业效率及质量有明显的影响。

5.4.1 日周节律以及其他周期节律

在日常生活中，昼夜变化是人们经受的最急骤变化，人体对昼与夜的反应是大不相同的，人们的日常生活节律基本上以24h为周期，故称之为日周节律。比较白天与夜间的作业情况，便会发现作业效率、差错率和人的疲劳程度等都有很大差别。大量的试验研究资料表明，体现生命特征的体温、脉搏、血压等在下午4时前后达到最高值。另外，作为体力劳动和脑力劳动能源的糖、脂肪和蛋白质，在血液中的峰值也出现在下午4时前后。这些都反映出交感神经系统占优势的"白天型人体"的特点。与此相反，副交感神经系统占优势的细胞分裂以及生长激素的分泌等，却在夜间11时至凌晨2时左右为高峰，显示出"夜间型人体"的特点。总之，人的身体适于白天活动，到了夜间，各种机能下降，进入休息状态。对于一天中人体机能状态的变化情况，Graft 绘成如图 5-2 所示的曲线。由该图可以看出，上午 7 时到 10 时机能上升，午后下降；从午后 6 时到 9 时机能再度上升，其后又急剧下降，凌晨 3 时至 4 时下降最明显。在人机工程学中，常用频闪融合阈限值表示大脑意识水平来说明人体的机能状况。频闪融合阈限值越高，大脑意识水平也越高；相反，精神疲劳或困倦时，频闪融合阈限值变低。图 5-3 给出了一天之中频闪融合阈限值的变动情况。该图的上半部分是频闪融合阈限值的日周节率，显然上午 6 时最低，中午前后最高。图的下半部分为坐姿或卧姿时的心搏动数日周节律，显然凌晨 4 时前后最低，下午 4 时前后最高。比较图 5-2 与图 5-3 可以发现，机能的昼夜变化与频闪融合阈限值的昼夜变化趋势基本一致，只是在时间上有些偏离。

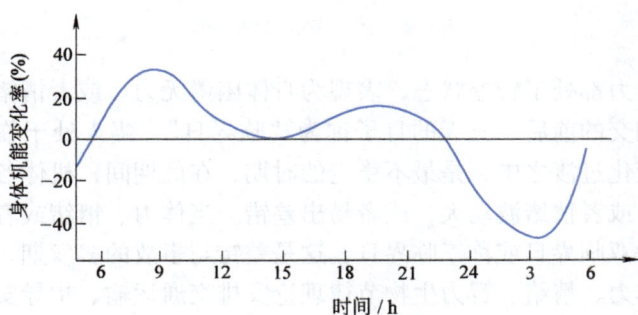

图 5-2　一天之中身体机能随时间的变化

5.4.2　PSI 周期节律

　　20 世纪初，德国内科医生威尔赫姆·弗里斯和奥地利心理学家赫尔曼·斯瓦波达通过长期的临床观察发现，人的体力强弱是以 23 天为周期变化的，而情绪高低则以 28 天为周期变化。大约 20 年后，奥地利因斯布鲁大学的阿尔弗雷特·泰尔其尔教授在研究数百名高中与大学学生的考试成绩后发现，人的智力敏捷与迟钝是以 33 天为周期变化的。其后，许多科学家通过研究进一步提出，每个人自出生之日起直至生命终结都存在着以 23 天、28 天和 33 天为周期的体力、情绪和智力的盛衰循环性变化规律。这一变化规律按照高潮期→临界日→低潮期的顺序周而复始，其变化可用正弦曲线加以描述如图 5-4 所示。该图为 1955 年 6 月 1 日出生的人在 1991 年 8 月的 PSI 周期节律变化曲线。

　　该图横坐标为时间轴，曲线位于时间轴以上的日子称为"高潮期"，在此期间，人的体力、情绪或者智力都处于良好状态，因此表现为体力充沛、精力旺盛，或者心情愉快、情绪高昂，或者思维敏捷、记忆力好。曲线位于时间轴以下的日子称为"低潮期"，在此期间，

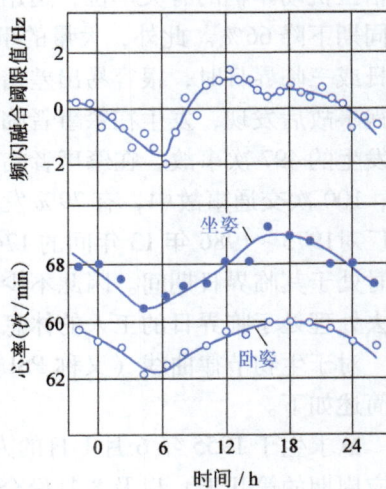

图 5-3　频闪融合阈限及心搏
动数的日周节律

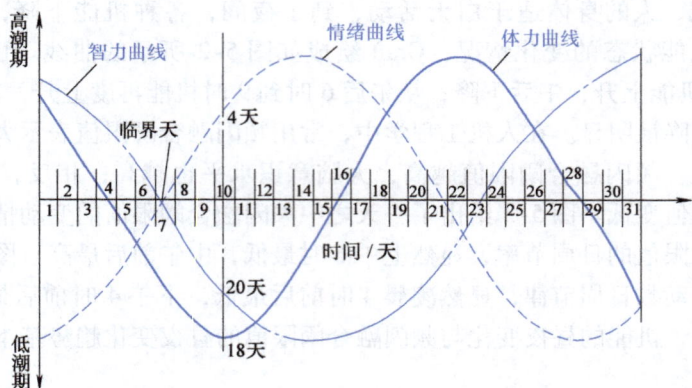

图 5-4 PSI 周期节律曲线

人的体力、情绪或智力都处于较差状态，表现为身体困倦无力，或者情绪低沉，或者反应迟钝。曲线与时间轴相交的前后二三天的日子称为"临界日"。当人处于临界日时，体力、情绪或者智力在频繁变化过渡之中，是最不稳定的时期，在此期间，机体各方面的协调性能降至最低，人易染病，或者情绪波动大，或者易出差错。当体力、情绪或者智力的临界日重叠在一起时则分别称为双临界日或称三临界日，这是差错与事故的多发期，需特别注意。

不少国家应用体力、情绪、智力生物节律理论安排交通运输、指导安全生产和确定重大科研及危险工作的最佳执行期等，都取得了良好的效果。例如美国联合航空公司维修部门，在 1973 年 11 月至 1974 年 11 月的一年时间里，对 2800 名职工运用生物节律安排生产，使事故减少 50%；再如日本交通事故较多的群马县，由于运用了生物节律对 25 万驾驶人员进行指导后，使事故率大幅度下降，一跃成为日本交通安全最好的县[383,81]。此外，我国湘潭锰矿自 1986 年元月起，运用生物节律对机动车辆驾驶人员进行安全管理，使 1986 年比 1985年的事故数降低了 40%，经济损失减少了 48.7%；另外，陕西省西安市户县交警大队在其管辖区机动车辆的有关单位，运用生物节律理论指导安全行车，使 1991 年事故次数比 1990年同期下降 66%。此外，大量的事故调查分析结果还表明：人处于临界日时，特别是双临界日或三临界日时，很容易出差错或者出事故。例如，瑞典的学者施维恩格分析了 1000 例车祸事故后发现，发生在肇事者临界日的事故是非临界日的 11 倍。原联邦德国农业机械部门发生的 497 次事故，在肇事者临界日发生的占 97.8%，非临界日的仅占 2.2%；在澳大利亚，100 次交通事故中，有 79% 发生在肇事者的临界日。再如，我国的邯郸钢铁总厂第四轧钢厂对1973～1986 年 13 年间的 174 次事故的责任者进行了分析，发现其中 66% 的人发生事故时处于其临界日期间。因此不少工矿企业对特殊工种以及重要岗位，常采用调节周休的办法去处理处于临界日的工人的休息问题，以避免人为差错所导致的事故。

对于生物节律曲线（又称 PSI 周期节律曲线，如图 5-4 所示）的绘制步骤现结合具体例子简述如下。

欲求生于 1955 年 6 月 1 日的人在 1991 年 8 月 10 日这一天的三节律周期相位（即处于相应周期的第几天）以及 8 月份全月的三节律变化状况，其主要的步骤为：

首先计算给定日期的节律周期相位。为此，第一步要按公历核准出生年、月、日（若只知农历出生日期，则必须准确无误地换算成公历，否则做出的曲线无效）。第二步按下列

公式计算出从出生日到预测日的总天数

$$D = 365A \pm B + C \tag{5-2}$$

式中，A 表示预测的年份与出生年份之差；B 表示由预测的那年生日到预测日的总天数（注意在式（5-2）中正负号的规定是：已过生日时取"$+$"，未到生日时取"$-$"）；C 表示从出生年到预测年所经过的闰年数（就是将（$A/4$）取整数）；D 表示从出生日到预测日的总天数。显然，本例的总天数 D 为

$$D = [365 \times (1991 - 1955) + (30 + 31 + 10) + (1991 - 1955)/4] \text{天} = 13220 \text{天}$$

第三步将总天数分别被23、28、33除，所得余数即为给定日期相应节律的周期相位：

$$13220 \div 23 = 574 \text{ 余 } 18，体力周期相位为第 18 天$$

$$13220 \div 28 = 471 \text{ 余 } 4，情绪周期相位为第 4 天$$

$$13220 \div 33 = 400 \text{ 余 } 20，智力周期相位为第 20 天$$

第四步则根据上述算出的节律周期相位绘制出生物节律曲线。在做图时可根据算出的周期相位日期直接反推算出各周期第一天的相应日期。即：体力周期的第一天为 7 月 24 日；情绪周期的第一天为 8 月 7 日；智力周期的第一天为 7 月 22 日。于是图 5-4 便绘出了所有 1955 年 6 月 1 日出生的人在 1991 年 8 月 10 日那一天的周期相位和 8 月全月的生物三节律变化状态曲线。

5.5　人的可靠性模型及其研究方法

人的可靠性一般定义为：在规定的时间内以及规定的条件下，人无差错地完成所规定任务的能力。人的可靠性的定量指标为人的可靠度。根据人的可靠性定义便可将人的可靠度定义为在规定的时间内以及规定的条件下，人无差错地完成所规定任务（或功能）的概率[375,384]。

通常，在人—机—环境系统中，人的作业主要有两种形式：一种是连续作业，另一种是不连续作业（也称离散作业）。对于这两种作业形式，人的可靠度计算公式（又称可靠性模型）也不一样。在未讨论这两种可靠性模型之前，先讨论一下基本可靠性指标的概念以及常用的概率分布函数。

5.5.1　基本可靠性指标以及常用的概率分布函数

为便于叙述，本节以产品的可靠性为背景讨论关于可靠性的有关概念。通常，产品在规定的条件下和规定的时间内可能出现故障，也可能不出现故障。假定规定的工作时间为 t_0，产品故障前的时间为 ξ，若 $\xi \leqslant t_0$，则称产品在时刻 t_0 前出现故障；若 $\xi > t_0$，则称产品在时刻 t_0 前没有发生故障，为此引进可靠度的概念。可靠度是指产品在规定条件下和规定时间内完成规定功能的概率，是可靠性的概率度量，这里可用符号 $R(t_0)$ 来表示，即

$$R(t_0) = P\{\xi > t_0\} \tag{5-3}$$

式中，P 表示概率，事件 $\{\xi > t_0\}$ 是事件 $\{\xi \leqslant t_0\}$ 的补；不同的时间 t，对应不同的可靠度，因此 $R(t)$ 称为可靠度函数，并定义为

$$R(t) = P\{\xi > t\} \tag{5-4}$$

式中，ξ 是随机变量，t 为规定的时间。显然，t 时刻的可靠度反映了产品在 $[0, t]$ 内完成

规定功能的概率。另外，不可靠度 $F(t)$ 为

$$F(t) = P\{\xi \le t\} \tag{5-5}$$

即 t 时刻的不可靠度，表示产品在 $[0, t]$ 内发生故障的概率。在可靠性分析工作中，$F(t)$ 称为累积故障概率（或累积失效概率），又称作故障概率。显然有

$$R(t) + F(t) = 1 \tag{5-6}$$

对于有限样本，设在规定条件下进行工作的产品总数目为 N_0，令在 $0 \sim t$ 时刻的工作时间内，产品的累积故障数目为 $r(t)$，于是这时可靠度与不可靠度的估计值分别为

$$R(t) = \frac{N_0 - r(t)}{N_0} \tag{5-7}$$

$$F(t) = \frac{r(t)}{N_0} \tag{5-8}$$

在可靠性分析中，常引入故障概率密度函数与故障率的概念。故障概率密度函数 $f(t)$ 是不可靠度的导数，即

$$f(t) = \frac{dF(t)}{dt} \tag{5-9}$$

类似地，对于有限样本则故障概率密度函数的估计值可以表示为

$$f(t) = \frac{r(t + \Delta t) - r(t)}{N_0 \Delta t} \tag{5-10}$$

式中，$r(t)$ 的定义同式（5-8）。

注意到式（5-6），于是式（5-9）又可变为

$$f(t) = -\frac{dR(t)}{dt} \tag{5-11}$$

由概率论基础知识，则

$$F(t) = P\{\xi \le t\} = \int_0^t f(t)\,dt \tag{5-12}$$

$$R(t) = P\{\xi > t\} = \int_t^\infty f(t)\,dt \tag{5-13}$$

如图 5-5 所示。

故障率（又称失效率）是表示工作到某时刻 t 尚未发生故障的产品，在该时刻 t 后单位时间内发生故障的概率。对于有限样本，令在 $0 \sim t$ 时刻的工作时间内，产品的累积故障数目为 $r(t)$，相应地在 $0 \sim (t + \Delta t)$ 时刻的工作时间内，产品的累计故障数目为 $r(t + \Delta t)$，于是故障率的估计值为

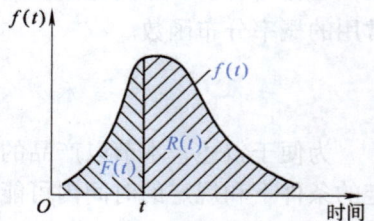

图 5-5　$F(t)$ 与 $R(t)$ 的关系图

$$\lambda(t) = \frac{r(t + \Delta t) - r(t)}{N_S(t) \Delta t} \tag{5-14}$$

式中，$N_S(t)$ 表示到 t 时刻尚未发生故障的产品数，即 $N_S(t) = N_0 - r(t)$。

当考察的产品的总数目足够多（即 N_0 足够大，这里 N_0 代表 $t = 0$ 时在规定条件下进行工作的产品数）并且考察的时间足够短（$\Delta t \to 0$）时，则

$$\lambda(t) = \lim_{\substack{\Delta t \to 0 \\ N_0 \to \infty}} \frac{\dfrac{r(t+\Delta t) - r(t)}{N_0 \Delta t}}{\dfrac{N_0 - r(t)}{N_0}} = \frac{f(t)}{1 - F(t)} = \frac{f(t)}{R(t)} \tag{5-15}$$

值得注意的是，在可靠度 $R(t)$、不可靠度 $F(t)$、故障概率密度函数 $f(t)$ 与故障率 $\lambda(t)$ 这 4 个指标之间，只要知道其中的一个便可以确定出另外的 3 个指标。以下分三种情况讨论。

（1）已知 $R(t)$ 时，求其他函数。

如果 $R(t)$ 已知，则

$$F(t) = 1 - R(t) \tag{5-16}$$

由式（5-11）和式（5-15）可得

$$f(t) = \frac{\mathrm{d}F(t)}{\mathrm{d}t} = -\frac{\mathrm{d}R(t)}{\mathrm{d}t} \tag{5-17}$$

$$\lambda(t) = \frac{f(t)}{1 - F(t)} = \frac{1}{1 - F(t)}\frac{\mathrm{d}F(t)}{\mathrm{d}t} = \frac{f(t)}{R(t)} = -\frac{1}{R(t)}\frac{\mathrm{d}R(t)}{\mathrm{d}t} \tag{5-18}$$

（2）已知 $f(t)$ 时，求其他函数。

如果 $f(t)$ 已知，则

$$F(t) = \int_0^t f(t)\,\mathrm{d}t \tag{5-19}$$

$$R(t) = 1 - F(t) = \int_t^\infty f(t)\,\mathrm{d}t \tag{5-20}$$

$$\lambda(t) = \frac{f(t)}{1 - F(t)} = \frac{f(t)}{R(t)} \tag{5-21}$$

（3）已知 $\lambda(t)$ 时，求其他函数。

如果 $\lambda(t)$ 已知，于是将式（5-18）两边积分得

$$\int_0^t \lambda(t)\,\mathrm{d}t = -\int_0^t \frac{1}{R(t)}\frac{\mathrm{d}R(t)}{\mathrm{d}t}\mathrm{d}t = -\ln R(t) + \ln R(0)$$

当 $t=0$ 时，$R(0)=1$，得

$$R(t) = \exp\left[-\int_0^t \lambda(t)\,\mathrm{d}t\right] \tag{5-22}$$

$$F(t) = 1 - \exp\left[-\int_0^t \lambda(t)\,\mathrm{d}t\right] \tag{5-23}$$

另外，由式（5-15），则 $f(t)$ 为

$$f(t) = \lambda(t)\exp\left[-\int_0^t \lambda(t)\,\mathrm{d}t\right] \tag{5-24}$$

在可靠性分析中，不可修复产品的平均寿命是指产品失效前的平均工作时间（Mean Time to Failure，以下简称 MTTF），它是一个常用的可靠性指标。设有 N_0 个不可修复产品在相同条件下进行试验，测得寿命数据为 t_1，t_2，$\cdots$，t_{N_0}，则 $MTTF$（常用符号 θ 表示）的估计值为

$$MTTF = \theta = \frac{1}{N_0}\sum_{i=1}^{N_0} t_i \tag{5-25}$$

如果子样比较大，即 N_0 值很大，则可将数据分成 m 组，每组中的中值为 t_i，每组故障频数为 Δr_i，于是有

$$\theta = \frac{1}{N_0}\sum_{i=1}^{m}(t_i\Delta r_i) \tag{5-26}$$

设第 i 组的故障频率为 P_i，即

$$P_i = \frac{\Delta r_i}{N_0}$$

于是式（5-26）又可写为

$$\theta = \sum_{i=1}^{m}(t_iP_i)$$

显然当子样数无限增多，分组越来越细 $m\to\infty$ 时，则

$$\frac{\Delta r_i}{N_0}\to\frac{1}{N_0}\frac{\mathrm{d}r(t)}{\mathrm{d}t}\mathrm{d}t=f(t)\mathrm{d}t$$

将上式代入到式（5-26）并将 Σ 号变为积分号后得到

$$MTTF = \theta = \int_0^\infty tf(t)\mathrm{d}t = \int_0^\infty t\left[-\frac{\mathrm{d}R(t)}{\mathrm{d}t}\right]\mathrm{d}t = \int_0^\infty R(t)\mathrm{d}t \tag{5-27}$$

在许多文献中，$MTTF$ 又称平均失效前的工作时间，它是一个常用的可靠性指标之一。

以下介绍几种常用的概率分布函数。

1. 指数分布

指数分布是可靠性研究中最重要的一种分布，它常用于描述电子设备的可靠性。设指数分布的故障概率密度函数为

$$f(t)=\lambda\mathrm{e}^{-\lambda t}\qquad(t\geq0,\lambda>0) \tag{5-28}$$

于是由式（5-19）、式（5-20）与式（5-21）得到这时 $R(t)$、$F(t)$ 与 $\lambda(t)$ 分别为

$$R(t)=\mathrm{e}^{-\lambda t} \tag{5-29}$$
$$F(t)=1-\mathrm{e}^{-\lambda t} \tag{5-30}$$
$$\lambda(t)=\frac{f(t)}{R(t)}=\frac{\lambda\mathrm{e}^{-\lambda t}}{\mathrm{e}^{-\lambda t}}=\lambda \tag{5-31}$$

由式（5-27）得 θ 为

$$\theta=\frac{1}{\lambda} \tag{5-32}$$

2. 正态分布

若随机变量 ξ 的概率密度为

$$f(t)=\frac{1}{\sigma\sqrt{2\pi}}\exp\left[-\frac{(t-\mu)^2}{2\sigma^2}\right] \tag{5-33}$$

显然在上式中，如果 μ 与 σ 为常数，则称随机变量 ξ 服从均值为 μ，标准差为 σ 的正态分布（又称 Gauss 分布），记为 $\xi\sim N(\mu,\sigma^2)$；正态分布的累积分布函数为

$$F(t)=P\{\xi\leq t\}=\int_{-\infty}^t f(t)\mathrm{d}t=\frac{1}{\sigma\sqrt{2\pi}}\int_{-\infty}^t\exp\left[-\frac{1}{2}\left(\frac{t-\mu}{\sigma}\right)^2\right]\mathrm{d}t \tag{5-34}$$

将上式简记为
$$F(t)=\Phi\left(\frac{t-\mu}{\sigma}\right) \tag{5-35}$$

式中

$$\Phi(x) \equiv \int_{-\infty}^{x} \frac{1}{\sqrt{2\pi}} e^{-\frac{x^2}{2}} dx \qquad (5-36)$$

于是在正态分布下的可靠度函数 $R(t)$ 为

$$R(t) = 1 - F(t) = 1 - \Phi\left(\frac{t-\mu}{\sigma}\right) \qquad (5-37)$$

这时故障率函数 $\lambda(t)$ 为

$$\lambda(t) = \frac{f(t)}{R(t)} = \frac{1}{\sigma\sqrt{2\pi}} \exp\left[-\frac{1}{2}\left(\frac{t-\mu}{\sigma}\right)^2\right] \Big/ \left[1 - \Phi\left(\frac{t-\mu}{\sigma}\right)\right] \qquad (5-38)$$

图 5-6 与图 5-7 分别给出了正态分布情况下的可靠度 $R(t)$ 曲线与故障率 $\lambda(t)$ 曲线。

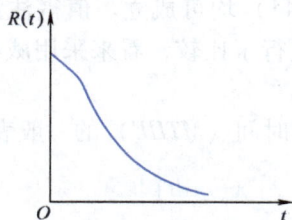

图 5-6　正态分布时 $R(t)$ 的变化曲线　　图 5-7　正态分布时 $\lambda(t)$ 的变化曲线

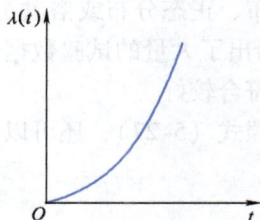

3. 韦布尔（Weibull）分布

设随机变量 ξ 服从含有三个参数的韦布尔分布，则其概率密度函数和累积概率分布函数为

$$f(t) = \begin{cases} \dfrac{\beta}{\alpha}(t-\gamma)^{\beta-1}\exp\left[-\dfrac{(t-\gamma)^\beta}{\alpha}\right] & (t \geqslant \gamma) \\ 0 & (t < \gamma) \end{cases} \qquad (5-39)$$

$$F(t) = P\{\xi \leqslant t\} = 1 - \exp\left[-\frac{(t-\gamma)^\beta}{\alpha}\right] \qquad \gamma \leqslant t < \infty \qquad (5-40)$$

其中，$\beta > 0$ 为形状参数，$\alpha > 0$ 为尺度参数，γ 为位置参数。当 $\gamma = 0$ 时，则式（5-39）便退化为两个参数的韦布尔分布。另外由式（5-39）、式（5-40）以及式（5-6），便可得到这种分布下的 $\lambda(t)$ 为

$$\lambda(t) = \frac{f(t)}{R(t)} = \frac{\beta}{\alpha}(t-\gamma)^{\beta-1} \qquad (5-41)$$

5.5.2　连续作业时人的可靠性模型

所谓连续作业是指人一直从事连续的操作活动，例如驾驶员对汽车的驾驶以及飞行员对飞机的操纵等均属于这类操作。对于这类操作，可直接用时间函数进行描述。为此，首先定义人为差错率，借助于式（5-18），于是其表达式为

$$\lambda(t) = -\frac{1}{R(t)}\frac{dR(t)}{dt} \qquad (5-42)$$

式中，$R(t)$ 为时刻 t 时人的动作可靠度，$\lambda(t)$ 代表人为差错率（又称人为失误率）。将式（5-42）变换一下形式，得

$$\lambda(t)\mathrm{d}t = -\frac{1}{R(t)}\mathrm{d}R(t) \tag{5-43}$$

将上式两边在时间区间 $[0, t]$ 内积分，并注意到 $t=0$ 时 $R(0)=1$，于是可得到

$$R(t) = \exp\left[-\int_0^t \lambda(t)\mathrm{d}t\right] \tag{5-44}$$

式中，$\lambda(t)$ 代表人为差错率。例如，某汽车驾驶员操纵转向盘的差错率 $\lambda(t)$ 可近似认为是常数，其取值为 0.0001 时，若该驾驶员驾车 300h，由式（5-44）可算得其可靠度为

$$R(300) = \exp\left[-\int_0^t 0.0001\mathrm{d}t\right] = 0.9704$$

在通常情况下，尽管人为差错率可以有多种取法，如采用指数分布、伽玛分布、瑞利分布、威布尔分布、正态分布或浴盆分布等，但式（5-44）均可成立。值得注意的是，参考文献 [385] 给出了大量的试验数据并与威布尔分布进行了比较，看来采用威布尔分布与这里的试验数据符合较好。

此外，仿照式（5-27），还可以给出平均人为差错时间（*MTHE*）的一般表达式为

$$MTHE = \int_0^\infty R(t)\mathrm{d}t = \int_0^\infty \exp\left[-\int_0^t \lambda(t)\mathrm{d}t\right]\mathrm{d}t \tag{5-45}$$

5.5.3 不连续作业时人的可靠性模型

对于不连续作业，人的作业特点是进行间断的操作活动，例如汽车的换挡、制动等均属于这类操作，而且这类操作也可能是有规律的，也可能是随机的。对于这类操作，人的可靠度模型可仿照式（5-7）给出，即

$$R = \frac{N_r}{N_t} \tag{5-46}$$

式中，R 代表人的可靠度；N_t 为执行操作任务的总次数；N_r 为无差错地完成操作任务的次数。参考文献 [119] 的表 4-1 给出了单项操作时间以及相应的可靠度数据，参考文献 [386] 给出了人可靠性方面相关的数据，使用这些数据便可以进行人操作的可靠度计算，完成人可靠性方面的相关分析。

5.5.4 人的可靠性研究方法

人的可靠性研究起源于 20 世纪 50 年代前期，最早的工作是由美国 Sandia 国家实验室（SNL）进行的，研究的对象是复杂武器系统可行性研究中人的失误估计。研究结果认为：人在地面操作其失误概率为 0.01；如果在空中操作，其失误概率增加为 0.02；20 世纪 60 年代后人的可靠性研究方法大致经历了两个阶段即第一代人的可靠性研究方法与第二代人的可靠性研究方法。

1. 第一代人的可靠性研究方法

第一代人的可靠性研究方法是在 20 世纪 60~70 年代发展起来的，其主要工作包括人的失误理论与分类研究，人的可靠性数据的收集整理（包括现场数据和模拟机数据）以及以专家判断为基础的人失误概率统计分析方法和预测技术，其中最有代表性的是人的失误预测技术（THERP），又称人为差错率预测方法[386,387]。这种方法的基本指导思想是将人的操作事先分解为一系列的由系统功能所规定的子任务，并分别对其给出专家判断的人的失误概率

值。该模型的基础是人的行为理论，即以人的输出行为为着眼点，不去探究行为的内在历程，因此这种方法又称为静态的基于专家判断与统计分析相结合的可靠性研究方法。表 5-7 中汇总了国际上提出的 14 种静态人的可靠性研究方法及其主要特点。在这 14 种方法中，常用的是 ASEP、HCR、SHARP 和 THERP，其中 THERP、ASEP 和 HCR 最为常用[386]。

表 5-7　第一代人的可靠性研究方法汇总表

序号	缩写	全　称	特　点	来　源
1	THERP	人的失误率预计技术	通过任务分析，建立人因事件树	Swain, Guttmann, 1983
2	ASEP	事故序列评价程序	THERP 的简便方法	Swain, 1987
3	OAT	操作员动作树	可用于操作员的决策分析	Wreathall, 1982
4	AIPA	事故引发与进展分析	用于与响应时间相关联的情况	Fleming et al. 1975
5	HCR	人的认知可靠性模型	一个不完全独立于时间的 HEP	Hannaman et al. 1984
6	SAINT	一体化任务网络的系统分析法	模拟复杂的人—机相互作用关系	Kozinsky et al. 1984
7	PC	成对比较法	采用专家判断结果	Comer et al. 1984
8	DNE	直接数字估计法	要求有较好的参考数值	Comer et al. 1984
9	SLIM	成功似然指数法	专家判断的技术	Embrey et al. 1984
10	STAHR	社会-技术人的可靠性分析法	主观推测和心理分析结合方法	Phillips et al. 1985
11	CM	混合矩阵法	初因事件诊断中的混淆错误	Potash et al. 1981
12	MAPPS	维修个人行为模拟模型	分析 PSA 中有关维修工作的方法	Kopsttin, Wolf, 1985
13	MSFM	多序贯失效模型	以维修为导向的软件模型	Samanta et al. 1985
14	SHARP	系统化的人的行为可靠性分析程序	建立人的可靠性分析的框架	Hannaman, Spurgin, 1984

注：来源栏中援引的发表日期，并不代表该方法的首次应用日期。

2. 第二代人的可靠性研究方法

第二代人的可靠性研究方法是从 20 世纪 80 年代初期发展起来的。尤其是 1979 年美国三哩岛核电厂堆芯熔化事件后，人们清醒地认识到在核电厂运行中，人与机（即系统）的交互作用对事故的缓解或恶化起着至关重要的作用。而对于这种复杂的动态过程，人的可靠性研究具有非常重要的现实意义。另外，在人的可靠性研究中人们注重了结合认知心理学，并把人的认知可靠性模型作为研究重点。也就是说，着重研究人在应急情景下的动态认知过程（包括探查、诊断、决策等意向行为），探讨人的失误机理并建立模型。第二代人的可靠性研究方法，更加强调人、机相互作用的整体性、人的心理过程的影响以及环境对人行为的重要影响作用。此外，还常常要考虑操作人员的班组群体效应的影响，因此更加符合人—机—环境系统工程的研究思路。

目前比较流行的第二代人可靠性模型有：GEMS 模型、CES 模型、IDA 模型、ATHEA 模型以及 CREAM 模型等。

GEMS 模型是 Reason 提出的，它是人的失误分析时的一个定性分析模型，该模型可以较好地反映人的认知心理过程的特点，并注意了人的行为分类。

CES（Cognitive Environment Simulation）模型即所谓认知环境模拟，是更多地强调任务与人之间相互作用的动态分析模型。CES 的软件设计还具有人工智能的特点，它可以帮助研究人员找到人失误的认知意向性环节，从而有利于防止失误的发生。

IDA（Information，Decisions，Actions）模型是 1994 年提出的人可靠性分析模型。IDA 模型可分为单个操作员模型与班组群体行为模型两种。IDA 模型详细描述了操作员在某种工况下的认知过程以及解决问题的策略路线等。

另外，对 ATHEA（A Technique for Human Error Analysis）模型与 CREAM（Cognitive Reliability & Error Analysis Method）模型，这里因篇幅所限就不予介绍了，感兴趣者可参阅相关文献（如参考文献［6］）。

5.6　人可靠性的基本数据

在可靠性研究中，人的可靠性数据起着重要的作用。在人—机—环境系统中，人的许多作业都与人输入信息的感知以及人输出信息的控制有关，因此这里给出有关这方面人可靠性的基本数据，供实际使用时参考。

当采用不同显示形式和安装不同显示仪表时，人的认读可靠度是不同的。表5-8 给出了不同显示形式仪表的认读可靠度数据；表5-9 列出了不同显示视区仪表人的认读可靠度的数据。当采用不同控制方式进行控制输出时，人的控制可靠度也不同。表5-10 给出了人进行按键操作时，不同按钮直径与人的动作可靠度的相关数据；表5-11 列出了操作人员用控制杆进行位移操作时，不同操作方式与人的动作可靠度的相关数据。

表 5-8　不同显示形式仪表的认读可靠度

显 示 形 式	人的认读可靠度			
	用于读取数值	用于检验读数	用于调整控制	用于跟随控制
指针转动式	0.9990	0.9995	0.9995	0.9995
刻度盘转动式	0.9990	0.9980	0.9990	0.9990
数字式	0.9995	0.9980	0.9995	0.9980

表 5-9　不同显示视区仪表的认读可靠度

扇 形 视 区	人的认读可靠度	扇 形 视 区	人的认读可靠度
0°~15°	0.9999~0.9995	45°~60°	0.9980
15°~30°	0.9990	60°~75°	0.9975
30°~45°	0.9985	75°~90°	0.9970

表 5-10　按键操作的动作可靠度

按钮直径/mm	人的动作可靠度	按钮直径/mm	人的动作可靠度
小型	0.9995	9~13	0.9993
3.0~6.5	0.9985	13 以上	0.9998

表 5-11　控制杆操作的动作可靠度

控制杆位移	人的动作可靠度	控制杆位移	人的动作可靠度
长杆水平移动	0.9989	短杆水平移动	0.9921
长杆垂直移动	0.9982	短杆垂直移动	0.9914

另外，人的大脑意识活动的水平对人体的行为和人的失误有非常重要的影响。日本的桥

本帮卫从生理学的角度将大脑的意识水平分成了五个层次并研究了人在不同层次时的可靠性。第0层次：无意识或精神丧失阶段，这时注意力为零，生理表现为睡眠，大脑可靠性为零。第Ⅰ层次：意识水平低、注意迟钝阶段，这时生理表现为疲劳、瞌睡、单调刺激、药物或醉酒作用等，大脑可靠性为0.9以下。处于此状态时，作业者对眼前信号不注意，失误率高。第Ⅱ层次：意识状态处于正常和松弛的阶段，这时注意力消极被动，心不在焉，生理表现为安静、休息，大脑可靠性为0.99~0.99999；第Ⅲ层次：意识状态处于正常和清醒的阶段，这时注意力集中，生理状态表现为精力充沛、积极进取，大脑可靠性达0.999999以上；第Ⅳ层次：意识极度兴奋和激动阶段，这时注意力高度紧张，生理表现为紧急状态下的惊慌和恐惧，大脑几乎停止了判断，大脑可靠性下降到0.9以下。此外，日本东京大学井口雅一教授还根据人的行动过程模式（即信息输入（S）、判断决策（O）、操作处理（R）简称为S—O—R模式，该模式又称作"刺激输入—人的内部反应—输出反应模型"）提出了一种确定人操作可靠度的计算方法，他认为机器操作者的基本可靠度 γ 为

$$\gamma = \gamma_1 \gamma_2 \gamma_3 \tag{5-47}$$

式中，γ_1 为信息输入过程的基本可靠度；γ_2 为判断决策过程的基本可靠度；γ_3 为操作输出过程的基本可靠度。

表5-12给出了 γ_1、γ_2 与 γ_3 的取值。在求出了操作者的基本可靠度 γ 后，再考虑作业条件、作业时间、操作频数、危险程度以及心理与生理因素对操作的影响。因而对基本可靠度进行修正后便可以得到操作可靠度 R 值，即

$$R = 1 - bcdef(1 - \gamma) \tag{5-48}$$

式中，b 为作业时间修正系数；c 为操作频数修正系数；d 为危险程度修正系数；e 为生理与心理条件修正系数；f 为环境条件修正系数；$(1 - \gamma)$ 为操作的基本不可靠度。

表5-12　基本可靠度 γ_1、γ_2、γ_3 的取值

作业类别	内　容	γ_1、γ_3	γ_2
简单	变量在几个以下，已考虑工效学原则	0.9995~0.9999	0.999
一般	变量在10个以下	0.9990~0.9995	0.995
复杂	变量在10个以上，考虑工效学原则不充分	0.990~0.999	0.990

表5-13给出了上述修正系数的取值范围。

表5-13　修正系数（b、c、d、e、f）的取值

系　数	作业时间 b	操作频数 c	危险度 d	心理、生理条件 e	环境条件 f
1.0	宽裕时间充分	适当	人身安全	良好	良好
1.0~3.0	宽裕时间不充分	连续发生	有人身危险	不好	不好
3.0~10.0	无宽裕时间	极少发生	可能造成重大恶性事故	非常不好	非常不好

提高人的可靠性有多种措施，概括起来可分成六类：

1) 提高人的基本素质。
2) 机的设计要符合人的生理特点以及人的心理特点。

3）工作环境要符合人的特性。

4）人—机关系的设计要合理。

5）人—环关系的设计要合理。

6）人—机—环境系统的总体设计要合理。

因篇幅所限，这里不准备详述上面六方面的具体措施和实施办法，感兴趣者可阅读参考文献［375］等。

习　题

1. 人的动作习惯主要包括哪些方面？在人机界面设计时应如何符合人的动作习惯？请举例说明。

2. 人为差错发生的原因有哪些方面？请举例说明。

3. 有人认为，人在马路上靠左侧步行比较安全，其理由为：人靠左侧步行时，对前方来的车辆容易发现，如需躲避，而且左侧通常是房屋或空地。如人靠右侧行走，由于车辆也靠右侧行使，所以背后来车时不易发现，而且行人向左侧躲避，会落入马路中间。试问这种说法对吗？为什么？请用安全人机工程学中的相关知识给予说明。

4. 作业场所，尤其是立体作业的现场，为什么要求进入现场的人要戴安全帽？

5. 某人 1962 年 8 月 2 日出生，请绘出 1998 年 6 月 7 日这一天的周期相位以及这年 6 月全月的生物三节律变化状态曲线。

6. 对于生物节律理论至今仍有争议，有人认为生物节律是不存在的，你的观点如何？能否给出一些具体的实例去说明你的观点呢？

7. 如果某产品的故障概率密度函数为

$$f(t) = \frac{32}{(t+4)^3} \qquad (t > 0)$$

试求这时的可靠度函数 $R(t) = ?$ 故障率函数 $\lambda(t) = ?$ 该产品的 $MTTF = ?$

8. 如果某产品的故障概率密度函数服从对数正态分布，即

$$f(t) = \begin{cases} \dfrac{1}{(\sqrt{2\pi})\sigma t} \exp\left[-\dfrac{(\ln t - \mu)^2}{2\sigma^2} \right] & (0 < t < \infty) \\ 0 & (t \leqslant 0) \end{cases}$$

试求累积概率分布函数 $F(t)$ 的表达式。

9. 人的可靠性研究方法大体上历经了两个阶段，请扼要说明第二代人的可靠性方法并且请详细说明 ATHEA 模型和 CREAM 模型。

第6章

机的特性研究及其数学模型

6

在人—机—环境系统中，机的设计应符合人的要求，应符合机的三种主要特性即可操作性、易维护性和本质可靠性。这三种特性对人—机—环境系统的总体性能（即安全、高效、经济）影响极大。本章着重介绍机的主要特性并对机的可靠性模型作进一步的分析。

6.1　机的可操作性以及机的动力学特性分析

6.1.1　易操作性的三个特征

机的可操作性是指在人—机—环境系统中，某个特定的"机"（包括机器或过程）在特定的使用"环境"下，由人（即操作人员）进行操作或控制时能够稳定、快速、准确地完成预定任务能力的一种度量。每个人—机—环境系统都是一个具有反馈回路的闭环控制系统，如图6-1所示，因此，可操作性一般应具备以下三大特征。

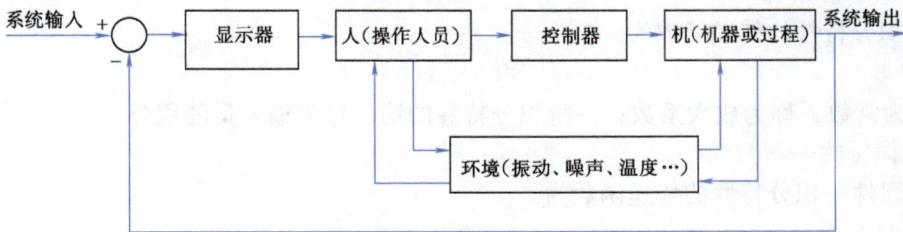

图6-1　人—机—环境系统示意图

1. 稳定性

稳定性是保证人—机—环境系统正常工作的先决条件。如果某个机的动力学特性设计不当，则人对其操作或控制时就会出现不稳定现象。因此要提高机的可操作性就必须提高机在运行中的稳定性。

2. 快速性

要很好地完成人—机—环境系统的预定任务，仅仅满足稳定工作的要求是远远不够的，要必须能快速地完成任务。例如，两架飞机进行格斗时，快速性就成为生存的必要条件。

3. 准确性

如果一个人—机—环境系统能快速地达到目的，但却不能准确无误地完成预定的任务，那么这个系统也不是一个好系统。仍以两架飞机格斗为例，飞行员不仅要快速地控制自己飞机的瞄准方向，而且要能准确地击中对方飞机才能取得空战的胜利。

6.1.2 机的特性描述及其机的动力学特性分类

对于线性定常系统，为了对机的输入/输出动力学特性进行描述，一般可以用传递函数表达为

$$G(S) = Y(S)/X(S) \tag{6-1}$$

式中，$G(S)$ 为机的动力学特性，即传递函数；$X(S)$ 为输入信号的拉普拉斯变换，$Y(S)$ 为输出信号的拉普拉斯变换。

通常，当人对机进行操作或者控制时，由于人信息处理能力有限，机的动力学特性一般应在二阶积分特性之内。因此，机的动力学特性可以简化为以下六类主要基本情况。

1. 比例特性

比例特性的传递函数为

$$G(S) = Y(S)/X(S) = K \tag{6-2}$$

式中，K 为常数，称为放大系数。比例特性又称作放大特性，这时它的输出量与输入量成比例，其传递函数是一个常数。

2. 惯性特征

惯性特征也称作滞后特性或非周期特性，其传递函数为

$$G(S) = \frac{Y(S)}{X(S)} = \frac{K}{TS+1} \tag{6-3}$$

式中，K 为常数，称放大系数；T 为时间常数。

3. 一阶积分特性

一阶积分特性的传递函数为

$$G(S) = Y(S)/X(S) = K/S \tag{6-4}$$

式中，K 为常数，称为放大系数；一阶积分特性的输出量为输入量的积分。

4. 一阶惯性—积分特性

一阶惯性—积分特性的传递函数为

$$G(S) = \frac{Y(S)}{X(S)} = \frac{K}{S(TS+1)} \tag{6-5}$$

式中，K 为常数，称为放大系数；T 为时间常数。一阶惯性—积分特性的输出量为被滞后了的输入量的积分。

5. 二阶积分特性

二阶积分特性的传递函数为

$$G(S) = \frac{Y(S)}{X(S)} = \frac{K}{S^2} \tag{6-6}$$

式中，K 为常数，称为放大系数。二阶积分特性的输出量为输入量的二次积分。

6. 不稳定惯性—积分特性

不稳定惯性特性的传递函数为

$$G(S) = \frac{Y(S)}{X(S)} = \frac{K}{S(TS-1)} \tag{6-7}$$

式中，K 为常数，称为放大系数；T 为时间常数。这种特性一般都产生不稳定振荡，在机的设计时应尽量避免出现这类特性。

表 6-1 给出了上述几类动力学特性与一些机的典型工作状态之间的关系。值得强调的是，实际应用中的机，它的动力学特性要比上述几类基本特性复杂得多，有时甚至是几种基本特性的复合。这里不妨以可操纵飞行器的动力学方程为例，在飞行力学课程[388,389]中推导飞行器的运动方程时，往往把飞行器视为理想刚体（即忽略了弹性变形、旋转部件、燃料流动和晃动的影响），因此这时飞行器在大气层的运动便具有 6 个自由度，相应的有 6 个动力学方程（其中 3 个方程描述飞行器质心运动，3 个方程描述飞行器绕质心的转动），这就是通常所说的飞行器一般动力学模型，它是一组非线性的微分方程组。然而为了便于分析各种因素对飞行器动态特性的影响，这时常要引入"小扰动"假设，也就是说还要将微分方程线化。

表 6-1 动力学特性与一些机的典型工作状态之间的关系

动力学特性种类	传 递 函 数	机的典型工作状态举例
比例特性	K	人用扶手控制割草机进行割草
一阶惯性特性	$K/(TS+1)$	人用车把控制自行车的方向
一阶积分特性	K/S	飞行员用升降舵控制飞机的倾斜角
一阶惯性—积分特性	$K/[S(TS+1)]$	飞行员用副翼控制飞机的滚转角
二阶积分特性	K/S^2	航天员用喷管控制飞船的姿态角
不稳定惯性—积分特性	$K/[S(TS-1)]$	飞行员用升降舵控制静不稳飞机的倾斜角

此外，为了便于工程计算，还建立了飞行器动力学的等效模型，它具有形式简单、效果较好的特点，因此在评价飞行器的飞行品质时这些等效模型便得到了广泛的应用。其实，前面讨论的关于机的主要基本情况，许多情况下是针对机的等效模型而言的。

6.1.3 可操作性的比较

在前面所述的 6 类机的动力学特性中，第 1 类特性（即比例特性）的可操作性最好，第 6 类特性（即不稳定惯性特征）的可操作性最差，这 6 类机的动力学特性的可操作性从好到差的依次排列顺序为：第 1 类特性→第 2 类特性→第 3 类特性→第 4 类特性→第 5 类特性→第 6 类特性。为了对不同动力学特性的可操作性做对比，今以两架歼击机空中格斗时追踪瞄准为例进行说明与比较。图 6-2 给出了模拟试验的框图，试验中飞机的简化动力学采用四种难度，即 $0.5/S$，$0.5/[S(0.25S+1)]$，$0.5/[S(0.9S+1)]$ 和 $0.5/S^2$（以下分别用动力学难度 1，2，3，4 表示），并用模拟计算机实现其动力学特性。

该人—机—环境系统的主要性能指标有两个：①做战的反应时间（T），②瞄准精度（P）；为了对不同试验数据进行比较，引进系统性能的描述参数 P^* 与 T^*，即

$$P^* = \frac{P(\text{试验值})}{P_0(\text{参照值})} \tag{6-8}$$

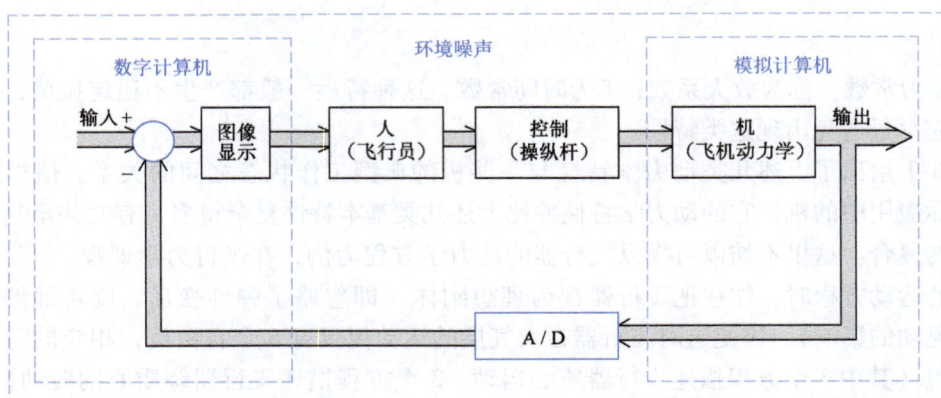

图 6-2 飞机可操作性的比较模拟试验框图

$$T^* = \frac{T\,（试验值）}{T_0\,（参照值）} \tag{6-9}$$

于是便可以定义一个性能综合指标 SP，其表达式为

$$SP = \sqrt{\left[(P^*)^2 + (T^*)^2\right]/2} \tag{6-10}$$

表 6-2 给出了飞机动力学特性对系统性能的影响。显然，SP 值越小，则系统的性能就越好。

表 6-2 飞机动力学特性对系统性能的影响

动力学难度	系统性能		
	P^*	T^*	SP
1	0.64	0.90	0.78
2	1.00	1.00	1.00
3	1.38	1.12	1.26
4	1.95	1.22	1.62

另外，根据表 6-2 可以得出，在这四种飞机的动力学特性中，$0.5/S$ 是最好的机器参数。这个实例还说明：在进行人—机—环境系统的设计时，从"机的因素"考虑，应该尽量降低控制系统的阶次，使机器适合于人的使用，以便有效地提高整个系统的效率[390,391]。

6.2* 机的易维护性以及基本维修性指标

机的易维护性（又称易维修性）是指在任何一个人—机—环境系统中，对某一个特定的"机"（包括机器或过程）在特定的维护"环境"下，由所规定的技术水平的人员，利用规定的程序和资源进行维护时，使机保持或者恢复到规定状态能力的度量。这里所讲的易维护性应包括两种情况：①在故障状态下机的故障维修；②在正常状态下机的定期养护。

6.2.1 易维护性的设计原则

易维护性的设计原则可由以下七个方面予以表述。

1. 便于维护

应给维护提供适当的、可达性的操作空间和工作部位，其中包括：

（1）根据系统、设备、组件的可靠性做出维护频率预测，据此进行设备、组件的可达性布置。

（2）设备、系统的检查窗口、测试点、检查点、润滑点以及燃油、液压等系统的维护点都要布局在便于接近的位置。

（3）在机的总体布局时，应给维护人员提供拆装设备、组件的维护空间。

（4）系统、分系统、设备、组件应尽量采用专舱布局，各专舱中的设备及组件应尽量单层排列。

需维护的设备、部件应具有互换性，要尽量采用标准件，其中包括：①在设计系统、设备、组件和零件时，要根据维修条件提供合理的使用容差；维护中需要更换时，应保证其物理（机构、外形、材料）上和功能上的互换性；②结构部件以及非永久性紧固连接的装配件，都应具有互换性；③不同工厂生产的相同型号的产品，必须具有良好的功能与安装互换性。

另外，应尽量采用标准化设计，多采用标准化的零件、组件和设备。应保证系统、设备以及维护设施之间的相容性，使之能配套使用。

2. 维护时间要短

尽量采用模块化设计。设备可以按功能设计成若干个允许互换的模块。对于重要的系统和设备要设有故障显示和机内测试装置。设备、组件、导管、电缆等的拆装、连接、紧固、检查窗口的开关等都要做到简易、快速和牢靠。维护工作中所需的各种油料、气体的加灌充填、弹药与武器补充等都应尽量方便维护者。

3. 维护费用低

要尽量减少非必要的维护，降低维护成本。专用的工具、设备以及维护设施要少，维护条件要求不应过高，对维护人员的技术等级要求不能过高。

4. 要有预防维护差错的措施

维护标志、符号和技术数据要清晰准确。应注意减少维护工作中可能导致的危险、肮脏、单调、别扭等容易引起人的判断失误。

5. 维护作业应满足人的要求

工作舱开口的尺寸、方向、位置都要方便操作者，使作业者有一个比较合适的操作姿态。在系统、设备上进行维护时，其环境条件应符合人的生理参数和能力，其中包括：①噪声不应超过人的忍受能力；②要避免维护人员在过度振动条件下操作；③应给维护工作提供适度的自然或人工照明条件。

6. 满足与维护有关的可靠性与安全性的要求

设计时必须注意系统、设备以及器件的可靠性要求，必要时要进行冗余设计。设计中有关安全性的问题更重要，特别是设备、设施有可能发生危险的部位都应标有醒目的标记、符号和文字警告，以防止发生事故和危及人员与设备的安全。

7. 尽量降低对维护人员的要求

对维护人员的操作和工作应按逻辑和顺序安排；维护程序和规程要简单、明确、有效；对维护人员的专业要求应尽量减少，对所需要的维护人员数目也应尽量少。

6.2.2 基本维修性指标

维修性是指在规定的条件下使用的可维修产品，在规定的时间内按规定的程度和方法进行维修时，保持或恢复到能完成规定功能的能力。如果把产品从开始出故障到修理完毕所经历的时间（即把故障诊断、维修准备及维修实施时间之和）称为产品的维修时间并记为 ξ，显然它是一个随机变量。产品维修时间 ξ 所服从的分布称为维修分布，记作 $M(t)$，即

$$M(t) = P\{\xi \leqslant t\} \tag{6-11}$$

$M(t)$ 又称为产品的维修度。如果 ξ 为连续型随机变量，则其维修概率密度函数为 $m(t)$，它是维修度 $M(t)$ 的导数，即

$$m(t) = \frac{\mathrm{d}M(t)}{\mathrm{d}t} \tag{6-12}$$

设有 N 个故障产品，在 $[0, t]$ 时间内被修复产品的数目为 $N(t)$，则维修度 $M(t)$ 的估计值 $\widetilde{M}(t)$ 为

$$\widetilde{M}(t) = \frac{N(t)}{N} \tag{6-13}$$

显然样本数目足够多时，便有

$$M(t) = \lim_{N \to \infty} \frac{N(t)}{N} \tag{6-14}$$

设有 N 个故障产品，在时刻 t 时被修复产品的数目为 $N(t)$，在时刻 $t + \Delta t$ 被修复产品数目为 $N(t + \Delta t)$，维修概率密度函数 $m(t)$ 的估计值 $\widetilde{m}(t)$ 为

$$\widetilde{m}(t) = \frac{N(t + \Delta t) - N(t)}{N \Delta t} \tag{6-15}$$

当产品数目足够多，考虑的时间间隔足够短时，则有

$$m(t) = \lim_{\substack{\Delta t \to 0 \\ N \to \infty}} \frac{N(t + \Delta t) - N(t)}{N \Delta t} \tag{6-16}$$

维修率函数（又称修复率）$\mu(t)$，是在任意时刻 t 尚未修复的产品在单位时间内被修复的概率，即

$$\mu(t) = \lim_{\substack{\Delta t \to 0 \\ N \to \infty}} \frac{N(t + \Delta t) - N(t)}{[N - N(t)] \Delta t} \tag{6-17}$$

对于有限样本，$\mu(t)$ 的估计值 $\widetilde{\mu}(t)$ 为

$$\widetilde{\mu}(t) = \frac{N(t + \Delta t) - N(t)}{[N - N(t)] \Delta t} \tag{6-18}$$

由式（6-17）、式（6-15）和式（6-13）得

$$\mu(t) = \lim_{\substack{\Delta t \to 0 \\ N \to \infty}} \frac{\dfrac{N(t + \Delta t) - N(t)}{N \Delta t}}{\dfrac{N - N(t)}{N}} = \lim_{\substack{\Delta t \to 0 \\ N \to \infty}} \frac{\widetilde{m}(t)}{1 - \widetilde{M}(t)} = \frac{m(t)}{1 - M(t)} = \frac{1}{1 - M(t)} \frac{\mathrm{d}M(t)}{\mathrm{d}t} \tag{6-19}$$

将上式两边积分得

$$\int_0^t \mu(t) \mathrm{d}t = \int_0^t \frac{\mathrm{d}M(t)}{1 - M(t)} = \ln[1 - M(0)] - \ln[1 - M(t)]$$

又 $M(0) = 0$（即产品发生故障的瞬间是不可能立即修复的），则上式变为

$$M(t) = 1 - \exp\left[-\int_0^t \mu(t)\,\mathrm{d}t\right] \tag{6-20}$$

$$m(t) = \mu(t)[1 - M(t)] = \mu(t)\exp\left[-\int_0^t \mu(t)\,\mathrm{d}t\right] \tag{6-21}$$

如果已知维修概率密度函数 $m(t)$，由式（6-12）与式（6-19）便分别可得到

$$M(t) = \int_0^t m(t)\,\mathrm{d}t \tag{6-22}$$

$$\mu(t) = \frac{m(t)}{1 - \int_0^t m(t)\,\mathrm{d}t} \tag{6-23}$$

如果已知维修度函数 $M(t)$ 时，显然由式（6-12）与式（6-19）可得到

$$m(t) = \frac{\mathrm{d}M(t)}{\mathrm{d}t}$$

$$\mu(t) = \frac{1}{1 - M(t)}\frac{\mathrm{d}M(t)}{\mathrm{d}t}$$

在维修性分析中，平均修复时间 MTTR（Mean Time to Repair）是一个常用的修复性指标。显然，平均修复时间是修复时间的数学期望值。设修复时间为 ξ，若已知维修度 $M(t)$，即

$$MTTR = E(\xi) = \int_0^{+\infty} tm(t)\,\mathrm{d}t = \int_0^{+\infty} t\mathrm{d}M(t) = \int_0^{+\infty}[1 - M(t)]\,\mathrm{d}t \tag{6-24}$$

若修复时间服从指数分布时，即

$$M(t) = 1 - \mathrm{e}^{-\frac{t}{a_0}} \tag{6-25}$$

将式（6-25）代入到式（6-19）便得到

$$\mu(t) = \frac{1}{a_0} \tag{6-26}$$

将式（6-26）代入到式（6-24），便有

$$MTTR = E(\xi) = a_0 \tag{6-27}$$

由上面的讨论可以看到：式（5-5）与式（6-11）、式（5-9）与式（6-12）、式（5-15）与式（6-19）、式（5-27）与式（6-24）分别比较，则可以发现在可靠性[392~408]与维修性[409~412]研究中，$F(t)$ 与 $M(t)$、$f(t)$ 与 $m(t)$、$\lambda(t)$ 与 $\mu(t)$、$MTTF$ 与 $MTTR$ 是一一对应的，可靠性指标依据的是从开始工作到故障发生的时间（寿命）数据，而维修性指标依据的是发生故障后进行维修所花费的时间，即修复时间数据。两者相比，通常情况下维修时间数据比寿命数据要小得多。另外，可靠性是由设计、制造、使用等因素所决定的，而维修性是人为地排除故障、使产品的功能恢复，因而人的因素影响更大。

例 6-1

　　某电视机厂的维修站修理了该厂生产的 20 台电视机，每台的修理时间（单位：min）如下：48，59，68，86，90，105，110，120，126，128，144，150，157，161，172，176，180，193，198，200；试求

（1）160min 时的维修度；

（2）计算 $MTTR = ?$

（3）120min 时的修复率，$\Delta t = 15min$。

解：

（1）$\tilde{M}(t) = \dfrac{t \text{ 时间内修复的台数}}{\text{维修总台数}}$

$\qquad = \dfrac{13}{20} = 0.65$

（2）$MTTR = \dfrac{\text{各台修复时间的总和}}{\text{维修总台数}}$

$\qquad = \left(\dfrac{48 + 59 + 68 + \cdots + 198 + 200}{20} \right) min/台 = \dfrac{2671}{20} min/台$

$\qquad = 133.55 min/台$

（3）$\tilde{\mu}(t) = \dfrac{\text{在时间区间}(t, t + \Delta t)\text{内修复的台数}}{\text{到时刻 } t \text{ 仍未维修好的台数} \times \Delta t}$

$\qquad\qquad \tilde{\mu}(120) = \dfrac{2}{12 \times 15} = 1.1\%$

6.2.3　有效性特征量简介

有效性也称可用性，它是综合反映可靠性和维修性的一个重要概念，是一个反映可维修产品使用效率的广义可靠性尺度。

有效度（又称可用度）是指可维修的产品在规定的条件下使用时，在某时刻具有或维持其功能的概率。显然，对于可维修的产品，当发生故障时，只要在允许的时间内修复后又能正常工作，则其有效度与单一可靠度相比是增加了正常工作的概率，对于不可维修的产品，则有效度等于可靠度。因此，有效度也是时间的函数，故又称其为有效度函数。记作 $A(t)$；通常有效度函数可能有四种形式。

（1）瞬时有效度（Instantaneous Availability）是指在某一特定瞬时，可能维修的产品保持正常工作使用状态或功能的概率，记作 $A_i(t)$。

（2）平均有效度（Mean Availability）是指可维修产品在时间区间 $[0, t]$ 内的平均有效度是指瞬时有效度记作 $A_i(t)$ 在 $[0, t]$ 内的平均值，记作 $\overline{A}(t)$，即

$$\overline{A}(t) = \frac{1}{t} \int_0^t A_i(t)\,\mathrm{d}t \qquad (6\text{-}28)$$

另外，如果设备或系统在执行任务，则在 $[t_1, t_2]$ 内的平均有效度便称为任务有效度，即

$$\overline{A}(t_1, t_2) = \frac{1}{t_2 - t_1} \int_{t_1}^{t_2} A_i(t)\,\mathrm{d}t \qquad (6\text{-}29)$$

（3）稳态有效度（Steady Availability）又称时间有效度，是时间 $t \to \infty$ 时瞬时有效度 $A_i(t)$ 的极限，用符号 A_S 表示，即

$$A_S = \lim_{t \to \infty} A_i(t) \tag{6-30}$$

稳态有效度又可表示为

$$A_S = \frac{MTTF}{MTTF + MTTR} \tag{6-31}$$

当可靠度函数 $R(t)$ 与维修度 $M(t)$ 均服从指数分布规律，且 $MTTF = \frac{1}{\lambda}$，$MTTR = \frac{1}{\mu}$ 时，于是这时的稳态有效度为

$$A_S = \frac{MTTF}{MTTF + MTTR} = \frac{\mu}{\mu + \lambda} \tag{6-32}$$

图 6-3 给出了瞬时有效度、任务有效度以及稳态有效度之间的关系。

（4）固有有效度（Inherent Availability）可表示为

$$A_{inh} = \frac{MTTF}{MTTF + MADT} \tag{6-33}$$

式中，MADT（Mean Active Down Time）为实际不能工作时间。

由式（6-31）可知，提高设备或产品的有效度的途径有两条：一条是提高 $MTTF$，另一条是缩短 $MTTR$ 值。通常，既要提高 $MTTF$ 又要缩短 $MTTR$ 值，这件事往往是很难同时做到的。为了提高维修性，缩短 $MTTR$，必然会采取模块化设计，采用可更换与可检测设计，

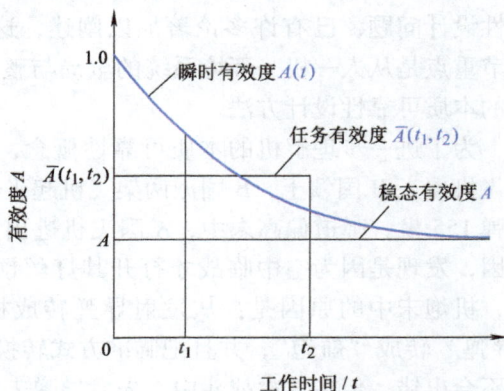

图 6-3　瞬时、任务、稳态有效度之间的关系

但这样做便增加了设备的复杂性，从而使设备的可靠性降低，因此如何使两方面兼顾便构成了可靠性设计所研究的重要内容之一。

在结束本节讨论之前，再简单介绍一下系统的有效性问题，所谓系统的有效性（System Effectiveness），乃是由有效度 A、可靠度 R 以及完成功能概率 P 所组成的一个重要综合指标，记作 E，它是系统使用时的有效度、使用期间的可靠度和功能概率的乘积，其表达式为

$$E = ARP \tag{6-34}$$

式中，有效度 A 可以取上面介绍的 $\overline{A}(t)$、A_S 或者 A_{inh} 值中的任意一个。

6.3　机的本质可靠性

6.3.1　本质可靠性的定义

机的本质可靠性是指在任何一个人—机—环境系统中，在特定的使用"环境"下，"机"（包括机器或过程）的设计要具有从根本上防止人的操作失误所引起的人—机—环境系统功能失常或导致人身伤害事故发生的能力。

人作为人—机—环境系统的工作主体，往往会出现人的操作失误。正如莫菲（Murphy）

定律所指出的："如果一台机器存在错误操作的可能，那么就一定会有人错误地操作它"。因此，人的操作失误具有必然性。机的本质可靠性设计的根本任务就是在机的可靠性设计的基础上，充分考虑人的操作失误时可能产生的危险因素，在进行机的设计时从根本上去防止人的操作失误，从而确保人—机—环境系统的正常运行和人员的安全。显然，对于一个人—机—环境系统而言，机的本质可靠性分析与设计就显得格外重要。图6-4 给出了机的本质可靠性与机的可靠性之间的关系图。从图可以看出，本质可靠性是可靠性中非常重要的组成部分。有关机的一般可靠性设计问题，已有许多论著加以阐述，这里不再重复。本节重点是从人—机—环境系统的全局与整体出发，阐述机的本质可靠性设计方法。

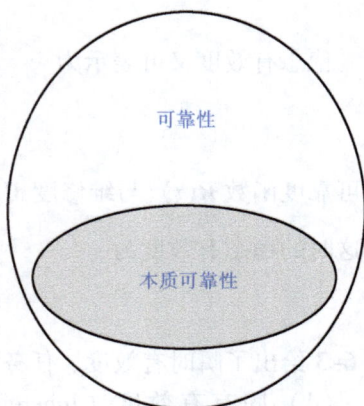

图6-4 本质可靠性与可靠性间的关系图

为了进一步理解机的本质可靠性概念，现举一个典型的实例：在一次空战中，一架A国飞机侵入B国领土，B国派两架飞机起飞迎击。发射两发导弹未中，转用机炮攻击，发射炮弹155发，弹道偏高未中，A国飞机逃出B国境。事后B国检查导弹未击中A国飞机的原因，发现是因为空中临战才打开其灯丝预热电门，预热时间不够导致未能正常工作。另外，机炮未中的原因是：从发射导弹转成机炮射击，要求飞行员必须把武器选择开关由"导弹"转成"航炮"，并且把瞄准方式转换成"活动环"位置。这两个操作动作在平时一般不会出错，但在这次战斗中，先发导弹未中，飞行员精神已高度紧张，时间又那么短促，致使只顾瞄准就击发，忘了扳动瞄准器光环转换开关，造成所有炮弹均未击中。这一事例充分说明，在这次空战中，尽管飞行员有不可推卸的责任，但若对飞机的火控系统进行了本质可靠性（预防人的操作失误）设计的话，也就是说在转换攻击方式时只要求飞行员扳动一个开关，或者导弹发射完之后自动转换攻击方式时，那就完全可以避免这次意外事件的发生，而使B国取得空战胜利。

6.3.2 本质可靠性的设计方法

为了预防人的操作失误，本质可靠性设计通常可以采取如下的方法：

1. 连锁设计

当机器状态不允许采用某种操作时，可以采用适当的电路或机构进行控制，避免由于人的操作失误导致的故障。例如，为了防止飞机的地面走火，便可以专门设计一套机构，只有当飞机起飞后并且起落架收起时，才能自动接通武器发射线路，也就是说，只有这时启动发射按钮才能击发武器。而当飞机返航时，只要起落架一放下就会自动切断武器发射线路，因此也就从根本上避免了飞机在地面由于人的操作失误而导致地面上走火事故的发生。

2. "唯一性"设计

"唯一性"设计是指机器的操作或连接只有一种状态才能被接受，其他状态都是排斥的，这就从根本上消除了人的操作失误的可能性。

3. "允许差错"设计

在人操作失误中，相当一部分是由于遗忘和失误造成的，"允许差错"设计是指允许操作差错存在，而不危及机器的安全。例如采取程序控制的方法进行控制，就可以防止操作差错的出现。

4. "自动化"设计

机器的自动化程度越高，操作的数量和程序就越少、越简单，对操作者的技能要求也就越低，因此出差错的可能性也就越小。例如，飞机飞行中的一个难点是飞机着陆，很多飞行员因着陆技能不佳而造成飞机事故。如果飞机在航空母舰上降落那就更困难了，因为航空母舰在航行，海浪使甲板摇晃，因此飞机着舰的事故率就更高。为了保证飞机着陆（着舰）的安全，设计了自动着陆系统，这就从根本上克服了飞机着陆的困难。

5. "差错显示"设计

一旦出现了人的操作失误，机器就会立即出现警告提示，通常有灯光显示和语音警报两种，显然，这对防止人的操作失误发生是十分有益的。

6. "保护性"设计

"保护性"设计是将一些非常重要的操作部位，如机炮、火箭、导弹等的发射按钮，都用一个红色的保险盖加以保护，平时不易碰到它们。一旦需要使用，首先要打开保险盖，才可进行发射操作，显然这种保护性设计是十分必要的。

习　题

1. 在人—机—环境系统中，机的动力学数学模型往往是非常复杂的，这里不妨以车辆子系统的动力学数学模型为例，参考文献〔413〕中给出了一个关于车辆的大位移、非线性动力学微分方程组，参考文献〔414〕中给出了用于车辆的凯恩（Kane）微分方程组，显然上述这些车辆动力学微分方程的形式远远比6.1.2节所讨论的机的特性复杂，请问书中讲到的关于机动力学特性的分类有效吗？为什么？

2. 请比较式（6-3）与式（6-7）这两个传递函数，它们所对应的机基本特征有什么重大的区别？为什么？

3. 机的易维护性设计原则主要包括些什么内容？请举例说明这些原则的具体应用。

4. 维修性指标包括哪些内容？能否将它与可靠性指标做一比较？能否用自己的语言描述一下 $MTTF$ 与 $MTTR$ 的具体含义？

5. 什么是产品的有效度？它有哪几种形式？如果产品的可靠度和维修度均为指数分布时，那么这时稳态有效度 A_S 的表达式为什么是 $A_S = \mu/(\mu + \lambda)$ 呢？这里 μ 为修复率，λ 为故障率。

6. 什么是机的本质可靠性呢？机的本质可靠性设计方法主要包括哪些方面？能否举出些实例说明机的本质可靠性研究的重要意义？

人机界面的安全设计

在人机系统中，存在着一个人与机相互作用的"面"，所有的人机信息交流都发生在这个"面"上，通常人们称这个面为人机界面。在人机界面上，向人们表达机械运转状态的仪表或器件称作显示器（display），供人们操纵机械运转的装置或器件称作控制器（controller）。对机械来说，控制器执行的功能是输入，显示器执行的功能是输出。对人来说，通过感受器接受机械的输出效应（例如显示器所显示的数据）是输入；通过运动器操纵控制器，执行人的指令则是输出。如果把感受器、中枢神经系统和运动器作为人的三个要素，而把机械的显示器、机体和控制器作为机械的三要素，则图 7-1 给出了它们相互间的联系。

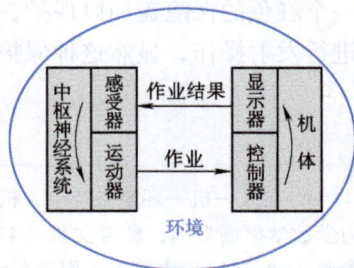

图 7-1　三要素基本模型

人机界面设计主要指显示器、控制器以及它们之间的关系设计，使人机界面符合人机信息交流的规律与特性。

7.1　信息显示装置的类型及其特点

7.1.1　信息显示方式的类型及其功能

按人接受信息传递的通道可分视觉传递、听觉传递和触觉传递这三种方式，其中以视觉显示应用最为广泛。由于人对突然发生的声音具有特殊的反应能力，所以听觉显示器作为紧急情况下的报警装置，比视觉显示器具有更大的优越性。触觉显示是利用人的皮肤受到触压刺激后产生感觉而向人传递信息的一种方式。表 7-1 给出了上述三种方式所传递的信息特征。

仪表是信息显示器中应用极为广泛的一种视觉显示器。一般可按其显示形式和显示功能分为两类。

如果按显示形式分类，这时可分为数字式显示器和模拟式显示器两大类。

（1）数字式显示器是直接用数码来显示信息的仪表，如各种数码显示屏、机械或电子的数字记数器等。这类显示器的特点是，认读过程简单速度快，读数准确、精度高。

表 7-1　三种显示方式所传递的信息特征

显示方式	所传递的信息特征	显示方式	所传递的信息特征
视觉显示	比较复杂、抽象的信息或含有科学技术术语的信息 传递的信息很长或需要迟延者 需用方位、距离等空间状态说明的信息 以后有被引用的可能的信息 所处环境不适合听觉传递的信息 适合听觉传递，但听觉通道负荷已很重的场合 不需要急迫传递的信息 传递的信息常需同时显示、监督和操纵	听觉显示	较短或无需迟延的信息 简单且要求快速传递的信息 视觉通道负荷过重的场合 所处环境不适合视觉通道传递的信息
		触觉显示	视、听觉通道负荷过重的场合 使用视、听觉通道传递信息有困难的场合 简单并要求快速传递的信息

（2）模拟式显示器是用标定在刻盘上的指针来显示信息的，如手表、电流表、电压表等。这类显示器的特点是能连读、直观地反映信息的变化趋势，使人对模拟值在全量程范围内一目了然。表 7-2 给出了模拟式与数字式显示仪表的特征比较，表中对 8 个方面进行了比较，可供选择显示仪表时参考。

表 7-2　模拟式与数字式显示仪表的特征比较

特征 ＼ 类型	模拟式显示仪表		数字式显示仪表
	指针运动式	指针固定式	
数量信息	中：指针活动时读数困难	中：刻度移动时读数困难	好：能读出精确数值，速度快，差错少
质量信息	好：易判定指针位置，不需读出数值和刻度就能迅速发现指针的变动趋势	差：未读出数值和刻度时，难以确定变化方向和大小	差：必须读出数字，否则难以得知变化的方向和大小
调节性能	好：指针运动与调节活动有简单而直接的关系，便于调节和控制	中：调节运动方向不明确，指示的变动难控制，快速调节时不易读数	好：数字调节的监测结果精确，数字调节与调节运动无直接关系，快速调节时难以读数
跟踪控制	好：能很快确定指针位置并进行监控，指针与调节监控活动关系最简单	中：指针无变化有利监控，但指针与调节监控活动的关系不明显	差：不便按变化的趋势进行监控
一般情况	中：占用面积大，照明可设在控制台上，刻度的长短有限，尤其在使用多指针显示时认读性差	中：占用面积小，仪表需局部照明，只在很小一段范围内认读，认读性好	好：占用面积小，照明面积也最小，表盘的长短只受字符的限制
综合性能	可靠性好 稳定性好 易于显示信号的变化趋向 易于判断信号值与额定值之差		精度高 认读速度快 无插值误差 过载能力力强 易于与计算机联用

（续）

类型 特征	模拟式显示仪表		数字式显示仪表
	指针运动式	指针固定式	
局限性	显示速度较慢 易受冲击和振动的影响 环境因素影响较大 过载能力差 质量控制困难		显示易跳动或失效 干扰因素多 需内附或外附电源 元件或焊接件存在失效问题
发展趋势	提高精度和速度 采用模拟与数字混合型显示仪表		提高可靠性 采用智能化显示仪表

如果按显示功能分类，这时可分为读数用仪表、检查用仪表、警戒用仪表、追踪用仪表和调节用仪表。

（1）读数用仪表用于显示机器的有关参数和状态，例如飞机上的高度表、汽车上的时速表等。

（2）检查用仪表用于显示系统状态参数偏离正常值的情况，一般无需读出确切的数值。

（3）警戒用仪表用于显示机器是处于正常区、警戒区还是危险区。常用的绿、黄、红三种颜色分别表示正常区、警戒区、危险区。

（4）追踪用仪表是动态控制系统中最常见的操纵方式之一。这类显示器必须显示实际状态与需要达到的状态之间的差距，宜选择直线形仪表或指针运动的圆形仪表。

（5）调节用仪表只用于显示操纵器调节的值，而不显示机器系统运行的动态过程，宜选用由操纵者直接控制指针或刻度盘运动的结构形式。

7.1.2　显示方式的选择方法与原则

1. 选择方法

使用哪种显示类型和选择哪种显示方式都取决于显示的目的和被显示内容的性质。有的要求精确的数量显示，有的要求明显地显示某一种状态，有的要求显示各信息之间的比较等。除此之外，显示器的显示状态还有静态显示与动态显示之分。静态显示的显示变化间隔时间较长，每次认读都有足够的时间，显示基本处于静止状态；动态显示则相反，显示处于变动状态，显示变化间隔时间很短，使显示不停地连续变化，处于动态显示过程。由此可见，显示器显示方式的选择要根据不同的工作场合和不同的工作要求来确定。例如定量显示，除尽可能提高其数字、指针、刻度、颜色等的认读率以外，选择静态显示就比较合适；再如示警显示，除信号的单纯、明显、易识别以外，动态显示则更应该增强其认读率的提高。

2. 选择原则

显示器的主要功能就是反映生产过程中设备运行的所有信息，是人们了解、监督和控制生产过程的必要手段。为此选择显示器的显示方式时要求使操作者能够快速辨认，准确认读，不易失误，不易疲劳。其选择的原则如下：

（1）用尽量简单明了的方式显示所传达的信息，尽量减少译码的错误。

（2）使用与信息精度要求相一致的显示精度，要保证最少的认读时间。

（3）采用与操作人员的操作能力及习惯相适应的信息显示形式，提高显示方式和人机可靠性。

（4）按观察条件（如照明、速度、振动、操作位置、运动约束等），运用最有效的显示技术和显示方法，使显示变化的速度不要超过人的反应速度。

对于定量显示的视觉显示器，其基本形式有数字显示和指针模拟显示两种。在静态显示条件下，数字显示优于模拟显示，数字式显示所产生的误读率较低，而且认读所用的时间也比较短。数字显示的误读率约为指针误读率的1/10；然而，当显示快速变化并且人的认读速度跟不上显示变化速度时，人们就会感到数字显示闪烁不定，处于无法认读的模糊状态。这时只有使用刻度盘显示才能得到较为准确的读数。指针刻度盘的模拟显示，不仅可以提供准确的定量信息，而且在许多情况下还可以给出供检查用的信息等。总之，对于静态精确显示来讲，数字式仪表优于指针式；而对于动态的检查性显示和预测性显示来讲，则指针式优于数字式。

对于定性显示，主要是准确、有效地表明机器或设备的运行状态，而不需要记录和显示精确的数值，因此选用模拟式显示器便更为有利。模拟显示的定性显示方式包括：标志显示、形象化显示，音响显示等。本书因篇幅所限，对此不做进一步的讨论与介绍，感兴趣者可参阅相关文献（如参考文献［66］~［86］等）。

7.2　显示装置的设计

7.2.1　显示器设计的基本原则

1. 准确性原则

要求显示装置的设计，尤其是数字认读的显示装置的设计应尽量使读数准确。读数的准确性可以通过类型、大小、形状、颜色匹配、刻度、标记等的设计解决。

2. 简单性原则

应使传递信息的形式尽量直接表达信息内容，尽量减少译码的错误；不使用不利于识读的装饰；尽量符合使用目的，越简单越清晰越好。

3. 一致性原则

应使显示器指针运动的方向与机器本身或者与控制器运动的方向一致，例如显示器上的数值增加，就表示机器作用力的增加或设备压力的增大；显示器的指针旋转方向应与机器控制器的旋转方向一致。

4. 排列性原则

关于显示器的装配位置或几种显示器的位置排列要认真考虑，其位置的排列应该遵循以下原则：

（1）最常用的和最主要的显示器应尽可能安排在视野中心3°范围之内，因在这一视野范围内，人的视觉效率最优，也最能引起人的注意。

（2）当显示器很多时，应按它们的功能分区排列，区与区之间应有明显界限。

（3）显示器应尽量靠近，以缩小视野范围。

（4）显示器的排列要适合于人的视觉特征。例如，人眼的水平运动比垂直运动快且幅度宽，因此显示器水平排列的范围可以比垂直方向大。此外，为达到较好的视觉效果，在光线暗的地方要装设合适的照明设备。

7.2.2 视觉显示器的设计

以下对指针式仪表与数字显示器分别进行简要的讨论：

1. 指针式仪表的设计

指针式仪表是用模拟量来显示机器有关参数与状态的视觉显示装置，其特点是显示的信息形象、直观，监控作业效果好。根据刻度盘的形状，指针显示器可分为圆形、弧形和直线形（见表7-3）。

表 7-3 指针显示器的刻度盘分类

类 别	圆形指示器			弧形指示器	
度盘	圆形	半圆形	偏心圆形	水平弧形	竖直弧形
简图					

类 别	直线形指示器			说 明
度盘	水平直线	竖直直线	开窗式	
简图				开窗式的刻度盘也可以是其他形状

对于指针式仪表，要使人能迅速而准确地接受信息，则刻度盘、指针、字符和色彩匹配的设计都必须要适合人的生理和心理特征。分析飞行员对仪表的错误反应表明：真正由于仪表故障引起的失误不到10%，不少失误是由于仪表设计不当引起的。例如使用多针式指示仪表，表面上看似乎减少了仪表的个数，实际上由于指针不止一个，增加了误读的可能性，其失误超过10%。

设计指针式仪表时应考虑的安全人机工程学问题包括：

（1）指针式仪表的大小与观察距离是否比例适当。

（2）刻度盘的形状与大小是否合理。

（3）刻度盘的刻度划分、数字和字幕的形状、大小以及刻度盘色彩对比是否便于监控者迅速而准确地识读。

（4）根据监控者所处的位置，指针式仪表是否布置在最佳视区范围内。对于这些问题的详细处理，可参阅工业设计或人机工程学方面的书籍（例如参考文献［63］、［68］、［86］、［415］等），这里不做详述。

2. 数字显示器的设计

对于数字显示器是直接用数码来显示有关参数或工作状态的装置，例如电子数字记数器、数码管、数码显示屏等。其特点是显示简单、准确，具有认读速度快、不易产生视觉疲劳等优点。

7.2.3　听觉显示器的设计

听觉传示装置分为两大类：一类是音响及报警装置，另一类是语言传示装置。

1. 音响及报警装置的设计

音响及报警装置的类型及特点如下：

（1）蜂鸣器是音响装置中声压级最低、频率也较低的装置。蜂鸣器发出的声音柔和，不会使人紧张或惊恐，适合较安静的环境，常配合信号灯一起使用。例如驾驶员在操纵汽车转弯时，驾驶室的显示仪表板上就有信号灯闪亮和蜂鸣器鸣笛，显示汽车正在转弯，直到转弯结束。

（2）铃。铃因其用途不同，其声压级和频率有较大差别。例如电话铃声的声压级和频率只稍大于蜂鸣器，主要作用是在宁静环境下让人注意。

（3）角笛和汽笛。角笛的声音有吼声（声压级 90~100dB、低频）和尖叫声（即高声强、高频）两种。常用于高噪声环境中的报警装置；汽笛声频率高，声强也高，适用于紧急状态的音响报警装置。

（4）警报器。警报器的声音强度大，可传播很远，频率由低到高，发出的声调富有上升与下降的变化，主要用于危急状态报警，例如防空警报、火灾警报等。表7-4 给出了一般音响、报警装置的强度和频率参数的范围，可供设计时参考。

表 7-4　一般音响显示和报警装置的强度和频率参数

使用范围	装置类型	平均声压级/dB（A）		可听到的主要频率/Hz	应用举例
		距装置 2.5m 处	距装置 1m 处		
用于较大区域（或高噪声场所）	4in 铃	65~67	75~83	1000	用于工厂、学校、机关上下班的信号以及报警的信号
	6in 铃	74~83	84~94	600	
	10in 铃	85~90	95~100	300	
	角笛	90~100	100~110	5000	主要用于报警
	汽笛	100~110	110~121	7000	
用于较小区域（或低噪声场所）	低音蜂鸣器	50~60	70	200	用作指示性信号
	高音蜂鸣器	60~70	70~80	400~1000	可用作报警
	1in 铃	60	70	1100	用于提请人注意的场合，如电话、门铃，也可用于小范围内的报警信号
	2in 铃	62	72	1000	
	3in 铃	63	73	650	
	钟	69	78	500~1000	用作报时

注：1in = 25.4mm。

音响和报警装置的设计原则：1）音响信号必须保证位于信号接受范围内的人员能够识别并按照规定的方式做出反应。因此，音响信号的声级最好能在一个或多个倍频程范围内超过听阈 10dB 以上。

2）音响信号必须易于识别，因此音响和报警装置的频率选择应在噪声掩蔽效应最小的范围内。例如报警信号的频率在 500~600Hz 之间；当噪声声级超过 110dB 时，最好不用声信号作为报警信号。

3）为引人注意，可采用时间上均匀变化的脉冲声信号，其脉冲声信号频率不低于 0.2Hz 和不高于 5Hz。

4）报警装置最好采用交频的方式，使音调有上升和下降的变化。例如紧急信号的音频应在1s内由最高频（1200Hz）降低到最低频（500Hz），然后听不见，再突然上升。这种变频声可使信号变得特别刺耳。

5）对于重要信号的报警，除使用音响报警装置外，最好与光信号同时作用，组成视听双重报警信号。

2. 语言传示装置的设计

经常使用的语言传示系统有：无线电广播、电视、电话、报话器、对话器及其他录音、放音的电声装置等。用语言作为信息载体，可使传递和显示的信号含义准确、接受迅速、信息量大。在进行语言传示装置的设计时应注意以下几个问题：

（1）语言的清晰度。所谓语言的清晰度是指人耳通过语言传达能听清的语言（音节、词或语句）的百分数。表7-5给出了语言清晰度与人的主观感觉之间的关系。从表中可知，在进行语言传示装置的设计时，其语言的清晰度必须在75%以上才能正确地传示信息。

表7-5　语言清晰度的评价

语言清晰度百分率 ×100	人的主观感觉	语言清晰度百分率 ×100	人的主观感觉
65 以下	不满意	85 ~ 96	很满意
65 ~ 75	语言可以听懂，但非常费劲	96 以上	完全满意
75 ~ 85	满意		

（2）语言的强度。研究表明：当语言强度接近130dB时，受话者有不舒服的感觉；当达到135dB时，受话者耳中有发痒的感觉，再高便达到了痛阈。因此语音传示装置的语言强度最好在60~80dB之间。

（3）噪声对语言传示的影响。当语言传示装置在噪声环境中工作时，则噪声将会影响语言传示的清晰度。研究表明：当噪声声压级大于40dB时，这时噪声对语言信号有掩蔽作用，从而要影响语言传示的效果。

7.2.4　信号灯与符号标志的设计

1. 对信号灯的设计

对于信号灯设计，一定要符合人机工程学的要求，其设计原则如下：

（1）清晰、醒目和必要的视距。

（2）具有合适的使用目的。各种情况指示灯应当用不同的颜色；为了引起注意，可用强光和闪光信号，闪光频率为0.67~1.67Hz，闪光方式可为明暗、明灭等。

（3）按信号性质设计。重要的信号（如危险信号等）可考虑采用听觉、触觉显示方式。

（4）信号灯位置与颜色的选择。重要的信号灯应安置在最佳视区（视野中心3°范围）；一般信号要在20°以内，极次要的信号灯才安置在离视野中心60°~80°范围；常用的10种信号灯颜色为：黄、紫、橙、浅蓝、红、浅黄、绿、紫红、蓝、粉黄；但在单个信号灯情况下，以蓝绿色最为清晰。

（5）要注意信号灯与操纵杆间的配合与协调。

信号灯的观察距离受其光强、光色、闪动特性等因素的影响，对于红、绿色稳光信号的观察距离可按照下面的公式计算

$$D = (2000I) \times 0.3048 \tag{7-1}$$

式中，D 为观察距离，单位为 m；I 为发光强度，单位为 cd；对于红、绿闪光信号的观察距离，应先按下列公式换算发光强度后，再代入式（7-1）计算出观察距离，即

$$I_E = \frac{tI}{0.09 + t} \tag{7-2}$$

式中，I_E 为有效发光强度，单位为 cd；I 为发光强度，单位为 cd；t 为闪光亮时的持续时间，单位为 s。

2. 符号标志的设计

在现代信息显示中广泛使用各种类型的符号标志，从交通（铁路、公路、海上）路标、航标、气象标志、危险标志、工程图、地图、电子路线、商标、元器件上的标志等。符号标志的评价往往要从识别性、注目性、视认性、可读性、联想性这五个方面进行评定。

7.3　控制器的设计

在人—机—环境系统中，人通过信息显示器获得关于机械的信息之后，利用效应器官操纵控制器，通过控制器调整和改变机器子系统的工作状态，使其按人预定的目标进行工作。因此控制器是将人的输出信息转换为机器的输入信息的装置，也就是说在生产过程中人是通过操纵控制器实现对机器的指挥与控制的。控制器是人—机—环境系统中的重要组成部分，控制器的设计是否得当，直接关系到整个系统能否正常安全的运行。1947 年英国飞机事故的调查研究表明，在 460 例操纵失误中，68% 归咎于控制器设计不当[103]。因此，控制器的设计必须适合于人的使用要求。

7.3.1　控制器的类型及其适用范围

控制器的分类方法很多，如果按操纵控制器的使用方式可分为手动控制器和脚动控制器；如果按照控制器运动的类别的不同，控制器可分为旋转控制器、摆动控制器、按压控制器、滑动控制器和牵拉控制器，见表 7-6。各类控制器的特性及其适用范围各不相同，这里表 7-7 ～ 表 7-10 分别给出了旋转控制器、摆动控制器、滑动控制器和牵拉控制器的特性及其适用范围，可供设计时参考。

表 7-6　控制器的分类

基本类型	运动类别	举　例	说　明
做旋转运动的控制器	旋转	曲柄、手轮、旋塞、旋钮、钥匙等	控制器受力后在围绕轴的旋转方向上运动。亦可反向倒转或继续旋转直至起始位置
做近似平移运动的控制器	摆动	开关杆、调节杆、杠杆键、拨动式开关、摆动开关、脚踏板等	控制器受力后围绕旋转点或轴摆动，或者倾倒到一个或数个其他位置。通过反向调节可返回起始位置
做平移运动的控制器	按压	钢丝脱扣器、按钮、按键、键盘等	控制器受力后在一个方向上运动。在施加的力被解除之前，停留在被压的位置上。通过反弹力可回到起始位置
	滑动	手闸、指拨滑块等	控制器受力后在一个方向上运动，并停留在运动后的位置上，只有在相同方向上继续向前推或者改变力的方向，才可使控制器做返回运动
	牵拉	拉环、拉手、拉圈、拉钮	控制器受力后在一个方向上运动。回弹力可使其返回起始位置，或者用手使其在相反方向上运动

表7-7 旋转控制器的特性及其适用范围

名 称	特 性	调节角度	尺寸/mm	扭矩/N·m	
				单手操纵	双手操纵
曲柄	进行无级控制时，要求几个快速旋转动作后，控制器停止在一个位置上；进行两个或多个工位有级控制时，要求快速精确调节，且调节位置要求可见和可触及时均可使用曲柄	无限制	曲柄半径 100以下 100～200 200～400	0.6～3 5～14 4～80	— 10～28 8～160
手轮	用于无级调节、三工位和多工位分级开关，极少应用于两工位。特别适宜于要求控制器保持在某一工位上及要求精确的调节的场合。为防止无意识的操作，需加特殊的保险装置	无限制；无把手60°	手轮半径 25～50 50～200 200～250	0.5～6.5 — —	— 2～40 4～60
旋塞	用于两个工位、多个工位和无级调节。若调节范围小于一周，用于分级调节的旋塞可以有2～24个工位（旋塞量程选择开关）。旋塞应成指针形状或带有指示标记，各工位有指示数值，以利于精确控制。最适宜于要求控制器保持在某一工位和要求可见工位的精确调节	在两个开关位置之间15°～90°	塞长 25以下 25以上	0.1～0.3 0.3～0.7	
旋钮	无级调节的旋钮适宜于施力不大、旋转运动不受限制、可用做粗调和精调的场合。若调节范围小于一周，带有指示标记的旋钮，可有3～24个开关工位。若通过旋钮的形状做出了相应的标识，不带标记的无级调节旋钮可用于两个工位调节	无限制	旋钮直径 15～25 25～70	0.02～0.05 0.035～0.7	
钥匙	为避免非授权的和无意识的调节，可用钥匙做两级或多级调节，尤其适用于要求控制器保持在某一工位及要求工位可见的场合	在两个开关位置之间15°～90°		0.1～0.5	

注：最大值只是靠手操作时的推荐值。

表7-8 摆动控制器的特性及其适用范围

名 称	特 性	行程/mm	操纵力/N
开关杆	可用于两个或多个工位调节，也可用于多个运动方向以及无级调节。最适宜于要求每个工位都可见、可及且快速调节的场合。也适用于要求保持控制器位置的场合	20～300	5～100
调节杆（单手调节）	可用于两个或多个工位的调节、无级调节以及传递较大的力。当要求保持控制器的位置、快速调节和要求相应工位可见又可触及时，宜使用调节杆	100～400	10～200
杠杆键	仅限于两个工位。最适宜于单手同时快速操纵较多个控制器的场合。也适用于要求保持控制器的位置，且有时可触及工位的场合	3～6	1～20

（续）

名　　称	特　　性	行程/mm	操纵力/N
拨动式开关	可调节两个或三个工位。极适宜于在地方小的条件下，单手同时快速准确调节几个控制器和要求可见、可及工位的场合	10～40	2～8
摆动式开关	仅限于两个工位。最适宜于在地方小的情况下，对几个控制器用单手同时进行快速准确调节。也适用于要求可见和可及相应工位的场合	4～10	2～8
脚踏板	可用于两个或几个工位的调节和无级调节。尤其适宜于快速调节和传递较大的力。采取相应的结构设计时，可保持调节的位置和达到所要求的精度，也可使脚较长时间地放置在踏板上面保持调节的位置	20～150	30～100

表 7-9　滑动控制器的特性及其适用范围

名　　称	特　　性	行程/mm	操纵力/N
手闸	调节频率较低时，可用于两个工位或数个工位的调节及无级调节。工位易于保持且可见又可及。阻力不大时，可作为两个终点工位间的精确调节。需单手同时调节多个滑动控制器时，可进行快速精确调节，并可保持在调节的工位上	10～400	20～60
指拨滑块	指拨滑动有两类。一类为滑块所受的力是通过手指与滑块之间摩擦传递的，此类滑块只允许有两个工位，可做快速准确调节，最适用于地方小、工位可见的场合，也适用于应防止无意识操作的场合。另一类为滑块所受的力是通过其突起的形状传递的，此类滑块可用于两个或多个工位的调节以及无级调节，可做快速调节，最适用于要求可见和可触及所调节工位且保持控制器位置的场合	5～25	1.5～20

表 7-10　牵拉控制器的特性及其适用范围

名　　称	特　　性	行程/mm	操纵力/N
拉环	可进行两个工位或多个工位以及无级调节。最适宜于要求可见工位和要求保持控制器位置的快速调节场合	10～400	20～100
拉手	可进行两个工位或多个工位的调节以及无级调节。在有恰当的结构设计的情况下，最适宜于要求可见工位的场合	10～400	20～60
拉圈	可进行两个工位或多个工位的调节以及无级调节。在有适当的结构设计的情况下，最适宜于要求可见工位和要求保持控制器位置的场合	10～100	5～20
拉钮	可进行两个工位或多个工位的调节以及无级调节。在有恰当的结构设计的情况下，最适宜于要求可见工位的场合	5～100	5～20

7.3.2　控制器设计的人机工程学因素

以下从五个方面讨论控制器设计时应考虑的人机工程学因素。

1. 控制器编码

为避免控制系统中众多控制器的相互混淆，提高操作效率和防止误操作，因此要对控制器进行编码。编码的方式主要有形状编码、大小编码、颜色编码和标记编码等。

（1）形状编码。形状编码是将不同用途的控制器设计成不同的形状，以便使各控制器彼此之间不易混淆。采用形状编码时应该注意以下几个方面：一是控制器的形状应尽可能地反映控制器的功能，从而使人能由控制器的形状联想到该控制器的用途，这样便可减少在紧急情况下因摸错控制器而造成的事故；二是控制器的形状应使操作者在无视觉指导下仅凭触觉也能够分辨出不同的控制器，因此，编码所选用的各种形状不宜过分复杂；三是控制器的形状设计应使操作者在戴有手套的情况下也可以通过触摸便能区分出不同的控制器。图7-2给出了亨特（Hunt）通过试验在31种旋钮形状中筛选出的三类16种适合于不同情况、识别效果好的形状编码旋钮。其中A类（见图7-2a）适用于做360°以上的连续转动或者频繁转动，旋钮偏转的角度位置不具有重要的信息意义；B类（见图7-2b）适用于旋转调节范围不超过或极少超过360°的情况，旋钮偏转的角度位置不具有重要的信息意义；C类（见图7-2c）旋钮调节范围不宜超过360°，旋钮的偏转位置可提供重要信息的场合，例如用以指示状态等。

（2）大小编码。大小编码是通过控制器的尺寸大小不同来分辨控制器，因此控制器大小之间的尺寸等级差必须达到触觉的识别阈限。试验结果表明，当小旋钮的直径为大旋钮直径的5/6时，彼此之间即可被人们所识别了。

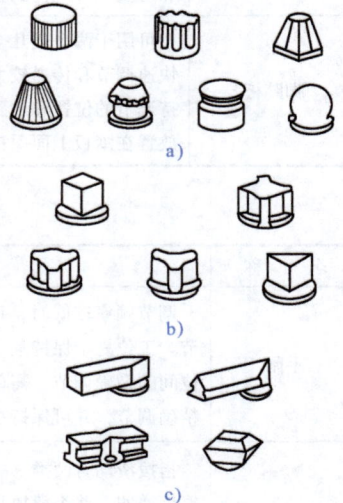

图7-2　三类用于形状编码的旋钮
a）A类　b）B类　c）C类

（3）颜色编码。将不同功能的控制器涂以不同的颜色，以便彼此之间相互区别。代码的颜色不宜过多，一般只用红、橙、黄、蓝、绿五种颜色。对于紧急开关控制器采用红色。

（4）标记编码。在不同控制器的上方或侧旁标注不同的文字或符号，以便借助于这些文字或符号区分不同的控制器，因此称为标记编码。采用这种编码方式需要良好的照明条件，而且控制板要有足够的空间。

2. 控制器的外形结构和尺寸

控制器的形状要方便于人的使用。对于手动控制器，其形状设计应考虑手的生理特点，在人手握住手柄时要保证手掌血液循环良好，神经不受强压迫。另外，控制器的表面质地也是影响控制动作质量的一个因素。对于需要与手接触的控制器表面，不宜过分光滑，但也不能过分粗糙。

3. 控制器的阻力

不论是手动控制器还是脚动控制器，都应有一定的操作阻力。控制器的操作阻力主要有静摩擦力、弹性阻力、黏滞阻尼和惯性等四种，表7-11给出了它们的特征。静摩擦力适宜于不连续控制；弹性阻力和黏滞阻尼可提供操纵反馈信息，帮助操作者提高控制的准确度，适宜于连续控制。惯性可用于准确度要求不高的控制。操作阻力大小的选择既不宜过小，也不宜过大。阻力过小，起不到有益于控制的作用，阻力过大则影响操作速度和容易引起肢体的疲劳。表7-12给出了操作阻力的最小值，可供控制器设计时参考。

表 7-11　控制器四种阻力的特性

阻力类型	特　性	使用举例
静摩擦力	运动开始时阻力最大，此后显著降低可用以减少控制器的偶发起动。但控制准确度低，不能提供控制反馈信息	开关，闸刀等
弹性阻力	阻力与控制器位移距离成正比，可作为有用的反馈源。控制准确度高。放手时，控制器可自动返回零位，特别适用于瞬时触发或紧急停车等操作。可用以减少控制器的偶发起动	弹簧作用等
黏滞阻尼	阻力与控制运动的速度成正比。控制准确度高、运动速度均匀、帮助平稳地控制。防止控制器的偶发起动	活塞等
惯性	阻力与控制运动的加速度成正比。能帮助平稳的控制。防止控制器的偶发起动。但惯性可阻止控制运动的速度和方向的快速变化，易于引起控制器调节过度。易于引起操作者疲劳	大曲柄等

表 7-12　不同类型控制器所需的最小阻力

控制器类型	最小阻力/N	控制器类型	最小阻力/N
手推按钮	2.8	曲柄	由大小决定：9~22
脚踏按钮	脚不停留在控制器上：9.8	手轮	22
	脚停留在控制器上：44	杠杆	9
肘节开关	2.8	脚踏板	脚不停留在控制器上：17.8
旋转选择开关	3.3		脚停留在控制器上：44.5

4. 操作反馈

设计控制器时，应考虑通过一定的反馈形式，以便于使操作者及时纠正错误。例如，按钮操作到位时即发光或者旋钮操作到位时发出卡嗒声等。还可以通过操作者的眼睛、手、手臂、肩、脚、腿等感受到的位移或压力来获得操作的反馈信息，也可以通过耳朵听到机器发出的噪声变化获得。

5. 防止控制器的意外启动

为了避免控制器被无意碰撞或牵拉引起意外启动而造成伤人或发生损机事故，在控制器的设计时应有防范措施。防止办法有：①在控制器上加保护罩；②将控制器安装在不易碰撞的位置上；③操作者必须连续做两种操作运动才能使控制器启动，而且后一种操作运动的方向与前一种操纵的方向不同，以此将控制器锁定在位置上；④适当增大控制器的操作阻力等。

7.3.3　手动与脚动控制器的设计

这里首先讨论控制器设计与选择的基本要求，然后再分别扼要讨论设计手动与脚动控制器时的注意事项。

1. 控制器设计与选择的基本要求

在设计和选择控制器时，除应考虑上述人机工程学因素之外，还应该考虑下列基本要求：

（1）控制器应根据人体测量数据、生物力学以及人体运动特征进行设计。对于控制器的操纵力、操纵速度、安装位置、排列位置等应按总体操作者中 95% 的人都能方便使用的原则进行设计，使控制器适合于大多数人的使用。对于要求快速而准确的操作，应该设计和选用手指或手操纵的控制器，例如按钮、按键、手闸、杠杆键等；对于用力较大的操作，则应设计成手臂或下肢操作的控制器，如控制杆、手轮、大曲柄、脚踏板等。

（2）控制器的运动方向应与机器设备的被控方向一致。汽车转弯时所采用的转向盘，其转动方向便与汽车的转弯具有相应的一致性。

（3）应尽量利用控制器的结构特点以及操作者身体部位的重力进行控制；另外，在可能的条件下，尽量设计和选用多功能控制器，如多功能旋钮、多功能操纵杆等。

2. 手动控制器

常用的手动控制器有旋钮、按钮、扳动开关、控制杆、曲柄、手轮等。对于它们的设计在许多机械类或工业设计类书中都有讲述，在此不一一说明，下面仅对控制杆的设计问题略做介绍。控制杆是一种需要用较大力进行操作的控制器。控制杆的运动多为前后推拉或左右推拉，适用于小范围内的快速调节。控制杆的长度是根据设定的位移量与操作力决定的。当操作角度较大时，控制杆端部应该设置球状把手。球状把手用指尖抓住时，其直径为 12.5mm；用手握住时，其直径为 12.5~25mm，最大不超过 75mm；控制杆的操纵角度以 30°~60° 为宜，一般不超过 90°，如图 7-3 所示。控制杆的位移量随控制杆的运动方向不同，当控制杆前后运动时，最大为 350mm；控制杆左右运动时，最大为 950mm。控制杆的最小阻力，用手指操作时为 3N；用手操作时为 9N。

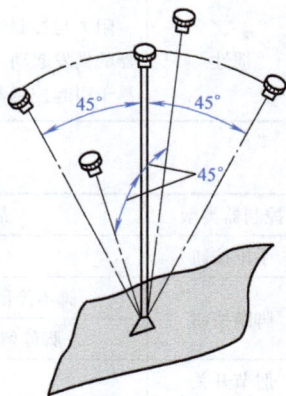

图 7-3　控制杆

3. 脚动控制器

在操作过程中，脚的操作速度和准确度都不如手，因此只有在下列情况下才考虑选用脚动控制器：①需要连续进行操作，并且用手又不方便时；②无论是连续控制或间歇性控制，其操纵力超过 49~147N 时；③手的控制工作负荷过大，需要使用脚以减轻手的负担时。

脚动控制器主要有脚踏板和脚踏钮两种。以下仅对脚踏板的相关问题做扼要介绍。

脚踏板可分为往复式、回转式和直动式三种，如图 7-4 所示。直动式脚踏板有以脚跟为转轴和脚悬空两种。例如汽车的油门踏板是以鞋跟为转轴的踏板，而汽车的制动踏板为脚悬空的踏板。试验结果表明[241]：踏板角 $\alpha = 15°~35°$ 时，不论脚处于自然位置还是处于伸直位置，脚均可以使出最大的力，如图 7-5 所示。脚踏板的长宽尺寸，主要取决于工作空间和脚踏板间距，但必须保证脚与踏板有足够的接触面积，表 7-13 给出了美国 MIL—STD—1472B 推荐的踏板设计参数，表 7-14 给出了不同工作情况下选择控制器的建议，可供参考。

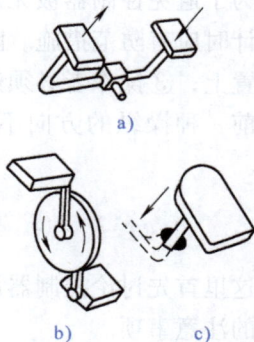

图 7-4　脚踏板的类型
a）往复式　b）回转式
c）直动式

表 7-13　脚踏板设计参数的推荐值

名　　称		最小	最大	名　　称		最小	最大
脚踏板大小/mm	长度	25	取决于	阻力/N	脚不停在踏板上	18	90
	宽度	75	可用空间		脚停在踏板上	45	90
踏板位移 /mm	一般操作	13	65		踝关节弯曲	—	45
	穿靴操作	25	65		整脚运动	45	800
	踝关节弯曲	25	65	踏板间距 /mm	单脚任意操作	100	150
	整脚运动	25	180		单脚顺序操作	50	100

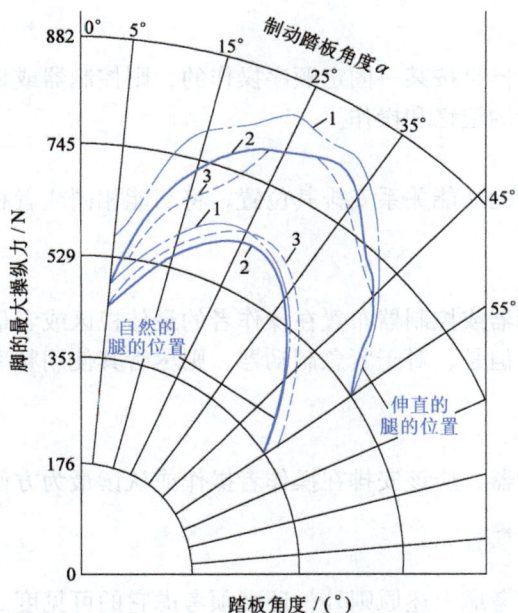

图 7-5　踏板角 α 与脚的最大操纵力之间的关系

1—地面到眼睛距离 910mm　2—地面到眼睛距离 990mm　3—地面到眼睛距离 1040mm

表 7-14　不同工作情况下选择控制器的建议

工 作 情 况		建议使用的控制器
操纵力较小情况	2 个分开的装置	按钮、踏钮、拨动开关、摇动开关
	4 个分开的装置	按钮、拨动开关、旋钮、选择开关
	4 ~ 24 个分开的装置	同心成层旋钮、键盘、拨动开关、旋转选择开关
	25 个以上分开的装置	键盘
	小区域的连续装置	旋钮
	较大区域的连续装置	曲柄
操纵力较大情况	2 个分开的装置	扳手、杠杆、大按钮、踏钮
	3 ~ 24 个分开的装置	扳手、杠杆
	小区域连续装置	手轮、踏板、杠杆
	大区域连续装置	大曲柄

7.4 显示器与控制器的工效学设计

7.4.1 显示器和控制器的布局设计原则

一台复杂的机器，往往在很小的操作空间集中了多个显示器与控制器。为了便于操作者迅速、准确地认读和操作，获得最佳的人机信息交流系统，因此布置显示器和控制器时应遵循以下原则。

1. 使用顺序原则

如果控制器或者显示器是按某一固定顺序操作的，则控制器或显示器也应该按同一顺序排列布置，以方便操作者的记忆和操作。

2. 功能原则

按照控制器或显示器的功能关系安排其位置，将功能相同或者相关的控制器与显示器组合在一起。

3. 使用频率原则

将使用频率高的显示器或控制器布置在操作者的最佳视区或者最佳操作区，而偶尔使用者则布置在次要的区域。但是，对于紧急制动器，则尽管其使用频率低，也必须布置在易于操作的位置。

4. 重要性原则

重要的控制器或显示器，应该安排在操作者操作或认读最为方便的区域。

7.4.2 视觉显示器的布置

对于视觉显示器除应考虑上述原则外，还必须考虑它的可见度。因为视觉显示器是否能发挥作用，完全依赖于它是否能被操作者看见，这是由于在人的不同的视野区中人对显示的反应速度和准确度并不相同，海恩斯（Haines）和吉利兰（Gilliland）1973 年曾测试了人对放置于其视野中不同位置的光的反应时间，图 7-6 给出了视野中的反应曲线，用它可以确定重要程度不同的显示器的位置。由该图可知，最快的反应时间（这里为 280ms）在视中心线上下各为 8°、向右约为 45°、向左约为 10°所包围的区域内。在对角线上，右下角 135°的视区，反应速度快于其他三个方向（即快于 45°、225°、315°）的视区。显然，对于重要显示器，应该布置在反应时间最短的视区之内。

人眼的分辨能力，也随视区而异。以视中心线为基准，视线向上 15°到向下 15°，是人最少差错的易见范围。在此范围内布置显示器，误读率极小。若超出此范围，则误读率将增大。增大状况可由人的视线向外每隔 15°划分的各个扇形区域所规定的相应不可靠概率来表示。

7.4.3 控制器的布置

控制器可根据重要性、使用频率、施力大小等安排其空间位置。图 7-7 是考虑人体尺寸和运动生物力学特性所确定的在操作者正前方的垂直控制板上布置控制器的 4 个区域。对于不同的控制器，由于其操作动作的不同，因此其最佳操作区域也有所区别，这里对此不做详细讨论。

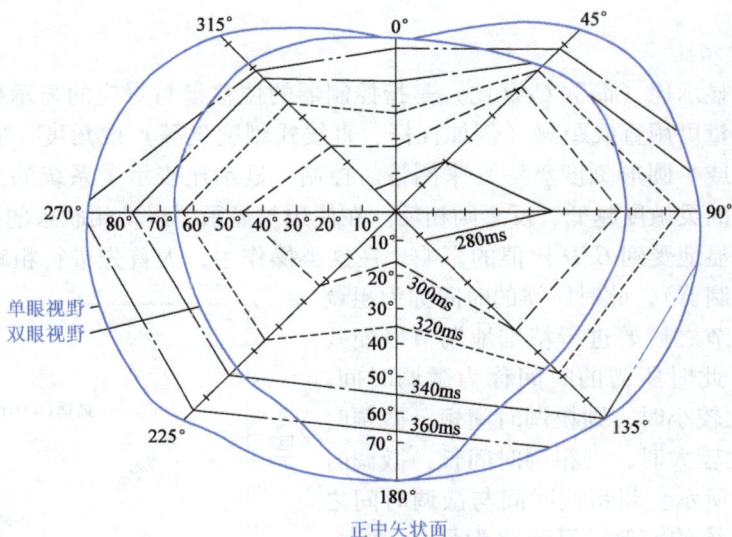

图 7-6 视野中的反应时间等值曲线

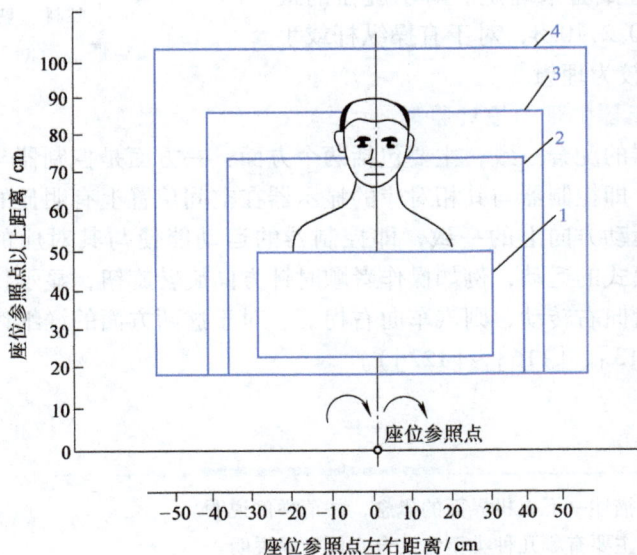

图 7-7 手动控制器在垂直面板上的布置区域
1—主要控制器 2—紧急控制器和精确调节的次要控制器 3—其他
次要控制器的可取限度 4—次要控制器的最大布置区

7.4.4 显示器与控制器的配合

在显示器与控制器联合使用时，显示器与控制器的设计，不仅应该使其各自的性能最优，而且应该使它们彼此之间的配合最优。显示器与控制器的配合得当，可减少信息加工与操作的复杂性，因此可减少人为差错，避免事故的发生。显然，这对紧急情况下的操作就更为重要。

1. 控制—显示比

所谓控制—显示比（简称 C/D 比）是指控制器的位移量与对应的显示器可动元件的位移量之比。位移量可用直线距离（例如杠杆、直线式刻度盘等）或角度、旋转次数（如旋钮、手轮、图形或半圆形刻度盘等）来测量。控制—显示比表示了系统的灵敏度，即 C/D 值越高表明系统的灵敏度越低，反之则相反。在使用与显示器运动相联系的控制器时，人的操作效果也会明显地受到 C/D 比值的影响。在这类操作中，人首先进行粗略调整运动（即大幅度地移动控制器），此时所需的时间称为粗调时间。在粗略调节之后要进行精细地调节以便找到正确的位置，此时所需的时间称为微调时间。通常，若 C/D 比较小时，则粗调时间短，微调时间长；而 C/D 比较大时，则粗调时间长，微调时间短，如图 7-8 所示。当粗调时间与微调时间之和最小时，则系统的控制—显示比为最佳[96,241]。一般系统的最佳控制—显示比可以根据系统的设计要求及其性质通过试验来确定。对于旋钮的最佳 C/D 比的范围是 0.2 ~ 0.8，对于有操纵杆或手柄时则以 2.5 ~ 4.0 较为理想。

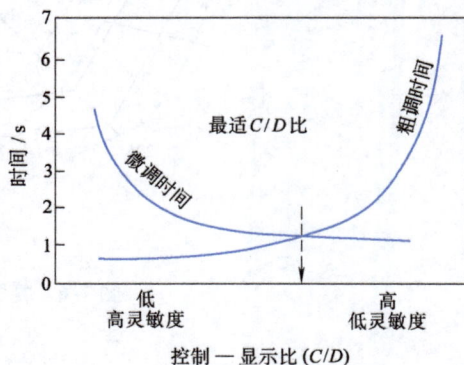

图 7-8　调节时间与 C/D 比的关系

2. 控制器与显示器的配合设计原则

控制器与显示器的配合一致，主要包括两个方面：一方面是控制器与显示器在空间位置关系上的配合一致，即控制器与其相对应的显示器在空间位置上有明显的联系；另一方面是控制器与显示器在运动方向上的一致，即控制器的运动能使与其对应的显示器（或系统）产生符合人的习惯模式的运动，例如操作者顺时针方向旋转旋钮，显示仪表上应该指示出增量；再如汽车转向盘向右转动，则汽车向右拐等。对于这两方面的详细讨论，可参考相关文献（如参考文献 [113]、[116] ~ [122]）。

习　题

1. 用自己的语言描述一下人机界面的概念，并请举例说明。
2. 信息显示装置主要有哪几种类型？结合实例加以说明。
3. 显示器显示方式的选择原则是什么？请结合实例说明这些原则。
4. 显示装置设计的基本原则是什么？能否结合实例说明。
5. 常用控制器如何进行分类？能否举例说明各类控制器的适用范围？
6. 控制器设计的基本原则是什么？能否结合实例加以说明？
7. 在什么情况下选用脚动控制器？为什么？
8. 什么叫控制—显示比（即 C/D 比）？什么叫控制—显示比的最佳值？你知道旋钮的最佳 C/D 比范围是多少？操纵杆的最佳 C/D 比的范围是多少呢？
9. 显示器与控制器的配合设计应遵循哪些最基本的原则？请举实例说明。

第8章

环境特性的研究及作业空间的设计与改进

作业空间乃是人在操作机器时所需要的操作活动空间以及机器、设备、工具、被加工对象所占有的空间总和。所谓作业空间设计是指根据人的操作活动要求，对机器、设备、工具、被加工对象等进行合理的布局与安排，以达到操作安全可靠、舒适方便，达到提高工作效率的目的。

本章将对环境的基本特性、作业空间的设计与改进等问题进行研究与讨论。

8.1　环境的分类以及环境的基本特性

8.1.1　环境的分类

在人—机—环境系统中，对于不同的作业任务，人和机是在各种不同的环境下工作的。通常，环境可分为物理环境、化学环境、生物环境和心理环境等几大类。另外，在人—机—环境系统中，环境还可以按照来源，分成自然环境与人工环境；按照环境对人—机的影响程度，可分为通常环境与异常环境；按环境与外部的联系可分为密闭环境与开放环境；按照环境随时间的变化，分为稳态环境、非稳态环境与瞬变环境；按照环境的空间特性，可以分为野外环境、室外环境、舱室环境、高空环境、深水环境以及宇宙环境等；按照环境的组成因素，可分为单因素环境与复合因素环境等。

8.1.2　环境的一般特性

环境，作为人—机—环境系统中的一个子系统，它具有空间属性、物质属性和运动属性。

（1）环境空间属性是指环境可以容纳人与机的存在，并为人与机的活动提供场所。例如，驾驶员和车辆奔驰在陆地上，地面为环境条件；航天员与飞船飞行在太空，宇宙空间为环境条件；水兵与舰艇游弋在海洋，海面或水下空间为环境条件。因此，在人—机—环境系统中，需要全面考虑整个系统的空间布局，人和机的工作区域以及特殊空间和场所对人和机的影响。

（2）环境的物质属性是指各自不同环境所对应的物理、化学、生物学特性，与它们所服从的物理、化学和生物学的基本规律以及对环境中的人与机产生的物理、化学和生物学的作用。例如，在密闭舱的环境中，气压、温度和气流速度是环境的物理属性；氧、二氧化碳和微量的有害气体将涉及到环境的化学属性；微生物是环境的生物学属性；它们经常是同时存在并且相互影响。因此，在人—机—环境系统中，需要全面考虑环境的物理、化学和生物学属性对人与机所产生的影响，以及它们相互之间产生的作用。

（3）环境的运动属性，体现在环境条件不是静止不变的，而是随着时间的推移发生变化的。例如，坦克车行驶时，舱室内的环境温度随着发动机的排热以及人体散热量的增加，将发生逐渐升高的变化。因此，在考虑系统的性能与功能时，环境特性的变化也应当注意。

总之，环境是容纳人和机存在的场所，也是保障人与机工作的必要条件。环境中的各种因素，无论是物理的、化学的还是生物的，都会对人与机产生作用、施加影响；反过来，人与机的活动也会对环境产生影响。因此，环境与人、机之间的相互作用是密不可分的。

8.1.3　大气环境的基本特性

自地表向上，大气层可以划分为对流层、平流层、电离层和外大气层这四个区域。与人类和动植物生存最为密切的乃是最贴近地表的高度为 0～18km 的对流层；人类乘坐有密封舱的飞机和探空气球可以到达平流层的下部，而整个平流层的高度是对流层向上直至 60～80km 的高空，因此，人类只有乘坐载人航天器才能进入更高的空间[416,417]。

物理学中定义标准大气压为纬度 45°处海平面高度时空气的压强。一个标准大气压为 101.3kPa（即 760mmHg），用工程单位表示便为 $1.033kg/cm^2$。在人和机的许多工作场合下，作业环境是非密闭的舱室，这时舱室内外大气压力基本上相等。但是，在一些特殊任务和工作中，特别是在航空、潜水和航天等存在特殊外界压力的环境中，载人舱室是封闭的，这时人和机处于一种人工的劳动环境中。以载人航天器为例，为确保航天员的生命安全，航天器的乘员舱必须是密闭的，这时舱室内的气压需由载人航天系统的具体特点确定，表 8-1 给出了美国与前苏联航天器舱内压力的数据。显然，美国在航天器研制中采用了 1/3 大气压力制度。

表 8-1　美国与前苏联航天器采用的压力制度

航　天　器	舱内压/kPa（/atm）	舱内气体环境
水星	34.5（1/3）	纯氧
双子星座	34.5（1/3）	纯氧
阿波罗	34.5（1/3）	纯氧
天空实验室	34.5（1/3）	高浓氧
航天飞机	101.3（1）	氧-氮混合气
原苏联研制的各型号	101.3（1）	氧-氮混合气

气温乃是大气的温度，它反映了大气环境冷热的程度，通常采用温度计度量它。1957年 Yaglou 和 Missnard 提出了一种可以评价暑热环境的综合指标，即三球温度（Wet Bulb Globe Temperature，简称 WBGT）。它是由干球温度 T_{db}（Dry Bulb Temperature，简称 DBT）、自然通风状况下的湿球温度 T_{wb}（Wet Bulb Temperature，简称 WBT）以及黑球温度 T_{bg}（Black Globe Temperature，简称 BGT）所组成的。在受太阳辐射的环境下，湿球温度计应完全暴露在太阳的辐射下，而干球温度计应防止太阳辐射，这时三球温度的表达式为

$$WBGT = 0.7T_{wb} + 0.2T_{bg} + 0.1T_{db} \qquad (8-1)$$

在室内或室外遮阳的环境下，这时干球温度项可以取消，而黑球温度的加权系数变成0.3，于是上式变为

$$WBGT = 0.7T_{wb} + 0.3T_{bg} \qquad (8-2)$$

大气湿度，又称气湿，是人与机所处大气环境中的含湿量，通常用水蒸气的含量表示它。而湿度的相对值是表示空气中的水蒸气分压占空气在该湿度下饱和蒸气压的比值，简称为空气的相对湿度（记作 RH）。显然，RH 值越高，则空气中的含湿量越大。

大气的物理属性是由大气的物质组成决定的，它是由多种气体和水汽组成的。干燥空气其组分的体积分数依次为：氮（N_2）78.09%、氧（O_2）20.95%、氩（Ar）0.93%、二氧化碳（CO_2）0.03%、氖（Ne）0.00123%、氦（He）0.0004%、氢（H_2）0.00005等；氧气是人体生命活动所必需的物质，氧气由呼吸进入肺泡中的毛细血管后便溶解于血液之中。氧和血液红细胞中的血红蛋白相结合，通过动脉输送到全身各组织。在末端毛细血管处、氧在血红蛋白中分解、溶解、渗透并进入组织细胞，参与细胞的呼吸活动、产生热量。通常，消耗 1L 的氧气所产生的热量，对于蛋白质是 18.8kJ，脂肪是 19.62kJ，糖类是 21.13kJ；另外，二氧化碳是人体氧化过程的产物，它进入末端毛细血管后溶解，以化学结合的方式由静脉系统传递至肺泡，最终呼出体外。

8.1.4　力学环境的基本特性

力学环境，包括的面很广，这里简要介绍一下超重环境、失重环境以及振动环境等。所谓超重环境是指在这个环境中，有 $G > 1$，这里 G 定义为[417]

$$G \equiv \frac{|mg - ma|}{|mg|} = \frac{|g - a|}{|g|} \qquad (8-3)$$

式中，g 为重力加速度矢；a 为物体运动的加速度矢；当 $G > 1$ 时为超重状态，工程上称之为过载；当 $G < 1$ 时为减重状态；当 $G = 0$ 时为失重状态；据文献报道，现代高性能的歼击飞机在进行机动飞行时，最高 G 值可达 8 ~ 9，甚至可达 12。对于飞行员来讲，当 G 值较低时持续的时间较长，可达数十秒钟；但当 G 值较高时，由于飞机本身的保护作用和人的反应，故不能维持较长的时间，一般只有几秒钟。在载人航天中，为了使飞行器进入不同的轨道飞行，必须使它具有相应的轨道速度。而为了达到这个速度，就必须在一定的时间内加速，即需要一定的 $G \times S$ 数，表 8-2 给出了进入不同轨道时所需的加速度与时间条件。例如，当飞船绕地球轨道飞行时，需要具有 7.9km/s 的速度，即第一宇宙速度，为此这时的 $G \times S$ 值应为 80。

表8-2　进入不同轨道所需的加速度与时间条件

轨　　道	速度/(km·s^{-1})	$G \times S$ 值
绕地	7.9	806
脱离地球	11.2	1143
脱离太阳系	16.7	1704

显然，为实现这一要求，便需要采用二级或者三级运载火箭加速。另外，失重是 $G = 0$ 时的重力状态，例如，当载人航天器沿地球轨道飞行时，它的惯性离心力与重力基本相等，因此

这时航天员和航天器基本处于失重状态。

在人—机—环境系统中，振动乃是十分普遍的力学环境因素。振动环境可以是自然条件形成的，如地震、火山爆发等偶发性的灾难性振动，但更多的是人工条件下引起的振动，如马达、发动机、车床、车辆等机械所产生的机械振动。振动，可以分为确定性振动和随机振动两大类。从物理本质上讲，振动是在往复力的作用下所发生的往复性运动，其物理参数主要是频率、振幅和速度。频率是每秒钟振动的次数，单位为赫兹（Hz）。对于周期性振动，周期是频率的倒数。对于多个自由度振动系统，它具有多频率成分，其中最低的固有频率称为基本频率。通常，一个振动环境的频率有一个分布范围，这个范围称为频带宽度。振动环境的频带宽度，通常用倍频程表示。如果 f_1 与 f_2 分别表示下限频率和上线频率，用 f_0 表示中心频率，于是有

$$f_0 = \sqrt{f_1 f_2} \tag{8-4}$$

因此，倍频程 n 便可以定义为

$$n = \log_2(f_2/f_1) \tag{8-5}$$

显然，当 $n=1$ 时，为倍频程；当 $n=1/3$ 时，为 $1/3$ 倍频程。人体是一个复杂的振动系统，其动力学效应主要是由频率响应和幅度响应构成。人体频率响应特性可分成低频反应部分和高频反应部分，其分界点大致为 50Hz。低频反应时，人体可视为由质量、弹性元件、阻尼元件及其连接器构成的多自由度振动系统。低频反应的主要表现是身体共振，它能引起人体的不舒适、使工作效率降低并且危害身体的健康。许多生物学效应具有明显的频率响应，并且与共振特性密切相关。表 8-3 给出了人身体各部位的共振频率范围。

表 8-3　身体各部位的共振频率范围

身 体 部 位	共振频率/Hz	身 体 部 位	共振频率/Hz
全身（放松站立）	4～5	腹部实质器官	4～8
全身（坐姿）	5～6	手—臂	10～40
全身（横向）	2	胸腹内脏（半仰卧位）	7～8
头部	20～30	头部（仰卧位）	50～70
眼睛	20～25	胸部（仰卧位）	6～12
脊柱	8～12	腹部（仰卧位）	4～8

图 8-1a 与图 8-1b 给出了人体对振动的敏感范围，图 8-2 给出了人体短时间振动的耐限。图 8-3 给出了振动对人体的影响因素。正如试验所证实的，全身振动的生理效应是随着振动频率、强度和作用方向的不同而异，全身效应的急性病理作用主要是引起疼痛、病理损伤甚至致命。尤其需要指出的是，重要器官共振时，反应极为强烈。当人体承受 4～8Hz 的短时间作用时，由于胸腹脏器官的共振，引起了强烈的不适与疼痛；当加速度大于 20m/s² 时便引起了病理损伤，因此对此要格外注意。另外，在航天活动中，0.1～1Hz 频段的振动，会使人处于极端烦恼、不适和痛苦之中，是产生运动病的重要原因之一。该病的主要症状是，脸色苍白、恶心、呕吐、头昏、眼花和暂时丧失劳动能力。另外，试验还进一步证实：在 0.1～0.3Hz 时，振动强度达 1m/s² 的情况下，便可引起 10% 的呕吐发生率，因此这个范围被称为最敏感的频率区。

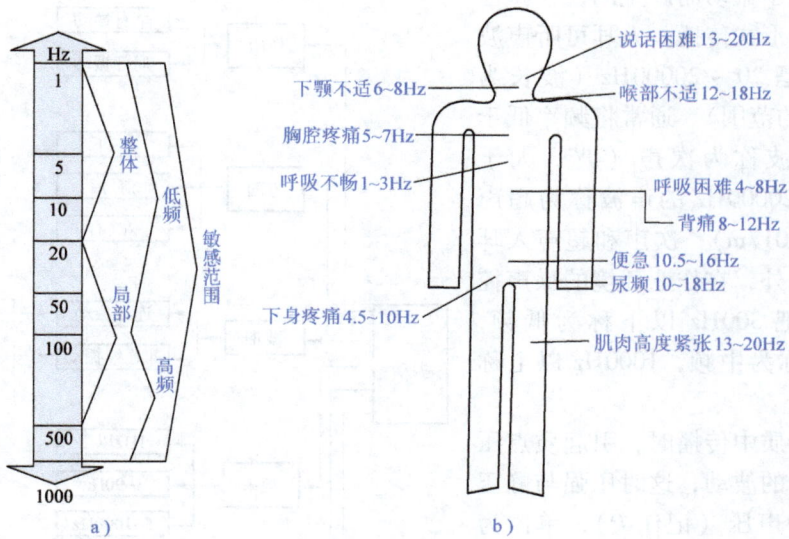

图 8-1　人体对振动的感觉

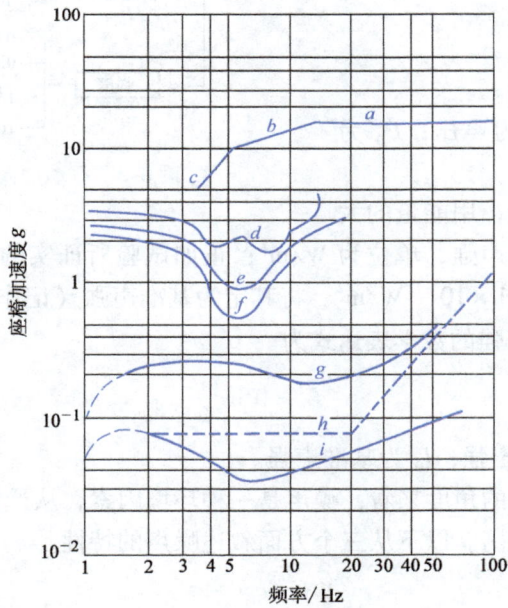

图 8-2　人体短时间振动的耐限

a—无损伤的志愿耐力　b—小损伤（取决于时间）　c—小损伤

d—短时间耐力　e—1min 耐力　f—3min 耐力　g—志愿耐力

h—军用飞机的振动耐力（长时间暴露）　i—不舒服

8.1.5　声学环境的基本特性

声环境是人和机所处的主要物理环境之一。声环境从其物理本质上说是机械振动环境的一种。声是由于振动而产生的，在弹性介质中以波的形式传播。人耳可听声波的频率范围是 20 ~ 20000Hz（波长为 17 ~ 0.017m 的范围）。通常将频率低于 20Hz 时的声波称为次声（波长大于 17m）；高于 20000Hz 的声波称为超声（波长短于 0.017m）；次声和超声人耳均不可闻。此外，在作业环境的噪声控制中，常常把 300Hz 以下称为低频，30 ~ 1000Hz 称为中频，1000Hz 以上称为高频。

声波在介质中传播时，引起质点压力偏离静压力的波动，这时压强与静压强之差便称为声压（记作 P），单位为帕斯卡（Pa）。声学中规定基准声压为 20μPa（即 2×10^{-5}Pa），于是声压级的数学表达式为

$$L_P = 20 \lg \frac{P}{P_0} \qquad (8\text{-}6)$$

式中，L_P 为声压级；P 为声压；P_0 为基准声压。

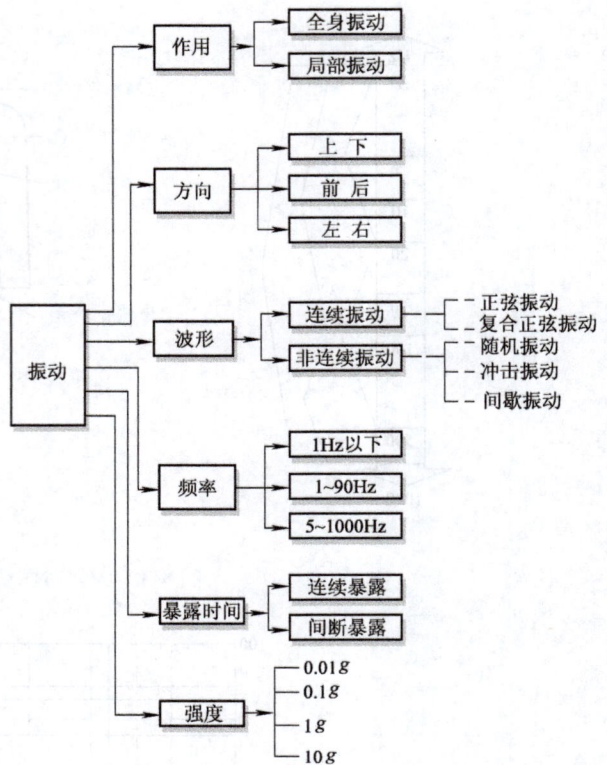

图8-3 振动对人体的影响因素

声波具有一定的能量，用能量的大小来表示声波的强弱称为声强，单位为 W/m^2；正如试验所证实的，对于 1000Hz 附近的声波，人耳可听到的声强为 $1 \times 10^{-12} W/m^2$，将其定为基准声强（记作 I_0）；与此对应的人的痛阈声强为 $10^2 W/m^2$，则声强的数学表达式为

$$L_I = 10 \lg \frac{I}{I_0} \qquad (8\text{-}7)$$

式中，L_I 为声强级；I 为声强；I_0 为基准声强。

从人—机—环境系统的角度来看，噪声是一种环境因素，从严格的物理含义上讲，噪声是一种紊乱、随机的声振荡。以下从三个方面叙述噪声的特性。

1. 噪声的时间特性

按照噪声的时间特性，噪声可分为稳定噪声与非稳定噪声。稳定噪声的声压级及其频谱特性是在一定时间内不随时间变化，例如在持续正常工况下，稳定运转的机器发出的噪声是稳定噪声。非稳定噪声的声压级及其频谱特性是随时间而变化的，例如爆炸、枪炮射击等产生的噪声。

2. 噪声的强度特性

按照强度特性，噪声可分为低强度噪声、中等强度噪声和高强度噪声。需要指出，这里强度的等级划分是相对的，应视具体情况而定。

3. 噪声的频率特性

按照频率特性，噪声可分为低频噪声、中频噪声、高频噪声、窄带噪声和宽带噪声。例

如，飞机发动机和火箭发动机产生的噪声就是强度很高但频率很低的宽带噪声，汽笛或高速运转机械所产生的噪声一般是高频噪声和窄带噪声。

在各类噪声中，时间特性、强度特性和频率特性三者之间不是截然无关的，而是相互牵连、相互关联的。

8.2 作业空间设计的基本要求

作业空间并非只限于在一定的作业姿势下的作业域以及作业者周围有限场地所组成的物理空间，还应该去满足作业者的心理和行动等方面的要求，以保证作业者具有高效率的工作氛围。

8.2.1 行动空间

行动空间是人在作业过程中，为保证信息交流通畅、方便而需要的运动空间。为此，作业空间设计时应满足以下要求。

1. 满足人体测量学方面的要求

作业空间设计，首先要满足人体测量学方面的要求，这是保证作业空间适合于操作者的最基本的原则。例如，设计人行通道与走廊，其宽度至少应等于人的肩宽，如果考虑人的着装类型和尺寸，则过道的高度至少为1950mm，宽度至少为630mm。对于多人通行的过道，每增加一人，应增加500mm的宽度。对于机器之间的过道，在宽度上还应该适当增加，因为机器有些凸出的部件（如控制手柄），若走动时人无意碰撞便可能造成意外事故。

2. 操作时要便于联系

操作者在联系方面的要求，指的是操作者与机器之间的联系以及操作者之间相互的联系两个方面。操作者与机器之间，应使操作者能通过其视觉、听觉、触觉与之发生联系。操作者相互之间的联系，应使其能听到其他操作者的声音并能相互交谈。

3. 机器布置要合理

机器的安装应遵循便于人迅速而准确地使用机器为原则。机器或作业区域应按其功能进行分组安装布局。

4. 信息交流应当通畅

应使操作者在操作的过程中能看到自己所操纵的机器以及与自己联系的其他操作者。操作者与机器之间信息联系的通道主要是视觉，而操作者相互之间的联系通道主要是听觉，因此对作业环境的噪声水平应尽量降低，以保证信息交流的通畅。

8.2.2 心理空间

对于人心理空间设计的要求，可以从人身空间和领域两个方面来考虑。试验已经表明，对人的人身空间和领域的侵扰，可使人产生不安感、不舒适感和紧张感，因此作业者便难以保持良好的心理状态，进而影响了工作的效率。

1. 人身空间

人身空间是指环绕一个人的随人移动的具有不可见边界线的封闭区域。如果其他人无故闯入该区域时则会引起人行动上的反应。人身空间的大小可以用人与人交往时保持的物理距离来衡量。通常分四种距离，即亲密距离、个人距离、社会距离和公共距离。不同类型的距离，允许进入的人的类别也不同（见表8-4）。人身空间以身体为中心，在不同的方向要求的距离也有所不同。霍洛维兹（M. J. Horowitz）通过试验发现，人站立时接近物体的距离总小于其站立时接近他人的距离；不同性别的人，身体前、后、侧部的接近距离不同，构成了人体周围的八角形"缓冲带"，见表8-5。

表8-4　人身空间的分区及其说明　　　　　　　　　　（单位：cm）

区域名称和状态		距离	说　明
亲密距离	指与他人身体密切接近的距离	接近状态 0~15	指亲密者之间的爱抚、安慰、保护、接触等交流的距离
		正常状态 15~45	指头、脚部互不相碰，但手能相握或抚触对方的距离
个人距离	指与朋友、同事之间交往时所保持的距离	接近状态 45~75	指允许熟人进入而不发生为难、躲避的距离
		正常状态 75~120	指两人相对而立，指尖刚刚相接触的距离，即正常社交区
社会距离	参加社会活动时所保持的距离	接近状态 120~210	一起工作时的距离，上级向下级或秘书说话时保持的距离
		正常状态 210~360	业务接触的通行距离，正式会谈、礼仪等多按此距离进行
公共距离	指在演说、演出等公共场合所保持的距离	接近状态 360~750	指须提高声音说话，能看清对方的活动的距离
		正常状态 750以上	指已分不清表情、声音的细微部分，要用夸张的手势、大声疾呼才能交流的距离

表8-5　人身到接近对象的距离　　　　　　　　　（单位：cm）

被试者	目标名称	前方	后方	侧　面		前　方		后　方	
				右	左	右	左	右	左
正常人	物体	4.06	7.62	9.40	9.38	3.56	4.32	6.86	5.59
	男性	15.75	9.14	18.80	18.54	14.99	13.46	12.70	11.94
	女性	12.19	17.27	19.56	16.26	13.46	12.45	11.43	10.92

2. 领域性

与人身空间相类似，领域性也是一种涉及人对空间要求的行为规则[103]。例如，用活动式屏板将工作场所隔开，用扶手或者用椅边小桌将座位隔开等都体现了人对领域性的要求。

8.2.3　活动空间

人从事各种作业活动都需要有足够的操作活动空间。作业时，常采用的作业姿势有立姿、坐姿、坐—立姿、单腿跪姿以及仰卧姿等。这些作业姿势所占据的具体空间数据，读者可参阅相关的资料（如参考文献［66］~［75］）。

8.3　作业空间分析

作业空间，按其安全程度可以分为安全空间、潜在危险空间和危险空间。在设计上，作业空间都应该是安全空间，但如果设计错误或使用不当，则安全空间也就变成了危险空间。潜在危险空间是指作业空间内存在着潜在的危险，如起重机周围、高压架线塔下、矿险井下等工作场所。危险区是指不许人进入的极危险区域，如大型机台旋转部分附近的区域，高压变压器附近，本来不属于作业空间但在特殊情况下又常需要有人进入去做修理清扫等工作的区域。因此，对这些危险区的防护更需格外注意。

8.3.1　安全作业空间的分析与设计

1. 安全作业空间的设计要求

安全作业空间应该是作业的物理空间再加上作业人员心理要求的富裕空间。大量的事实表明，富裕空间是十分必要的。例如某厂高压配电室，因厂区内灰尘大，需要定期用压缩空气吹扫高压控制框内的积尘。当工人从柜的后门开柜门时，因为柜与墙壁间的富裕空间太小，胶皮风管弯曲部分触及高压电元件造成了触电身亡事故。尽管平时控制框后部无人工作，并无空间狭小的感觉，但上述事故已显示这里留出的富裕空间太小。因此上述空间可称作隐性危险作业空间。而炼钢厂高炉出铁口平台附近，下面有出铁沟、出渣沟，上面有天车等设备，场地狭小，它是显性危险作业空间。通常，隐性危险区域在设计上常被忽略，应需格外注意。

对于作业空间周围有危险源（如高压电）及危险区（如大型的转动设备等）时，应加护网、护栏等设施加以隔绝，以防接触危险源或跌入危险区。例如某钢铁厂炼钢车间，厂房宽敞并无拥挤的感觉。但由于工作习惯不好，铸钢件乱堆乱放，地面上料斗杂物得不到及时清理，以致车间内人行通道变得十分狭窄。某作业者在夜间照明不良的条件下，行路跌倒在铸钢件上，造成严重烧烫伤。由此可见，对于固定的危险源容易设置防护装置，而对于由于工作制度和习惯不良而造成的移动性、暂时性的危险源，则只有从管理工作的角度上加以改进。

对于作业空间附近如可能有物体飞出或可能发生溅射液体时，应该设置栏板、拦网加以防护。例如某木材加工厂在使用电锯时，把带有木节的料送上电锯，致使高速旋转的电锯击飞，打在操作工人的头上造成伤亡事故。因此在操作者前方安装一块大孔目的铁网，既不妨碍观察加工情况，又可避免人员受到伤害。

还应指出的是，作业空间的上方不得有坠物的危险性作业和设施；另外，对于桥式起重机所通过的位置也不能设计成经常作业的场所。事故统计表明，因落物而造成的伤亡事故在数量上占据了事故的第 2～4 位。从事故分析看，首先是上、下层立体交叉作业其危险性大，其次是事故往往发生在非经常作业的游动场所。有的建筑工地，习惯从上方朝下抛掷用具、材料，这是很危险的。另外，有桥式起重机工作的车间，往往由于上下联系不好、瞭望不周、视线不清，造成作业人员被吊物撞击致伤的事故。

对于作业空间的照明，应该符合卫生标准和作业的要求。照明不良是许多事故的诱因。因此，作业空间应该有良好的色彩环境，它既有益于使人愉悦舒畅，也有益于工作效率的提高和提高工作质量。

2. 作业空间案例分析

作业空间如果设计错误也会成为危险空间。例如某工厂的一间浴室布置如图 8-4 所示。某天夜班，浴室值班工人在浴室中放满水后打开蒸汽管 A 加热池内的水。因加热需要的时间较长，他便回休息室睡觉。当其醒来，发现浴室内充满水蒸气，视线不清。他脚穿胶靴，急步登上浴池水磨石边沿通道 C 走向 A 点去关闭蒸汽阀门。因通道狭窄、水滑，又加上初醒时睡意朦胧，失足跌入池中。当夜班工人来洗澡时，发现浴池值班工人已被煮死。以后，夜班时又陆续发生两次类似事故，一人终身致残，一人重伤。重复事故的发生，说明了浴池内的作业场潜伏着事故因子，事故的发生带有必然性。按照安全人机工程学进行分析，可

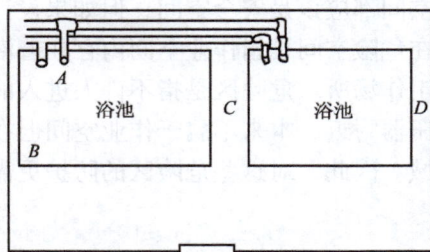

图8-4　浴池内布置图

以发现，真正的原因是浴池设计的不合理。开关设在浴池里边，当开启或关闭蒸汽及冷水阀门时，必须走过被水润滑的水磨石浴池间的通道 C。当池水过热时，一旦落水，非死即伤。

　　对于上述案例解决的方法是，把水阀门与蒸汽阀移到 B 点的位置，这样工人站在池外便可操作。如果安装温度控制仪按水温控制蒸汽阀门，则会更为合理。一个阀门的位置设计不当竟造成一死、两伤的重复性重大事故，这一沉痛的教训是发人深省的。

8.3.2　潜在危险作业空间的分析与设计(以井下作业为例)

　　井下作业处于岩石和矿石包围的封闭空间内，具有下列特点并提出相应的要求：

　　(1) 注意改善井下照明条件。深入地下的封闭空间必须采用人工照明。合理和充分的照明，有利于振奋作业者的情绪，提高作业效率和质量，及时发现顶板险情和其他问题，也可以防止人身伤害事故的发生。许多事故就是在照明不良或缺乏照明的情况下发生的。

　　(2) 保证良好的通风条件。矿井深入地下几百米甚至几千米（例如南非金矿井深超过5000m），通过有限的井口或洞口与地表相连。许多矿井又有瓦斯（沼气）、炮烟（CO、NO、SO_2 和 CO_2)、粉尘和其他有毒有害气体以及微粒产生，必须不断地向井下供给新鲜空气以稀释和排出有害气体及粉尘，并保证井下作业人员有足量的新鲜空气呼吸。另外，对于高温或低温的矿井，还需要进行调温、去湿，创造良好的井下气候条件。

　　(3) 防止顶板事故发生。煤矿顶板事故砸伤作业人员，危害很大。人机系统分析认为，只有切断事故致因的能量流，才可以防止此类事故的发生。也就是说，在设计上尽量采用机械化方法采矿，减少笨重的人力采矿，便可以有效地防止顶板事故。因此大力推广机械化采掘是大力发展的方向之一。

8.3.3　设备危区的防护

　　当人体触及正在运转的设备（包括带电设备、高温设备及高温材料等）必然会造成伤害。安全防护的最好办法是把作业者的作业空间用挡板、围栏、隔网与危险区分隔开；对于不能遮拦的危险源，则应留出安全距离。

　　对轧钢机、带式运输机等运转的设备进行维修和清扫时，必须停止运转和断电，否则容易造成事故。例如某轧钢厂轧机曾发生故障，一名工人在轧机运转的情况下钻到轧机下面维修，出来时因地面过滑，站立不稳倒在轧钢机上，被轧身亡。因此进入危区工作，必须关闭电源，停止设备运转。

8.4　安全作业研究与标准化作业

8.4.1　作业的安全人机学分析

作业安全人机学分析，可分为预防性的和回顾性的两种。回顾性分析是根据已经发生的事故案例，进行综合分析。它要求有大的样本，这样才可能从中找到事故发生的规律性。过去人们常把事故原因归结为设备不完美、个人不小心、违反操作规程等，显然这些总结是肤浅的。正确的做法是，对设备和人员都应该从广义的人机学观点出发，找出人生理与心理不适应的问题，深入探讨人的内心世界在作业中的反映以及"机"本身存在的问题（即本质安全与环境因素等），只有这样才可能找出规律，从中获得预防同类事故发生的方法。过去的事故记录，往往不够详细，涉及环境因素、管理因素和社会心理因素方面的材料较少，这给事故的理论分析造成困难，因此注意健全事故发生的详细记录是非常重要的。

8.4.1.1　回顾性分析

1. 回顾性分析的步骤

所谓回顾性分析是针对已出现的事故进行分析，其主要步骤为：

（1）收集尽可能多的事故资料。

（2）将资料按事故的性质进行分类。

（3）按事故发生的工种、时间、受伤部位、人员特点分类。

（4）统计出不同工种、时间、人员的事故频率。

（5）分析事故发生的人或机方面的原因，找出问题的症结。

（6）根据人或机的问题进行专题分析、提出解决的办法。

2. 回顾性分析实例

现以鞍山钢铁公司内部铁路运输方面的安全问题为例说明上述方法。

1949～1984 年，该公司内部铁路运输事故引发的死亡事故竟占全公司死亡事故总数的1/4，这表明了事故的高度集中性。对 36 年来的事故资料做系统分析，发现事故集中发生于连接员和调车员，这表现了事故在工种上的集中性。连接员和调车员的事故率占全部事故的83.5%（见表 8-6），这说明他们的操作方式存在极大的危险性。另外，在事故的类别上也表现了集中性（见表 8-7），在列车运行时，操作人员跳上跳下的作业很容易造成跌落车下和信号障碍，仅这两方面所造成的事故就占总事故的 76.2%。从上面分析可以看出，事故主要是跟随开动的列车进行作业时发生的。这时作业人员一只手持信号旗或信号灯，另一只手抓住车旁扶手跳上跳下，并在需要时向驾驶员显示信号。

表 8-6　厂内铁路运输事故统计

工种	连接员	调车员	扳道员	区调度员	养路工	装卸工	电机车驾驶员	值班员	制动员	见习工	合计
人数	57	24	7	3	1	1	1	1	1	1	97
比例（%）	58.8	24.7	7.2	3.1	1	1	1	1	1	1	100

表8-7 事故类型统计

事故原因	跌落车下	信号障碍	撞车	误操作	机构缺陷	交通事故	其他	合计
次数	50	24	9	2	4	2	6	97
比例（%）	51.5	24.7	9.2	2.1	4.1	2.1	12	100

选取随车作业中的跳车作业进行进行较详细的分析，摸清安全完成一次在列车行驶中跳上跳下作业所应具备的条件，即：①作业人员在跳上列车的一瞬间，其奔跑速度要接近或大于列车行驶速度；②跳上列车的前一瞬间必须有足够的反应时间来判断行驶中列车"把手"位置；③有足够的反应时间使作业人员准确、牢固地把握住"把手"；④抓住"把手"后，手臂必须有足够的拉力，在跳跃动作的配合下把身体拉上行驶的列车；⑤跳上列车时必须一只脚准确、稳定地踏上车梯；⑥必须保持身体在行驶列车上的稳定与平衡；⑦向下跳车时，地面必须平坦、防滑，不妨碍作业人员实现身体的主动减速。

下面对上述作业动作进行理论分析。

（1）连接员或调车员跳上行驶列车之前的3个程序动作要有足够的反应时间去完成。Brown的试验研究表明：人在接受信号后，首先要对信号刺激做出反应，然后才开始动作。表8-8给出了列出速度与人反应时间的初步估计值，从表中可以看出，当列车行驶速度达30km/h时，在1m距离内给予人的反应动作时间只有120ms（这就是说作业者必须具有12s内跑完百米的速度完成作业，显然这不是一般人能做到的事）；当列车速度为10km/h时，给予作业者的反应时间也只有360ms；当人随车奔跑时，人与车之间的相对速度小于列车的绝对速度，因此上述过程便相当于延长了给予人的反应时间，这就是人可以跳上较快速度行驶列车的原因。

表8-8 列车速度与人的反应时间

列车速度/(km/h)	30	27.7	25.7	23.7	18	10
列车速度/(m/s)	8.33	7.70	7.15	6.68	5.00	2.77
作业者跑完100m的时间/s	12	13	14	15	20	36
作业者跑完1.0m的时间/ms	120	130	140	150	200	360

（2）抓住"把手"后，手臂必须有足够的拉力，并且要腿和脚配合跳跃上去。据统计，男性成人手臂肌肉产生的力，右手平均值为382.2N，左手为362.2N；因作业者跳上跳下经常是单手抓车，所以对于一个普通体重（如60kg）的人来讲，单靠臂力是不够的。

（3）跳上车梯后，能否保持身体的平衡也至关重要。计算表明：对于站在运行列车上的人，单手臂所能施加的力，左臂弯曲时是274.4N，伸直时只有205N；右臂弯曲时是284N，伸直时只有225N，这对通常情况下保持身体平衡是足够的。但如果列车突然制动或者加速，并且其速度变化过大时，站在车上的人员便十分危险。据估算，如果加速度超过3.76m/s^2时，单靠臂力就不能保证手能够拉住把手了，因此坠车事故便要发生。

鞍山钢铁公司的事故数据表明，仅单纯由于列车加速所引起的坠车事故就占坠车总事故的20%；由于撞车，速度变化过大而引起的坠车事故占14%。通过上述三个方面的分析可以看出，连接员或调车员在跳车过程中的每一个动作都潜伏着危险，这不是单纯靠作业培训所能解决的。对于上述案例的处理，如果按照海因里希的分析方法就只有取消跳车作业。因此从安全人机工程学的角度考虑，上述作业必须废止。后来，鞍山钢铁公司及时地废除了跳车作业，这就从根本上杜绝了同类死亡事故的发生，达到了安全的目的。

8.4.1.2　预防性分析

预防性分析多用于新设计的作业系统，用于分析所发生的设备和人身事故。分析的方法有多种，其中事故树分析（Fault Tree Analysis，简称 FTA）是较方便的方法之一，它是 1962 年由 A. B. Mearns 提出的。图 8-5 给出了高处坠落问题的事故树分析图。分析表明，高处坠落的原因之一是安全带未起作用、安全带损坏或未用安全带；另一个原因是人的因素，由于失足、踏空、身体失去平衡或者高处滑倒坠落。通过分析，找到了造成事故的各种因素，因此就不难有针对性地采取防范措施与改进方法了。显然，对上述问题坚持使用安全带是最基本的要求；另外，对于作业的高处场地，也希望有足够的安全空间和平坦整洁的场地。所有这些，对于安全防范都是十分有益的。

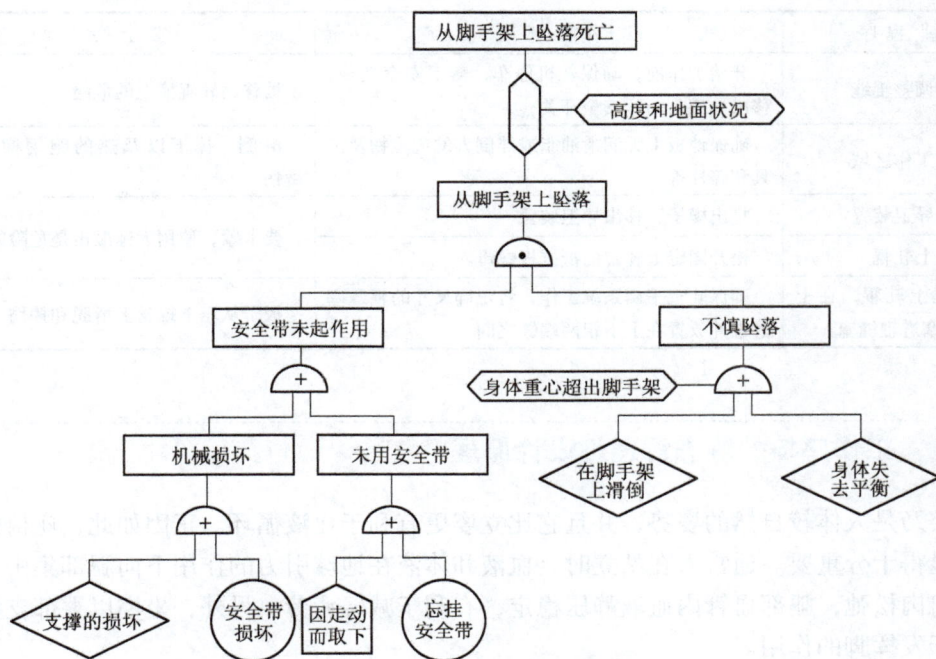

图 8-5　高处坠落的事故树分析

8.4.2　标准化作业

所谓标准化作业是指为完成一定的作业目标而由企业制定的作业标准。显然，它应是高效、省力、安全的作业方法。标准化作业是针对作业人员的不正确、不统一、不科学的作业行为而提出的，目的是通过规范人在作业中的行为使之标准化、合理化、安全化，从而控制人的不安全行为，防止事故的发生。标准化作业在安全上是对安全规章制度的重要补充。因为安全规章制度只解决了允许做什么，不允许做什么，标准化作业则规定怎么做才能安全。下面仅从三个方面对标准化作业方法进行介绍。

（1）分解作业过程，明确生产作业中最基本的作业单元及其相应内容。例如炼钢作业有检查炉体、补炉、加料、兑铁水、吹炼、脱氧、出钢等作业，其中每项称为作业单元。标准化作业就是针对每个作业单元落实具体的实施步骤。

(2) 按作业单元制定作业标准。作业标准必须符合工艺、设备的技术特性，符合国家的有关规定，要体现出标准化操作方法的科学性、先进性和可操作性，要满足作业安全、准确、省力、高效的要求。

(3) 作业标准的内容可由三部分组成：①作业程序（即先干什么，后干什么）；②动作标准（即对作业工程中动作行为的规定，包括对站立的位置、姿势、肢体动作、行动范围、拉、抬、扛等动作作出规定）；③安全要点（即对作业安全的要点予以揭示和规定，指明危险性作业中如何进行安全操作）。

作为实例，表8-9给出了某轧钢厂调整辊缝水泵机组启动的标准化作业。显然，这些标准化作业的制定对改变安全生产的面貌与降低伤亡事故是十分有益的。

表8-9 某轧钢厂调整辊缝的标准化作业

作 业 程 序	作 业 标 准	安 全 要 点
① 准备调整辊缝	开始工作前，确保轧机停车，落下安全挡板，移出导槽，断开安全开关	被移动轧辊撞上的危险
② 检查工作区域	确保地板上无润滑油脂或绊倒人的危险物及工具和碎片等	滑倒、掉下以及热的跑钢槽和导板烫伤
③ 移出导卫装置	打出楔子、移出导卫装置	要卡紧，使用大锤敲击是危险的
④ 松开上轧辊	松开固定上轧辊的抵抗板螺母	
⑤ 抬起上轧辊，在上下轧辊间塞进辊缝塞	确保轧辊平衡系统工作，将正确尺寸的辊缝塞滑进并放置在上下辊两端缝之间	扳子从压下螺丝上滑脱和摔伤

8.5 工作座椅的静态舒适性设计原理

坐姿乃是人体较自然的姿势，并且它比立姿更有利于血液循环。正因如此，座椅的设计问题便显得十分重要。通常人在站立时，血液和体液在地球引力的作用下向腿部集中，而坐姿时的肌肉松弛，腿部血管内血液静压稳定，有利于减轻疲劳。另外，坐姿以臀部支撑全身更有利于发挥脚的作用。

8.5.1 舒适坐姿的生理特征

在坐姿状态下，支撑身体的是脊柱、骨盆、腿和脚。脊柱是人体的主要支柱，它由24节椎骨以及5块骶骨和4块尾骨组成，如图8-6所示，其中椎骨自上而下又分为颈椎（共7节）、胸椎（共12节）、腰椎（共5节）三部分。每两节椎骨之间由软骨组织和韧带相联系。颈椎支撑头部，胸椎和肋骨构成胸腔，腰椎、骶骨和椎间盘承担人体坐姿的主要负荷。从侧面观察脊柱，可看到脊柱呈现颈、胸、腰和骶四个弯曲部位，其中颈曲和腰曲凸向前，胸曲和骶曲凸向后。成年人脊柱的自然弯曲弧形如图8-6所示。在此情况下，椎骨的支承表面位置正常，椎间盘没有错位的趋势。在正常情况下，躯干与大腿之间大约有135°的夹角，并且座椅的设计应使坐者的腰部有适当的支撑，以使腰部弧形自然弯曲，使腰背肌肉处于放松状态。

人坐着时，大腿与上身的体重是由座椅来支承的。对于座面上的臀部，其压力分布应该

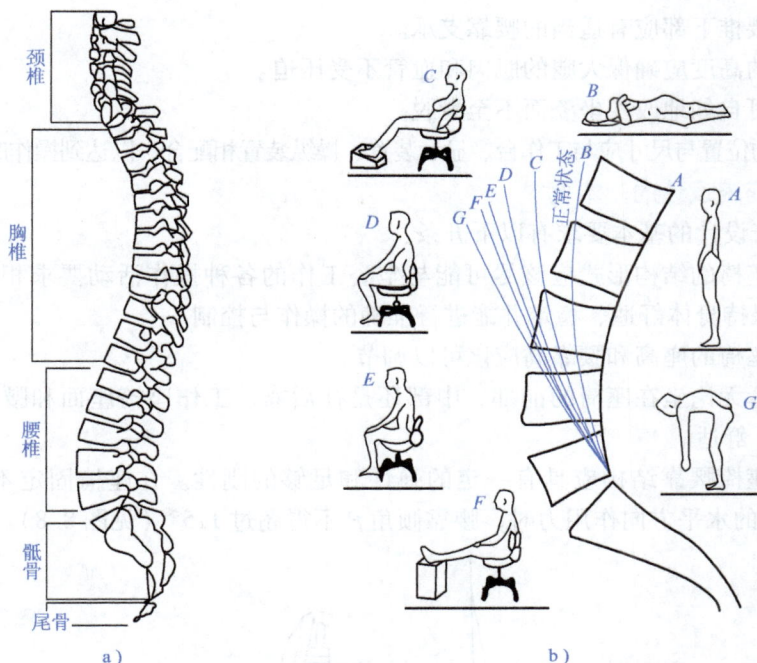

图 8-6　脊柱的构造以及在不同姿态下人体腰椎的弯曲

在坐骨结节处最大；对于座椅靠背上的压力分布，应该在肩胛骨和腰椎骨两个部位处最高（即所谓的"两点支承"准则）。不同用途的座椅，两点支承的作用也不一样，例如休息用的座椅，体与腿夹角较大（其舒适角度约为 115°），坐着时身体向后倾斜，只要肩胛部分支承稳靠，这时没有腰靠也感到舒适；对于一般操作用的座椅，由于操作的要求，身体需要略向前倾，肩胛骨部分几乎接触不到靠背，因此只要腰靠起支承作用而肩靠并不需要。

为了使操作者能够坐稳并且有充分的安全感，座椅设计时应设置 2 个扶手。扶手高度应当可以调整，以适应各种不同身材的操作者使用。为了使操作者脚踩着地板，地板搁脚的部位应当朝着前上方倾斜，与水平面的夹角为 20°；当操作者操纵脚踏板时，小腿与大腿间的舒适夹角应为 110°~120°，脚与小腿的舒适夹角应该为 85°~90°。

综上所述，舒适的坐姿状态应保证腰部曲弧形处于正常自然状态，腰背肌肉处于松弛状态，从上体通向大腿的血管不受压迫，保证血液正常循环。因此最舒适的坐姿是上体略向后倾斜，保持体腿夹角 90°~115° 之间；小腿向前，大腿和小腿、小腿与脚面之间有合适的夹角（见图 8-7），其相应角度为：$10° < \theta_1 < 20°$，$15° < \theta_2 < 35°$，$80° < \theta_3 < 90°$，$90° < \theta_4 < 115°$，$100° < \theta_5 < 120°$，$85° < \theta_6 < 95°$ 的范围。

8.5.2　工作座椅设计的主要准则与基本要求

1. 工作座椅设计的主要准则

工作座椅的设计准则可归纳为以下六点：

（1）人体躯干的重量应该由坐骨、臀部及脊椎按适当比例分别支承，其主要部分由坐骨承担。

（2）人体上身应保持稳定。

（3）人体腰椎下部应有适当的腰靠支承。

（4）座面的高度应确保大腿的肌肉和血管不受压迫。

（5）坐者可自如地改变坐姿而不至滑脱。

（6）座椅的位置与尺寸应与工作台、显示装置、操纵装置相配合，以达到操作时舒适、方便。

2. 对工作座椅设计的基本要求

对工作座椅设计的基本要求有以下五条：

（1）工作座椅的结构形式应该尽可能与坐姿工作的各种操作活动要求相适应，应使操作者在工作中保持身体舒适、稳定并能进行准确的操作与控制。

（2）工作座椅的座高和腰靠高应该可以调节。

（3）操作者无论坐在座椅的前部、中部还是往后靠，工作座椅座面和腰靠结构均应使坐者感到安全、舒适。

（4）工作座椅腰靠结构应具有一定的弹性和足够的刚性。在座椅固定不动的情况下，腰靠承受 250N 的水平方向作用力时，腰靠倾角 β 不得超过 115°（见图 8-8）。

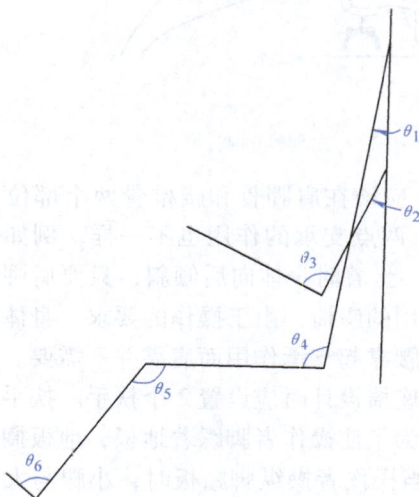

图 8-7　舒适坐姿的关节角度　　　　　图 8-8　工作座椅的基本结构

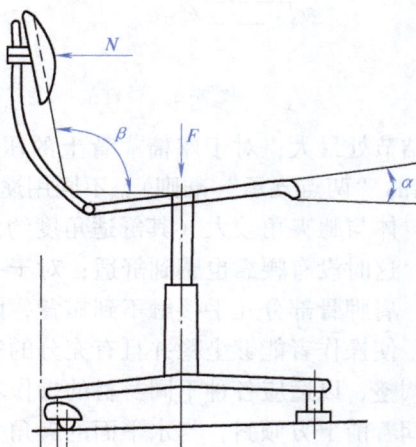

（5）工作座椅的结构材料和装饰材料应耐用、阻燃、无毒。对于座垫与腰靠的材料要柔软、防滑、透气性好。

8.6　微气候及其改善

微气候又称生产环境的气候条件，是指生产环境局部的气温、湿度、气流速度，以及工作现场中的设备、产品、零件和原料的热辐射条件。

8.6.1　人体对微气候条件的感受与评价

本书第 3 章讲到，人体的体温控制是一个非常完善的温度调节系统，尽管外界环境温度千变万化，但人体的体温波动却很小，这对于保证生命活动的正常进行十分重要。为了延续生命或从事作业劳动，人体要进行能量代谢。能量代谢伴随着产生大量的附加热，只有一小部分用于生理活动和肌肉做功。因此，人体本身也是一个热源。若人体的新陈代谢率为 M，向体外做功为 W，向体外散发的热量为 H，显然当

$$M = W + H \qquad (8-8)$$

时，人体处于热平衡状态（此时人体皮温在 $36.5℃$ 左右），人感到舒适；当

$$M > W + H \qquad (8-9)$$

时，人感到热；当

$$M < W + H \qquad (8-10)$$

时，人感到冷。当人体内单位时间的蓄热量为 S 时，人体的热平衡方程式（3-36）可改写为以下形式，即

$$S = M - W - H \qquad (8-11)$$

式中，H 为人体单位时间内向外散发的热量，它取决于辐射热交换量 R、对流热交换量 C、蒸发热交换量 E 以及热传导交换量 K，即

$$H = R + C + E + K \qquad (8-12)$$

式中，人体单位时间的辐射热交换量 R 取决于热辐射常数、皮肤表面积、表面传热系数、服装热阻值、反射率、平均环境温度和皮肤温度等；人体单位时间对流热交换量 C 取决于气流速度、皮肤表面积、对流散热系数、服装热阻值、平均环境温度和皮肤温度等；人体单位时间蒸发热交换量 E 取决于皮肤表面积、服装热阻值、蒸发散热系数以及相对湿度等。

在热环境中，增加气流速度，降低湿度，可以加快汗水蒸发，以达到散热的目的。人体单位时间热传导交换量 K，取决于皮肤与物体温差和接触面积的大小以及物体的导热系数。关于 R、C、E 和 K 的详细计算可参阅本书第 3 章的相应部分，这里不做赘述。图 8-9 给出了人体热平衡的概念原理说明图，它以天平的形式形象地说明人体热平衡的相关内容。

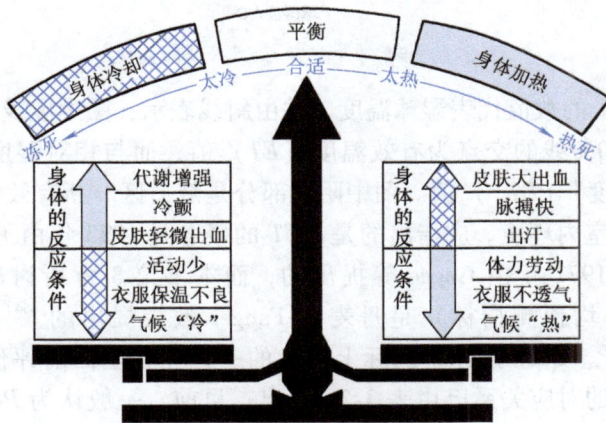

图 8-9 人体热平衡状态

1. 热舒适环境

关于热舒适的概念与相关的计算已在本书第 3 章中做过讨论，这里继续讨论热舒适环境的相关问题。所谓热舒适环境，在国内的许多教科书中都定义为：人在心理状态上感到满意的热环境。这里所谓心理上感到满意就是既不感到冷，又不感到热。影响舒适环境有六个主要因素，其中四个与环境有关，即空气的干球温度、空气中的水蒸气分压力、空气流速以及

室内物体和壁面辐射温度；另外有两个因素与人有关，即人的新陈代谢和人的服装。此外，还与一些次要因素有关，如大气压力、人的汗腺功能等。图 8-10 给出了美国采暖、制冷和空调工程师协会（ASHRAE）公布的经过多年研究改进后的新有效温度 ET^* 图[418,419]，该图是根据人体生理响应的简化模型得出的。经数千名受试者测试证实，大部分人在 ET^* 值 23.9～26.7℃ 范围内感到舒适。

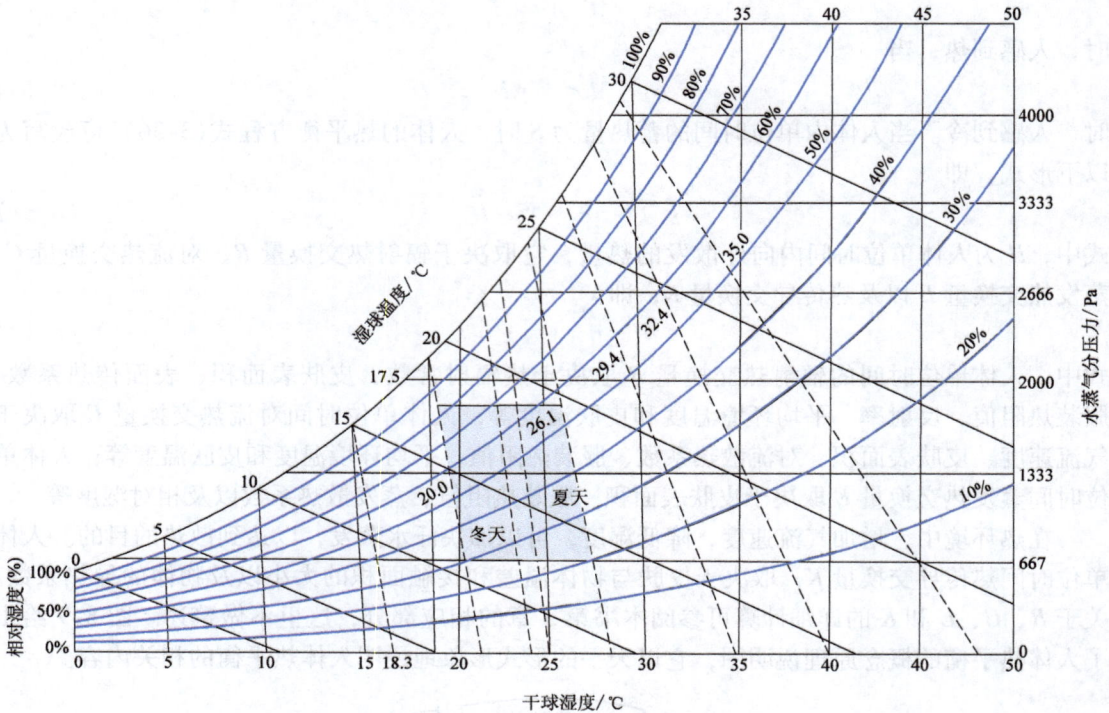

图 8-10 新有效温度 ET^* 以及舒适区

图中的左上曲线上的数值代表湿球温度，并由斜线表示；图中虚线为有效温度线，有效温度线与相对湿度 100% 线的交点为有效温度（ET）值，而与相对湿度 50% 线的交点的横坐标值为"新有效温度"（ET^*）值。图中阴影部分是舒适区。新有效温度（ET^*）适用于海拔高度为 2134m 的室内环境。应指出的是，ET 的概念是 1923 年由 Houghten 和 Yaglou 提出的，ET^* 的概念是 1971 年由 Gagge 等提出的，而本书第 3 章所讨论的 PMV（Predicted Mean Vote，热感觉平均预测指标）是丹麦的 Fanger 教授提出的[354]，并于 1984 年作为 ISO 7730 标准而国际化。PMV 指标是国际上公认的一种比较全面的评价热环境舒适性的指标。PMV 值与热感觉的对应关系已由表 3-29 给出。目前，一般认为 PMV 值在 −1～+1 范围内均可视为热舒适环境。Fanger 进一步定义了不满足率（PPD）这一概念，并建立了 PPD 与 PMV 间的计算公式，即

$$PPD = 100 - 95\exp\left[-(0.03353PMV^4 + 0.2179PMV^2)\right] \tag{8-13}$$

由式（8-13）可知，即使是 PMV = 0（理论上最佳的环境状态）时也会有 5% 的人对该环境不满意，这恰恰反映了人的个性、习惯等方面的差异，反映了 PPD 值能较客观地反映这些差异。图 8-11 给出了 PMV 值与 PPD 值之间的关系。

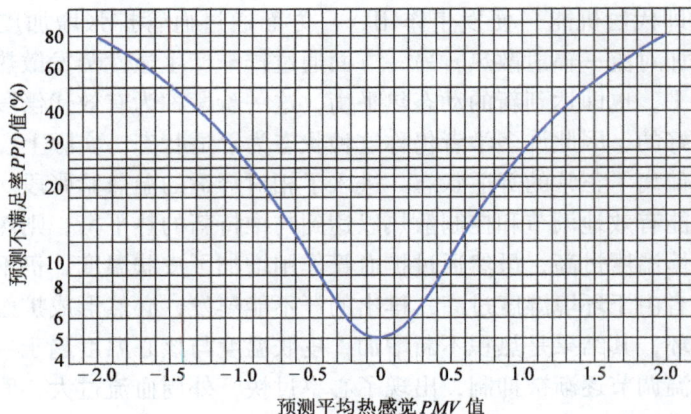

图 8-11   *PPD* 与 *PMV* 的关系曲线

2. 热应激时的人体生理反应

在温度应激环境下，正常的热平衡受到破坏，人体将产生一系列复杂的生理和心理变化，称为应激反应或紧张。相对于冷、热应激，存在冷、热紧张两类反应。热应激环境下产生的热紧张主要是由于散热不足而引起，其过程大致可分为代偿、耐受、热病、热损伤四个阶段，如图 8-12 所示。图中 a 表示人体处于热平衡状态，这时体内的代谢产热率与体表的散热率基本上相等，没有明显的有感蒸发，也没有热积（即热积蓄）。当环境温度升高或活动度增加而代谢产生热增加时，由于散热低于产热，身体的热平衡受到破坏，体内热量增加，核心温度和皮肤温度都有所上升，从而引起热紧张（即 b 阶段）。为了增加散热，生理

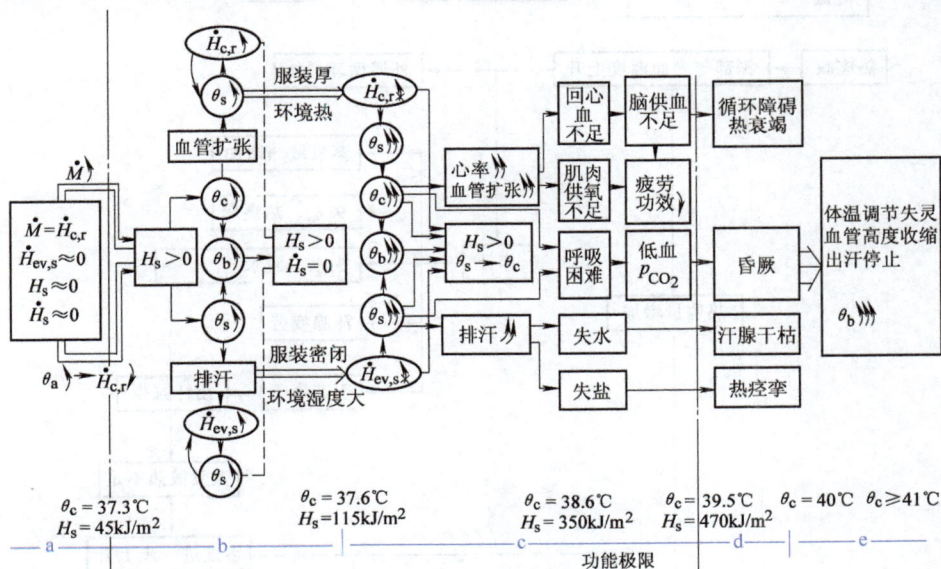

图 8-12   人体的热紧张过程

a—舒适段　b—温热段　c—耐受段　d—热病段　e—热损伤段

θ_c—核心温度　θ_s—皮肤温度　θ_b—平均体温　θ_a—环境气温　$\dot{M}$—代谢率　$\dot{H}_{c,r}$—对流

及辐射散热率　$\dot{H}_{ev,s}$—有感蒸发散热率　H_s—热积　$\dot{H}_s$—热积率　⟩—上升

⟩—下降　⟩⟩—进一步上升　⟩—不能增加　⟩⟩⟩—快速极度上升

性体温调节机制（即代偿机能）便发生作用，一方面通过血管扩张增加皮肤血流，也升高皮肤温度，从而增加对流—辐射散热，另一方面通过排汗产生显性蒸发散热，由此可使散热率提高到产热率水平，也即达到新的动态热平衡，这一阶段称为有效代偿段。由于这时人的主观感觉往往是良好的，因此许多学者仍称这种状态为舒适状态。实际上，这时体内已有一定的热积，身体已偏离了正常的舒适状态，进入了相对舒适的温热紧张段。如果环境进一步恶劣，人体自身不能有效地调节和控制散热以达到与维持新的热平衡，则热紧张便进入耐受阶段。例如由于环境温度过高，虽然通过扩血管作用增加了皮肤温度，仍不能有效地增加对流—辐射散热，或者由于环境湿度过高，排出的汗不能蒸发，必然形成扩血管—体温上升—排汗增加的恶性循环，其结果是热积不断增加，皮肤温度与核心温度趋于一致。随着这一瞬态过程的发展，体温调节逐渐被抑制，出现了心率过快，外周血流过大，回心血不足，造成大脑及肌肉缺血；另一方面由于出汗过多，引起明显失水失盐等，于是出现口渴、头晕、恶心等主观症状。这一瞬态过程称为耐受过程。随着紧张过程的继续发展，代偿机能从部分代偿降为代偿无力，主观感觉从热变为极热，并产生一系列衰竭前的症状，如头晕、疲乏、呼吸困难、肌肉疼痛等，这表示人体已临近生理性耐受终点。当热紧张继续发展，代偿机能完全丧失时人体进入热病阶段，将引起各种功能性热病，如热衰竭、热痉挛等。然而这些热病仍然是功能性的，若能及时救护仍能很快恢复。若热反应进一步发展，则血管高度收缩，排汗停止，核心体温呈被动式快速上升，可达到或超过41℃，将会对身体、特别是对大脑产生不可逆的严重损伤，甚至会危及生命。上述热应激反应的过程可用图8-13予以扼要说明。

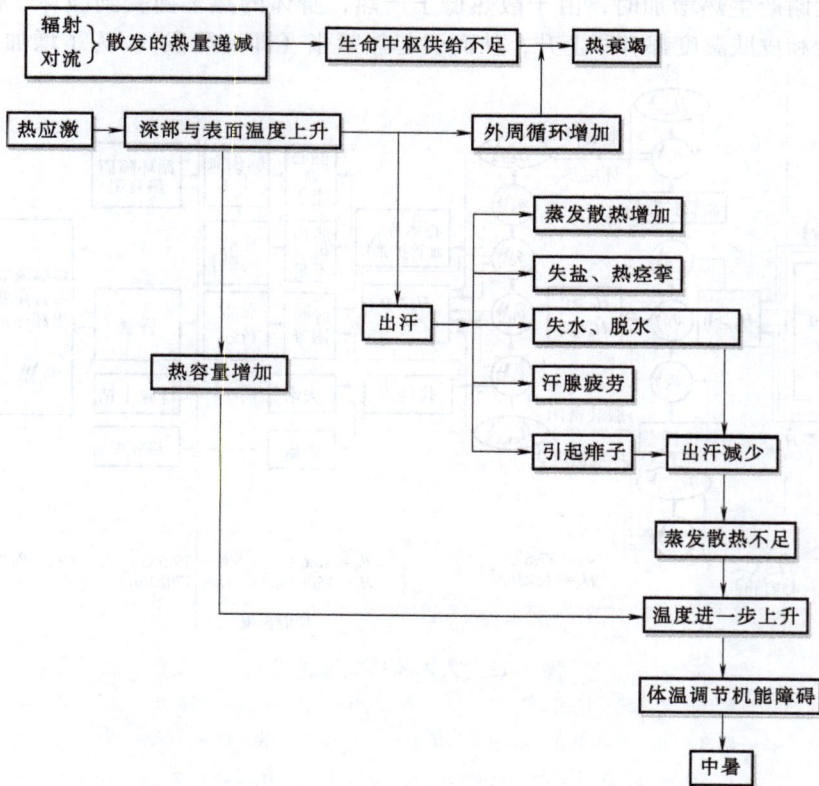

图8-13　热应激反应

3. 冷应激反应时人体的生理反应

与热环境产生的热紧张相类似，人在冷环境下产生的冷紧张（又称冷应激反应）过程也可分为四个阶段（如图 8-14 所示）。当环境温度低于舒适要求时，由于体表散热大于体内产热，热平衡受到破坏，引起冷紧张（即 b 阶段）。首先由于皮肤散热过快引起血管收缩，减少皮肤血流以降低皮肤温度，从而减少体表的对流—辐射散热，达到新的动态热平衡（即有效代偿段）。此时虽主观感觉凉爽，但身体已有一定的热债。如果环境过冷，皮肤温度进一步下降，将引起四肢特别是肢端的局部性反应。同时核心温度下降，引起心率增加和肌肉振颤（寒颤），以增加体内产热。但这种产热的增加相对于体表过快的散热是十分有限的，而且在寒颤的同时往往又增加了散热，因此只能起到减慢核心体温下降的作用，也就是说冷耐受过程也是体温调节的非稳定过程。随着冷紧张的进一步加剧，代偿能力逐渐被抑制。在临近或达到耐受终点（核心体温约低于 35℃）时，将会发生一系列功能性病变，例如体温调节机能失灵、寒颤停止、呼吸失律、心率减慢、语言障碍、记忆力丧失等，并且体温呈被动式下降。若冷紧张继续发展（体温约低于 30℃后）将产生严重的意识丧失和心房纤颤，机体面临死亡。上述冷应激反应的过程可用图 8-15 予以扼要说明。

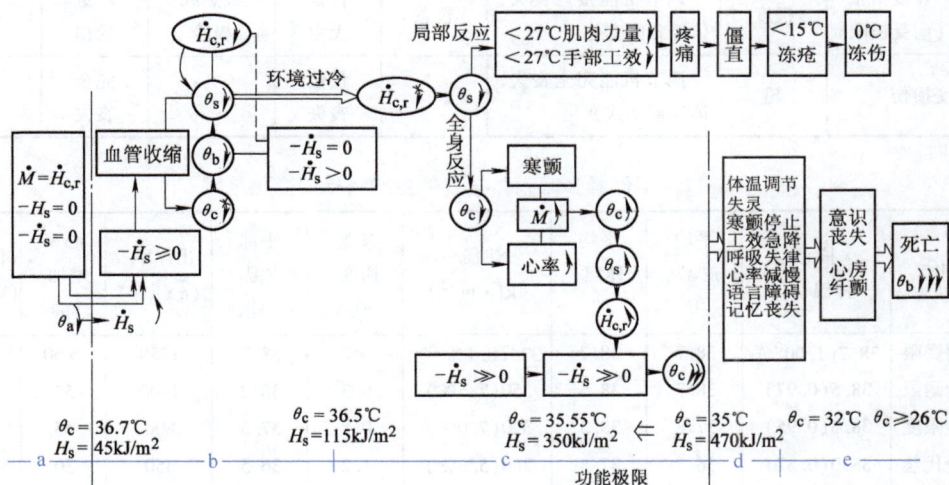

图 8-14　人体的冷紧张过程

a—舒适段　b—凉爽段　c—耐受段　d—病变段　e—损伤段

θ_c—核心温度　θ_s—皮肤温度　θ_b—平均体温　θ_a—环境温度　$\dot{M}$—代谢率　$\dot{H}_{c,r}$—对流

及辐射散热率　$-\dot{H}_s$—热债　$-\dot{H}_s$—热债率　＞—上升　＜—下降

＞＞—进一步上升　＞—不能下降　＞＞＞—快速极度下降

以上较详细地讨论了热应激与冷应激现象，在结束上述两个问题讨论之前给出人体温度状态分区的范围（见表 8-10）以及不同紧张区人体主要热生理指标的变化范围（见表 8-11），以便分析工程问题时参考。

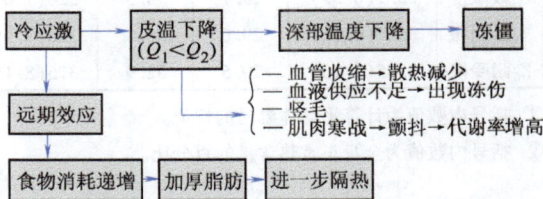

图 8-15　冷应激反应

表8-10　人体温度状态的分区

温度状态		温度负荷	体温调节特点	过程特点	代偿能力	主观感觉	工作能力	可持续时间/h
舒适		无	维持正常的热平衡，无温度性紧张	稳态	不需	良好	正常	不限
局部性温度紧张		低	调节正常，有局部性温度紧张和不舒感	稳态	有效代偿	稍温或稍凉	基本正常	6~8
全身性温度紧张	Ⅰ度紧张（相对舒适）	低	通过有效调节达到新的热平衡	稳态	有效代偿	温或凉	工效维持	4~6
耐受区	Ⅱ度紧张（轻度耐受）	中	温度负荷超过调节能力，热平衡不能保持	暂态	部分代偿	热或冷	工效允许	2~4
	Ⅲ度紧张（重度耐受）	高	调节机能逐步被抑制，温度负荷不断加重	暂态	代偿障碍	很热或很冷	显著下降	1~2
	Ⅳ度紧张（耐受极限）	极度	调节机能接近丧失，体温急剧变化	暂态	代偿无力	极热或极冷	严重受损	<0.5
病变损伤		超	调节机能完全丧失，体温被动式变化		代偿丧失		完全丧失	

表8-11　不同紧张区人体主要热生理指标的变化范围

生理紧张区		核心体温/℃	平均皮温/℃	平均体温/℃	热债/(kJ·m⁻²)	皮温梯度/℃	手部皮温/℃	出汗率/(g·h⁻¹)	心率增加/bpm	代谢率/(W·m⁻²)
热耐受↑舒适↓冷耐受	热耐受限	38.7(1.00①)	38.7	38.7	375(8.1%②)	<0	38.7	1250	>60	75
	安全耐限	38.5(0.97)	38.3	38.5	350(7.5%)	0.3	38.2	1000	55	70
	工效限度	38.3(0.95)	37.8	38.3	320(7.0%)	0.8	37.3	800	45	67
	部分代偿	38.0(0.87)	36.7	37.8	260(5.6%)	1.2	36.5	450	30	64
	有效代偿	37.4(0.78)	34.8	36.9	150(3.1%)	2.5	34	100	15	61
	舒适上限	37.2(0.72)	33.8	36.2	50(1.1%)	4.5	31	60	5	58
	舒适	37.0(0.67)	33.3	35.8	0	5.5	29	45	0	55
	舒适下限	36.8(0.65)	32.8	35.4	50(1.1%)	7.0	27	30	5	58
	有效代偿	36.6(0.62)	31.7	34.7	150(3.1%)	9.5	24	/	10	>60
	部分代偿	36.2(0.60)	30.2	33.8	260(5.6%)	13.0	20	/	>15	>60
	工效限度	35.9(0.59)	29.7	33.3	320(7.0%)	18.5	14	/	>15	>60
	安全耐限	35.7(0.57)	29.6	33.1	350(7.5%)	20.5	12	/	>15	>60
	冷耐受限	35.5(0.56)	29.5	32.9	375(8.1%)	>22	10	/	>15	>60

① 括号内数值为计算平均体温时的权值。

② 括号内数值为全身正常热含量的百分比。

4. 高温对人体以及作业带来的影响

一般将热源散热量大于 $84kJ/(m^3·h)$ 的环境称为高温作业环境。高温作业环境有三种基本类型：①高温、强热辐射作业；②高温、高湿作业；③夏季露天作业。在高温作业环境条件下，人体通过呼吸、出汗以及体表血管的扩张向外散热，若人体产热仍大于人体向外的散热量，则人体便产生热积蓄，促使呼吸和心率加快、皮肤表面血管的血流量激烈增加，出现热应激反应。持续的高温环境会导致热循环机能失调，造成热衰竭，严重时甚至会死亡。在高温作业环境下，人体的耐受度与人体核心温度（常用直肠温度表示人体的核心温度）有关。核心温度低于38℃，一般不会引起热疲劳。令核心温度为 T_R（单位为℃），M 为作业负荷（单位为W），于是有

$$T_R = 37.0 + 0.0019M \qquad (8\text{-}14)$$

此外，高温对作业的效率也有影响。英国的研究资料报导，夏季装有通风设备的工厂其生产量比春秋季降低了3%左右，而没装通风设备的同类工厂产量则降低了13%；另外，在高温作业环境下工作，使作业者心情烦躁并容易诱发事故[137]。范农（Vernon）做过这方面调查，结果显示：环境温度以17.0～22.5℃时的事故率最低，如果以其为基数记为100%的话，那么当环境温度升高到25.3℃时，男性作业者的事故率增加到140%，女性作业者增加到108%。

5. 低温对人体以及作业带来的影响

这里所谓的低温环境条件是指低于允许温度下限的气温条件。人体具有一定的冷适应能力，当环境温度低于皮肤温度时，皮肤冷感觉器便发出神经冲动，引起皮肤毛细血管的收缩，使人体散热量减少。外界温度进一步下降，肌肉因寒冷而剧烈收缩抖动，出现冷应激反应。人体对低温的适应能力远远不如人体的热适应能力。当气温降低时，人体的不舒适感便迅速上升，机能迅速下降。在低温条件下，脑内高能磷酸化合物的代谢能力降低，并可导致神经兴奋性与传导能力减弱，出现痛觉迟钝和嗜睡状态。在低温环境条件下，最先感到不适的是人体的手、脚、腿和胳膊，以及暴露部分——耳、鼻、脸。低温环境条件对人体四肢的灵活性影响较大。1978年，Eastman Kodak 公司做过试验，以环境温度22℃为参考，分别以13℃、7℃、2℃与-1℃为试验温度，每个温度下分别工作30min、45min、60min与90min，观察作业者操作的灵活程度，图8-16给出了试验的结果。显然，随着温度的降低手的灵活性下降；在相同的温度下，暴露的时间越长，则手的灵活性越差。

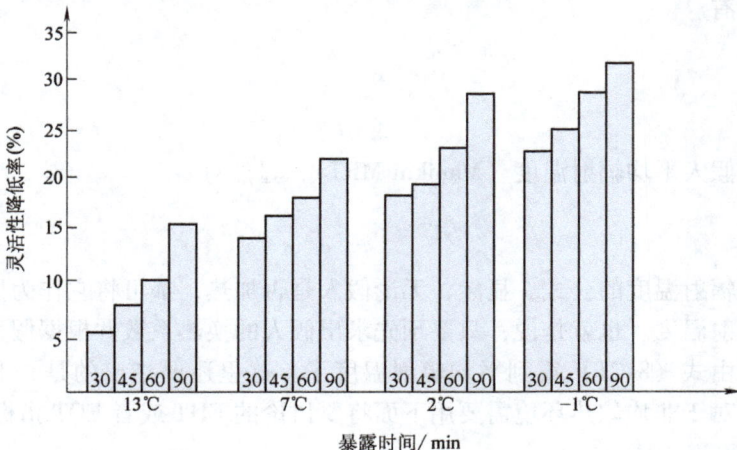

图8-16 低温环境下暴露时间与手的灵敏性的关系

8.6.2* 基于暖体假人的热环境评价问题

在热舒适的研究中，常常要对热环境进行评价，涉及的评价方法主要有主观评价法和客观评价法。主观评价法就是让受试者在待评价的环境中完成规定的工作，然后在指定的热感觉表上对自己的感觉进行表述。通过对主观评价表的处理、综合，得到对该热环境的主观评价。客观评价就是用测试仪器对待定的热环境的参数进行测定与计算，最后得到一个评价指标值。以下以暖体假人（Thermal Manikin）作为一个测量工具获得热环境的评价指标，因此该问题属于客观评价的范畴。

1. ET 与 MMRT 指标

最早提出并制作暖体假人的是英国的达弗顿（Dufton）。1929 年，他以英国热舒适标准为基础，制作高 550mm、直径为 190mm 的铜制圆柱体式"暖体假人"。他提出了当量温度（Equivalent Temperature，简称 ET）的概念以及计算 ET（单位为℃）的试验经验公式，即

$$ET = 0.522T_a + 0.478T_{mr} - 0.21\sqrt{v}(37.8 - T_a) \tag{8-15}$$

式中，T_a 与 T_{mr} 的含义与式（3-69）相同，它们分别表示空气温度与平均辐射温度；v 代表气流速度（m/s）。该公式已于 1970 年为英国采暖与通风工程师学会指导手册（IHVE Guide）所采用。由于式（8-15）未包含空气的湿度项，因此限定在 25℃ 以下使用，风速的范围是 0.05~0.5m/s。

当暖体假人不加热，在室内达到热平衡时，整个假人外表相当于黑球温度计的黑球，于是热平衡方程式为

$$h_c(T_{ms} - T_a) + h_r(T_{ms} - T_{mr}) = 0 \tag{8-16}$$

$$T_{ms} = \frac{h_c T_a + h_r T_{mr}}{h_c + h_r} \tag{8-17}$$

式中，T_{ms} 为假人表面的平均温度；h_c 与 h_r 分别表示表面传热系数与辐射换热系数；T_{mr} 的含义同式（3-69），它仍代表平均辐射温度。当假人加热时，式（8-16）这时应变为

$$h_c(T_{ms} - T_a) + h_r(T_{ms} - T_{mr}) = Q_t \tag{8-18}$$

式中，Q_t 为暖体假人的加热量（W/m²）；如果假人在一个温度均一且为 T 的环境中失去同样的热量，于是有

$$(h_c + h_r)(T_{ms} - T) = Q_t \tag{8-19}$$

其中

$$T = MMRT \tag{8-20}$$

式中，MMRT 为假人平均辐射温度（Manikin MRT），显然有

$$MMRT = T_{ms} - \frac{Q_t}{h_c + h_r} \tag{8-21}$$

上式即计算平均辐射温度的公式。显然，无论假人是否加热，都可将它作为黑球温度计去测定环境的平均辐射温度。也就是说，只要预先求出假人的换热系数并根据假人的散热量与表面温度值，便可由式（8-21）得到平均辐射温度了。这里还要指出的是，上述过程是针对均匀热环境的；对于非均匀热环境需要用下面将要讨论的 EHT 或者 EQT 指标进行评价。

2. EHT 与 EQT 指标

在实际环境中，由于垂直温度梯度、不对称辐射、非等温气流、局部吹风等原因，很少有

实验室那样的温度、湿度和风速均匀的热环境。因此，针对不均匀热环境，Wyon 提出了等效均一温度（Equivalent Homogeneous Temperature，简称为 EHT）的概念[420,421,422]。Wyon 使用的是男性坐姿的暖体假人，分 19 个加热段，手脚平均温度为 31℃，躯干平均温度为 34℃，采用比例积分微分控制方法，假人局部皮肤温度变化仅有 ±0.1℃，属于恒温假人。这里 EHT 的定义为：将暖体假人置于无风、所有表面温度等于空气温度的均匀实验室环境中，假人着装，保持坐姿，但无椅子热阻（即为带状或网状椅子）。若假人这时的散热量与在原真实环境中的相等，则这时实验室的温度就是原真实环境的等效均一温度，记作 EHT；显然，EHT 是将实际环境与实验室环境做比较，通过测试得到的。由于实际环境中的椅子都有热阻，所以得到的 EHT 值略为偏大。Wyon 等人还通过试验得出了 EHT 与环境空气温度、风速的函数关系。另外，还用假人和一批受试者同时对某一通风系统进行了评价，试验的 EHT 范围约为 19～28℃，受试者的主观热感觉（Mean Thermal Vote，简记为 MTV）采用了 7 级标度（−3～+3），得到的主观热感觉 MTV 与等效均一温度 EHT 间的关系为

$$MTV = -20.3 + 0.81EHT \tag{8-22}$$

由上式计算最舒适（即 $MTV=0$ 时）的 EHT 约为 25.1℃。

热感觉同人体与环境间的换热有密切关系，许多热感觉指标都是由人体热平衡导出来的，但是无法用它们来评价不均匀的热环境。与人体形状相同的暖体假人，是测量人体与环境换热的有力工具，等价温度（Equivalent Temperature，简记为 EQT）就是根据暖体假人的散热量导出的热指标。这里等价温度的定义为：假设有一个温度均一的封闭空间，空气温度等于平均辐射温度，气流流动平稳，相对湿度为 50%。如果暖体假人在该环境中的热损失与在实际环境中相等，则这时封闭空间的温度就是实际环境的等价温度[423,424]。与 Wyon 提出的 EHT 不同，EQT 的值可以借助于实测假人的 Q_t 值得到，即

$$EQT = 36.4 - \left[0.054 + 0.155\left(I_{cl} + \frac{I_a}{f_{cl}}\right)\right]Q_t$$

$$= T_{ms} - 0.155\left(I_{cl} + \frac{I_a}{f_{cl}}\right)Q_t \tag{8-23}$$

式中，I_{cl} 为服装的基本热阻；I_a 为裸体假人外表的空气层热阻；f_{cl} 为服装面积系数。

大量的对比试验表明，式（8-23）既适用于假人整体，也适用于假人的局部。用等价温度 EQT 去评价局部吹风、不对称辐射等条件下的非均匀热环境是非常有效的。参考文献 ［425］、［426］正是以 EQT 为评价指标去评价载人车室中乘员的热舒适问题。计算中，室内空气的流动采用了流体力学中求解三维雷诺平均 Navier-Stokes 方程去确定，人与车室中所涉及的传热问题借助人体生物热方程以及相关的人体模型去完成，并且将数值计算出的 EQT 值与国外提供的试验数据进行了详细的比较，数值结果令人满意。它进一步显示了对于非均匀热环境，EQT 是非常有效的预测与评价指标。

8.6.3　微气候温度条件的改善措施

1. 高温作业环境
凡具有下列情况之一者，可认为是高温作业环境：
（1）在有热源的生产场所中，热源的散热率大于 83736J/（m³·h）。
（2）工作地的气温，在寒冷地区超过 32℃，在炎热地区超过 35℃。

（3）工作地的热辐射强度大于 $4.186J/(cm^2 \cdot min)$。

（4）工作地的气温超过 30℃，相对湿度超过 80%。

作业者在高温环境中的反应及耐受时间受到气温、湿度、气流速度、热辐射、作业负荷、衣服的热阻值等多个因素的影响。对于高温作业环境，可以从生产工艺和技术、保健措施、生产组织措施等几方面予以改善。

在生产工艺和技术方面，要合理的设计生产工艺过程，应使作业人员尽可能远离热源，如在热源周围设置挡板等；对于有大量热辐射的车间，可以采用屏蔽辐射的措施，如在热辐射源表面上铺盖上泡沫类的物质，在人与热源之间设置屏风等；对于湿度较大的环境，要降低湿度，如在通风口设置去湿器；另外，要注意通风换气、增加空气的新鲜度、提高工作效率。

在保健方面，当高温作业出汗大时要合理地供给饮料与补充营养。另外要注意补充适量的蛋白质和维生素 A、B_1、B_2、C 和钙等元素；高温作业的工作服应耐热、导热系数小、透气性好；另外，还应注意到各个人在热适应能力方面的差异（如有人对高温反应敏感，有人耐热能力强），对职工加强体检并进行适应性检查。

在生产组织方面，要合理安排作业负荷。S. H. Rodgers 曾对三种作业负荷（即轻作业小于 140W，中作业 140~230W，重作业 230~350W）在不同的气流速度、温度和湿度下的耐受时间进行了试验，结果证实：作业负荷越重，持续作业的时间越短。因此，高温作业不应该采取强制性生产节拍，要注意合理的安排作息时间。再者，作业者在高温作业时身体积热，需要离开高温环境到休息室休息以便恢复热平衡机能。这时的休息室气流速度不能过高，温度不能过低，否则会破坏皮肤的汗腺机能。

2. 低温作业环境

低温并无明确的规定，低温环境条件通常是指低于允许温度下限的气温条件，一些文献（如参考文献［415］）中认为 18℃ 以下温度可视为低温；通常 10℃ 以下会对人产生不利的影响。大量试验结果表明，当手部皮肤温度降至 15.5℃ 时，手的操作效率明显降低，因此，作业环境的最低温度最好不低于 11℃。在 5℃ 的水中作业时，只要浸泡 1min 就会被冻僵；当局部温度降至组织冰点（即 -5℃）以下时，组织就发生冻结，造成局部冻伤。手的触觉敏感性的临界皮肤温度是 10℃ 左右，操作灵巧度的临界皮肤温度是 12~16℃ 之间。长时间暴露于 10℃ 以下，手的操作效率会明显降低。另外，低温环境下人体代谢率增高，心血管系统发生相应变化：心率增高，心搏出量增加，呼吸率和肺换气量增加。当环境温度低于 9℃ 时，核心体温开始下降，人体的温度调节推动了代偿能力；当人较长时间在 0℃ 以下的环境中停留时，会引起局部组织冻伤。寒冷刺激还可以使肢端温度下降，引起肢体疼痛、麻木、鼻黏膜血管痉挛。当人体体温降至 34℃ 以下时，症状即达到严重的程度，产生健忘、口吃等症状。当降至 30℃ 时全身剧痛，意识模糊；降至 27℃ 以下时，运动丧失，瞳孔反射、腱反射和皮肤反射全部消失，人濒临死亡状态。

对于低温作业要做好采暖和保暖工作。要按照《工业企业设计卫生标准》和工业企业采暖、通风和空气调节的相应规定设置必要的采暖设备。调节后的温度要均匀恒定。当外界的冷风吹在作业者身上很不舒服时，应设置挡风板。表 8-12 给出了根据劳动特征和劳动强度所制定的工厂车间作业区空气温度和湿度的标准。

表 8-12　工厂车间作业区空气温度和湿度的标准

车间和作业的特征		冬　季		夏　季	
		温度/℃	相 对 湿 度	温度/℃	相 对 湿 度
主要放散对流热的车间	散热量不大的　轻作业	14 ~ 20	不规定	不超过室外温度 3℃	不规定
	中等作业	12 ~ 17			
	重作业	10 ~ 15			
	散热量大的　轻作业	16 ~ 25	不规定	不超过室外温度 5℃	不规定
	中等作业	13 ~ 22			
	重作业	10 ~ 20			
	需要人工调节温度和湿度的　轻作业	20 ~ 23	<80% ~ 75%	31	<70%
	中等作业	22 ~ 25	<70% ~ 65%	32	<70% ~ 60%
	重作业	24 ~ 27	<60% ~ 55%	33	<60% ~ 50%
放散大量辐射热和对流热的车间（辐射强度大于 $2.5 \times 10^5 J/(h \cdot m^2)$ ）		8 ~ 15	不规定	不超过室外温度 5℃	不规定
放散大量湿气的车间	散热量不大的　轻作业	16 ~ 20	<80%	不超过室外温度 3℃	不规定
	中等作业	13 ~ 17			
	重作业	10 ~ 15			
	散热量大的　轻作业	18 ~ 23	<80%	不超过室外温度 5℃	不规定
	中等作业	17 ~ 21			
	重作业	16 ~ 19			

另外，对于低温作业，也可以适当提高作业负荷。这里作业负荷的增加，应该以不使作业者工作时出汗为界限。对于大多数人来说，负荷量限制在 175W 左右。

8.6.4　噪声的危害以及噪声控制措施

1. 噪声的危害

人的听觉系统是对噪声最敏感的系统，也是受噪声影响最大的系统。噪声对听力的影响主要表现在听觉疲劳。在噪声作用下，听觉的敏感性下降，表现为听阈的提高（一般不超过 10 ~ 15dB），但离开噪声环境几分钟后便可恢复，这种现象称为听觉适应。但听觉适应有一定的限度，在强噪声的长期作用下，听阈提高 15dB 以上，离开噪声需要较长时间才能恢复，这种现象称为听觉疲劳。听觉疲劳初期尚可恢复，但再经强烈噪声的反复作用，则难以完全恢复，是耳聋的一种早期信号。长期在噪声环境中工作产生的听觉疲劳，若不能及时恢复，将产生永久性听阈位移。当听阈位移达 25 ~ 40dB 时，则为轻度耳聋；当听阈位移达到 40 ~ 60dB 时，则为中度耳聋；常年在 115dB 以上的高频噪声环境中工作，当听阈提高超过 60 ~ 80dB 时，则为重度耳聋。噪声对听力的影响与噪声的强度、暴露于噪声环境中的时间和频率都有关系。图 8-17 将不同频率、不同声压级的声音给人耳产生相同响度级的点连成了等值线（称之为等响度曲线）。图中最下面的一条等响度曲线为正常听阈，它表示在没有噪声干扰的情况下，能产生听觉的各频率纯音的最小声压级数值；图中最上面的一条曲线叫痛阈，它表示各频率的纯音不仅不能引起听觉，而只能引起痛觉的各频率临界声压级数值。由正常听阈、痛阈及 20Hz 与 20kHz 四条线所包围的区域即称为听域。注意该图是在无噪声影响的结果，当噪声存在时，听域的范围将会大大地变化。大量的试验表明，在超过 85dB 的噪声作用下，大脑皮质的兴奋和抑制失调，导致条件反射异常，出现头疼、头晕、失眠、多汗、恶心、记忆力减退、反应迟缓等；而噪声对心血管系统的慢性损伤作用，一般发生在80～90dB的噪声强度下。试验研究还表明，噪声使胃的收缩机能和分泌机能降低。另外，噪声对人心理的影响主要表现在引起人的烦恼情绪，其烦恼指数 I_d 与环境噪声强度 L_A 间的经验关系式为[427]

$$I_d = 0.1058L_A - 4.798 \tag{8-24}$$

式中，I_d 为烦恼指数，其含义可参见表8-13；L_A 为环境噪声强度（dB）。

式（8-24）称为烦恼度的表达式。

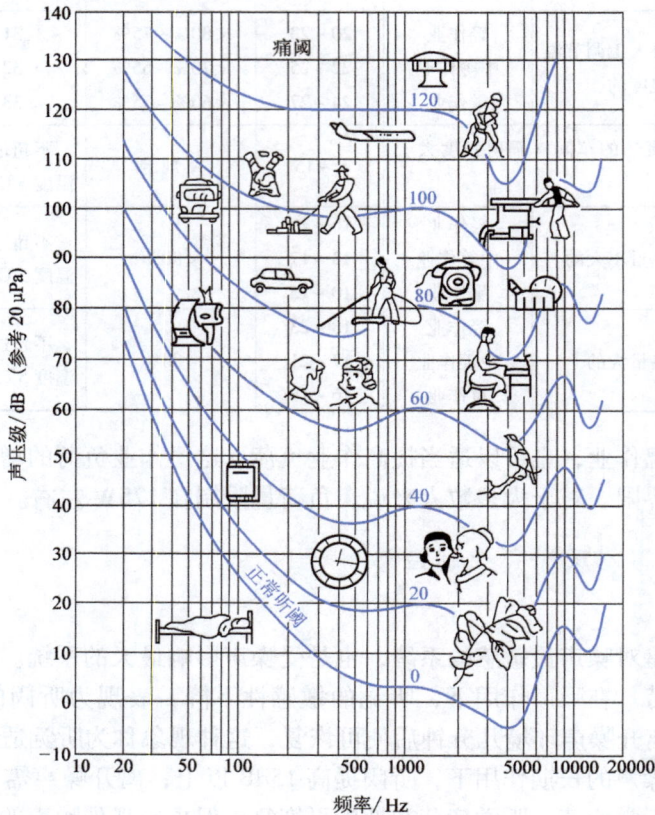

图 8-17　人耳的响度曲线图

表 8-13　烦恼指数

I_d	5	4	3	2	1
烦恼程度	极度烦恼	很烦恼	中等烦恼	稍有烦恼	没有烦恼

噪声对语言通信还具有掩蔽作用。由于人的语言频率范围大约在 0.5～2kHz，所以当噪声在 0.5～2kHz 的范围时，对语言通信的干扰最大。总之，噪声危害较大，应该对其进行控制。

2. 噪声的评价及其控制措施

噪声既危害人体，又影响工作效率，因此应采取措施降低与控制。噪声控制可分为三类：

第一类是基于对工作者的听力保护提出的，是以等效连续声级与噪声暴露量为指标的；第二类是基于降低人们对环境噪声的烦恼度提出的，是以等效连续声级与统计声级为指标的；第三类是基于改善工作条件，提高工作效率提出的，是以语言干扰为指标的。下面首先讨论等效连续声级、统计声级以及语言干扰级的相关公式，然后再扼要介绍一下噪声控制的措施。

（1）等效连续声级。A 声级较好地反映了人耳对噪声的频率特性和主观感觉，这对于连续稳定的噪声是一个较好的评价指标。人们经常遇到的是起伏的、不连续的噪声，所以需要引入等效连续声级的概念。等效连续声级是指起伏不连续的声音，在规定时间内 A 声级能量的平均值，用符号 L_{eq} 表示，单位为 dB（A）；若每天工作 8h，则一天的等效连续 A 声级可按下式近似计算

$$L_{eq} \approx 80 + 10\lg \frac{\sum_{i=1}^{m}(10^{\frac{n(i)-1}{2}} T_{n(i)})}{T} \tag{8-25}$$

式中，T 为一个工作日的时间，这里可取 480min；m 表示声级的段数；$n(i)$ 表示第 $n(i)$ 段；$T_{n(i)}$ 表示第 $n(i)$ 段声级在一个工作日内的暴露时间（min）。

表 8-14 中给出了 n 与中心声级的对应表，这里 n 就是式（8-25）中的 $n(i)$。例如，中心声级为 100dB（A）时，$n=5$，于是 $T_{n(i)}$ 便为 T_5。下面我们利用式（8-25）完成一个算例。

表 8-14　噪声统计表

n 段	1	2	3	4	5	6	7	8
中心声级/dB（A）	80	85	90	95	100	105	110	115
各段范围/dB（A）	78~82	83~87	88~92	93~97	98~102	103~107	108~112	113~117
暴露时间 T_i（min）	T_1	T_2	T_3	T_4	T_5	T_6	T_7	T_8

某车间测得噪声级在一天的变化情况为：中心声级 90dB（A）4h；中心声级 100dB（A）3h；中心声级 110dB（A）1h。这一天的等效连续声级便可由式（8-25）算出，即

$$L_{eq} = \left(80 + 10\lg \frac{10^{\frac{3-1}{2}} \times 240 + 10^{\frac{5-1}{2}} \times 180 + 10^{\frac{7-1}{2}} \times 60}{480}\right) dB(A) = 102 dB(A)$$

显然，在这个算例中 $m=3$。

（2）统计声级。由于环境噪声往往不规则并且幅度变化很大，因此需要用不同的噪声级出现的概率或者累积概率表示。对于 A 声级来讲，令大于此声级的出现概率为 m%，并用符号 L_m 表示上述情况时 A 声级的值。例如，$L_{10}=70$dB（A），表示整个测量期间，噪声超过 70dB（A）的概率占 10%，噪声不超过 70dB（A）的概率占 90%；而符号 L_{50} 与 L_{90} 等的定义与此类推。实际上 L_{10} 相当于峰值平均噪声级，L_{50} 相当于平均噪声级；L_{90} 相当于背景噪声级。一般测量方法都是选定一段时间（例如取 5s），每隔一段时间读取一个值，然后去统计 L_{10}、L_{50} 和 L_{90} 等指标。如果噪声级的统计特征符合正态分布时，则统计声级 L_s 为

$$L_s = L_{50} + \frac{d^2}{60} \tag{8-26}$$

式中，$d = L_{10} - L_{90}$；显然，d 值越大，则说明噪声的起伏程度越大，其分布越不集中。

对于交通噪声问题，常采用 TNI 噪声指数、TNI 指数的计算是以噪声起伏变化（$L_{10} - L_{90}$）为基础，并考虑到背景噪声 L_{90} 值，它综合地反映了交通噪声这一复杂情况。其表达式为

$$TNI = L_{90} + 4(L_{10} - L_{90}) - 30 \qquad (8-27)$$

（3）语言干扰级。由 0.5~2000Hz 频率范围的噪声对语言干扰最大，因此选取 500Hz、1kHz、2kHz 以及 4kHz 中心频率的声压级（即 L_{P500}，L_{P1k}，L_{P2k}，L_{P4k}）进行算术平均作为评价噪声对语言的干扰程度，称为语言干扰级，记为 SIL（Speech Interference Level），即

$$SIL = \frac{L_{P500} + L_{P1k} + L_{P2k} + L_{P4k}}{4} \qquad (8-28)$$

式中，L_{P500}，L_{P1k}，L_{P2k} 与 L_{P4k}，分别表示 500Hz、1000Hz、2000Hz 与 4000Hz 为中心频率的倍频程声压级。参考文献［88］给出了语言干扰级 SIL 与人们进行语言交流的最大距离，读者可参考。

（4）噪声评价数的 NR 值。对于室内活动场所的稳态环境噪声，国际标准化组织（ISO）推荐采用 NR 曲线（如图8-18所示）来评价噪声对工作的影响。NR 值的具体求法是：对噪声进行倍频程分析，一般取 8 个频带（如 63Hz，125Hz，250Hz，500Hz，1kHz，2kHz，4kHz，8kHz）测量声压级。根据测量的结果在图 8-18 上画出频谱图，在该噪声的 8 个倍频程声压级中找出较接近的那条 NR 曲线之值，即为该噪声的评价数 NR。通常这样得到的噪声评价数 NR 值比前面介绍的 A 声级计算值低 5dB[60,415]。

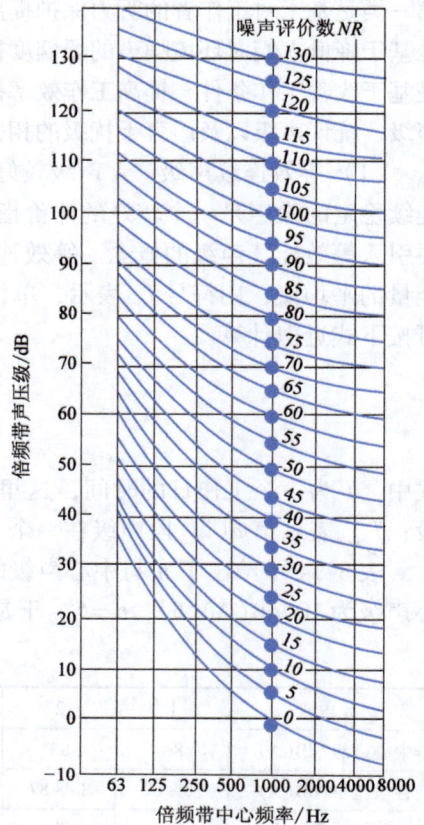

图 8-18　噪声评价的 NR 曲线

（5）噪声控制的措施。由于在噪声干扰的形成过程中三大要素，即声源、传播途径以及接受者，因此噪声的控制也必须从以下三方面入手：

1）控制噪声源——工厂中的噪声主要是机械噪声和空气动力性噪声。降低机械噪声的措施主要应体现在减少运动件的相互撞击、减少摩擦、提高制造精度和装配精度、加强润滑等；降低空气动力性噪声的主要措施体现在降低气流排放速度、减少压力脉冲、减少涡流等。

2）控制噪声的传播——例如调整声源的指向，将声源的出口指向天空或野外；再如采用吸声、隔声、消声等措施控制噪声的传播。

3）注意采取个体防护措施，例如用耳塞、耳罩、防声棉等降低噪声。

4）当环境噪声强度较低时，采用音乐调节往往是十分有效的。

8.7　职业危害以及职业安全与健康

8.7.1　有毒环境的卫生标准

空气中的污染物种类很多，其中，固体尘粒有碳粒、飘尘、飞灰、氧化锌、氧化铅、碳酸钙、二氧化硅等形成的粉尘；属于气体的有：硫化物（如二氧化硫、三氧化硫、硫化氢等）、氮化物（如一氧化氮、二氧化氮、氨等）以及其他氧化物（如一氧化碳、臭氧、过氧

化物等）、卤化物（如氯气、氯化氢、氟化氢等）；属于液体的有：硫酸、盐酸等。一般情况下，空气污染物中粉尘和二氧化硫占 40%，一氧化碳约占 30%，二氧化氮、碳氢化合物及其他污染物约占 30%。这些污染物按其存在状态可分为气态和气溶胶两大类。气态有害物质依其常温下的状态又可分为气体和蒸气。气溶胶是固体或液体细小微粒分散于空气中的分散体系，气溶胶也可依微粒的大小分为烟尘、粉尘和雾三种，其典型代表物有一氧化碳、二氧化碳、二氧化硫等气体，苯、酚、汞等蒸气，铅烟、锌烟等烟尘，颜料、石棉、煤炭等粉尘，硫酸、盐酸的雾等。

使空气污染的方式大体上可有三种：一种是生产系统的排放物，一种是交通工具的排放物，另一种是生活系统的排放物。另外，空气污染物侵入人体的渠道主要也有三条：一是从呼吸道吸入；二是由食物和饮水摄入，三是由体表接触侵入。其中以由呼吸道吸入空气污染物，对人体造成的危害最大。正常人每天平均要吸入 $15 \sim 20m^3$ 的新鲜空气，因此空气污染越厉害，中毒越深，危害越严重。空气污染可造成呼吸系统疾病、视觉器官疾病、生理机能障碍，严重时会导致心血管系统的病变以致死亡。为此，在未详细研究有毒气体以及工业粉尘、烟雾对人体带来的危害之前，首先了解有毒环境的卫生标准是十分必要的。

我国于 1979 年重新修订了《工业企业设计卫生标准》（GBZ1—2010），规定车间空气中有害气体、蒸气以及粉尘的最高允许浓度共 120 余种，其中部分有毒物质的最高允许浓度见表 8-15。

表 8-15　车间空气中有毒物质的最高允许浓度

毒物名称	最高允许浓度 /(mg/m^3)	毒物名称	最高允许浓度 /(mg/m^3)
一氧化碳	30	氨气	30
二甲苯	100	臭氧	0.3
二氧化硫	15	氧化氮	5
二硫化碳	10	铅尘	0.05
三氧化二砷及五氧化二砷	0.3	硫化铅	0.5
五氧化二磷	1.0	黄磷	0.03
六六六	0.1	硫化氢	10
丙酮	400	硫酸及三氧化硫	2
甲醛	3	氯	1
敌敌畏	0.3	四氯化碳	25
汞	0.01	溶剂汽油	350
苯	40	醋酸丁脂	300
氟化氢及氟化物	1	甲醇	50

表中数据均是在 8h 工作的前提下考虑某种有毒物质所允许的最高浓度。如果作业环境中存在两种及两种以上毒物时，可用下式进行评价，即

$$\frac{C_1}{M_1} + \frac{C_2}{M_2} + \cdots + \frac{C_n}{M_n} \leq 1 \tag{8-29}$$

式中，$C_1, C_2 \cdots, C_n$ 为几种有毒物质的实测浓度；$M_1, M_2, \cdots, M_n$ 为各种有毒物质的最高允许浓度。

如果上式成立，则表示有毒物质的浓度低于最高允许浓度，表明作业环境符合卫生标准，否则表明作业环境不符合卫生标准。

对于某种有毒物质，如果作业时间内浓度有变化时可按下式进行换算，即

$$C_8 = \frac{C_1 T_1 + C_2 T_2 + \cdots + C_k T_k}{8} \leq [M] \tag{8-30}$$

式中，C_8 表示 8h 内的当量浓度；$C_1, C_2, \cdots, C_k$ 代表不同作业时间内同一种有毒物质的浓度；而 $T_1, T_2, \cdots, T_k$ 为对应不同作业的时间（h）（$k=1,2,\cdots$，k 表示对应的作业环节数）；$[M]$ 表示卫生标准对这种有毒物质所规定的最高允许浓度。

显然，上式成立时则表示此作业环境符合卫生标准，否则不符合卫生标准。

以上是针对一般作业环境进行的讨论。事实上，对航天器乘员舱室而言，其作业环境的情况就更显得重要。据前苏联有关资料报道，礼炮 6 号航天员排出的代谢产物约有 400 种化合物；礼炮 7 号航天员在飞行 3~8 个月返回地面后，呼出气中某些挥发物较飞行前有明显增加，其中乙烯与乙烷的含量增加了 7 倍，这从侧面表明了航天器人舱室内微环境的污染。表 8-16 给出了监测航天飞机在轨道航行中人舱大气环境中的污染物，显然航天器舱室内的气体环境应该高度重视。正因为载人航天器中乘员舱气体环境中污染源广、涉及的因素多，因此，完全依靠试验与检测对航行中舱内污染物进行定性分析的办法，是很难深入和较准确地寻找到内在的规律与污染物的动态改变。为此，NASA 针对自由号空间站预研的需要，20 世纪 80 年代末期，建立了空间站污染物模型[428]，开始用数学模型的办法去实现预测的目的。

表 8-16　从航天飞机 STS-5 航行收集的样品中发现的污染物浓度

气体含量（×10⁻⁶）		活性碳质量浓度/（mg/g）				氢氧化锂质量浓度/（mg/g）	
甲烷	114.774	氟代	372.201	六甲基环三硅氧烷	640.908	丁烯	0.700
一氧化碳	1.021	一氯甲烷	3.838	乙酯	17.554	乙烷	5.839
丁烯	0.683	三氯一氟甲烷	16.694	三氯乙烯	4.248	一氯甲烷	0.244
三氟乙烷	0.009	氯乙烷	71.476	三氯甲烷	13.030	呋喃	0.845
乙烷	0.016	三氟乙烷	1234.990	正丙醇	2.820	丁酮	0.462
丙酮	0.026	乙醛	148.164	三甲基硅烷醇	18.642	正丙醇	1.535
丁酮	0.003	二氯乙炔	6.693	1,2-二氯乙烷	26.465	乙醇	1.535
二氯甲烷	0.006	亚辛基环戊烷	63.484	1,2-二氯丙烷	12.249	二氯甲烷	0.136
正丙醇	0.004	甲基环戊烷	0.890	甲苯	346.631	苯	1.247
乙醇	0.51	有机硅	15.410	四氯乙烯	566.177	四硅氧烷	8.856
苯	<0.001	丙酮	147.359	乙酸丁酯	83.893		
1,4-二甲基苯	<0.001	环己烷	8.987	正丁醇	67.987		
1,2-二甲基苯	<0.001	甲酸乙酯	44.330	乙苯	20.773		
甲苯	0.002	丙烯醛	26.790	1,4-二甲苯	11.874		
硅氧烷	0.011	乙酸乙酯	82.305	1,3-二甲苯	55.481		
硅氧烷	0.004	2-甲基丙醇	41.309	1,2-二甲苯	26.879		
硅氧烷	0.002	1,1,1-三氯乙烷	29.628	正丙苯	1.305		
		异丙醇	1011.280	乙烯基苯	5.387		
		二氯甲烷	41.379	乙酸2-甲基丙酯	23.648		
		乙醇	892.641	丁酸乙酯	37.963		
		苯	16.794				

8.7.2　瓦斯及其防治

矿井瓦斯是煤矿生产过程中，从煤、岩体内涌出的以甲烷（CH_4）为主的各种有害气体的总称[429~432]。在煤矿，一般所讲的瓦斯就是甲烷。瓦斯是无色、无味、无毒气体。与空气相比，其相对密度为 0.554，比空气轻，容易聚集在矿井巷道的顶部。瓦斯虽然无毒，但当其在空气中的浓度超过 57% 时，空气中的氧浓度就会相对地降至 10% 以下，就易造成人缺氧窒息事故。另外，在一定的条件下瓦斯遇火就能燃烧或爆炸，有时还会发生喷出和突出等动力现象，造成人员伤亡、财产损失，瓦斯爆炸是煤矿最严重的事故之一。当然，瓦斯也可以利用，可作为一种洁净能源，瓦斯可作民用燃料；也可作化工原料，可用于制造甲醛、碳黑等产品。在煤矿业中，瓦斯防治是重点与难点，弄清楚瓦斯的形成过程、涌出规律，对瓦斯灾害的防治具有十分重要的意义。

8.7.2.1　矿井瓦斯的形成以及影响煤层瓦斯含量的主要因素

1. 矿井瓦斯的形成

矿井瓦斯是伴随着煤的形成而产生的。通常，造气的过程分为两个阶段。从植物遗体到形成泥炭的过程中生成的瓦斯，属于生物化学造气；从泥炭转化为褐煤，再逐步变成无烟煤的过程中所生成的瓦斯属于煤化变质作用造气。在漫长的地质年代中，由于两种造气过程中的自然条件不同，加上瓦斯本身在其压力差和浓度差作用下所发生的运动，因此不同煤田或同一个煤田中的不同区域中瓦斯含量是不同的。

煤体是一种多孔性固体，因此，瓦斯在煤体中能以游离和吸附两种状态存在。游离瓦斯也称自由瓦斯，是指瓦斯在煤、岩体的裂隙或较大孔隙中呈自由状态，显现出一定的压力，并服从气体的状态方程，即游离瓦斯量的大小与储存空间的体积和瓦斯压力均成正比，与瓦斯温度成反比。

吸附状态的瓦斯主要吸附在煤的微孔表面上以及煤的微粒结构内部。吸附瓦斯量的大小与煤的性质、孔隙结构特点以及瓦斯压力和温度有关。

对于给定的煤体，其瓦斯含量是一定的，但其中的游离瓦斯和吸附瓦斯在一定条件下是可以相互转化的。例如，当温度降低或者压力升高时，一部分瓦斯将由游离状态转化为吸附状态，这种现象叫吸附；而当温度升高或压力降低时，一部分吸附瓦斯就会转化为游离瓦斯，这种现象叫解吸。在现有开采条件下，煤层内的吸附瓦斯占瓦斯总量的 80%~90% 左右，但是在断层带以及大的裂隙和孔洞内，瓦斯则主要以游离状态存在。另外，沿煤层的垂直方向，瓦斯的含量呈现有规律的变化：当煤层直达地表（俗称露头）或者在冲积层之下有含煤盆地时，由于煤层内的瓦斯向地表运移和地面空气向煤层深部渗透，于是沿煤层的垂直方向气体会出现 4 个条带（即 CO_2-N_2 带、N_2 带、N_2-CH_4 带与 CH_4 带），其中前 3 个带常称为瓦斯风化带，CH_4 带则称为甲烷带或瓦斯带。上述分带表明，瓦斯含量随深度的加大呈现有规律的增加。因此可利用这一规律去预测不同深度的煤层瓦斯含量。

2. 影响煤层瓦斯含量的主要因素

煤层瓦斯含量的影响因素，可归纳为以下六点：

（1）煤的吸附特性。它取决于煤化程度。一般情况下，煤化程度越高，吸附性越大，瓦斯含量越大。

（2）煤层露头。一般情况下，有露头时瓦斯含量比没有露头时的小。

（3）煤层的埋藏深度。在煤体未受采动影响下，煤层埋藏越深，瓦斯含量就越高。

（4）周围岩体的透气性。通常透气性越差，则煤层中的瓦斯含量就会越高。

（5）煤层倾角。因为瓦斯沿水平方向流动比沿垂直方向流动难，因此埋藏深度相同的煤层，其倾角越小，则瓦斯含量就越大。

（6）地质构造。通常封闭性地质构造的瓦斯含量要比开放性地质构造的瓦斯含量高。

8.7.2.2　瓦斯的涌出、喷出与突出现象

地下开采过程中，煤层的应力状态受到破坏，煤体破裂、膨胀变形，部分煤岩的透气性增加，游离瓦斯及部分吸附瓦斯就会从煤岩中均匀地释放出来而涌向井下空间，称为瓦斯涌出。通常，瓦斯涌出可分为普通涌出和特殊涌出。特殊涌出包括瓦斯喷出以及煤与瓦斯突出。所谓瓦斯喷出是指从煤体或岩体裂隙、孔洞或炮眼中大量瓦斯异常涌出的现象。有关文献还规定：在20m巷道范围内，涌出瓦斯量大于或等于 $1m^3/min$ 并且持续时间在 8h 以上时，则该采掘区即定为瓦斯喷出区域。显然，由于喷出瓦斯在时间上的突然性和空间上的集中性，因而往往导致喷出地点的瓦斯浓度很高，发生人员窒息事故，而且如遇高温热源便引起瓦斯的燃烧或爆炸。在煤矿地下采掘过程中，在极短的时间内（一般为几秒到几分钟）从煤、岩体内向采掘空间喷出煤和瓦斯的现象便称为煤与瓦斯突出，它是一种显著的动力现象。应指出，煤与瓦斯突出所产生的高速含煤粉的瓦斯流，能摧毁巷道设施，破坏通风系统，造成人员窒息，引起瓦斯燃烧或爆炸等。

尤其要说明的是，关于瓦斯突出的机理仍是世界范围内未能解决的难题，目前还没有给出一个圆满的理论解释。

8.7.2.3　瓦斯的爆炸及其防治

1. 瓦斯的爆炸

瓦斯爆炸是煤矿最严重的灾害之一，其强大的冲击波可造成井巷设施和通风系统的破坏，导致人员的伤亡，而且极易形成瓦斯或煤尘的二次爆炸，扩大受灾面积。瓦斯爆炸必须同时具备以下三个条件：

（1）瓦斯含量在爆炸界限内。

（2）氧气含量在12%以上。

（3）存在引爆热源，且温度在 650～750℃。

在煤矿井下，上述第（2）个条件在作业现场是始终存在的，所以预防瓦斯爆炸的措施主要应该防止瓦斯的积聚与高温热源的处理问题。

2. 瓦斯爆炸的预防措施

对于瓦斯爆炸的预防措施，可从以下三个方面做扼要说明：

（1）预防瓦斯积聚，尤其要注意通风稀释瓦斯，及时检查瓦斯浓度等。

（2）杜绝或限制高温热源，要禁止一切非生产性热源（例如吸烟、电炉或灯泡取暖、私自打开矿灯等），另外对生产中可能出现的热源（如电火花、静电火花、电焊、气焊、激光测量等）要采取专门措施，严格控制，防止引燃瓦斯。

（3）一旦发生瓦斯爆炸，应使爆炸所波及的范围尽可能小，减少灾害损失。有关具体措施，这里不做介绍，读者可参考相应文献资料（如参考文献［429］、［433］）。

8.7.3　矿尘的危害及其防治

这里矿尘是指在矿井生产过程中产生的各种煤、岩微粒的总称。在煤矿井下，钻眼、爆炸、采煤、矿物装运等各个环节都会产生大量的矿尘。矿尘按其成分可分为：煤尘、岩尘、水泥粉尘；按其粒径可分为：粗尘、细尘、微尘和超微尘；按其在井下存在的状态可分为：浮游矿尘（简称浮尘）和沉积矿尘（简称落尘）；按粒径的组成范围可分为全尘和呼吸性粉尘（简称呼尘）。所谓矿尘防治主要是针对悬浮在矿井空气中的粉尘，即浮尘。在这些浮尘中，如果粒径在 $5\mu m$ 以下的微细粉尘能通过人体的呼吸道进入人的肺部，造成对人健康的危害，这种矿尘就是前面所介绍过的呼吸性粉尘。

8.7.3.1　矿尘的性质

对于矿尘来讲，矿尘的化学成分是决定它对人体危害大小的主要因素之一。试验表明，矿尘中的游离二氧化硅含量越大，人体吸入量越多，则危害性也就越大。另外，试验还证实，矿尘粒度越小，比表面积越大，则矿尘的危害性就越大。这里所谓矿尘粒度是指矿尘颗粒的平均直径，所谓矿尘比表面积是指单位质量矿尘的总表面积。

对矿尘分析来讲，矿尘的分散度、湿润性、荷电性和光学特性都是需要研究与注意分析的几个侧面。分散度是指矿尘整体组成中，按一定的粒径等级划分的各级矿尘占总矿尘的质量或者数量（即矿尘的颗粒数）的百分比。所谓高分散度矿尘是指微细颗粒所占比例较大的情况。显然，分散度越高，矿尘的危害就越大；矿尘的湿润性是指矿尘与液体的亲和能力。湿润性好的矿尘便于采取液体降尘的处理措施去降低矿尘的危害；悬浮于空气中的矿尘通常都带有电荷，其带电量的大小要受到各种因素的影响，并且各尘粒所带电荷的正、负电有所不同。显然，对带异性电荷的尘粒来讲，由于相互吸引，因此易于凝集而较快沉降，这对防尘很有利；相反，对带相同电荷的尘粒来讲，由于相互排斥而不易沉降，所以对防尘带来不利的影响。所谓矿尘的光学特性是指矿尘对光的反射、吸收和穿透性。利用矿尘的这一光学特性便可采用光电测尘技术去测定矿尘的浓度。

8.7.3.2　煤尘爆炸的机理、特征和条件

1. 煤尘爆炸的机理

煤尘爆炸是在高温点火能的作用下，煤尘与氧气发生的急剧氧化放热反应。其爆炸机理主要有三个方面：一是煤尘本身可爆；二是煤尘受热后能放出大量的可爆气体；三是煤尘被点燃后产生的热量得不到及时释放，形成热量积聚，最终导致爆炸。

2. 煤尘爆炸的特征

煤尘爆炸的重要特征有三点：一是形成高温、高压和冲击波；二是产生大量 CO；三是形成黏焦。显然，前两个特征与瓦斯爆炸相似，而有无形成黏焦是判断井下爆炸是否有煤尘参与的重要标志。

3. 煤尘爆炸的条件

煤尘爆炸必须具备以下三个条件：一是要有煤尘（因煤尘本身具有可爆性）；二是空气中漂浮煤尘浓度达到 $45\sim2000g/m^3$，它属于爆炸范围；三是具有达到点火能（温度为 $700\sim800℃$）的高温热源。

8.7.3.3　煤尘爆炸的防治技术

煤尘爆炸的防治技术可从以下五个方面进行表述：

（1）煤层注水，即预先在煤层中钻孔注水，使其渗透到煤体内部，增加煤的水分，减少煤层开采过程中的产尘量。

（2）清除积尘，防止沉积的粉尘参与爆炸。

（3）撒布岩粉，增加沉积粉尘的灰分，抑制煤尘爆炸传播的作用。

（4）设置隔爆设施，减缓煤尘爆炸的传播。

（5）严格控制高温热源。

参考文献［429］、［432］、［433］中给出了这方面更详细的叙述，参考文献［434］给出了粉末爆炸性特征值的测定方法，感兴趣者可进一步阅读这些文献。

8.8 航空航天作业中的宇宙辐射及其防护

宇宙辐射是航空航天作业时常会涉及的重要问题之一。在地球表面，由于大气层的屏蔽作用，有效地防止了宇宙辐射危险。然而，在地球大气层以外的空间飞行，特别是在星际空间飞行或者在月球或行星表面停留时，宇宙辐射对人体的危害性便明显的体现了。本节只准备讨论近年来国际上一直十分关注的空间重粒子的生物效应以及宇宙辐射的防护问题。

8.8.1 宇宙辐射的生物效应

在航天作业中，航天员可能会受到两种不同来源的辐射：一种是自然产生的，另一种是人工产生的。自然产生的辐射主要有三个来源：一是地磁捕获辐射，二是银河宇宙辐射，三是太阳宇宙辐射。由于地球磁场对太阳风中的电子和质子的捕获作用，在地球周围形成了地磁捕获辐射带（又称范·艾伦带）。地磁捕获辐射带可分为内带和外带两种：内带在 300 ～ 1200km 高度，其范围随纬度而变；外带起始于 10000km 高度，其上界取决于太阳的活动。辐射效应最明显的是在 55000km 的高度。当载人航天器在低轨道飞行时，地磁捕获辐射带内的辐射强度一般较弱。但在南半球的地磁场中有一个突变区，即南大西洋异常区（其位置在西经 0°～60°，南纬 20°～50°之间）在 16 ～320km 的高度，异常区内捕获质子的能量强度超过 30MeV，相当于其他地方 1300km 高度的辐射强度，因此在进行空间飞行时应尽可能避开这个区域。目前，美国航天飞机几乎都是在低倾角、低轨道上飞行的，例如轨道倾角为 30°，航天飞机每天要穿过大西洋异常区 5 次，轨道倾角为 38°，则每天要穿过 6 次。因此，航天员要受到来自南大西洋异常区的宇宙辐射。

银河宇宙辐射来源于太阳系之外，由已经电离并加速到极高能量的原子核组成，其中质子（即氢核）占85%，α粒子（即氦核）约占13%，其余则是重核（其原子序数在3～30之间）。

太阳活动具有规则的周期性，每隔11年太阳表面要发射出强烈的电磁辐射和高能粒子，这就是通常所说的太阳耀斑。太阳耀斑一般仅持续 30～50 分钟；当太阳耀斑停止后几小时至几天，太阳粒子能到达地球附近（其实，只有一部分粒子能到达地球，大部分则消失在宇宙空间）。太阳耀斑产生的高能粒子由质子、α粒子和高原子序粒子组成，但以质子为主，统称为太阳宇宙辐射。

除了上述介绍的自然产生的辐射之外，航天员在航天器上还会受到人工辐射源的照射。在载人航天器上还有人工辐射源，如放射性同位素的发电机等。表 8-17 给出了美国航天员所接受的辐射剂量。这里剂量是表示被组织吸收的辐射能量（单位为 rad）。国际单位制的单位是 Gy，1Gy = 100rad。

表 8-17　美国航天员所接受的辐射剂量

型　号	时　间	倾角（°）	近/远地点/km	剂量/(m·rad)	剂量率/(m·rad·d^{-1})
双子星座 4 号	97.3h	32.5	296 ~ 166	46	11
双子星座 6 号	25.3h	28.9	311 ~ 283	25	23
阿波罗 10 号	192h			480	60
阿波罗 12 号	244.5h			580	57
阿波罗 14 号	216h			1140	127
天空实验室 2 号	28d	50	435	1596	57 ±3
天空实验室 4 号	90d	50	435	7740	86 ±9
阿波罗-联盟号	9d	50	220	106	12
航天飞机 41C	168h	28.5	528		74.1
航天飞机 41G	169h	28.5	297		6.3
航天飞机 51B	166h	57	352		21.4
航天飞机 51J	95h	28.5	510		107.8

1. 宇宙辐射的急性生物效应

在载人航天中，需要考虑两种生物效应：一种是急性效应，另一种是后效应。所谓急性效应是短期大剂量照射产生的瞬时效应；后效应是长期小剂量照射产生的后发效应。在载人航天技术发展的初期，科学家们比较重视人体特殊器官的急性效应。但近年来，随着载人航天经验的积累，人们更注意小剂量辐射引起的后效应，特别是癌症和遗传效应。表 8-18 列出了急性全身辐射的早期效应，其中恶心、呕吐、腹泻都是急性全身辐射后出现的重要症状。

表 8-18　急性全身辐射的早期效应

剂量/rad	早　期　效　应
0 ~ 50	无明显效应，但血液可能有轻微改变，并可出现厌食
50 ~ 100	10% ~ 20% 的人在辐射后的第一天出现恶心和呕吐，疲劳，但无严重的失能，有短时间的淋巴细胞和中性白细胞减少
100 ~ 200	第一天有恶心和呕吐，然后有 50% 的人出现放射病其他症状，有 5% 的人可能死亡，淋巴细胞和中性白细胞减少约 50%
200 ~ 350	第一天有 50% ~ 90% 的人出现恶心和呕吐，然后出现放射病的其他症状，如食欲丧失、腹泻和小量出血，照射后的 2 ~ 6 周内有 5% ~ 9% 的人死亡；幸存者在 3 个月后开始康复
350 ~ 550	绝大多数人在第一天就出现恶心和呕吐，然后出现放射病的其他症状，如发烧、出血、腹泻和消瘦，90% 的人在 1 个月内死亡，幸存者在 6 个月后开始康复
550 ~ 750	所有人在照射后的 4h 之内即出现恶心和呕吐，或至少出现恶心，然后是严重的放射病症状，几乎 100% 的人死亡，极少数幸存者在 6 个月后开始康复
1000	所有人在照射后的 1 ~ 2h 内即出现恶心和呕吐，一般没有幸存者
5000	照射后立即出现全身无力，在一周内所有人都会死亡

另外，急性效应还应包括血液学效应（即血小板减少，白细胞减少，出血和感染等症状）。血液系统的效应在很大程度上取决于辐射对骨髓和淋巴组织的损伤情况。表 8-19 给出

了血细胞变化与损伤程度之间的关系，表8-20给出了白细胞减少症出现的时间与急性效应程度之间的关系。显然，这些资料为急性效应的量化研究提供了宝贵的试验数据。

表8-19　血细胞变化与损伤程度之间的关系

伤情与剂量/rad	48~72小时淋巴细胞数	第7、8、9天白细胞数	第20天血小板数
轻度（100~200）	>1000	3000	>80000
中度（200~350）	500~1000	2000~3000	≤80000
重度（350~550）	200~400	1000~2000	—
极重度（>550）	<100	<1000	—

表8-20　白细胞减少出现时间与急性效应程度的关系

程　　度	剂量/rad	白细胞减少症出现/天
极重度	>550	<8
重度	350~550	8~20
中度	200~350	20~32
轻度	100~200	32~37；或不发生

当人体受到宇宙辐射的照射时，皮肤是首当其冲的受害部位。皮肤的受损程度主要取决于照射剂量。通常，照射剂量越大，则皮肤的损伤程度越严重。当受到小剂量照射时，皮肤可无任何反应，或者有点反应也能很快恢复。表8-21列出了不同剂量辐射对皮肤造成的不同程度损伤。除了剂量大小之外，辐射的种类和性质、照射剂量的时间分布、机体和皮肤对射线的敏感性等，都对皮肤的损伤程度有影响。在载人航天中，特别是航天员在舱外活动时，宇宙线的照射容易引起航天员的皮肤反应，而且容易导致皮肤出现红斑。皮肤红斑对一般人来说并不算严重损伤，但对于航天员则不同，因为即使轻度的红斑也会引起航天员的严重不适，甚至会达到无法忍受的地步。另外，试验证明，在较大剂量的照射之后，由于人的体力下降并且定向力出现障碍，所以作业者已不能完成指定的工作。试验数据显示：当剂量为18000rad时，受照后5分钟内失能，大多数在1天内死亡；当剂量为8000rad时，受照后5分钟内失能，2天内死亡；当剂量为650rad时，受照2小时内出现功能障碍，2周内死亡。

表8-21　引起皮肤不同程度损伤的辐射剂量

损伤性质	损伤表现	红斑量（%）	照射剂量/rad			
			软X射线	硬X射线	γ射线	β射线
急性	1度：脱毛	70~80	350	500	700	400~500
	2度：红斑	100	500	700	1000	600~700
	3度：水泡	150	750	1000	1500	-1000
	4度：坏死溃疡	200	1000	1500	2000	-1500
慢性	放射性皮炎	~	-12×500			-12×500
	硬结性水肿	70%×2	—	500×2		—
	放射性溃疡	80%×3	—	600×3		—
	皮肤癌	~	-1×2×100	-1×2×100	-1×2×100	-1×2×100

2. 空间重粒子的生物效应

近年来，国际上对宇宙辐射的研究主要集中在空间重粒子的生物效应上。空间高能重粒子是高轨道上宇宙辐射中的强电离成分，其能量都在 50MeV 核子以上。这样的能量足够穿透 1mm 厚的航天服和载人航天器上的一般屏蔽。一般的辐射屏蔽对银河宇宙辐射重粒子的防护作用甚微。因此航天员所穿的服装在舱外活动，对空间高能重粒子几乎毫无防护作用。可见航天服的防护作用是一项急待解决的问题。

高能重粒子的主要特点是只要一个粒子能在组织中积存的话，就能使几个细胞失活。虽然这种粒子每 1rad 的吸收剂量在每百个细胞中只产生一条离子径迹，但这条离子径迹的电离作用极强，能贯穿许多细胞和一些细胞核。另外，沿着这条离子径迹渐渐形成一条死亡细胞线，它使得这条线周围的细胞有的被杀伤、有的发生突变、有的则变成恶性肿瘤细胞。重粒子的这一特点与通常的射线不同，例如通常的 γ 射线所产生的电子径迹并无明显的生物效应。为了深入研究重粒子的这一特性，科学家们提出了微损伤的新概念。目前，这一概念已广泛地应用于空间重粒子生物效应问题的研究中。

美国阿波罗航天员在月球表面上能"看"到一种特殊的闪光，而且当航天员闭上两眼在暗适应之后仍然可以"看"到。通过地面模拟试验已经初步确定：航天员所"看"到的闪光实际上就是空间高能重粒子通过人的视网膜时产生的。高能重粒子除引起闪光外，还能损伤眼睛角膜。数值计算表明，如果一名航天员在高轨道上停留 90 天，两眼角膜上可受到 5×10^4 个重粒子的撞击。因此，如果航天员经常参加高轨道飞行，患白内障的可能性是不能排除的。这些从侧面再次告诉人们：人机与环境工程方面的研究对航天工程更为重要。由此使人们不难理解，钱学森先生提出创建人—机—环境系统工程的深远意义。

生物机体经过空间重粒子的照射后，有些病变要经过相当一段时间才能表现出来，这就是所谓的"后效应"。大量的统计数据显示，日本原子弹爆炸的幸存者中，白血病的发病期通常在 2～27 年之间，肿瘤或癌症的发病期在 10～50 年之间。因此，对于高轨道上进行长期飞行的航天员来讲是否出现"后效应"，是载人航天科学领域急待研究的关键问题之一。所以人机与环境系统工程学科的确是需要大力发展的[4,6,23,59,56]，同时，这也是安全人机工程学应该涉及的内容之一。

8.8.2　宇宙辐射的防护

在载人航天的科学研究中，除失重之外，宇宙辐射便是影响航天员健康和生命安全的重要因素之一。1970 年美国科学院辐射生物学咨询委员会航天医学小组委员会向美国宇航局推荐了关于航天员辐射暴露的限值标准（见表8-22）。1982 年，国际科学联合会空间研究委员会对 1970 年的标准进行了更进一步的完善。1983 年，美国辐射防护和测量理事会又成立了专门的委员会负责对空间站上的辐射危害进行评估，并于 1987 年制定了新的防护标准（见表8-23 与表8-24）。1989 年美国航空航天局公布了 NASA STD—3000 标准[435]，这是目前国际上有关载人航天相关标准的一本权威性文献。

对于航天宇宙辐射的防护目前主要有五种措施：①被动物理防护；②主动电磁防护；③化学药物防护；④避免高辐射通量；⑤加强对宇宙辐射的监测。下面对这五种措施略做说明。

表 8-22   航天员的辐射暴露限值

飞行时间	剂量/rem			
	骨髓	皮肤	眼晶体	睾丸
日平均剂量	0.2	0.8	0.3	0.1
30天最大容许剂量	25	75	37	13
季度最大容许剂量	35	105	52	18
年最大容许剂量	75	225	112	38
10年容许剂量①	400	1200	600	200

① 10年容许剂量相当于航天员职业暴露限值。

表 8-23   航天员电离辐射暴露限值   （单位:rem）

暴露时限	造血器官	眼睛	皮肤
30天	25	100	150
全年	50	200	300
职业暴露	100~400	400	600

表 8-24   按年龄和性别计算的职业暴露限值   （单位:rem）

性别 \ 年龄	25	35	45	55
男	150	250	325	400
女	100	175	250	300

所谓被动物理防护就是增加载人航天器表层结构的厚度，这是防止宇宙辐射危害的主要措施和手段。为了有效地防辐射，屏蔽材料需要有一定的厚度，但对于航天器来讲决不是越厚越好，屏蔽材料厚度的增加会增加航天器的重量。事实上，航天员在空间站上接受到的辐射量取决于多种因素，其中主要是加压舱辐射屏蔽的厚度，其次是空间站的轨道高度和航天员在轨道上的停留时间，另外还有地磁场的变化和太阳活动情况等。以美国自由号空间站为例，其加压舱呈圆柱形，长 13.1m，直径 4.44m，舱壁分为 2 层，里面是内压力壳层，外面是防护层和隔板。为计算方便，将舱壁简化为一层 0.3125cm 厚的铝合金板，相当于 $0.86g/cm^2$。空间站的正常轨道高度为 500km，倾角 28.5°，设计高度的范围在 555~463km 之间。按表 8-22 的数据进行计算，1 名 40 岁的男性航天员（其职业辐射暴露限值是 275rem），如果每 2 年进行 3 个月的空间飞行，他可以飞行 20 年。如果再进一步降低空间站的轨道高度，航天员所接收的辐射剂量将会降低，允许飞行的时间可以进一步延长。

所谓主动电磁防护，主要是用人工的方法去产生一种强磁场屏蔽或电场屏蔽，使射向载人航天器加压舱的带电粒子偏转，使之偏离加压舱以达到安全防护的目的。目前正在研究的电磁屏蔽有四种，即静电场、等离子体场、封闭磁场和非封闭磁场。应该指出，主动电磁防护目前还没有真正得到实际运用，仍处于设想与研制阶段。

化学药物防护是指在宇宙辐射暴露前的一定时间内让航天员服用的辐射防护药物。理想的辐射防护剂应具备下面四个条件：①有肯定的效果；②无明显的副作用，可重复给药；

③可以多种途径给药，而且以口服效果最佳，有效时间在 6h 以上；④化学性质要稳定，容易合成、生产和储存。在数千种辐射防护剂中，参考文献［435］中主要推荐半胱氨酸和半胱胺。半胱氨酸是一种天然存在的氨基酸，是研究最早和最多的辐射防护剂。该药多用静脉注射，而口服无效。半胱胺是半胱胺酸的脱羧衍生物。半胱胺的防护效能高，约为半胱胺酸的 5 倍，但半胱胺毒性大，有效防护期短。

在航天飞机的飞行中，合理的选择轨道倾角与轨道高度十分重要。数值计算表明，在航天飞机的飞行中，每天有 12～15 小时可以避开南大西洋异常区，在此期间，航天员在舱外活动就比较安全。另外，在近地轨道上，轨道越高，辐射通量越大；倾角越小，则飞行器穿越南大西洋异常区的次数越多。因篇幅所限，其他辐射问题以及宇宙辐射的监测这里就不再讨论了。

习　题

1. 在人机与环境工程中，环境有哪几种分类方法？能否举例说明这些分类方法？

2. 什么是超重环境？什么是失重环境？它们的数学表达式如何？你能否描述一下钱学森先生对这一问题所给出的有关论述？

3. 噪声的特性有哪些？为什么说噪声是一种紊乱的、随机的声振荡呢？

4. 在进行作业空间的设计时应满足哪些基本要求？

5. 为什么说标准化作业在安全上是对安全规章制度的重要补充呢？请举实例说明。

6. 工作座椅设计的主要准则是什么？

7. 在评价室内环境时，常使用 ET 与 ET^*，你能说明它们两者的区别吗？

8. Fanger 提出了评价室内环境热舒适问题的 PMV 指标以及不满足率（PPD）的概念，你知道 PMV 与 PPD 它们之间的经验关系吗？请给出它们的表达式，并给出它们间的关系曲线。

9. 简述热应激时人体的生理反应过程，并绘出其过程的主要框图。

10. 简述冷应激时人体的生理反应过程，并绘出其过程的主要框图。

11. 高温作业与低温作业对人体带来的影响有何不同呢？

12. 暖体假人作为一个测量工具已用于室内热环境的指标评价之中，请比较 EHT 与 EQT 指标有何不同？对于非均匀热环境，利用暖体假人为测量工具时，应该如何评价呢？对于均匀热环境呢？

13. 对于非均匀热环境，EQT 与 EHT 是两个非常有效的评价指标。对于 EQT 指标，式（8-23）给出了借助于暖体假人的实测散热量 Q_t 值去获得 T_{eq} 的相关表达式。另外，Madsen 等人给出了以下经验表达式

$$T_{eq} = \frac{1}{2}(T_a + T_{mr}) \qquad (当\ v_a \leqslant 0.1 m/s\ 时) \qquad (8-31)$$

$$T_{eq} = 0.55T_a + 0.45T_{mr} + \frac{0.24 - 0.75\sqrt{v_a}}{1 + I_{cl}}(36.5 - T_a)$$
$$(当\ v_a > 0.1 m/s\ 时) \qquad (8-32)$$

式中，T_{eq} 为当量温度即 EQT 值。

此外，对于人体各个节段 T_{eq} 的表达式，是通过当量温度的概念以及对人体各节段列能量方程获得的，即

$$C_i + R_i + Q_{s,i} = h_{eq,c,i}S_i(T_{s,i} - T_{eq,i}) \qquad (8-33)$$

式中，C_i 为第 i 节段人体对环境的对流热交换；R_i 为第 i 段人体与车室内环境间的辐射热交换；$Q_{s,i}$ 为第 i 节段人体得到的太阳辐射；$h_{eq,c,i}$ 为在当量温度下第 i 节段的表面换热系数；S_i 为第 i 节段的表面面积；$T_{s,i}$ 为人体第 i 节段的表面温度；$T_{eq,i}$ 为人体第 i 节段的当量温度。显然，有以下关系式

$$C_i = h_{c,i}(T_{s,i} - T_{a,i}) \qquad (8\text{-}34)$$

$$R_{i,n} = \sigma \varepsilon_i f_{i,n}(T_i^4 - T_n^4) \qquad (8\text{-}35)$$

式中，$f_{i,n}$ 为第 i 节段对车室内表面 n 的角系数，T_n 为表面 n 的温度，其他符号的含义类似于式（3-42）。于是借助于式（8-33）、式（8-34）与式（8-35）便可得到（$T_{eq,i}$）的显示表达式，正如本书式（11-52）所示。

对于 Wyon 提出的 EHT 指标的推导，可结合图 8-19 的 EHT 定义示意图进行。图中理想均匀环境是指为了换算出 EHT 值所假设的均匀热环境，借助于 EHT 的概念，有

$$R + C + Q_S = R_{EHT} + C_{EHT} \qquad (8\text{-}36)$$

式中，C 为实际环境下人体皮肤或衣服与环境的对流换热，R 为实际环境下人体与环境的辐射换热，Q_S 为人体得到的太阳辐射热，R_{EHT} 与 C_{EHT} 分别为理想均匀环境下的辐射与对流换热。

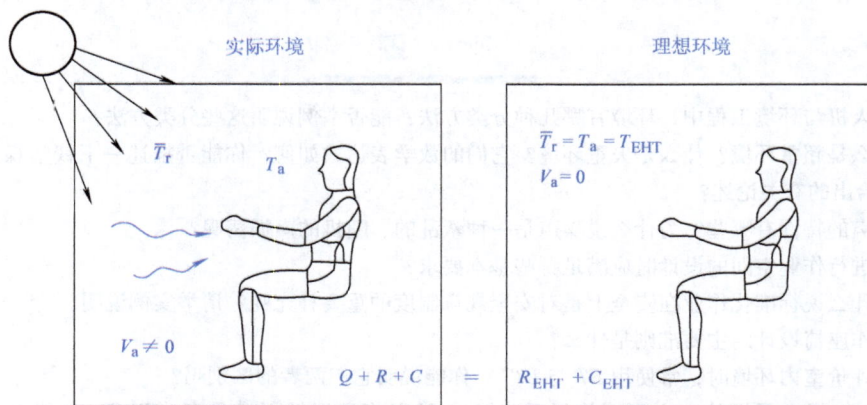

图 8-19　EHT 定义示意图

注意到

$$R = \sigma F_{i,j}\left[\varepsilon_{cl} f_{cl}(T_{cl}^4 - T_r^4) + \varepsilon_{SK}(1 - f_{cl})(T_{SK}^4 - T_r^4)\right] \qquad (8\text{-}37)$$

$$R_{EHT} = \sigma F_{i,j}\left[\varepsilon_{cl} f_{cl}(T_{cl}^4 - T_{EHT}^4) + \varepsilon_{SK}(1 - f_{cl})(T_{SK}^4 - T_{EHT}^4)\right] \qquad (8\text{-}38)$$

$$C = f_{cl} h_c(T_{cl} - T_a) + (1 - f_{cl}) h_c(T_{SK} - T_a) \qquad (8\text{-}39)$$

$$C_{EHT} = f_{cl} h_{c,EHT}(T_{cl} - T_{EHT}) + (1 - f_{cl}) h_{c,EHT}(T_{SK} - T_{EHT}) \qquad (8\text{-}40)$$

式中，$F_{i,j}$ 为面 i 与面 j 间的角系数。将式（8-37）~式（8-40）代入式（8-36）中便得到关于 T_{EHT} 的方程。如果将人体划分为 15 个节段，仿照上面的思路请推导出人体每个节段上 T_{EHT} 的表达式。并比较它与 T_{eq} 的表达式有何重大不同。

14. 请给出噪声评价的几种主要方法以及适用范围。

15. 请叙述一下噪声控制的主要措施。

16. 为什么航天器乘员舱室的作业环境更需要注意环境卫生标准？

17. 请扼要叙述一下煤矿中瓦斯的涌出、喷出与突出现象。

18. 如何才能有效地防止矿井中的瓦斯爆炸呢？

19. 为什么说瓦斯突出的机理研究是难题？请问应如何进行这项研究？

20. 煤尘爆炸的主要特征是什么？如何防止煤尘爆炸呢？

21. 矿井瓦斯爆炸是煤矿井下一种极为严重的灾害，一旦发生，不仅会造成大量人员伤亡，而且还会严重摧毁矿井设施，造成生产中断，甚至还会引起煤尘爆炸，矿井火灾，导致二次事故，从而加重灾害。矿井瓦斯爆炸就其本质而言是一定浓度的瓦斯与空气中的氧气相互作用，在一定温度下进行剧烈氧化反应，并且是一种链式反应。当爆炸混合物吸收一定的能量后，反应物分子的链即行断裂，

离解成 2 个或 2 个以上的游离基（又称自由基）。这种游离基具有很强的化学活性，成为反应连续进行的活化中心；在适当的条件下，每个游离基又可进一步分解，产生 2 个或 2 个以上的游离基，如此进行，化学反应也越来越快，最后发展为燃烧或爆炸式的氧化反应。显然，瓦斯爆炸必须具备三个条件：即①瓦斯的浓度处于爆炸范围；②氧浓度超过失爆氧浓度；③存在具备一定条件的引火源（条件包括：引爆的能量大于最小点燃能量，温度高于最低点燃温度以及点燃时间长于感应期）。因此只要能控制或消除其中一个因素便可防止瓦斯爆炸。在采煤工作面瓦斯浓度的变化规律可以用以下微分方程表示

$$\frac{\partial C}{\partial t} + \frac{\partial (vC)}{\partial S} - D \frac{\partial^2 C}{\partial S^2} = \sigma(S,t) \tag{8-41}$$

式中，C 为瓦斯浓度；v 为风速；D 为扩散系数；$\sigma(S,t)$ 为单位时间单位体积的瓦斯涌出量（它是 S 与 t 的函数）；S 与 t 分别为距离与时间。请问式（8-41）属于哪一类偏微分方程呢？要求解这个方程还需要什么定解条件？你能否针对一个具体采煤工作面，给出它的定解条件后，借助于 Fortran 语言或 C 语言或者 Matlab 工具箱去完成式（8-41）的具体数值算例。

22. 什么是宇宙辐射的急性生物效应？

23. 为什么说空间重粒子的生物效应多属于后效应？

24. 在载人航天的科学研究中，宇宙辐射的防护主要有哪几种措施？请做扼要叙述。

25. 随着人类空间活动的日益增强，空间环境对航天器影响的重要性也日益突出。例如 1983 年 3 月的大地磁暴曾导致美国气象航天器一度中断向地面发送云图；再如 1983 年 3 月 13 日特大磁暴一开始便使美国太阳活动峰年航天器（SMM）的轨道高度下降了 0.5km，在整个磁扰期间轨道高度下降了 5km，从而导致航天器提前陨落。进入 20 世纪 90 年代以来，许多飞行器事故的发生与空间环境有密切的联系，因为航天器及大部分空间航天器的运行区域是地球大气层以上的电离层、磁层及行星际空间。这些空间区域并不是完全的“真空”，而是“充满”着大量的等离子体、高能粒子、微流量体、尘埃、空间碎片、中性原子和电磁射线等物质，这些物质对航天器有一定的作用，绝对不可忽视。试以电离层等离子体环境可以对航天器充电、高电压太阳电池阵的电流泄漏和引起高电压太阳电池阵的弧光放电为例，以具体的航天器为背景说明这些影响所导致的空间事故。

第9章

人机系统功能匹配以及安全防护装置设计

安全人机系统主要由人、机、环境这三部分组成。任何机器都必须有人操作，并且都处在各种特定的环境之中工作。随着现代机器设计的日益发展、机器构造高度复杂与精密，这不仅对机器所处的环境条件提出了一定的要求，而且对使用机器的人提出了越来越高的要求。当然，人—机—环境系统工程的设计，重点是解决系统中人的效能、安全、身心健康以及人机匹配最优化的问题，也就是说，要使机的设计既符合人的特点，又应考虑如何才能保证人的能力适合机的要求，即做到机宜人，人适机，使人机之间达到最佳匹配，这是一条基本的原则。因此，在人—机—环境系统工程研究中，必须处理好人机关系，只有这样，才可能确保人—机—环境系统总体性能的实现。

人机关系通常可分为静态人机关系和动态人机关系两大方面。静态人机关系主要研究人、机之间的空间关系；动态人机关系主要研究人、机之间的功能关系和信息关系（其中包括人机界面的分析、设计与评价）。当然，无论是人、机空间关系，还是人、机功能关系和信息关系，它们不是孤立的，而是相互联系的。本章主要讨论人机功能关系、人机系统设计的一般过程以及安全防护装置设计的相关问题。

9.1 人机功能关系

对于一个复杂的人—机—环境系统来讲，一方面要注意对人的功能进行适当开发与利用，注意对操作人员进行必要的系统训练；另一方面又要在机、环方面在技术上采取有效的措施，以保证相应人员的能力得以充分发挥。此外，更重要的是从人—机—环境系统的开始研究与设计阶段，就应该采用系统分析的方法，从该系统的任务出发提出系统的功能要求；再以功能要求为基础，根据当时的技术条件，对机器的功能和人的能力做详细的分析和研究，合理地进行人与机之间任务的科学分配，因此详细了解人和机的功能特点、了解两者各自的长处和短处，这对实现整个人机系统高效、可靠、安全以及操纵方便是十分必要的。以宇宙飞船为例，对于其绕月球飞行的成功率来讲，国外文献分析显示：如果采用全自动化飞行时成功率仅为22%；如果采用有人参与时则为70%；如果在飞行中航天员还能承担维修任务时则为93%，是全自动化飞行成功率的4.2倍。所以，合理的功能分配对完成人机系统的成功设计是非常重要的。

9.1.1 人的主要功能

人在人机系统操纵过程中所起的作用，可以用图9-1做概括性说明。该图给出了人在操作活动中的基本功能示意图，它集中体现在信息输入即感受刺激（S）、信息处理即意识或称大脑信息加工（O）以及行为输出即做出反应（R）这三个过程中。上述过程，心理学家称之为行为反应的S—O—R模式。事实上，对于人的子系统，又可分为S—O系统和O—R系统。S—O系统由各种感觉器官（即视觉、听觉、触觉等）与大脑中枢组成，由传入神经作为联络纽带。这个系统的任务是收集信息、发现问题，并传递到大脑进行加工整理，即判断和决策。对输入的信息，有的只需要存储记忆或分析判断，而不必要启动O—R系统做出直接反应；有的则要求动用O—R系统做出相应的反应（见图9-2）。O—R系统由大脑中枢与运动器官（即手、脚、肢体、声带等）组成，由传出神经作为联络纽带。这个系统的任务是执行大脑发出的指令，改变客体的状态。

从图9-1可以看出，人在人机系统中主要具有以下三种功能：

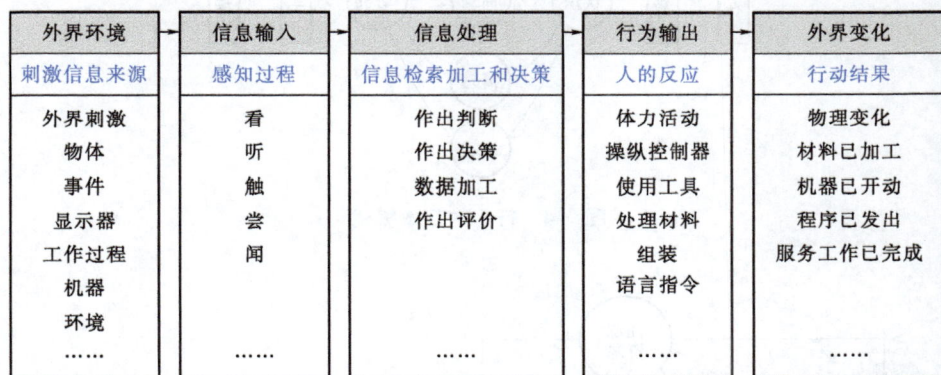

外界环境	信息输入	信息处理	行为输出	外界变化
刺激信息来源	感知过程	信息检索加工和决策	人的反应	行动结果
外界刺激	看	作出判断	体力活动	物理变化
物体	听	作出决策	操纵控制器	材料已加工
事件	触	数据加工	使用工具	机器已开动
显示器	尝	作出评价	处理材料	程序已发出
工作过程	闻		组装	服务工作已完成
机器			语言指令	
环境				
……	……	……	……	……

图9-1 人在操作活动中的基本功能示意图

（1）人的第一种功能——感受器（或称传感器，也称信息发现器）。人在人机系统中首先具有感觉功能。通过感觉器官接受信息，也就是说用感觉器官作为联系渠道，去感知机的工作情况与使用情况，因此这时感觉器官便成了联系人机之间的枢纽和信息接受者。

（2）人的第二种功能——信息处理器。实际上，人的中枢神经系统、脑和脊髓，是接受外界刺激以及做出相应反应的指挥中心。在此系统中，脑处于中心地位，处于协调指挥地位（见图9-3～

图9-2 人机系统的基本模式

图9-5）。正如图9-5所给出的人的信息加工模型，它包括了感觉储存、知觉编码、记忆与决策、反应执行、反馈以及注意资源这六大部分。

（3）人的第三种功能——控制器，即通过机的控制器进行操纵。控制器（见图9-6）的设计与显示器的设计一样，应使人的操作方便，少出差错。

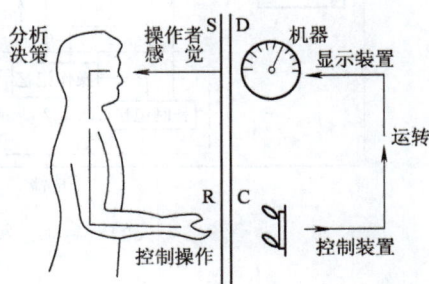

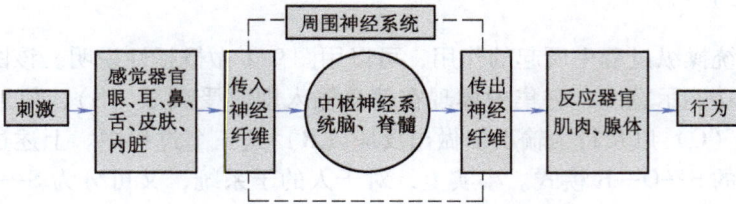

图 9-3　刺激与行为关系的示意图

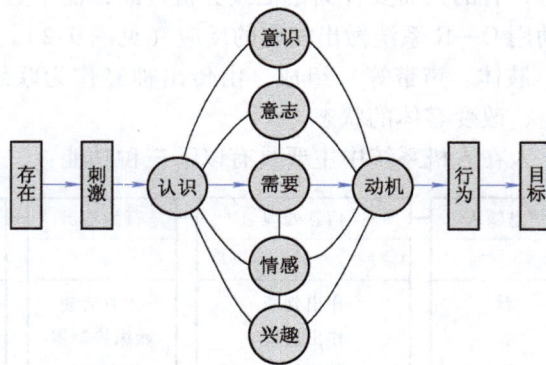

图 9-4　行为的基本模式

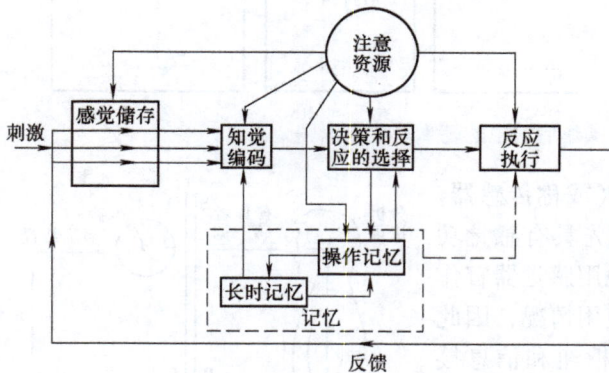

图 9-5　人的信息加工模型

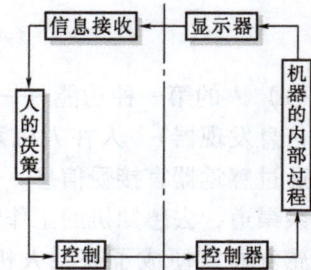

图 9-6　人机系统模型

9.1.2　机的主要功能

机的子系统分为 C—M 和 M—D 系统。C—M 系统由控制器和机器的转换机构（或计算机主板）组成。这个系统的任务是使机器接受操作者的指令，实现机器的运转与调控，把输入转换为输出。M—D 系统由机器的转换机构和显示器组成。该系统的任务是反映机器的运行过程和状态的信息。并不是所有的机器子系统同时具备 C—M 系统和 M—D 系统。有的只有 C—M 系统，如自行车等；有的则只有 M—D 系统，如某种信息显示仪表等。当然，机器是按照人的某种目的与要求进行设计的，尤其是自动化程度较高的机器更是如此，也具有接受信息、储存信息、处理信息和执行命令等主要功能。

9.1.3 人与机特性的比较

在进行人机系统的设计时，首先必须考虑人和机器各自的特性，根据两者的长处和弱点确定最优的人机功能分配，以便从设计开始就尽量防止产生人的不安全行动和机器的不安全状态，使整个人机系统保持安全可靠、效果最佳。表 9-1 给出了人与机器特性的比较，显然，表中的比较仅仅是从工程技术方面进行的，并不是全部。

表 9-1 人与机器的特性比较

能力种类	人的特性	机器的特性
物理方面的功率	10s 内能输出 1.5kW，以 0.15kW 的输出能连续工作 1 天，并能做精细的调整	能输出极大的和极小的功率，但不能像人手那样进行精细的调整
计算能力	计算速度慢，常出差错，但能巧妙地修正错误	计算速度快，能够正确地进行计算，但不会修正错误
记忆容量	能够实现大容量的、长期的记忆，并能实现同时和几个对象联系	能进行大容量的数据记忆和取出
反应时间	最小值为 200ms	反应时间可达微秒级
通道	只能单通道	能够进行多通道的复杂动作
监控	难以监控偶然发生的事件	监控能力很强
操作内容	超精密重复操作时易出差错，可靠性较低	能够连续进行超精密的重复操作和按程序常规操作，可靠性较高
手指的能力	能够进行非常细致而灵活快速的动作	只能进行特定的工作
图形识别	图形识别能力强	图形识别能力弱
预测能力	对事物的发展能做出相应的预测	预测能力有很大的局限性
经验性	能够从经验中发现规律性的东西，并能根据经验进行修正总结	不能自动归纳经验

9.1.4 静态人机功能匹配的原则及其优点

所谓静态的功能分配与设计，就是根据人和机的特性进行权衡分析，将系统的不同功能以固定的方式恰当地分配给人或机，而且系统在运行中并不随时加以调整，因此称其为静态人、机功能分配。

人机匹配的内容很多，例如显示器与人的信息感觉通道特性的匹配；控制器与人体运动反应特性的匹配；显示器与控制器之间的匹配；环境条件与人的生理、心理及生物力学特性的匹配等。

人机功能匹配是一个非常复杂的问题，在长期的实践中，人们总结出以下系统功能分配的一般原则。

1. 比较分配原则

详细地比较人与机的特性，然后再去确定各个功能的分配。例如在信息处理方面，机器的特性是按预定的程序进行的，可以高度准确地处理数据，并且记忆可靠、易于提取，不会"遗忘"信息；人的特性是高度的综合、归纳、联想创造的思维能力。因此在设计信息处理系统时，要根据人和机器的各自处理信息的特性进行合理的功能分配。

2. 剩余分配原则

在进行功能分配时，首先要考虑机器所能承担的系统功能，然后将剩余部分的功能分配给人。在实施这一原则时，必须充分掌握机器本身的可靠度，不可盲目从事。

3. 经济分配原则

以经济效益为原则，合理恰当地进行人机功能分配。究竟哪些由人完成，哪些由机去完成，都需要做细致的经济分析之后再做决定。

4. 宜人分配原则

功能分配要适合人生理和心理的多种需要，有意识地发挥人的技能。

5. 弹性分配原则

该原则的基本思想是将系统的某些功能同时分配给人或者机器，使人可以自由地选择参与系统行为的程度。

以上是根据不同侧面所提出的五条原则。总之，人机功能匹配的一般性原则为：笨重的、快速的、精细的、规律性的、单调的、高阶运算的、支付大功率的、操作复杂的、环境条件恶劣的作业以及检测那些人不能识别的物理信号的作业，应该分配给机器去承担；而指令和程序的安排，图形的辨认或多种信息的输入，机器系统的监控、维修、设计、制造、故障处理及应付突发事件等工作，则应分配给人去承担。

可以从以下七点说明人优于机器的特点：

（1）在感觉与知觉方面，人的某些感官的感受能力比机器优越。例如，人的视觉器官可以发现仅有几个光量子的微光，听觉器官对声音的分辨力以及嗅觉器官对某些化学物质的感受性等，都优于机器。人对图像的识别能力远胜过机器。

（2）人能运用多种通道接受信息，当一种信息通道有障碍时可用其他通道补偿。而机器只能按设计的固定结构和方法输入信息。

（3）人具有高度的灵活性和可塑性，能随机应变，能应付意外事故和排除故障。而机器应付偶然事件的程序往往是非常复杂的。

（4）人能长期大量储存信息，并且能随时综合与利用记忆信息进行分析与判断。

（5）人具有总结和学习功能，而机器无论多么复杂，都只能按照人预先编好的程序工作。

（6）人能进行归纳推理，在获得实际观察资料的基础上归纳出一般结论，形成概念并能创造发明。

（7）人是有感情、意识和个性的，人具有能动性，人在社会活动中具有明显的社会性。

当然，机器也有优于人的一些方面：

（1）机器能平稳而准确地运用巨大动力，其功率、强度和负荷的大小可以随需要而定。而人要受到人体结构和生理特性的限制。

（2）机器动作速度快、信息传递、加工和反应的速度快。对于人的操作活动来讲，较快的反应频率最快也只能每秒 1～2 次，显然远不及机械与计算机。

（3）在感受外界的作用方面，机器的精度高。而人的操作精度不如机器。

（4）机器的稳定性好，可终日不停地重复工作而不会降低效率，而人就存在疲劳问题。

（5）机器的感受和反应能力一般比人的高。

（6）机器可同时完成多种操作而人一般只能同时完成 1～2 项操作，并且难以持久。

（7）机器能在恶劣环境下（如高压、低压、高温、低温、超重、缺氧、辐射、振动等条件下）工作，而人则无法耐受。

9.1.5　动态人机功能匹配的方法

前面讨论的静态作业分配策略，是在忽略了作业的时变性以及人的响应可变性的条件下讨论的。对于一个人来讲，可以将分配给他的作业负荷与他可用能力之间的差距记作 δ，这个差距 δ 是随时间而变化的，如图 9-7 所示。在通常情况下，人能够补偿这个变化。然而在某些情况下，这种差距可能过大，以致产生人不可接受的超负荷或低负荷。在这种情况下或者会出现工效降低，或者造成系统无法实现原定功能的现象。因此，这时需要有一个能够动态地实现最佳作业分配的决策机制。在这个机制下，系统功能的分配可以依据作业的定义、工作环境和当前系统组成要素的能力等条件，随时做出相应的分配决策。这就是说，要求作业不是以一个固定的实体来设置。理想的情况是作业的构造能随着系统的目标与要求而变化，因此，就需要引进一个智能适应界面系统或者辅助智能界面系统去适应上述的变化。智能界面系统能够根据当前作业的要求与人可利用资源之间的匹配信息，借助于相关作业模型、机器系统模型、人的模型、工作负荷与能力关系模型等进行推理和预测，而后智能界面系统完成输出，这时的输出反映了作业的重新构造与作业的重新分配。动态的系统功能分配其目的是要达到人、机两方面功能的相互支援、相互补充、相互促进的目的。显然，上面所涉及的智能界面系统的实现并不是一件很容易实现的事，它是一个急需深入探索和研究的新课题。

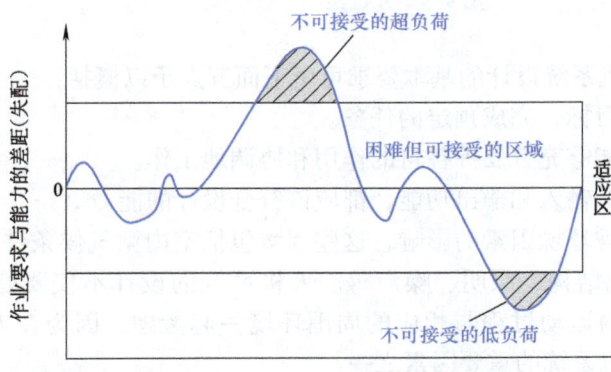

图 9-7　作业要求与可用能力失配示意图

9.2 人机系统设计的基本要求和要点

人机系统设计是一个很广义的概念，可以说凡是包括人与机相结合的设计，小至一个按钮、开关，一件手用工具，大至一个大型复杂的生产过程、一个现代化系统（如导弹设计、宇宙飞船）的设计均属于人机系统设计的范畴。它不仅包括了某个系统的具体设计，而且也包括了相关的作业以及作业辅助设计、人员培训和维修等。

系统设计的思想和过程可由图9-8予以概括。系统设计绝对不是某一个单一专业领域所能胜任的事，它应该由专业工程师、人机工程学家、心理学家、人类学家等共同协作完成。

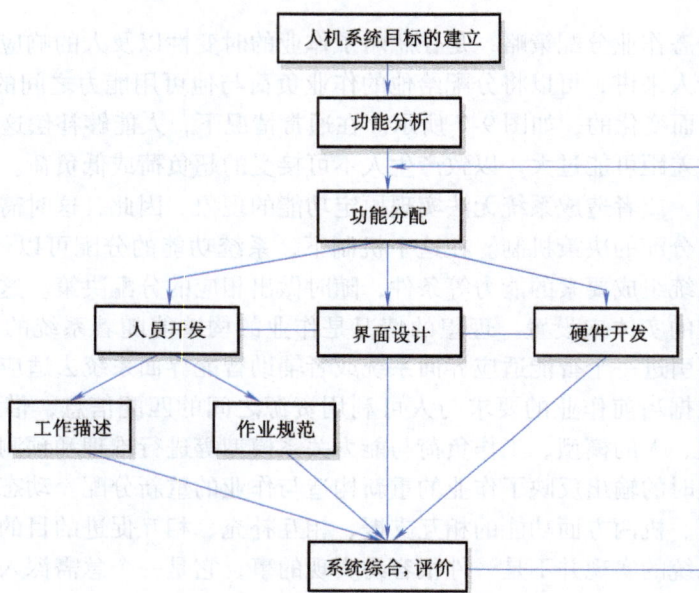

图 9-8 人机系统设计模型

从总体上讲，对人机系统设计的基本要求可由下面五点予以概括：

（1）能达到预定的目标，完成预定的任务。

（2）要使人与机都能够充分发挥各自的作用和协调地工作。

（3）人机系统接受的输入和输出功能，都应该符合设计的能力。

（4）人机系统要考虑环境因素的影响，这些因素包括室内微气候条件（如温度、湿度、空气流速等）、厂房建筑结构、照明、噪声等。人机系统的设计不仅要处理好人与机的关系，而且还需要把机器的运动过程与相应的周围环境一起考虑。因为在人—机—环境系统中，环境始终是影响人机系统的重要因素之一。

（5）人机系统应有一个完善的反馈闭环回路。

人机系统设计的总体目标是：根据人的特性，设计出最符合人操作的机器，最适合手动的工具，最方便使用的控制器，最醒目的显示器，最舒适的座椅，最舒适的工作姿势和操作程序，最有效最经济的作业方法和最舒适的工作环境等，使整个人机系统保持安全、可靠、高效、经济、效益最佳，使人—机—环境系统的三大要素形成最佳组合的优化系统。换句话说，就是使人机系统的总体设计实现安全、高效、舒适、健康和经济几个指标的总体优化（见图 9-9 与图 9-10）。

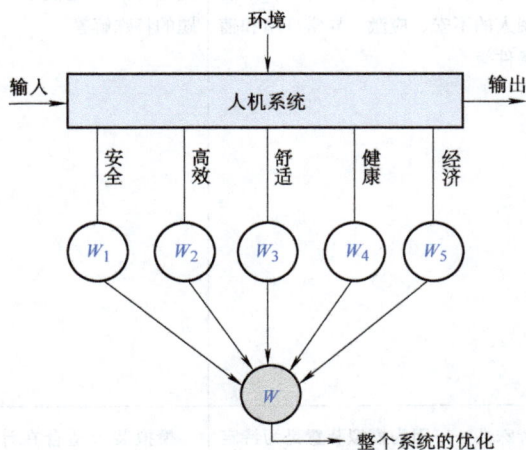

图 9-9   系统的总体目标

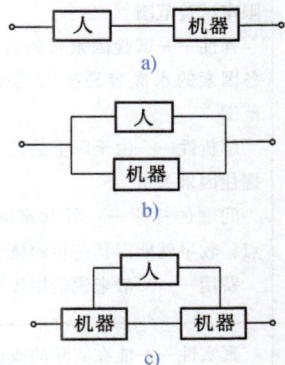

图 9-10   人与机的结合方式

9.2.1   设计的原则与要点

ISO 6385 规定了人机工程学的一般指导原则，其中包括：

（1）工作空间和工作设备的一般设计原则（其中规定了与人体尺寸有关的设计，与身体姿势、肌肉和身体动作有关的设计，与显示器、控制器以及信号相关的设计）。

（2）工作环境的一般设计原则。

（3）工作过程的一般设计原则（其中特别提醒设计者应避免工人劳动超载和负载不足的问题，以保护工人的健康与安全，增进福利及便于完成工作）。

上述三个方面的一般原则，国际标准中已有详细的规定与说明，这里就不展开介绍。另外，在进行系统总体设计时还要注意以下四个方面的设计与分析要点：

（1）注意人机功能的分配（对此，本书 9.1 节已有详述）。

（2）注意人机匹配，尤其要注意显示器与人的信息通道间的匹配，控制器与人体运动特性间的匹配，显示器与控制器之间的匹配，环境与操作者适应性的匹配以及人、机、环境三大要素与作业之间的匹配等。

（3）注意人—机界面的设计。

（4）注意完成对人机系统的评价。对于人机系统的分析与评价，在本书第 10 章中将做较细致的讨论，这里仅对评价方法从总体上略做说明。从总体上说，人机系统的评价方法通常分为四类：试验法、模拟装置法、实际运行测定法和理论分析评价法。因第四类评价方法将在本书第 10 章介绍，因此本章仅对前三类评价方法略做扼要介绍，见表 9-2。参考文献［436］等资料给出了这方面更详细的内容，读者可参阅。

表 9-2 人机系统各种评价方法的优缺点比较

评价方法	优 点	缺 点	用 途
试验法	正确性——非常好 彻底性——现象的把握和记录确切 再现性——在大体上相同或完全相同的试验条件下能再现 控制性——可限定试验条件, 也可限定试验范围 弹性——试验因素可做各种组合, 各因素的水准容易扩大到相当宽的范围 解析性——由于以上的特点, 可把握住因果关系 问题的探索——可判定问题的焦点, 较早就能得到初步的概念 费用——一般来说费用较便宜	人为性——与实际情况相比较, 实验室的作业条件是人为的 不完全性——在很多场合下, 不能再现人的不安、应激、异常环境和辅助条件等	实验室方法最适合剖析科学现象, 能用公式表示结论。用这种方法也能求得特殊问题的特殊解答
模拟装置法	真实性——能在实际的或逼真的装置上进行真实的作业 交互作用研究——能较真实地对于操作顺序、训练与任务的协调、人机之间的干扰等进行研究 诊断——能有效地模拟系统特有的问题	特殊性——因为模拟装置是为特定目的设计的, 所以不能在很宽的范围内改变变量, 难以得出一般性的结论	模拟装置适合在计划初期时做人机系统的研究, 以谋求系统的最佳化。这时, 就可做各种各样的设计修改。采用模拟装置能预测实际的作业
实际运行测定法	真实性——在实际运行状态下观察到的行动, 其真实性高。在被试者不知正在进行着试验的情况下, 能得到非常有用的数据	设定条件的限制——难以设定控制的要素与偶然性要素两者相容的条件 缺少再现性——不能重复设定环境条件和试验条件 复杂性——由于以上的原因, 作业测定的结果受其他因素的影响。在很多场合, 数据混淆、歪曲, 仅采用这样的数据做预测是有危险的	在确认系统可否使用时, 实际运行测定法是有效的。此法更适合用于做检验, 因为在实际运行时可马上发现设计上的差错

9.2.2 人机系统的设计步骤

一般来说, 完成人机系统的设计可参照图 9-11 所给出的设计框图进行, 该框图主要包括以下八个方面。

(1) 对系统的任务、目标, 系统使用的环境条件以及对系统的机动性要求等都要有充分的了解和掌握。

(2) 要调查系统的外部环境, 例如, 要对系统执行上形成障碍的外部大气环境进行必要的检验和监测。

(3) 要了解与掌握系统内部环境的设计要求, 如照明、采光、噪声、振动、湿度、温

```
                    ┌─────────┐
                    │  开  始  │
                    └─────────┘
                         │
      ┌ ─ ─ ─ ─ ─ ─ ─ ─ ─│─ ─ ─ ─ ─ ┐
      │     ┌──────────────┐
      │     │ 整个系统的     │
      │     │ 必要条件(1)    │        系
      │     └──────────────┘        统
      │     ┌──────────────┐        的
      │     │ 系统外部及      │       调
      │     │ 系统的外部      │       查
      │     │ 环境(2)        │       研
      │     └──────────────┘        究
      │     ┌──────────────┐
      │     │ 系统的内部      │
      │     │ 环境(3)        │
      │     └──────────────┘
      └ ─ ─ ─ ─ ─ ─ ─ ─ ─ ─ ─ ─ ─ ─ ┘
```

系统合成 系统分析(4) 联系分析 作业活动分析等

构成系统的各要素的机能特性及约束条件的记载(5)

人与机械的整体配合关系(6)

要素是否决定(7) —否

系统的规格化及构成

—是

评价方法的选定(8)

按评价标准衡量采用该系统是否可行 —否

—是

系统设计 机器设计

是否符合说明书 —否

—是

停 机

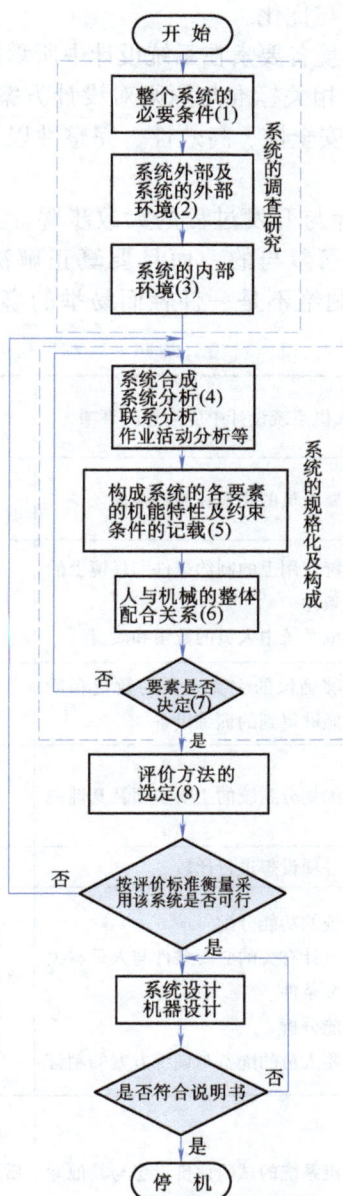

图 9-11　人机系统设计框图

度、粉尘、辐射等作业环境以及操作空间的要求，并要注意分析系统在执行时形成障碍的那些内部环境。

（4）进行认真的系统分析，即利用人机工程学基础知识对系统的组成、人机的联系方式、作业活动等内容进行方案分析。

（5）分析该系统各要素的机能特性及其约束条件，例如，人的最小作业空间，人的最大操作力，人的作业效率，人的可靠性和人体疲劳、能量消耗，以及系统的费用，输入输出功率等。

（6）完成人与机的整体匹配与优化。

（7）具体确定出人、机、环境各要素在系统设计中所承担的任务与角色。

（8）借助于人机工程学中的相关标准与原则对设计方案进行评价。在选定了合适的评价方法之后，对系统的可靠性、安全性、高效性、完整性以及经济性等方面做出综合评价，以确定方案是否可行。

表9-3给出了人机系统设计与开发过程的大致步骤。显然，一个好的人机系统的设计方案是离不开人机工程学专家参与的，而且要真正解决好人机功能分配、人机关系匹配和人机界面合理设计的问题绝不是一件轻而易举的事。

表9-3 人机系统设计与开发过程的大致步骤

系统开发的各阶段	各阶段的主要内容	人机系统设计中应注意的事项	人机工程学专家的设计实例
明确系统的重要事项	确定目标	主要人员的要求和制约条件	对主要人员的特性、训练等有关问题的调查和预测
	确定使命	系统使用上的制约条件和环境上的制约条件 组成系统中人员的数量和质量	对安全性和舒适性有关条件的检验
	明确适用条件	能够确保的主要人员的数量和质量，能够得到的训练设备	预测对精神、动机的影响
系统分析和系统规划	详细划分系统的主要事项	详细划分系统的主要事项及其性能	设想系统的性能
	分析系统的功能	对各项设想进行比较	实施系统的轮廓及其分布图
	系统构思的发展（对可能的构思进行分析评价）	系统的功能分配 与设计有关的必要条件与人员有关的必要条件 功能分析 主要人员的配备与训练方案的制订	对人机功能分配和系统功能的各种方案进行比较研究 对各种性能的作业进行分析 调查决定必要的信息显示与控制的种类
	选择最佳设想和必要的设计条件	人机系统的试验评价设想与其他专家组进行权衡	根据功能分配，预测所需人员的数量和质量，以及训练计划和设备 提出试验评价的方法设想与其他子系统的关系和准备采取的对策
系统设计	预备设计（大纲的设计）	设计时应考虑与人有关的因素	准备适用的人机工程数据
	设计细则	设计细则与人的作业的关系	提出人机工程设计标准 关于信息和控制必要性的研究与实现方法的选择和开发 研究作业性能 居住性的研究

（续）

系统开发的各阶段	各阶段的主要内容	人机系统设计中应注意的事项	人机工程学专家的设计实例
系统设计	具体设计	在系统的最终构成阶段，协调人机系统 操作和保养的详细分析研究（提高可靠性和维修性） 设计适应性高的机器 人所处空间的安排	参与系统设计最终方案的确定最后决定人机之间的功能分配使人在作业过程中，信息、联络、行动能够迅速、准确地进行 对安全性的考虑 防止热情下降的措施 显示装置、控制装置的选择和设计 控制面板的配置 提高维修性对策 空间设计、人员和机器的配置决定照明、温度、噪声等环境条件和保护措施
	人员的培养计划	人员的指导训练和配备计划与其他专家小组的折衷方案	决定使用说明书的内容和式样 决定系统的运行和保养所需人员的数量和质量，训练计划的开展和器材的配置
系统的试验和评价	规划阶段的评价模型、制作阶段原型，最终模型的缺陷诊断和修改的建议	人机工程学试验评价，根据试验数据的分析修改设计	设计图阶段的评价 模型或操纵训练用模拟装置的人机关系评价 确定评价标准（试验法、数据种类、分析法等） 对安全性、舒适性、工作热情的影响评价 机械设计的变动，使用程序的变动，人的作业内容变动，人员素质的提高，训练方法的改善，对系统规划的反馈
生产	生产	同上	同上
使用	使用、保养	同上	同上

9.3 安全防护装置设计

安全防护装置是指配置在机械设备上能防止危险因素引起人身伤害，保障人身和设备安全的所有装置。它对人机系统的安全性起着重要作用。

9.3.1 安全防护装置的作用与分类

安全防护装置的作用是为了杜绝或减少机械设备的事故发生，其作用主要表现在以下几个方面：

（1）防止机械设备因超限运行而发生事故。所谓机械设备的超限运行是指超载、超速、超位、超温、超压等。当设备处于超限运行状态时，相应的安全防护装置就可以使装置卸载、卸压、降速或自动中断运行，从而避免事故的发生。如超载限制器、限速器、安全阀、熔断器等都属于这类安全防护装置。

（2）通过对系统进行自动监测与诊断的方式去避免或排除故障、避免事故发生。例如自动报警装置是通过提醒操作者注意危险，而避免事故的发生；也有的安全装置是通过监测仪器及时发现设备故障，并通过自动调节系统排除故障，从而避免危险的发生。

（3）防止人的误操作而引发的事故。如电气控制线路中的互锁与联锁装置便属于这类安全防护装置。

（4）防止操作者误入危险区而设置的安全保护装置，如防护罩、防护屏、防护栅栏等都属于这一类。

安全防护装置可以具有单一功能，也可以具有多种功能。因此，对安全防护装置的分类，也就产生了多种办法。例如按安全防护方式进行分类可分为：隔离防护装置、联锁控制防护装置、超限保险装置、紧急制动装置以及报警装置等。参考文献［437］～［439］及［119］、［129］给出了这方面更多的介绍，可供读者进一步阅读。

9.3.2　安全防护装置的组成

安全装置的品种繁多，结构各异，但就其作用来说它们都是为了完成一定的安全防护或安全控制功能，因此安全装置一般应该由传感元件、中间环节和执行机构这三个基本部分组成。其中传感元件（又称传感器）是用来感知不安全信号，并将非电量转移成电量；中间环节是将传感元件感知的不安全信号进行放大、处理或者将感知的运动或力进行传动（或传递），并向执行机构发出指令信号；执行机构是执行控制指令的元器件，它可以将危险运动中断，将危险因素排除，或者是将人隔离在危险区域以外。例如压力容器中的弹簧式安全阀，当容器内压力升高到超过最大极限压力时，感知压力的传感元件弹簧被压缩，使阀门打开，将超压气体排放。当压力降到正常值后，弹簧力又将阀门关闭，于是借助这一装置便避免了由于超压而发生的容器爆炸事故。

9.3.3　安全防护装置的设计原则

安全防护装置的设计可遵循以下五条原则：

（1）坚持以人为本的设计原则。设计安全防护装置时，首先要考虑人的因素，确保操作者的人身安全。

（2）坚持装置的安全可靠原则。安全防护装置必须达到相应的安全要求，要保证在规定的寿命期内有足够的强度、刚度、稳定性、耐磨性、耐腐蚀和抗疲劳性，即保证其本身有足够的安全可靠度。

（3）坚持安全防护装置与机械装备的配套设计原则。这就是说在进行产品的结构设计时应把安全防护装置考虑进去。

（4）坚持简单、经济、方便的原则。

（5）坚持自动组织的设计原则。安全防护装置应具有自动识别错误、自动排除故障、自动纠正错误以及自锁、互锁、联锁等功能。

9.3.4　典型安全防护装置的设计

机械设备在正常运转时，一般都保持一定的输出参数和工作状态参数。当由于某种原因，机械发生故障时将引起某些参数（如振动、噪声、温度、压力、负载、速度、位置等）的变化，而且其值可能超出规定的范围，如果不及时采取措施，将可能发生设备或人身事故，超限安全保险装置就是为了防止这类事故发生而设置的，它可以自动排除故障并且通常都能自动恢复运行。以下介绍三种常用的超限保险安全装置的设计。

1. 超载安全装置

超载安全装置的种类很多，但一般都有感受元件、中间环节和执行机构这三部分组成。其工作原理有机械式、电气式、电子式、液压式等。例如，起重机超重限制器，常用的有杠杆式、弹簧式的超重限制器，也有数字载荷控制仪。主要用来防止起重机的超载，防止引起钢丝绳断裂和起重设备受损。再如，电路的过载保护和短路保护装置也属于这一类。

2. 越位安全装置

对于某些机械，如果执行件运动时超越了规定的行程，则可能会发生损坏设备和撞伤人身的事故。为此，必须设置行程限位安全装置。这种装置有机电式的，也有液压式的。例如起重机械工作时就必须设置越位安全装置，否则易造成起重事故。

3. 超压安全装置

它广泛用于锅炉、压力容器（如液化气储存器、反应器、换热器）等装置中。因为这些装置若超压运行都可能发生重大事故（如爆炸或发生泄漏等）。超压安全装置主要有安全阀、防爆膜、卸压膜等。按结构和泄压方法的不同，又可分为阀型、断裂型与熔化型等。例如锅炉或气瓶中的安全装置常用的是安全阀，而驱动阀芯移动的动力有杠杆式的，也有弹簧式的。虽然安全阀芯移动的动力方式不同，但它们所起的作用却是相同的，都是当容器中介质超过允许压力时，安全阀便自动开启，从而避免了事故的发生。

习　　题

1. 为什么说做到机宜人、人适机，使人机之间达到最佳匹配是进行人机系统设计时应遵循的一条基本原则。请你举一个实例说明"机宜人、人适机"的具体含义。

2. 如何理解行为反应的 S—O—R 模式？请结合实例说明。

3. 人在人机系统中主要具有哪三种功能呢？能否举例说明。

4. 试举例说明机子系统的 C—M 系统和 M—D 系统的具体含义。

5. 什么叫做静态人机功能的匹配？什么叫动态人机功能的匹配呢？

6. 人机功能匹配的一般原则是什么？

7. 如何理解人机系统设计时应该遵循的一般原则呢？

8. 人机系统设计的框图包括哪八个方面内容呢？为什么说好的人机系统设计是离不开人机工程学专家参与的？

9. 安全防护装置主要在哪些方面起作用呢？安全防护装置的基本组成是什么？

10. 在安全防护装置设计中，一般应遵循的原则是什么？

11. 试列举几个你在工厂以及生活中所见到的机械、机电、液压等方面的安全防护装置，并简述它们的工作原理。

第 10 章

人—机—环境系统的
分析与评价

10.1 人—机—环境系统总体性能的指标、任务与理论基础

10.1.1 总体性能的三个指标

在人—机—环境系统中，人本身是个复杂的子系统，机（例如计算机或其他机器）也是个复杂的子系统，再加上各种不同的环境影响，便构成了人—机—环境这个复杂的系统。面对着这个如此庞大的系统，如何判断它是否实现了最优组合呢？众多文献都认为"安全、高效、经济"是任何一个人—机—环境系统都必须满足的综合效能准则。所谓"安全"是指在系统中不出现人体的生理危害或伤害。在考虑系统总体性能时，把"安全"放在首位是理所当然的。为了确保安全，不仅要研究产生不安全的因素，采取预防措施，而且要力争把事故消灭在萌芽状态中。然而建立人—机—环境系统的目的并不是单纯为了安全，更重要的是使整个系统能高效率地进行工作，也即以"高效"为目的。所谓"高效"是指使系统的工作效率最高，使用价值最大，这是对系统提出的最根本要求。为了确保"安全"和"高效"性能的实现，往往都希望尽量采用最先进的技术。但在这样做的同时，就必须充分考虑为此而付出的代价。所谓"经济"也就是在满足系统技术要求的前提下，尽可能投资最省，并且还要保证系统整体的经济性。

10.1.2 总体性能各指标的评价

人—机—环境系统工程的最大特色在于，它在认真研究人、机、环境三大要素本身性能的基础上，不单纯着眼于单个要素的优劣，而是充分考虑人、机、环境三大要素之间的有机联系，从而大大地提高了全系统的整体性能。图 10-1 给出了总体性能分析与研究的示意图，借助于该图，下面分别从"安全""高效""经济"三个方面对性能进行评价。

1. 安全性能的评价

在人—机—环境系统中，安全性能评价的基本方法

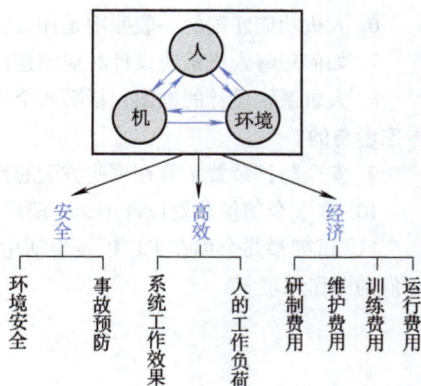

图 10-1　总体性能分析与研究的示意图

有两种，一种是事件树分析法（Event Tree Analysis，即 ETA），又称决策树分析法（Decision Tree Analysis，即 DTA），另一种是故障树分析法（Fault Tree Analysis，即 FTA）。这里仅讨论后一种方法。故障树分析法（又称事故树分析法）是沃森（Watson）提出的，后来由美国航空航天局（NASA）作进一步发展并广泛地用于工程硬件（即机器）的安全可靠性分析。故障树分析法是一种图形演绎方法，它把故障、事故发生的系统加以模型化，围绕系统发生的事故或失效事件，做层层深入的分析，直至追踪到引起事故或失效事件发生的全部最原始的原因为止。对故障树可做定性评价与定量评价。因此故障树分析法主要由三部分组成：建树、定性分析与定量分析。其中，建树是 FTA 的基础与关键。故障树的定性评价包括：①利用布尔代数化简事故树；②求取事故树的最小割集或最小径集；③完成基本事件的重要度分析；④给出定性评价结论。故障树的定量评价包括：①确定各基本事件的故障率或失误率，并计算其发生的概率；②计算出顶事件发生的概率，并将计算出的结果与通过统计分析得出的事故发生概率做比较。如果两者不相符，则必须重新考虑故障树图是否正确（也就是说要检查事件发生的原因是否找全，上下层事件间的逻辑关系是否正确）以及基本事件的故障率、失误率是否估计得过高或者过低等；③完成各基本事件的概率重要度分析和临界重要度（又称危险重要度）分析。

应该强调指出的是，在进行故障树分析时，有些因素（或事件）的故障概率是可以定量计算的，有一些因素都是无法定量计算的，这将给系统的总体安全性能的定量计算带来困难，这也正是人—机—环境系统安全性能评价比一般工程系统更困难、更复杂的原因。尽管如此，通过故障树分析法，仍然能够找出复杂事故的各种潜在因素，所以，故障树分析法是人们进行人—机—环境系统可靠性分析和研究的一种重要手段。而且随着模糊数学的发展，以往那些不能定量计算的因素，也将能借助于模糊数学进行量化处理，这就使得故障树分析法在人—机—环境系统安全性能的评价中发挥了更加有效的作用。

2. 高效性能的评价

所谓"高效"就是要使系统的工作效率最高。这里所指的系统工作效率最高有两个含意：一个是指系统的工作效果最佳，二是人的工作负荷要适宜。所谓工作效果是指系统运行时实际达到的工作要求（如速度快、精度高、运行可靠等）；所谓工作负荷是指人完成任务所承受的工作负担或工作压力，以及人所付出的努力或者注意力的大小（如操作轻松或者操作紧张，是否易于疲劳等）。因此，系统的高效性能（也即系统的工作效率）定义为系统工作效果和人的工作负荷的函数，即

$$系统高效性能 = f(系统工作效果, 人的工作负荷) \tag{10-1}$$

在具体的评价实施中，工作效果的评价一般都有较成熟的理论计算方法与工程方法。因此，为了对人—机—环境系统的高效性能进行评价，重点是要解决人的工作负荷的评价问题。

人的工作负荷可分为体力负荷、智力负荷和心理负荷三类。参考文献 [6]、[96]~[100] 等较详细地介绍了上述三种负荷的测定与量化过程，这里因篇幅所限就不做介绍了。

3. 经济性能的评价

一般说来，系统的经济性能包括四个方面：一是研制费用，二是维护费用，三是训练费用，四是使用费用。对经济性能的评价通常采用三种方法：一是参数分析法，二是类推法，三是工程估算法。在国外（如 NASA 等机构），广泛采用 RCA、PRICE 模型进行费用的

估算。

4. 总体性能的综合评价指标

上面分别介绍了"安全""高效""经济"三个指标的评价。为了将这三个指标综合为一个指标，可以定义一个综合评价指标 Q，其表达式为

$$Q = \alpha_1 \times (安全) + \alpha_2 \times (高效) + \alpha_3 \times (经济) \tag{10-2}$$

式中，α_1、α_2 与 α_3 分别为针对各指标的加权系数，并且有

$$\alpha_1 + \alpha_2 + \alpha_3 = 1 \tag{10-3}$$

α_1、α_2、α_3 的取值视情况而定。显然，这些值的合理确定是一个需要研究的课题之一。

10.2　系统的建模与辨识

10.2.1　系统建模的要求与原则

建立一个简明实用的系统模型，将为系统的分析、评价和决策提供可靠的基础。构建系统模型，尤其是构建抽象程度很高的系统数学模型，这是一种创造性劳动。所谓模型，简单地说，它是对于真实系统的一种抽象、描述和模仿。它能简洁而又概括地反映系统的本质和基本特征，描述出系统的主要行为或功能。它能够完成某些特定用途（例如研究系统的功能、进行预测、评价或优化等），并且可以方便、经济地提供出相关的信息，供决策者参考。一个系统从不同角度可以建立不同形式的模型；同样，一种模型可以代表多个系统。模型可以是实物模型（又称物理模型），也可以是抽象（概念、数字、图表）模型。构造模型的过程称为建模；利用模型进行试验，并且了解系统情况称之为模拟，例如电模拟、计算机模拟和仿真试验等。对模型一般有以下三点要求：

（1）真实性。即模型应是客观系统的本质抽象，在一定程度上能够较好地反映系统的客观实际。对于模型，应把系统的本质特征和关系反映进去，而把非本质的东西在不影响反映本质真实程度的情况下去掉。也就是说，系统模型应有足够的精度。

（2）简明性。即模型应简单明了，通常只考虑那些与分析问题有关的主要因素，要方便分析与求解。这就是说，如果一个简单模型已能使实际问题得到了满意答案的话，那就没有必要去构建一个复杂的模型。

（3）通用性。即建模应具有多种功能，要有通用性。在建立某些系统的模型时，如果已有某种标准化模型可供借鉴，则应尽量采用标准化模型，或者对标准化模型加以某些修改，使之适用于所研究的系统。

以上这三条要求有时往往是相互抵触的，例如建模时真实性和简明性就常常存在矛盾，如模型复杂一些，虽满足了真实性的要求，但建模后对模型方程的求解则往往会造成困难，同时也可能影响模型的通用性与标准化要求。一个好的模型应在这些要求间恰当权衡与折衷，所以一般的处理原则是：力求达到真实性，在真实性的基础上达到简明性，然后尽可能使模型具有多功能性、通用性、满足标准化。根据对系统模型提出的三条基本要求，可以导出系统建模时应该遵循的以下四项原则：

（1）切题。即模型只应该包括与研究目的相关的方面，而不应包罗万象。

（2）清晰。即模型结构要清晰。对于一个大型复杂系统，它是由许多联系密切的子系

统组成的，因此对应的系统模型也是由许多子模块组成的。在这些子模型（或子模型）之间除了保留研究目的所必须的信息联系外，其他的耦合关系要尽可能减少，以保证模型结构的尽可能清晰。

（3）精度要求适当。也就是说建立系统模型应该依据研究的目的与使用环境的不同，选择适当的精度等级，以保证模型的切题、实用、经济，而又尽可能地节省时间和费用。

（4）尽量使用标准模型。也就是所建的模型，应尽可能向标准模型靠拢。

10.2.2* 描述系统的四类数学模型概述

人—机—环境系统的建模是项十分复杂的工作，它包含三个子系统（即人子系统、机子系统以及环境子系统），而且每个子系统模型的研究都不是件容易的事。在系统建模中有许多手段和方法，这里因篇幅所限仅对描述系统的四类数学模型做简明概述。在未介绍之前，先讨论一下系统辨识以及相关的问题。

系统辨识（System Identification）是查德（L. A. Zadeh）于 1956 年提出的。它是通过观测一个系统或一个过程的输入—输出关系来确定其数学模型（实际上是得到系统的等价模型），从而辨明所研究和控制系统的内在结构与参数[440~442]。尽管实际系统千差万别，但从观测数据来说，大体可分为四类：确定性数据、随机性数据、模糊性数据以及灰色数据。确定性数据反映事物（或系统）具有确定性或固定性，反映的是因果律；因此使用这类数据所进行的建模方法实际上是经典的数学方法。随机数据反映事物本身具有明确的含义，但事物出现与否是不确定的，故称之随机性，它突破了因果律的限制；使用这类数据所进行的建模属于随机系统辨识。模糊数据反映了事物本身没有精确的含义，它是通过外延的模糊而带来的不确定性，称之为模糊性，它是对排中律（即非此即彼）的突破；使用这类数据所进行的建模属于模糊系统辨识。灰色数据反映了事物信息的不完整性，即部分信息已知，部分信息未知的系统称之为灰色系统；借助于这类数据所进行的建模属于灰色系统辨识。

1. 确定性系统的数学模型

对于连续时间系统，基本的时域模型是常微分方程

$$\frac{\mathrm{d}^n y(t)}{\mathrm{d}t^n} + a_1 \frac{\mathrm{d}^{n-1} y(t)}{\mathrm{d}t^{n-1}} + a_2 \frac{\mathrm{d}^{n-2} y(t)}{\mathrm{d}t^{n-2}} + \cdots + a_{n-1} \frac{\mathrm{d}y(t)}{\mathrm{d}t} + a_n y(t)$$

$$= b_0 \frac{\mathrm{d}^m u(t)}{\mathrm{d}t^m} + b_1 \frac{\mathrm{d}^{m-1} u(t)}{\mathrm{d}t^{m-1}} + b_2 \frac{\mathrm{d}^{m-2} u(t)}{\mathrm{d}t^{m-2}} + \cdots + b_{m-1} \frac{\mathrm{d}u(t)}{\mathrm{d}t} + b_m u(t) \tag{10-4}$$

式中，$u(t)$ 与 $y(t)$ 为系统的输入与输出变量。对线性定常系统而言，这时系数 a_1，a_2，$\cdots$，a_n 与 b_0，b_1，$\cdots$，b_m 都是常数。

通常 $m \leqslant n$，这是一种参数模型。令 $g(t)$ 为单位脉冲响应函数（又称为权函数），于是 $g(t)$ 借助以下卷积公式把输入与输出变量联系起来，即

$$y(t) = \int_0^t g(\tau) u(t - \tau) \mathrm{d}\tau \tag{10-5}$$

基本的复频域模型是传递函数 $G(S)$，它等于零初态下系统输出的拉氏变换与输入的拉氏变换之比，即

$$G(S) = \frac{Y(S)}{U(S)} = \frac{b_0 S^m + b_1 S^{m-1} + \cdots + b_{m-1} S + b_m}{S^n + a_1 S^{n-1} + a_2 S^{n-2} + \cdots + a_{n-1} S + a_n} \tag{10-6}$$

数学上可以证明，传递函数 $G(S)$ 等于单位脉冲响应函数的拉氏变换，即

$$G(S) = \int_0^\infty g(t)\,\mathrm{e}^{-st}\mathrm{d}t \tag{10-7}$$

对于离散时间系统，基本的时域模型是差分方程

$$y(k) + a_1 y(k-1) + a_2 y(k-2) + \cdots + a_n y(k-n)$$
$$= b_0 u(k) + b_1 u(k-1) + b_2 u(k-2) + \cdots + b_n u(k-n) \tag{10-8}$$

式中，$y(k)$ 与 $u(k)$ 分别是 kT 时刻的输出与输入采样值，这里 T 为采样周期。对于线性定常系统来说，这时系数 $a_1, a_2, \cdots, a_n$ 与 $b_0, b_1, \cdots, b_n$ 为常数。

如果引入单位后移算子 q^{-1}，其定义为

$$q^{-1}y(k) = y(k-1) \tag{10-9}$$

并且令多项式

$$\left.\begin{array}{l} A(q^{-1}) \equiv 1 + a_1 q^{-1} + a_2 q^{-2} + \cdots + a_n q^{-n} \\ B(q^{-1}) \equiv b_0 + b_1 q^{-1} + b_2 q^{-2} + \cdots + b_n q^{-n} \end{array}\right\} \tag{10-10}$$

于是差分方程式（10-8）变为

$$A(q^{-1})y(k) = B(q^{-1})u(k) \tag{10-11}$$

令 $h(k)$ 为权序列，于是 $h(k)$ 借助于如下卷积公式把输入与输出联系起来，即

$$y(k) = \sum_{j=0}^\infty h(j)u(k-j) \tag{10-12}$$

基本的复频域模型是脉冲传递函数 $H(Z^{-1})$，它等于零初态下输出的 Z 变换与输入的 Z 变换之比，即

$$H(Z^{-1}) = \frac{Y(Z)}{U(Z)} = \frac{b_0 + b_1 Z^{-1} + b_2 Z^{-2} + \cdots + b_n Z^{-n}}{1 + a_1 Z^{-1} + a_2 Z^{-2} + \cdots + a_n Z^{-n}} = \frac{B(Z^{-1})}{A(Z^{-1})} \tag{10-13}$$

可以看出 $A(Z^{-1})$、$B(Z^{-1})$ 与式（10-10）所定义的多项式在形式上是相同的。数学上还可以证明，脉冲传递函数等于权序列的 Z 变换，即

$$H(Z^{-1}) = \sum_{k=0}^\infty h(k)Z^{-k} \tag{10-14}$$

以上讨论的是确定性系统的外部描述。对于状态空间描述如下：

在连续时间与离散时间下，线性定常系统的状态空间描述分别为

$$\left.\begin{array}{l} \dfrac{\mathrm{d}\boldsymbol{x}(t)}{\mathrm{d}t} = A(t)\boldsymbol{x}(t) + B(t)\boldsymbol{u}(t) \\ \boldsymbol{y}(t) = C(t)\boldsymbol{x}(t) + D(t)\boldsymbol{u}(t) \end{array}\right\} \tag{10-15}$$

与

$$\left.\begin{array}{l} \boldsymbol{x}(k+1) = G(k)\boldsymbol{x}(k) + \tilde{H}(k)\boldsymbol{u}(k) \\ \boldsymbol{y}(k) = C(k)\boldsymbol{x}(k) + D(k)\boldsymbol{u}(k) \end{array}\right\} \tag{10-16}$$

式中，$\boldsymbol{x}$ 为 n 维状态向量；$\boldsymbol{u}$ 与 $\boldsymbol{y}$ 分别为 p 维的输入与 q 维的输出变量，$A(t)$ 与 $G(k)$ 均为 $n \times n$ 维的系数矩阵（又称系统矩阵或状态矩阵），$(n \times p)$ 维矩阵 $B(t)$ 与 $\tilde{H}(k)$ 均称为输入矩阵（又称控制矩阵）；$(q \times n)$ 维的矩阵 $C(t)$ 与 $C(k)$ 均称为输出矩阵（又称观测矩阵）；$(q \times p)$ 维的矩阵 $D(t)$ 与 $D(k)$ 为前馈矩阵（又称输入输出矩阵）。在式（10-16）中，采样周期为 T，即有 $t_K = kT$；图10-2与图10-3分别给出了线性连续时间系统结构图与

线性离散时间系统结构图。

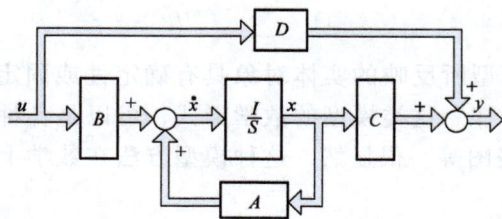

图 10-2　线性连续时间系统结构图

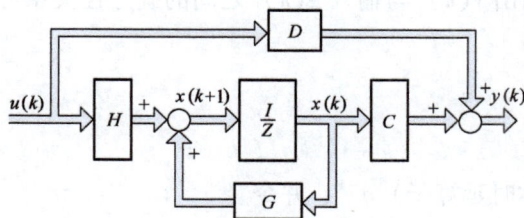

图 10-3　线性离散时间系统结构图

令初始条件为零，对系统动态方程式（10-15）进行拉氏变换，有

$$\left.\begin{array}{l} SX(S) = AX(S) + BU(S) \\ Y(S) = CX(S) + DU(S) \end{array}\right\} \tag{10-17}$$

于是有

$$X(S) = (SI - A)^{-1}BU(S) \tag{10-18}$$

$$Y(S) = [C(SI - A)^{-1}B + D]U(S) = G(S)U(S) \tag{10-19}$$

输出向量的拉氏变换式与输入向量的拉氏变换式之间的传递关系即传递函数矩阵（又称传递矩阵）$G(S)$ 为

$$G(S) = C(SI - A)^{-1}B + D \tag{10-20}$$

若输入 u 为 p 维向量，输出 y 为 q 维向量，则 $G(S)$ 为（$q \times p$）矩阵，于是式（10-19）可展开为

$$\begin{bmatrix} Y_1(S) \\ Y_2(S) \\ \vdots \\ Y_q(S) \end{bmatrix} = \begin{bmatrix} G_{11}(S) & G_{12}(S) & \cdots & G_{1p}(S) \\ G_{21}(S) & G_{22}(S) & \cdots & G_{2p}(S) \\ \vdots & \vdots & \cdots & \vdots \\ G_{q1}(S) & G_{q2}(S) & \cdots & G_{qp}(S) \end{bmatrix} \begin{bmatrix} U_1(S) \\ U_2(S) \\ \vdots \\ U_p(S) \end{bmatrix} \tag{10-21}$$

对于线性定常离散系统的动态方程为

$$\left.\begin{array}{l} x(k+1) = Gx(k) + \widetilde{H}u(k) \\ y(k) = Cx(k) + Du(k) \end{array}\right\} \tag{10-22}$$

式中，$x(k)$ 为 n 维状态向量，$y(k)$ 为 q 维输出向量，其解为

$$x(k) = G^k x(0) + \sum_{i=0}^{k-1} [G^{k-1-i}\widetilde{H}u(i)] \tag{10-23}$$

$$y(k) = CG^k x(0) + C\sum_{i=0}^{k-1} [G^{k-1-i}\widetilde{H}u(i)] + Du(k) \tag{10-24}$$

显然，式（10-23）还可以写为

$$x(k) = G^k x(0) + \sum_{i=0}^{k-1} \left[G^i \widetilde{H} u(k-i-1) \right] \tag{10-25}$$

综上所述，确定性数学模型所反映的实体对象具有确定性或固定性，它所反映的是一种必然现象，反映的是因果律。这类模型的数学形式，可以是各种各样的方程式、关系式（包括逻辑关系式）、网络图等。很显然，这种模型方法在数学上实际采用的是经典的数学方法。

2. 随机性系统的数学模型

为简便起见，这里仅讨论离散时间系统。

设离散时间系统的输出 $y(k)$ 与输入 $u(k)$ 之间的确定性关系可以用下列 m 阶差分方程描述

$$y(k) + \widetilde{a}_1 y(k-1) + \widetilde{a}_2 y(k-2) + \cdots + \widetilde{a}_m y(k-m)$$
$$= \widetilde{b}_0 u(k) + \widetilde{b}_1 u(k-1) + \widetilde{b}_2 u(k-2) + \cdots + \widetilde{b}_m u(k-m) \tag{10-26}$$

引进时域后移算子（又称时延算子）q^{-1}，并令

$$A_1(q^{-1}) \equiv 1 + \widetilde{a}_1 q^{-1} + \widetilde{a}_2 q^{-2} + \cdots + \widetilde{a}_m q^{-m} \tag{10-27}$$

$$B_1(q^{-1}) \equiv \widetilde{b}_0 + \widetilde{b}_1 q^{-1} + \widetilde{b}_2 q^{-2} + \cdots + \widetilde{b}_m q^{-m} \tag{10-28}$$

于是差分方程式（10-26）可表达为

$$y(k) = \frac{B_1(q^{-1})}{A_1(q^{-1})} u(k) \tag{10-29}$$

当系统受到各种随机噪声干扰时，这些噪声干扰的影响可以用一个等价的、作用在输出端的可加性随机噪声 $v(k)$ 来代替。所以，等价的随机噪声 $v(k)$ 就是在没有控制作用（即 $u(k)=0$，对所有 k）情况下在系统输出端观测到的输出值。将实际的输出量观测值记为 $Z(k)$，则有

$$z(k) = y(k) + v(k) = \frac{B_1(q^{-1})}{A_1(q^{-1})} u(k) + v(k) \tag{10-30}$$

一般说来，$v(k)$ 是有色噪声，当其为具有有理谱的正态平稳随机过程时，根据表示性定理，它可以表示为白噪声驱动下线性系统的输出，即

$$v(k) = \frac{C_1(q^{-1})}{A_2(q^{-1})} w(k) \tag{10-31}$$

式中，$\{w(k)\}$ 为正态白噪声序列，$C_1(q^{-1})$ 与 $A_2(q^{-1})$ 都是 q^{-1} 的首项为 1 的多项式（注意，这样做并不失一般性，因为 $w(k)$ 的方差可以改变）。将上式代入式（10-30），得

$$z(k) = \frac{B_1(q^{-1})}{A_1(q^{-1})} u(k) + \frac{C_1(q^{-1})}{A_2(q^{-1})} w(k) \tag{10-32}$$

其间关系如图 10-4a 所示，记为

$$A(q^{-1}) = A_1(q^{-1}) A_2(q^{-1}) \tag{10-33}$$

$$B(q^{-1}) = B_1(q^{-1}) A_2(q^{-1}) \tag{10-34}$$

$$C(q^{-1}) = C_1(q^{-1}) A_1(q^{-1}) \tag{10-35}$$

这里 q^{-1} 为时延算子，于是式（10-32）可表达为

$$A(q^{-1})z(k) = B(q^{-1})u(k) + C(q^{-1})w(k) \tag{10-36}$$

式中

$$A(q^{-1}) = 1 + a_1 q^{-1} + a_2 q^{-2} + \cdots + a_n q^{-n} \tag{10-37a}$$
$$B(q^{-1}) = b_0 + b_1 q^{-1} + b_2 q^{-2} + \cdots + b_n q^{-n} \tag{10-37b}$$
$$C(q^{-1}) = 1 + c_1 q^{-1} + c_2 q^{-2} + \cdots + c_n q^{-n} \tag{10-37c}$$

而其间关系如图 10-4b 所示。这里假定三个多项式的阶次都是 n 而不失一般性。这是因为即使某一多项式的阶次低于 n，但总可以令后面几项的系数等于零。注意 $A(q^{-1})$ 与 $C(q^{-1})$ 均为首项为 1 的多项式，而 $B(q^{-1})$ 的第一项 b_0 往往是零；式（10-36）也可以展为如下的形式

$$z(k) = -\sum_{i=1}^{n} a_i z(k-i) + \sum_{i=0}^{n} b_i u(k-i) + \sum_{i=0}^{n} c_i w(k-i) \tag{10-38}$$

式中，$c_0 = 1$，如果将上式最后一大项表为有色噪声 $\xi(k)$，即

$$\xi(k) = \sum_{i=0}^{n} c_i w(k-i) = C(q^{-1})w(k), c_0 = 1 \tag{10-39}$$

于是式（10-38）变为

$$z(k) = -\sum_{i=1}^{n} a_i z(k-i) + \sum_{i=0}^{n} b_i u(k-i) + \xi(k) \tag{10-40}$$

上式便为"广义回归模型"（见图 10-4c），而式（10-32）、式（10-38）称为外加输入的自回归滑动平均模型，又称为自回归移动平均模型（Auto-Regressive Moving Average Model，缩写为 ARMA）[443,444]。

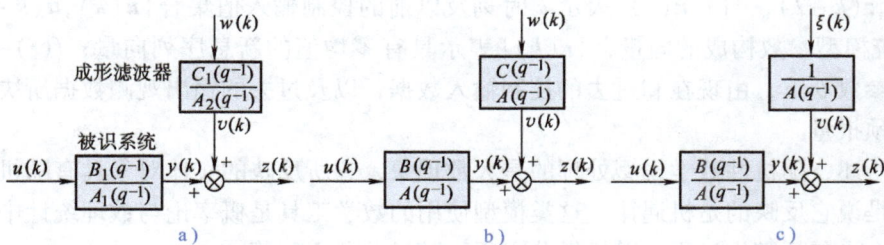

图 10-4　随机差分方程的结构

以上讨论的是随机性系统的外部描述，对于状态空间描述如下：

设离散时间系统的状态向量 $x(k)$、输入 $u(k)$ 与输出 $y(k)$ 之间的确定关系可用下列状态空间表达式描述为

$$\left.\begin{array}{l} x(k+1) = \tilde{A}x(k) + \tilde{B}u(k) \\ y(k) = \tilde{C}x(k) \end{array}\right\} \tag{10-41}$$

当系统受到多种随机噪声干扰时，这些噪声的影响可以用作用于状态变量的可加性过程噪声 $w(k)$ 与作用于输出观测量的可加性观测噪声 $v(k)$ 来代替，于是便得到随机型状态空间描述

$$x(k+1) = \tilde{A}x(k) + \tilde{B}u(k) + w(k) \atop z(k) = y(k) + v(k) = \tilde{C}x(k) + v(k) \biggr\} \tag{10-42}$$

式中，$\tilde{A}$、$\tilde{B}$ 与 $\tilde{C}$ 为相应的参数矩阵；设过程噪声 $w(k)$ 与观测噪声 $v(k)$ 为相互独立的零均值正态白噪声，其协方差矩阵与协方差分别为

$$E\{w(k)w^{\mathrm{T}}(j)\} = W\delta_{k,j} \tag{10-43}$$

$$E\{v(k)v^{\mathrm{T}}(j)\} = V\delta_{k,j} \tag{10-44}$$

因此在系统数学模型方程的阶次确定之后，系统辨识所需估计的参数有 $\tilde{A}$、$\tilde{B}$ 和 $\tilde{C}$ 三个参数矩阵以及协方差矩阵 W 与协方差 V；应指出，由一个观测数据序列辨别两个不同噪声的协方差矩阵是难以实现的。为了减少反映随机噪声的参数，可以把原随机型状态描述即式 (10-42) 变换成只有一种随机噪声作用的描述。下列随机型状态模型的新息（innovation）表示就是这样的一种描述（即下面给出的新息状态方程 $S(\tilde{A}, \tilde{B}, \tilde{C}, \tilde{K})$）：

$$\hat{x}(k+1|k) = \tilde{A}\hat{x}(k|k-1) + \tilde{B}u(k) + \tilde{K}\varepsilon(k) \atop z(k) = \tilde{C}\hat{x}(k|k-1) + \varepsilon(k) \biggr\} \tag{10-45}$$

式中，$\hat{x}(k+1|k)$ 为根据 $z(k)$，$z(k-1)$，… 得到的 $k+1$ 时刻 $x(k+1)$ 的最小方差估计；$\tilde{K}$ 为滤波增益矩阵；$\varepsilon(k)$ 为 k 时刻 $z(k)$ 的新息，即

$$\varepsilon(k) = z(k) - \hat{z}(k|k-1) = z(k) - \tilde{C}\hat{x}(k|k-1) \tag{10-46}$$

由卡尔曼（Kalman）滤波理论[445]可知，新息序列 $\{\varepsilon(k)\}$ 是正态白噪声序列。另外，对于预报误差模型（又称预测误差模型），它属于随机型线性系数的数学模型，其表达式为

$$z(k) = f[\tilde{z}(k-1), \tilde{u}(k), k, \boldsymbol{\theta}] + \varepsilon(k) \tag{10-47}$$

式中，$z(k)$ 表示时刻 k 输出观测值向量；$\tilde{z}(k-1)$ 表示 $k-1$ 时刻及以前的输出观测值集合 $\{z(k-1), z(k-2), \cdots\}$；$\tilde{u}(k)$ 表示 k 时刻及以前的控制输入值集合 $\{u(k), u(k-1), \cdots\}$；$\boldsymbol{\theta}$ 表示系统模型参数构成的向量，$\{\varepsilon(k)\}$ 表示具有零均值的新息序列向量；$f(\cdot)$ 表示在特定的模型参数 $\boldsymbol{\theta}$ 下，由现在和过去的控制输入数据，以及过去的输出观测数据所决定在 k 时刻的输出预报量。

综上所述，随机性数学模型处理的是大数现象，它所反映的实体对象具有随机性、或然性，也就是说它反映的是机遇律。这类模型使用的数学工具是概率论与数理统计中的各种概念与方法，也包括随机过程、随机微分方程、随机差分方程等。

3. 灰色系统的数学模型

灰色系统是部分信息已知，部分信息未知的系统。灰色系统的微分方程模型称为 GM 模型（Grey Model）[446]，其中 GM $(1, N)$ 模型是表示所建的近似微分方程为 1 阶的，N 个变量的微分方程。GM 模型的主要特点为[447]包括：

（1）通常，一般系统理论只能建立差分模型，不能建立微分模型，而灰色理论建立的是微分方程模型。差分模型是一种递推模型，只能按阶段分析系统的发展，只能用于短期分析。但在某些实际应用领域中，人们却常常希望使用微分方程模型，因为微分方程的系数描述了人们所希望辨识的系统内部物理或化学过程的本质。

（2）通常，系统行为数据列往往是没有规律的，是随机变化的。对随机变量、随机过程，人们往往用概率统计的方法进行研究。显然，概率统计的方法要求数据量大，而且还必须从大量数据中找出统计规律。即使这样，对于有些非典型分布、非平稳过程、有色噪声的

处理，采用概率统计方法时都感到棘手。而灰色理论是将一切随机变量看作是在一定范围内变化的灰色量，将随机过程看作是在一定范围内变化的、与时间有关的灰色过程。对灰色量不是从找统计规律的角度通过大样本量进行研究，而是用数据处理方法（在灰色理论中称其为数据生成），将杂乱无章的原始数据整理成规律性较强的生成数列后再做研究。灰色理论认为：系统的行为现象尽管是朦胧的，数据是杂乱的，但它毕竟是有序的，是有整体功能的，所以杂乱无章的数据后面必然潜藏着某种规律，而灰色数列的生成，就是从杂乱无章的原始数据中去开拓、发现、寻找这种内在规律。这是一种现实规律，不是先验规律。表10-1给出了灰色理论（Grey Theory）、概率论（Probability）与模糊理论（Fuzzy Theory）的主要特点与区别。

显然，灰色理论主要研究"少数据不确定"问题，概率论研究"大样本不确定"问题，而模糊理论则研究"认知不确定"问题。灰色理论强调信息优化，研究现实规律；概率与数理统计强调数据统计与历史的关系，研究的是历史的统计规律；模糊理论强调的是先验信息，它是依赖于人的经验，研究经验认知的表达规律。

表 10-1　三种理论的区别与主要特点

理　　论	灰　色　系　统	概　率　论	模　糊　集
内涵	小样本不确定	大样本不确定	认知不确定
基础	灰朦胧集	康托集	模糊集
依据	信息覆盖	概率分布	隶属度函数
手段	生成	统计	边界取值
特点	少数据	多数据	经验（数据）
要求	允许任意分布	要求典型分布	函数
目标	现实规律	历史统计规律	认知表达
思维方式	多角度	重复再现	外延量化
信息准则	最少信息	无限信息	经验信息

4. 模糊系统的数学模型

在客观世界中，存在着大量的模糊（Fuzzy）概念和模糊现象，例如在介绍一个产品的外观时说"包装很漂亮"，再如议论一个人的性格时说"此人心地善良"等。这里的"很漂亮"、"心地善良"就属于模糊概念。这些模糊概念和模糊现象是很难用经典的二值或多值逻辑来描述的，这是因为它们没有明确的边界。美国数学家 L. A. Zadeh 教授提出的模糊集合理论是描述这类模糊概念和模糊现象的强有力工具，它开辟了解决模糊系统问题的科学途径[326,448]。应该指出，基于模糊集合理论的模糊逻辑本身并不模糊。事实上，模糊逻辑是一种精确解决不精确不完全信息的方法，其最大的特点是用它可以比较自然地处理上述有关的概念。具体地说，模糊逻辑是通过模糊集合来工作的。模糊集合与传统集合的本质区别在于：

1）传统集合对集合中的元素关系进行严格区分，一个元素要么属于此集合，要么不属于此集合，并且不存在介于两者之间的情况。

2）模糊集合则具有灵活的隶属关系，允许元素在一个集合中部分隶属。元素在集合中的隶属度可以是从 0 ~ 1 的任何值，而不像在传统集合中要么是 0 要么是 1，因此模糊集合可以从"不隶属"逐渐地过度到"隶属"。于是上述模糊概念就很容易地在模糊集合中得到有效表达。

通常，模糊逻辑系统是指那些与模糊概念与模糊逻辑有直接关系的系统，它由模糊产生器、模糊规则库、模糊推理机和反模糊化器四部分组成，如图10-5所示。

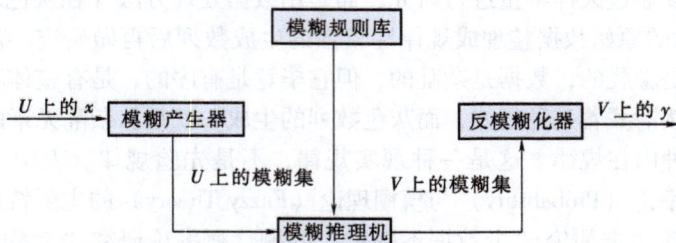

图10-5 模糊逻辑系统

模糊产生器将论域 U 上的点——映射为 U 上的模糊集合；反模糊化器是将论域 V 上的模糊集合——映射为 V 上确定的点；模糊推理机是根据模糊规则库中的模糊推理知识以及由模糊产生器产生的模糊集合，推理出模糊结论，亦即论域 V 上的模糊集，并将其输入到反模糊化器。显然，模糊逻辑系统具有输入与输出均为实型变量的重要特点，因此特别适用于工程应用系统。对于绝大多数的应用系统而言，其重要的信息有两类：一类是来自传感器的数据信息，一类是来自提供系统性能描述的专家信息（即语言信息）。通常的应用系统方法只能处理数据信息而不能有效地利用语言信息。数据信息可以用数字表示，而语言信息可用文字（如"大"、"小"）来表示。在客观世界中，人们的大量知识是用语言形式来表达的。在语言信息中，通常包含有大量的模糊术语，其原因是：①人们发现用模糊术语交流和表达知识常常方便且有效；②人们对许多问题的认识在本质上是模糊的；③许多实际的系统尚很难用准确的术语来进行描述（例如一个很复杂的化学反应过程就只能用一些模糊的术语来表达）。应该指出，语言信息尽管有时并非十分准确，但却提供了应用系统的重要信息，有时甚至是了解应用系统的唯一信息来源。正是由于模糊逻辑系统能够有效地利用语言信息，所以它成为当前研究的热点方向之一。

10.2.3* 线性系统辨识的最小二乘法

设被辨识的系统为单变量线性、定常、离散系统，其动态特性由下列广义回归模式描述，即

$$A(q^{-1})z(k) = B(q^{-1})u(k) + \xi(k) \tag{10-48}$$

式中，q^{-1} 为单位后移算子，$A(q^{-1})$ 与 $B(q^{-1})$ 的表达式同式（10-10）；而 $\{\xi(k)\}$ 是与系统输出端噪声 $v(k)$ 有关的噪声序列，$\xi(k) = A(q^{-1})v(k)$。

噪声 $\{\xi(k)\}$ 是不便测量的，于是可以假设为具有零均值的正态平稳过程，且与输入序列 $\{u(k)\}$ 不相关。式（10-48）又可表达为

或写为

$$\left.\begin{array}{l} z(k) = -\sum_{i=1}^{n} a_i z(k-i) + \sum_{i=0}^{n} b_i u(k-i) + \xi(k) \\ z(k) = \boldsymbol{\Phi}_k^{\mathrm{T}} \cdot \boldsymbol{\theta} + \xi(k) \end{array}\right\} \tag{10-49}$$

式中，$\boldsymbol{\Phi}_k$ 与 $\boldsymbol{\theta}$ 均为 $2n+1$ 的维矢量，即

$$\boldsymbol{\Phi}_k^{\mathrm{T}} = [\, z(k-1)\,, z(k-2)\,, \cdots, z(k-n)\,, u(k)\,, u(k-1)\,, \cdots, u(k-n)\,] \tag{10-50a}$$

$$\boldsymbol{\theta} = [\, -a_1\,, -a_2\,, \cdots, -a_n\,, b_0\,, b_1\,, \cdots, b_n\,]^{\mathrm{T}} \tag{10-50b}$$

对于 $k = 1, 2, \cdots, N$，由式（10-49）便可得到由 N 个线性方程构成的方程组，用下列矩阵形式表示

$$\boldsymbol{Z} = \boldsymbol{\Phi} \cdot \boldsymbol{\theta} + \boldsymbol{\xi} \tag{10-51}$$

式中

$$\boldsymbol{Z} \equiv [\, z(1)\,, z(2)\,, \cdots, z(N)\,]^{\mathrm{T}} \tag{10-52}$$

$$\boldsymbol{\Phi} \equiv \begin{bmatrix} \boldsymbol{\Phi}_1^{\mathrm{T}} \\ \boldsymbol{\Phi}_2^{\mathrm{T}} \\ \vdots \\ \boldsymbol{\Phi}_N^{\mathrm{T}} \end{bmatrix} = \begin{bmatrix} z(0) & \cdots & z(1-n) & u(1) & \cdots & u(1-n) \\ z(1) & \cdots & z(2-n) & u(2) & \cdots & u(2-n) \\ \vdots & \cdots & \cdots & \cdots & \cdots & \cdots \\ z(N-1) & \cdots & z(N-n) & u(N) & \cdots & u(N-n) \end{bmatrix} \tag{10-53}$$

$$\boldsymbol{\xi} \equiv [\, \xi(1)\,, \xi(2)\,, \cdots, \xi(N)\,]^{\mathrm{T}} \tag{10-54}$$

这里 $\boldsymbol{Z}$ 与 $\boldsymbol{\xi}$ 均为 N 维列向量，而 $\boldsymbol{\Phi}$ 为 $N \times (2n+1)$ 维矩阵。因此，在阶次已知的情况下，参数估计的任务就是由 N 个方程组估算出 $2n+1$ 个未知数，即 $\boldsymbol{\theta}$ 的值。显然，如果 $N < 2n+1$ 时（这时方程的个数少于未知数个数），则 $\boldsymbol{\theta}$ 不能唯一确定；如果 $N = 2n+1$，则只有 $\boldsymbol{\xi} = 0$ 时，$\boldsymbol{\theta}$ 才能唯一确定，但这不是辨识问题所讨论的情况。在 $\boldsymbol{\xi} \neq 0$ 情况下，只有 $N > 2n+1$，才有可能确定在某种意义下最优的参数估计 $\hat{\boldsymbol{\theta}}$。

设由 $N(N > 2n+1)$ 组观测数据 $Z(k)$ 与 $\boldsymbol{\Phi}_k(k = 1, 2, \cdots, N)$ 做出的参数估计为

$$\hat{\boldsymbol{\theta}} \equiv [\, -\hat{a}_1\,, -\hat{a}_2\,, \cdots, -\hat{a}_n\,, \hat{b}_0\,, \hat{b}_1\,, \hat{b}_2\,, \cdots, \hat{b}_n\,]^{\mathrm{T}} \tag{10-55}$$

则拟合出的系统模型可表示为

$$Z(k) = \boldsymbol{\Phi}_k^{\mathrm{T}} \cdot \hat{\boldsymbol{\theta}}_N + e(k) \tag{10-56}$$

式中，$e(k)$ 为称为残差（residual）或称"方程残差"，它也是一个随机变量。由式（10-56）得

$$e(k) = Z(k) - \boldsymbol{\Phi}_k^{\mathrm{T}} \cdot \hat{\boldsymbol{\theta}}_N = \boldsymbol{\Phi}_k^{\mathrm{T}} \cdot \boldsymbol{\theta} + \xi(k) - \boldsymbol{\Phi}_k^{\mathrm{T}} \cdot \hat{\boldsymbol{\theta}}_N = \boldsymbol{\Phi}_k^{\mathrm{T}} \cdot (\boldsymbol{\theta} - \hat{\boldsymbol{\theta}}_N) + \xi(k) \tag{10-57}$$

可见，残差 $e(k)$ 包含了两个误差因素：一个是参数估计误差带来的拟合误差，另一个是随机噪声带来的误差。令

$$J \equiv \sum_{K=1}^{N} e^2(k) = e^{\mathrm{T}} \cdot e \tag{10-58}$$

式中

$$e = [\, e(1)\,, e(2)\,, \cdots, e(N)\,]^{\mathrm{T}} \tag{10-59}$$

由式（10-56）有

$$e = \boldsymbol{Z} - \boldsymbol{\Phi} \cdot \hat{\boldsymbol{\theta}} \tag{10-60}$$

这里 $\boldsymbol{Z}$ 与 $\boldsymbol{\Phi}$ 的定义分别同式（10-52）与式（10-53）。显然，将式（10-60）代入式（10-58）后得到

$$J = (\boldsymbol{Z} - \boldsymbol{\Phi} \cdot \hat{\boldsymbol{\theta}}_N)^{\mathrm{T}} \cdot (\boldsymbol{Z} - \boldsymbol{\Phi} \cdot \hat{\boldsymbol{\theta}}_N) \tag{10-61}$$

于是使 J 达到极小的最优估计 $\hat{\boldsymbol{\theta}}_N$，应该使下式成立，即

$$\frac{\partial J}{\partial \hat{\boldsymbol{\theta}}_N} = -2\boldsymbol{\Phi}^{\mathrm{T}} \cdot (\boldsymbol{Z} - \boldsymbol{\Phi} \cdot \hat{\boldsymbol{\theta}}_N) = 0 \tag{10-62}$$

即
$$\boldsymbol{\Phi}^{\mathrm{T}} \cdot (\boldsymbol{\Phi} \cdot \hat{\boldsymbol{\theta}}_N) = \boldsymbol{\Phi}^{\mathrm{T}} \cdot \boldsymbol{Z} \tag{10-63}$$

上式称为正规方程（又称法方程）。当（$\boldsymbol{\Phi}^{\mathrm{T}} \cdot \boldsymbol{\Phi}$）为非奇异时，则其解为

$$\hat{\boldsymbol{\theta}}_N = (\boldsymbol{\Phi}^{\mathrm{T}} \cdot \boldsymbol{\Phi})^{-1} \cdot \boldsymbol{\Phi}^{\mathrm{T}} \cdot \boldsymbol{Z} \tag{10-64}$$

上式中，矩阵（$\boldsymbol{\Phi}^{\mathrm{T}} \cdot \boldsymbol{\Phi}$）的阶数越大，所包含的信息量就越多，系统参数估计的精度就越高。

将 J 对 $\hat{\boldsymbol{\theta}}_N$ 求二阶导数，得

$$\frac{\partial}{\partial \hat{\boldsymbol{\theta}}_N} \left(\frac{\partial J}{\partial \hat{\boldsymbol{\theta}}_N} \right) = 2 (\boldsymbol{\Phi}^{\mathrm{T}} \cdot \boldsymbol{\Phi}) \tag{10-65}$$

显然，在 $\boldsymbol{\Phi}$ 为列满秩（即 $\mathrm{rank}\boldsymbol{\Phi} = 2n + 1$）时，$J$ 对 $\hat{\boldsymbol{\theta}}_N$ 的二阶导数为正定矩阵，故式（10-64）算出的 $\hat{\boldsymbol{\theta}}_N$ 使 J 取极小值，即为最小二乘估计，通常记为 $\hat{\boldsymbol{\theta}}_{\mathrm{LS}}$。

10.2.4* 非线性系统辨识

非线性系统辨识要比线性系统的辨识困难得多、复杂得多。处理非线性系统的主要困难是缺乏描述各种非线性系统特征的统一的数学理论，因此对于该问题的处理仍处在具体问题具体分析的层次上。下面仅讨论结构预先选定的非线性系统辨识问题。

哈默斯坦（Hammerstein）模型并非一般的非线性系统模型，但有一类非线性系统可以用该模型来近似。这种模型是一种参数模型，它是把非线性系统看作无记忆非线性增益和线性系统的组合，它可有三种构造形式，分别为维纳（Wiener）模型、哈默斯坦模型和一般模型，如图 10-6 所示。

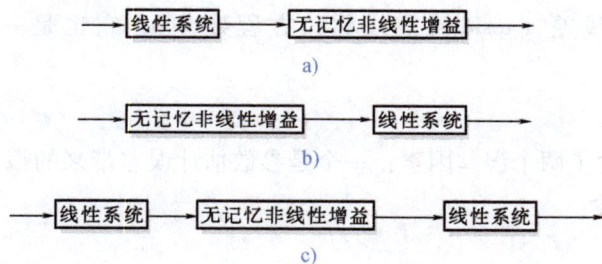

图 10-6 非线性系统的三种模型
a）维纳模型 b）哈默斯坦模型 c）一般模型

非线性增益用阶数为 p 的多项式来近似

$$x(k) = r_1 u(k) + r_2 u^2(k) + \cdots + r_p u^p(k) = \sum_{i=1}^{p} [r_i u^i(k)] \tag{10-66}$$

通过适当选择 p 和 r_i 来逼近给定的无记忆非线性增益。图 10-7 给出了哈默斯坦模型框图。

图中的线性系统可用 n 阶差分方程来描述，即

$$A(q^{-1})w(k) = B(q^{-1})x(k) \tag{10-67}$$

式中，$A(q^{-1})$ 与 $B(q^{-1})$ 的定义同式（10-10）。假定线性系统是稳定的，输出附加噪声 $v(k)$

图 10-7 哈默斯坦模型框图

是零均值的随机变量。对于原讨论的问题，则这时变为对预先给定的 n、p 值，借助于已知的测量数据 $\{u(k), y(k)\}$ 去辨识系统的参数 a_i、b_i 与 r_i 值。由式（10-66）与式（10-67）便可得到图 10-7 所示的整个系统的方程为

$$A(q^{-1})y(k) = B(q^{-1})\big[\sum_{i=1}^{p} r_i u^i(k)\big] + e_w(k) \tag{10-68}$$

式中

$$e_w(k) = A(q^{-1})v(k) \tag{10-69}$$

不失一般性，把 r_1 归一化为 1 时，则式（10-68）又可变为

$$A(q^{-1})y(k) = B(q^{-1})\big[u(k) + \sum_{i=2}^{p} r_i u^i(k)\big] + e_w(k) \tag{10-70}$$

注意到在式（10-70）的等号右边项展开后的系数将出现交叉积项 $r_i b_j$；显然，如果把这些交叉积项看作新参数，于是非线性参数辨识问题就变成线性问题了。令

$$S_{ij} = r_i b_j \quad (i = 1, 2, \cdots, p; j = 0, 1, 2, \cdots, n) \tag{10-71}$$

定义多项式 $S_i(q^{-1})$ 以及 $S(q^{-1})$

$$S_i(q^{-1}) = r_i B(q^{-1}) = S_{i0} + S_{i1}q^{-1} + S_{i2}q^{-2} + \cdots + S_{in}q^{-n} \tag{10-72}$$

$$S(q^{-1}) = \sum_{i=2}^{p} r_i B(q^{-1}) = S_0 + S_1 q^{-1} + S_2 q^{-2} + \cdots + S_n q^{-n} \tag{10-73}$$

式中

$$S_j = b_j \sum_{i=2}^{p} r_i \quad (j = 0, 1, 2, \cdots, n) \tag{10-74}$$

由此式（10-70）可变为

$$A(q^{-1})y(k) = B(q^{-1})u(k) + S(q^{-1})\sum_{i=2}^{p} u^i(k) + e_w(k) \tag{10-75}$$

如果 $e_w(k)$ 为白噪声，由 $y(k)$ 与 $u(k)$ 便可直接应用最小二乘估计得 $\hat{a}_j$，$\hat{b}_j$ 和 $\hat{S}_j(j=1, 2, \cdots, n)$ 此时的估计为无偏估计。注意到

$$\hat{S}_j = \hat{b}_j r_2 + \hat{b}_j r_3 + \cdots + \hat{b}_j r_p \quad (j = 0, 1, 2, \cdots, n) \tag{10-76}$$

因此，只要对式（10-76）再次应用最小二乘法进行估计便得到 $\hat{r}_i$（这里 $i = 2, 3, \cdots, p$）。显然，上述方法要求为无偏估计，所以必须保证 $e_w(k)$ 为白噪声。

10. 2. 5 灰色系统建模与预测

在控制论中，常借助颜色来表示研究者对系统内部信息和对系统本身的了解及认识程度，例如"白色"表示信息完全充分；"黑色"表示信息完全缺乏；而"灰色"表示信息不完全，即部分信息已知，部分信息未知。灰色系统理论将任何随机过程看作在一定时空区域内变化的灰色过程，将随机量看作是灰色量，认为无规则的离散时空数列是潜在的有规序列的一种表现，因此通过生成变换可以弱化原始数据列的随机性，将无规序列变成为有规序列，故与一般建模方法采用原始数列直接建模不同，灰色模型是在生成数列的基础上建立

的。灰色系统理论通过关联分析等措施提取建模所需的变量，并在研究离散函数性质的基础上，对离散数据建立微分方程的动态模型。

1. $GM(1,N)$ 模型

考虑有 N 个变量的一阶微分方程模型，简记为 $GM(1,N)$。设有 N 个 n 维时间序列数据，每个序列代表系统的一个因素变量的动态行为（常称为系统特征数据序列），即

$$X_i^{(0)} = \{x_i^{(0)}\} = \{x_i^{(0)}(1), x_i^{(0)}(2), \cdots, x_i^{(0)}(n)\} \quad (i=1,2,\cdots,N) \tag{10-77}$$

引入 AGO（Accumulated Generating Operation，累加生成）的概念[449]，于是有

$$X_i^{(1)} = AGO X_i^{(0)} = \{x_i^{(1)}(1), x_i^{(1)}(2), \cdots, x_i^{(1)}(n)\} \tag{10-78}$$

$$x_i^{(1)}(k) \equiv x_i^{(0)}(k) + x_i^{(1)}(k-1) = \sum_{j=1}^{k} x_i^{(0)}(j) \tag{10-79}$$

类似的，$X_i^{(0)}$ 的 r 次 AGO 为 $X_i^{(r)}$，即

$$x_i^{(r)}(k) \equiv x_i^{(r-1)}(k) + x_i^{(r)}(k-1) = \sum_{j=1}^{k} x_i^{(r-1)}(j) \tag{10-80}$$

应当指出，对于一串原始数据，借助于 AGO 后可以生成新的数列，即累加生成数列，这种处理方式称之为累加生成。如果原始数据都是非负的，则将其做一次 AGO 后将出现明显的几何规律，从而可以用近似的生成函数去描述之。一次 AGO 的明显特点是递增的近似指数规律呈上升的趋势，这就为以后灰色模型的建立奠定了理论基础。另外，引进 IAGO（Inverse AGO，累减生成）的概念，并用 $\alpha^{(m)}$ 表示 m 次 IAGO 符号，于是有

$$X_i^{(r-1)}(k) = X_i^{(r)}(k) - X_i^{(r)}(k-1) = \sum_{j=1}^{k} X_i^{(r-1)}(j) - \sum_{j=1}^{k-1} X_i^{(r-1)}(j) \tag{10-81}$$

注意到：

$$\alpha^{(m)}(X_i^{(r)}(k)) = \alpha^{(m-1)}(X^{(r)}(k)) - \alpha^{(m-1)}(X^{(r)}(k-1)) = X_i^{(r-m)}(k) \tag{10-82}$$

式中，$\alpha^{(m)}(\cdot)$ 表示 m 次累减。应该指出，累减生成（IAGO）是累加生成（AGO）的还原（即逆运算）。显然有

$$\alpha^{(r)}(X^{(r)}(k)) = X^{(0)}(k) \tag{10-83}$$

考虑一阶 N 个变量白化形式的 $GM(1,N)$ 模型

$$\frac{dX_1^{(1)}}{dt} + a X_1^{(1)} = \sum_{i=2}^{N} b_{i-1} X_i^{(1)}(k) \tag{10-84}$$

式中，a 为 $GM(1,N)$ 的发展系数，b_i 为 X_i 的协调系数。由式（10-84）表明该模型是以生成数 $X_i^{(1)}$ 为基础的。现按灰色系统方法来求其中参数 a 和 b_i，假设采用等时距，即 $\Delta t = t_k - t_{k-1}$ 为常数，并取 $\Delta t = 1$，将上式中的微商用差商表示，即

$$\frac{dX_1^{(1)}}{dt} = \frac{\Delta X_1^{(1)}}{\Delta t} = \Delta X_1^{(1)} \tag{10-85}$$

注意到
$$\Delta X_1^{(1)} = \{x_1^{(1)}(k) - x_1^{(1)}(k-1) \mid k=2,3,\cdots,n\} = \alpha^{(1)}(X_1^{(1)}) \tag{10-86}$$

式中，$\alpha^{(1)}(\cdot)$ 为一次累减生成。故式（10-84）可变为

$$\alpha^{(1)}(X_1^{(1)}) + a \cdot \alpha^{(0)}(X_1^{(1)}) = b_1 X_2^{(1)} + \cdots + b_{N-1} X_N^{(1)} \tag{10-87}$$

并注意到取

$$\alpha^{(0)}(X_1^{(1)}) = \left\{ \frac{1}{2}(X_1^{(1)}(k) + X_1^{(1)}(k-1)) \mid k=2,\cdots,n \right\} \tag{10-88}$$

令 $k = 2, 3, \cdots, n$，将式（10-87）展开，则有

$$
\begin{bmatrix} x_1^{(0)}(2) \\ x_1^{(0)}(3) \\ \vdots \\ x_1^{(0)}(n) \end{bmatrix} = a \begin{bmatrix} -\dfrac{1}{2}(x_1^{(1)}(2) + x_1^{(1)}(1)) \\ -\dfrac{1}{2}(x_1^{(1)}(3) + x_1^{(1)}(2)) \\ \vdots \\ -\dfrac{1}{2}(x_1^{(1)}(n) + x_1^{(1)}(n-1)) \end{bmatrix} + b_1 \begin{bmatrix} x_2^{(1)}(2) \\ x_2^{(1)}(3) \\ \vdots \\ x_2^{(1)}(n) \end{bmatrix} +
$$

$$
b_2 \begin{bmatrix} x_3^{(1)}(2) \\ x_3^{(1)}(3) \\ \vdots \\ x_3^{(1)}(n) \end{bmatrix} + \cdots + b_{N-1} \begin{bmatrix} x_N^{(1)}(2) \\ x_N^{(1)}(3) \\ \vdots \\ x_N^{(1)}(n) \end{bmatrix} \tag{10-89}
$$

将上式写为矩阵形式便为

$$
Y_N = B \cdot \beta \tag{10-90}
$$

式中

$$
Y_N = [x_1^{(0)}(2), x_1^{(0)}(3), \cdots, x_1^{(0)}(n)]^{\mathrm{T}} \tag{10-91}
$$

$$
\beta = [a, b_1, b_2, \cdots, b_{N-1}]^{\mathrm{T}} \tag{10-92}
$$

$$
B = \begin{bmatrix} -\dfrac{1}{2}(x_1^{(1)}(2) + x_1^{(1)}(1)) & x_2^{(1)}(2) & \cdots & x_N^{(1)}(2) \\ -\dfrac{1}{2}(x_1^{(1)}(3) + x_1^{(1)}(2)) & x_2^{(1)}(3) & \cdots & x_N^{(1)}(3) \\ \vdots & \cdots & \cdots & \cdots \\ -\dfrac{1}{2}(x_1^{(1)}(n) + x_1^{(1)}(n-1)) & x_2^{(1)}(n) & \cdots & x_N^{(1)}(n) \end{bmatrix} \tag{10-93}
$$

可以采用最小二乘法求出式（10-90）β 的估计值 $\hat{\beta}$ 为

$$
\hat{\beta} = (B^{\mathrm{T}} \cdot B)^{-1} B^{\mathrm{T}} \cdot Y_N \tag{10-94}
$$

在求出了 $\hat{\beta}$ 后，就获得了具体的微分方程式（10-84），于是便可求其解。由高等数学中一阶常微分方程的知识可知，方程

$$
\frac{\mathrm{d}x}{\mathrm{d}t} = -ax + bu
$$

的解为 $x(t) = ce^{-at} + \dfrac{b}{a}u = \left[x(0) - \dfrac{b}{a}u\right]e^{-at} + \dfrac{b}{a}u$

于是方程式（10-84）的解（即时间响应函数）的离散形式为

$$
\hat{x}_1^{(1)}(k) = \left[x_1^{(1)}(0) - \frac{1}{a}\sum_{i=2}^{N} b_{i-1}x_i^{(1)}(k)\right]e^{-a(k-1)} + \frac{1}{a}\sum_{i=2}^{N} b_{i-1}x_i^{(1)}(k) \tag{10-95}
$$

并且取

$$
x_1^{(1)}(0) = x_1^{(1)}(1) \tag{10-96}
$$

然后再做累减生成运算，将 $\hat{X}_1^{(1)}$ 还原成原始数列 $\hat{X}_1^{(0)}$。

按上述方法所建的 GM 模型是否成功，需要进行下面三个方面的检验：①残差大小的检验；②关联度的检验；③后验差检验。关于这些检验与修正的内容将在下面的例题中做介

绍。图 10-8 给出了灰色建模的过程。显然，灰色理论所建立的系统模型是多因素的、关联的、整体的，因为决定系统发展态势不是某个因素而是相关因素协调发展的结果。应该指出的是，上述灰色建模是一个处于逐步发展与进一步完善的[450,451]新理论与新方法。对于"部分信息已知，部分信息未知"的"小样本"、"贫信息"不确定性系统，使用该理论已取得了一些可喜的成果。

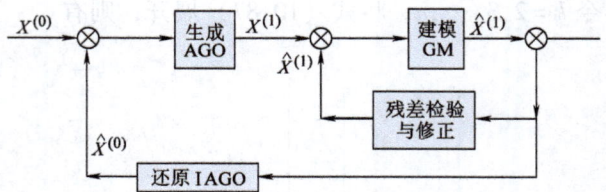

图 10-8　灰色建模的过程

2. 典型算例——模型建立及关联度计算

例 10-1

设有二数据序列 $X_1^{(0)} = \{2.874, 3.278, 3.307, 3.390, 3.679\}$ 和 $X_2^{(0)} = \{7.04, 7.645, 8.075, 8.53, 8.774\}$，试建立 GM(1,2) 模型。

解：计算分以下 7 个步骤进行。

（1）做一次累加生成，得以下数据：

k	1	2	3	4	5
$x_1^{(1)}(k)$	2.874	6.152	9.459	12.849	16.528
$x_2^{(1)}(k)$	7.040	14.685	22.750	31.290	40.064

（2）计算数据矩阵。

$$Y_N = [x_1^{(0)}(2), x_1^{(0)}(3), \cdots, x_1^{(0)}(5)]^T = [3.278, 3.307, 3.390, 3.679]^T$$

$$B = \begin{bmatrix} -\frac{1}{2}(x_1^{(1)}(2) + x_1^{(1)}(1)) & x_2^{(1)}(2) \\ -\frac{1}{2}(x_1^{(1)}(3) + x_1^{(1)}(2)) & x_2^{(1)}(3) \\ -\frac{1}{2}(x_1^{(1)}(4) + x_1^{(1)}(3)) & x_2^{(1)}(4) \\ -\frac{1}{2}(x_1^{(1)}(5) + x_1^{(1)}(4)) & x_2^{(1)}(5) \end{bmatrix} = \begin{bmatrix} -4.513 & 14.685 \\ -7.806 & 22.750 \\ -11.154 & 31.290 \\ -14.689 & 40.064 \end{bmatrix}$$

（3）计算参数列 $\hat{\boldsymbol{\beta}}$。

因为

$$B^T \cdot B = \begin{bmatrix} 421.79 & -1181.447 \\ -1181.447 & 3317.855 \end{bmatrix}$$

$$(B^T \cdot B)^{-1} = \begin{bmatrix} 1.281 & 0.456 \\ 0.456 & 0.163 \end{bmatrix}$$

所以

$$\hat{\boldsymbol{\beta}} = \begin{bmatrix} a \\ b \end{bmatrix} = (B^T \cdot B)^{-1} \cdot (B^T \cdot Y_N) = \begin{bmatrix} 2.227 \\ 0.907 \end{bmatrix}$$

（4）列出微分方程。

$$\frac{dX_1^{(1)}}{dt} + 2.227X_1^{(1)} = 0.907X_2^{(1)}$$

（5）求时间响应函数。

$$\hat{x}_1^{(1)}(k) = \left[x_1^{(1)}(0) - \frac{b}{a}x_2^{(1)}(k) \right]e^{-a(k-1)} + \frac{b}{a}x_2^{(1)}(k)$$

取　　　　　　$x_1^{(1)}(0) = x_1^{(0)}(1) = 2.874, b/a = 0.907/2.227 = 0.41$

所以　　　　$\hat{x}_1^{(1)}(k) = \left[2.874 - 0.41x_2^{(1)}(k) \right]e^{-2.227(k-1)} + 0.41x_2^{(1)}(k)$

（6）检验 $\hat{X}_1^{(1)}$ 模型。

取 $k=1$ 时，

$$\hat{x}_1^{(1)}(1) = \left[2.874 - 0.41 \times x_2^{(1)}(1) \right]e^{2.227 \times 0} + 0.41x_2^{(1)}(1)$$
$$= (2.874 - 0.41 \times 7.04) \times 1 + 0.41 \times 7.04 = 2.874$$

按此类似地计算，结果见下表：

模型计算值 $\hat{X}_1^{(1)}$	实际值 $X_1^{(1)}$	误差（%）
$\hat{x}_1^{(1)}(1) = 2.874$	2.874	0
$\hat{x}_1^{(1)}(2) = 5.682$	6.152	7.6
$\hat{x}_1^{(1)}(3) = 9.256$	9.459	2.1
$\hat{x}_1^{(1)}(4) = 12.737$	12.849	0.9
$\hat{x}_1^{(1)}(5) = 16.389$	16.528	0.8

（7）检验还原值 $\hat{X}_1^{(0)}$。

将 $\hat{X}_1^{(1)}$ 做累减生成：

$$\hat{x}_1^{(0)}(1) = \hat{x}_1^{(1)}(1) = 2.874$$
$$\hat{x}_1^{(0)}(2) = \hat{x}_1^{(1)}(2) - \hat{x}_1^{(1)}(1) = 5.682 - 2.874 = 2.808$$
$$\hat{x}_1^{(0)}(3) = \hat{x}_1^{(1)}(3) - \hat{x}_1^{(1)}(2) = 9.256 - 5.682 = 3.574$$

仿此计算，结果见下表：

还原后模型计算值	实际值原始值	误差（%）
$\hat{x}_1^{(0)}(1) = 2.874$	$x_1^{(0)}(1) = 2.874$	0
$\hat{x}_1^{(0)}(2) = 2.808$	$x_1^{(0)}(2) = 3.278$	14.3
$\hat{x}_1^{(0)}(3) = 3.574$	$x_1^{(0)}(3) = 3.337$	-8.1
$\hat{x}_1^{(0)}(4) = 3.481$	$x_1^{(0)}(4) = 3.390$	-2.7
$\hat{x}_1^{(0)}(5) = 3.652$	$x_1^{(0)}(5) = 3.679$	0.7

例 10-2

设数列 $X^{(0)} = \{2.874, 3.278, 3.337, 3.390, 3.679\}$，试建立 GM(1,1) 模型。

解：GM(1,1) 为 GM(1,N) 的特例（即 $N = 1$），其白化微分方程为

$$\frac{dx^{(1)}}{dt} + ax^{(1)} = b \tag{10-97}$$

计算分 8 个步骤进行。

(1) 做 AGO 生成。

$$x^{(1)}(k) = \sum_{j=1}^{k} x^{(0)}(j)$$

按上式，便可生成如下数列为

$$X^{(1)}(k) = \{2.874, 6.152, 9.489, 12.879, 16.558\}$$

(2) 确定数列矩阵 B，Y_N。

$$B = \begin{bmatrix} -\frac{1}{2}(x^{(1)}(1) + x^{(1)}(2)) & 1 \\ -\frac{1}{2}(x^{(1)}(2) + x^{(1)}(3)) & 1 \\ -\frac{1}{2}(x^{(1)}(3) + x^{(1)}(4)) & 1 \\ -\frac{1}{2}(x^{(1)}(4) + x^{(1)}(5)) & 1 \end{bmatrix} = \begin{bmatrix} -4.513 & 1 \\ -7.82 & 1 \\ -11.184 & 1 \\ -14.718 & 1 \end{bmatrix}$$

$$Y_N = [x^{(0)}(2), x^{(0)}(3), x^{(0)}(4), x^{(0)}(5)]^{\mathrm{T}} = [3.278, 3.337, 3.39, 3.679]^{\mathrm{T}}$$

(3) 计算 $(B^{\mathrm{T}} \cdot B)^{-1}$。

$$(B^{\mathrm{T}} \cdot B)^{-1} = \begin{bmatrix} 0.0134 & 0.1655 \\ 0.1655 & 1.8329 \end{bmatrix}$$

(4) 求参数列。

$$\hat{\beta} = \begin{bmatrix} a \\ b \end{bmatrix} = (B^{\mathrm{T}} \cdot B)^{-1} \cdot (B^{\mathrm{T}} \cdot Y_N) = \begin{bmatrix} -0.0372 \\ 3.0653 \end{bmatrix}$$

(5) 确定模型。

$$\frac{dx^{(1)}}{dt} - 0.0372x^{(1)} = 3.0653$$

$$\hat{x}^{(1)}(k) = \left[x^{(1)}(0) - \frac{b}{a}\right]e^{-a(k-1)} + \frac{b}{a} \tag{10-98}$$

$$x^{(1)}(0) = 2.874; b/a = 3.0653 / -0.0372 = -82.3925$$

$$\hat{x}^{(1)}(k) = 85.2665e^{-0.0372(k-1)} - 82.3925$$

(6) 精度检验之一——残差检验。

模型计算值	实 际 值	模型计算值	实 际 值
$\hat{x}^{(1)}(2) = 6.11$	$x^{(1)}(2) = 6.152$	$\hat{x}^{(1)}(4) = 12.942$	$x^{(1)}(4) = 12.879$
$\hat{x}^{(1)}(3) = 9.46$	$x^{(1)}(3) = 9.489$	$\hat{x}^{(1)}(5) = 16.555$	$x^{(1)}(5) = 16.558$

还原后模型计算值	实 际 数 据	误差值	误差（%）
$\hat{x}^{(0)}(2) = 3.236$	$\hat{x}^{(0)}(2) = 3.278$	$q(2) = 0.042$	1.402
$\hat{x}^{(0)}(3) = 3.354$	$\hat{x}^{(0)}(3) = 3.337$	$q(3) = -0.0175$	-0.525
$\hat{x}^{(0)}(4) = 3.481$	$\hat{x}^{(0)}(4) = 3.39$	$q(4) = -0.0917$	-2.705
$\hat{x}^{(0)}(5) = 3.613$	$\hat{x}^{(0)}(5) = 3.679$	$q(5) = 0.066$	1.775

（7）精度检验之二——关联度检验。

以 $\hat{x}^{(1)}(t)$ 的导数作为参考数列与 $x^{(0)}$ 做关联分析。将式（10-98）求导数，代入这里的相应数据，然后离散便有

$$\hat{x}^{(0)}(k) = -3.1719 e^{-0.0372(k-1)}$$
$$k = 2, \hat{x}^{(0)}(2) = 3.056$$
$$k = 3, \hat{x}^{(0)}(3) = 2.944$$
$$k = 4, \hat{x}^{(0)}(4) = 2.836$$
$$k = 5, \hat{x}^{(0)}(5) = 2.733$$

按上述数据求出绝对差 Δ，即

$$\Delta(k) = \left| \hat{x}^{(0)}(k) - x^{(0)}(k) \right|$$
$$\Delta(2) = \left| \hat{x}^{(0)}(2) - x^{(0)}(2) \right| = \left| 3.056 - 3.278 \right| = 0.222$$
$$\Delta(3) = \left| \hat{x}^{(0)}(3) - x^{(0)}(3) \right| = \left| 2.945 - 3.337 \right| = 0.392$$
$$\Delta(4) = \left| \hat{x}^{(0)}(4) - x^{(0)}(4) \right| = \left| 2.836 - 3.39 \right| = 0.554$$
$$\Delta(5) = \left| \hat{x}^{(0)}(5) - x^{(0)}(5) \right| = \left| 2.733 - 3.679 \right| = 0.946$$

在未计算本例题中的关联度之前，先介绍一下更普通意义下关联度的计算；设系统行为序列为

$$\left. \begin{aligned} \boldsymbol{X}_0 &= \{ x_0(1), x_0(2), \cdots, x_0(n) \} \\ \boldsymbol{X}_1 &= \{ x_1(1), x_1(2), \cdots, x_1(n) \} \\ &\vdots \\ \boldsymbol{X}_i &= \{ x_i(1), x_i(2), \cdots, x_i(n) \} \\ &\vdots \\ \boldsymbol{X}_N &= \{ x_N(1), x_N(2), \cdots, x_N(n) \} \end{aligned} \right\} \tag{10-99}$$

则 $\boldsymbol{X}_0$ 与 $\boldsymbol{X}_i$ 的灰色关联度为 $r(\boldsymbol{X}_0, \boldsymbol{X}_i)$，其表达式为

$$r(\boldsymbol{X}_0, \boldsymbol{X}_i) = \frac{1}{n} \sum_{j=1}^{n} \left[r(x_0(j), x_i(j)) \right] \tag{10-100}$$

式中，$r(x_0(j), x_i(j))$ 定义为

$$r(x_0(j), x_i(j)) = \frac{\min\limits_{i}\min\limits_{j}|x_0(j) - x_i(j)| + \xi\max\limits_{i}\max\limits_{j}|x_0(j) - x_i(j)|}{|x_0(j) - x_i(j)| + \xi\max\limits_{i}\max\limits_{j}|x_0(j) - x_i(j)|} \tag{10-101}$$

ξ 为分辨系数；另外，$i = 1, 2, \cdots, N; j = 1, 2, \cdots, N$；对于本例题，$\xi$ 取为 0.5，则利用上面公式容易计算出这时关联度为 0.653。

（8）精度检验之三——后验差检验。

借助于原始数据 $X^{(0)} = \{2.874, 3.278, 3.337, 3.390, 3.679\}$ 以及残差数据 $q = \{0, 0.042, -0.0175, -0.0917, 0.066\}$，先计算出残差均值 $\bar{q}$。

$$\bar{q} = \frac{1}{4}\sum_{j=2}^{5}q(j) = \frac{1}{4} \times (0.042 - 0.0175 - 0.0917 + 0.066) = -0.0003$$

残差的离差为

$$S_2^2 = \frac{1}{4}\sum_{j=2}^{5}(q(j) - \bar{q})^2 = 0.00368$$

$X^{(0)}$ 的均值 $\bar{x}$ 为

$$\bar{x} = \frac{1}{5}\sum_{j=1}^{5}x^{(0)}(j) = \frac{1}{5}(2.874 + 3.278 + 3.337 + 3.39 + 3.679) = 3.3116$$

$X^{(0)}$ 的离差（即数据方差）为

$$S_1^2 = \frac{1}{5}\sum_{j=1}^{5}(x^0(j) - \bar{x})^2 = 0.06574$$

于是后验差比为

$$C = \frac{S_2}{S_1} = \frac{\sqrt{0.00368}}{\sqrt{0.06574}} = 0.23657$$

由灰色理论知道，当概率 P 满足以下关系时为小误差概率

$$P = P\{|q(j) - \bar{q}| < 0.6745S_1\} \tag{10-102}$$

对于给定 $P_0 > 0$，当 $P < P_0$ 时称模型为小误差概率合格模型。预测等级示于表 10-2。由表可以看出，C 值越小越好；P 越大越好。P 值越大，表明残差与残差平均值之差小于给定值 $0.6745S_1$ 的点数越多。

表 10-2 预测等级表

等　级	P	C	等　级	P	C
1 级（好）	>0.95	<0.35	3 级（勉强）	>0.70	<0.45
2 级（合格）	>0.80	<0.50	4 级（不合格）	≤0.70	≥0.65

3. 灰色系统的预测

灰色系统预测是根据系统过去和现在的数据（信息）推测未来的状况。灰色系统预测从本质上讲也是一种建模，它多采用 GM(1,1) 进行定量预测。灰色预测按其功用和特征可分为以下几种：

（1）数列预测。即对系统行为特征值大小发展变化以及对某个事物发展变化的大小和时间所做的预测。数列预测是外推预测法的一种开拓。

（2）灾变预测是指预测系统行为特征量超出某个阈值的时刻，换句话说就是预测异常值何时再出现。灾变预测的任务并不是确定异常值的大小，而是确定异常值出现的时间。

（3）拓扑预测（又称波形预测或整体预测），是对一段时间内行为特征数据波形的预测。拓扑预测不同于数列预测，数列预测是预测数列所对应的曲线在未来某时刻的值，拓扑预测是预测曲线（波形）本身。因此从本质上讲，拓扑预测是对一个变化不规则的行为数据列的整体发展所进行的预测。

（4）系统综合预测是预测系统所包含的多个变量（或因素）之间发展变化及其相互协调关系，其预测模型多采用 $GM(1,1)$ 与 $GM(1,N)$ 相结合的方式或者采用所谓多变量灰色模型 $MGM(1,N)$ 等。下面仅以讨论算例的方式，对相关的预测问题进行扼要的分析。

例 10-3

某企业的销售额数据见表10-3。

表 10-3　某企业的销售额　　　　　　　　（单位：万元）

年　　份	2000	2001	2002	2003	2004	2005
销 售 额	434.5	470.5	527.5	571.4	626.4	685.2

现建立 $GM(1,1)$ 预测模型并预测 2006 年与 2007 年的销售额。

解： 依题意，初始序列为

$$X^{(0)} = \{434.5, 470.5, 527.5, 571.4, 626.4, 685.2\}$$

（1）第一步——求累加生成数列为

$$X^{(1)} = \{434.5, 905, 1432.6, 2004, 2630.4, 3315.6\}$$

（2）第二步——借助于模型方程式（10-97），用最小二乘法求参数 $\hat{\boldsymbol{\beta}} = [a, b]^T$：

$$\boldsymbol{B} = \begin{bmatrix} -\dfrac{1}{2}(x^{(1)}(1) + x^{(1)}(2)) & 1 \\ -\dfrac{1}{2}(x^{(1)}(2) + x^{(1)}(3)) & 1 \\ -\dfrac{1}{2}(x^{(1)}(3) + x^{(1)}(4)) & 1 \\ -\dfrac{1}{2}(x^{(1)}(4) + x^{(1)}(5)) & 1 \end{bmatrix} = \begin{bmatrix} -2973.0 & 1 \\ -669.75 & 1 \\ -1168.8 & 1 \\ -1718.3 & 1 \\ -2317.2 & 1 \end{bmatrix}$$

$$\boldsymbol{Y}_N = [470.5, 527.6, 571.4, 626.4, 685.2]^T$$

利用 $\boldsymbol{B}$ 与 $\boldsymbol{Y}_N$ 值，则可计算出 $\hat{\boldsymbol{\beta}}$ 值为

$$\hat{\boldsymbol{\beta}} = (\boldsymbol{B}^T \cdot \boldsymbol{B})^{-1} \cdot (\boldsymbol{B}^T \cdot \boldsymbol{Y}_N) = [-0.0916, 414.0736]^T$$

借助于式（10-98）得模型方程为

$$\hat{x}^{(1)}(k) = \left[x^{(1)}(0) - \frac{b}{a} \right] e^{-a(k-1)} + \frac{b}{a}$$

$$= 4953.04815 e^{0.0916(k-1)} - 4518.54815$$

（3）第三步——模型检验。检验结果见表10-4，由该表可知计算出的精度较高，该模型可用。

表10-4 检验数据表

年　份	$\hat{x}^{(1)}$	还原数据 $\hat{x}^{(0)}$	原始数据 $X^{(0)}$	绝对误差	相对误差（%）
2000	434.5	434.5	434.5	0	0
2001	909.8	475.3	470.5	-4.8	1.0
2002	1430.8	521.0	527.6	6.6	1.25
2003	2001.7	570.9	571.4	0.5	0.08
2004	2627.5	625.8	626.4	0.6	0.095
2005	3313.3	685.8	685.2	-0.6	0.087

（4）第四步——进行区间预测。

为了确定预测值的上、下界，先介绍以下概念：

设 $X^{(0)} = [x^{(0)}(1), x^{(0)}(2), \cdots, x^{(0)}(n)]$ 为原始序列，其一次 AGO 序列为 $X^{(1)} = [x^{(1)}(1), x^{(1)}(2), \cdots, x^{(1)}(n)]$。令

$$\left. \begin{array}{l} \sigma_{\max} = \max_{1 \leqslant j \leqslant n} \left\{ x^{(0)}(j) \right\} \\ \sigma_{\min} = \min_{1 \leqslant j \leqslant n} \left\{ x^{(0)}(j) \right\} \end{array} \right\} \tag{10-103}$$

于是，$X^{(1)}$ 的下界函数 $f_u(n+j)$ 和上界函数 $f_s(n+j)$ 分别为

$$f_u(n+j) = x^{(1)}(n) + j\sigma_{\min} \tag{10-104}$$

$$f_s(n+j) = x^{(1)}(n) + j\sigma_{\max} \tag{10-105}$$

而基本预测值 $\hat{x}^{(0)}(n+j)$ 为

$$\hat{x}^{(0)}(n+j) = \frac{1}{2} \left[f_u(n+j) + f_s(n+j) \right] \tag{10-106}$$

本例中，$n=6$，而 $j=1$ 与 2 时分别对应于 2006 年与 2007 年，借助于上面的几个式子可以完成区间预测。

（5）第五步——预测 2006 年与 2007 年的销售额。

2006 年：$\hat{x}^{(1)}(7) = [4953.04815 \exp(0.0916 \times 6) - 4518.54815]$ 万元
$$= 4062.9 \text{ 万元}$$

$$\hat{x}^{(0)}(7) = (4062.9 - 3313.3) \text{ 万元} = 749.6 \text{ 万元}$$

2007 年：$\hat{x}^{(1)}(8) = [4953.04815 \exp(0.0916 \times 7) - 4518.54815]$ 万元
$$= 4886.1$$

$$\hat{x}^{(0)}(8) = [4886.1 - (3313.3 + 749.6)] \text{ 万元} = 823.2 \text{ 万元}$$

因此，2006 年与 2007 年的预测销售额分别为 749.6 万元与 823.2 万元。

10.3　人机系统的连接分析方法

10.3.1　连接及其表示方法

连接分析法是一种对已设计好的人、机械、过程和系统进行评价的简便方法。连接是指人机系统中，人与机、机与机、人与人之间的相互作用关系。因此相应的连接形式有：人—机连接、机—机连接和人—人连接。人—机连接是指作业者通过感觉器官接受机器发出的信息或作业者对机器实施控制操作而产生的作用关系；机—机连接是指机械装置之间所存在的依次控制关系；人—人连接是指作业者之间通过信息联络、协调系统正常运行而产生的作用关系。按连接的性质，人机系统的连接方式主要有对应连接（又称对应连接链）和逐次连接（又称逐次连接链）。

1. 对应连接

对应连接是指作业者通过感觉器官接受他人或机器发出的信息或作业者根据获得的信息进行操作而形成的作用关系。例如，操作人员观察显示器后，进行相应的操作；厂内运输驾驶员听到调度人员的指挥信号，驾驶员所进行的操作等。这些都是由显示器传给眼睛，或者由声音信号传给耳朵之后进行的。这种以视觉、听觉或触觉来接受指示形成的对应连接称为显示指示型对应连接；操作人员得到信息后，以各种反应动作操纵各种控制装置而形成的连接称为反应动作型对应连接。

2. 逐次连接

人在进行某一作用过程中，往往不是一次动作便能达到目的，而需要多次逐个的连续动作。这种由逐次动作达到一个目的而形成的连接称为逐次连接。例如汽车驾驶员在交叉路口停车后重新起步的操作过程：确认允许通行信号（信号灯的绿灯显示或者交通民警的指挥信号）→左脚把离合器踏板踩到底→右手操纵变速杆，迅速挂上起步挡→缓缓抬起左脚，使离合器平稳接合，同时右脚平稳踩下加速踏板，使汽车平稳起步→汽车加速到一定车速时，左脚迅速把离合器踏板踩到底，同时右脚迅速抬起，把加速踏板松开→右手操纵变速杆，迅速换入高一级挡位→缓缓抬起左脚，使离合器平稳接合，同时右脚平稳踩下加速踏板，使汽车进一步加速→汽车加速到更高车速时，左脚迅速把离合器踏板踩到底，同时右脚迅速抬起，把加速踏板松开→右手操纵变速杆，迅速换入更高一级挡位（直接挡或最高挡）→缓缓抬起左脚，使离合器平稳接合，同时右脚平稳踩下加速踏板，使汽车加速到稳定车速后，保持稳速行驶。显然，这一复杂的操作过程为一典型的逐次连接链。

连接由连接关系图表示，连接分析通过连接关系进行。在人机系统中的各种要素均用符号表示，其中圆圈表示作业者；矩形符号表示控制装置、显示装置。方框与圆圈的对应关系根据连接形式可以用不同的线条进行连接。细实线表示操作连接，虚线表示视觉观察连接，点划线表示行走链，双点划线表示听觉链。图 10-9 给出了某一人机系统的连接分析图。显然，图中有 A、B、C、D 四个机器设备，而圆圈内的符号 M 表示操作者；另外，图中还用三角形符号表示该连接链的使用频率，三角形内中的数字 1 ~ 5 是描述使用频率的分值（即"使用频率很低"者为 1 分；"使用频率低"者为 2 分；"使用频率中等、一般"者为 3 分；"使用频率高"者为 4 分；"使用频率很高"者为 5 分）；图中用棱形符号表示连接链的重要

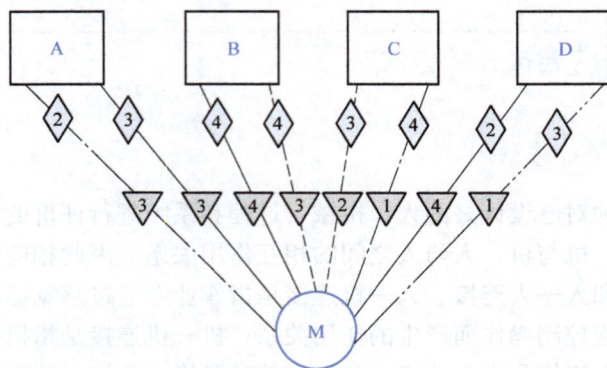

图10-9　某一人机系统的连接分析图

性，棱形内中的数字1~5是描述重要性的分值（即"很不重要"者为1分；"不重要"者为2分；"重要性一般"者为3分；"重要"者为4分；"很重要"者为5分）。

10.3.2　连接分析方法的步骤及优化原则

所谓连接分析方法是指综合运用感知类型（即视、听、触觉等）、使用频率、作用负荷和适应性，分析评价信息传递的一种方法。也就是说，根据视看的频率、重要程度，运用连接分析去合理配置显示器与操作者的相对位置，以达到视距适当，视线通畅，便于观察；另一方面，根据作业者对控制器的操作频率、重要程度，通过连接分析将控制器布置在适当的区域内，以便于操作，提高操作的准确性；此外，连接分析还可以通过设备之间的连接关系使设计者合理配置设备位置，降低物流指数。可见，连接分析为合理的配置各子系统的相对位置及其信息传递方式，减少信息传递环节，使信息传递简洁、通畅，提高系统的可靠性和工作效率等都起了十分重要的作用。

1. 连接分析的主要步骤

（1）根据人机系统的配置方式并使用上面规定的符号，画出连接关系图。

（2）计算各联系链的链值。连接关系图中不同的线型表示不同类型的联系链：细实线表示操作链；虚线表示视觉链；点划线表示行走链；双点划线表示听觉链。各联系链的重要性分值与使用频率分值的乘积称作联系链的链值，可据此来判定人机系统中各联系链之间的相对权重，从而为人机系统的合理布置提供量化的依据。例如，对于链值高的操作链，应优先布置在人的手或脚的最优作业范围；对于链值高的视觉链应优先布置在人眼的最优视区；对于链值高的行走链，应使其行走距离最短等。

（3）分析人机配置关系的合理程度，检核各种链的功能效果。例如，视觉链是否达到和满足视距适当、视线不受阻挡、清晰度高、照明度好的要求；操作链是否满足人的操作方便、准确、避免疲劳和提高效率的要求；行走链是否路线最短、干扰性最小；语言链是否使声音清晰、准确有效地传达一定信息等。

（4）通过上述分析并运用优化原则，对系统中不合理部分进行调整，使人与机器、人与人之间尽量减少作业时的交叉环节和不合理关系。图10-10a与b分别给出了某控制室改进前和改进后的两种配置方案的连接分析图。图10-10a为该控制室原设计方案的对应联系链分析图，控制室由1、2、3、4号4名作业人员协同作业，分别与A、B、C、D、E、F、G共7个显示器或控制器进行联系，构成了11条对应的联系链。从图10-10a可以明显看出，这个设计方案是不合理的，作业人员进行作业时，行走路线有交叉，十分不便，并且有的行走路线过长，例如图中2号作业者负责看管B、D显示器和B、D控制器，在工作中必须往返走动很长的距离，而且还可能与1号作业者交叉相碰。经过改进后的设计方案，作业人员和各人负责看管的显示器或控制器如图10-10b所示，各作业者进行作业时的行走路线间消除了交叉干扰，而且需要走动的距离都达到了最短，显然这时的设计更加合理了。

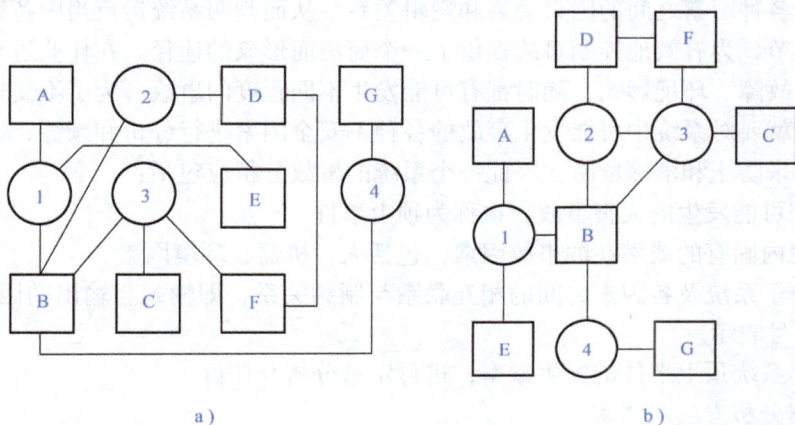

图 10-10　某控制室人机系统连接分析图

2. 连接分析的优化原则

在连接分析中，归纳起来其优化原则可有以下三条：

（1）尽量使连接不交叉或减少交叉环节。

（2）对于较复杂的人机系统，同时引入系统的"重要程度"和"使用频率"两个因素，并以各联系链的链值取作综合评价值，进行综合评价，进行优化配置。事实上，如果单纯以"相对重要性"进行评价与优化时，则重要性大的相互靠近配置，重要性小的相对远离配置，会忽视经常使用的装置；如果单纯以"使用频率"的大小对连接进行评价与优化时，又会忽视使用频率小且重要的装置。所以，单纯使用频率或重要程度对连接进行评价与优化并不合适。显然，只有考虑了综合评价值，缩短了评价值高的联系，减少了交叉点，并且对"重要程度"高的而且经常使用的装置优先配置在近前，这样的设计才是较为合理的，图10-10b就是一个例证。

（3）应用感觉特性配置系统的连接。视觉链与触觉链应配置在人的前面，而听觉链要配置在人的两侧，以利于人耳获取声信号。

10.4　人机系统故障树分析评价法

尽管人们在系统设计和使用阶段对可能引起的故障已给予了足够的重视，并在有限知识的范围内做了尽可能完善的设计，但还是会发生一些令人痛心的灾难，例如前苏联的切尔诺贝利核泄漏事故，美国的挑战者号升空后爆炸和印度的波泊化学物质泄漏事故等。这些灾难更促使了人们去研究与寻找一些在工程上能够保障和改进系统可靠性、安全性的设计与分析方法。1961 年 H. A. Watson 提出的故障树分析法（Fault Tree Analysis，简称 FTA，又称失效树方法或事故树方法）便是非常有效的方法之一。

10.4.1　故障树分析的内容与作用

1. 故障树分析的内容

故障树分析评价是由事件符号和逻辑符号组成的一种图形模式，用来分析人机系统中导致灾害事故的各种因素之间的因果关系和逻辑关系，从而判明系统运行当中各种事故发生的途径和重点环节，为有效地控制事故提供了一个简洁而形象的途径。在作业过程中，由于人的失误、机器故障、环境影响，随时都有可能发生不同程度的事故。为了不使这些事故导致灾害性后果，就要对系统中可能发生事故的各种不安全因素进行分析和预测，以便采取相应的措施和手段来防止和消除危险。因此一个系统的事故分析应包括：

（1）系统可能发生的灾害事故，也称为顶上事件。

（2）系统内固有的或潜在的事故因素，包括人、机器、环境因素。

（3）各个子系统及各因素之间的相互联系与制约关系，即输入与输出的因果逻辑关系，并用专门的符号表示。

（4）计算系统顶上事件的发生概率，进行定量分析与评价。

2. 故障树分析方法的作用

（1）可以发现和查明系统内固有的或潜在的危险因素，明确系统的缺陷，为改进人机系统的安全设计与制定安全技术措施提供依据。

（2）判明人机系统中事故发生的重点环节以及关键部位，为操作人员指出作业控制的要点。

（3）对已发生的事故，通过故障树全面分析事故的原因，充分吸取教训，以便合理拟定管理及防范的措施。

10.4.2　故障树的建造与规范化

10.4.2.1　故障树的建造

故障树的特点是以一定的图形符号表示事故的事件以及它们之间的逻辑关系。常用的图形符号可分为事件符号与逻辑符号。

1. 故障树中常用事件的符号（见图 10-11 与图 10-12）

（1）矩形符号（见图 10-11a）表示顶事件（Top Event）或中间事件，即需要往下进一步分析的事件。这里顶事件是故障树分析中所关心的结果事件，位于故障树的顶端，它总是所讨论故障树中逻辑门的输出事件而不是输入事件，即系统可能发生的或实际已经发生的事故结果；中间事件是位于故障树顶事件和底事件之间的结果事件。它既是某个逻辑门的输出事件，又是其他逻辑门的输入事件；这里底事件是导致其他事件的原因事件，位于故障树的底部，它总是某个逻辑门的输入事件而不是输出事件。底事件又分为基本原因事件和省略事件。这里基本原因事件（见图 10-11b）是表示导致顶事件发生的最基本的或不能再向下分析的原因或缺陷事件。另外，结果事件是由其他事件或事件组合所导致的事件，它总是位于某个逻辑门的输出端。结果事件分为顶事件和中间事件。

（2）圆形符号表示基本事件，即表示基本原因事件。

（3）菱形符号（见图10-11c）用于两种情形：一是没有必要详细分析或原因尚不明确情形；二是表示二次故障事件，即表示来自系统之外的故障事件。显然，圆形符号和菱形符号都是不需要进一步往下分析的事件。故称为底事件。

（4）房形符号（见图10-11d）表示正常事件，又称开关事件。它是正常工作条件下必然发生或必然不发生的事件。

（5）椭圆形符号（见图10-11e）表示条件事件，它是限制逻辑门开启的事件。值得一提的是，开关事件和条件事件都属于特殊事件。这里特殊事件在故障树分析中是表明其特殊性或引起注意的事件。

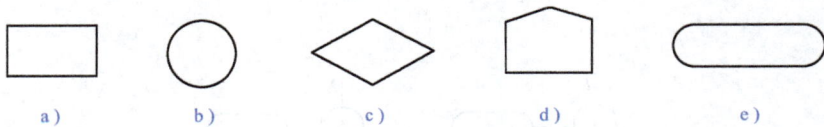

图 10-11   常用事件符号

（6）转入符号（见图10-12）用于故障树的底部，表示树A部分分支在另外的地方。转出符号用于故障树顶部，表示树A是另外一棵故障树的子树。转入符号和转出符号经常用于绘制大型故障树时，把大型故障树用多页纸绘制表示的情况。

2. 故障树中常见逻辑门符号（见图10-13与图10-14）

（1）与门（即 AND 门）。与门（见图10-13a）可以连接数个输入事件 E_1、E_2、$\cdots$、E_n 和一个输出事件 E，表示仅当所有输入事件都发生时，输出事件 E 才发生的逻辑关系。

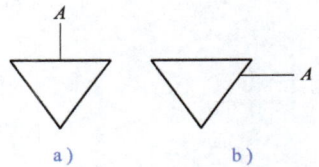

图 10-12   转移符号
a）转入   b）转出

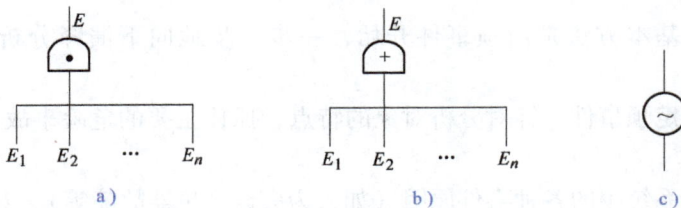

图 10-13   逻辑门符号
a）与门   b）或门   c）非门

（2）或门（即 OR 门）。或门（见图10-13b）可以连接数个输入事件 E_1、E_2、$\cdots$、E_n 和一个输出事件 E，表示至少一个输入事件发生时，输出事件 E 便可发生。

（3）非门。非门（见图10-13c）表示输出事件是输入事件的对立事件。

（4）表决门（见图10-14a）表示仅当输入事件有 m 个或 m 个以上事件同时发生时，输出事件才发生，这里 $m \leqslant n$；显然，或门以及与门都是表决门的特例。或门是 $m=1$ 时表决门，而与门是 $m=n$ 时的表决门。

（5）异或门（见图10-14b）表示仅当单个输入事件发生时，输出事件才发生。

（6）禁门（见图10-14c）表示仅当条件事件发生时，输入事件的发生才导致输出事件的发生。

（7）条件与门（见图 10-14d）表示输入事件不仅同时发生，而且还必须满足条件 A 才会有输出事件发生。

（8）条件或门（见图 10-14e）表示输入事件中至少有一个发生，还必须满足条件 A 的情况下，输出事件才发生。

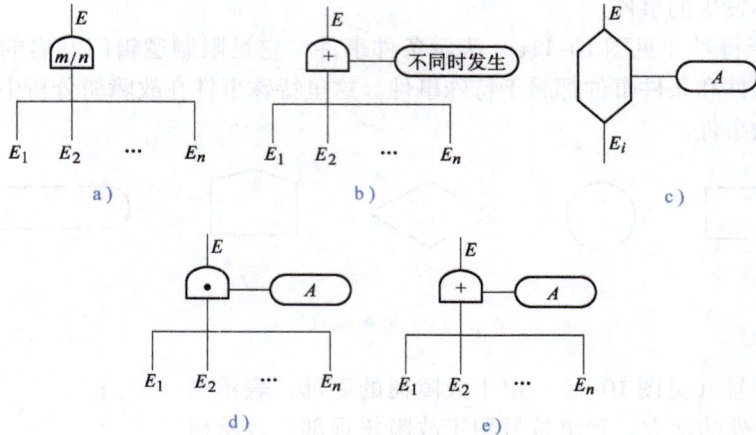

图 10-14　特殊门符号

a）表决门　b）异或门　c）禁门　d）条件与门　e）条件或门

3. 建造故障树的基本方法

故障树的建造过程就是寻找所研究的系统故障以及导致系统故障的诸因素之间逻辑关系的过程。通常，建故障树的方法有人工建树方法和计算机辅助建树方法两种。这里仅介绍第一种建树方法。

建造故障树的基本方法是由顶事件开始，一步一步地向下演绎分析的方法，其步骤如下：

（1）要正确确定顶事件。针对分析对象的特点，抓住主要的危险事故，作为输出事件，即事故分析的起点。

（2）详细分析系统中的各种事件原因（如人为失误、机器故障等），对每一事件的形成都要给予确切定义。另外，注意确定各事件的性质（如中间事件、基本事件、发生概率微小事件等），并用相应符号将其分别标出。

（3）准确判明各种事故的因果逻辑关系。在充分占有资料的基础上，从顶事件向下逐级进行分析展开，直到找出最基本的事故原因为止。

（4）要对初步编成的事故树进行整理和简化，主要是去掉多余的事件和逻辑门。值得注意的是，建树时不允许逻辑门与逻辑门直接相连。

例 10-4

有一自动充气的人机系统，如图 10-15 所示。其工作过程为：当泵起动 10min 后便使容器注满所需的气体，而后预先设定好的定时器便打开触点使泵停止工作。这时工人将开关断开，卸下注满的容器；然后定时器复位触点闭合，并且工人换上新的容器，再合上开关，泵又重新起动工作，如此循环下去。如果给罐充气过程中定时器不能把触点打开，则报警铃在 10min 后发出警报，工人便立即过来将开关断开，使泵停止工作，从而避免了因充注过量而引起容器破裂。

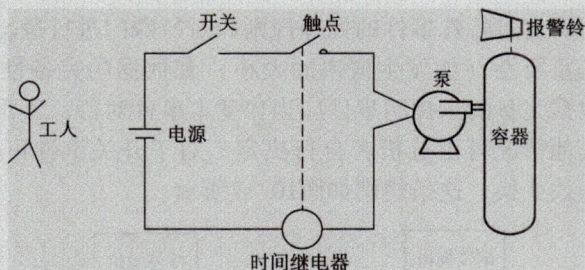

图 10-15　自动充气的人—机系统

　解： 这里选取容器破裂作为顶事件。经分析它是单元性的故障事件，造成该故障事件可能是容器本身由于设计制造等缺陷造成的破裂；也可能是由于充注过量引起过压的破裂；另外，若选用了外形相同但耐压较低的别种容器也会造成破裂；本例无指令性故障事件。顶事件用或门与它们相连。而过压这个事件是由于泵工作时间过长，亦即线路闭合时间太长造成的。线路闭合时间过长，是一个系统性的故障事件，它由以下两个事件同时发生引起：一是开关闭合时间过长；二是触点闭合时间过长。它们与线路闭合时间过长事件用与门相连。如此分析下去便能得出该问题的故障树，如图 10-16 所示。

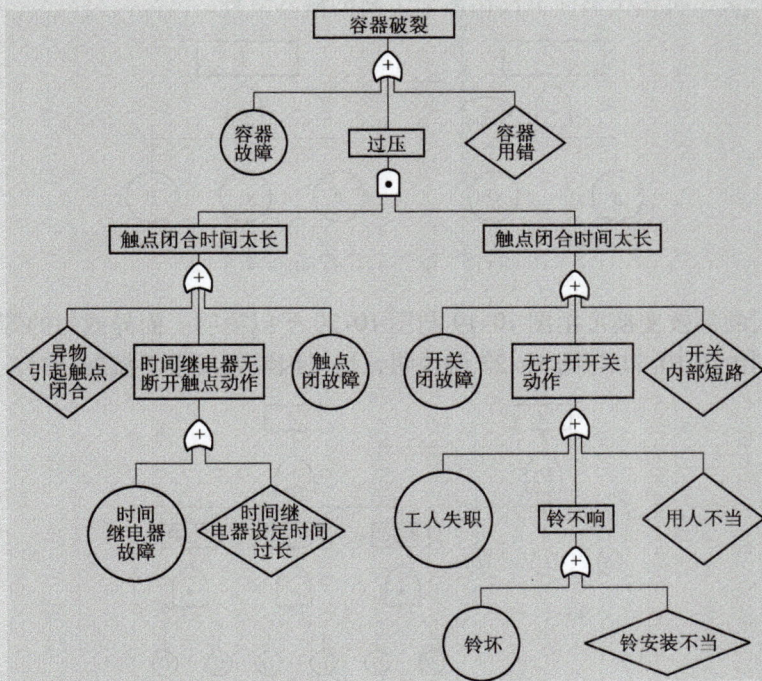

图 10-16　容器破裂的故障树

10.4.2.2 故障树的规范化

由于现实的系统错综复杂，建造出来的故障树也千差万别。但是为了能用标准程序对各种不同的故障树进行分析，必须将建好的故障树变为规范化的故障树。因为规范化故障树仅含有底事件、结果事件以及"与"、"或"、"非"三种逻辑门，所以要将建好的故障树变为规范化的故障树，必须确定对特殊事件的处理规则和对特殊门进行逻辑等效的变换规则。对于未探明事件可根据其重要性（如发生概率的大小）和数据的完备性或者当作基本数据对待或者删去。重要且数据完备的未探明事件应当作基本事件对待；不重要且数据不完备的未探明事件应该删去；其他情况可由分析者自行决定。对于开关事件可通过"非"门和开关事件的对立事件进行等效变换，这条规则如图10-17所示。

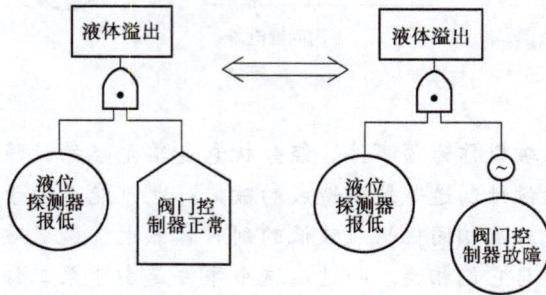

图10-17　开关事件的变换

对于顺序与门的变换如图10-18所示，在输出不变的情况下，顺序与门可以变换为与门，其余输入不变，而顺序条件事件作为一个新的输入事件。

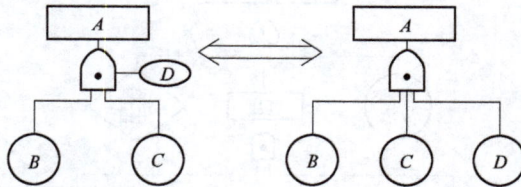

图10-18　顺序与门变换为与门

对于表决门的等效变换可由图10-19与图10-20予以说明。而异或门的等效变换以及禁门的变换可分别由图10-21与图10-22做说明，这里因篇幅所限不做展开讨论。

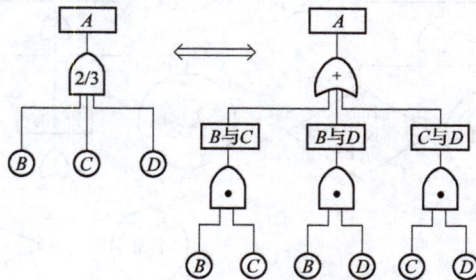

图10-19　2/3表决门的等效变换

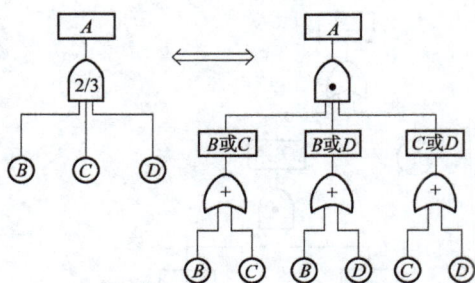

图 10-20　2/3 表决门的变换

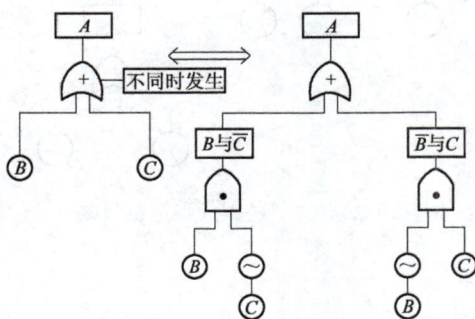

图 10-21　异或门的等效变换

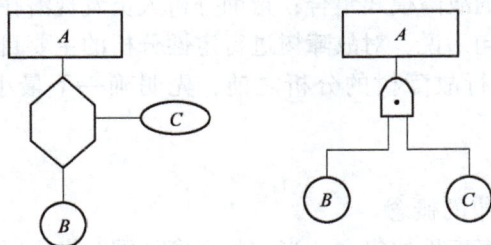

图 10-22　2/3 禁门变换为与门

例 10-5

试将容器破裂的故障树（如图 10-16 所示）进行规范化。

解： 图 10-16 所示的故障树中有 6 个未探明事件，为了简化分析将这 6 个未探明事件都删去，于是这时有 2 个逻辑门都只有一个输入事件，在这种情况下门的输出事件便完全取决于输入事件，故可将门和输出事件删去，让输入事件直接连通上去。得到的容器破裂规范化故障树如图 10-23 所示。图中 T 为容器破裂；E_1 为过压；E_2、E_3 与 E_4 分别为触点闭合时间太长、开关闭合时间太长与无法打开开关的动作；1、2、3 与 4 分别为容器故障、触点闭故障、开关闭故障与时间继电器故障；5 与 6 分别为工人失职与铃坏。

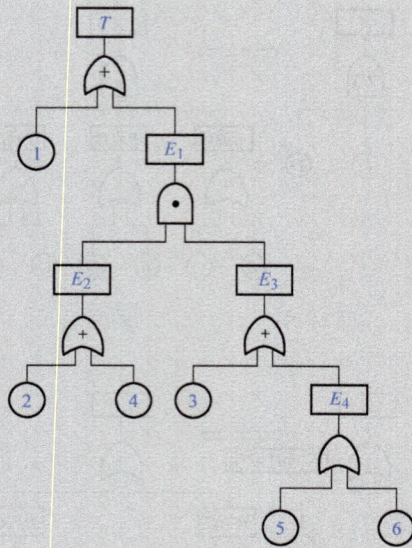

图 10-23 容器破裂的规范化故障树

10.4.3 故障树的定性分析

故障树定性分析的目的在于寻找导致顶事件发生的原因事件以及原因事件的组合，即识别导致顶事件发生的所有的故障模式集合；帮助分析人员发现潜在的故障，发现设计的薄弱环节，以便改进设计。换句话说，对故障树进行定性分析的主要目的是找出它的所有最小割集和最小路集。因此在进行故障树的分析之前，先明确一下最小割集与最小路集的基本概念。

10.4.3.1 基本概念

（1）割集以及最小割集的概念。

割集是故障树中一些底事件的集合。当这些底事件同时发生时，顶事件必然发生。最小割集是表示这样的一种割集，若将该割集中所含的底事件中的任意一个去掉时，剩下的集合就不再为割集。

（2）路集以及最小路集的概念。

路集（又称径集）是故障树中一些底事件的集合。当这些事件不发生时，顶事件必然不发生。最小路集（又称最小径集）是表示这样的一种路集，若将该路集中所含的底事件任意去掉一个时，剩下的集合就不再为路集。

10.4.3.2 最小割集的 Fussel-Vesely 算法

最小割集的计算方法有很多，但常用的有布尔代数化简法（又称逻辑化简方法）和 Fussel-Vesely 算法，这里仅讨论 Fussel-Vesely 算法（又称行列法）。

Fussel-Vesely 算法常简称为福赛尔（Fussel）法[452~454]，其理论依据是：与门使割集的大小（即割集内所包含的基本事件的数量）增加，而不增加割集的总数量；或门使割集的总数量增加，而不增加割集的大小（即不增加割集内所包含的基本事件的数量）。求取最小割集时，首先从顶事件开始，由上到下顺次把上一级事件置换为下一级事件。遇到"与"门将输入事件横向并列写出；遇到"或"门将输入事件竖向串联写出，直到把全部逻辑门都置换成底事件为止。此时最后一列代表所有割集，再将割集简化、吸收得到全部最小割集。

例 10-6

故障树如图 10-24 所示，试用福赛尔法求出最小割集。

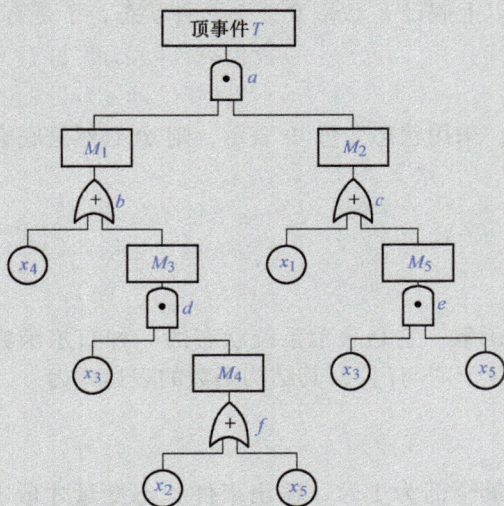

图 10-24　故障树示意图

解：该故障树割集有 6 个，分别为：

$$\{x_4,x_1\},\{x_4,x_3,x_5\},\{x_3,x_2,x_1\},\{x_3,x_5,x_1\},\{x_2,x_3,x_5\},\{x_3,x_5\}.$$

简化：　　　　　　　　$x_3 x_2 x_3 x_5 = x_2 x_3 x_5 , x_3 x_5 x_3 x_5 = x_3 x_5$

吸收：　　　　　　　　$x_3 x_5 + x_4 x_3 x_5 + x_3 x_5 x_1 + x_2 x_3 x_5 = x_3 x_5$

简化、吸收后最小割集为：

$$\{x_4,x_1\},\{x_3,x_2,x_1\},\{x_3,x_5\}$$

分析步骤见下表：

1	2	3	4	5	6	7	8	最小割集
T	$M_1 M_2$	$x_4 M_2$	$x_4 x_1$	$x_4 x_1$	$x_4 x_1$	$x_4 x_1$	$x_4 x_1$	$x_4 x_1$
		$M_3 M_2$	$x_4 M_5$	$x_4 x_3 x_5$	$x_4 x_3 x_5$	$x_4 x_3 x_5$	$x_4 x_3 x_5$	$x_3 x_2 x_1$
			$M_3 x_1$	$x_3 M_4 x_1$	$x_3 x_2 x_1$	$x_3 x_2 x_1$	$x_3 x_2 x_1$	$x_5 x_5$
			$M_3 M_5$	$x_3 M_4 M_5$	$x_3 x_5 x_1$	$x_3 x_5 x_1$	$x_3 x_5 x_1$	
					$x_3 x_2 M_5$	$x_3 x_2 x_3 x_5$	$x_2 x_3 x_5$	
					$x_3 x_5 M_5$	$x_3 x_5 x_3 x_5$	$x_3 x_5$	

10.4.4* 故障树的定量分析

故障树的定量分析主要包括顶事件发生概率的计算、底事件的概率重要度计算以及各基本事件的关键重要度计算等。下面分三个小问题进行较细致的讨论。

10.4.4.1 故障树的结构函数

现研究一个由几个底事件构成的故障树，并做以下三点假设：①底事件之间相互独立；②元、部件和系统只有正常和故障两种状态；③元、部件的寿命遵循指数分布。设 x_i 表示底事件的状态变量，根据以上假设 x_i 仅取 0 或 1 两种状态，于是有

$$x_i = \begin{cases} 1 & （当底事件\ i\ 发生时，即元、部件故障） \\ 0 & （当底事件\ i\ 不发生时，即元、部件正常） \end{cases} \tag{10-107}$$

系统顶事件 T 的状态，采用状态变量 Φ 表示，则 Φ 必然是底事件变量 x_i 的函数，即

$$\Phi = \Phi(X) = \Phi(x_1, x_2, \cdots, x_n) \tag{10-108}$$

$$\Phi(X) = \begin{cases} 1 & （当顶事件\ T\ 发生时） \\ 0 & （当顶事件\ T\ 不发生时） \end{cases} \tag{10-109}$$

这里

$$X = (x_1, x_2, \cdots, x_n) \tag{10-110}$$

$\Phi(X)$ 称为故障树的结构函数，它是表示系统状态的一种布尔函数，其自变量为该系统组成单元的状态。很自然，对于"与门"，其结构函数的表达式为

$$\Phi(X) = \bigcap_{i=1}^{n} x_i \qquad (i=1,2,\cdots,n) \tag{10-111}$$

或者，输入事件的状态变量全部为 1 时，输出事件状态变量才取 1，故结构函数也可以表示为

$$\Phi(X) = \min(x_1, x_2, \cdots, x_n) \tag{10-112}$$

由上面两式可以看出，结构函数的表达式并不唯一。对于"或门"，其结构函数的表达式为

$$\Phi(X) = \bigcup_{i=1}^{n} x_i \qquad (i=1,2,\cdots,n) \tag{10-113}$$

式中，n 为输入事件的个数。当 x_i 仅取 0 与 1 两个值时，结构函数可以写为

$$\Phi(X) = 1 - \prod_{i=1}^{n}(1 - x_i) \qquad (i=1,2,\cdots,n) \tag{10-114}$$

另外，"或门"，其结构函数的表达式还可表达为

$$\Phi(X) = \max(x_1, x_2, \cdots, x_n) \tag{10-115}$$

对于"表决门"，其结构函数的表达式为

$$\Phi(X) = \begin{cases} 1 & （当\ \sum x_i \geqslant r\ 时） \\ 0 & （其他情况） \end{cases} \tag{10-116}$$

式中，r 为使"表决门"输出事件发生的最小输入事件的个数。

此外，需要指出的是，在结构函数中，事件的运算服从逻辑运算，即服从集合代数的运算法则。

例 10-7

故障树如图 10-25 所示，试写出该故障树的结构函数。

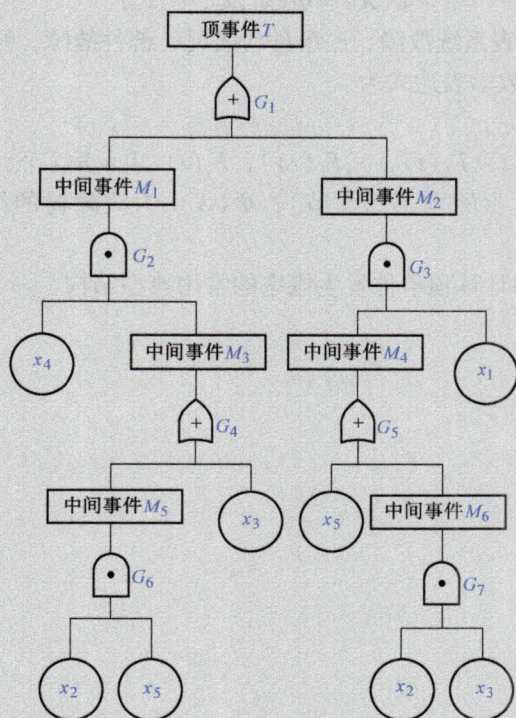

图 10-25　某系统的故障树

解： 该故障树的结构函数为

$$\Phi(X) = \{x_4 \cap [x_3 \cup (x_2 \cap x_5)]\} \cup \{x_1 \cap [x_5 \cup (x_3 \cap x_2)]\}$$

在一般情况下，当故障树画出后，就可以直接写出它的结构函数。但对于复杂的系统来讲，其结构函数是相当冗长繁杂的，因此这样的表达式既不便于定性分析，也不易于进行定量计算。为此，需要根据逻辑运算的规则或最小割集的概念，对结构函数进行改写。用逻辑运算分配率有

$$x_4 \cap [x_3 \cup (x_2 \cap x_5)] = (x_3 \cap x_4) \cup (x_2 \cap x_5 \cap x_4)$$

$$x_1 \cap [x_5 \cup (x_3 \cap x_2)] = (x_1 \cap x_5) \cup (x_1 \cap x_3 \cap x_2)$$

所以有

$$\Phi(X) = (x_1 \cap x_5) \cup (x_3 \cap x_4) \cup (x_2 \cap x_4 \cap x_5) \cup (x_1 \cap x_2 \cap x_3)$$

另外，用福赛尔法可以求得最小割集为

$$\{x_1, x_5\}, \{x_3, x_4\}, \{x_2, x_4, x_5\}, \{x_1, x_2, x_3\}$$

借助于上述最小割集，于是可写出其结构函数为

$$\Phi(X) = (x_1 \cap x_5) \cup (x_3 \cap x_4) \cup (x_2 \cap x_4 \cap x_5) \cup (x_1 \cap x_2 \cap x_3)$$

10.4.4.2 顶事件发生概率的计算方法

1. 顶事件发生概率

由 n 个底事件组成的故障树，其结构函数为：

$$\boldsymbol{\Phi}(\boldsymbol{X}) = \Phi(x_1, x_2, \cdots, x_n)$$

如果故障树顶事件代表系统故障，底事件代表元、部件故障，则顶事件发生概率就是系统的不可靠度 $F_S(t)$，其数学表达式为

$$p(T) = F_S(t) = E[\Phi(X)] = g[F(t)] \tag{10-117}$$

式中，$\boldsymbol{F}(t) = [F_1(t), F_2(t), F_3(t), \cdots, F_n(t)]$，$F_i(t)$ 表示第 i 个元、部件的不可靠度（关于不可靠度方面的概念可参阅本书 5.5 节）；$\boldsymbol{\Phi}(\boldsymbol{X})$ 为故障树的结构函数；$E[\cdot]$ 代表 $[\cdot]$ 的数学期望值。

2. 用底事件发生概率计算顶事件发生概率的常用典型结构

（1）"与门"结构。

$$\Phi(X) = \prod_{i=1}^{n} x_i$$

$$F_S(t) = E[\Phi(X)] = E\left[\prod_{i=1}^{n} x_i(t)\right] = E[x_1(t)]E[x_2(t)]\cdots E[x_n(t)]$$
$$= F_1(t)F_2(t)\cdots F_n(t) \tag{10-118}$$

（2）"或门"结构。

$$\Phi(X) = 1 - \prod_{i=1}^{n} (1 - x_i)$$

$$F_S(t) = E[\Phi(X)] = E\left[1 - \prod_{i=1}^{n} (1 - x_i)\right]$$
$$= 1 - E[1 - x_1(t)]E[1 - x_2(t)]\cdots E[1 - x_n(t)] \tag{10-119}$$
$$= 1 - [1 - F_1(t)][1 - F_2(t)]\cdots[1 - F_n(t)]$$

（3）"表决门"结构。

$$\Phi(X) = \begin{cases} 1 & （当 \sum x_i \geqslant r \text{ 时}） \\ 0 & （其他情况） \end{cases}$$

$$F_S(t) = E[\Phi(X)] = \sum_{m=r}^{n}\left\{E\left[\prod_{i=1}^{m} x_i\right]\right\} = \sum_{m=r}^{n}\left\{\prod_{i=1}^{m} E[x_i]\right\} = \sum_{m=r}^{n}\left\{\prod_{i=1}^{m} F_i(t)\right\}$$

$$\tag{10-120}$$

式中，r 为使"表决门"输出事件发生的最小输入事件的个数。

设某一故障树有 n 个基本事件，这 n 个基本事件两种状态的组合数为 $N_1 = 2^n$ 个。根据故障树的结构分析可知，所谓顶事件的发生概率是指结构函数 $\Phi(X) = 1$ 的概率。对于顶事件的发生概率 $P(T)$，如果用状态枚举法去精确地进行计算其工作量是相当大的，尤其是十分复杂的人—机—环节系统。因此，下面主要讨论故障树定量分析的不交化方法以及顶事件发生概率的近似计算方法。

3. 故障树定量分析的不交化方法及顶事件发生概率的近似计算方法

（1）故障树定量分析的不交化方法。

设故障树有 m 个最小割集 K_i（这里 $1 \leqslant i \leqslant m$），故障树的结构函数为

$$T = \Phi(X) = K_1 + K_2 + \cdots + K_m \tag{10-121}$$

式中，每个最小割集 $K_i(1 \leqslant i \leqslant m)$ 是底事件 $x_j(1 \leqslant j \leqslant n$，$n$ 为底事件的数目）的积事件。

在一般情况下，最小割集彼此相交，根据相容事件的概率计算公式，顶事件发生概率为 $P(T)$，即系统的不可靠度为 F_S，其表达式为

$$F_S = P(T) = P(K_1 + K_2 + \cdots + K_m)$$

$$= \sum_{i=1}^{m} P(K_i) - \sum_{i<j=2}^{m} P(K_i K_j) + \sum_{i<j<l=3}^{m} P(K_i K_j K_l) + \cdots + (-1)^{m-1} P(K_1 K_2 \cdots K_m) \tag{10-122}$$

显然，上式具有 $(2^m - 1)$ 项。当最小割集数目 m 达到一定程度时，其工作量是非常之大的。例如 $m = 40$ 时，则 $2^{40} - 1 \approx 1.1 \times 10^{12}$ 项，所以这样的计算量相当大。解决上述计算量大的有效方法之一是把最小割集的相交和通过不交化方法变成不交和，而后再求顶事件发生的概率。不交化计算时，经常采用以下集合的运算规则，即

$$A_1 + A_2 + \cdots + A_n = A_1 + \overline{A}_1 A_2 + \overline{A}_1 \overline{A}_2 A_3 + \cdots + \overline{A}_1 \overline{A}_2 \cdots \overline{A}_{n-1} A_n \tag{10-123a}$$

$$\overline{A_1 A_2 \cdots A_n} = \overline{A}_1 + A_1 \overline{A}_2 + A_1 A_2 \overline{A}_3 + \cdots A_1 A_2 \cdots A_{n-1} \overline{A}_n \tag{10-123b}$$

设故障树有 m 个最小割集 K_i（这里 $1 \leqslant i \leqslant m$），故障树结构函数的不交型表达式为

$$T = K_1 + K_2 + \cdots + K_m = K_1 + \overline{K}_1 K_2 + \overline{K}_1 \overline{K}_2 K_3 + \cdots + \overline{K}_1 \overline{K}_2 \cdots \overline{K}_{m-1} K_m \tag{10-124}$$

为了便于计算机的编程计算，常把上述公式表示为递推公式。令

$$C(i) = \begin{cases} 1 & (i=1) \\ C(i-1) \cdot \overline{K}(i-1) & (i=2,3,\cdots,m) \end{cases} \tag{10-125}$$

其中　　　　　　　　　　　$K(i) = K_i, \overline{K}(i-1) = \overline{K}_{i-1}$

则　　　　　　　　　　　$C(1) = 1$

$$C(2) = C(1)\overline{K}(1) = \overline{K}_1$$

$$\vdots$$

$$C(m) = C(m-1)\overline{K}(m-1) = \overline{K}_1 \cdot \overline{K}_2 \cdots \overline{K}_{m-1}$$

令　　　　　　　　　　　$F(i) = C(i) \cdot K(i)$

$$\left. \begin{array}{l} F(1) = C(1)K(1) = K_1 \\ F(2) = C(2)K(2) = \overline{K}_1 K_2 \\ F(3) = C(3)K(3) = \overline{K}_1 \overline{K}_2 K_3 \\ \vdots \\ F(m) = C(m)K(m) = \overline{K}_1 \overline{K}_2 \cdots \overline{K}_{m-1} K_m \end{array} \right\} \tag{10-126}$$

于是，结构函数的不交型递推表达式为

$$T = F(1) + F(2) + \cdots + F(m) = \sum_{i=1}^{m} F(i) \tag{10-127}$$

由于 $F(i)$ 之间彼此不相交，不交型递推公式两边取概率得，顶事件发生概率 $P(T)$（或系统不可靠度 F_S）为

$$F_S = P(T) = \sum_{i=1}^{m} P[F(i)] \tag{10-128}$$

上面仅讨论了 $F(i)$ 彼此之间不交化，每个 $F(i)$ 自身内部还是相交的，这时 $F(i)$ 自身内部各项之间还要进行不交化。

例 10-8

如图 10-26 所示。已知底事件发生概率（即不可靠度）$F_A = F_B = 0.2$，$F_C = F_D = 0.3$，$F_E = 0.36$，求：①该故障树的最小割集；②写出结构函数的不交型表达式；③计算顶事件的发生概率值。

解：利用最小割集求解，采用 Fussel-Vesely 算法，从故障树的最底层开始，利用逻辑与门以及或门逻辑运算法则顺次往上，将中间事件用底事件表示，直到顶事件为止。于是，可得到系统的结构函数为

$$T = (A+B)(C+D)(A+E+D)(B+E+C)$$
$$= [A+B(E+D)][C+D(B+E)]$$
$$= (A+BE+\overline{BD})(C+\overline{BD}+DE)$$
$$= BD+(A+BE)(C+DE) = BD+AC+BCE+ADE$$

故该故障树有 4 个最小割集，它们分别为 $\{B,D\}$，$\{A,C\}$，$\{B,C,E\}$，$\{A,D,E\}$。

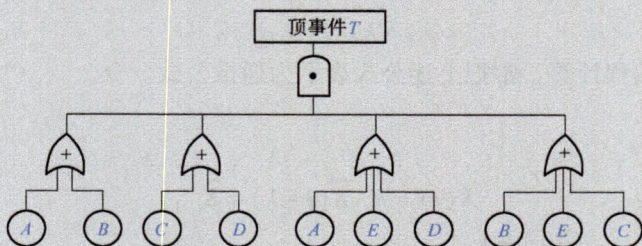

图 10-26　故障树示意图

结构函数的不交型表达式为

$$T = BD+\overline{BD} \cdot AC+\overline{BD} \cdot \overline{AC} \cdot BCE+\overline{BD} \cdot \overline{AC} \cdot \overline{BCE} \cdot ADE$$
$$= BD+A\overline{BC}+ABC\overline{D}+\overline{A}BCDE+A\,\overline{B}CDE$$

故顶事件发生概率为

$$P(T) = F_B F_D + F_A R_B F_C + F_A F_B F_C R_D + R_A F_B F_C R_D F_E + F_A R_B R_C F_D F_E = 0.140592$$

式中，R_B、R_D、R_C 分别为底事件 B、D、C 的可靠度；其他符号类同。

（2）顶事件发生概率的近似计算方法。

在工程分析中，有时需要用简单的方法去计算顶事件的发生概率。如果已知最小割集 $K_i(1 \leqslant i \leqslant m)$，则顶事件发生概率可表为

$$F_S = \sum_{i=1}^{m} P(K_i) - \sum_{i<j=2}^{m} P(K_i K_j) + \sum_{i<j<l=3}^{m} P(K_i K_j K_l) + \cdots +$$
$$(-1)^{m-1} P(K_1 K_2 \cdots K_m)$$
$$= F_1 - F_2 + F_3 + \cdots + (-1)^{m-1} F_m \tag{10-129}$$

$$\left.\begin{aligned} F_1 &= \sum_{i=1}^{m} P(K_i) \\ F_2 &= \sum_{i<j=2}^{m} P(K_i K_j) \\ &\vdots \\ F_m &= P(K_1 K_2 \cdots K_m) \end{aligned}\right\}$$

式中　　　　　　　　　　　　　　　　　　　　　　　　　　　　　　　　　　　　（10-130）

因为底事件发生概率是小于 1 的数，因此乘积项越多则值越小。在一般情况下，$F_1 \gg F_2$，$F_2 \gg F_3$，…。因此可近似地有

$$F_1 - F_2 \leqslant F_S \leqslant F_1$$
$$F_1 - F_2 \leqslant F_S \leqslant F_1 - F_2 + F_3$$

当底事件发生概率小于 0.01 时，则取 F_1 与 $(F_1 - F_2)$ 的平均值便可以作为 F_S 的很好近似值，即

$$F_S \approx F_1 - 1/2 F_2 \qquad\qquad\qquad（10\text{-}131）$$

10.4.4.3　重要度分析

在故障树中，各个底事件对系统故障的贡献大小是不同的，各个底事件对系统故障的影响大小，可以用底事件的重要度描述[454~461]。也就是说，一个元部件或最小割集对顶事件发生的贡献称为重要度。显然，重要度是系统结构、元部件的寿命分布以及时间的函数。按照底事件或最小割集对顶事件发生的重要性来排队，这对指导与改进系统设计是十分有用的[403~409]。由于设计的对象不同，要求也不同，因此重要度的含义也有所不同，无法规定一个统一的重要度标准[460~467]。这里扼要介绍结构重要度、概率重要度以及关键重要度三个重要概念。

1. 结构重要度

结构重要度分析是从故障树结构上去分析各基本事件的重要程度，即在不考虑各基本事件的发生概率或假定各基本事件的发生概率相等的情况下，分析各基本事件的发生对顶事件发生所产生的影响，一般用 $I_\Phi(i)$ 表示。基本事件结构重要度越大，则它对顶事件的影响程度也就越大。结构重要度分析可采用两种方法：一种是求结构重要系数，以系数大小排列各基本事件的重要顺序；另一种是利用最小割集或最小路集判断系数的大小，排出顺序。前者精确，但当系统中基本事件较多时便显得特别麻烦、繁琐；后者简单，但不够精确。

设由 n 个底事件 $(x_1, x_2, \cdots, x_n)$ 组成的故障树；如果某个基本事件 i 的状态由不发生变为发生（即其状态量由 0 变为 1）时，除基本事件 i 之外的其余基本事件 j（$j=1,2,\cdots$，$i-1, i+1, \cdots, n$）的状态保持不变，则顶事件的状态变化可能有以下三种情况。

（1）基本事件 x_i 不发生，顶事件不发生；基本事件 x_i 发生，顶事件发生，即

$$\left.\begin{aligned} \Phi(0_i, \widetilde{X}_i) &= 0, \Phi(1_i, \widetilde{X}_i) = 1 \\ \Phi(1_i, \widetilde{X}_i) &- \Phi(0_i, \widetilde{X}_i) = 1 \end{aligned}\right\} \qquad（10\text{-}132\text{a}）$$

（2）无论基本事件 x_i 是否发生，顶事件都发生，即

$$\left.\begin{aligned} \Phi(0_i, \widetilde{X}_i) &= 1, \Phi(1_i, \widetilde{X}_i) = 1 \\ \Phi(1_i, \widetilde{X}_i) &- \Phi(0_i, \widetilde{X}_i) = 0 \end{aligned}\right\} \qquad（10\text{-}132\text{b}）$$

（3）无论基本事件 x_i 是否发生，顶事件都不发生，即

$$\left.\begin{array}{l} \Phi(0_i,\widetilde{X}_i)=0, \Phi(1_i,\widetilde{X}_i)=0 \\ \Phi(1_i,\widetilde{X}_i)-\Phi(0_i,\widetilde{X}_i)=0 \end{array}\right\} \tag{10-132c}$$

式中，$\widetilde{X}_i$ 定义为

$$\widetilde{X}_i=(x_1,x_2,\cdots,x_{i-1},x_{i+1},\cdots,x_n) \tag{10-133}$$

而 $\Phi(1_i,\widetilde{X}_i)$ 与 $\Phi(0_i,\widetilde{X}_i)$ 分别定义为

$$\Phi(1_i,\widetilde{X}_i)=\Phi(x_1,x_2,\cdots,x_i=1,\cdots,x_n) \tag{10-134}$$

$$\Phi(0_i,\widetilde{X}_i)=\Phi(x_1,x_2,\cdots,x_i=0,\cdots,x_n) \tag{10-135}$$

在上述三种情况中，仅第一种情况（即式（10-132a））有实际意义。此时，基本事件 x_i 发生直接引起顶事件的发生，于是基本事件 x_i 这一状态所对应的割集称为"危险割集"。显然，当改变除基本事件 x_i 以外的所有事件的状态，并取不同的组合时，基本事件 x_i 的危险割集总数 $n_\Phi(i)$ 为

$$n_\Phi(i)=\sum_{p=1}^{N_1}\left[\Phi(1_i,\widetilde{X}_{ip})-\Phi(0_i,\widetilde{X}_{ip})\right] \tag{10-136}$$

式中，n 为故障树基本事件个数；$N_1\equiv2^{n-1}$ 为 $\widetilde{X}_i$ 的状态组合数；p 为 N_1 个状态组合的顺序号；$\widetilde{X}_{ip}$ 为 $\widetilde{X}_i$ 所组成的 N_1 个组合状态中的第 p 个状态；0_i 为基本事件 x_i 处于不发生的状态值；1_i 为基本事件 x_i 处于发生的状态值。显然 $n_\Phi(i)$ 值越大，这说明基本事件 x_i 对顶事件发生的影响越大。基本事件 x_i 的危险割集的总数 $n_\Phi(i)$ 与 N_1 个状态组合数的比值，称为基本事件 x_i 的结构重要度，记为 $I_\Phi(i)$，即

$$I_\Phi(i)=\frac{n_\Phi(i)}{N_1} \tag{10-137}$$

式中，$n_\Phi(i)$ 由式（10-136）定义，而 $N_1\equiv2^{n-1}$。

2. 概率重要度

设故障树有 n 个底事件，每个底事件发生概率（即不可靠度）为 F_i（这里 $1\leqslant i\leqslant n$），顶事件发生概率（即不可靠度）为 F_S，于是有以下函数表达式，即

$$F_S=F_S(F_1,F_2,F_3,\cdots,F_n) \tag{10-138}$$

因此，第 i 个底事件的概率重要度 $I_g(i)$ 定义为

$$I_g(i)=\frac{\partial F_S}{\partial F_i}或\frac{\partial R_S}{\partial R_i} \tag{10-139}$$

式中，R_S 与 R_i 分别为顶事件不发生概率与底事件 x_i 不发生概率；显然概率重要度是底事件发生概率的变化所引起的顶事件发生概率的变化程度。

3. 关键重要度

关键重要度（又称临界重要度，也称危险重要度）$I_c(i)$，它是底事件 x_i 的故障概率的变化率与它所引起的顶事件发生概率变化率之比，其表达式为

$$I_c(i)=\frac{\partial F_S}{\partial F_i}\bigg/\frac{F_S}{F_i}=I_g(i)\bigg/\frac{F_S}{F_i} \tag{10-140}$$

或者

$$I_c(i)=\frac{\partial R_S}{\partial R_i}\bigg/\frac{1-R_S}{1-R_i} \tag{10-141}$$

式中，$I_c(i)$ 为第 i 个底事件的关键重要度；$I_g(i)$ 为第 i 个底事件的概率重要度；R_S，R_i，F_i 与 F_S 的含义同式（10-139）。

故障树如图 10-27 所示。已知各部件的故障率 $\lambda_1 = 0.001h^{-1}$，$\lambda_2 = 0.002h^{-1}$，$\lambda_3 = 0.003h^{-1}$；试求当 $t = 100h$ 时各部件的概率重要度，结构重要度以及关键重要度。

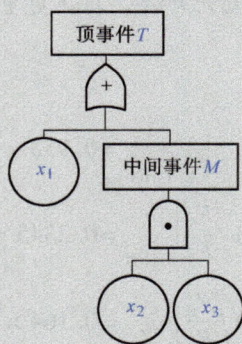

图 10-27　某故障树图

解：（1）概率重要度。

针对图 10-27，首先写出 $F_S(t)$ 的表达式，即

$$F_S(t) = 1 - [1 - F_1(t)][1 - F_2(t)F_3(t)]$$

由式（10-139）以及式（5-23）得

$$I_g(1)\Big|_{t=100} = 1 - F_2(100)F_3(100) = 1 - (1 - e^{-0.002 \times 100})(1 - e^{-0.003 \times 100}) = 0.953$$

$$I_g(2)\Big|_{t=100} = [1 - F_1(100)]F_3(100) = 0.2345$$

$$I_g(3)\Big|_{t=100} = [1 - F_1(100)]F_3(100) = 0.164$$

显然，部件 1 最重要。

（2）结构重要度。

设系统有三个部件，所以共有 $2^3 = 8$ 种状态，即

$$\Phi(0,0,0) = 0, \Phi(1,0,0) = 1, \Phi(1,0,1) = 1,$$

$$\Phi(0,1,0) = 0, \Phi(0,1,1) = 1, \Phi(1,1,1) = 1,$$

$$\Phi(0,0,1) = 0, \Phi(1,1,0) = 1$$

由式（10-136）得

$$n_\Phi(1) = [\Phi(1,0,0) - \Phi(0,0,0)] + [\Phi(1,0,1) - \Phi(0,0,1)] + [\Phi(1,1,0) - \Phi(0,1,0)] = 3$$

$$n_\Phi(2) = [\Phi(0,1,1) - \Phi(0,0,1)] = 1$$

$$n_\Phi(3) = [\Phi(0,1,1) - \Phi(0,1,0)] = 1$$

于是借助式（10-137）有

$$I_{\Phi}(1) = \frac{n_{\Phi}(1)}{2^{3-1}} = \frac{3}{4}$$

$$I_{\Phi}(2) = \frac{n_{\Phi}(2)}{2^{3-1}} = \frac{1}{4}, I_{\Phi}(3) = \frac{1}{4}$$

显然，部件1在结构中所占位置比部件2与3更重要。

（3）关键重要度。

借助于式（10-140）有

$$I_c(1)\Big|_{t=100} = I_g(1)\left/\frac{F_S}{F_1}\right|_{t=100} = 0.953 \times \frac{0.0952}{0.1377} = 0.6588$$

$$I_c(2)\Big|_{t=100} = I_g(2)\left/\frac{F_S}{F_2}\right|_{t=100} = 0.2345 \times \frac{0.1813}{0.1377} = 0.3807$$

$$I_c(3)\Big|_{t=100} = I_g(3)\left/\frac{F_S}{F_3}\right|_{t=100} = 0.164 \times \frac{0.2592}{0.1377} = 0.3807$$

显然，部件1最关键。

10.5　人机系统的可靠性分析

人—机—环境系统工程把人、机、环境作为系统整体来研究，它首先强调了机（包括工具、机器和计算机）的设计要符合人的要求（即"机宜人"），然后再强调通过训练与选拔使人去适应于机器（即"人宜机"），并且还特别注意了将环境因素作为一种积极的主动因素纳入系统之中并成为系统的一个重要环节。也就是说，人、机、环境三大要素是有机结合的，它们三者都是影响系统整体性能变化的主要因素。在本节系统可靠性问题的分析中，为使问题简化便于讨论与叙述，引进环境子系统可靠度为1的假定，因此将人、机、环境组成的整体系统笼通的称作人机系统。

10.5.1　人机系统可靠性分析的简易模型

在人—机—环境系统中，系统的可靠性 R_S 是由人子系统的可靠性 R_H、机子系统的可靠性 R_M 以及环境子系统 R_e 所决定的，即

$$R_S = f(R_H, R_M, R_e) \tag{10-142}$$

在许多情况下，可以把人、机、环境看成串联的三个子系统，这时 R_S 可表示为

$$R_S = R_H R_M R_e \tag{10-143}$$

在 $R_e = 1$ 的假定下，则式（10-143）退化为

$$R_S = R_H R_M \tag{10-144}$$

图10-28给出了人、机的可靠性与系统可靠性间的关系曲线。显然，为提高人机系统的可靠性必须同时提高机器的可靠性和人的操作可靠性。

下面分两大问题进行讨论：

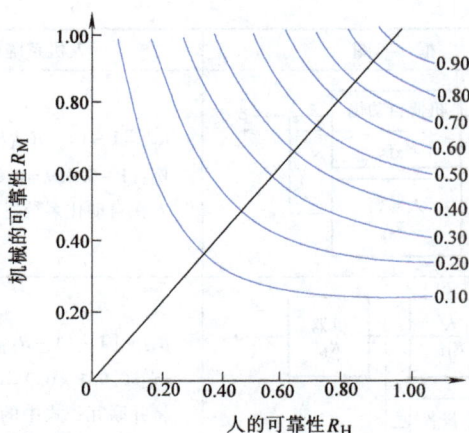

图 10-28　R_H、R_M 与 R_S 间的关系曲线

10.5.1.1　人机系统的几种结合形式及相应的可靠度计算

设子系统由 n 个部件构成，各部件的可靠度分别为 R_1，R_2，$\cdots$，R_n，则串联系统和并联系统的可靠度分别为

对串联系统

$$R_S = R_1 \cdot R_2 \cdots R_n = \prod_{i=1}^{n} R_i \tag{10-145}$$

对并联系统

$$R_S = 1 - [(1 - R_1)(1 - R_2) \cdots (1 - R_n)] = 1 - \prod_{i=1}^{n}(1 - R_i) \tag{10-146}$$

由上面两式可见，串联系统中部件越多，则可靠性越差。同样的部件，如果并联起来则可靠性变好。在可靠性分析书籍中，通常将这种允许有一个或若干个部件失效而系统仍能够维持正常工作的复杂系统称为冗余系统，例如常见的表决系统、储备系统等。在人机系统中，人作为部件之一介入系统，为提高其可靠性，也需采用冗余系统。例如大型客机的飞机驾驶员往往配备两名，同时在驾驶室左、右位置上配备了相同的仪表和操纵设备，以减少人的失误对飞机造成的威胁。表 10-5 给出了人机系统结合的更多形式以及相应的系统可靠度计算。

表 10-5　人机系统的结合形式及可靠度计算

名　称	框　图	人机系统可靠性计算公式及说明
串联系统	人 R_H — 机器 R_M	$R_{S1} = R_H R_M$ 例：$0.9 \times 0.9 = 0.81$
并联冗长式	人 A R_{HA} / 人 B R_{HB} — 机器 R_M	$R_{S2} = [1 - (1 - R_{HA})(1 - R_{HB})] R_M$ 例：$0.99 \times 0.9 = 0.891$ 两人操作可提高异常状态下的可靠性，但由于相互依赖也可能降低可靠性

（续）

名　称	框　图	人机系统可靠性计算公式及说明
待机冗长式	机器自动化 R_{MA} / 人监督 R_H	$R_{S3} = 1 - (1 - R_{MA}R_H)(1 - R_{MA})$ 例：$1 - 0.019 = 0.981$ 人在自动化系统发生误差时进行修正
监督校核式	人 R_H / 机器 R_M / 监督者 R_{MB}	$R_{S4} = [1 - (1 - R_{MB}R_H)(1 - R_H)]R_M$ 例：$0.981 \times 0.9 = 0.8829$ 将并联冗长式中的一个人换成监督者的位置，人与监督者关系如同待机冗长式
备注		1. R_H、R_{HA}、R_{HB} 为人的可靠性；R_M、R_{MA}、R_{MB} 为机械的可靠性；R_{S1}、R_{S2}、R_{S3}、R_{S4} 为系统的可靠性。 2. 图中的虚线表示信息流动方向。 3. 例中人、机可靠性数值均以 0.9 计算。

10.5.1.2　作业时人操作可靠度的计算

在人机系统可靠性分析中，人可靠性模型的建立是件非常关键但又十分困难的事[375]。这是因为，人不仅是一个有意识活动的、极为复杂的开放巨系统，而且人的行为具有时变性、非线性与随机性等特征，因此对人自身可靠性方面的研究远不如对"机"的研究深入。下面对人操作可靠度的计算方面进行六个方面的归纳与总结。

1. 基于 S—O—R 模式的人操作可靠度的计算方法

人的行动过程包括：信息接受过程、信息判断加工过程、信息处理过程。人的可靠性也包括人的信息接受的可靠性、信息判断的可靠性、信息处理的可靠性。这三个过程的可靠性就表达了人的操作可靠性。本书 5.6 节介绍了日本井口雅一教授从 S—O—R 模式出发，按人的行动过程去确定人的操作可靠度的思想，其表达式为

$$R_H = 1 - bcdef(1 - \gamma) \tag{10-147}$$

式中符号 b、c、d、e、f 与 γ 的含义与式（5-48）同。

2. 借助于 THERP 去确定作业工序的可靠度

人体差错率预测法（Technique for Human Error Rate Prediction，简记为 THERP）是将作业工序分解为基本作业因素，求出各作业因素的可靠度便可得到人体操作的可靠度。THERP 法的主要步骤为：

（1）弄清操作者的作业工序，将作业工序分解为基本作业过程。

（2）把基本作业分解为作业因素。

（3）计算各作业因素的可靠度 γ_i。

（4）各作业因素的可靠度之积，便为基本作业的可靠度 R_j。

（5）基本作业的可靠度之积，便得到作业工序的可靠度 R_H。

（6）若用 1 减去可靠度，便得到该工序的不可靠度（即差错率）。

某工人加工某个零件，需要通过车床和刨床两道基本作业工序。将此作业工序分解成单一基本作业，如图 10-29 所示，试求该工人加工零件的可靠度 R_H = ?

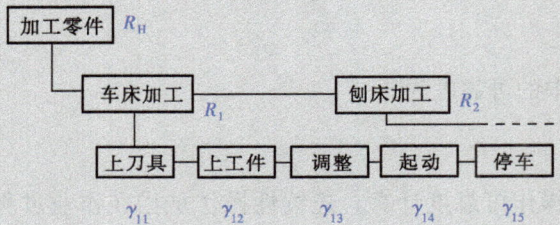

图 10-29　加工零件作业单元分解图

解：该工人作业工序可分为车床加工基本作业过程和刨床加工 2 个基本作业过程。在车床加工基本作业中又分成 5 个作业因素，即上刀具、上工件、调整、起动与停车，它们的可靠度分别为 γ_{11}，γ_{12}，γ_{13}，γ_{14} 与 γ_{15}；对于刨床加工基本作业也有 5 个作业因素（见表 10-6），它们的可靠度分别为 γ_{21}，γ_{22}，γ_{23}，γ_{24} 与 γ_{25}。令 R_1 与 R_2 分别表示车床加工基本作业与刨床加工基本作业的可靠度，于是有

$$R_1 = \prod_{i=1}^{5} \gamma_{1i} = 0.9998 \times 0.9988 \times 0.9992 \times 0.9993 \times 0.9993 = 0.9964$$

$$R_2 = \prod_{i=1}^{5} \gamma_{2i} = 0.9964$$

按照 THERP 方法，该工人加工零件的可靠度应为

$$R_H = R_1 R_2 = 0.9964 \times 0.9964 = 0.9928$$

表 10-6　基本作业时人的可靠度

可靠度 作业因素 \ 基本作业	车床加工 R_1	刨床加工 R_2
上刀具（γ_1）	0.9998（γ_{11}）	0.9998（γ_{21}）
上工件（γ_2）	0.9988（γ_{12}）	0.9988（γ_{22}）
调整（γ_3）	0.9992（γ_{13}）	0.9992（γ_{23}）
起动（γ_4）	0.9993（γ_{14}）	0.9993（γ_{24}）
停车（γ_5）	0.9993（γ_{15}）	0.9993（γ_{25}）

3. 借助于两种操作方式直接计算操作可靠度

人在作业活动过程中，操作方式通常可有间歇性操作方式和连续方式两种。两种操作方

式的可靠度计算方式不同。

（1）间歇性操作的操作可靠度计算。间歇性操作是指在作业活动中，作业者不连续的工作，如汽车换挡、制动等均属间歇性的操作。这种操作可能是有规律的，有时也可能是随机的。因此对于这种操作不宜用时间来表述其可靠度，一般用次数、距离、周期等来描述其可靠度。例如某人执行某项操作 N 次，其中操作失败 n 次，则当 N 足够大时，此人的操作不可靠度便为

$$F_H = \frac{n}{N} \tag{10-148}$$

因此人在执行此项操作中的可靠度为

$$R_H = 1 - F_H = 1 - \frac{n}{N} \tag{10-149}$$

（2）连续性操作的操作可靠度计算。连续性操作是指在作业过程中，作业者在作业时间进行连续的操作活动，如汽车驾驶员开车活动中转向盘的操作以及对道路情况的监视等。连续性操作可直接用时间进行描述，人的操作可靠性表达式为

$$R_H = \exp\left[-\int_0^t \lambda(t)\,dt\right] \tag{10-150}$$

式中，$\lambda(t)$ 的定义同式（5-44），为 t 时间内人的差错率。

若汽车驾驶员操纵转向盘的恒定差错率 $\lambda(t) = 0.0001$，则某驾驶员驾车 500h 其可靠度为

$$R_H(500) = \exp\left[-\int_0^t 0.0001\,dt\right]_{t=500} = 0.9512$$

需要说明的是，对于同一个驾驶员来讲，在不同的时间内其差错率 $\lambda(t)$ 是不同的，因此 $R_H(t)$ 是关于 $\lambda(t)$ 的函数，它是个随时间变化的量。

4. 按人的意识水平确定人的可靠度

日本的桥本教授根据脑电波的测定，把人体意识水平分成了五个等级，提出了相应的五个等级的人体可靠度（见表10-7）。大量的试验研究表明：根据人体意识水平的可靠度，可以合理、适当地调整和安排工作，从而提高人的操纵可靠度。

表 10-7 人体各意识状态下的可靠度

阶段	意识状态	注意力的作用	生理状态	可靠度
○	无意识、失神	0	睡眠、发呆	0
I	意识水平低下，注意迟钝	不注意	疲劳、单调、瞌睡	0.9 以下
II	常态、松懈	消极的心理	安静起居、休息，正常作业时	0.99 ~ 0.99999
III	正常、清楚	积极地向前看，注意视野广	积极活动时	0.999999 以上
IV	超常态、过度紧张	注意于一点，判断停止	紧急防护反应，恐慌→惊慌失措	0.9 以下

5. 用 HERALD 法确定操纵人员的有效作业概率

HERALD 法（即 Human Error and Reliability Analysis Logic Development，有些书称海洛德法）是基于人的失误与可靠性分析的逻辑推演法。它是通过计算系统的可靠性，分析评价仪表、控制器的配置与安装位置是否适宜人的操纵。通常是先计算出人执行任务时的成败概率，然后再对整个系统进行评价。

大量的试验表明：在视中心线上下各 15°的正常视线区域内是人的眼睛最不容易发生差错的区域。因此，在这个范围内设置仪表或者控制器时，误读率或误操作率极小，离开该区域越远，则误读率或误操作率会逐渐增大。以视中心线为基准向外每 15°划分一个区域，在不同的扇形区域内给出相应的误读概率即劣化值 D_i（见表 10-8）。如果显示控制板上的仪表安排在 15°以内的最佳位置上，由表 10-8 可知其劣化值在 0.0001 ~ 0.0005 的范围内；如果将仪表安排在 80°的位置上，则相应的劣化值 D_i 增加到 0.003，因此在进行仪表配置时要尽量使其的劣化值较小为宜。令有 n 个仪表，其相应的劣化值为 D_i，则操作人员的有效作业概率 R_{He} 为

$$R_{He} = \prod_{i=1}^{n} (1 - D_i) \tag{10-151}$$

表 10-8 各视区内的劣化值

扇 形 区 域	不 可 靠 度	扇 形 区 域	不 可 靠 度
0° ~ 15°	0.0001 ~ 0.0005	45° ~ 60°	0.0020
15° ~ 30°	0.0010	60° ~ 75°	0.0025
30° ~ 45°	0.0015	75° ~ 90°	0.0030

例 10-11

某仪表显示板安装有 6 个仪表，其中 5 个仪表安装在中心视线 15°以内，有 1 个仪表安装在中心视线 50°的位置上，试计算操作人员的有效作业概率。

解： 由表 10-8 查得视线 15°以内仪表的劣化值为 0.0001，视线 50°的仪表劣化值为 0.002。于是由式（10-151）得

$$R_{He} = \prod_{i=1}^{6} (1 - D_i) = (1 - 0.0001)^5 (1 - 0.002) = 0.9975$$

如果监视该显示板的人员除了操作者之外还配备有其他辅助人员，则这时该系统中操作人员的有效作业概率 R_{He} 应为

$$R_{He} = \frac{\left[1 - (1 - R_{He}^*)^m\right](T_1 + T_2 R_{He}^*)}{T_1 + T_2} \tag{10-152}$$

式中，m 为操作人员数；T_1 为辅助人员修正主操作人员潜在差错而进行行动的宽裕时间（以百分比表示）；T_2 为剩余时间的百分比，即 $T_2 = 100\% - T_1$；R_{He}^* 为操作人员有效地进行操作的概率，其值通常可按式（10-151）进行计算。

例 10-12

某仪表显示板安装有6个仪表，其中5个仪表安装在中心视线15°以内，仅有1个装在中心视线50°的位置上。如果监视该显示板的人员除了操作者之外还配备有辅助人员，其 T_1 值为60%，计算该系统中操作人员的有效作业概率。

解： 由例 10-11 已算出 $R_{He}^* = 0.9975$，由题意：$m = 2$ 并且 $T_1 = 60\%$，则 $T_2 = 100\% - T_1 = 40\%$，借助于式（10-152）得

$$R_{He} = \frac{[1 - (1 - 0.9975)^2](0.6 + 0.4 \times 0.9975)}{0.6 + 0.4} = 0.9989$$

6. 人操作电子装置的可靠度确定

美国测量学会提出了人操作电子装置时的可靠度计算公式为

$$R_H = R_1 R_2 \tag{10-153}$$

式中，R_H 为人的可靠度；R_1 为读取可靠度；R_2 为操作可靠度。

当然，读取可靠度与操作可靠度是随着装置的结构、作业方法、作业时间的不同而有所不同。例如，操作电子计算机时的读取可靠度为 $R_1 = 0.9921$，而操作可靠度 $R_2 = 0.9900$，则人操作计算机的操作可靠度 $R_H = R_1 R_2 = 0.9822$。

关于机（包括工具、机器和计算机）本身的可靠性问题，已有许多文献（如参考文献[468]~[479]进行了专门研究），这里因篇幅所限不再介绍。

10.5.2 事件树分析法

事件树分析（Event Tree Analysis，简称 ETA）方法是一种逻辑演绎法，它是在给定的一个初因事件的前提下，分析该初因事件可能导致的各种事件序列的结果，从而可以评价系统的可靠性与安全性。由于事件序列是用图形表示的，并且成树状，因而称作事件树。这种方法对具有冗余设计、故障检测与防护设计的复杂系统来讲分析它的安全性和可靠性更为有效。

10.5.2.1 事件树中各类事件的定义

初因事件——可能引发系统安全性后果的系统内部故障或者外部的事件。

后续事件——在初因事件发生后，可能相继发生的其他事件，这些事件可能是系统功能设计中所决定的某些备用设施或安全保证设施的启用，也可能是系统外部正常或非正常事件的发生。后续事件一般是按一定顺序发生的。

后果事件——由于初因事件和后续事件的发生或不发生所构成的不同结果。

事件树的初因事件可能来自系统的内部失效或外部的非正常事件。在初因事件发生后相继发生的后续事件（如安全保护系统的投入）一般是由系统的设计或者事件的发展进程所决定的。如果对于某特定的初因事件有 n 个后续事件，且每一个后续事件只具有发生或不发生两种状态，那么这时可能的后果事件将为 2^n 个，这样的事件树又称作完全事件树。如图 10-30 所示的事件树，其初因事件的后续事件有 2 个，即系统 1 与系统 2，于是其后果事件数为 $2^n = 4$，图中的后果事件中 S 表示系统成功，F 表示系统失败。

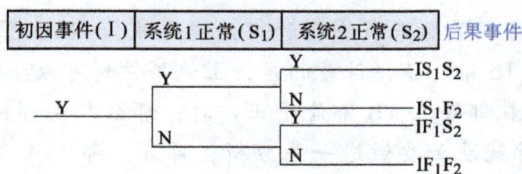

图 10-30　事件树示意图

10.5.2.2　事件树的分析

1. 事件树分析步骤

（1）确定初因事件。

（2）建造事件树。借助于所确定的初因事件，找出可能的后续事件，得到相应的后果事件。

（3）对事件树进行定量分析。

下面以算例的方式进一步阐述上面三个步骤的细节。

例 10-13

图 10-31a 给出了一个典型的桥网络系统。由于系统中的各部件是连续运行的，后果事件与初因事件以及后续事件的次序无关。因此在建立该系统的事件树时，可以选择任意一个部件作为初因事件。试选择部件 A 作为初因事件，请完成该桥网络系统的事件树。

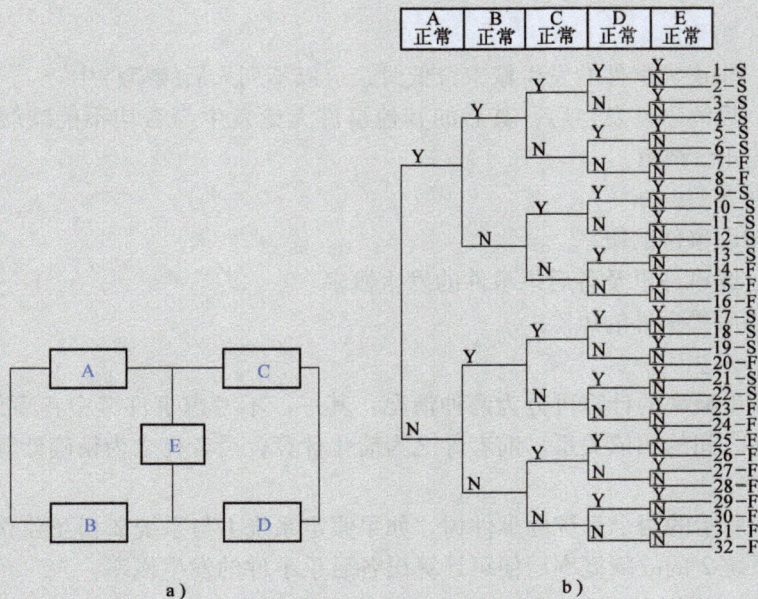

图 10-31　桥网络系统及其事件树

解：选择部件 A 为初因事件，于是可得到图 10-31b 所示的事件树。由于每个部件都有正常与故障两种状态，所以 5 个部件便有 $2^5 = 32$ 个后果事件。图中标有 S 的后果事件表示"系统成功"，标有 F 的后果事件表示"系统失败"。显然图 10-31b 中系统成功与系统失败的事件链各有 16 条。值得注意的是，上述事件树可做些简化。如果以系统正常的条件作为判断，因此在部件 A、B 都处于正常时，那么只要部件 C 正常则系统便正常了，因而对 D 与 E 这时就没必要做进一步分析；再如：部件 A 失效，同时部件 B 也失效，则系统一定失败，因此也就不必进一步的分析了。图 10-32 给出了桥网络系统的简化事件树，这时的后果事件仅有 13 个。

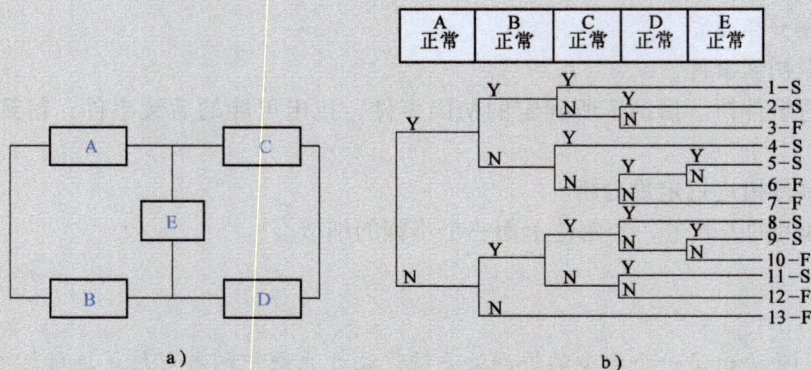

图 10-32　桥网络系统简化事件树

2. 事件树的简化原则

（1）当某一非正常事件的发生概率极低时，可以不列入后续事件中。

（2）当某一后续事件发生后，其后的其他事件无论发生与否均不能减缓该事件链的后果时，该事件链即已结束。

3. 事件树的定量分析

（1）确定初因事件的概率。

（2）确定后续事件以及各后果事件的发生概率。

（3）评估各后果事件的风险。

4. 后果事件发生概率的计算

后果事件发生概率的计算可分为两种情况：其一，不考虑事件链中各事件的相依关系，其二考虑各事件之间的相依关系。前者称之为简化计算，后者称之为精确计算。以下只介绍简化计算。

如图 10-30 所示的两个系统的事件树。如果假定系统 1 与系统 2 相互独立，那么在分别求出系统 1 与系统 2 的故障概率后便可计算出各后果事件的发生概率：

$$P(IS_1S_2) = P(I)P(S_1)P(S_2) \approx P(I)$$

$$P(IS_1F_2) = P(I)P(S_1)P(F_2) \approx P(I)P(F_2)$$

$$P(IF_1S_2) = P(I)P(F_1)P(S_2) \approx P(I)P(F_1)$$

$$P(IF_1F_2) = P(I)P(F_1)P(F_2) \approx P(I)P(F_1)P(F_2)$$

如图 10-31 所示的桥网络系统，若假定系统中的各部件的故障是独立的，则可计算出桥网络系统的可靠度为

$$R_S = \sum_i P_i \tag{10-154}$$

式中，P_i 为后果事件，是系统成功的事件链的发生概率（$i = 1 \sim 6, 9 \sim 13, 17 \sim 19, 21, 22$）；各事件链的发生概率可由各部件的可靠度 R_j 和不可靠度 F_j（这里 $j = $ A,B,C,D,E）求出，即

$$P_1 = R_A R_B R_C R_D R_E$$

$$P_2 = R_A R_B R_C R_D F_E$$

其他类似。如果各部件的可靠度 $R_A = R_B = R_C = R_D = R_E = 0.99$，则系统的可靠度 $R_S = 0.999798$。

对于图 10-32 中的桥网络系统的简化事件树，计算它的可靠度只需计算 7 条系统成功的事件链，即

$$R_S = P_1 + P_2 + P_4 + P_5 + P_8 + P_9 + P_{11}$$

式中，R_S 为系统的可靠度；P_i 为第 i 条事件链的发生概率（见图 10-32）。

如果用 R_i 表示各部件的可靠度，F_i 表示各部件的不可靠度，则系统的可靠度 R_S 为：

$$R_S = R_A R_B R_C + R_A R_B F_C R_D + R_A F_B R_C + R_A F_B F_C R_D R_E +$$
$$F_A R_B R_C R_D + F_A R_B R_C F_D R_E + F_A R_B F_C R_D$$

如果 $R_A = R_B = R_C = R_D = R_E = 0.99$，则由上式算出 $R_S = 0.999798$，也就是说这里所得到的 R_S 值与采用完全事件树计算的结果一样。

事件的风险定义为事件的发生概率 P 与其损失值 C 的乘积，即

$$\tilde{R} = PC \tag{10-155}$$

式中，$\tilde{R}$ 为后果事件的风险值；P 为单位时间内后果事件的发生概率；C 为后果事件的损失值。关于事件风险方面的详细讨论，这里因篇幅所限不再给出。

10.5.3　事件树分析与故障树分析法的综合应用

事件树分析是从某一初因事件开始，按时序分析各后续事件的状态组合所造成的所有可能的后果事件，而故障树分析是从某一不希望发生的后果事件开始，按照一定逻辑关系分析引起该后果事件的原因事件或原因事件组合。由于这两种方法的侧重点不同，因此在对复杂系统进行安全性、可靠性分析时可以将它们进行综合应用，以便充分发挥这两种分析方法的各自优势。下面扼要叙述一下这种综合应用的过程。

（1）如果事件树中的初因事件与后续事件是系统中的非正常事件（如某个部件有故障），则便可以视这些事件为顶事件建立故障树。

（2）以事件树中的后果事件为顶事件，按照一定的逻辑关系（一般情况下为逻辑"与"的关系）将同该后果事件相关的初因事件和后续事件连接成故障树。

（3）从事件树分析中找出后果事件相同的分支，再以该事件为顶事件按照一定的逻辑关系（一般情况下为逻辑"或"的关系）建造一棵更大的故障树。

（4）通过故障树的定性定量分析以便得到系统中各类事件的发生概率。

例 10-14

假定在某发电厂，发电机在运行过程中由于各种原因可能会产生过热现象，达到一定程度便将会引起火灾。而该发电厂远离市区，一旦有火灾将难以靠城市消防队赶来灭火，为此需建造工厂内部的消防系统。假定该厂消防系统设计分为三个层次，即发电机操作人员可利用存放在运行现场的手动灭火器进行手动灭火；若手动灭火失败，则启用工厂内部的消防队灭火；若火势仍不能控制，则拉响警报器，疏散全厂人员。请将 FTA 法与 ETA 法综合应用于评估该厂所设计的消防系统的安全性水平（即评价出各后果事件的风险）。

解： 在本算例中，由于工厂中有多台发电机同时运行，因此在假定不考虑两台以上发电机同时出现过热可能性的情况下，可以仅以一台发电机过热为初因事件。以下分五步进行分析与计算：

（1）明确了初因事件后去找后续事件。发电机过热后，若能得到及时的发现和处理，则将不会起火。反之，若不能及时发现，则将引起火灾。因此，发电机过热要在一定的条件下才能起火，且将这一个后续事件定义为"发电机过热足以起火"。发电机过热起火后，当然要进行灭火，因此其后续事件要围绕"成功灭火"进行分析。这样，在发电机过热起火后，若能成功灭火，则不会产生危害性严重的后果；若不能成功灭火，则将产生严重后果。根据该工厂防火系统的设计，要成功灭火应分为几个步骤：首先在发电机运行现场，备有手动灭火器，发电机的操作人员发现火情后会用手动灭火器灭火；另外，还有一个厂内消防队，当电机操作人员灭火失败后，火势将进一步延及厂房，于是此时将启用工厂内部的消防队进行灭火。如果该厂内部的消防队仍不能成功的灭火，则便要及时通过警报器发出火灾警报，通知全厂人员及时疏散。因此将上面所涉及的后续事件依次定义为"操作人员未能灭火""厂消防队未能灭火""火灾警报器未响"。至此便可根据上述分析建立事件树。

（2）所建事件树如图 10-33 所示。其后果事件分别为 C4，C3，C2，C1，C0，其具体定义为：C0 表示停产 2h，并损坏价值 1000 元的设备；C1 表示停产 24h，并损坏 15000 元的设备；C2 表示停产 1 个月，并损失价值 10^6 元的财产；C3 表示无限期停产，并损失 10^7 元的财产；C4 表示无限期停产，损失价值 10^7 元的财产并支付人员伤亡的抚恤金 3×10^7 元。

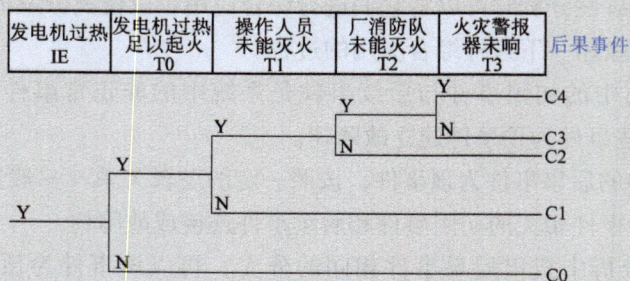

图 10-33 发电机过热起火的事件树

（3）建立故障树。

对图 10-33 所示的事件树进一步做分析，找出其初因事件以及各后续事件的发生原因，从而为计算各事件的发生概率提供依据。图 10-34 给出了各事件的故障树。

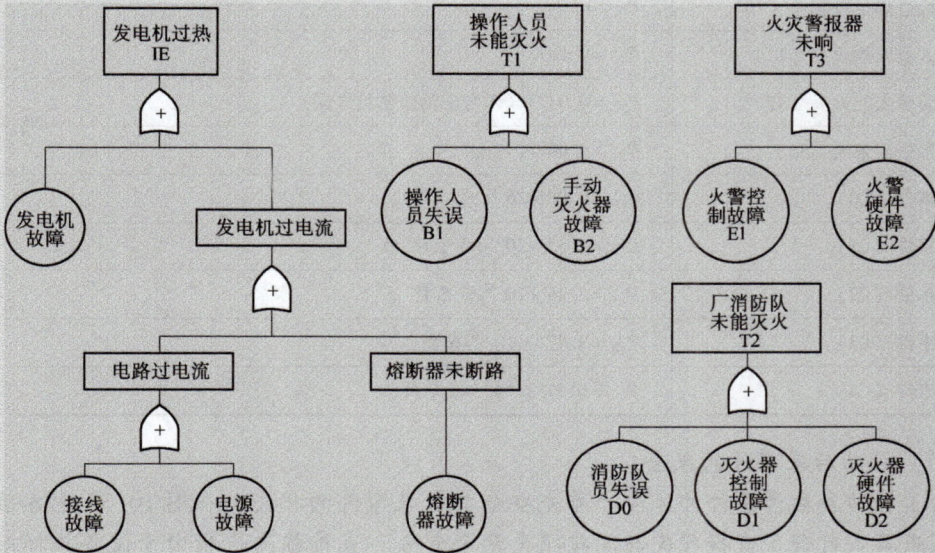

图 10-34　各事件的故障树

（4）确定各事件的发生概率。

根据相关的统计数据以及图 10-34 中的故障树，可计算出故障树中各事件的故障概率（详细计算此处从略）并列于表 10-9 中。根据表 10-9 又可确定事件树中各事件的概率列于表 10-10。

表 10-9　故障树中各事件的统计与计算结果数据

事　件	发生概率
发电机过热（IE）	$P_{IE} = 0.088/6$ 个月（根据每 6 个月的统计数据得出）
发电机过热足以起火（T0）	在过热的条件下，发电机的起火概率为 $P_0 = 0.02$
操作人员失误（B1）	$P_{B1} = 0.1$
手动灭火器故障（B2）	$P_{B2} = 3.65 \times 10^{-2}$
消防队员失误（D0）	$P_{D0} = 0.1$
灭火器控制故障（D1）	$P_{D1} = 2.19 \times 10^{-2}$
灭火器硬件故障（D2）	$P_{D2} = 2.19 \times 10^{-2}$
火警控制故障（E1）	$P_{E1} = 5.475 \times 10^{-2}$
火警控制故障（E2）	$P_{E2} = 1.095 \times 10^{-2}$

表 10-10   事件树中各事件的计算结果数据

事 件	发 生 概 率
发电机过热（IE）	$P_{IE} = 0.088/6$ 个月
发电机过热足以起火（T0）	$P_0 = 0.02$
操作人员未能灭火（T1）	$P_{T1} = 0.1392$
厂消防队未能灭火（T2）	$P_{T2} = 0.0433$（未考虑消防队员失误）
火灾警报器未响（T3）	$P_{T3} = 0.0651$
后果事件（C0）	$P_{C0} = 0.0862/6$ 个月
后果事件（C1）	$P_{C1} = 1.53 \times 10^{-3}/6$ 个月
后果事件（C2）	$P_{C2} = 2.24 \times 10^{-4}/6$ 个月
后果事件（C3）	$P_{C3} = 9.471 \times 10^{-6}/6$ 个月
后果事件（C4）	$P_{C4} = 6.595 \times 10^{-7}/6$ 个月

（5）评估后果事件的风险。

为了评估各后果事件的风险，首先要分析后果事件的损失。在图 10-33 中各后果事件的损失其实包含了直接损失与间接损失两个部分。直接损失是指由于设备损坏而造成的财产损失，也包括了由于人员伤亡而需支付的抚恤金；间接损失是指由于停工所造成的损失。在进行事件后果的严重程度分析时，应将这两部分的损失加在一起。若假设停工损失为 1000 元/h，无限期停工损失为 10^7 元，发电机每天连续工作 24h，每月按 31 天计算，则各后果事件的损失列于表 10-11。

表 10-11   各后果事件的损失

后 果 事 件	直接损失/元	间接损失/元	总损失/元
C0	1000	2000	3000
C1	15000	24000	39000
C2	10^6	744000	1.744×10^6
C3	10^7	10^7	2×10^7
C4	4×10^7	10^7	5×10^7

利用式（10-155）以及表 10-10、表 10-11 的数据，便可得到各后果事件的风险值：$\widetilde{R}_0 = 258$ 元/6 个月，$\widetilde{R}_1 = 60$ 元/6 个月，$\widetilde{R}_2 = 391$ 元/6 个月，$\widetilde{R}_3 = 189$ 元/6 个月，$\widetilde{R}_4 = 33$ 元/6 个月。

通过上述结果可知，该工厂所设计的消防系统每 6 个月的风险值最低为 33 元，最高为 391 元。如果工厂要求风险不能超过 300 元/6 个月，则显然后果事件 C2 不能满足要求，因此就必须针对该事件的各环节进行相应地设计改进，以便降低该事件链的风险。

10.6　系统安全综合评价法

　　系统评价的理论和方法很多、很杂，归纳起来大致可分为三类：第一类是以数理为基础的理论，它从数学理论和解析方法出发对评价系统进行严格定量的描述与计算；第二类是以统计为主的理论和方法，它借助统计数据去建立较多的凭感觉而暂时不能准确测量的评价模型，它是心理学领域常用的方法之一；第三类是重现决策支持的有关方法。实际中应用的主要评价理论归纳起来有：①冯·纽曼（von Newmann）提出的效用理论；②确定性理论；③不确定性理论（目前用得较多的是：对事件发生的可能性做出定量估计，即得到主观概率，并以期望值作为评价函数而后化作确定性问题去处理）；④非精确理论（用得较多的是模糊集理论）；⑤最优化理论，其中典型的数学规划方法有线性规划、整数规划、非线性规划、动态规划、多目标规划等。本节因篇幅所限仅研究两种方法：一种是基于模糊集理论的模糊综合评价法；另一种是 1973 年由美国 T. L. 萨迪（Saaty）教授提出的层次分析法，它属于多目标、多准则、定性分析和定量分析相结合的评价决策方法。

10.6.1　模糊综合评价法

　　自查德（L. A. Zadeh）教授[326]1965 年提出模糊集理论的概念以来，模糊数学得到迅速的发展与广泛的应用。这里首先讨论模糊关系及其运算方面的内容，然后再介绍模糊评判的相关计算。

10.6.1.1　模糊关系及其运算

　　论域 $U = \{x\}$ 上的模糊集合 A 由隶属函数 $\mu_A(x)$ 来表征，其中 $\mu_A(x)$ 在闭区间 $[0,1]$ 中取值，$\mu_A(x)$ 的大小反映了 x 对于模糊集合 A 的隶属程度。令论域 U 上模糊集之全体用 $F(U)$ 来表示，并且设两个模糊集合 A，$B \in F(U)$，则 A 与 B 的并集 $A \cup B$ 的隶属函数定义为

$$\mu_{A \cup B}(x) = \max(\mu_A(x), \mu_B(x)) = \mu_A(x) \vee \mu_B(x) \qquad (\forall x \in U) \qquad (10\text{-}156)$$

A 与 B 的交集 $A \cap B$ 的隶属函数定义为

$$\mu_{A \cap B}(x) = \min(\mu_A(x), \mu_B(x)) = \mu_A(x) \wedge \mu_B(x) \qquad (\forall x \in U) \qquad (10\text{-}157)$$

A 的补集 A^c 的隶属函数定义为

$$\mu_{A^c}(x) = 1 - \mu_A(x) \qquad (\forall x \in U) \qquad (10\text{-}158)$$

上述定义的图形表示如图 10-35 所示。在式（10-156）与式（10-157）中，Zadeh 算子"$\vee$"表示"取最大值"运算；"$\wedge$"表示"取最小值"运算。对于 n 个模糊子集 A_i（$i = 1, 2, \cdots, n$）的"交"与"并"可以表示为

$$S = A_1 \cap A_2 \cap \cdots \cap A_n = \bigcap_{i=1}^{n} A_i \qquad (10\text{-}159)$$

$$T = A_1 \cup A_2 \cup \cdots \cup A_n = \bigcup_{i=1}^{n} A_i \qquad (10\text{-}160)$$

于是 S 的隶属函数为

$$\mu_S(x) = \bigwedge_{i \in Z} \mu_{A_i}(x) \qquad (10\text{-}161)$$

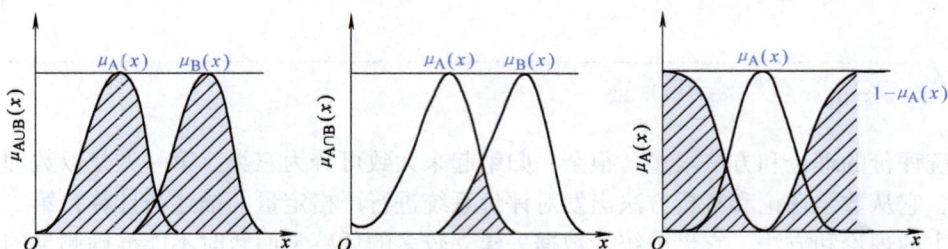

图 10-35 各种运算隶属函数的示意图

式中 Z 为指标集并且 $\forall i \in Z$；对于 T 的隶属函数为

$$\mu_T(x) = \bigvee_{i \in Z} \mu_{A_i}(x) \tag{10-162}$$

令模糊子集 A、B，则 A 与 B 的代数积为 $A \cdot B$，于是它的隶属函数为

$$\mu_{A \cdot B}(x) = \mu_A(x) \cdot \mu_B(x) \tag{10-163}$$

A 与 B 的代数和为 $A + B$，于是它的隶属函数为

$$\mu_{A+B}(x) = \begin{cases} \mu_A(x) + \mu_B(x) & (\text{当} \ \mu_A(x) + \mu_B(x) \leqslant 1) \\ 1 & (\text{当} \ \mu_A(x) + \mu_B(x) > 1) \end{cases} \tag{10-164}$$

下面讨论模糊矩阵的合成运算：设两个模糊矩阵 $P = (p_{ij})_{m \times n}$，$Q = (q_{jk})_{n \times l}$，它们的合成运算 $P \circ Q$ 其结果是一个模糊矩阵 R，这里 $R = (r_{ik})_{m \times l}$，而 "$\circ$" 为合成算子。模糊关系合成类似于普通关系矩阵的合成运算，只是将矩阵中相应二元素的 "相乘"、"相加" 运算用广义模糊 "与""或" 运算所替代。虽然广义模糊运算有很多种，但常用的有以下两种。

（1）$M(\wedge, \vee)$，即广义模糊 "与" 运算为 "取小" 运算，广义模糊 "或" 运算为 "取大" 运算，于是有

$$r_{ik} = \bigvee_{j=1}^{n} (p_{ij} \wedge q_{jk}), (i = 1, 2, \cdots, m; k = 1, 2, \cdots, l) \tag{10-165}$$

$$\mu_{r_{ik}} = \bigvee_{j=1}^{n} (\mu_{p_{ij}} \wedge \mu_{q_{jk}}) \tag{10-166}$$

（2）$M(\cdot, +)$，即广义模糊 "与" 运算为 "代数积"，广义模糊 "或" 为有上界 1 的代数和，于是有

$$r_{ik} = \min\left\{1, \sum_{j=1}^{n} (p_{ij} \cdot q_{jk})\right\} \tag{10-167}$$

$$\mu_{r_{ik}} = \min\left\{1, \sum_{j=1}^{n} (\mu_{p_{ij}} \cdot \mu_{q_{jk}})\right\} \tag{10-168}$$

式中，$i = 1, 2, \cdots, m$；$k = 1, 2, \cdots, l$。

例 10-15

假设 A 和 B 均为 $X = \{x_1, x_2\}$ 到 $Y = \{y_1, y_2\}$ 的模糊关系，并且 $A = \begin{bmatrix} 0.5 & 0.3 \\ 0.4 & 0.8 \end{bmatrix}$，$B = \begin{bmatrix} 0.8 & 0.5 \\ 0.3 & 0.7 \end{bmatrix}$，试分别在 $M(\wedge, \vee)$ 模式与 $M(\cdot, +)$ 模式下完成 $A \circ B$ 的计算。

解：在 $M(\wedge,\vee)$ 模式下，A 与 B 的模糊关系合成为

$$A \circ B = \begin{bmatrix} (0.5 \wedge 0.8) \vee (0.3 \wedge 0.3) & (0.5 \wedge 0.5) \vee (0.3 \wedge 0.7) \\ (0.4 \wedge 0.8) \vee (0.8 \wedge 0.3) & (0.4 \wedge 0.5) \vee (0.8 \wedge 0.7) \end{bmatrix} = \begin{bmatrix} 0.5 & 0.5 \\ 0.4 & 0.7 \end{bmatrix}$$

在 $M(\cdot,+)$ 模式下，A 与 B 的模糊关系合成为

$$A \circ B = \begin{bmatrix} \min(1,0.5 \times 0.8 + 0.3 \times 0.3) & \min(1,0.5 \times 0.5 + 0.3 \times 0.7) \\ \min(1,0.4 \times 0.8 + 0.8 \times 0.3) & \min(1,0.4 \times 0.5 + 0.8 \times 0.7) \end{bmatrix}$$

$$= \begin{bmatrix} 0.4 + 0.09 & 0.25 + 0.21 \\ 0.32 + 0.24 & 0.20 + 0.56 \end{bmatrix} = \begin{bmatrix} 0.49 & 0.46 \\ 0.56 & 0.76 \end{bmatrix}$$

10.6.1.2　模糊综合评判

在综合评判中，存在有两个论域：一个是评价等级论域（又称评价集），如优秀、良好、合格、不合格等，记为

$$V = \{v_1, v_2, \cdots, v_n\} \tag{10-169}$$

另一个是对问题评价有重要关系的影响因素论域（又称因素集），记为

$$U = \{u_1, u_2, \cdots, u_m\} \tag{10-170}$$

在综合评判时，一般先按各个影响因素分别单独评价（单因素评判），再根据各因素在问题评价中所处地位与所起的作用，对各个单因素评价结果进行修正与综合，从而获得最后评定结果。

1. 单因素评判

以因素 u_i 而言，假设被评价事物对第 j 个评价等级 v_j 的隶属度，记为

$$\mu_{v_j}(u_i) = r_{ij} \tag{10-171}$$

于是该事物在评价集上的模糊向量（它是个行向量）为

$$r_i = [r_{i1}, r_{i2}, \cdots, r_{in}]$$

这里 $i = 1,2,\cdots,m$；于是 m 个因素所对应的 m 个模糊向量便构成了一个评价矩阵 $\boldsymbol{R}$，即

$$\boldsymbol{R} = \begin{bmatrix} \boldsymbol{r}_1 \\ \boldsymbol{r}_2 \\ \vdots \\ \boldsymbol{r}_m \end{bmatrix} = \begin{bmatrix} r_{11} & r_{12} & \cdots & r_{1n} \\ r_{21} & r_{22} & \cdots & r_{2n} \\ \vdots & \vdots & & \vdots \\ r_{m1} & r_{m2} & \cdots & r_{mn} \end{bmatrix} \tag{10-172}$$

2. 多因素综合评判

对于因素集，如果令 a_i 代表 u_i 对评定作用的隶属度，于是 m 个因素的相应隶属度便构成了一个模糊子集 $\boldsymbol{a}$，它又可以用下式表述

$$\boldsymbol{a} = [a_1, a_2, \cdots, a_m] \tag{10-173}$$

显然由上式得到的 $\boldsymbol{a}$ 以及由各单因素评价所组成的矩阵 $\boldsymbol{R}$，便能得到被评价事物的综合评判结果为

$$b = a \circ R = [a_1, a_2, \cdots, a_m] \circ \begin{bmatrix} r_{11} & r_{12} & \cdots & r_{1n} \\ r_{21} & r_{22} & \cdots & r_{2n} \\ \vdots & \vdots & \vdots & \vdots \\ r_{m1} & r_{m2} & \cdots & r_{mn} \end{bmatrix} = [b_1, b_2, \cdots, b_n] \qquad (10\text{-}174)$$

式中，b 是该被评事物对评价等级的隶属度向量，其中 b_j 是该事物对评价等级 j 的隶属度。注意式（10-174）中的模糊关系合成 $a \circ R$ 可以采用 $M(\wedge, \vee)$ 模型，也可以采用 $M(\cdot, +)$ 模型。当采用 $M(\wedge, \vee)$ 模型时，b 的分量便为

$$b_j = \bigvee_{i=1}^{m} (a_i \wedge r_{ij}) = \max [\min(a_1, r_{1j}), \min(a_2, r_{2j}), \cdots, \min(a_m, r_{mj})] \qquad (10\text{-}175)$$

式中，$j = 1, 2, \cdots, n$，显然，考虑多因素时因素 u_i 的评价对任何评价等级 $v_j (j = 1, 2, \cdots, n)$ 的隶属度 $(a_i \wedge r_{i1}, a_i \wedge r_{i2}, \cdots, a_i \wedge r_{in})$ 都不能大于 a_i，这说明当采用 $M(\wedge, \vee)$ 时 a 并没有权向量的含义。由于 b_j 只选 $(a_i \wedge r_{ij})$ 中最大值，而不考虑其他因素的影响，因此这是一种"主因素突出型"的综合评判。如果采用 $M(\cdot, +)$ 模型时，则

$$b_j = \min \left\{ 1, \sum_{i=1}^{m} (a_i r_{ij}) \right\} \qquad (10\text{-}176)$$

显然，对评价等级 v_j 的隶属度 b_j 中包括了所有因素（即 $u_1, u_2, \cdots, u_m$）的影响，而不是像式（10-175）那样仅考虑对 b_j 影响最大的因素。正是由于这里同时考虑了所有因素，所以各 a_i 具有代表各因素重要性的权系数的含义，因而应满足

$$\sum_{i=1}^{m} a_i = 1 \qquad (10\text{-}177)$$

的要求。因此这一模型是"加权平均型"的综合评判，在此模型中 $a = [a_1, a_2, \cdots, a_m]$ 具有权向量的性质。

例 10-16

今对某型汽车进行评判，评价因素论域为 $U = \{$工作质量，易操作性，价格便宜$\} = \{u_1, u_2, u_3\}$，评语论域为 $V = \{$很好，较好，可以，不好$\} = \{v_1, v_2, v_3, v_4\}$。单就"工作质量"评判，经专家试验考查，有 50% 人认为"很好"，40% 人认为"较好"，10% 认为"可以"，没有人认为"不好"，即 $r_1 = [0.5, 0.4, 0.1, 0]$；其他单因素评判所得的模糊向量为 $r_2 = [0.4, 0.3, 0.2, 0.1]$，$r_3 = [0.1, 0.1, 0.3, 0.5]$，试求隶属度向量 b。

解： 依题意，单因素评价矩阵为

$$R = \begin{bmatrix} 0.5 & 0.4 & 0.1 & 0.0 \\ 0.4 & 0.3 & 0.2 & 0.1 \\ 0.1 & 0.1 & 0.3 & 0.5 \end{bmatrix}$$

假设客户购买时主要考虑的是车的工作质量，而后要求价格较低，对于易操作的要求放到最后，因此选取权系数向量为

$$a = [0.5, 0.2, 0.3]$$

如果综合评判按 $M(\cdot, +)$ 模型进行，于是有

$$b = a \circ R = [0.5, 0.2, 0.3] \circ \begin{bmatrix} 0.5 & 0.4 & 0.1 & 0.0 \\ 0.4 & 0.3 & 0.2 & 0.1 \\ 0.1 & 0.1 & 0.3 & 0.5 \end{bmatrix} = [0.36, 0.29, 0.18, 0.17]$$

3. 多级综合评判

对于复杂问题的评判，需要考虑的因素往往十分多，而且这些因素还可能分属于不同的层次，为此，可以先把所有因素按某些属性分成几类，在每一类范围内开展第一级综合评判，之后再根据各类评判的结果进行第二级的综合评判。对于更复杂的问题还可分成更多层次进行多级综合评判。以下为二级评判的主要步骤。

（1）令评价集为 $V = \{v_1, v_2, v_3, v_4\}$；对于因素论域 U 则首先把 U 按照各因素的属性划分为 S 个互不相交的子集：$U = \{U_1, U_2, \cdots, U_S\}$；设每个子集 $U_k = \{u_{k1}, u_{k2}, \cdots u_{km}\}$（$k = 1, 2, \cdots, S$）；值得注意的是，对于不同的子集其 m 可以不同。

（2）分别在每个因素子集 U_k 范围内进行综合评判，就是先根据子集 U_k 中的各因素所起作用的大小给出各因素的权重分配，即

$$a_k = [a_{k1}, a_{k2}, \cdots, a_{km}] \quad (k = 1, 2, \cdots, S) \tag{10-178}$$

将 U_k 的各单因素进行评定，所得的模糊向量 $r_{ki}(i = 1, 2, \cdots, m)$ 组成评价矩阵 R_k，即

$$R_k = \begin{bmatrix} r_{k1} \\ r_{k2} \\ \vdots \\ r_{km} \end{bmatrix} = \begin{bmatrix} r_{k11} & r_{k12} & \cdots & r_{k1n} \\ r_{k21} & r_{k22} & \cdots & r_{k2n} \\ \vdots & \vdots & & \vdots \\ r_{km1} & r_{km2} & \cdots & r_{kmn} \end{bmatrix} \quad (k = 1, 2, \cdots, S) \tag{10-179}$$

然后再按式（10-180）求出相应的评价等级隶属向量 b_k，即

$$b_k = a_k \circ R_k = [b_{k1}, b_{k2}, \cdots, b_{kn}] \quad (k = 1, 2, \cdots, S) \tag{10-180}$$

（3）将 $b_1, b_2, \cdots, b_S$ 组成评价矩阵 R，即

$$R = \begin{bmatrix} b_1 \\ b_2 \\ \vdots \\ b_S \end{bmatrix} = \begin{bmatrix} b_{11} & b_{12} & \cdots & b_{1n} \\ b_{21} & b_{22} & \cdots & b_{2n} \\ \vdots & \vdots & & \vdots \\ b_{S1} & b_{S2} & \cdots & b_{Sn} \end{bmatrix} = \begin{bmatrix} a_1 \circ R_1 \\ a_2 \circ R_2 \\ \vdots \\ a_S \circ R_S \end{bmatrix} \tag{10-181}$$

（4）令 a 为 S 个因素子集的因素作用模糊向量，其表达式为

$$a = [a_1, a_2, \cdots, a_S] \tag{10-182}$$

式中 a 应该事先给出，它代表了各子集重要性的权重分配。至此便可得到二级模糊综合评判的数学式，即

$$b = [b_1, b_2, \cdots, b_n] = a \circ R \tag{10-183}$$

式中，R 与 a 分别由式（10-181）与式（10-182）所定义。

例 10-17

今对某工程质量问题进行多级模糊综合评判，其评价集（论域）$V = \{优, 良, 中, 低, 差\} = \{v_1, v_2, v_3, v_4, v_5\}$，因素论域 $U = \{U_1, U_2, \cdots, U_7\}$，其中：

$$U_1 = \{u_{11}, u_{12}, \cdots, u_{15}\}, U_2 = \{u_{21}, u_{22}, u_{23}\},$$
$$U_3 = \{u_{31}, u_{32}, \cdots, u_{35}\}, U_4 = \{u_{41}, \cdots, u_{46}\},$$
$$U_5 = \{u_{51}, u_{52}, u_{53}\}, U_6 = \{u_{61}, u_{62}, u_{63}\}, U_7 = \{u_{71}, u_{72}, \cdots, u_{74}\}$$

相应的模糊评价矩阵为

$$
R_1 = \begin{bmatrix}
2/9 & 3/9 & 4/9 & 0 & 0 \\
1/9 & 4/9 & 3/9 & 1/9 & 0 \\
2/9 & 4/9 & 2/9 & 1/9 & 0 \\
0 & 3/9 & 4/9 & 2/9 & 0 \\
1/9 & 3/9 & 4/9 & 1/9 & 0
\end{bmatrix},
R_2 = \begin{bmatrix}
1/9 & 3/9 & 4/9 & 1/9 & 0 \\
3/9 & 4/9 & 2/9 & 0 & 0 \\
3/9 & 5/9 & 1/9 & 0 & 0
\end{bmatrix},
$$

$$
R_3 = \begin{bmatrix}
1/9 & 2/9 & 4/9 & 2/9 & 0 \\
2/9 & 5/9 & 2/9 & 0 & 0 \\
1/9 & 2/9 & 5/9 & 1/9 & 0 \\
4/9 & 3/9 & 2/9 & 0 & 0 \\
0 & 3/9 & 5/9 & 1/9 & 0
\end{bmatrix},
R_4 = \begin{bmatrix}
4/9 & 3/9 & 2/9 & 0 & 0 \\
2/9 & 5/9 & 2/9 & 0 & 0 \\
3/9 & 5/9 & 1/9 & 0 & 0 \\
0 & 2/9 & 6/9 & 1/9 & 0 \\
0 & 3/9 & 5/9 & 1/9 & 0 \\
5/9 & 2/9 & 2/9 & 0 & 0
\end{bmatrix},
$$

$$
R_5 = \begin{bmatrix}
3/9 & 4/9 & 1/9 & 1/9 & 0 \\
1/9 & 2/9 & 4/9 & 2/9 & 0 \\
3/9 & 2/9 & 3/9 & 1/9 & 0
\end{bmatrix},
R_6 = \begin{bmatrix}
1/9 & 4/9 & 4/9 & 0 & 0 \\
0 & 2/9 & 5/9 & 2/9 & 0 \\
0 & 0 & 7/9 & 2/9 & 0
\end{bmatrix},
$$

$$
R_7 = \begin{bmatrix}
3/9 & 4/9 & 2/9 & 0 & 0 \\
3/9 & 3/9 & 3/9 & 0 & 0 \\
4/9 & 3/9 & 2/9 & 0 & 0 \\
1/9 & 3/9 & 5/9 & 0 & 0
\end{bmatrix}
$$

而 $a_1, a_2, \cdots, a_7$ 以及 a 分别为

$$a_1 = [0.295, 0.295, 0.082, 0.164, 0.164]$$
$$a_2 = [0.634, 0.260, 0.106]$$
$$a_3 = [0.524, 0.109, 0.109, 0.198, 0.062]$$
$$a_4 = [0.059, 0.344, 0.032, 0.150, 0.106, 0.308]$$
$$a_5 = [0.25, 0.25, 0.50]$$
$$a_6 = [0.634, 0.260, 0.106]$$
$$a_7 = [0.327, 0.27, 0.27, 0.133]$$
$$a = [0.431, 0.047, 0.072, 0.094, 0.186, 0.053, 0.118]$$

试计算出 $b_1, b_2, \cdots, b_7$ 以及 $b = ?$ 并且将它们做归一化处理。

　　解： 借助于式（10-180）并注意将式中的"∘"运算符变为"·"，即做普通矩阵乘法，则得

$$b_1 = [0.135, 0.375, 0.393, 0.097, 0.000]$$
$$b_2 = [0.192, 0.386, 0.351, 0.070, 0.000]$$

$$b_3 = [0.183, 0.288, 0.396, 0.135, 0.000]$$
$$b_4 = [0.284, 0.366, 0.320, 0.280, 0.000]$$
$$b_5 = [0.278, 0.278, 0.306, 0.139, 0.000]$$
$$b_6 = [0.070, 0.340, 0.509, 0.081, 0.000]$$
$$b_7 = [0.334, 0.370, 0.297, 0.000, 0.000]$$

借助于式（10-183）便得到 b 为

$$b = [0.202, 0.348, 0.363, 0.111, 0.000]$$

注意，上面计算出来的 b_1，b_2，b_3，b_4，b_5，b_6，b_7 以及 b 未做归一化处理。显然，根据最大隶属度原则，便可对上述结果做出进一步分析。

综上所述，在多级模糊评价中，如何合理的给出与权重分配相当的 a_1，a_2，$\cdots$，a_s 以及 a，是件非常关键的事。目前，已有许多行之有效的处理办法，这里因篇幅所限不做讨论。

10.6.2 层次分析法（AHP）

20 世纪 70 年代初美国运筹学家 Saaty 提出一种层次分析（Analytical Hierarchy Process，简称 AHP）法。所谓 AHP 法就是把系统的复杂问题中的各种因素，根据问题的性质和总目的并按照它们间的相互联系以及隶属关系划分成不同层次的组合，构成一个多层次的系统分析结构模型；接着对每一层次各元素（或因素）的相对重要性做出判断；然后通过各层次因素的单排序与逐层的总排序，最终计算出最低层的诸元素相对最高层的重要性权值，从而确定优劣排序为决策提供依据。

具体可归纳为下面五个方面。

10.6.2.1 建立层次结构模型

将问题所包含的因素分层，用层次框图描述层次的递阶结构和因素的从属关系。通常可分为最高层、中间层和最低层。最高层表示要解决的问题，即目标。中间层为实现总目标而采取的策略、准则等，一般可分为策略层、约束层和准则层等。最低层表示用于解决问题的措施、方案、政策等。当上一层次的元素与下一层次的所有元素都有联系时，称为完全的层次关系；如果上一层的元素仅与下一层次的部分元素有联系，此时称为不完全的层次关系。图10-36 给出了某城市财政支出的结构图，它属于不完全的层次关系。图10-37 给出某企业购买机器有三种产品可供选择时的结构图，它属于完全的层次关系。

10.6.2.2 构造判断矩阵

层次分析法要求逐层计算出有关相互联系的元素间影响的相对重要性并予以量化，组成判断矩阵作为分析的基础。当一个上层元素与下层多个元素有联系时，一般难于定出其间的相对重要程度，但如果每次取 2 个元素来比较，就较易于定出哪个重要、哪个次要。今设上一层次中的一个元素 A_k 与下层 n 个元素 $\widetilde{B} = \{B_1, B_2, \cdots, B_n\}$ 有关，用 b_{ij} 表示（对于因素 A_k 而言）元素 B_i 对元素 B_j 的相对重要性，于是全部比较结果便构成了对于因素 A_k 的判断矩阵 B，这里 $B = (b_{ij})_{nn}$，即

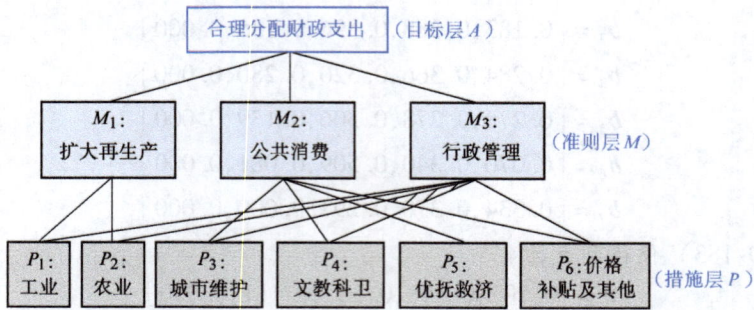

图 10-36 某城市财政支出结构图

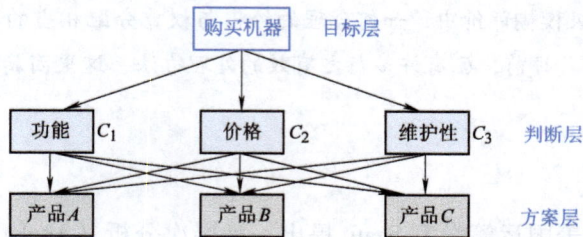

图 10-37 某企业购买机器的分析结构图

$$\begin{array}{c|cccccc}
A_k & B_1 & B_2 & \cdots & B_j & \cdots & B_n \\
\hline
B_1 & b_{11} & b_{12} & \cdots & b_{1j} & \cdots & b_{1n} \\
B_2 & b_{21} & b_{22} & \cdots & b_{2j} & \cdots & b_{2n} \\
\vdots & \vdots & \vdots & & \vdots & & \vdots \\
B_i & b_{i1} & b_{i2} & \cdots & b_{ij} & \cdots & b_{in} \\
\vdots & \vdots & \vdots & & \vdots & & \vdots \\
B_n & b_{n1} & b_{n2} & \cdots & b_{nj} & \cdots & b_{nn}
\end{array} \tag{10-184}$$

为了用数值来表示相对重要性的程度，Saaty 教授提出了标度的方法，他认为人们在估计成对事物的差别时，可用 5 种判断级进行描述，见表 10-12。

表 10-12　表示相对重要性程度的 5 种判断级

B_i/B_j	相等	稍微重要	明显重要	强烈重要	极端重要
b_{ij}	1	3	5	7	9

如果判断成对事物的差别介于两者之间时，则 b_{ij} 值可取为 2，4，6，8；而倒数则是两对比项颠倒比较的结果。显然，对于判断矩阵有

$$b_{ii} = 1, b_{ij} = \frac{1}{b_{ji}} > 0 \qquad (i, j = 1 \sim n) \tag{10-185}$$

判断矩阵 $\boldsymbol{B}$ 为 $n \times n$ 阶矩阵，它仅需给 $n(n-1)/2$ 个元素的数值。判断矩阵中的数值可以根据数据资料、专家评价和决策者本人对该问题的认知状况加以综合平衡后给出。衡量判断矩阵是否适当的标准是判断它是否具有一致性，当判断矩阵满足时，则称它具有完全一致性。

$$b_{ij} = \frac{b_{ik}}{b_{jk}} \qquad (i,j,k = 1 \sim n) \tag{10-186}$$

10.6.2.3　层次单排序及其一致性检验

所谓层次单排序是指根据上一层元素 A_k 的判断矩阵，计算本层次与之有联系的各元素 $\{B_1, B_2, \cdots, B_n\}$ 间相对重要性排序的权值。这可归结为计算判断矩阵的特征值和特征向量的问题，即计算满足 $\lambda_{\max}$ 与相应的 W

$$B \cdot W = \lambda_{\max} W \tag{10-187}$$

这里 $\lambda_{\max}$ 为判断矩阵 B 的最大特征根，W 为对应于 $\lambda_{\max}$ 的正规化特征向量。由于判断矩阵具有式（10-185）的性质，因此它是一种正互反矩阵。数学上可以证明[480]：如 $n \times n$ 阶的互反阵 B 是完全一致的充要条件（即满足式（10-186）时），即 B 的 $\lambda_{\max}$ 满足 $\lambda_{\max} = n$；此时对应于 $\lambda_{\max}$ 的正规化特征向量 W，其相应的分量（例如 w_i）即为对应于元素（如 B_i）的单排序的权值。

由于事物的复杂性以及人们认知的片面性，所构造的判断矩阵不一定具有完全一致性。如果判断矩阵不具有一致性，令这时的判断矩阵为 B'，则由特征方程 $B' \cdot W = \lambda W$ 求出的最大特征根 $\lambda'_{\max}$ 就会大于 n，而且 $\lambda'_{\max}$ 比 n 大得越多，B' 的不一致程度就越严重。为此，引进一致性指标 CI（Consistent Index）来衡量判断矩阵的不一致程度，即

$$CI = \frac{\lambda_{\max} - n}{n - 1} \tag{10-188}$$

显然，当判断矩阵具有完全一致性时，则 $CI = 0$；为了给出具体的度量指标，Saaty 提出用平均随机一致性指标 RI 来检验判断矩阵是否具有满意的一致性。RI 的表达式为

$$RI = \frac{\lambda'_{\max} - n}{n - 1} \tag{10-189}$$

表 10-13 给出了 $1 \sim 9$ 阶判断矩阵的 RI 值。

表 10-13　判断矩阵的 RI 值

n	1	2	3	4	5	6	7	8	9
RI	0	0	0.58	0.90	1.12	1.24	1.32	1.41	1.45

对于 $n = 1, 2$ 时，RI 只是形式上的取值，因为 1,2 阶判断矩阵总是能完全一致的。当阶数大于 2 时，则 CI 与 RI 之比，记为 CR，即

$$CR \equiv \frac{CI}{RI} \tag{10-190}$$

称 CR 为随机一致性比。当 $CR < 0.10$ 时，则认为判断矩阵具有满意的一致性，否则就必须重新调整判断矩阵，直至具有满意的一致性，这时计算出的最大特征值所对应的特征向量经规格化后才可以作为层次单排序的权值。

10.6.2.4　层次总排序及其一致性检验

计算同一层次所有元素对于最高层（即总目标层）相对重要性的排序权值，称为层次总排序。这一计算需要从上到下逐层顺序进行。事实上，对于紧接最高层下的那一层（即第 2 层），其层次单排序即为总排序。现假设进行到 A 层，它包含有 m 个元素（$A_1, A_2, \cdots,$

A_m），得到的层次总排序权值分别为 a_1，a_2，$\cdots$，a_m；其下一层次 B 包括 n 个元素 B_1，B_2，$\cdots$，B_n，它们对于 A_j 的层次单排序权值已知，其结果为 b_1^j，b_2^j，$\cdots$，b_n^j；这里，若 B_i 与 A_j 无关，则 $b_i^j = 0$。这样，B 层元素的层次总排序权值便可由表 10-14 得到。

表 10-14　层次总排序

层次 B ＼ 层次 A	A_1	A_2	$\cdots$	A_m	B 层次总排序权值
	a_1	a_2	$\cdots$	a_m	
B_1	b_1^1	b_1^2	$\cdots$	b_1^m	$\sum\limits_{j=1}^{m}(a_j b_1^j)$
B_2	b_2^1	b_2^2	$\cdots$	b_2^m	$\sum\limits_{j=1}^{m}(a_j b_2^j)$
$\vdots$	$\vdots$	$\vdots$	$\vdots$	$\vdots$	$\vdots$
B_n	b_n^1	b_n^2	$\cdots$	b_n^m	$\sum\limits_{j=1}^{m}(a_j b_n^j)$

显然，有

$$\sum_{i=1}^{n}\sum_{j=1}^{m}(a_j b_i^j) = 1 \tag{10-191}$$

层次总排序也要进行一致性检验。检验是从高层到低层逐层进行的。设与 A 层中任一元素 A_j 对应的 B 层中判断矩阵的一致性指标为 CI_j，而平均随机一致性指标为 RI_j，于是 B 层次总排序随机一致性比率 CR 为

$$CR = \frac{CI}{RI} = \frac{\sum\limits_{j=1}^{m}(a_j CI_j)}{\sum\limits_{j=1}^{m}(a_j RI_j)} \tag{10-192}$$

当 $CR \leqslant 0.1$ 时，认为该层次总排序的结果具有满意的一致性，否则需对本层次（指 B 层）的判断矩阵重新调整，直至满足一致性。在式（10-192）中，CI_j 表示与 a_j 对应的 B 层次中判断矩阵的一致性指标，RI_j 表示与 a_j 对应的 B 层次中判断矩阵的平均随机性一致性指标。

10.6.2.5　层次分析法的计算方法

AHP 计算的根本问题是如何计算判断矩阵的最大特征根 λ_{max} 及其对应的特征向量 W；由于在通常情况下判断矩阵中元素 b_{ij} 的给定是比较粗糙的，因此实际计算时多采用比较简单的近似算法。下面简要讨论常用的三种计算方法。

1. 幂法

这是一种借助于计算机的数值计算获取最大特征根 λ_{max} 及其对应的特征向量 W 的方法，其主要计算步骤为：

（1）任取一个与判断矩阵 B 同阶的规格化的初始向量，设为

$$\begin{cases} W^{(0)} = [w_1^{(0)}, w_2^{(0)}, \cdots, w_n^{(0)}]^T \\ \sum\limits_{i=1}^{n} w_i^{(0)} = 1 \end{cases}$$

(2) 计算 $\widetilde{\boldsymbol{W}}^{(k+1)}$，其计算式为 $\widetilde{\boldsymbol{W}}^{(k+1)} = \boldsymbol{B} \cdot \boldsymbol{W}^{(k)}$，$(k = 0, 1, \cdots)$。

(3) 进行规格化，令 $\beta = \displaystyle\sum_{i=1}^{n} \widetilde{w}_i^{(k+1)}$，并计算 $\boldsymbol{W}^{(k+1)}$，即 $\boldsymbol{W}^{(k+1)} = \dfrac{1}{\beta} \widetilde{\boldsymbol{W}}^{(k+1)}$。

(4) 对于预先给定的精度 ε，当 $\left| w_i^{(k+1)} - w_i^{(k)} \right| < \varepsilon$，$0 < \varepsilon < 1$，对所有 $i = 1, 2, \cdots, n$ 成立时，则 $\boldsymbol{W}^{(k+1)}$ 即为所求的特征向量 $\boldsymbol{W}$，然后进行第（5）步计算；否则令 $k = k + 1$ 然后转到第（2）步计算。

(5) 计算最大特征值 $\lambda_{\max}$，即

$$\lambda_{\max} = \sum_{i=1}^{n} \left[\frac{(\boldsymbol{B} \cdot \boldsymbol{W}^{(k+1)})_i}{n w_i^{(k+1)}} \right] \tag{10-193}$$

式中，$(\boldsymbol{B} \cdot \boldsymbol{W}^{(k+1)})_i$ 为判断矩阵 $\boldsymbol{B}$ 与特征向量 $\boldsymbol{W}^{(k+1)}$ 乘积的第 i 项分量。

2. 方根法

方根法属于一次性算法，其主要步骤如下：

(1) 计算判断矩阵 $\boldsymbol{B}$ 每行元素的连乘积，即 $M_i = \displaystyle\prod_{j=1}^{n} b_{ij}$，$(i = 1, 2, \cdots, n)$。

(2) 求 M_i 的 n 次方根，即

$$\widetilde{w}_i = \sqrt[n]{M_i} \qquad (i = 1, 2, \cdots, n) \tag{10-194}$$

(3) 对向量 $\widetilde{\boldsymbol{W}} = [\widetilde{w}_1, \widetilde{w}_2, \cdots, \widetilde{w}_n]^{\mathrm{T}}$ 规格化，即

$$w_i = \frac{\widetilde{w}_i}{\displaystyle\sum_{i=1}^{n} \widetilde{w}_i} \qquad (i = 1, 2, \cdots, n) \tag{10-195}$$

所得向量 $\boldsymbol{W} = [w_1, w_2, \cdots, w_n]^{\mathrm{T}}$ 便为所求的特征向量。

(4) 计算最大特征值 $\lambda_{\max}$，即

$$\lambda_{\max} = \sum_{i=1}^{n} \left[\frac{(\boldsymbol{B} \cdot \boldsymbol{W})_i}{n w_i} \right] \tag{10-196}$$

式中，$(\boldsymbol{B} \cdot \boldsymbol{W})_i$ 为判断矩阵 $\boldsymbol{B}$ 与特征向量 $\boldsymbol{W}$ 乘积的第 i 项分量。

3. 和积法

和积法也是一次性的计算方法，其步骤分以下四步。

(1) 将判断矩阵 $\boldsymbol{B}$ 按列做规格化，即

$$\widetilde{b}_{ij} = \frac{b_{ij}}{\displaystyle\sum_{k=1}^{n} b_{kj}} \qquad (i, j = 1 \sim n)$$

将规格化矩阵记 $\widetilde{\boldsymbol{B}} = [\widetilde{b}_{ij}]_{n \times n}$

(2) 对矩阵 $\widetilde{\boldsymbol{B}}$ 按行相加，得

$$\widetilde{w}_i = \sum_{j=1}^{n} \widetilde{b}_{ij} \qquad (i = 1 \sim n)$$

记向量 $\widetilde{\boldsymbol{W}} = [\widetilde{w}_1, \widetilde{w}_2, \cdots, \widetilde{w}_n]^{\mathrm{T}}$

(3) 将向量 $\widetilde{\boldsymbol{W}}$ 规格化，即

$$w_i = \frac{\widetilde{w}_i}{\displaystyle\sum_{k=1}^{n} \widetilde{w}_k} \qquad (i = 1, 2, \cdots, n) \tag{10-197}$$

于是向量 $W = [w_1, w_2, \cdots, w_n]^T$ 即为矩阵 B 的特征向量。

（4）计算最大特征值 λ_{max}，即

$$\lambda_{max} = \sum_{i=1}^{n} \left[\frac{(B \cdot W)_i}{nw_i} \right] \tag{10-198}$$

式中，$(B \cdot W)_i$ 为判断矩阵 B 与特征向量 W 乘积的第 i 项分量。W 由第（3）步决定。

例 10-18

某国有工厂企业有一笔企业留成利润，可由厂方自行决定如何使用。可供选择的方案有：作为奖金发放给职工；扩建职工宿舍、食堂、托儿所等福利设施；开办职工业余学校和短训班；建立图书馆、职工俱乐部和业余文工队；引进新技术设备，进行企业技术改造等。从调动职工劳动积极性，提高职工文化技术水平，增强企业竞争能力等方面来看，这些方案各有其合理之处。那么，如何对这5个方案（见图10-38）进行优劣评价或者按照优劣次序排序，以便从中选择一种方案将企业留成利润合理使用，达到企业发展的目的呢？

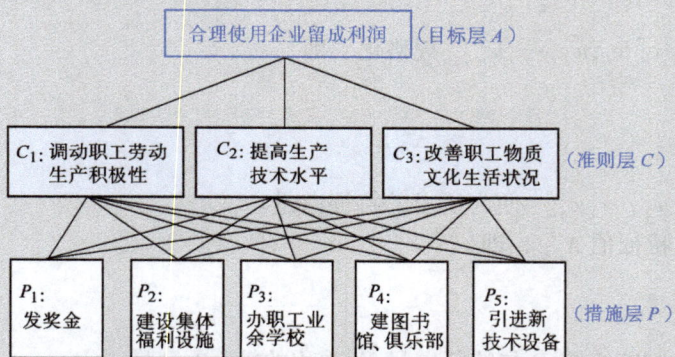

图10-38　合理使用企业留成利润的 AHP 结构模型图

解：本题的求解可分6大方面进行：

（1）首先要确定目标层、策略层以及措施层，即把"合理使用企业留成利润"作为目标层 A，以"调动职工劳动生产积极性"、"提高生产技术水平"和"改善职工物质文化生活状况"作为策略层（又称准则层 C）。另外，图10-38中给出了5项可供实施的项目，称之为措施层 P。

（2）然后再构造 A—C 的判断矩阵。先构造目标层对应于准则层间的判断矩阵，即相对于合理使用企业利润促进企业发展的总目标，比较各准则之间的相对重要性，构造 A—C 的判断矩阵 A 如下：

A—C	C_1	C_2	C_3
C_1	1	1/5	1/3
C_2	5	1	3
C_3	3	1/3	1

（3）构造准则层对于方案层 C—P 的判断矩阵。

第一，相对于"调动职工劳动积极性"准则，构造各种使用留成利润方案措施之间的相对重要性比较，做出 C_1—P 的判断矩阵 C_1 如下：

C_1—P	P_1	P_2	P_3	P_4	P_5
P_1	1	2	3	4	7
P_2	1/3	1	3	2	5
P_3	1/5	1/3	1	1/2	1
P_4	1/4	1/2	2	1	3
P_5	1/7	1/5	1	1/3	1

第二，相对于"提高生产技术水平"准则，构造各种使用留成利润措施方案之间的相对重要性比较，做出 C_2—P 的判断矩阵 C_2 如下：

C_2—P	P_2	P_3	P_4	P_5
P_2	1	1/7	1/3	1/5
P_3	7	1	5	3
P_4	3	1/5	1	1/3
P_5	5	1/3	3	1

第三，相对于"改善职工物质及文化生活"准则，构造出各种使用企业留成利润措施方案的相对重要性比较，做出 C_3—P 的判断矩阵 C_3 如下：

C_3—P	P_1	P_2	P_3	P_4
P_1	1	1	3	3
P_2	1	1	3	3
P_3	1/3	1/3	1	1
P_4	1/3	1/3	1	1

（4）计算各判断矩阵最大特征根和所对应的特征向量或权重向量，并进行一致性检验。

第一，对于判断矩阵 A，经计算 $\lambda_{max} = 3.038$，而 W_A 为

$$W_A = \begin{bmatrix} 0.105 \\ 0.637 \\ 0.258 \end{bmatrix}, \quad CI = 0.019 \\ RI = 0.580 \\ CR = 0.033$$

第二，对于判断矩阵 C_1，经计算 $\lambda_{max} = 5.126$，而 W_{C1} 为

$$W_{C1} = \begin{bmatrix} 0.491 \\ 0.232 \\ 0.092 \\ 0.138 \\ 0.046 \end{bmatrix}, \quad (CI)_1 = 0.032 \\ (RI)_1 = 1.120 \\ CR = 0.028$$

第三，对于判断矩阵 C_2，经计算 $\lambda_{max} = 4.117$，而 W_{C2} 为

$$W_{C2} = \begin{bmatrix} 0.055 \\ 0.564 \\ 0.118 \\ 0.263 \end{bmatrix}, \quad \begin{array}{l} (CI)_2 = 0.039 \\ (RI)_2 = 0.900 \\ CR = 0.430 \end{array}$$

第四，对于判断矩阵 C_3，经计算 $\lambda_{max} = 4.000$，而 W_{C3} 为

$$W_{C3} = \begin{bmatrix} 0.406 \\ 0.406 \\ 0.094 \\ 0.094 \end{bmatrix}, \quad \begin{array}{l} (CI)_3 = 0 \\ (RI)_3 = 0 \\ CR = 0 \end{array}$$

（5）进行层次总排序及其一致性检验的计算。

根据上述各判断矩阵所计算出的各因素权重结果，将各使用企业利润方案相对于"合理使用企业留成利润、促进企业新发展"总目标的层次总排序计算列于表10-15。

表10-15　层次总排序表

层次 C / 层次 P	C_1 0.105	C_2 0.637	C_3 0.258	层次 P 总排序 W
P_1	0.491	0.000	0.406	0.157
P_2	0.232	0.055	0.406	0.164
P_3	0.092	0.564	0.094	0.393
P_4	0.138	0.118	0.094	0.113
P_5	0.046	0.263	0.000	0.172

层次总排序一致性检验如下：

$$CI = \sum_{i=1}^{3} \left[c_i (CI)_i \right] = 0.105 \times 0.032 + 0.637 \times 0.039 + 0.258 \times 0.0 = 0.028$$

$$RI = \sum_{i=1}^{3} \left[c_i (RI)_i \right] = 0.105 \times 1.12 + 0.637 \times 0.9 + 0.258 \times 0.0 = 0.691$$

$$CR = \frac{CI}{Ri} = \frac{0.028}{0.691} = 0.040$$

（6）结论：综上分析，为实现该厂"合理使用企业留成利润、促进企业新发展"这个目标，所考虑的5种方案的相对优先排序为："开办职工业余学校和短训班" $P_3 = 0.393$；"引进新技术设备、进行企业技术改造" $P_5 = 0.172$；"扩建职工宿舍、食堂、托儿所等福利措施" $P_2 = 0.164$；"作为奖金发放给职工" $P_1 = 0.157$；"建图书馆、俱乐部和文体工队" $P_4 = 0.113$。显然，这些分析为企业的决策提供了理论依据。

在结束本节讨论之前还需说明的是，现行的层次分析法在判断矩阵的建立、一致性检验的方法以及一致性标准（这里规定 $CR \leqslant 0.1$）等方面仍需要进一步去发展与完善（例如，可以将模糊理论与层次分析方法结合起来，发展所谓的模糊层次分析法去建立模糊一致判断矩阵来替代原来通过两两比较构造的判断矩阵），关于这方面的探讨请读者课后去思考、去研究。

习 题

1. 人—机—环境系统中，总体性能的三个指标是什么？能否结合一个典型的人—机—环境系统的例子，说明这三个指标的具体含义？

2. 能否概括叙述人—机—环境系统中三个指标的评价办法是什么？评价时主要的困难在哪里？总体性能的综合评价指标应该如何去定义？这时的主要困难是什么？

3. 描述系统的数学模型有哪四类？请对每一类模型举例说明。

4. 在系统优化过程中，数学模型的建立是很重要的一步。在数学建模中，线性模型[481,482]是常用的一种，能否举例说明线性模型中的最小二乘方法？

5. 线性齐次状态方程

$$\frac{\mathrm{d}X(t)}{\mathrm{d}t} = A \cdot X(t) \qquad (*1)$$

的解为

$$X(t) = \Phi(t)X(0) \qquad (*2)$$

式中，$X(0)$ 为 $t = 0$ 时的初始状态；$\Phi(t)$ 为状态转移矩阵，它表示系统从初始状态 $X(0)$ 到任意状态 $X(t)$ 的转移特性。已知

当 $X(0) = \begin{bmatrix} 1 \\ -1 \end{bmatrix}$ 时，$\qquad\qquad X(t) = \begin{bmatrix} \mathrm{e}^{-2t} \\ -\mathrm{e}^{-2t} \end{bmatrix}$

当 $X(0) = \begin{bmatrix} 2 \\ -1 \end{bmatrix}$ 时，$\qquad\qquad X(t) = \begin{bmatrix} 2\mathrm{e}^{-t} \\ -\mathrm{e}^{-t} \end{bmatrix}$

试求该系统矩阵 A 以及系统的状态转移矩阵 $\Phi(t)$。

6. 试写出由下列微分方程

$$\frac{\mathrm{d}^3 y(t)}{\mathrm{d}t^3} + 3\frac{\mathrm{d}^2 y(t)}{\mathrm{d}t^2} + 2\frac{\mathrm{d}y(t)}{\mathrm{d}t} + y(t) = \frac{\mathrm{d}^2 u(t)}{\mathrm{d}t^2} + 2\frac{\mathrm{d}u(t)}{\mathrm{d}t} + u(t)$$

所描述的线性定常系统的状态空间表达式。

7. 已知控制系统的传递函数为

$$\frac{Y(s)}{U(s)} = \frac{s^2 + 4s + 5}{s^3 + 6s^2 + 11s + 6}$$

试写出状态空间的表达式。

8. 已知开环系统的 z 传递函数为

$$G(z) = \frac{0.368z + 0.264}{z^2 + 1.368z + 0.368}$$

试判别其闭环系统的稳定性。

9. 已知系统输入输出微分方程为

$$\frac{\mathrm{d}^3 y}{\mathrm{d}t^3} + a_2 \frac{\mathrm{d}^2 y}{\mathrm{d}t^2} + a_1 \frac{\mathrm{d}y}{\mathrm{d}t} = b_1 \frac{\mathrm{d}u}{\mathrm{d}t} + b_0 u$$

$$c_2 \frac{\mathrm{d}^2 z}{\mathrm{d}t^2} + c_1 \frac{\mathrm{d}z}{\mathrm{d}t} + c_0 z = y$$

试写出其状态空间表达式（提示：将系统看做两个子系统的串联结构，再对它做分析）。

10. 离散时间系统状态方程为

$$X(k+1) = \begin{bmatrix} 0.1 & -0.1 & 1 \\ 0 & 0.2 & -1 \\ -1 & 1 & 0.3 \end{bmatrix} X(k) + \begin{bmatrix} 0 \\ 1 \\ 1 \end{bmatrix} u(k)$$

$$y(k) = \begin{bmatrix} 1 & 0 & 1 \end{bmatrix} X(k)$$

求在输入输出关系等价下的典型差分方程。

11. 设两个原始数据列

$$X_1^{(0)} = \{3.884, 3.398, 3.368, 3.69, 3.889\}$$

$$X_2^{(0)} = \{7.64, 7.648, 8.376, 8.68, 8.984\}$$

试借助于灰色理论建立 GM(1,2) 模型。

12. 试结合具体实例说明人机系统连接分析方法的主要步骤是什么?

13. 试求出图 10-39 所示的故障树的最小割集。

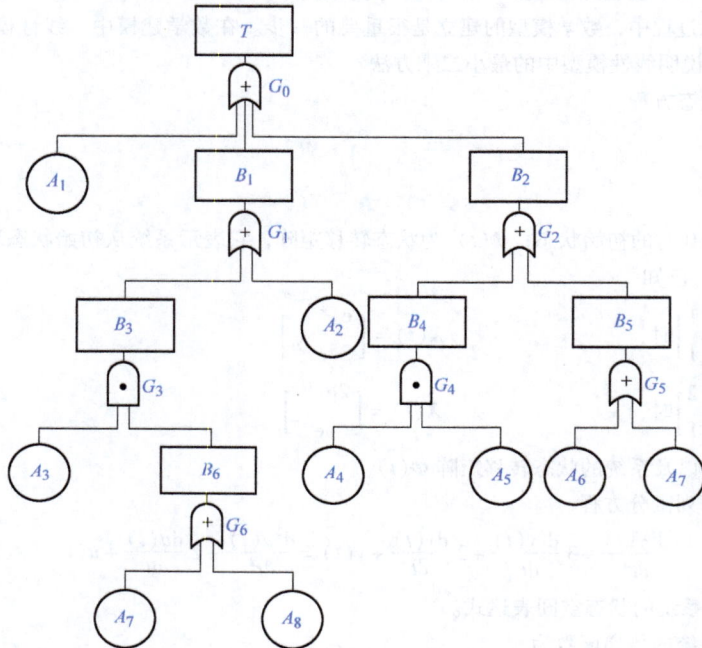

图 10-39 某系统的故障树图

14. 在系统安全分析中,故障树分析法是行之有效的方法之一[483]。今给出某一故障树如图 10-40 所示,试写出它的结构函数并求出最小割集,求出各基本事件的结构重要度、概率重要度以及临界重要度。如果假定各基本事件发生概率均为 0.01 时,试计算顶事件发生概率。

15. 试给出人机系统的几种结合形式,并给出这几种形式下系统可靠性的计算表达式。

16. 什么叫冗余系统?请结合一个具体实例说明在人机系统设计中,采用冗余系统对整个人机系统的可靠性带来什么影响?

17. 在 S—O—R 模式下人的操作可靠性主要与哪些因素有关系?请给出该模式下人的操作可靠性的数学表达式。

18. 请说明故障分析中 ETA 方法与 FTA 方法之间有什么区别?简述 ETA 方法的要点。

19. 在进行系统的模糊综合评价分析计算时常会遇到模糊矩阵的合成运算,要遇到 $M(\wedge, \vee)$ 与 $M(\cdot, +)$ 形式的广义模糊运算,请说明这两种运算的具体含义。

20. 在本书 10.2.2 节的讨论中,仅涉及数理逻辑运算与模糊逻辑运算,它们分别用于经典数学与模糊数学的推理中。这里还需要补充的是,近年来可拓学的研究使可拓逻辑有了新发展。可拓学研究的是建立在物元、事元、关系元、复合元等概念之上[484,485],以可拓模型为形式化模型,以可拓集合和关联函数等为定量工具,以可拓逻辑进行可拓推理,去解决和处理人工智能、控制、信息、搜索、检测、诊断、决策、管理以及工程技术等领域中的矛盾问题。你了解可拓逻辑方面的知识吗?你能否结合人、

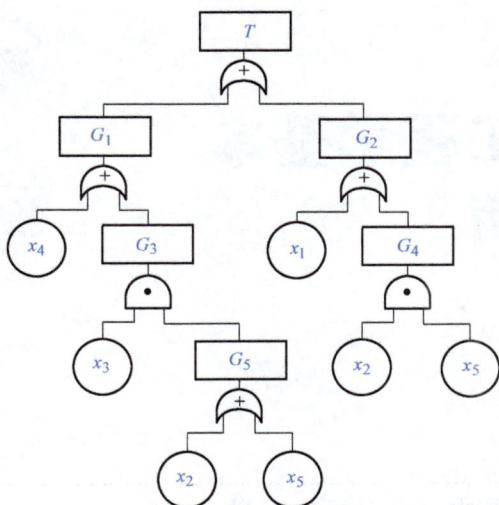

图 10-40 某系统的故障树图

机、环境系统方面的问题举例说明一下数理逻辑、模糊逻辑和可拓逻辑所研究的对象有何不同呢？

21. 美国著名运筹学家、匹兹堡大学 Saaty 教授于 1980 年出版了有关 AHP 法[480]的著作后，又分别于 1990 年和 1994 年出版了《The Analytic Hierarchy Process：Planning，Priority Setting，Resource Allocation》（New York：McGraw-Hill，1990）与《Fundamentals of Decision Making and Priority Theory with the Analytic Hierarchy Process》（RWS Publications，1994）两部著作，从而有力地推动了层次分析法的应用与发展。请简要说明层次分析法的主要步骤有哪些？为什么一致性检验是其中必不可少的一个步骤？

22. 某领导岗位需要增配 1 名领导者，现有甲、乙、丙 3 位候选人可供选择。选择的原则是合理兼顾以下 6 个方面：思想品德、工作成绩、组织能力、文化程度、年龄大小、身体状况。请用层次分析法对甲、乙、丙 3 人进行排序，给出最佳人选。将上述过程用 FORTRAN 语言或 C 语言或 Matlab 提供的工具箱为平台编制成源程序，并用这个程序完成一个算例。

23. 通过本章的学习，你认为人—机—环境系统到底应该如何进行分析与评价呢？除了本章所介绍的方法之外，还应该补充些什么方法？

24. 为什么说人—机—环境系统的分析与评价要比通常的机械系统或者电子系统难得多呢？

25. 钱学森先生认为人体是个开放的复杂巨系统，并建议要开展对人体科学的深入研究。你认为在人—机—环境系统中应该如何开展人体的研究？到底应该研究些什么内容呢？

26. 中国科学院系统科学研究所全国粮食产量预测小组受国务院农村发展研究中心委托每年 4 月底完成全国粮食产量的预测报告，5 月初正式提交国务院主管部门。为了提供较准确的预测数据，在经过大量的分析比较之后，该研究小组提出了系统综合集成预测方法（Systematic Integrated Method，简称 SIM），这里给出采用 SIM 得到的 1995 ~ 1999 年的预测与实际统计情况，其预测分别是：461.0，484.0，498.5，498.0，507.5；实际统计产量（单位为百万吨）分别是：466.62，504.54，494.17，512.3，506.0；显然预测结果精度较高。你能否采用均匀 B 样条方法或者任选一种你个人所熟悉的预测方法，借助于上面给出的 5 年实际统计数据测算出 2000 年全国粮食产量是多少？并与国家公布的实际统计数据做比较，算出你给出的预测结果精度是多少？通过这个题目你是否感受到，要反映复杂系统某些特征的数学模型，它的建模决不是件容易的事。你打算如何进行人机与环境工程方面的建模呢？

27. 钱学森、于景元、戴汝为曾在《自然杂志》1990 年 13 卷第 1 期发表《一个科学新领域——开放的复杂巨系统及其方法论》一文，提出了从定性到定量的综合集成（meta-synthesis）方法。能否说明这个方法的基本内容？能否举例说明这个方法？

第 11 章

安全人机工程学基本理论的应用

11.1　视频显示装置的安全人机工程学

在人机系统中，机器通过人的感觉通道向人传递信息的装置称为信息显示器。人借助于信息显示器获得关于机械的信息、环境的信息，并根据这些信息做出决策和反应。按照人接受信息的感觉通道的不同，可以将显示器分为视觉显示器、听觉显示器和触觉显示器，这里仅讨论视频显示器。视频显示器（Visual Display Terminals，简称 VDT）包括计算机、电视机、打印机、游戏机等。人们能够在显示屏前进行大量的计算、绘图、信息处理及工业生产的自动控制，VDT 也为人们的文化娱乐和生活提供了服务。它的优越性是明显的，然而显示终端所产生的危害也引起众人的关注。大量的调查发现，VDT 操作者感觉眼部疲劳，肌肉骨骼不适，头痛、多梦、疲劳等。VDT 使室内空气中的阴阳离子比例失调，室内外温差大，容易导致人体感觉不舒适。因此，研究 VDT 对人体健康的影响，制定出符合人体生理标准的工作环境等是十分必要的。

11.1.1　对人体健康的影响

1. 对眼睛的影响

长期在视频显示终端屏幕前工作，感觉到视疲劳、视力模糊、调节功能出现障碍、眼角膜损失等症状。

2. 骨骼肌肉的反应

长期在屏幕前操作有颈酸、颈痛、肩痛、腰痛、背酸无力、手腕感到过度疲劳等症状。

3. 对神经行为的影响

调查表明，长期从事 VDT 操作的人员大多常感到处在"精神紧张"之中，常伴有头痛、头晕、记忆力减退等症状。

11.1.2　对操作者健康的人机因素分析

主要的影响因素有三个方面。

1. 视频显示器本身

阴极射线管是视频显示器的主要部件，它能够产生电磁辐射（如 X 射线、超高频、高频、超低频、极低频等）。通常，辐射危害有两类：一类是离子化辐射，其能量强到足以改变一个原子的结构，可以致癌；另一类是非离子化辐射，其强度虽不致改变原子结构，但潜在的影响较大。但视频显示器中的阴极射线管的辐射一般是较弱的，这对正常人并不构成什么危害，但对老人、体弱者就会导致危害。

2. 操作室的环境因素

由于 VDT 的作业环境多为空调室，因此常由于室内外温差较大而使 VDT 操作者患感冒。另外，有些操作室内的 CO_2 浓度和细菌总数明显超过卫生标准，再加上空气中的阴阳离子比例失调，所有这些都是影响人体健康的危害因素。此外，调查发现 VDT 工作室中臭氧浓度很低，因此一旦室内空气被细菌污染，就可能导致病菌繁殖，危及工作人员的身体健康。

3. 作业姿势的影响

良好的工作姿势不仅能提高工作效率，而且可减少人体的疲劳。姿势的好坏一般与桌子的类型和高度，椅子的类型与座高，显示屏与键盘的布局，光照度与视距等因素有关。

11.1.3　对操作者健康的防护措施

1. 改善 VDT 操作室的环境

适宜的室内微小气候应使室内空气符合清洁的要求；要有合适的阴阳离子浓度和臭氧浓度（要控制臭氧浓度在 0.279mg/m^3 的范围为宜）；另外，还要有足够的照度，不能产生阴影和眩光。

2. 减少 VDT 的电磁辐射

为了减少辐射可在视频显示器上加保护膜或滤色板。另外，计算机房不能太拥挤，要注意各单机之间、机与操作者之间的距离；此外，在视频显示器工作室内摆放仙人掌也可以吸收一部分有害辐射。

3. 从安全人机工程的角度对 VDT 操作室进行设计与改造

根据安全人机工程的宜人原理设计工作台椅，要将视频显示器的位置、键盘位置以及椅子高度设计为可调；桌下应有足够的空间（通常为 $H/3$，H 为身高）；桌子的高度应为身高的 10/19，并且要配有可调节高度的椅子。

显示屏的设计要符合安全人机工程原理（其中要求显示屏显示质量要好，字体要清晰，大小要适宜；字符要尽量显示在视觉 3°左右为佳，视距在 360～720mm 之间；显示屏应能移动；设计照明要合理，要以漫射光为宜，防止反射、眩光的产生）。

4. 作业者应保持合理的作业姿势

头向前倾的角度应小于 30°，不要过分前弯；前臂与水平面夹角为 -5°～+10°时前臂肌肉负荷较低；上臂与前臂不能成直角，前臂抬高 5°～30°，增加手臂休息频率，减少手臂因不适而引起的劳损。腰背要有依靠，以降低腰背肌肉紧张度，减少疲劳。

11.2　汽车运输作业中的安全人机工程学

交通运输业是现代人们进行社会活动与经济活动的重要内容之一，汽车几乎是所有人都离不开的交通工具[486~488]。因此，以人机工程学的观点来研究交通工具与人的关系具有重要的意义。本节主要从三方面进行讨论与研究。

（1）人的方面。驾驶人员和乘坐人员，尤其是主要驾驶人员的心理、生理状态对运输作业系统的影响。

（2）运输工具方面。主要包括操纵装置、显示装置、驾驶空间、坐席、视界及作业环境的微气候等。

（3）环境方面。天气的影响、道路设施、交通标志、交通噪声、照明条件等。

11.2.1 汽车事故与人的作业研究

汽车驾驶员、乘客、汽车以及道路环境构成了一个典型的人机环境系统。在这个系统中，安全性和舒适性是最重要的[489~500]。因此进行交通事故的分析和人的作业研究是提高汽车作业人机系统可靠性、保障作业安全的重要方面。

1. 汽车交通事故

汽车交通事故是当前世界各国所面临的严重问题。据统计：近年来，全世界每年平均有30万人死于交通事故，伤残者更不计其数。表 11-1 给出了一些国家一年中的车祸数据。在各国发生的交通事故中 80%~90% 是人的因素造成的。表 11-2 是 1982 年国际驾驶员行为研究协会（IDBRA）分别对不同国家中 1500~2000 位驾驶员的调查结果；表 11-3 是 1986 年日本学者归纳统计的结果。从这些统计表中可以看出，在道路交通事故中，驾驶员的驾驶行为是造成事故的主要原因。表 11-4 给出了北京市一年内的交通事故直接原因的统计分析结果。

表 11-1　一些国家一年中车祸数据

国　别	车 祸 次 数	死 亡 人 数	受 伤 人 数	经 济 损 失	年　度
美国	17000000	56278	2000000	194 亿美元	1972
日本	718080	16765	900000	8000 亿日元	1970
法国	216080	11946			1983
中国	100000	20000	1000000		1980
合计	18034160	104989			

表 11-2　交通事故中驾驶员因素所占的百分比

国　家	驾驶员因素（%）	国　家	驾驶员因素（%）
英国	56.1	瑞典	81.1
西班牙	92.0	前南斯拉夫	69.7
前苏联	52.7	日本	40.6
法国	85.5		

表 11-3　日本学者统计的交通事故中驾驶员因素所占的百分比

国　家	驾驶员的人为因素（%）	国　家	驾驶员的人为因素（%）
美国	90	日本	94.0
原联邦德国	81.0	意大利	50

表 11-4　交通事故的直接原因统计分析

次　数	比率（%）	原　因	次数	比率（%）	原　因
1047	41.35	思想麻痹	42	1.66	侵占慢车道
264	10.43	开快车	26	1.03	技术不良
265	10.47	逆行	17	0.67	过路口超速
111	4.38	抢道	15	0.59	装载不当
306	12.09	违章超车	11	0.43	酒后开车
140	5.33	非驾驶员开车	11	0.43	打瞌睡
132	5.21	跟前车太近	2532	100	合计
145	5.73	制动不灵			

间接原因的分析可有以下几个方面：

（1）驾驶员身体状况。是否睡眠不足，是否过于疲劳，是否操纵驾驶不方便，是否正在患病等。

（2）驾驶员的心情与情绪。驾驶员的心情是否愉快，是否忧郁、急躁、注意力不集中等。

（3）汽车的内外环境。如车窗的透明度如何，道路照明是否太暗，是否对标志判断错误等。

（4）其他原因。如驾驶员驾驶中与别人谈话，或驾驶员对新车不习惯等。

为了汽车的行车安全，还须对有关方面采取以下对策：①对驾驶员要加强训练，强化安全意识；②对行人要加强安全教育；③对汽车设计要尽可能减轻驾驶员的操作负担，提高汽车性能的可靠性；④对道路，要合理设计道路结构；交通标志要方便易认。

2. 人的作业

汽车驾驶员在驾驶作业中，要时刻不断地从交通系统、交通条件的信息中，准确认读，快速判断，使汽车安全运行。驾驶员正是由于注意力高度集中而容易引起精神负担过重，很容易导致驾驶员疲劳，使知觉感减退，引起反应迟钝，造成判断错误而发生行车事故。

汽车驾驶员驾驶作业分析，主要反映在由心理因素和生理因素所引起的疲劳问题上。影响驾驶疲劳的因素主要有：

（1）驾驶人员生活上的因素。如家庭生活环境、劳累程度、生活条件等。

（2）驾驶过程中的因素。如驾驶室内的温度以及湿度是否适宜，车内噪声情况、车内振动情况、坐席的舒适程度、操纵力是否适当、操纵器的配置是否适合人的生理需要；再如车外环境（是白天、黄昏还是深夜；是晴天、雨天还是雪天）、道路条件、标志条件、交通设施条件等。

（3）驾驶员的条件。如体力、视力、身体健康状况、年龄、经验以及性格等。

（4）驾驶的连续时间。连续驾驶时间过长是造成驾驶员疲劳的主要原因之一。

11.2.2　汽车的人机系统设计

运用人机工程学的观点进行汽车的设计，主要是满足人驾驶汽车和乘坐汽车的安全性和舒适性。表 11-5 给出了进行汽车车内设计时为满足安全性和舒适性时应具备的各项条件。汽车驾驶室是人机系统设计的重要内容。驾驶室内的座椅、转向盘、操纵机构、显示仪器以及驾驶空间等各种相关尺寸，都应该根据人体尺寸以及操作姿势或舒适程度来确定。也就是说，要使人机系统的设计能较好地符合人的生理要求。所以在设计中可采用人体模板去校核有关驾驶空间的尺寸以及转向盘等操作机构的位置。以下仅对汽车座椅设计、汽车控制系统设计、驾驶室的空间设计以及汽车的视野设计这四个方面略做说明。

表 11-5　车内为满足安全性与热舒适性所应具备的条件

项　目	安全及舒适性条件	项　目	安全及舒适性条件
与视觉有关的仪表	(1) 确认方便（与重要性有关） (2) 不晃眼 (3) 不需头部运动 (4) 不闪烁 (5) 不太暗 (6) 对比不太强烈 (7) 不刺眼 (8) 可进行调节 (9) 能迅速地定量或定性地认读	车内空间	(1) 不碰其他物体 (2) 不太狭小 (3) 有活动余地 (4) 不浪费时间 (5) 不超出范围 (6) 不扭动身体 (7) 不过分离开座位 (8) 顶面不太低 (9) 不太高（离地面） (10) 不太近（离仪表及操纵器）
与听觉有关的仪表	(1) 容易听到 (2) 不混入杂音 (3) 无噪声 (4) 人的感觉良好 (5) 能形成调和音	车内气候	(1) 能调节温度 (2) 能调节湿度 (3) 能调节空气对流的速度 (4) 能改变空气的流向 (5) 能换气
操纵器	(1) 握持方便 (2) 无"咯嗒"声 (3) 触感良好 (4) 不伤皮肤 (5) 动作平衡 (6) 能快速操纵 (7) 负担分配适当	乘坐舒适性	(1) 座面较宽 (2) 座面弹性和下沉要适当 (3) 座面材质的传热性和通气性良好 (4) 便于保持正确的姿势 (5) 背部弯曲的大小、位置和角度都能适当地调节 (6) 座面能前后调节 (7) 不引起人体共振
控制器	(1) 操作时用力不大 (2) 不过分重 (3) 不太紧 (4) 容易进行正确的控制		

1. 汽车座椅设计

汽车中的座椅是影响驾驶与乘坐舒适程度的重要设备，而且驾驶员的座椅就更为重要。舒适且操作方便的驾驶座椅可以减少驾驶员的疲劳程度，降低事故的发生率。图 11-1 和表 11-6 列出了驾驶座椅的基本参数与相应数据，可供设计时参考。显然，这里角 α 和角 β 是两个影响驾驶员驾驶作业的关键参数，它们直接影响着操作人员的作业舒适性与作业的效率。

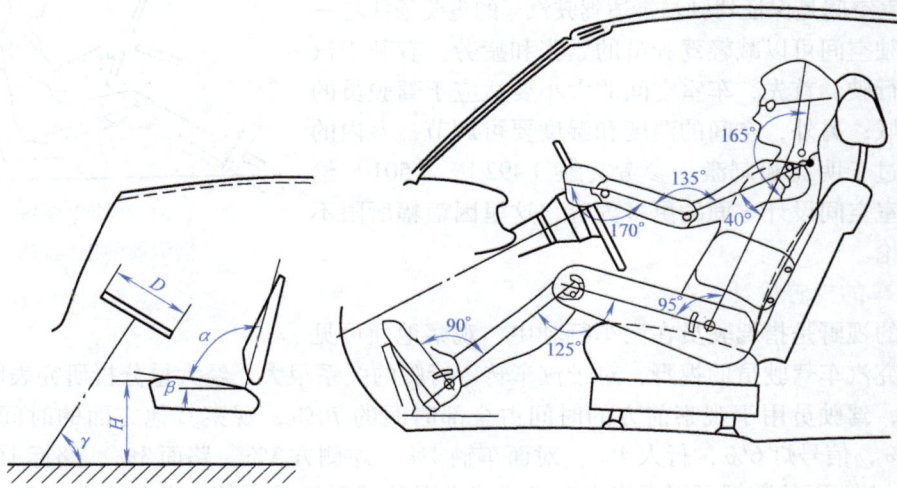

图 11-1　驾驶座椅主要几何参数

表 11-6　驾驶座椅基本参数数据

类　　型	$\gamma/(°)$	$\alpha/(°)$	$\beta/(°)$	H/mm	D/mm
小轿车		100	12	300～340	
轻型载货汽车	20～30	98	10	340～380	300～350
中型载货汽车（长头）	10～15	96	9	400～470	400～530
重型载货汽车（平头）	60～85	92	7	430～500	400～530

2. 汽车的控制系统设计

汽车的控制系统主要包括：手操纵的转向盘、制动器以及各种开关；脚操纵的制动装置、加速装置等；各种显示仪表。显然，这些控制装置设计的优劣以及可靠程度的高低会直接影响汽车的运行安全。

手操纵的转向盘以及行驶中常要操作的一些控制装置，都必须以人操纵方便的位置来合理布局，图 11-2 给出了现代的汽车转向盘以及各种操纵器的综合设计形式。汽车中制动装置、加速装置等脚操纵器，在空间的位置直接影响着脚的施力与操纵效率。图 11-3 给出了小轿车脚操纵器的空间布置，显然，合理的空间布局将给操作带来极大的方便性。

图 11-2　转向盘与操纵器的综合设计布局

3. 驾驶室的空间设计

驾驶室空间是保证驾驶员舒适驾驶汽车的重要条件之一。舒适的驾驶空间可以减轻驾驶员的紧张和疲劳，有利于汽车的安全行驶。首先，车室空间的大小要适应于驾驶员的作业活动域；另外，空间的温度和湿度要可调节；室内的色彩不宜过于明亮和刺激。参考文献［492］、［501］给出了驾驶室空间设计方面的更多内容，这里因篇幅所限不做展开讨论。

图 11-3　小轿车驾驶室脚操纵器的空间布置

4. 汽车的视野设计

汽车的视野是指驾驶员在汽车行驶中，观察地面可见程度。研究汽车驾驶员的视野，对于汽车转弯行驶的关系很大。经大量分析研究表明：汽车左转弯时，驾驶员用于观察前方的时间占全部时间的 70%，观察其他方面的时间依次为：反射镜 8%，信号灯 6%，行人 4%，对面车辆 4%，左侧方 3%，路面 3%，路标 1%，其他 1% 左右。由上面的数据可以看出，对于间接视野的反射镜是不能充分地引起驾驶员足够的注意力，这也就是说利用增加反射镜数量的办法去扩大和改善视野不是有效的措施。根本的办法是对汽车的结构进行改进，直接扩大与改善视野范围，因此在汽车进行结构设计时便可以借助于数值模拟的办法分别对驾驶员座椅的位置、视点高低、车窗高度等因素进行优化组合，以获取较大的视野范围[502、503]。

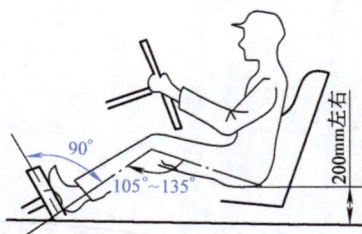

11.2.3　交通管理与设施系统的改善

随着社会经济、产业结构及现代科技的高度发展，人们对交通系统的先进性、经济性、安全性和舒适性提出了更高的要求。目前，交通系统中存在着许多须待改善的方面，主要包括：①节约能源；②防止噪声、振动、废气等公害；③道路的专用化、现代化；④交通系统管理的自动化；⑤汽车小型化、轻量化等。参考文献［504］~［507］给出了更多有关交通系统改善的办法与措施，感兴趣者进一步可参阅。

11.2.4　驾驶可靠性的定量分析方法

本书第 5 章曾对人的可靠性问题做过研究。另外，参考文献［382］、［508］对人的可靠性问题进行了细致的分析与深入的探讨，参考文献第［386］项中首次大容量地公布了人的失误概率和可靠性方面的数据，它为人们从事这方面的研究提供了一个较为丰富的数据信息库。本节主要针对驾驶的可靠性问题，在 S—O—R 理论的大框架下[501~511]进行量化分析。

在人机系统中人的行为表现方式是多种多样的，为了对人的可靠性进行分析，1967 年 Swain 提出了关于 PS 因子（即 Performance Shaping Factors）的概念[512]并且考虑了人机系统中影响人正常作业的一些因素，其中包括人自身内在的因素以及其他外在的因素。这里给出对 17386 人次的汽车驾驶员安全素质的检测数据以及 2016 例属于驾驶员责任的交通事故案例的相关数据进行统计分析后的结果，影响汽车驾驶的因素主要有：驾驶状态（用 x_1 表示），速度判断（用 x_2 表示），操纵机能（用 x_3 表示），稳定性（用 x_4 表示），心理机能（用 x_5 表示），制动失效（用 x_6 表示），加减车速不当（用 x_7 表示），抢道行驶（用 x_8 表示），路面不良（用 x_9 表示），气候条件（用 x_{10} 表示），反应时间（用 x_{11} 表示），静视力

（用 x_{12} 表示），暗适应（用 x_{13} 表示），动视力（用 x_{14} 表示），色、听觉（用 x_{15} 表示），转向故障（用 x_{16} 表示），道路交通控制不当（用 x_{17} 表示），路面设计不合理（用 x_{18} 表示）等因素。由于心理机能、反应时间、静视力、动视力表征了驾驶员的生理心理机能，故将其合成一个 PS 主因子（Key Performance Shaping Factor），记作 P_4；将路面不良、气候条件、路面设计不合理合成一个主因子记作 P_5，它表征了道路环境状况；将操纵机能、加减车速不当合成一个主因子记作 P_2，它表征了操作方面的状况（有的书上统称为操作频率）；将驾驶状态、速度判断、抢道行驶合成一个主因子记作 P_3（有的书上统称为差错后果危险性）；将制动失效、色觉听觉、转向故障合成一个主因子记作 P_1，它表征了汽车人机界面的质量状况。这五个主因子 P_1、P_2、P_3、P_4 与 P_5 在驾驶可靠性模型的分析与计算中常会遇到。

1. 基本失误率与差错状态恢复度

为了对 PS 主因子进行量化，首先需要讨论驾驶基本失误率的概念其定义为，在不涉及 PS 主因子时，驾驶失误次数与完成全部驾驶行为次数之比，以 F 表示。驾驶基本失误率 F 又可分为感知基本失误率 F_S、判断基本失误率 F_O 以及动作基本失误率 F_R；注意，失误率与可靠度互为补数关系，于是便可确定出相应的基本差错率（又称基本故障率）λ_S、λ_O、λ_R 与基本可靠度间的关系，其表达式分别为

$$\left. \begin{array}{l} R_S = 1 - F_S = e^{-t\lambda_S} \\ R_O = 1 - F_O = e^{-t\lambda_O} \\ R_R = 1 - F_R = e^{-t\lambda_R} \end{array} \right\} \tag{11-1}$$

式中，R_S、R_O 与 R_R 分别代表理论上感知、判断决策和动作的基本可靠度。上式又可简写为

$$1 - F_i = e^{-t\lambda_i} \tag{11-2}$$

式中，$i \in [S, O, R]$。

尽管由于 PS 因子的制约往往会产生驾驶差错，但由于驾驶行为的自学习、自适应性和经验性等特征，在一定程度上驾驶差错状态是可以进行恢复的，引入驾驶差错状态恢复度 C，其定义为在 PS 主因子制约下驾驶差错被识别的次数（又称被恢复差错的次数）与驾驶差错次数的比，对于感知、判断决策与动作阶段其相应的 C_S，C_O，C_R 表达式为

$$\left. \begin{array}{l} C_S = K_S C \\ C_O = K_O C \\ C_R = K_R C \end{array} \right\} \tag{11-3}$$

式中，K_S，K_O 与 K_R 分别表示感知、判断决策与动作阶段驾驶差错状态恢复能力的权重系数。根据世界各国有关道路交通事故的致因分析，对于感知差错有部分予以恢复，使 40% ~ 45% 的事故得以避免，对于判断决策差错的恢复部分为 55% ~ 70%，而动作差错的恢复部分为 90% ~ 96%，因此便可近似认为 K_S，K_O 与 K_R 的取值范围是

$$\left. \begin{array}{l} K_S = 0.35 \sim 0.50 \\ K_O = 0.55 \sim 0.75 \\ K_R = 0.90 \sim 0.96 \end{array} \right\} \tag{11-4}$$

2. 驾驶可靠性模型 I

为简化问题，对驾驶行为以及各行为阶段仅考虑正确与失误两种状态（即无有中间状态），并且各行为阶段（即感知、判断决策与动作三个阶段）所处的状态是相互独立的。对

于驾驶行为，当各阶段行为都正确时，驾驶行为才能正确，所以理论上驾驶可靠度 R 可表示为三个行为阶段的可靠度乘积，即

$$R = R_S R_O R_R = (1 - F_S)(1 - F_O)(1 - F_R) \tag{11-5}$$

式中，R_S、R_O 与 R_R 分别为理论上感知、判断决策与动作的基本可靠度，而 F_S、F_O 与 F_R 分别为理论上感知、判断决策与动作的基本失误率。

驾驶员在行车时，由于 PS 主因子的制约导致理论上驾驶可靠度与实际的驾驶可靠度存在偏差，因此，在评定实际驾驶可靠性时还需要考虑 PS 主因子对理论上驾驶可靠度的影响，于是，这时式（11-5）便修改为

$$R^* = 1 - \left(\prod_{j=1}^{5} p_j \right)(1 - R) = 1 - \left(\prod_{j=1}^{5} p_j \right) \left[1 - (1 - F_S)(1 - F_O)(1 - F_R) \right] \tag{11-6}$$

式中，R^* 为实际的驾驶可靠度；$p_j (j = 1 \sim 5)$ 代表 5 个 PS 主因子的量化值；注意到各阶段的主因子对各阶段驾驶可靠性的影响也因道路交通状况而有所变化，因此在式（11-6）中还需要对各 PS 主因子引进权重系数，于是式（11-6）又进一步修改为

$$R^* = 1 - \left(\prod_{j=1}^{5} w_j p_j \right) \left[1 - (1 - F_S)(1 - F_O)(1 - F_R) \right] \tag{11-7}$$

式中，w_j 为 p_j 主因子的权重系数。

事实上式（11-7）在实际应用中是很不方便的，这是由于权重系数 w_j 的取值有一定的困难。从汽车驾驶员事故致因的分析结果可以看出，感知、判断决策和动作三个行为阶段的事故百分率并不相同。按照人可靠性分析原理进行辨识（identification）时，每一阶段受不同的 PS 主因子的制约，其制约的程度是不同的，而且所导致的各阶段基本失误率也不同，甚至在不同时间、不同地点、不同路段的道路交通状态也会有很大的变化。因此，在评定感知、判断决策与动作可靠性时也应该分别考虑三个阶段的 PS 主因子的影响及其相应的权重系数，此时 R_S^*、R_O^*、R_R^* 便分别表示为

$$\left. \begin{aligned} R_S^* &= 1 - \left(\prod_{j=1}^{5} p_{Sj} w_{Sj} \right) F_S \\ R_O^* &= 1 - \left(\prod_{j=1}^{5} p_{Oj} w_{Oj} \right) F_O \\ R_R^* &= 1 - \left(\prod_{j=1}^{5} p_{Rj} w_{Rj} \right) F_R \end{aligned} \right\} \tag{11-8}$$

式中，R_S^*、R_O^* 与 R_R^* 分别感知、判断决策与动作阶段的实际可靠度。显然式（11-8）又可简写为

$$R_i^* = 1 - \left(\prod_{j=1}^{5} p_{ij} w_{ij} \right) F_i \tag{11-9}$$

式中，$i \in [S, O, R]$。因此针对图 11-4 所示的模型来讲，实际驾驶可靠度 R^* 为

$$R^* = \prod_{i=1}^{3} R_i^* = \prod_{i=1}^{3} \left\{ 1 - \left(\prod_{j=1}^{5} p_{ij} w_{ij} \right) F_i \right\} \tag{11-10}$$

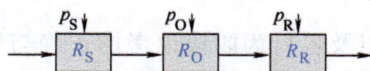

图 11-4 驾驶可靠性模型 I

式中，p_{ij} 代表 i 阶段第 j 个 PS 主因子的量化值；w_{ij} 代表对应于 i 阶段第 j 个主因子的权重系数（$i \in [S, O, R]$），$j = 1 \sim 5$；F_i 为 i 阶段的基本失误率。作为例子，表 11-7 与表 11-8 分别给出了 F_i 与 p_{ij} 的取值，更一般的情况可查阅相关的数据库（如参考文献 [382]）。

表 11-7　F_S、F_O 及 F_R 的取值示例

基本失误率＼道路交通系统总体状态	总体状态好	总体状态一般	总体状态差
$F_S (\times 10^{-4})$	1.0 ~ 5.0	5.0 ~ 10.0	10.0 ~ 100.0
$F_O (\times 10^{-4})$	1.0 ~ 10.0	10.0 ~ 50.0	50.0 ~ 100.0
$F_R (\times 10^{-4})$	1.0 ~ 5.0	5.0 ~ 10.0	10.0 ~ 100.0

表 11-8　主因子的量化值示例

不同行为阶段＼主因子	汽车人机界面质量	操作频率	差错后果危险性	生理心理机理	道路环境状况
感知阶段	1.0 ~ 2.5 (p_{S1})	1.0 ~ 2.5 (p_{S2})	1.0 ~ 2.5 (p_{S3})	1.0 ~ 2.5 (p_{S4})	1.0 ~ 2.5 (p_{S5})
判断决策阶段	1.0 ~ 1.7 (p_{O1})	1.0 ~ 1.7 (p_{O2})	1.0 ~ 1.7 (p_{O3})	1.0 ~ 1.7 (p_{O4})	1.0 ~ 1.7 (p_{O5})
动作阶段	1.0 ~ 1.08 (p_{R1})	1.0 ~ 1.08 (p_{R2})	1.0 ~ 1.08 (p_{R3})	1.0 ~ 1.08 (p_{R4})	1.0 ~ 1.08 (p_{R5})

3. 考虑自适应性的驾驶可靠性模型 Ⅱ

驾驶员在行车时，由于汽车运行状态、道路环境信息的变化、驾驶员的心理机能也要发生变化。驾驶员在许多情况下，能及时发现驾驶差错并且能够对差错即将要造成的后果予以恢复或部分恢复。因此，在评定驾驶可靠性时，必须注意这一特征。如图 11-5 所示，这是一个考虑自适应性的驾驶可靠性模型，设 C_S、C_O 与 C_R 分别表示感知、判断决策与动作的差错恢复度，令 K_S、K_O 与 K_R 为相应于各阶段差错恢复度的权重系数，于是 R_S^*、R_O^* 与 R_R^* 分别为

$$\left. \begin{aligned} R_S^* &= 1 - \left(\prod_{j=1}^{5} p_{Sj} w_{Sj} \right) F_S (1 - C_S) \\ R_O^* &= 1 - \left(\prod_{j=1}^{5} p_{Oj} w_{Oj} \right) F_O (1 - C_O) \\ R_R^* &= 1 - \left(\prod_{j=1}^{5} p_{Rj} w_{Rj} \right) F_R (1 - C_R) \end{aligned} \right\} \tag{11-11}$$

因式（11-3），于是式（11-11）可变为

$$R_i^* = 1 - \left(\prod_{j=1}^{5} p_{ij} w_{ij} \right) F_i (1 - K_i C) \tag{11-12}$$

式中，$i \in [S, O, R]$，C 为驾驶差错状态恢复度。因此，针对图 11-5 所示的驾驶可靠性模型 Ⅱ，实际驾驶的可靠度 R^* 为

$$R^* = \prod_{i=1}^{3} R_i^* = \prod_{i=1}^{3} \left\{ 1 - \left(\prod_{j=1}^{5} p_{ij} w_{ij} \right) F_i (1 - K_i C) \right\} \tag{11-13}$$

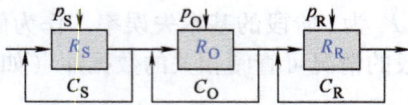

图 11-5　考虑自适应性的驾驶可靠性模型 II

11.3　航天人—机—环境系统中的安全人机工程学问题

11.3.1　航天人—机—环境系统的研究对象与任务

在航天人—机—环境系统工程中，所研究的对象与任务具有的特点如下。

1. 人的特点

所研究的人是航天员，包括指令长、驾驶员以及机载专家等。由于空间飞行的特殊性，对航天员的选拔和训练要比飞行员更严格。除了合适的身高和体重、良好的心理素质和综合素质之外，还要求具有良好的抗超重耐力、有较好的缺氧耐力、有良好的心血管功能和前庭功能等。

2. 机的特点

机为载人航天器，包括航天飞船、航天飞机和空间站。显然，不同类型的航天飞行器的飞行轨道不同，再入大气层时的飞行马赫数也不同，因此再入大气层时空气与飞行器间的摩擦所产生的气动热也有所不同。例如某高超声速飞行器以马赫数 $M_\infty = 15.3$ 飞行（这里来流温度和压强分别为 $T_\infty = 293K$，$p_\infty = 664Pa$）时，进行 5 组分 17 种化学反应模型的非平衡化学反应流场计算[513]，得到这时该飞行器头部附近的温度高达 6000 ~ 7000℃，所以高超声速飞行器的热防护问题是关系到航天领域热安全的重要内容之一。另外，飞行器的姿态调整与控制的精度也随着航天技术的要求不断提高。因此，对飞行器来讲，尤其是载人航天器，其安全性、可靠性以及可维修性的要求都是非常高的。

3. 环境的特点

这里环境就是人与机器所处的空间飞行环境，包括航天员与航天器共处的空间大环境及航天器中航天员所处的舱内小环境。空间大环境十分恶劣，含有危及生命的真空、强烈的太阳辐射（面向太阳侧的物体表面温度高达 176℃）、危害极大的宇宙辐射、热沉（背对太阳侧的温度低到 -121℃）、满天飞的流尘与沙粒，另外还有逐年增加的宇宙垃圾（主要是人工发射的卫星等飞行体和其碎片）。

航天器在上升段受到振动、噪声与加速度的作用，进入轨道后重力消失，处于失重状态。应该看到，失重环境对人的机体会产生很大影响。另外，舱内风机、仪器设备的电动机以及航天器定向用的发动机等所产生的噪声，虽然没有飞机的声强高，但作用时间长，如果平均在 70dB 左右时便足以引起人体的疲劳和听觉的疲劳。此外，在狭小的空间内，单人的孤独或数人的心理相容问题会变得更加突出，这些都是值得关注的问题。

4. 基本任务

自 1961 年 4 月 12 日，前苏联航天员加加林首次进入太空的 50 多年以来，载人航天的目标已经从单纯确保人的生命安全转变为要充分发挥人的作用以及全面确保人的工作能力上。美国将人在航天工程中工作能力的增长大致划分为三个阶段。

(1) 第一阶段（1990 年前），主要实现人安全容易地进入空间并返回地面。在这个阶段中，航天员的作用是乘客、操作者、观察者及试验者。

(2) 第二阶段（1990～2000 年），主要实现人在近地球轨道空间永久性居住，航天员的作用主要是科学家、维修者、探索者。

(3) 第三阶段（2000 年以后），实现人在空间中有限的自给自足，人的作用是服务人员、工人、建造者、生产者及月球居民。

很显然，如何在航天特殊环境下将航天员、航天飞行器以及航天环境有机结合起来以确保载人航天工程的顺利进行，这正是航天人—机—环境系统的工作者所肩负的任务。

11.3.2　航天特殊环境下所面临的安全人机工程学问题

在航天特殊环境下所涉及的安全人机工程学方面的问题较多，这里因篇幅所限仅讨论其中的四个方面：①压力制度；②超重与失重；③低压与缺氧问题；④空间孤独以及相容性问题。

11.3.2.1　压力制度

压力制度是指飞行员与航天员居住的增压密闭舱和穿着的防护服的内环境所采用的何种气体和多高的工作压力。其基本要求包括：①确保航天员的安全与健康，既防低压又防缺氧对人体的伤害；②舱压和航天服压力的合理匹配，既能减少座舱意外减压对人体的影响，又便于出舱活动；③要有利于座舱环境的控制系统和航天服系统的工程实现，并且具有高度的可靠性；④环境控制系统的诸参数应该匹配合理，有利于实现"安全、高效、经济"的总体目标。

目前已有三类载人航天器，即飞船、航天飞机和空间站。航天员生活和工作的舱室为完全增压密闭舱（即全密闭），所采用的压力制度美国与前苏联的各不相同。美国早期飞船曾采用 1/3 大气压力（即 34.39kPa）的纯氧环境，其优点是压力控制系统简单，气体泄漏量少，对航天服的要求低。这些优点在航天初期是很重要的。但致命的缺点是氧浓度高，最易发生火灾。例如阿波罗 A5204 号飞船在发射台进行模拟试验时曾因纯氧起火，三名航天员遇难。后来，美国放弃了这种压力制度，故用 1atm 制度（即海平面的大气压力 101.3kPa，氧、氮分别占 21% 与 79%），其突出的优点是选用了人类已适应的大气环境，缺点是氧-氮双气态控制系统复杂，舱体泄漏量多，储气结构重，航天员出舱前必须进行排氮等。对于航天服，前苏联选用的航天服的工作压力为 39.3kPa，而美国航天服工作压力在 29.67kPa 左右。表 11-9 给出了上述两国航天器舱内压力以及航天服内压的具体数据。

表 11-9　美国与前苏联航天器采用的压力制度

航　天　器	舱内压/kPa(atm)	舱内气体环境	航天服内压/kPa(mmHg)
水星	34.5(1/3)	纯氧	舱内用,34.5(258)
双子星座	34.5(1/3)	纯氧	舱内用,25.53(191)
			舱外用,22.66(170～179)

（续）

航　天　器	舱内压/kPa(atm)	舱内气体环境	航天服内压/kPa(mmHg)
阿波罗	34.5(1/3)	纯氧	舱内用,25.53(191)
			舱外用,29.67(222)
天空实验室	34.5(1/3)	高浓氧	舱外用,29.67(222)
航天飞机	101.3(1)	氧-氮混合气	舱外用,29.67(222)
原苏联各型号	101.3(1)	氧-氮混合气	舱内用,39.3(300)*
			26.5(199)**
			舱外用,38.6(290)

注：航天服内环境为纯氧；＊表示第一次减压，＊＊表示第二次减压。

11.3.2.2　超重与失重

在航空航天活动中，加速度与重力（或惯性力）是两个不可分割的概念。为便于下文叙述，先介绍常用术语与符号。在以飞行器加速度方向命名时，一般以 a 表示加速度矢量，a 前冠以"＋""－"号并写明作用在飞行器各轴向（x,y,z）的下标，以示飞行器三个轴六个方向上的加速度；在以重力（或惯性力）作用于人体方向命名时，把人体纳入 x、y、z 三轴坐标系中表示，让 x、y、z 三个轴线通过人体心脏，用 G 表示超重（或惯性力）这个矢量。G 之前冠以"＋""－"号，同时以 x、y、z 为下标，表示作用在人体三个轴六个方向上的重力方向。在以加速度作用于人体方向命名时，其加速度沿 x、y、z 轴作用于人体可将加速度分为 6 种，即头向加速度（正加速度）、足向加速度（负加速度）、向前加速度、向后加速度、向左侧加速度、向右侧加速度；在按超重（或惯性力）作用于人体方向命名时，其超重（或惯性力）沿 x、y、z 轴作用于人体可分为 6 种，即头-盆向超重，盆-头向超重，胸-背向超重，背-胸向超重，右-左侧向超重，左-右侧向超重。这 6 种超重工程上统称为过载。表 11-10 与图 11-6 分别给出了常用加速度的术语与矢量符号。

表 11-10　加速度常用术语及符号

飞行器加速运动方向	关于飞行器加速度的术语		关于重力-惯性力矢量合的术语		
	矢量符号	加速度名称	矢量符号	G 名称	超重或过载名称
向前	$+a_x$	向前加速度	$+G_x$	胸-背方向横 G	胸-背向超重
向后	$-a_x$	向后加速度	$-G_x$	背-胸方向横 G	背-胸向超重
向上	$-a_x$	头向加速度、正加速度	$+G_x$	正 G	正超重（头-盆向）
向下	$+a_x$	足向加速度、负加速度	$-G_x$	负 G	负超重（盆-头向）
向右	$+a_y$	向右侧加速度	$+G_y$	右-左方向横 G	右-左侧向超重
向左	$-a_y$	向左侧加速度	$-G_y$	左-右方向横 G	左-右侧向超重

令 a 为物体运动的加速度，因此有

$$G \equiv \frac{|mg - ma|}{|mg|} = \frac{|g - a|}{|g|} \tag{11-14}$$

当 $G=1$ 时为标准重力状态，此时只有地球引力存在；当 $G>1$ 时为超重状态（即过载）；当 $G<1$ 时为减重状态；当 $G=0$ 时为失重状态。在载人航天中，航天员将会遇到剧烈的重力变

化。首先为了使飞行器进入不同的轨道飞行，必须使它具有相应的轨道速度，而为了达到这些速度就必须在一定时间内加速，即需要一定的 $G \times S$ 数。例如，当飞船绕地球轨道飞行时需要 7.9km/s 的速度，即第一宇宙速度，为此需要的 $G \times S$ 值为 806，需要采用二级或三级运载火箭进行加速。表 11-11 给出了不同轨道飞行时的 $G \times S$ 值。

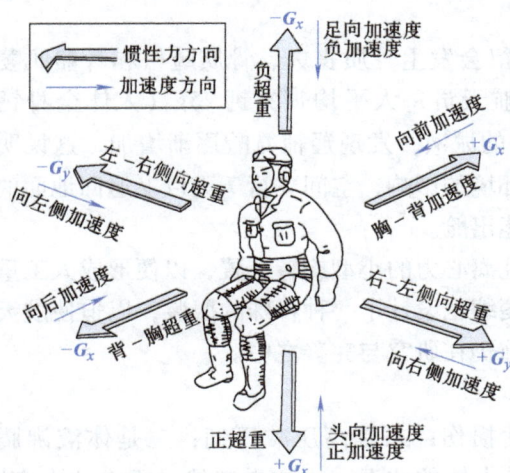

图 11-6　常用加速度术语及矢量符号

表 11-11　进入不同轨道
所需的 $G \times S$ 值

飞行轨道	$G \times S$ 值
绕地球	806
脱离地球	1143
脱离太阳系	1704

早期飞船发射时，超重曲线峰值时的 G 值为 6~8，作用时间每级运载火箭为 100~200s；返回时峰值的 G 值为 8~10，持续时间为 200s 左右。随着火箭技术和再入大气层技术的不断完善与改进，飞船起飞时的 G 值大约为 4~5，返回时大约为 5~7；对于航天飞机已实现了滑翔回收，减速过载的 G 值已降到 2 以下。

试验表明，当超重作用小于 3s 时，G 值再高也不会出现视觉障碍和意识丧失现象，这是由于视网膜和大脑神经元具有氧气储备的缘故。当超重作用时间大于 3s 时，不仅可以导致视觉障碍，甚至会使意识丧失。作用时间在 7~12s 时，还可以见到心血管系统的代偿效应。另外，心电图也发现，在高过载情况下还会出现心脏节律的改变。此外，有人曾对美国 12 种军用战斗机进行调查，发现有 12% 的飞行员体验过意识丧失。在意识丧失过程中，绝对失能时间大约 15~20s，此时飞行员失去控制飞机的能力。意识丧失恢复后，飞行员仍有淡漠、焦虑、健忘、空间定向失调、工效降低等症状表现，这些都对飞行安全产生很大威胁。总之，高过载对人的机体视功能、脑功能和运动功能等均会造成伤害。对此参考文献 ［60］ 中给出了更多的分析与研究，这里因篇幅所限不多讨论。

所谓失重（即 $G = 0$ 的状态）是指航天员身体各部位所受到的外力合力等于零。而实际飞行过程中，作用在航天员身上的 "离心力" 不一定完全抵消其所处引力场的引力，因此身体各部位还会受到一定力的作用，这就是微重力。在失重环境下，人体的主要生理反应表现在：

（1）神经前庭系统。经过几十年的载人航天实践，发现航天员在太空发生空间运动病的病例较多，高达 40%~50%。其主要症状是眩晕、恶心，有时发生呕吐和产生错觉，全身感到不舒服，无法工作，影响了航天员的工作效率。

（2）心血管系统。航天员处于失重环境后数天便可出现心血管功能下降，主要表现在有的航天员心电图心律不齐等现象。

（3）血液和电解质。航天飞行后，许多航天员都出现了红细胞容积减少，例如"天空实验室"9名航天员飞行前红细胞容积平均值为2075mL，飞行后减少为1843mL，减少了232mL；在飞行11～20天之后，航天员血红蛋白下降较显著；如果飞行时间少于3天，一般不会引起红细胞容积的变化。

（4）骨骼与肌肉系统。航天员在太空停留会发生骨质丧失、骨质疏松和骨骼肌萎缩的现象。例如，飞行84天的"天空实验室"航天员每人平均丧失钙25g（人体全身钙储量1250g)[514]。另外，分析飞行中收集的航天员的尿液，发现羟辅氨酸逐渐增加，这说明骨骼特别是负重骨中胶原物质有破坏。由于失重环境的影响，空间飞行7天以上返回地面的航天员，有时甚至难于起立，需要医生的辅助才能出舱。

针对上述情况，人们已经设计了产生惯性离心力的小型旋转装置，以便形成人工重力定期地对航天员进行刺激。另外，为减轻肌肉萎缩也设计了一种特殊的服装，以迫使航天员的肌肉时刻处于用力的状态。总之，相应的措施仍在研究与完善之中。

11.3.2.3 低压与缺氧问题

低压对人体产生三大危害：一是气压性损伤；二是高压减压病；三是体液沸腾。在19.2km的高空，水的沸点为37℃，这恰巧是人体的体温。人如果突然暴露在这个高度上，皮下组织体液最先汽化，约经过1min人体就会变成用水汽吹起来的"气鼓人"，接着胸腔汽化，形成蒸汽胸，造成肺脏局部萎陷，丧失气体交换功能，发展到缺氧。又由于肺内压增高，影响呼吸循环功能，严重时可导致虚脱，甚至发展到呼吸停止。

随着高度的升高，大气越来越稀薄，氧气越来越少。人突然暴露在高空，经过数分钟便会引起的缺氧反应称之为高空急性缺氧。按缺氧程度不同，分为轻、中、重、严重四种。当高度在1.5～3.0km之间时，相应的大气中氧分压已由海平面上的21.33kPa相应降到17.66～14.60kPa；血液中氧分压由正常的12.93kPa相应降到10～7.36kPa，这个高度属于轻度缺氧的高度。当高度在4.0～5.0km之间时，大气中氧分压相应降到12.99～11.28kPa，而血液中氧分压分别降到6.0～4.67kPa，这个高度属于中度缺氧。当高度在5.0～7.0km之间时大气中氧分压相应降到11.28～8.60kPa，血液中氧分压相应降到4.67～3.47kPa，显然这个高度属于重度缺氧。该型缺氧的基本反应症状是头晕，困倦，视力模糊，脑功效明显下降，呼吸代偿功能已不能满足需要，明显地出现了代偿障碍。严重缺氧的发生高度是从7.0km开始的。该型缺氧的基本反应症状是意识障碍（包括意识模糊和丧失两个阶段），呼吸循环代偿功能反而增强，从而更进一步加剧了大脑的缺氧。意识丧失是高空急性缺氧最危险的反应。急救（即解除缺氧）超过150s时，脑功能便不能完全恢复；再拖延时，便会因昏迷而死亡。当人体突然暴露在12km以上的高度时，外界大气压力已经很低，氧气含量甚少，这时人体不仅不能由外界吸入氧气，体内已有的氧气反而向外逆流（因身体内气压在减压前高于外界），再加上大脑无氧气储备，因此，当氧气迅速减少到意识阈值（即氧分压3.20kPa）以下时，只需10余秒钟人的意识便立即丧失。这是一种非常危险的缺氧，称之为爆发性缺氧。如果这时不立即解除缺氧状态，则经数分钟便会因昏迷而死亡。

总之，高空急性缺氧问题关系到人体的健康和生命的安全，是一个不容忽视的重要研究方向[130,515]。

11.3.2.4　空间孤独及相容性问题

　　航天员在太空中长期处于密闭狭小的座舱中飞行，静寂无声的太空环境、规定好的交际方式、与地面有限的联系以及失重所造成的不适感，都会使航天员出现一系列的心理问题，如忧虑、厌倦、抑郁、思念亲人、人际关系紧张等。一位体验到人际冲突的航天员 Schwei-chart 说："未来飞行的时间越长，乘员越多，人际关系将更紧张、敌意会更多。"针对这种情况，前苏联和美国都采用了多种措施来防止航天员心理障碍的发生，以减少其对航天飞行任务的影响，但实际飞行中航天员仍会产生心理障碍，主要表现在思乡病、恐惧症和人际关系等方面。

1.　航天员主要的心理障碍

　　(1) 思乡病与恐惧症。在狭小的舱室中居住的航天员会产生抑制不住的孤独感、烦闷感和恐惧感。在太空飞行的初期，飞船上的紧张生活、太空的景色、奇异的生活环境或许会使航天员兴奋、新鲜与好奇。但长时间地呆在窄小环境中，日夜重复单调的活动与试验，再加上日常生活也不同往常，例如不能用牙膏刷牙，只能嚼一种类似口香糖的胶状物；不用毛巾和清水洗脸，只能用浸湿的纸巾擦脸；也不能痛快地淋浴；食物虽新颖但也难得吃上新鲜的蔬菜和水果。更严重的是，在失重状态下人体下身的液体会涌到头部，致使面部肿胀，不太好受。而且航天飞行具有冒险性，稍有不慎便有生命危险，因此恐惧与担心经常会伴随他们。

　　(2) 人际关系。长期的太空飞行还会造成航天员的一些心理障碍，例如乘员之间相互不协调、不满意对方，甚至与地面工作人员产生对抗情绪。一名前苏联航天员在谈航天体会时说："太空的共同飞行不会是宁静的，在飞行中我们也会有分歧，我甚至对同事极为恼怒……常不知为何会引起争论。"美国和前苏联太空飞行的经验表明，这种敌意不仅仅限于航天员之间，航天员与地面控制人员之间也会发生争吵。有时航天员故意不接受地面人员的指挥，而想自由飞行；有时他们需要安静，不喜欢地面人员不断地打扰；有时为掩饰自己的情绪与反应，会将产生的怒气发泄到地面工作人员身上。航天员的这种情绪常有周期性变化，时好时坏。

2.　解决航天员心理障碍的措施

　　综上所述，太空环境对人的心理状态有很大影响，对此决不可忽视[6,131,139]。为了保证航天员较高的工作效率和良好的精神状态，需要从多方面采取措施。

　　(1) 在工程设计时必须考虑人的心理学问题。在进行飞船整体设计、布局座舱仪表及控制器时，需要考虑人的心理学问题。美国航天员卡尔认为，一个好的太空站设计，可以减轻人工作和生活的压力。他和另外两名航天员对"天空实验室"的咖啡色外框产生了厌恶感，这就提醒了人们在设计仪表或其他物品时要考虑到所安放的位置与颜色。前苏联设计师在设计"和平号"空间站时就参考了家庭生活的环境布置，使航天员感到如同生活在家里一样。

　　(2) 改善生活条件。对于航天食品，在注意营养和质量的前提下，采用多花样、多品种、多口味的食品，并且在包装和外观上也做了改进[516]。此外，注意安排合理的生活制度以提高工作效率。在早期，由于航天任务需要，航天员每周工作 7 天，时间安排得太紧。前苏联专家对此进行了大量的研究分析，认为飞行时间越长，航天员需要花费更多的时间休息和娱乐。因此他们先将工作时间从每周 7 天改为每周 6 天，后又改为每周 5 天。每天除 6.5

小时的载荷工作，1.5～2小时维护空间站和9.5小时的睡眠之外，其余时间由航天员自由支配，例如踏自行车，看书，看电视，听音乐等。

（3）密切与航天员进行心理上的沟通。在航天员飞行时，要密切关注他心理上的变化，可以借助于一些生理指标以及与航天员通话，也可以通过电视传真了解航天员在舱内的生活以及航天员之间是否发生了争执。要注意采用各种方式预防心理障碍的产生（例如每天与航天员通话，报告家属及亲人的情况，安排航天员与亲人及朋友等的会面，传送图片、礼品等）。实践证实，航天中的心理支持十分重要，它是保证航天任务完成的关键措施之一。

（4）重视航天员的心理选拔。航天员应该由精力充沛、办事果断、反应敏捷、进取心强、能耐受孤独和恶劣环境、能与人友好相处的人去承担。所以借助于对话以及进行一些简单的心理试验（例如应激能力以及情绪稳定性方面的试验、隔离试验等）去了解候选人的心理稳定性、个人品质、工作能力、应激能力，这是挑选合格航天员的有力措施。

（5）加强对航天员的心理训练。心理问题在短时间的航天飞行中可能不会显得太重要，但在长期飞行中往往会导致很大矛盾，因此要对航天员进行以下几方面的心理训练：

1）行为训练，主要培养航天员正确处理人与人之间的矛盾以及训练航天员与别人的谈话技巧。通过训练使他们在进入轨道飞行后有良好的教养以及处理人际关系的技巧。

2）学会关心别人，当航天员在长期航天飞行中发生心理障碍时，减轻心理障碍的最有效方法是得到其他航天员的关心和帮助，因此在空间站上营造一个和睦、轻松、健康、愉快的环境气氛非常重要。

3）进行相互协调的训练，据统计，民航中60%～80%的"飞行差错"与飞行员间的不协调有关。因此加强航天员相互协调方面的训练，强化协作技巧也是非常重要的训练项目之一[517]。

11.4* 车辆人—机—环境系统中乘员热舒适性的数值计算

在封闭舱（例如坦克舱、轿车的车室）中，热舒适是人们关注的热点之一。热舒适及热舒适评价指标的相关问题本书3.6节已做过讨论，本节以汽车座舱为例说明乘员热舒适性的具体数值计算过程。

11.4.1 人体皮肤温度的确定

车室内环境下人体热舒适性计算的总框图如图11-7所示。车室内热环境（又称车室微气候）的计算是在外环境参数、车室几何参数、车体材料的热物理特性和HVAC系统（即由加热、通风和空气调节所构成的系统，其英文名称为Heating, Ventilating and Air Conditioning System）的参数均为已知的基础上进行的。首先借助于座舱几何参数生成三维流场计算时所需的计算网格（可以是结构网格，也可以是非结构网格）；利用传热学基本原理进行太阳辐射计算；完成车室内乘员与其周围的物体间存在的热辐射计算以及冷却循环系统的计算与分析。然后再利用流体力学基本方程[518]计算出车室内三维流场与温度场，即获得车室内气流的温度分布与流速分布，这些值恰好为人体生物热方程的求解提供了所需的边界条件。对于这一过程如果描述得更详细一些便为：计算车室流场时需要已知人体的皮肤温度，而计算人体的生物热方程时所需要的人体各节段周围气流的速度和温度分布信息又是通过

CFD 流场计算得到的。换句话说，借助于生物热方程可以获得 CFD 流场计算时所需的人体皮肤的温度，也就是说 Navier-Stokes 方程组与生物热方程求解时它们之间存在着一个图11-7所示的迭代过程。如果前后两次迭代中，人体皮肤温度的改变量满足所要求的允差时，则认为求出的人体皮肤温度符合要求，此时认为迭代收敛，可以进入下一步人的热舒适评价的计算，否则继续迭代直到收敛为止。

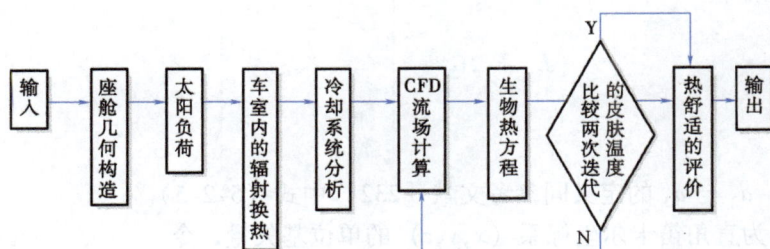

图 11-7 车室内人体热舒适性计算的总框图

1. 车室内三维流场和温度的计算

计算时采用三维、湍流、雷诺平均 Navier-Stokes 方程，这里给出瞬态时方程组的形式为[518,519]

连续方程
$$\frac{\partial \rho}{\partial t} + \nabla \cdot (\rho V) = 0 \tag{11-15}$$

动力学方程：
$$\frac{dV}{dt} = \frac{1}{\rho}(\nabla \cdot \boldsymbol{\Pi} - \nabla p) \tag{11-16}$$

或者
$$\frac{\partial(\rho V)}{\partial t} + \nabla \cdot (\rho VV + IP - \boldsymbol{\Pi}) = 0 \tag{11-17}$$

能量方程：
$$\frac{de}{dt} = \frac{1}{\rho}\nabla \cdot (\pi \cdot V) - \frac{\nabla \cdot q}{\rho} \tag{11-18}$$

或者
$$\frac{\partial e}{\partial t} + \nabla \cdot [(e+p)V - \boldsymbol{\Pi} \cdot V - (\lambda \nabla T)] = 0 \tag{11-19}$$

式中，ρ, p, V, $\boldsymbol{\Pi}$, π, e 与 q 分别表示瞬态时的密度、压强、速度、黏性应力张量、应力张量、单位体积所具有的广义内能与由于传热而导致的热流矢；λ 为导热系数。

令 $V = ui + vj + wk$，这里 i, j, k 为笛卡尔直角坐标系（x, y, z）沿坐标轴的单位矢量，u、v、w 为相应的分速度，于是在直角坐标系下式（11-15）、式（11-17）与式（11-19）可写为

$$\frac{\partial U}{\partial t} + \frac{\partial(E - E_v)}{\partial x} + \frac{\partial(F - F_v)}{\partial y} + \frac{\partial(G - G_v)}{\partial z} = 0 \tag{11-20}$$

式中，U 为直角坐标系的守恒量；E, F 与 G 分别代表沿 x, y 与 z 方向的无黏矢通量；E_v, F_v 与 G_v 分别代表在 x, y 与 z 方向上由于黏性及热传导所引起的作用项。令 τ_{xx}, τ_{xy}, $\cdots$, τ_{zz} 为黏性应力张量 $\boldsymbol{\Pi}$ 的分量，于是 E, F, G, E_v, F_v 等的表达式为

$$U = [\rho, \rho u, \rho v, \rho w, e]^{\mathrm{T}} \tag{11-21}$$

$$[E, F, G] = \begin{bmatrix} \rho u & \rho v & \rho w \\ \rho uu + P & \rho vu & \rho wu \\ \rho uv & \rho vv + P & \rho wv \\ \rho uw & \rho vw & \rho ww + P \\ (e+P)u & (e+P)v & (e+P)w \end{bmatrix} \tag{11-22}$$

$$[E_v, F_v, G_v] = \begin{bmatrix} 0 & 0 & 0 \\ \tau_{xx} & \tau_{xy} & \tau_{xz} \\ \tau_{yx} & \tau_{yy} & \tau_{yz} \\ \tau_{zx} & \tau_{zy} & \tau_{zz} \\ a_1 & a_2 & a_3 \end{bmatrix} \tag{11-23}$$

式中，符号 a_1，a_2 与 a_3 的定义同参考文献［232］中式（5-2-5）。

令 $\boldsymbol{i}$，$\boldsymbol{j}$，$\boldsymbol{k}$ 为直角笛卡尔坐标系（x, y, z）的单位基矢量，令

$$\boldsymbol{W} \equiv \begin{bmatrix} \rho \\ \rho \boldsymbol{V} \\ e \end{bmatrix}, \quad \boldsymbol{F}_{\text{inv}} \equiv \begin{bmatrix} \rho \boldsymbol{V} \\ \rho \boldsymbol{V} \boldsymbol{V} + P(\boldsymbol{ii} + \boldsymbol{jj} + \boldsymbol{kk}) \\ (e+P)\boldsymbol{V} \end{bmatrix}, \quad \boldsymbol{F}_{\text{vis}} \equiv \begin{bmatrix} 0 \\ \boldsymbol{\Pi} \\ \boldsymbol{\Pi} \cdot \boldsymbol{V} + \lambda \nabla T \end{bmatrix} \tag{11-24}$$

$$\boldsymbol{n} = n_x \boldsymbol{i} + n_y \boldsymbol{j} + n_z \boldsymbol{k} \equiv n_1 \boldsymbol{i}_1 + n_2 \boldsymbol{i}_2 + n_3 \boldsymbol{i}_3 \tag{11-25}$$

$$\boldsymbol{V} = u \boldsymbol{i} + v \boldsymbol{j} + w \boldsymbol{k} = u_1 \boldsymbol{i}_1 + u_2 \boldsymbol{i}_2 + u_3 \boldsymbol{i}_3 \tag{11-26}$$

$$\boldsymbol{S} = S_x \boldsymbol{i} + S_y \boldsymbol{j} + S_z \boldsymbol{k} = S_1 \boldsymbol{i} + S_2 \boldsymbol{j} + S_3 \boldsymbol{k} \tag{11-27}$$

因此，将式（11-15）、式（11-17）与式（11-19）在求解域的单元体上积分便可得到如下守恒形式

$$\frac{\partial}{\partial t} \iiint_\Omega W d\Omega + \oiint_{\partial\Omega} \boldsymbol{n} \cdot \boldsymbol{F}_{\text{inv}} dS = \oiint_{\partial\Omega} \boldsymbol{n} \cdot \boldsymbol{F}_{\text{vis}} dS \tag{11-28}$$

式中，$\boldsymbol{S}$ 为单元体表面的外法矢，它是该面面积 S 与该面单位外法矢量 $\boldsymbol{n}$ 的乘积，即 $\boldsymbol{S} = S\boldsymbol{n}$。

另外，在可压缩流动的湍流流场计算中，往往需要引入 Favre 平均，于是基本方程组式（11-15）、式（11-17）与式（11-19）变为以下形式

$$\frac{\partial \bar{\rho}}{\partial t} + \nabla \cdot (\bar{\rho} \widetilde{V}) = 0 \tag{11-29}$$

$$\frac{\partial}{\partial t}(\bar{\rho} \widetilde{V}) + \nabla \cdot (\bar{\rho} \widetilde{V} \widetilde{V}) = -\nabla \bar{P} + \nabla \cdot (\overline{\Pi} - \overline{\rho V'' V''}) \tag{11-30}$$

$$\frac{\partial}{\partial t}(\bar{\rho} \widetilde{H}) - \frac{\partial \bar{P}}{\partial t} + \nabla \cdot [\bar{\rho} \widetilde{H} \widetilde{V} + \bar{q} - \overline{\Pi} \cdot \widetilde{V} - \overline{\Pi \cdot V''} + \overline{\rho H'' V''}] = 0 \tag{11-31}$$

式中，$\widetilde{H}$ 代表总焓。

为了更清晰地表达上述各项的具体形式，不妨给出笛卡尔直角坐标系的表达式为

连续方程
$$\frac{\partial \bar{\rho}}{\partial t} + \frac{\partial}{\partial x_j}(\bar{\rho} \widetilde{u}_j) = 0 \tag{11-32}$$

动力学方程
$$\frac{\partial}{\partial t}(\bar{\rho} \widetilde{u}_i) + \frac{\partial}{\partial x_j}(\bar{\rho} \widetilde{u}_i \widetilde{u}_j) = -\frac{\partial \bar{P}}{\partial x_i} + \frac{\partial}{\partial x_j}(\bar{\tau}_{ij} - \overline{\rho u_i'' u_j''}) \tag{11-33}$$

式中
$$\bar{\tau}_{ij} = \mu \left[\left(\frac{\partial \widetilde{u}_i}{\partial x_j} + \frac{\partial \widetilde{u}_j}{\partial x_i} \right) - \frac{2}{3} \delta_{ij} \frac{\partial \widetilde{u}_k}{\partial x_k} \right] + \mu \left[\left(\frac{\overline{\partial u_i''}}{\partial x_j} + \frac{\overline{\partial u_j''}}{\partial x_i} \right) - \frac{2}{3} \delta_{ij} \frac{\overline{\partial u_k''}}{\partial x_k} \right] \tag{11-34}$$

能量方程

$$\frac{\partial}{\partial t}(\bar{\rho}\widetilde{H}) - \frac{\partial \bar{P}}{\partial t} + \frac{\partial}{\partial x_j}\left(\bar{\rho}\tilde{u}_j\widetilde{H} - K\frac{\partial \widetilde{T}}{\partial x_j} - \tilde{u}_i\tau_{ij} - \overline{u_i''\tau_{ij}} + \overline{\rho u_j''H''}\right) = 0 \tag{11-35}$$

采用湍流模型后，则上述基本方程组又可表达为

$$\frac{\partial \bar{\rho}}{\partial t} + \frac{\partial(\bar{\rho}\tilde{u}_j)}{\partial x_j} = 0 \tag{11-36}$$

$$\frac{\partial(\bar{\rho}\tilde{u}_i)}{\partial t} + \frac{\partial(\bar{\rho}\tilde{u}_j\tilde{u}_i)}{\partial x_j} = -\frac{\partial P}{\partial x_i} + \frac{\partial}{\partial x_j}\tau_{ji} \tag{11-37}$$

$$\frac{\partial \tilde{e}}{\partial t} + \frac{\partial(\overline{\rho H}\tilde{u}_j)}{\partial x_j} = \frac{\partial}{\partial x_j}\left[(\lambda_l + \lambda_t)\frac{\partial \widetilde{T}}{\partial x_j} + \tilde{u}_i\tau_{ji} + \left(\mu_l + \frac{\mu_t}{\sigma_k}\right)\frac{\partial K}{\partial x_j}\right] \tag{11-38}$$

式中

$$P = \bar{\rho}R\widetilde{T}, \quad \tau_{ij} \equiv \tau_{ij}^{(l)} + \tau_{ij}^{(t)} \tag{11-39}$$

$$\tau_{ij}^{(l)} = \mu_l\left(\frac{\partial \tilde{u}_i}{\partial x_j} + \frac{\partial \tilde{u}_j}{\partial x_i} - \frac{2}{3}\frac{\partial \tilde{u}_\alpha}{\partial x_\alpha}\delta_{ij}\right) \tag{11-40}$$

$$\tau_{ij}^{(t)} = \mu_t\left(\frac{\partial \tilde{u}_i}{\partial x_j} + \frac{\partial \tilde{u}_j}{\partial x_i} - \frac{2}{3}\frac{\partial \tilde{u}_\alpha}{\partial x_\alpha}\delta_{ij}\right) - \frac{2}{3}\bar{\rho}K\delta_{ij} \tag{11-41}$$

$$\tilde{e} \equiv \bar{\rho}\left(c_V\widetilde{T} + \frac{1}{2}\tilde{u}_i\tilde{u}_i + K\right) = \bar{\rho}\left(\tilde{e}^* + \frac{1}{2}\tilde{u}_i\tilde{u}_i + K\right) \tag{11-42}$$

$$\overline{\rho H} \equiv \bar{\rho}\left(\tilde{h} + \frac{1}{2}\tilde{u}_i\tilde{u}_i + K\right) \tag{11-43}$$

式中，$\tilde{h}$ 为静焓。

可压缩湍流的湍动能和湍动能耗散率，即 $K\text{-}\varepsilon$ 方程为

$$\frac{\partial}{\partial t}(\bar{\rho}K) + \frac{\partial}{\partial x_j}(\bar{\rho}\tilde{u}_jK) = \frac{\partial}{\partial x_j}\left[\left(\mu_l + \frac{\mu_t}{\sigma_k}\right)\frac{\partial K}{\partial x_j}\right] - \bar{\rho}(\varepsilon_s + \varepsilon_d) + P_k - \overline{u_i''\frac{\partial P}{\partial x_i}} + \overline{P'\frac{\partial u_i''}{\partial x_i}} + L_k \tag{11-44}$$

$$\frac{\partial(\bar{\rho}\varepsilon_s)}{\partial t} + \frac{\partial}{\partial x_j}(\bar{\rho}\tilde{u}_j\varepsilon_s) = \frac{\partial}{\partial x_j}\left[\left(\mu_l + \frac{\mu_t}{\sigma_\varepsilon}\right)\frac{\partial \varepsilon_s}{\partial x_j}\right] + C_{\varepsilon1}\frac{\varepsilon_s}{K}P_k - C_{\varepsilon2}\bar{\rho}\frac{\varepsilon_s^2}{K} + L_\varepsilon \tag{11-45}$$

式中，μ_l 与 μ_t 分别代表分子动力粘度与湍流动力粘度，K 为湍动能；ε_s 与 ε_d 分别代表无散耗散项与涨量耗散项；L_k 与 L_ε 为低雷诺数修正项；$C_{\varepsilon1}$、$C_{\varepsilon2}$、σ_k 与 σ_ε 为湍流模式中的有关参数；P_k 为产生项，其表达式为

$$P_k = -\overline{\rho u_i''u_j''}\frac{\partial \tilde{u}_i}{\partial x_j} \tag{11-46}$$

显然，式（11-44）和式（11-45）已引入了湍流模式的可压缩修正。求解上述 $N\text{-}S$ 方程组所需的边界条件为（以定常流动为例）：

（1）进口边界条件（即车的进风口）：给进口的总压、总温、进口马赫数等。

（2）出口边界条件（即车的出风口）：认为沿 z 向出气时。

$$p_{\text{out}} = p_a, \left.\frac{\partial \rho}{\partial z}\right|_{\text{out}} = 0, \left.\frac{\partial T}{\partial z}\right|_{\text{out}} = 0 \tag{11-47}$$

（3）车室的内壁面边界条件：速度给无滑移条件；壁面温度给出温度的分布；认为物面满足非穿透边界条件，物面的压强值由法向动量方程决定。

（4）人体表面的边界条件：速度给无滑移条件；给定人体表面皮肤温度的分布；人体表面的压强值也由法向动量方程决定。

需要说明的是，因篇幅所限，$k\text{-}\varepsilon$ 方程求解时所需的边界条件这里就不再给出了。数值

计算中，湍流模式仍选用 $k\text{-}\varepsilon$ 模型，计算域如图 11-8 与图 11-9 所示。在参考文献 [425]、[426] 的数值计算分 4 种情况：①无人时车室内速度场与温度场的计算；②只有驾驶员一人时车室内速度场与温度场的计算；③有一主驾驶员和另一个副驾驶并排乘坐时车室内速度场与温度场的计算；④有一主驾驶员与后排乘员时（见图 11-9）车室内流场与温度场的计算。详细的数值结果可参阅上述参考文献，这里不再赘述。

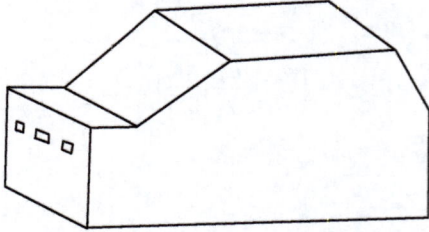

图 11-8 车室的简化几何形状

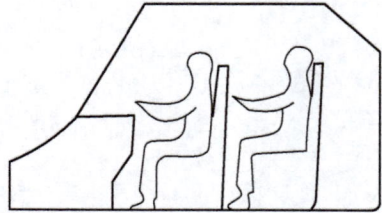

图 11-9 有驾驶员与乘员的车室图

2. 人体生物热方程的计算

人体的真实形状是十分复杂的，在进行人体生物热方程的计算时必须将人体进行模型化。根据人体不同部位的传热特点及现有人体的解剖数据，通常将人体划分为 15 个不同的节段，即头、颈、躯干、上臂、前臂、手、大腿、小腿和脚，如图 11-10 所示。头部当做一个球体看待，颈部、躯干、手臂、手、腿和脚都抽象为圆柱体。中心血液是一个单独的部分，位于躯干部分。用中心血液单元把各个节段联系起来。在人体节段的模型中又将每一个节段进一步分为四个不同的层即核心层、肌肉层、脂肪层和皮肤层如图 11-11 所示。

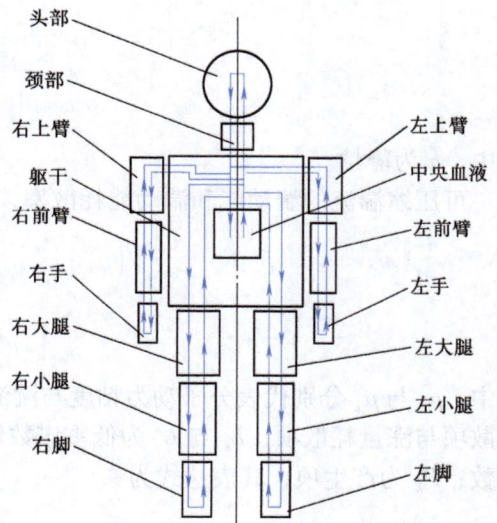

图 11-10 人体节段划分示意图

为了简便起见，推导生物热方程时做以下三点假设：

（1）人体各节段的导热具有二维性质，只考虑人体沿着径向与周向温度的变化；

（2）人体节段各层中的热物理参数（例如密度 ρ，导热系数 λ，比定容热容 c_p）以及热生理参数（如代谢产热、血流量）是均匀分布的，但层与层之间由于物质不同而存在差异。

（3）血液进入组织的温度等于中央血液的温度，血液流出组织的温度等于组织的温度，热交换是充分的。

在圆柱座标系中，只考虑径向 r 和周向 θ 的能量传递，而忽略轴向 x 的能量传递。对于人体的某个节段而言，一般的热平衡方程为：

$$\rho c \frac{\partial T}{\partial t} = \nabla \cdot (\lambda \nabla T) + q_{\mathrm{m}} + B c_{\mathrm{b}} (T_{\mathrm{b}} - T) \tag{11-48}$$

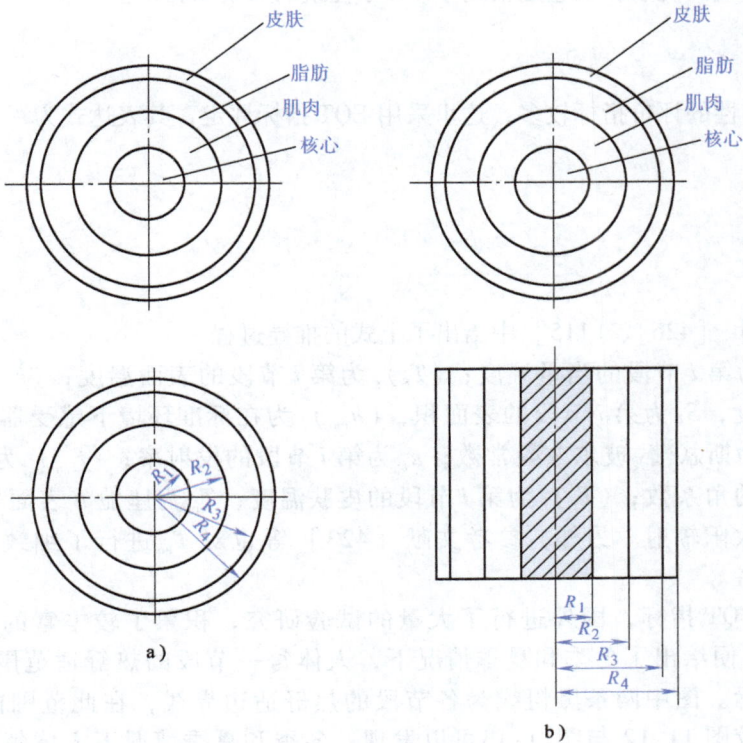

图 11-11 节段分层示意图
a）球体节段 b）其他节段

式中，ρ 为人体组织密度，c 为人体组织的比定容热容，λ 为人体组织的导热系数；q_m 为单位体积内的组织代谢产热量，B 为单位体积内的组织中的血流量；c_b 为血液的比定容热容，t 为时间变量；T_b 为血液温度；值得注意的是，这里 T_b 可通过求解中央血液能量平衡方程获得。

显然，式（11-48）便为生物热方程，它是典型的抛物型偏微分方程，该方程的边界条件为

径向满足
$$r = R_0, \quad -\lambda \frac{\partial T}{\partial r} = q_c + q_r + q_e - q_s \tag{11-49}$$

周向满足
$$T(\theta) \mid_{\theta=2\pi} = T(\theta) \mid_{\theta=0} \tag{11-50}$$

在不同层的界面处
$$-\lambda \frac{\partial T}{\partial r} \bigg|_{R-} = -\lambda \frac{\partial T}{\partial r} \bigg|_{R+} \tag{11-51}$$

式中，R_0 为所考虑的人体节段的半径；q_c 为体表与环境间的对流换热；q_r 为体表与环境间的辐射换热；q_e 为人体蒸发散热；q_s 为太阳对人体的辐射换热。应指出的是，这里 q_e 应该包括皮肤有感蒸发、无感蒸发与呼吸换热三部分。很显然，有感蒸发项可以通过人体热调节系统中的控制分系统得到。

生物热方程式（11-48）的求解可采用有限差分法进行离散，用时间推进法进行求解[425]，以获得皮肤温度与核心温度。显然在计算式（11-49）中 q_e 项和 q_r 项时需要知道人

体该节段周围空气的流场，而它是借助于 N-S 方程组的求解获得的。

11.4.2 人体热舒适性的计算

人体热舒适性的评价指标较多，这里采用 EQT 指标评定，其表达式为

$$(T_{eq})_i = (T_S)_i - \frac{8.3(v_{air})_i^{0.6}S_i[(T_S)_i - (T_a)_i]}{(h_{cal})_iS_i} +$$

$$\frac{\sum_n \{\sigma\varepsilon_i f_{i,n}[(T_S)_i^4 - T_n^4]S_i\} + Q_{sol}}{(h_{cal})_iS_i}$$

$$(11\text{-}52)$$

参考文献［425］、［426］、［115］中给出了上式的推导过程。

式中，$(T_{eq})_i$ 为第 i 节段的当量温度；$(T_S)_i$ 为第 i 节段的表面温度；$(v_{air})_i$ 为第 i 节段周围的空气速度，S_i 为第 i 节段的表面积，$(h_{cal})_i$ 为在标准环境下感受器标定时的对流换热系数；σ 为斯忒藩-玻尔兹曼常数；ε_i 为第 i 节段的发射率；$(f_{i,n})$ 为第 i 节段对座舱 n 表面而言的角系数；$(T_S)_i$ 为第 i 节段的皮肤温度；T_n 为座舱 n 表面处的温度；Q_{sol} 为人体得到的太阳辐射。另外，参考文献［423］等也对 T_{eq} 进行了细致的讨论，可供读者进一步参考。

为了采用 EQT 指标，国外进行了大量的试验研究，积累了较丰富的数据，例如参考文献［520］便给出了冬季和夏季情况下，人体每一节段的热舒适范围，如图 11-12 与图 11-13 所示。图中两条黑粗线为各节段的热舒适边界线，在此范围内 90% 的人会感觉舒适。比较图 11-12 与图 11-13 可以发现：冬季和夏季情况下人体每一节段的热舒适范围不同，头部和脚部舒适范围的差异在冬季表现得更明显，而夏季各节段的热舒适范围差别不大。

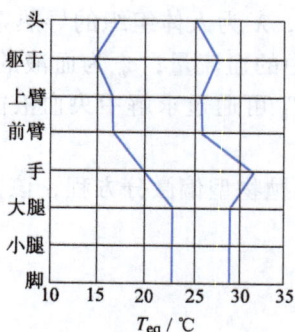

图11-12 冬季人体的热舒适范围

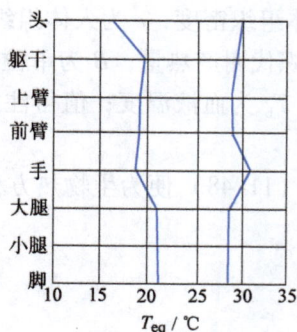

图11-13 夏季人体的热舒适范围

11.4.3 典型算例与分析

1. 车室的主要几何参数以及相关输入参数

本算例中，输入的外环境参数为：北纬 30°，某年 7 月 21 日，下午 2 时，外界气温 38℃，相对湿度 50%，车速 40km/h；输入的车室的几何参数为：车室长 2600mm，仪表盘长 420mm，前座椅距仪表盘的距离为 150mm，前座椅总长 570mm。另外，计算时取太阳辐射为 1125W/m²，发动机散热量为 0.067kW，车顶传入的热量为 0.125kW；在计算中取送风

速度为 10.5m/s，送风温度为 11.4℃，送风倾角为 0rad，回风温度为 22.4℃。其他参数参阅参考文献 [425]。

考虑到车室的形状与内部结构较为复杂，为此在进行数值计算时对车室的几何结构进行了必要的简化，这里只考虑了风窗玻璃、后窗、左右门、前后框架、仪表板、前后座、地板、车顶、进出风口以及人体（即驾驶员或乘员）等部分。这里采用 Unigraphics[521] 生成三维的无人车室与载人车室的几何图形，以便于网格的生成与流场的计算。

2. 关于流场计算的几个典型算例

分别对二维无人时的车室、二维有人时的车室、三维无人时的车室以及三维有人时的车室流场与温度场进行计算。参考文献 [425] 的流场计算，采用的程序是用 FORTRAN 语言和 C 语言编制的源程序[522,523]。多年来流场计算的实践表明了这些程序的功能是可信的、有效的[524]。当然，读者也可使用 FLUENT、PHOENICS、STAR-CD 或 FLOW-3D 等软件。图 11-14 与图 11-15 分别给出了所得到的流场计算结果。

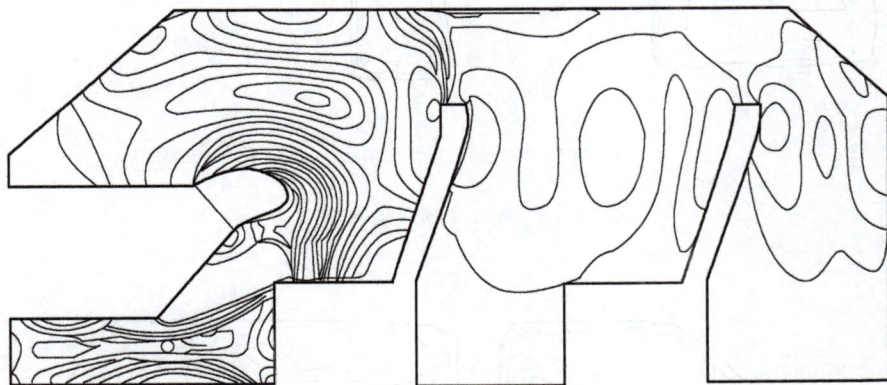

图 **11-14** 二维无人车室内气流速度场的等值线

图 **11-15** 二维载人车室内气流速度场的等值线

图 11-16～图 11-19 给出了所完成的三维流场与温度场计算的部分结果。从计算结果可以清楚地看出，虽然车室狭小，但室内的速度场与温度场并不均匀，因此，为了较好地进行人体热舒适性评价，进行三维流场与温度场的计算是完全必要的。

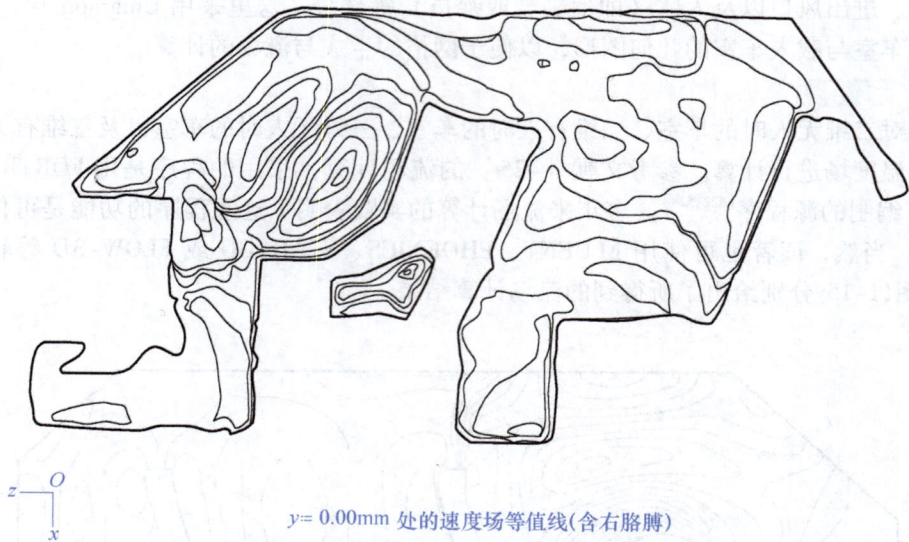

$y = 0.00$mm 处的速度场等值线(含右胳膊)

图 11-16　载人车室三维计算（1）

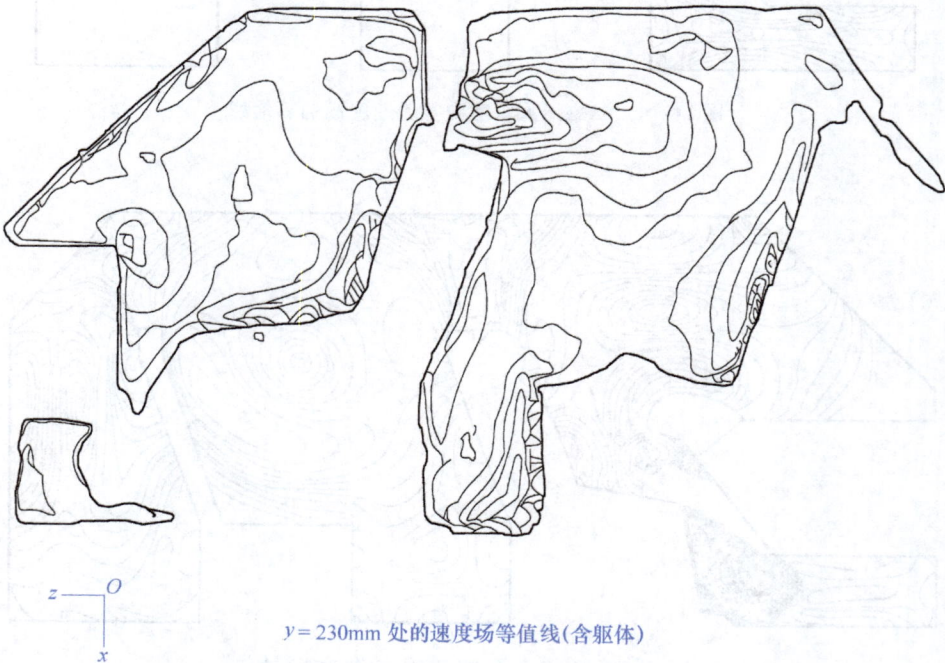

$y = 230$mm 处的速度场等值线(含躯体)

图 11-17　载人车室三维计算（2）

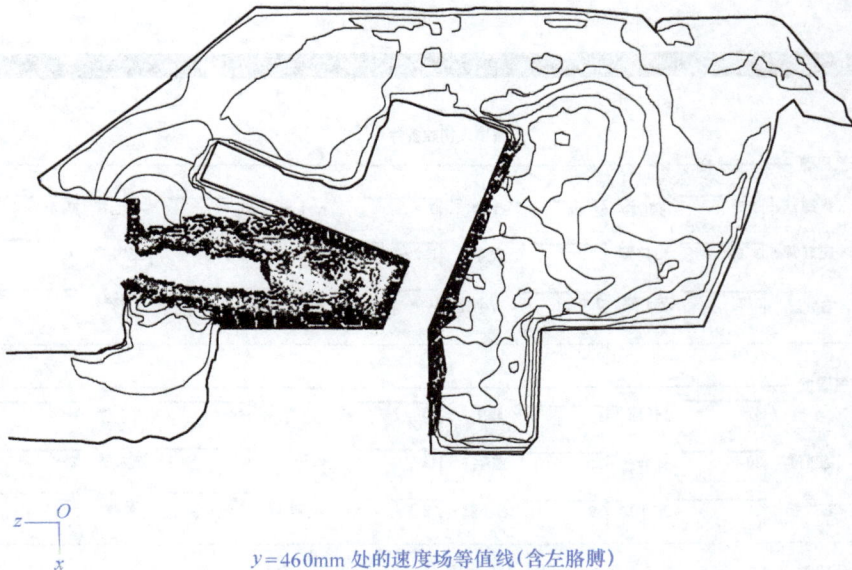

$y=460$mm 处的速度场等值线(含左胳膊)

图 11-18　载人车室三维计算（3）

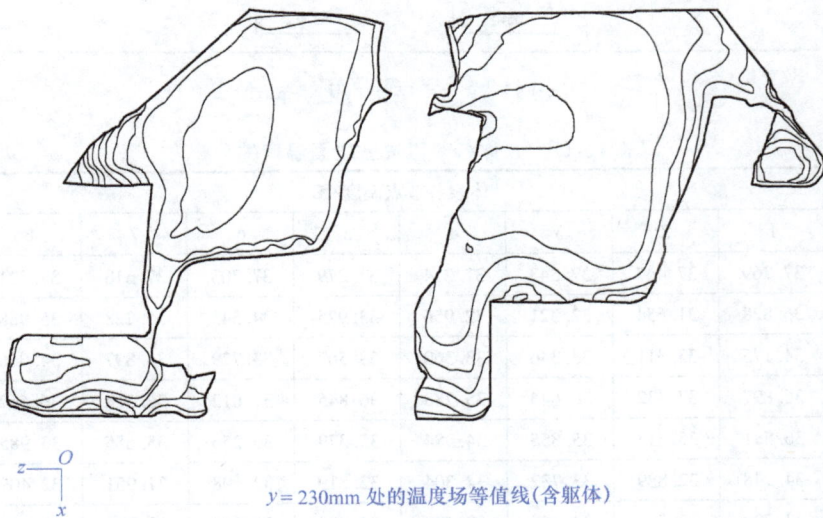

$y=230$mm 处的温度场等值线(含躯体)

图 11-19　载人车室三维计算（4）

3. 关于人体生物热方程求解的典型算例

在流场求解后，借助于式（11-48）及其边界条件便可计算人体皮肤温度的分布。参考文献［426］采用 Visual C^{++} 语言编制了相应的计算程序。图11-20 给出了程序初始化菜单界面。计算时首先要输入人体特征参数（如身高、年龄、体重和性别），需要计算人体各节段的几何尺寸以及体重分配，计算各节段的基础血流量以及代谢产热，然后对人体各节段进行网格划分，并将方程式（11-48）进行差分离散，最后将离散化后的代数方程组进行求解。表 11-12 给出了计算输出的体表各节点上的温度值，这些值为进行人体热舒适性评价提供了具体的基础数据。

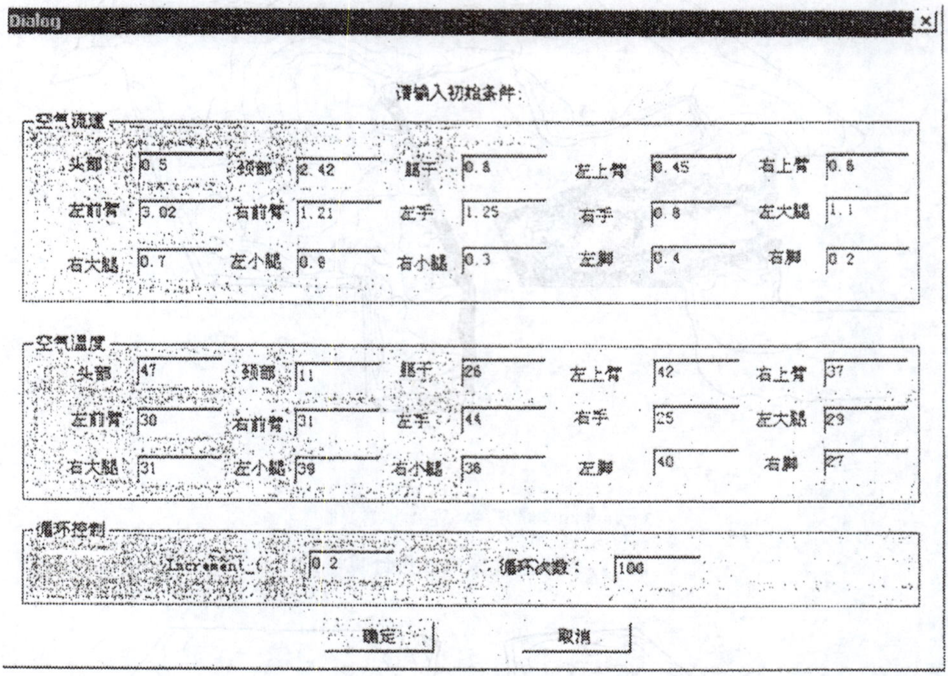

图 11-20　程序初始化菜单

表 11-12　人体各节段皮肤表面温度的分布

节 段 名 称	体表各节点温度/℃								平均体表温度/℃
	1	2	3	4	5	6	7	8	
头部	37.269	37.447	37.343	37.214	37.279	37.303	37.318	37.321	37.31
颈部	36.828	31.654	32.321	32.956	33.925	34.543	35.228	35.968	34.18
躯干	34.175	33.311	33.346	33.360	33.567	33.729	33.897	34.066	33.68
左上臂	36.897	37.432	36.645	35.783	36.845	37.012	36.518	36.662	36.72
右上臂	36.581	35.617	35.855	34.984	35.379	36.256	35.655	35.985	35.79
左前臂	34.248	32.889	33.732	34.304	32.819	32.698	31.951	32.409	33.13
右前臂	33.792	33.503	34.467	32.539	33.508	33.824	33.176	33.533	33.54
左手	37.030	36.953	35.526	36.834	37.472	38.735	36.168	36.983	36.96
右手	32.442	34.045	33.386	32.631	32.898	32.512	33.407	32.453	32.97
左大腿	34.979	34.816	35.196	34.609	35.460	34.995	33.613	34.823	34.81
右大腿	34.853	34.339	35.027	34.981	33.682	33.614	34.346	34.522	34.42
左小腿	35.841	35.535	36.464	35.016	36.163	35.970	34.062	35.573	35.58
右小腿	35.488	34.298	34.124	33.860	34.625	34.586	34.374	34.813	34.52
左脚	37.386	35.627	36.182	36.034	36.405	35.211	35.967	36.398	36.15
右脚	33.754	33.656	34.023	33.962	33.191	34.148	32.959	33.698	33.67

4. 人体热舒适性的 EQT 评价及算例

在车室内的三维流场以及人体的生物热方程求解之后，便可借助于式(11-52)计算出人体各节段的 T_{eq} 值，并将 T_{eq} 值与图 11-12 或图 11-13 给出的范围进行比较。图 11-21 给出了算例中驾驶员的热舒适状况图。图中两条粗实线为参考文献[520] 给出的热舒适边界线，图中黑点和圆圈为计算的结果，其中圆圈代表驾驶员身体的右侧值，黑点代表身体左侧的值。显然，在这个算例中人体的某些节段的 T_{eq} 值已超过热舒适所允许的边界线，这说明车室内的热环境有待进一步去完善。另外，由图 11-21 还可以看出，仪表盘附近的通风口使驾驶员身体的上部节段（如躯干、上臂与前臂）的感觉较好；由于大量冷风直接吹到了驾驶员右手，所以该部位比较冷。而车顶部分

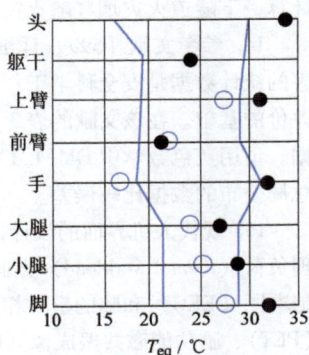

图 11-21 算例中驾驶员的热舒适状况图

由于太阳辐射温度较高，因此与头部的热交换改变了头部的局部热环境，故头部的 T_{eq} 值偏高。此外，由于风口的调节作用，身体下部右侧的感觉比左侧的好。

习　　题

1. 从安全人机工程学的观点来看，设计视频显示器时应该注意些什么问题？为什么？

2. 在视频显示器的工作间摆放仙人掌的用意何在呢？

3. 为什么人在计算机前工作时间太长时会有不适的感觉呢？

4. 请举例说明在汽车事故中人的操纵失误占很大比例的原因是什么？

5. 影响汽车驾驶员疲劳的主要因素有哪些？如何才能减轻驾驶员的驾驶疲劳呢？

6. 有人试图用多增加几个反射镜的办法去扩大和改善汽车驾驶员的视野，你认为这种设计可取吗？为什么？

7. 用图 11-5 所示可靠性模型 Ⅱ 描述某驾驶行为。如已知：$K_s = 0.36$，$K_O = 0.58$，$K_R = 0.92$，试计算出这时实际驾驶的可靠度。（其他相关参数的取值见下面表格）

P_{S1}	P_{S2}	P_{S3}	P_{S4}	P_{S5}	P_{O1}	P_{O2}	P_{O3}	P_{O4}	P_{O5}	P_{R1}	P_{R2}	P_{R3}	P_{R4}	P_{R5}
1.5	1.6	1.5	1.2	1.2	1.4	1.7	1.5	1.3	1.4	1.6	1.7	1.5	1.4	1.5
w_{S1}	w_{S2}	w_{S3}	w_{S4}	w_{S5}	W_{O1}	W_{O2}	W_{O3}	W_{O4}	W_{O5}	W_{R1}	W_{R2}	W_{R3}	W_{R4}	W_{R5}
0.33	0.22	0.18	0.15	0.12	0.32	0.23	0.19	0.15	0.12	0.31	0.22	0.18	0.15	0.12

8. 在航天工程中压力制度的含义是什么？目前有几种压力制度？它们各有什么优缺点呢？

9. 在描述失重与超重状态时常引进符号 G，试问它的具体含义是什么呢？对此我国著名科学家钱学森先生给出了一个更为简明的解释[417]，你知道这个解释是什么吗？

10. 能否较细致地说明一下高空低压对人体所造成的危害是什么吗？

11. 为什么说在航天员的选拔中，心理素质方面的考查更为重要呢？

12. 对于非均匀热环境来讲，人的热舒适评价已发展了许多优秀的评价指标，EQT 是其中的一种。为使用这一评价指标，需要较准确地计算出人体各部分皮肤表面的温度。请你较详细地解释一下为什么在借助于三维流场、温度场的计算以及人体生物热方程的求解时，两者之间存在着一个迭代过程呢？

13. 对火灾与爆炸问题的理论分析与计算是安全工程专业最为关注的问题之一，作为例子，参考文献 [583] ~ [598] 曾对此进行了细致的分析与研究。你能否用数值方法（如湍流燃烧的大涡模拟）

计算一下隧道火灾烟气随火灾的发展而蔓延的情况。

14. 参考文献［599］详细地综述了 2004 年我国各省发生事故和自然灾害的情况。事故与自然灾害的统计数据是安全科学工作者急需的最基本科学技术数据之一，它是进行有效的安全分析、预测与评价的基础。在该文献的表 3 中给出了 2001～2004 年我国事故的基本统计数据，其中包括道路交通数据。请用灰色数学中 GM(1,1) 模型测算 2005～2007 这 3 年的交通事故，并与国家安全生产监督管理总局公布的数据比较误差。

15. 现代人机界面的设计，应该加入认知和神经人因学方面的考虑，必须要考虑能够反映人的心理负荷（mental workload）方面的指标。测量心理负荷的方法通常分三大类：①电生理方面的测量，如脑电图（EEG）和脑的事件相关电位（ERP）；②在血流动力学方面的测量，如正电子发射断层扫描（PET）、脑功能磁共振成像（fMRI）及经颅多普勒超声（TCD）等；③自主神经系统的测量，如心率变异性等。试描述 ERP 的基本原理。

第 *12* 章

人为失误事故的典型案例与分析

以史为鉴，警钟长鸣。本章挑选了 12 起我国在航空、航海、公路交通、煤矿、化工、特种设备（包括锅炉、压力容器、压力管道、起重机械、客运索道）等领域中由于人为失误所导致的重大事故[525~534]，借助于对这些案例的分析，既能够吸取教训，又可以总结事故发生的规律，为今后的事故预防奠定基础。另一方面，也是借助于这些用生命代价和巨大财产损失换来的惨痛教训，再次告诫人们加强安全生产教育、加强安全人机工程学方面学习的重要性。

12.1 人为失误的定义及分类

12.1.1 人为失误的定义

对于某一具体的人机系统而言，人为失误是指对系统已设定的目标及系统的构造、模式、运行发生影响，使之逆转运行或遭受破坏的人的因素所造成的各种活动。显然，人为失误一方面影响系统的安全性，另一方面也影响系统的可靠性。它是造成系统故障与性能不良、可靠性降低的原因，也是诱发事故的主要因素。

由于人的行为具有多变、灵活和机动的特性，实际生产中的人为失误表现多种多样。根据对各类生产操作活动进行分析，人为失误的表现大体上可分为以下几个方面：

（1）操作错误，忽视安全与警告。

（2）人为造成安全装置失效。

（3）使用不安全设备。

（4）手代替工具操作。

（5）物体（指成品、半成品、材料、工具等）存放不当。

（6）冒险进入危险场所。

（7）攀坐在不安全的位置或在起吊物下作业。

（8）机器运转时加油、修理、检查、调整、焊接、清扫等。

（9）有分散注意力的行为。

（10）在必须使用个人防护用品用具的场合中忽视使用，或者穿不安全的装束。

（11）对易燃易爆的危险品处理错误。

12.1.2 人为失误的分类

1. 按作业要求分类

（1）遗漏差错。指遗漏了必须要做的事情、任务或者步骤。

（2）任务差错。指把规定的任务做错了。

（3）无关行动。指在工作中导入了无关的、不必要的任务或者步骤。

（4）时间差错。指没有按照规定的时间完成任务。

（5）顺序差错。指把完成任务的顺序搞错。

2. 按发生人为失误的工作阶段分类

（1）设计失误。这是发生在设计阶段的人为失误。例如，在电梯设计中没有设置超负荷限制器，致使电梯超载坠落，发生死人的事故；再如，打开高压危险设备屏护时没有设置报警和带电装置自动断电保护装置。

（2）操作失误。指操作者在作业操作中违反安全操作规程的不安全行为。

（3）检查或监测差错。指发生在检查、检验、监视、控制等作业工作中的人为失误。

（4）制造失误。指影响产品加工质量的人为失误。

3. 按人体因素或者环境因素分类

（1）由操作者个人所特有的因素造成的人为失误，例如操作者个人心理状态、生理素质、教育、培训、知识、能力、积极性等因素所造成的人为失误。

（2）由于环境因素所造成的人为失误，例如机器、设备、设施、器具、环境条件、作业方式、作业空间、车间的组织与管理等因素的影响所造成的人的失误。

4. 按大脑信息处理过程分类

（1）认知、确认失误。指从接受外界信息到大脑感觉中枢认知过程所发生的失误。

（2）判断、记忆失误。指从判断状况并在运动中枢做出相应行动决定到大脑发出指令这一活动过程中所发生的失误。

（3）动作、操作失误。指从大脑运动中枢发出的动作指令到动作完成过程中所发生的人的误操作。

5. 其他分类办法

将人为失误分成随机失误、系统失误、偶发失误三类。

（1）随机失误。指由于人的动作、行为的随机性质引起的失误，例如手工操作时用力的大小、精确度的变化、操作的时间差、简单的错误或一时的遗忘等都具有随机性。随机失误往往是不可预测的。

（2）系统失误。指由于设计不合理的工作条件或者人员的不正常状态引起的人为失误。易于引起人为失误的工作条件又可分为两种情况：其一是工作任务的要求超出了人的承受能力；其二是规定的操作程序方面的问题，在正常工作条件下形成下意识的行动和习惯，使人们不能应付突如其来的紧急情况。

（3）偶发失误。指由于某种偶然出现的意外情况引起的过失行为，或者事先难以预料的意外行为，如违反操作规程、违反劳动纪律的行为等。

12.2　北京东方化工厂储罐区爆炸特别重大事故分析

12.2.1　事故概况

1997 年 6 月 27 日，北京东方化工厂储罐区发生爆炸和火灾，造成 9 人死亡，39 人受伤，直接经济损失 1.17 亿元。

6 月 27 日 21 时许，北京东方化工厂储运分厂油品车间罐区内有易燃易爆气体泄漏，21 时 10 分左右，罐体操作室可燃气体报警器报警，21 时 15 分左右油品罐体操作员及油品调度检查气体泄漏源（2 人皆因气体爆炸而在现场死亡）。泄漏气体迅速扩散，与空气形成可燃性爆炸气体，在 21 时 26 分左右遇明火（或静电）发生瞬间空间爆炸。由于可燃性爆炸气体扩散，爆炸火源由门窗引入卸油泵房后立即发生爆炸，房顶和墙壁向外倒塌。此后，罐区由于油和可燃气体的泄漏部位多处着火而造成破坏。第一次大爆炸时，冲击波将球罐和保温层及部分管线摧毁破坏，造成乙烯罐区大火。随后，着火处附近的其他管线相继被火烤，导致破裂而使大量乙烯泄漏。21 时 42 分左右，油品车间乙烯 B 罐发生解体性爆炸。爆炸瞬间，爆炸物在空间形成巨大火球并以"火雨"方式向四周抛散。B 罐爆炸残骸由破口反向呈扇形向西北飞散，打坏管网油气管线后引起大火，并造成周围建筑物的破坏。在爆炸冲击波的作用下，相邻的 A 罐被向西推倒，A 罐底部出入口管线断开，大量液态乙烯从管口喷出后在地面遇火燃烧。A 罐罐内压力升高，顶部鼓起裂开 1m 长的 T 形破口。同时，C 罐与 D 罐的出入口管线也相继被破坏，大量乙烯喷出地面后燃烧。此次事故过火面积达 98000m^2，大火烧毁罐区内 6 个 10000m^3 的立式储罐（其中轻柴油罐 2 个，石脑油罐 4 个）、12 个 1000m^3 储罐中的加氢汽油和裂解油气储罐，并且导致了压力罐区的 13 个球形储罐中的乙烯 B 罐解体爆炸，乙烯 A 罐翻倒在原位置西侧，球体上极板附近两处鼓包开裂，乙烯 C 罐与 D 罐的 6、7 号柱腿均被烧变形，A、C、D 罐进出料口断裂；球罐因过火严重，其朝向东北的赤道板上缘附近产生了一个长约 3m 的鼓包开裂；罐区内其他各储罐均有不同程度的损坏。同时由于事故过程中的燃爆，还造成罐区北侧卸油泵房倒塌，卸油一号栈桥和罐区周围建筑物被部分摧毁，部分火车罐车被掀离铁轨或被烧损毁。

12.2.2　事故原因分析

由事故现象和信息表明，此事故经历了四个阶段：①6 月 27 日晚 21 时左右，罐区出现了可燃气体泄漏；②21 时 26 分左右，发生第一次爆炸燃烧（油泵房爆炸）；③21 时 42 分左右乙烯 B 罐发生大爆炸；④整个罐区发生大火。

由此可见，事故的演变过程存在着合乎逻辑的因果关系，即：泄漏的可燃气体是引发第一次爆炸的原因，而第二次爆炸既是泄漏的可燃气体引发的结果，又是导致乙烯 B 罐爆炸的原因。

调查证明，出现第一次爆炸前，整个罐区的空气中已经弥漫着大量可燃气体，其直接证据如下：

（1）21 时 5 分，在罐区不同区域的职工都闻到可燃性气体的怪味。

（2）21 时 10 分左右，在控制室中的操作人员观察到仪表盘上有可燃性气体的报警信号显示。

为了判定可燃性气体的来源，对当时罐区的情况进行了分析：

（1）在18个常压立式罐内，装有包括石脑油、轻柴油、加氢汽油、调质油、裂解汽油、碳九、燃料油、乙二醇在内的8种可燃物料。

（2）在13个高压球罐内装有包括乙烯、丁二烯、抽余碳四、碳五、丙烷、混合碳四在内的6种可燃物料。

（3）约在20时30分左右，当班工人正将铁路上的45节车皮轻柴油卸入常压罐区。

上述可燃物料中任何一种大量泄漏，都有可能成为可燃气体。遇到火源，都会引起燃烧爆炸。为此要判断首先泄漏的是何种可燃物料。显然，最直接的物证应是在爆炸时死于现场人员的尸检结果（因为死亡现场人员的肺里与气管中必然会保留有死亡前吸入的环境气体，这些环境气体中所含有的可燃气体组分，则应是这次事故首先泄漏的可燃气体）。北京市公安局刑事科学技术监测中心对9位死者进行了尸检，结果得出：死于现场的4人（其中3人死于油泵房附近，1人死于石脑油罐附近）的肺部与气管中查出存在石脑油、轻柴油和加氢汽油的组分，而无乙烯组分；死于医院的5人的肺部与气管中既无石脑油、轻柴油和加氢汽油组分，也无乙烯组分（这是因为他们5人离开现场后还进行了呼吸，已将吸入的可燃性气体排出体外）。这一检测结果证实：乙烯B罐大爆炸前，弥漫于罐区空气中的可燃气体是石脑油、轻柴油和加氢汽油油气，而不是乙烯。按照事物发展的因果关系，在确定了此次事故的可燃性气体是石脑油气等之后，必须要找出这些可燃物料是从哪里来的，又是如何泄漏的相关证据。经查证：

（1）6月27日20时工人交接班。接班工人的任务是将火车上45节车皮内的轻柴油卸入轻柴油罐区的B罐中。按照操作规程要求，应将通向轻柴油罐区的总阀门打开，而将通往石脑油罐区的总阀门关闭（因两者共用一条管线）。

（2）然而现场勘测结果证实，上述两个总阀门的实际状态是：通向轻柴油罐区的总阀门处于关闭状态，无法向轻柴油罐区卸入轻柴油；而通往石脑油罐区的总阀门处于开启状态。因此，从火车上卸下的大量轻柴油被错误地卸入到石脑油罐区的A罐中（注：石脑油罐区有A、B、C、D共4个罐，其中A罐的分阀处于开启状态。）

（3）在6月27日20时之前的数据记录纸上写明：石脑油A罐的液面高度为13.725m（装满时为13.775m），这说明在接班前，A罐已装满了石脑油。

上述证据已清楚地表明：6月27日20时工人接班后，由于通向轻柴油罐区的总阀和通向石脑油罐区的总阀分别处于错关和错开状态，因此使本应卸入轻柴油罐中的轻柴油被错误地卸到已装满石脑油的A罐中，从而导致大量的石脑油溢出。溢出的大量石脑油（大约637m³）挥发成可燃气体，在微风的吹动下，很快整个罐区弥漫着高浓度的可燃石脑油等油气。由此可以得出，从6月27日20时接班开始卸轻柴油，到21时左右人们闻到可燃气体的怪味并接到可燃气体警报，再到21时26分左右油泵房爆炸燃烧，最后导致乙烯B罐被烧烤，于21时42分左右发生乙烯B罐大爆炸，构成了具有逻辑因果关系的事故链。

综上所述，北京东方化工厂的这起事故是一起责任事故。

12.2.3　事故教训及预防同类事故的措施

虽然这次特大事故的直接原因是操作失误，但企业在安全管理体制上存在的疏漏也不可低估。事实上从 6 月 27 日 20 时开始卸轻柴油到 21 时 42 分发生大爆炸，历时 1h 40min。在此期间，只要能切断事故链中的任何一个环节，都可能有效地制止事故的发生与发展。遗憾的是，酿成了上述的悲剧。因此，加强安全教育，提高从业人员的安全意识和敬业精神是非常重要的。从这次事故中，反映了该企业的安全设施存在着问题，至少表现在下面的两个方面：一是在设备的设计上没有防止误操作的技术设施，这是出现误操作的潜在因素；二是在出现操作失误时，缺乏及时发现与信息反馈的技术设施。同时，企业要加强安全管理体制中的监控、检查机制，加强对企业内各个关键环节的安全监控与检查。

12.3 上海高桥石油化工公司炼油厂液化气爆炸事故

12.3.1 事故概况

1988 年 10 月 22 日凌晨，上海高桥石油化工公司炼油厂小凉山球罐三区 14 号球罐液化气外溢，扩散到罐区西墙外，与工棚明火相遇，发生液化气爆炸事故。在连续沉闷的爆炸声中，南北 350m、东西 250m 的地带燃起熊熊大火。相邻球罐区的 10 多间简易工棚化为灰烬，围墙内建筑物受到破坏，变压器、电缆、电信仪表等严重损坏，变压室房顶开裂，一扇铁门飞出 60 多米远。事故造成 25 人死亡，17 人烧伤。

12.3.2 事故原因分析

（1）10 月 21 日 23 时 40 分，操作工违反操作规程开阀放水，没切换开关，阀门全部打开，9.7t 液化气随水通过污水池排出。

（2）班长在接到门岗保安人员发现异常气味的报告后麻痹大意，保卫队书记、保卫科、值班室等接到门岗电话后不及时处理，贻误了时机。当班的 7 名工人中 3 人做饭，后又有 2 人关门睡觉。工人在球罐区安装炉灶，无人制止。

12.3.3 事故教训及预防同类事故的措施

（1）使用单位要加强对操作人员的安全教育，尤其是压力容器，要使其了解设备的特殊性并严格按操作规程操作。

（2）要大力健全必要的规章制度，并切实贯彻执行。

（3）要严格安全防护措施的落实。

12.4 南京金陵石化公司炼油厂爆炸事故分析

12.4.1 事故概况

1993 年 10 月 21 日下午 3 时，金陵石化公司炼油厂油品分厂半成品车间无铅汽油罐区，操作工黄某在开启 310 号汽油罐出口阀作循环调合时误开了 311 号汽油罐出口阀，造成了 311 号罐内汽油打入已经满罐但入口阀处于开启状态的 310 号罐。下午近 6 时，310 号罐浮顶被顶破，大量汽油外冒、气化、扩散、流淌后，汽油蒸气遇罐区公路上行驶的手扶拖拉机排气管火星爆炸燃烧，万吨油罐冒起了冲天大火。罐顶、罐区、阀门、沟管、山林同时多火点烧成一片，燃烧面积达 23437.5m²。南京市消防支队"119"调度室闻警后，调全市 99 辆消防车前往火场，江苏、上海、安徽等兄弟省市又调出 88 辆消防车增援，6000 余人军警民联合作战，经过 20 多个小时，大火于次日上午 11 时 15 分被扑灭。现场 2 人死亡（其中 1 人是农民工），直接经济损失 38.96 万元。

12.4.2　事故原因的分析

对于这样一场大火，有很多问题需要出示明确的科学依据，例如 310 号与 311 号油罐内的油发生了怎么样的移位变化？爆炸燃烧共损耗了多少汽油？引爆原因究竟是手扶拖拉机排气管火星还是人体静电等。

1. 爆炸耗油量的计算

310 号油罐冒顶溢油后，汽油蒸气扩散与空气混合遇火源引起爆炸，在爆炸空间范围和燃烧部位都明显留下痕迹。经测量，可燃混合气体的爆炸发生面积为 23437.5m²；尽管现场地势不平，烧痕高度不一，但根据树上枝叶烧焦和山坡、建筑物等的烧痕高度，可估算出爆炸混合气体扩散的平均高度为 5m，爆炸的空间体积为 117187.5m³。由于汽油爆炸极限的下限为 1.3%，因此现场汽油的体积分数一定大于 1.3%；空间爆炸时汽油蒸气的平均体积分数为 2.2%（这一数据的推判是根据当时一位操作工发现情况从操作室出来，没走几步就忍受不住油气异味而晕倒在地，据查能致人昏迷的油气浓度（体积分数，下同）为 2.2%，当然各扩散点扩散浓度不尽相同）。爆炸损耗汽油量可由下式算出，即

$$G = \frac{ShcM}{22.4 \times 10^{-3}} \tag{12-1}$$

式中，G 为燃爆时损耗的汽油量（t）；S 为燃爆面积（m²）；h 为燃爆平均高度（m）；c 为平均汽油蒸气的浓度（%）；M 为汽油气相对平均分子量，M = 96。

将上述具体数据代入式（12-1），算出空间爆炸损耗汽油为 11.5t。如果取汽油爆炸的能量为 43124.04kJ/kg，换算成 TNT 当量相当于 96.737t，可见此次爆炸的总能量是非常大的，但它不是"点源"，而是在 20000m² 左右的完全敞开空间进行的，因此没有形成超压和冲击波，对涉及的建筑物仅有轻微的损坏。

2. 两油罐罐内油位变化的计算

310 号罐和 311 号油罐在爆炸前罐内油位都发生了非正常的变化。310 号油罐在爆炸前处于自循环状态，油位既不应该增加，也不应该减少；311 号油罐在爆炸前处于静止状态，液位不应该有变化。但火灾后测定，310 号罐油量已增加至满罐燃烧并外溢，311 号罐油面降低了 1.822m。经查实，310 号罐循环泵的输送能力为 351m³/h，311 号罐油的减少量，恰是泵在起动后到爆炸这段时间内打入 310 号罐的量。310 号罐在泵运转前的液面为 14.26m，发生爆炸事故后浮顶外露，油量已经增加。这说明 310 号罐入口阀事故前已经处于开启状态，油量的计算过程如下：311 号油罐原有油位 13.972m，爆炸后检查为 12.15m，减少了 1.822m，合计减少量为 855.585t，这部分油应该全部进入了 310 号罐。在 310 号罐火被扑灭后，为抢修罐底阀门，曾同时向罐内垫水和向 304 号罐压油 78.984t，火灾后滞留在 310 号罐内的净增加的油量为 594.207t，由此便可得出事故中燃烧、跑损的总量为 182.394t。

3. 确定爆炸着火源

经鉴定该手扶拖拉机虽然有阻火器，但排气管堵塞积炭，已失去阻火作用，在拖拉机起动初期时常有火星冒出。另外，该拖拉机经过的道路恰好是汽油蒸气扩散挥发的边缘偏内一点，蒸气浓度处在最佳状态。此外，经尸体解剖发现拖拉机手吕某与油罐操作工滕某的烧伤部位明显不同，从而再次认定了手扶拖拉机排气管火星为着火源。

12.4.3　事故教训

虽然本事故是由于错误地将循环线上 311 罐出口阀打开造成 311 罐抽出的油进入 310 罐所致，但这一操作在计算机连续报警的情况下，始终没有引起操作人员的重视。交接班不严不细，没有发现在事故状态下运行，接班后事故状态延续，导致 310 罐冒罐外溢，汽油蒸气在罐区及罐区范围之外大面积扩散，致使 18 时 15 分左右驶入爆燃区的手扶拖拉机的尾气排气火花点燃了大面积扩散的汽油蒸气与空气混合物，酿成了这次大火灾。应该指出：整个罐区没有消防通道，未按规定设置防火堤，再加上消防设施不足（已有的也多数损坏不能发挥作用），这些都为灭火工作带来了困难。另外，特别严重的是罐区对机动车辆管理不严，未装阻火器的机动车辆可以随意进出。上述这些情况当时未引起该厂的重视。

因此，要加强对人的安全意识教育，强化企业的安全管理，要落实现场防护措施，真正做到防患于未然。

12.5　飞机一等飞行事故

12.5.1　事故概述

事故当日，我国某航空公司某机组驾驶 TY154MB—2610 号飞机执行航班飞行任务。飞机于 8 时 13 分由甲机场起飞，离地 24s 后机组报告飞机飘摆，保持不住，飞机"嗡嗡"作响。飞行员用额定功率保持 400km/h 的速度上升。8 时 16 分 24 秒机组报告飞机以 20°的坡度来回飘摆；8 时 16 分 58 秒机组报告飞机飘摆坡度达到 30°；8 时 17 分 6 秒机组报告 2 名飞行员都保持不住飞机。机组采取了短时接通自动驾驶仪等方法进行处理，未能奏效。8 时 22 分 27 秒，飞机速度降至 373km/h，迎角 20°，出现失速警告。之后飞机左坡度为 66.8°，此时速度达到 747km/h，出现超速警告。在这一过程中，飞行高度由 4717m 下降到 2884m，飞机航向由 280°左转 110°，飞机最大垂直过载达 2.7g，最大侧向过载达 1.4g；8 时 22 分42 秒，飞机在 2884m 的高度上开始解体。最终飞机坠落在某县内，距甲机场 140°方位，49km 处。机上 146 名乘客（其中 13 名外籍旅客）、14 名机组人员全部遇难。

根据记录，事故发生前两日，飞机更换了 BH—701—2C 微动开关，更换了 ПКА—31 减振交换平台安装架。该工作是由 1 名工段长带领 2 名无操作证的人员进行的。更换后进行地面通电检查显示正常。检查结束后，整机放行单未按程序签字。

航前，机组反映 ABCY 俯仰通道有一次接不通，但仪表员进行地面通电检查正常。工作单记录完整、有效。出事当天，根据甲机场气象台当天的气象预报，当时的气象实况为：风向 70°，风速 3m/s，能见度 1500m，3 个 60m 的碎雨云；5 个 150m 碎雨云，8 个 300m 碎雨云，天气现象为小雨、轻雾。气象条件符合飞行标准。另外，经事故调查组确认，当日通信、导航设备正常，值班管制员口令清晰，措施符合规定。

事故现场位于某县内两河交汇处。周围未见高大建筑。根据该省测绘大队测定的结果，飞机主要残骸分布在河两岸长2000m、宽1000m的范围之内。经对飞机残骸的检查发现，驾驶舱中央操纵台指示偏航37km，正驾驶高度表值为990m，马赫数表值为0.56，空速表570km/h，随机工程师仪表板的高度表值为980m，速度表值为562km/h，检查前设备舱残骸时发现，ΠKA—31安装架后面的倾斜阻尼插头（щ7）和航向阻尼插头（щ8）相互错插。

经公安刑侦技术人员对飞机残骸的勘察及化验分析，未发现弹出、爆炸等异常现象。另经法医对160具尸体的检验证明，死者多为脑颅崩裂，躯体多发生骨折，反映出死者受外力巨大，受力面广，具有高坠及冲撞损伤的特点，未发现人为加害所致损伤。此外，飞机数据和舱音记录器完好。

12.5.2 事故原因分析

为了验证阻尼插头щ7与щ8错插后可能产生的直接后果，进行了机上地面故障模拟试验。试验结果表明：щ7和щ8错插后，在杆操纵状态（事故中的操纵状态）下，转动驾驶盘，副翼和方向舵有联动的不正常现象，而且用维修人员当日使用的通电检查方案，不能在驾驶舱内的故障搜索台和仪表板指示器上检查出错插的故障。为了进一步查清飞机飘摆的原因进行了飞行模拟试验，对TY154飞机关断阻尼器后的操作稳定特性进行了飞行试验。飞行试验结果表明：关断PA—56舵机后，飞机的俯仰、横侧操纵性以及振荡衰减能力变差。

正常的阻尼功能是，倾斜阻尼陀螺感受到的倾斜角速度信号应传送给副翼舵机，航向阻尼陀螺受到的偏航信号应传送给方向舵舵机。但由于插头插错，结果倾斜阻尼陀螺感受到的倾斜角速度信号传给了方向舵舵机。而航向阻尼陀螺感受到的偏航信号传给了副翼舵机。在飞行时，飞行员为修正姿态而压驾驶盘时，倾斜角速度信号传给了方向舵舵机，主向舵也跟着偏转，这使得飞机姿态发生异常的变化，飞行员感到无法控制，因而进行反复修正，这又使飞机飘摆不断加大，最后终于造成了急剧盘旋下降，表速和侧向过载都超过了飞机强度极限，导致飞机解体。值得注意的是TY154M型飞机ΠKA—31安装架和ABCY系统的设计没有防错插措施。щ7和щ8插头相邻，几何尺寸相同，插头的线数相同，仅用色标去表示其差别。

另外，按飞行手册的规定，排除飘摆故障必须同时关断航向和倾斜阻尼器，从飞行试验结果看关断阻尼器后飞机仍然是可操纵的，但是从舱音记录器听到飞行员没有按照这一要求去做。

总之，这一事故的直接原因是地面维修人员在更换ABCY安装架时，将щ7和щ8插头相互错插，导致飞机操纵性异常，使动稳定性变坏，最后失去控制，造成飞机空中解体失事。

12.5.3 事故教训与整改措施

这次空难事故调查中，查出该航空公司在机务维修工作中有许多漏洞，如当事的飞机维修人员无上岗合格证；有严重违反操作规程的现象，操作与管理有随意性，没有执行有关的检验规定等，以致这次因阻尼插头щ7与щ8互相错插酿成特大事故，因此强化敬业精神、强化责任心是非常重要的。

其次，要加强监督检查力度，强化对各类人员的技术培训和遵纪守法自觉性的教育。此外，建议对 $\mathrm{m}7$ 与 $\mathrm{m}8$ 的插头进行设计改装，要从设计上防止以后错误连接的发生。显然，这从侧面说明了安全人机设计的重要性与必要性。

12.6 汽车交通特大事故

12.6.1 事故概况

事故当日，某市运输公司第七车队驾驶员何某驾驶解放牌大客车，在行至某县会车时翻入公路东侧 3.5m 深的梯形混凝土水槽内，客车起火，43 人当场死亡，39 人（包括司机何某）受伤，车辆报废。

12.6.2 事故原因分析

事故发生地点道路状况良好，虽然当时在下雨，但并不影响行车。根据现场勘察认定，这次事故发生时该车行驶速度超过了该路段规定的速度，加之该车风窗玻璃破裂，刮水器不能正常使用，视线不清，待发现对面来车时驾驶员慌乱，且采取措施不当，造成了车辆翻入 3.5m 深的梯形混凝土水槽。因此，驾驶员违章超速行驶和车辆存在故障是造成本次事故的直接原因。另外，发生事故的大客车核定载客 45 人，但实际载客已达 80 余人。由于严重超载，使得车辆制动距离变长，虽然驾驶员会车时采取了制动措施，但超载的车辆根本不能在预计的制动距离内停止，于是造成车辆冲出道路。因此严重超载也是本事故的重要原因。此外，运输公司在实行单车抵押承包后，安全管理的配套措施跟不上，企业对部分驾驶员违章超载认识不足，存在着拼设备、拼精力、拼时间、跑"凑合车"的现象，以致酿成大祸。

12.6.3 事故教训与措施

加强对职工的遵纪守法教育，把安全行车放到首位。要坚持安全检查制度、清除事故隐患。另外，建议该运输公司要对所有已承包企业的合同进行一次全面检查，要把经济指标与安全指标联系在一起，要真正树立"安全第一"的思想。

12.7 轮船搁浅沉没重大事故

12.7.1 事故概述

某县海运公司经营的某轮船，该船总长 71m，船宽 11m，船深 3.55m，总重 776t，载重 1200t。它属于钢质货船，横骨架式结构，一个货舱，限于 5 级风以下航行。该船的救生设备为 2 只气胀式救生筏。据查实，该船原为一艘 1000t 级长江非动力驳船，后改建成自航货船，再后来改建成集装箱舱船，最后才改建为通舱散货船。出事时天气实况为：事故前一天 23 时 40 分至事故当日的 20 时，阴有雨，雨量中等，降水量 27.7mm，最低温度 5.4℃，东转东南风 4 级，最大 8 级；当日 20 时至次日 15 时 30 分，降水量 8.3mm，最低温度 4.1℃，东南风 3 级，下午北转西北风 4 级，最大 8 级（沿海风力比内陆风力一般大 1~2 级）。潮汐情况为：事故前一天高潮时间为18时16分，潮高215cm。事故当日，高潮时间分别为6时19分/19点14分，潮高分别为224cm/228cm；低潮时间为13时51分，潮高61cm。港口属于一个典型的淤泥质海岸上的河口港。该港原设有浮标5座（即1~5号浮标）。事故发生时，5座浮标中仅有的1号浮标与4号浮标均已不发光，2号、3号与5号浮标已漂失。

轮船出事的前2日载重755t煤从某港返回当地港，吃水量前2.6m、后2.7m，未封舱（货舱敞开），船上共有船员12人。事故前一天傍晚，该船趁当晚高潮进该港过程中，因船转向稍晚而在3号浮标附近搁浅、未能进港，退回1号浮标抛锚。夜里海上风浪增大，船有摇晃。事故当日3时30分，该船再次进港，当时海面风雨交加，风向东南风，风力6~7级，涨潮南流。该船在进港过程中因受风流的影响，航速很慢，船操作困难，渐向北偏，后被风浪推向浅滩，在接近3号浮标位置处搁浅，抛右锚。6时25分，该船告知公司，船已搁浅，请求公司派空船来拖救。7时30分，该船受风流（高潮后转北流）影响，向北走锚，又抛左锚，仍无法控制住船位，船仍向北移动。之前，船员们曾试图封舱，但因风浪大未成功。7时40分，船被风浪推至2号浮标位置。8点钟后，该船发生强烈摇摆，大浪撞击着飞进煤舱左侧。8时20分，该船被风浪推至1号浮标附近。8时45分，该船左舷梯被浪打掉。10时，风浪加大，该船煤舱进水增多，船发生左倾。船长要求海运公司派渔船前往救援。公司接报后，派人在港内联系过多条渔船，都因风大浪急无法前往救援。在港的海轮受潮水限制也无法出港救援。12时30分，该船再次向公司报告，请公司速派渔轮救人。从15时到16时，该船继续向左舷倾斜，货舱里积水很多，船长命船员将2只救生筏抬至驾驶台右侧二层甲板处。17时30分左右，看见救援轮后，该船开始起锚。当左锚离底后起右锚，锚机停电。随后，主机与辅机又相继停止工作（后清洗油道，主机又恢复了正常），船长即命启用应急发电机照明。17时45分，救援轮抵达该船附近，但因风浪太大，加之水深不够，多次试图接近该船均未成功，因此只好在离该船1n mile左右处抛锚。看见救援轮无法接近，又无渔船前来，该船船长向公司请求登筏弃船。21时左右，该船船体向左倾斜严重，船长担心船突然倾覆，于是决定打开救生筏，登筏。21时10分，该船船长再一次向公司请求离船。此时，船员已在大副带领下分成两组，每组6人从右舷主甲板上开始登筏，船长刘某和水手王某最后登筏。当王某双手扒在船旁，脚已够到筏时，听到筏上有人喊"筏漏气了"，于是王某立即爬回船上，接着看见筏很快沉下去，听见另一只筏上也有人喊漏气，看见筏也往下沉，并听到有人叫救命。2只筏下沉时，扣在船上的绳子均未断。21时30分左右，该船由于货舱大量进水而沉没。21时40分左右，王某向救援轮报告情况说，登筏的人因筏漏气，都已落水，船上就剩他一人。王某通报情况后，发现船右舷也上水了，于是设法进入海图室，等待救助。22时30分，王某发现西边偏北方向的岸边有两颗红光降落伞，立即将情况报告了救援轮。救援轮接报后，将情况报告了公司。海运公司立即指示巡逻队去查找，一直寻找到天亮，因雨夜、浪大、滩广，没有发现救生筏和落水人员。24时左右，王某最后一次与救援轮通话，告之其在海图室里，请求尽快救援，且高频就快没电了。第2天凌晨6时20分，某号轮出海救助王某，7时左右，将王某救下。

12.7.2 事故原因分析

这次事故船上12名船员1人获救，9人死亡，2人下落不明，直接经济损失约270多万元。造成该船沉没的直接原因是该船始终未封舱。据调查，该船平时就存在着航行经常不按规定封舱的情况，这次事故发生前，该船从某港开航时又未按规定进行封舱。航行途中，船长从天气预报中得知将有大风浪，但他也没有安排船员封舱，特别是在事故发生前一天晚上，该船高潮进港未成，必将在海上遭遇中雨和大风。事故当日早晨，该船进港过程中遭遇大风浪时，船长曾叫船员封舱。但此时风浪太大，封舱已不可能。正是由于该船货舱口始终敞开，造成海水和雨水毫无阻挡地进入货舱，致使船丧失浮力，导致船左倾并最终沉没。另外，救生筏不符合有关规定的要求，致使船员登筏后即产生漏气，直接导致了 11 名船员落水遇难。此外，在该船遭遇风浪特别是船左倾后，船员情绪不稳定，心里恐慌，船长对遇险形势判断有误，认为船会迅速倾覆，所以选择了黑夜、风大浪急的时候登筏弃船，弃船时机选择不当。

另外，恶劣的天气情况使许多救助措施无法实施，因此直接导致救助成效不大。客观上，该港口通航环境差，加之流沙底质，易发生船舶走锚。但是，大部分浮标漂失（尤其是作为船舶进出港转向最重要参照物的 2 号与 3 号浮标漂失），仅存的浮标又不发光，使得船舶进出该港变得更加困难。

该港的通航环境也给这次救助工作带来困难。大船因水浅无法出港口与靠近遇险的船，小船又因风浪大而无法前往救助，因此整个救助成效不大。

综上所述，该船沉没的直接原因是该船货舱始终敞开，加之气象海况恶劣，甲板大量上浪、海水直接从舱口灌入大舱，造成船舶丧失平稳性侧倾沉没。再加之，救生筏存在严重质量缺陷，船员登筏后筏体漏气沉没，使船员落水遇难。显然，这是一起重大的水上交通责任事故。

12.7.3　事故教训与整改措施

作为船舶的经营者（从事海上运输的企业或海运公司），长期直接经营管理该轮船，却一直未能发现该船配备的救生筏是渔用简易筏，显然这严重违反了国家船舶检验局关于《海船法定检验技术规则》的规定。另外，在本次事故发生前，海运公司从天气预报中已得知将有大风浪，但没有及时提醒船长采取封舱等有效防范措施。反映了港务管理局对航道和航标的维护管理的严重失职。

这次事故的教训惨痛。船舶经营者要切实加强安全意识、提高应急应变能力以及船员遇险自救能力；要切实落实各项安全规章制度，要一丝不苟，不要有侥幸心理；要认真改善港口通航条件、真正落实安全第一的思想。

12.8　TNT 生产线硝化车间特大爆炸事故

三硝基甲苯（TNT）是一种烈性炸药，它的安全生产更令人关注。以下分析一起某省TNT 生产线硝化车间发生的特大爆炸事故，以做警示。

12.8.1　事故概述

TNT 是一种烈性炸药，由甲苯经硝硫混酸硝化而成。硝化过程中存在着燃烧、爆炸、腐蚀、中毒四大危险。硝化反应分为三个阶段：一段硝化由甲苯硝化为一硝基甲苯（MNT），由 4 台硝化机并联完成；二段硝化由一硝基甲苯硝化为二硝基甲苯（DNT），由 2 台硝化机

并联完成；三段硝化由二硝基甲苯硝化为三硝基甲苯（TNT），由 11 台硝化机串联起来完成。其化学反应式为

$$CH_3C_6H_5 + HNO_3 + (H_2SO_4) \rightarrow CH_3C_6H_4(NO_2) + H_2O \qquad (12\text{-}2)$$

$$CH_3C_6H_4(NO_2) + HNO_3 + (H_2SO_4) \rightarrow CH_3C_6H_3(NO_2)_2 + H_2O \qquad (12\text{-}3)$$

$$CH_3C_6H_3(NO_2)_2 + HNO_3 + (H_2SO_4) \rightarrow CH_3C_6H_2(NO_2)_3 + H_2O \qquad (12\text{-}4)$$

三段硝化比二段硝化困难得多，不仅反应时间长，需多台硝化机串联，而且硝硫混酸浓度高，并且反应温度控制得比较高，因而生产危险性很大。这次特大爆炸事故就是从三段 2 号机分离器（代号为Ⅲ—2⁺）开始的。

发生事故的硝化车间由 3 个实际相连的厂房组成。中间为 9m×40m×15m 的钢筋混凝土 3 层建筑，屋顶为圆拱形，东西两侧分别为 8m×40m 与 12m×40m 的 2 个偏厦。硝化机多数布置在两侧偏厦内，而理化分析室布置在东偏厦内。整个硝化车间位于高 3m、四周封闭的防爆土堤内，工人只能从涵洞出入。爆炸事故发生后，硝化车间及其内部的 40 多台设备荡然无存，现场留下一个方圆约 40m、深 7m 的锅底形大坑，坑底积水深 2.7m。爆炸不仅使该厂厂房被摧毁，而且使包装厂房、空压站、分厂办公室等均遭到严重破坏。位于爆炸中心两侧的三分厂、南侧的五分厂、北侧的六分厂和热电厂，凡距爆炸中心 600m 范围内的建筑物均遭到严重破坏；1200m 范围内的建筑物局部被破坏，门窗玻璃全被震碎；3000m 范围内的门窗玻璃部分被震碎。在爆炸中心四周的近千棵树木，或被冲击波拦腰截断，或被冲倒，或被削去半边树冠。爆炸飞散物——残墙断壁或设备碎块，大多抛落在 300m 半径范围内，少数飞散物抛落得更远。例如，一根长 800mm、直径为 80mm 的钢轴被落至 1685m 处；一个数十吨重的钢筋混凝土块（原硝化厂房拱形屋顶的残骸）被抛落在东南方 487m 处，并将埋在地下 2m 深处的直径为 400mm 铸铁管上水干线砸断，水溢成河；一个数十公斤重的水泥墙残块被抛到 310m 远并砸穿了三分厂卫生巾生产厂房的屋顶，将室内 2 名女工砸成重伤。

据公布，这起事故造成 17 人死亡、13 人重伤、94 人轻伤；报废建筑物约 5 万 m²、严重破坏的有 5.8 万 m²、一般破坏的有 17.6 万 m²；损坏设备 951 台（套），直接经济损失 2266.6 万元。此外，由于停产和重建，其间接损失会更巨大。官方确认这起事故爆炸的药量约为 40t 的 TNT 当量，显然这是件特大事故爆炸案。

12.8.2　事故原因分析

由于这起事故已使原来的厂房和设备全被炸毁，现场变成了一个大而深的坑且有积水。尽管反复勘察事故现场，但找到的物证很少，代表及记录纸残缺不全，这给事故的分析造成很大困难。好在当班的 34 名工人中有 17 名幸存，经反复查询，他们提供了事故发生前的生产情况以及事故发生时的一些现象，查证了许多有关设计图和资料，做了一些模拟试验，最终确定并证实了事故的源头，即最先发生燃烧爆炸的设备是三段 2 号机分离器，其主要依据是：

（1）当事人口述。Ⅲ—2⁺机的操作工自述，他于 19 时从生产设备内取出硝化物和废酸样品送到理化分析室，约 19 时 15 分返回本岗位，发现Ⅲ—2⁺机分离器冒烟，就按规定打开分离器雨淋装置和硝化机冷却水旁路阀进行降温，然后去仪表控制室找班长报告情况。

（2）班长证词。班长叙述，19 时 15 分左右Ⅲ—2⁺机操作工向他报告分离器冒烟，他就带领 2 名工人来到硝化厂房，看到Ⅲ—2⁺机分离器冒烟很大，就指挥工人打开机前循环阀

加入浓硫酸，以进一步降温。但此措施没有奏效，厂房内已硝烟呛人，班长便和其他人退到厂房门口，接着就看见分离器沿口与上盖之间向外喷火，感觉情况危急，便立即向防爆土堤外面跑去，刚出涵洞，身后就"轰"地一声爆炸了。

（3）有关人员旁证。Ⅲ—10⁺机的操作工证实，他于 19 时 15 分从分析室送样品回来，看到Ⅲ—2⁺机分离器冒烟，就走过去问Ⅲ—2⁺机的操作工，得知温度不太高，他就回到本岗位。后来他曾看到班长指挥几个工人采取降温抑烟措施。但硝烟越来越大，他就退到厂房外面，一看到着火，就从附近涵洞跑出防爆土堤。

（4）物证。从炸塌的仪表控制室内找到了一些综合记录残片，经补贴复原后显示的数据证实，当天 19 时左右，三段硝化机硝酸浓度过高。工艺规程规定，Ⅲ—2⁺机硝酸浓度为 1.0%~3.5%，而记录为 7.9%；Ⅲ—4⁺机~Ⅲ—7⁺机硝酸浓度为 2.0%~4.0%，而记录上Ⅲ—5⁺机硝酸浓度为 12.6%，高出工艺规定 2~3 倍。这就造成工艺混乱，最低凝固点前移，反应最激烈的机台为Ⅲ—2⁺机。这些记录为Ⅲ—2⁺机最先冒烟、着火和爆炸提供了确凿的物证。

（5）从爆坑形状分析。从爆坑测绘图可知，最深处等高线呈鞋底形，口部呈鸭梨形，其主轴线与硝化机布置主轴线呈大约 5°夹角，这说明起爆原点是在三段硝化机前的几台机。根据工人所述的冒烟、着火现象，确定是Ⅲ—2⁺机最先爆炸，其冲击波使以后各机台发生不同程度位移，随即发生殉爆。尽管各机台几乎是同时爆炸的，但爆炸前的有规则的位移使留下的爆坑呈倾斜状态。

在查找本事故原因的过程中，曾把硝化过程中可能引发燃烧爆炸事故的条件按先后次序和因果关系绘成程序方框图，然后逐项查明各种因素的状态及影响程度，直至确认引发事故的原因。在分析中，排除了一些非相关因素（例如冷却蛇管漏水、冷却水中断或不足、搅拌器故障、仪表失灵、原料含杂质等），留下少数相关因素，于是理出了两条"事故因果链"，如图 12-1 所示。

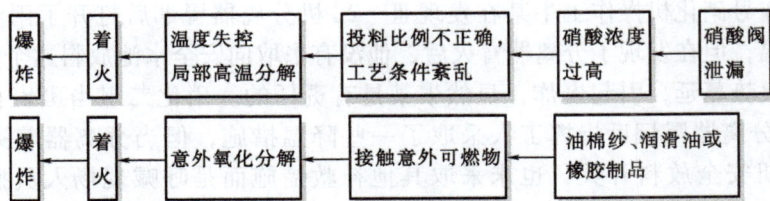

图 12-1 事故因果链

在第一条"事故因果链"中，关键是投料比不正确、工艺条件紊乱，它是由硝酸浓度过高引起的。这时硝化反应激烈，硝化机内反应不充分的反应物被提升到分离器内继续反应。而分离器内既无冷却蛇管，又无搅拌装置，于是容易造成硝化物局部过热而分解、着火。经调查，在这起事故之前就已存在这种现象。事故当日，白班生产工人已发现Ⅲ—6⁺机、Ⅲ—7⁺机硝酸阀泄漏，二班工人于 16 时半接班后，仪表工于 17 时进行了修理，但已漏入硝化系统中的硝酸使反应液硝酸浓度过高，Ⅲ—2⁺机内硝酸浓度达 7.9%，比工艺规定的 1%~3.5% 高 2~3 倍，这就导致工艺条件紊乱，局部高温分解，最终可能引起硝化物着火、爆炸。在第二条"事故因果链"中，关键是反应液接触意外可燃物，例如机内掉入油棉纱、润滑油、橡胶手套或橡胶垫圈等，它们与混酸中的硝酸发生强烈氧化反应而冒烟、着火。经详细调查发现，这起事故前没有棉纱等掉入，但在分离器沿口与上盖之间的填料用的是不符合工艺规定的石棉绳，它与高温、高浓度的硝酸混酸接触后可能成为引发事故的火种。前面提到，工人为降温抑烟，曾向机内加了大量浓硫酸，这就使混酸与石棉绳的接触机会增多。

通常的石棉绳是不可燃的，而从爆炸事故现场找到的石棉绳残段和工序小库房中用剩下的石棉绳均能用火柴点燃。经检验证实，这种石棉绳中只含有50%的石棉，其余为可燃纤维和油脂。为进一步核实石棉绳与硝酸混酸的作用，专门进行了模拟试验，证实此种石棉绳与工艺规定浓度的硝酸混酸作用，反应激烈，冒大量黄烟，温度由110℃上升到150℃。因此，使用这种石棉绳完全有可能引起硝化物的着火。而用符合工艺规定的石棉绳做对照试验，几乎不发生反应。

调查还找到了Ⅲ—2⁺机分离器起火后火势蔓延扩大的主要途径：一是通过硝烟排烟管传火，二是通过低矮的木屋面板传火。由着火转化为爆炸，主要是没有及时采取紧急安全放料措施所致。按规定，硝化机应有遥控、自动和手动三套安全放料装置。在万一着火的紧急情况下，及时打开安全放料装置便可将物料放入安全水池。但由于这个工厂建厂早、工艺落后、设备陈旧、厂房低矮、生产自动化程度低，本质安全条件差，硝化机上没有自动安全放料装置，着火后操作工和班长也没有及时手动放料，致使着火转化为爆炸。

综上所述，事故起因于Ⅲ—6⁺机与Ⅲ—7⁺机硝酸阀泄漏造成硝化系统硝酸浓度高，致使Ⅲ—2⁺机反应激烈而冒烟，此时高温、高浓度的硝酸混酸与不符合工艺规定的石棉绳（它含大量可燃纤维与油脂）相接触成为火种，引起Ⅲ—2⁺机分离器内硝化物着火；或者可能由于分离器内反应激烈，局部过热，引起硝化物分解着火。着火后，因硝化机本质安全条件差，没有自动送料装置，工人也没有手动放料，以致由着火转化为爆炸。

12.8.3 事故教训及改进措施

虽然三段2号硝化机操作工牛某在发现Ⅲ—2⁺机分离器冒烟后打开了雨淋阀和旁路冷却水阀进行降温，但在发现了分离器冒火后，他没有采取向安全水池放料这个关键措施就跑出现场，以致火势蔓延，引起爆炸，显然牛某是有责任的。硝化二组当班班长张某，虽在得知Ⅲ—2⁺机分离器冒烟后指挥工人采取了一些降温措施，但当分离器着火后没有督促工人打开硝化机安全放料开关，也未采取其他补救措施而是呼喊现场人员撤离，显然张某也有责任。事故调查中发现硝化机分离器与沿盖之间使用的填料石棉绳具有可燃性（即伪劣产品），这是引起分离器着火的主要原因之一。这一责任应由谁负，请读者自己判断。

这次特大爆炸事故，也暴露出该企业在许多方面的不足。

1. 在设施和技术方面

（1）危险品生产厂房应符合防火防爆的要求。然而这次发生爆炸事故的车间，硝化生产线主要布置在砖木结构的西侧厦门，分离器盖距木屋面板仅1.7m，以致木屋面板成为传火物。此外，硝化车间的主体建筑采用钢筋混凝土重型房顶，因此，一旦发生爆炸事故便会造成大块飞散物砸坏周围建筑物和砸伤人。

（2）要切实提高危险品生产设备的本质安全化程度和自动化水平，要有完善的安全防护装置。

（3）危险品的生产厂房内工艺布置应该整齐有序、方便操作、有利于安全疏散。而发生事故的这个厂房设备密集，管道纵横，工作操作需从铁梯上下，很不方便，更不便于疏散。

（4）危险品厂房与周围建筑一定要有足够安全的距离。而这次事故之所以造成如此巨大的人员伤亡和财产损失，恰好与工厂布局不合理、安全距离不够有很大关系。

2. 在生产和安全管理方面

（1）危险品生产应有严格的工艺设备的管理体系。硝化车间发生事故前，设备多次出现故障，多次更换阀、垫，开车、停车频繁，造成工艺紊乱。

（2）危险品生产要有严格的劳动纪律，严禁串岗、脱岗。据调查，这起事故发生前半小时内，34 名工人中竟有 6 人脱离岗位。

（3）要加强辅助生产用料的管理。例如需对石棉绳的耐火耐酸等特性进行检验后才能用于生产。

12.9　上海沪东造船（集团）有限公司特大吊装事故

12.9.1　事故概况

2001 年 7 月 17 日 8 时许，在上海沪东中华造船（集团）有限公司船坞工地，由上海电力建筑工程公司等单位承担安装的 600t 起质量、170m 跨度的巨型龙门起重机，在吊装主梁过程中发生倒塌事故，造成 36 人死亡，2 人重伤，1 人轻伤。死亡人员中，有副教授 1 人，博士后 2 人，在职博士 1 人，造船厂职工 23 人，其他 9 人。事故造成经济损失约 1 亿元，其中直接经济损失 8000 多万元。

该起重机结构主要由主梁、刚性腿、柔性腿和行走机构等组成，轨距 170m，主梁底面至轨面的高度 77m，主梁高度 10.5m，主梁总长度 186m，含上、下小车后重约 3050t。正在安装的主梁分别利用由龙门起重机自身行走机构、刚性腿及主梁 17 号分段的总成（高 87m，重 900 多吨，迎风面积 1300m²，由 4 根缆风绳固定）与自制塔架作为 2 个液压提升装置的承重支架，并采用同济大学计算机控制液压千斤顶同步提升的工艺技术进行整体提升安装。其起重机吊装过程的时间进程表如下：

（1）事故前 3 个月，该工程公司施工人员进入造船厂开始进行龙门起重机结构吊装工程，2 个月后，完成了刚性腿整体吊装的竖立工作。

（2）事故前 12 天，吊装工程进行到主梁预提升。通过 60%～100% 负荷分步加载测试后，确认主梁质量良好，塔架应力小于允许应力。

（3）事故前 4 天，将主梁提升离开地面，然后分阶段逐步提升，至事故前一天（即 7 月 16 日）19 时，主梁被提升至 47.6m 高度。因此时主梁上小车与刚性腿内侧缆风绳相碰，阻碍了提升。该公司施工现场指挥考虑天色已晚，决定停止作业，并给起重机班长留下工作安排，明确 7 月 17 日早晨放松刚性腿内侧缆风绳为 8 时正式提升主梁做好准备。

（4）2001 年 7 月 17 日早 7 时，施工人员按施工指挥张某的布置，通过陆侧（远离黄浦江一侧）和江侧（靠近黄浦江一侧）卷扬机先后调整刚性腿的两对内、外两侧缆风绳，现场测量员通过经纬仪监测刚性腿顶部的基准靶标志（调整时，控制靶位标志内外允许摆动

20mm)，并通过对讲机指挥两侧卷扬机操作工进行放缆作业。放缆时，先放松陆侧内缆风绳，当刚性腿出现外偏时，通过调松陆侧外缆风绳减小外侧拉力进行修偏，直至恢复至原状态。通过10余次放松及调整后，陆侧内缆风绳处于完全松弛状态。此后，又使用相同方法和相近的次数，将江侧内缆风绳放松调整为完全松弛状态。约7时55分，当地面人员正要通知上面工作人员推移江侧内缆风绳时，测量员发现基准标志逐渐外移，并逸出经纬仪观察范围，同时现场人员也发现刚性腿不断地在向外侧倾斜，直到刚性腿倾覆，主梁被拉动横向平移并坠落，另一端的塔架也随之倾倒。

12.9.2　事故原因分析

首先在听取工程情况介绍，现场勘察，查阅有关各方提供的技术文件、设计图，收集有关物证和陈述笔录的基础上，对事故原因做了认真的排查和分析。在逐一排除了自制塔架首先失稳，支撑刚性腿的轨道基础沉陷移位，刚性腿结构本体失稳破坏，刚性腿缆风绳超载断裂或地锚拔起，荷载状态下的提升承重装置突然破坏断裂及不可抗力（地震、飓风等）的影响等可能引起事故的多种其他原因之后，重点对刚性腿在缆风绳调整过程中受力失衡问题进行了深入分析。有关专家在对吊装主梁过程中刚性腿处的力学机理进行了细致分析并对受力状态进行了严格的计算之后，正式认定造成这起事故的直接原因是：主梁吊装过程中，在未采取任何安全保障的措施下放松了内侧缆风绳，致使刚性腿向外侧倾倒，并依次拉动主梁、塔架向同一侧倾斜、跨塌。

施工现场指挥张某在处理主梁小车碰到缆风绳需要更改施工方案时，违反吊装工程方案中关于"在施工过程中，任何人不得随意改变施工方案的作业要求。如有特殊情况进行调整必须通过一定的程序以保证整个施工过程安全"的规定。未按程序编制修改的书面作业指令，也未进行逐级报批，在未采取任何安全保障措施的情况下便下令放松刚性腿内侧的两根缆风绳，导致了事故的发生。

调查中发现，吊装工程方案中提供的施工阶段结构倾覆稳定验算资料不规范、不齐全；对600t龙门起重机刚性腿的设计特点，特别是刚性腿顶部外倾710mm后的结构稳定性没有予以充分的重视；对主梁提升到47.6m时，主梁上小车碰刚性腿内侧缆风绳这样一个可以预见的问题未予考虑。对此情况下如何才能保持刚性腿稳定的这一关键施工过程更无定量的控制要求和操作的要领。

吊装工程方案和作业指导书编制后，虽经规定程序进行了审核和批准，但值得注意的是有关人员及单位均未发现存在的上述问题，这就使得吊装工程方案和作业指导书在重要的环节上失去了指导作用。

调查中也发现，施工现场组织协调不力，施工各方面不能有效地沟通，致使在刚性腿内作业的23名该公司职工死亡。

12.9.3　沉痛的事故教训

综上所述，这起特大事故是由于吊装施工方案不完善，吊装过程中又违规指挥而导致的重大责任事故。这起事故，以鲜血和生命为代价，换来的最大教训是：工程施工必须要坚持科学态度，严格按照规章制度办事。要杜绝有章不循的恶习，要刹住违章指挥的歪风，要真正做到确保施工安全。另外，在今后遇到起重吊装等危险性较大的工程施工时，理应明确禁止其他与吊装工程无关的交叉作业，无关人员也不允许进入现场。

值得深思的是，既然吊装施工方案并不完善，那为什么在事故前有关审核的人员和批准的单位竟没有一人提出异议呢？这一点正是此次事故的一个很沉痛的教训。

12.10 贵州省马岭河峡谷风景区索道失控坠落特大事故

12.10.1 事故概况

1999 年 10 月 3 日 10 时 50 分左右，贵州省黔西南州兴义市马岭河峡谷风景区发生一起客运索道钢丝绳断裂、吊厢坠落事故。这次事故造成 14 人死亡、22 人受伤，是我国客运索道发生的一起群死群伤的特大死亡事故。

该索道的兴建开工于 1994 年，次年竣工。经查实，该索道没有遵守劳动部的有关规定，未将设计图送国家索道检验中心进行审查，未经验收检验；而且未按规定取得客运架空索道安全使用许可证，属于违规经营；经检查，该索道在设计上多处违反《客运架空索道安全规范》，存在严重安全隐患。发生事故的当时，索道严重超载，在限乘 20 人的吊厢里，却挤进了 35 人。当该索道从下站运行到上站时，由于没有备用制动器，仅有一套制动器失灵后，索道失控，急速冲向下站，牵引钢丝绳断裂，吊厢坠落在下站的站台。当场 5 人死亡，在抢救过程中又有 9 人死亡，另有 22 人受伤而且多数为重伤。

12.10.2 事故原因分析

分析这起事故，至少可找到以下三点原因：

（1）违规设计、安装，违规运营。该索道违反劳动部有关规定，设计图未经审查；竣工后未经安全管理审查和验收检验。另外，在未取得客运架空索道安全使用许可证的情况下，违规运营。

（2）设计严重违反安全规范，经检查此设计至少在九个方面违反了安全规范（详细内容此处从略），存在严重的安全隐患。例如，《客运架空索道安全规范》中规定，每台驱动机上应配备工作制动和紧急制动 2 套制动器，2 套制动器都能自动动作和可调节，并且彼此独立。其中 1 套制动器必须直接作用在驱动轮上，作为紧急制动器。但是马岭河索道在设计与制造时均未执行上述规定，并没有在驱动卷筒上设计紧急制动器，因此，运行中唯一的制动闸失灵后造成了客运索道的失控坠落。

（3）索道站长、操作人员以及管理人员均未经专业技术培训，无证上岗。另外，该客运索道运行管理混乱，工作人员违规操作，吊厢处于严重超载运行状态。

12.10.3 事故教训与预防同类事故的措施

（1）要真正落实安全第一的思想，重要的是从消除事故隐患的源头抓起。要加大对客运索道设计的审查工作，未经设计审查合格的，一律不得建设。

（2）要加大行政执法的力度，对重大危险源（如客运索道等）要认真检查，重点监察，不可马虎。要坚决杜绝无证运营的现象。

12.11　河南平顶山十矿瓦斯爆炸特大事故分析

1996 年 5 月 21 日，河南省平顶山煤业（集团）有限责任公司（原平顶山矿物局，以下简称平煤集团公司）十矿发生一起特大瓦斯爆炸事故，灾害波及整个己二采区。事故导致该采区死亡 84 人，受伤 68 人，直接经济损失 984.45 万元。

12.11.1　事故概述

十矿始建于 1958 年 8 月，1964 年 2 月投产，设计能力 120 万 t/a，1986 年 12 月完成改扩建，设计能力为 180 万 t/a；1994 年核定能力为 180 万 t/a，1995 年实际产量为 250 万 t（含青年矿 23 万 t），1996 年计划产量 240 万 t（含青年矿 25 万 t）。该矿井田走向长 3.8km，倾斜长 5.0km，井田面积 19km²。可采煤层分丁、戊、己、庚四组共 10 层，可采储量 1.22 亿 t。矿井为立井开拓，分一、二水平开采，其中一水平标高为 -140m，二水平标高为 -320m。目前开采丁、戊、己三组煤，丁组煤为 1/3 焦煤，戊组煤为肥煤，己组煤为主焦煤。有戊七、己二、北翼中与北翼东四个采区，共 6 个回采工作面，15 个煤巷掘进工作面，3 个开拓工作面。矿井通风方式为分区抽出式，有 4 个回风井，总排风量为 17159m³/min（其中戊七区 2560m³/min；己二采区 5100m³/min，北翼中采区 4400m³/min，北翼东采区 5099m³/min）。井下采用皮带运输，主井使用 9t 箕斗提升。1991 年 7 月 22 日，经煤炭科学研究总院重庆分院鉴定，十矿为突出矿井，戊$_{8\sim9}$煤层为突出煤层；1996 年 2 月 13 日鉴定丁$_{5\sim6}$煤层为突出煤层。瓦斯绝对涌出量为 68.87m³/min；矿井采用 KJ4 安全监测系统监测瓦斯。

发生事故的己二采区位于该矿二水平南翼，走向长 1600m，倾斜长 2900m。该采区采用对角抽出式通风方式，安装 32 台主要通风机，总排风量为 5100m³/min，总进风量为 5012m³/min；己二采区有 8 个作业地点，包括 4 个回采工作面（即己$_{15}$—22170 综采工作面，己$_{15}$—22140 炮采工作面，己$_{15}$—22210 备用综采工作面，己$_{15}$—22080 备用炮采工作面），3 个掘进工作面，1 个维修点。瓦斯爆炸地点为己$_{15}$—22210 工作面，所采煤层为己$_{15\sim16}$合层，厚度 2~5.4m，倾角 0°~12°，直接顶为 8~9m 厚的砂质泥岩，无伪顶，直接底为砂质泥岩。工作面可采储量 22.8 万 t，有效走向长 480m，倾斜长 146m，设计采高 2.6m。瓦斯绝对涌出量为 5.52m³/min；5 月 21 日 4 时，开切眼全断面贯通。事故当班进行扩帮作业。

5 月 21 日 18 时 15 分，十矿调度室接到己二采区驾驶员胡某电话汇报说己二高强皮带巷出现了大量煤尘烟雾，随后，水平调度员杨某也汇报说在 -320 调度室门口出现了水泥尘雾，并有反风现象，持续时间不到 5min。18 时 25 分，十矿调度室通知当天矿值班领导同时通知矿救护队两个小分队整装待命。18 时 30 分，通知副总以上矿领导到调度室。19 时 20 分，组成现场抢救指挥组进行抢救。直到 22 日零时，经救护队抢救以及遇险职工自救、互救，已有 86 人脱险，当时仅发现 46 名遇难职工，其他人下落不明。后经救护队和抢险救灾人员在灾区搜索，到 5 月 26 日已将发现的 75 名遇难职工的尸体全部运至井上，但还有 9 名遇难职工尚未找到。

12.11.2　事故原因分析

经现场调查以及技术分析认证，十矿"5·21"特大瓦斯爆炸事故是一起重大责任事故，事故原因如下：

（1）经分析，认为造成这次事故的直接原因是由于己$_{15}$—22210工作面的己$_{15}$、己$_{16}$与己$_{17}$三层煤合层，煤层瓦斯含量较大，再加之多头扩帮放炮作业又造成瓦斯大量涌出。此外，开切眼贯通后由于该区域通风设施管理混乱，造成工作面风量严重不足，瓦斯积聚，放炮引起瓦斯爆炸。

（2）己二采区的通风能力严重不足。1986年十矿改扩建投产后，其设计能力为180万t/a，1995年生产原煤250万t。1996年5月上、中旬，平煤集团公司组织"一通三防"工作组，对十矿通风瓦斯进行了全面调查分析，认定：该矿井的生产能力仅有170万t/a，按1996年计划的产量，该矿井需总通风量20397m³/min，实际供风量仅有16757m³/min，缺风量3640m³/min，其中己二采面缺风量1213.5m³/min。在矿井通风能力严重不足的情况下，1996年该矿井计划产煤215万t，奋斗目标229万t（不含青年矿产量25万t），因此造成了矿井为完成计划而超通风能力生产。另外，在矿井风量不足、瓦斯频繁超限的情况下，没有采取有效措施对瓦斯隐患进行综合治理，而是超限违章生产。此外，安全检查与通风管理人员严重不足。按规定，应配备瓦斯检查员120人，而实际人数不足80人；通风科应配置9人，而在编的仅有3人，而且还没有按规定配备合格的人员，这使得正常的瓦斯检查与通风管理工作不能到位。

按照《煤矿安全规程》要求，十矿有4个工作面应进行瓦斯抽放工作，然而实际上仅1个工作面进行抽放，而且抽放时间短，瓦斯抽出率低（仅有8%），因此给通风工作造成了很大困难。

（3）瓦斯探头下调，隐瞒瓦斯实际情况。自1995年后半年以来，十矿的瓦斯涌出量不断增加，综采工作面频繁断电而影响生产，为不使瓦斯超限时断电，1995年11月该矿安全办公室研究决定，把瓦斯传感器向下调0.2%~0.4%，并且先后在3个工作面进行调整，造成了长期瓦斯超限冒险作业。为了应付矿务局的通风检查，在矿务局检查时，他们把瓦斯探头调过来，检查后他们又将瓦斯探头调过去。当矿务局检查发现这一情况时，曾明确指令十矿不允许再乱调整，然而十矿仍一意孤行。此外，瓦斯记录、报表弄虚作假，监测超限的记录人员按照矿领导的授意，高值低记，超限少报甚至不报，弄虚作假，长期隐瞒瓦斯的真实情况。

（4）对于己二区己$_{15}$—22210掘进工作面，在瓦斯涌出量较大的情况下，仍然违章作业（竟然前面进行掘进作业，后面进行扩帮作业），显然严重违反了安全规定。

（5）通风瓦斯管理混乱。

1）巷道贯通、调风工作无人管理。己二采区己$_{15}$—22210工作面贯通后，通风部门无人下井调整风路，造成在无措施、无组织的情况下，机掘队随意调风。

2）通风设施无人管理。井下主要风门无专人管理，风门经常随意打开与关闭，造成风流通不稳定，作业地点风量忽大忽小，瓦斯浓度时高时低。

3）风路不畅通，风量增不上去。巷道严重失修，造成用风地点风量不足，如己二采区22170采面回风平巷的净高最小处只有0.7m，有的通风端面不足2m²。

4）瓦斯探头管理不严。多次有意用塑料布、衣服等物堵塞瓦斯探头，使得监视系统显示不出井下瓦斯情况，瓦斯超限不能断电，造成超限作业。

（6）领导干部工作作风浮躁，矿安全办公会议流于形式，"一通三防"责任制没有落实。

12.11.3 事故教训

综上所述，这次瓦斯爆炸事故的原因是多方面的，应该吸取的教训也可归纳出多条，其中最重要的教训应该是：要实事求是，不可弄虚作假！

12.12 皖北矿务局刘桥一矿重大火灾事故

12.12.1 事故概述

1991年12月22日，皖北矿务局刘桥一矿65采区变电所着火，引燃运输上山胶带，酿成重大火灾事故，致使27人死亡，造成直接经济损失48万元。刘桥一矿位于淮北市濉溪县刘桥区境内，为省属地方国营煤矿，1981年5月投产。矿井原设计年生产能力60万t，经技术改造后核定年生产能力90万t，实际年产量115万t左右。矿井采用一对立井开拓，布置2个开采水平。全矿有5个生产采区，7个采煤工作面，23个掘进工作面。矿井通风方式为中央对角式。65采区为该矿一水平西南部边界采区，可采储量572.3万t，于1980年8月投产。采用平均走向长1200m，平均倾斜长1350m，煤层平均厚度为2.78m；有2个采煤工作面，5个掘进工作面，为该矿主力采区。采区通风方式设计为轨道上山进风，运输上山回风，因轨道上山未按设计完工，现采用运输上山和辅助上山同时进风。

12月22日18时3分，该矿当班井下工人发现65采区下部变电所起火，即向矿调度所报告。矿调度所迅速通知矿有关领导和矿救护队，组织人员下井扑救，并于18时25分向65采区当班作业人员下达撤人命令。20时10分，安徽省煤炭厅和皖北矿务局的领导赶到现场组织抢救。20时50分，应皖北矿务局求援，淮北矿务局救护大队以及杨庄、石台等煤矿救护队赶到现场，投入抢险，但因火势过大，在燃烧过程中产生大量的一氧化碳等有毒害气体，65采区当班的252名作业人员中226人及时撤出，但有26人（主要是掘进工作面人员）不幸遇难。另外，在抢救过程中因巷道顶板冒落，有一名救护队员不幸遇难。

12.12.2 事故原因分析

经调查，这起事故是由于该矿井下电气管理混乱、设备陈旧、维修不及时、低压保护系统未按规定进行整定而造成的一起重大责任事故，具体事故原因分析如下：

（1）经调查、测试、分析、鉴定，排除了电缆、胶带及其他电气着火因素，因此将注意力集中到三个方面：一是用25kW内齿轮绞车开关两相接地短路；二是低压馈电开关整定值过大，保护不起作用；三是矿用动力变压器在大的短路电流冲击下，造成变压器低压侧弧光短路，导致变压器两相接地短路，扩大到三相弧光短路，引燃了变压器油。

（2）起火变压器为油浸铝芯变压器，属于逐步淘汰的产品，未按计划及时检修，低压侧接线端子松动，瓷绝缘子肮脏，在大电流的冲击下，造成弧光短路。另外，控制变压器的高压防爆开关是部规的逐步淘汰产品，质量欠佳，变压器高压断路器拒动。

（3）井下机电安全管理混乱，表现在机电安全管理人员不足，多数变电所无人看守，井下电气三大保护（即过电流、短路、接地）未按规定整定，设备未能定期检修等。

（4）65 采区的通风系统不完善、通信系统和供水系统都不完善，这就给事故发生时通知相关人员撤退以及灭火工作带来困难。

（5）职工的安全技术培训工作抓得不力，例如机电科电管队 27 人中仅有 7 人取得上岗合格证。

12.12.3　事故教训及防范措施

这次事故的教训主要是：电工对长期停用的电气设备，未详细检查就盲目送电试车；65 采区下部变电所未按计划检修项目进行检修；低压保护系统未按规定进行整定，致使保护系统不起作用。显然，当这三个条件同时具备时便发生了上述的事故。此外，变压器高压断路器拒动；采区变电所未按规定派人看守值班；采掘工作面通信设施不完善。这三点导致了事故扩大延误时间。另外，采区投产系统简陋不完善，也给安全生产带来困难。因此应该认真吸取这次事故的教训，在今后的工作中应努力做到：

（1）增加安全投入，补还安全欠账，更换那些造成安全隐患的旧设备与产品，真正将安全生产落实在首位。

（2）要强化安全监督检查工作，大力提高安监人员的素质，各级领导更应该支持安监部门从严管理。

12.13　湖南省武冈市红旗煤矿特大透水事故

12.13.1　事故概况

2002 年 5 月 15 日，湖南省武冈市文坪镇红旗煤矿发生一起特大透水事故，造成 12 人死亡（包括事故抢救中发生冒顶死亡 2 人），2 人轻伤，直接经济损失 52.5 万元。红旗煤矿位于武冈市东南 15km 的文坪镇，属于合伙私营煤矿，1979 年开办，属于"四证"齐全的企业。该矿属龙江矿区，含煤地层为石炭系测水组下段，厚 25m 左右，主要岩性为泥岩、砂质泥岩及石英砂岩，含煤共 6 层。采矿许可证批准该矿开采 1、2、3 煤层。矿区内地质构造简单，断层、褶曲均不发育。矿区内有一小溪自东向西流经。测水组各泥岩、砂质泥岩、煤层均为相对隔水层。石英砂岩含弱裂隙水，原地质报告预计 +400m 矿井涌水量 46～53m³/h，实际开采中，正常涌水量仅为 3～5m³/h，水文地质条件简单。但由于该区废弃小窑密布，且相互连通，使矿井水文地质日趋复杂。红旗煤矿为低瓦斯矿井，无煤尘爆炸危险。煤层不自燃。该煤矿采用平硐暗斜井开拓，井口标高为 +400.99m；老区开采平硐以上 1、2 煤层，采取中央边界式通风，巷道式采煤。2000 年 5 月开拓新区暗斜井，斜井坡度为 26°，斜长为 154m，落底标高 +336.32m，在 5、6 煤层间布置水平巷道，并开采 5、6 煤层。新区只有唯一的暗斜井，未做回风巷与老区风井贯通，未构成负压通风系统。2001 年 9 月至 2002 年 1 月，矿方曾安排了 3 人在新区暗斜井井口以下 80m 穿 2 煤层处，沿 2 煤层做伪上山 25m 后，再做平巷约 50m 开采 2 煤层。后因煤层赋存不稳定，工作面煤体潮湿，有渗水异常现象，该矿因估计会发生穿水而停采。

12.13.2 事故经过及原因分析

1. 直接原因

5月15日下午班（该矿2班生产），新区生产工人13人，其中6号煤巷6人，5号煤巷4人，装车3人，如图12-2所示。6煤巷小工刘某在5月15日15时左右因与班长发生争执提前出井，井下实际作业人员为12人。

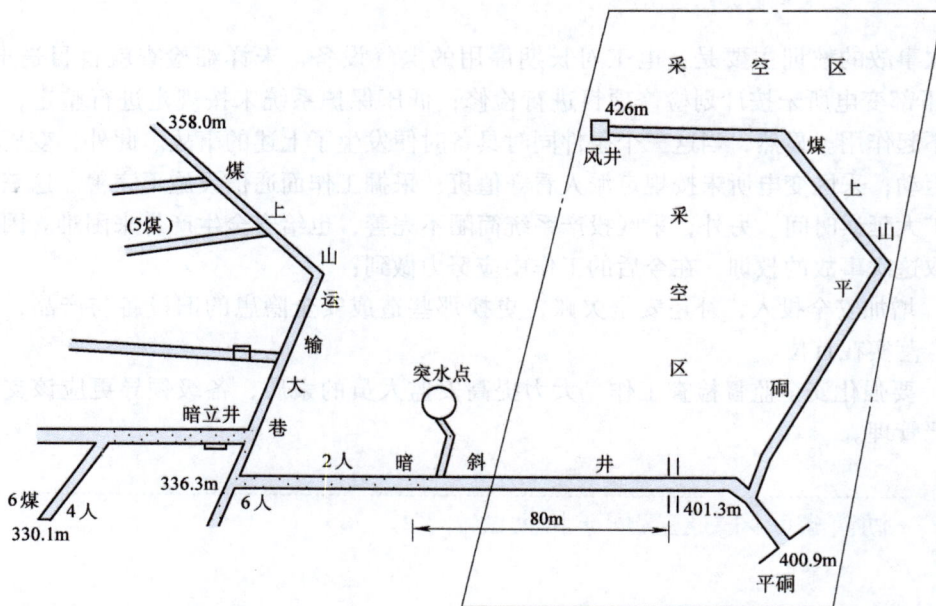

图12-2 红旗煤矿透水事故的示意图

19时50分，装车工陈某在井底车场看到斜井有大量涌水和飞石冲下来，感到已发生突水，在呼唤其他工人后逆水上冲。在运输大巷装车的马某、管某与廖某听到响声，看到来水后也往上冲。然而廖某未冲出和陈某在斜井处被砌碹料石垮落压住，马某与管某二人抓住钢丝绳往上爬，被赶来抢救的人员救出井口。新区作业的12名工人有10人遇难。

19时50分事故发生后，20时50分有关领导赶赴现场并组成了抢险指挥部进行全力抢救。16日，通过调换水泵，增大了排水能力，遏制了暗斜井的涨水势头。17日17时20分在安装了2台60m³/h的潜水泵之后，水位逐步下降。18日11时左右，排水至斜井以下120m处，发现该处巷道破坏严重，大部分拱顶垮落。现场指挥人员安排抢险人员霍某、肖某、龙某3人进行维修处理。此处墙脚实际已经被流水冲空，因此，在搬运大型潜水泵时不小心碰了帮墙，造成了突然冒顶，将3人压住，最后龙某获救，霍某与肖某抢救无效死亡。5月25日7时，抢险人员在斜井井口以下144m处找到遇难者陈某。另外，5月28日15时前，抢险人员一直在寻找遇难者的尸体。5月30日抢救工作结束。

经调查认定，这次事故的突水点在新区暗斜井井口以下80m（原2煤平巷）煤巷道内。突水经2煤平巷，沿暗斜井直灌下部5、6煤作业区，导致了10人遇难。这次突水水源为老窑积水，补给水源为大气降水，进水通道为相互连通的采空区。据当地的气象资料，该地区当年4月降水量比往年增加2倍，5月1～15日降水达165mm，是近3年平均值的5倍。尤其是 13～15 日降水达 62.1mm，雨量十分集中，为储水空间提供了充足的补给源。矿区内有 41 处小窑（已关闭 37 处），均采取巷道式采煤方法。各矿之间没有专门防隔水煤柱，相互联通。因矿区内煤层多、间距小（一般在 1～4m），采空区冒落后其最大导水裂缝带也极易导穿各采空区的积水，并且又与暗竖井导通，也就是说使 5、6 煤层同样存在水害的威胁。

因该矿平时水量小，所以无任何防治水的设施，再加上未形成安全出口，因此突水后无逃生路线。

综上所述，导致这起事故发生的直接原因是该矿地表及周围废弃小煤窑多，且相互连通，窑内存有大量积水，但矿方没有采取任何防治水的措施。5 月份连降大雨，地下水位迅速升高，压力急剧增大，鼓穿了 2 煤层采空区与老窑之间的残留煤体，瞬间大量积水突然涌出，溃入井地，造成透水事故。另外，在 2002 年 1 月间该矿曾在乱采滥挖时发现 2 煤层当头煤体潮湿，有渗水异常现象，但当时只是简单地转移作业地点，而没有采取有效措施进行处理，以致造成这次大量突水直灌井下各作业地点。

值得注意的是，新区只有唯一的暗斜井，与风井未贯通，由于没有形成 2 个安全出口，因此突水后工人无逃生通道。再者，该矿无合理的排水系统，无正规的水仓和合理的防排水设施，仅有几台又很少经常使用的潜水泵，突水后无法迅速抢排大量涌水。

2. 间接原因

以上给出的是该事故的直接原因，造成这次事故的间接原因，分析起来可以找出许多，因篇幅所限，这里仅列出以下两条：

（1）该矿区安全生产管理混乱，矿井无任何防治水措施，严重缺乏正规的安全管理技术人员，该企业不具备基本安全生产条件。

（2）在矿区的设计上，缺乏人—机—环境系统的整体思想，因此整个矿区小窑乱布，而且各矿之间没有专门的防隔措施，这也是造成本次事故的重要间接原因。

12.13.3　事故教训与建议

该矿是在贯彻执行国务院关于实施煤矿安全专项整治时，通过镇、县、市复产验收并通过了"四证"审查的企业，然而这次事故调查之后认定：复产验收相当于走过场，留下了重大事故的隐患。对于同一个小型私营企业，上级主管部门事故先后竟得出如此不同的两个结论，对这件事的深思正是从这起事故中要吸取的最大教训。

12.14　全国煤矿安全状况概述

本节仅以原煤百万吨死亡率为主要指标，扼要概述一下全国煤矿的安全状态。首先介绍全国国有重点煤矿、地方国有煤矿及乡镇煤矿发生死亡事故的情况，然后以安徽省煤矿业为例，进一步分析事故的分布状态及类型特点，从而为事故分析与理论预测奠定坚实的基础。

12.14.1　全国煤矿事故的分布状态

搞好煤矿安全工作，是煤炭工业生产的永恒主题。虽然煤矿安全状况较前得到很大的改善，但我国煤矿百万吨死亡率远远高于世界各主要产煤国家，因此采取各种有效措施，综合治理煤矿安全生产，依然是十分紧迫的任务。从参考文献［525］给出的大量案例和数据中可以清楚地看出：

（1）从百万吨死亡率的角度来看，从低到高的排列次序是：国有重点煤矿、地方国有煤矿、乡镇煤矿，显然国有重点煤矿在安全生产方面做得较好。

（2）1981～2003年的20多年间，我国煤矿百万吨死亡率一直在逐年地减少，表现了煤矿的安全状况在逐渐得到改善。

（3）从事故的类型上看，瓦斯煤尘事故所占的比例较大，其次是火灾事故与水害事故。从表12-1和表12-2所给出的数据可以看出我国煤矿事故发生的一些特点。

表 12-1　一次死亡 100 人以上的事故明细表

时　　间	地　　点	类　　别	死亡人数/人
1950. 2. 27	河南省宜洛煤矿老李沟井	瓦斯爆炸	187
1954. 12. 6	内蒙古包头大发煤矿	瓦斯煤尘爆炸	104
1960. 5. 9	山西大同矿务局老白洞煤矿	煤尘爆炸	684
1960. 5. 14	四川重庆松藻矿务局松藻二井	煤与瓦斯突出	125
1960. 11. 28	河南平顶山矿务局龙山庙煤矿	瓦斯煤尘爆炸	187
1960. 12. 15	四川重庆中梁山煤矿南井	瓦斯煤尘爆炸	124
1961. 3. 16	辽宁抚顺矿务局胜利煤矿	电气火灾	110
1968. 10. 24	山东新汶矿务局华丰煤矿	煤尘爆炸	108
1969. 4. 4	山东新汶矿务局潘西煤矿二号井	煤尘爆炸	115
1975. 5. 11	陕西铜川矿务局焦坪煤矿前卫斜井	瓦斯煤尘爆炸	101
1977. 2. 24	江西丰城矿务局坪湖煤矿	瓦斯爆炸	114
1981. 12. 24	河南平顶山矿务局五矿	瓦斯煤尘爆炸	133
1991. 4. 21	山西省洪洞县三交河煤矿	瓦斯煤尘爆炸	147
1996. 11. 27	山西省大同市新荣区郭家窑乡东村煤矿	瓦斯煤尘爆炸	114

表 12-2　2002 年 1～10 月全国煤矿各类死亡事故总表

事故类型	全　国　煤　矿		小　型　煤　矿				
	起数	死亡人数	起数	起数所占比例（%）	死亡人数	死亡人数所占比例（%）	事故平均死亡人数/(人·起$^{-1}$)
合计	3078	5230	2092	68. 0	3581	68. 5	1. 71
顶板	1595	1853	1142	71. 6	1307	70. 5	1. 14
瓦斯	510	1916	420	82. 4	1359	70. 9	3. 24
机电	117	119	59	50. 4	60	50. 4	1. 02
运输	410	436	212	51. 7	232	53. 2	1. 09
放炮	60	65	34	56. 7	36	55. 4	1. 06
水害	139	430	111	79. 9	376	87. 4	3. 39
火灾	14	130	11	78. 6	93	71. 5	8. 45
其他	233	281	103	44. 2	118	42. 0	1. 15

12. 14. 2　安徽煤矿安全状况概述

　　安徽是我国的一个产煤大省，到 2003 年全省已有 90 万 t 以上大中型矿井 27 对，其他各类小煤矿 313 处，原煤的生产量由 1949 年的 114 万 t 增加到 2003 年的 6952 万 t，煤矿职工总数由 1.9 万人增加到 23 万人以上。从 1949 年到 2003 年的 55 年间，安徽省累积生产原煤12.77 亿 t，煤矿事故累积死亡 5263 人，百万吨死亡率 4.12。共发生一次死亡 30 人以上的重大事故 6 起，死亡 379 人，占总死亡人数的 7.2%；一次死亡 10～29 人的事故 24 起，死亡 386 人，占死亡人数的 7.3%；一次死亡 3～9 人的事故 163 起，死亡 721 人，占总死亡人数的 13.7%。另外，1997 年 11 月 13 日淮南矿业集团潘三矿发生瓦斯重大爆炸事故，死亡88 人，是建国以来安徽省一次死亡人数最多的一次。参考文献［530］给出了安徽煤矿安全监察局公布的 1976～2003 年安徽省的煤矿企业原煤百万吨死亡率的统计数据与 1967～2003年安徽煤矿企业一次死亡 3 人以上事故的分类统计资料。根据 1980～2003 年的统计资料分析表明：

　　1）这一时期安徽省共产原煤 9.09 亿 t，其中国有重点煤矿产煤量 6.56 亿 t，占总产量的 72.2%；地方国有煤矿产煤量 1.48 亿 t，占总产量的 16.3%；乡镇煤矿产煤量 1.05 亿 t，占总产量的 11.5%。

　　2）煤矿事故造成 3334 人死亡，平均每年死亡 139 人，其中国有重点煤矿（如淮南矿业集团、淮北矿业集团）死亡 1656 人，平均年死亡 69 人，占年平均死亡人数的 49.6%；地方国有煤矿（如皖北煤电公司、新集集团）死亡 186 人，平均年死亡 8 人，占 5.8%；乡镇煤矿死亡 1492 人，平均年死亡 62 人，占 44.6%。

　　3）在这期间共发生一次死亡 3 人以上事故 132 起，死亡 1064 人，其中国有重点煤矿发生 44 起，死亡 593 人；地方国有煤矿发生 6 起，死亡 45 人；乡镇煤矿发生 82 起，死亡426 人。显然，一次死亡 3 人以上事故发生的频数以乡镇煤矿最多，事故的严重程度以国有重点煤矿最大。

　　（1）从煤矿死亡事故的类型上看，1967～2003 年的 36 年间，安徽省煤矿事故死亡 4354 人。其中顶板事故死亡人数最多，为 1519 人，占 35%；其次是瓦斯事故死亡 1034 人，占 24%；再次是运输事故死亡 750 人，占 17%。

　　（2）从企业类型上看，从 1997～2003 年间，国有重点煤矿死亡 527 人，占总死亡人数的 47.6%，百万吨死亡率 2.14；地方国有煤矿死亡 74 人，占总死亡人数的 6.7%，百万吨死亡率 0.78；乡镇煤矿死亡 505 人，占总死亡人数的 45.7%，百万吨死亡率 14.04。显然，乡镇煤矿的百万吨死亡率最高。

　　（3）从特大事故上看，建国以来安徽煤矿业共发生一次死亡 10 人以上的特大事故30 起，死亡总人数 765 人。在这 30 起特大事故中，国有重点煤矿 14 起，死亡 508 人；国有地方煤矿 1 起，死亡 27 人；乡镇煤矿 15 起，死亡 230 人。

　　（4）从事故类别上看，主要集中在瓦斯、水、火、顶板事故等，尤其以瓦斯和水灾事故为主体。其中瓦斯爆炸事故 19 起，死亡 585 人；水灾事故 6 起，死亡 95 人；火灾事故3 起，死亡 55 人；顶板事故 1 起，死亡 17 人。

　　在瓦斯爆炸的 19 起事故中：

　　1）从发生地点看，有 2 起发生在回采工作面内部，共造成 121 人死亡；有 16 起发生在掘进工作面，共造成447人死亡；有1起发生在封闭后的火区内部，共造成17人死亡。

2）从造成事故的引火源看，爆破火花与电火花是造成瓦斯爆炸的主要原因，占到总次数的80%以上。其中有记录可查的由于爆破引起事故的有9次，占总次数的47.4%；电火花引起的有7次，占总次数的36.8%。

3）从瓦斯积聚的原因上看，造成瓦斯积聚的原因比较多，有掘进工作面停风造成瓦斯积聚；有违章排放瓦斯引起的；有采、掘工作面供风量不足；有瓦斯检查制度落实不到位造成的等。从19起瓦斯爆炸事故中可以看出，特大瓦斯爆炸事故与矿井通风管理密切相关，大多数与通风系统设计不合理、系统不稳定或者工作面配风量不足有关。当然，也与通风管理的责任制落实不到位、人员素质不高有很大关系。

12.15　美国锅炉压力容器事故的状况与分析

本节仅以1992～2002年间美国的锅炉、压力容器事故的发生状况为例做一些分析，可以看出人为失误是这些事故发生的主要原因。

12.15.1　锅炉压力容器事故的总体状况

1992～2001年间，美国锅炉压力容器事故造成了127人死亡，平均每年死亡不到13人。图12-3给出了各年事故死亡人数的分布图。由图中可以看出，1999年是事故死亡人数最多的一年，达21人；1994年是事故死亡人数最少的一年，仅8人。受伤人数：1992～2001年共720人，每年平均达72人；1999年，不仅锅炉压力容器事故死亡人数最多，而且受伤人数也最多，达136人；相比之下，2000年受伤人数最低，仅27人，如图12-4所示。

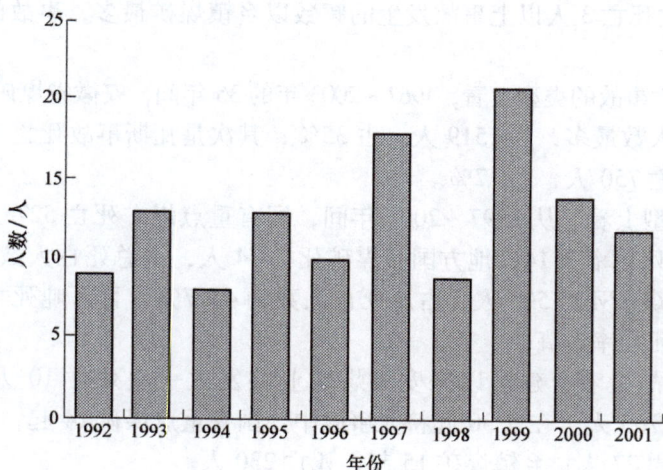

图 12-3　1992～2001年美国各年锅炉压力容器事故死亡人数的分布图

下面分别从事故起数、事故伤害率、人为失误三个方面做进一步分析：

（1）事故起数：1992～2001年事故总数23338起，每年平均达2334起；最高是2000年，达2686起，最低为1998年，达2011起，如图12-5所示。

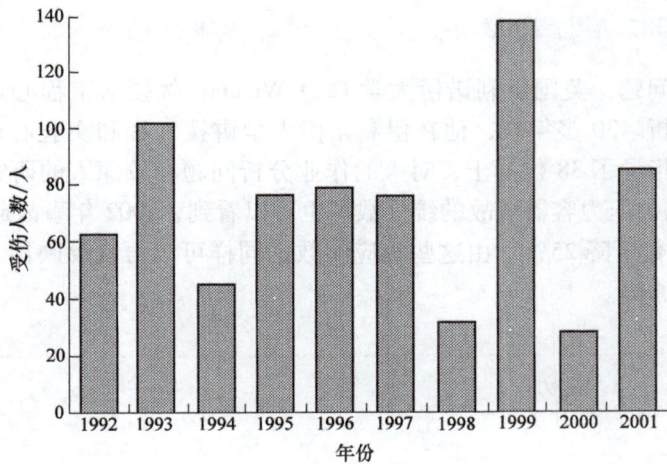

图 12-4 1992～2001 年美国各年锅炉压力容器事故受伤人数的分布图

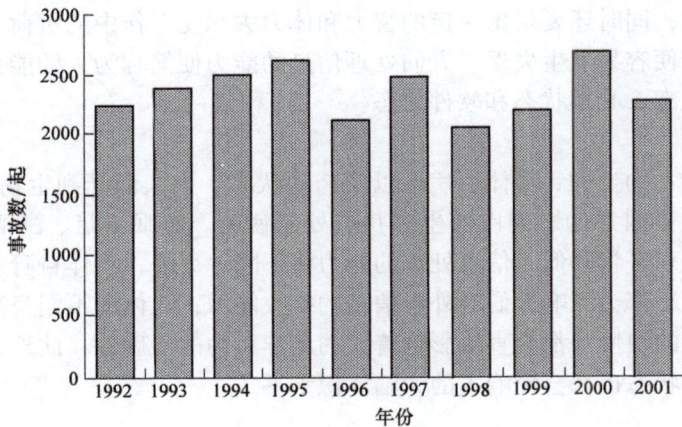

图 12-5 1992～2001 年美国各年事故起数的分布图

（2）事故伤害率：10 年中 2000 年是最安全的年份，每 99 起事故受伤 1 人；1999 年是最危险的一年，每 16 起事故受伤 1 人；2001 年也较差，每 26 起事故受伤 1 人。

（3）人为失误：10 年中的 23338 起事故中，直接由于人为失误或缺乏知识而造成的事故占 83%，可见人为失误是诱发事故的主要原因。

12.15.2 美国 2000 年度锅炉压力容器事故的情况

美国 2000 年发生事故的情况比 1999 年要好，其事故的死亡人数比 1999 年下降 33%，受伤人数比 1999 年下降 80%；从事故受伤的情况看，2000 年每 99 起事故受伤 1 人，是最安全的一年，而 1999 年，每 16 起事故受伤 1 人，是最危险的一年。另外，通过参考文献 [528] 给出的我国在锅炉压力容器方面所发生的事故分析可知人为失误的确是诱发事故的主要原因。

12.15.3 美国 2001 年与 2002 年度锅炉压力容器事故的统计

对于人为失误问题，美国伊利诺伊大学 C. D. Wickens 教授从工程心理学人因工程的角度做了较细致的分析。30 多年来，他在伊利诺伊大学讲授工程和实验心理学、人因工程和航空心理学课程，指导了 38 位博士，对人的作业分析问题有较深入的研究。另外，从 2001 年与 2002 年美国锅炉压力容器事故的统计数据也可以看到，2002 年事故起数比 2001 年相比下降 25%，死亡人数下降 25%。由这些相应的数据同样可以再次反映出，人为失误是诱发这方面事故的主要原因。

12.16 人为事故的预防

12.16.1 人的能力及状态

在人—机—环境系统中，人的生产作业与"机""环境"密切相关。操作者需要经常处理各种有关的信息，同时还要付出一定的智力和体力去承受工作中的负荷。当操作者处理信息的能力过低时，便容易发生失误。人们处理信息的能力便简称为人的能力，它主要取决于工作人员的硬件状态、心理状态和软件状态。

1. 硬件状态

硬件状态是指人的生理、身体、病理以及药理状态。当人们受到生物节律、工作倒班、生产作业环境不利等因素的影响以及生理状态处于疲劳、睡眠不足、醉酒、饥渴等情况下时，人的大脑意识水平将降低，信息处理的能力将下降。另外，人体自身感觉器官的灵敏程度、感知范围的大小都会影响人们对外界信息的接收能力；人体的不同身高、力量大小的差异以及运动速度上的快慢等都会直接影响着人的动作行为的准确性。此外，人体患病、心理精神不正常等病理状态也都会影响人的大脑意识水平。

2. 心理状态

心理状态是人心理的稳定状况，它将直接影响着人的心理紧张程度。如果一个人处于心理焦虑、恐慌的状态这必然会妨碍人大脑对正常信息的处理；另外，一些人因家庭纠纷、忧伤等也会引起情绪不安、注意力分散，易导致操作失误。总之，影响人心理状态的因素很多，除了上面所述的情况外，工作环境、工作任务以及相互之间的人际关系等也会影响人的心情。

3. 软件状态

软件是指作业人员在生产操作方面的技术水平、知识水平、执行作业规程的能力。在信息处理过程中，软件状态对于选择、判断、决策具有重要的影响。随着现代科学技术的进步以及机械化、自动化水平的不断提高，对作业人员的软件状态的要求也就越来越高。值得注意的是，即使人的硬件状态、心理状态在短时间内有可能会发生很大变化，但人的软件状态仍然需要经过很长时间的工作实践和经常性的教育与训练才能改变。

12.16.2 人为失误的预防措施

从预防事故、着眼于安全的角度来看，可以从以下几大方面采取措施[535~538]。

1. 防止人为失误的技术措施

（1）采用机器代替人的作业。通常机器故障率为 $10^{-6} \sim 10^{-4}$ 之间，而人为失误率在 $10^{-3} \sim 10^{-2}$ 之间。显然，机器的故障率远远小于人为失误，因此，用机器代替人的作业是彻底防止作业中人为失误的最好办法。

（2）采用冗余系统预防人为失误。所谓冗余就是把若干个元素并联附加于系统基本功能元素上，以提高系统的可靠性。例如采取双人操作、人机并列操作等。

（3）采取安全设计预防人为失误。在工程或设备的设计中可以采取安全设计措施，以便使作业者不出现人为失误或出现人为失误时也不会导致事故发生。具体的办法是采用不同形状、不同规格尺寸设计插头或插接件，以预防安装失误或者操作失误。另外，利用联锁或紧急停车装置去预防人为失误。

（4）采取警告措施预防人为失误。警告措施包括视觉警告（亮度、颜色、信号灯、标志等）、听觉警告（如警铃、警报器等）、气味警告（如释放不同的气味等）和感（触）觉警告（如温度、阻挡物等）。

（5）人、机、环境合理匹配预防人为失误。主要包括人机动作的合理匹配、机器设备的人机学设计以及生产作业环境的人机学要求等（例如显示器的人机学设计，操纵设备的人机学设计，生产环境的人机学设计）。

2. 发生人为失误后所进行的无害化技术措施

（1）设立事故预防装置，保证在人失误的情况下也能确保系统处于安全的状态。

（2）设立失误保护系统，当个别部件或子系统发生故障时，仍可保证系统可靠地工作。

（3）设立联锁装置，当操作失误时，使设备不能起动。

3. 发生人为失误后对后果的控制措施

事故通常是由小到大、有近而远的，为了控制由人为失误所导致的事故危害范围，对危险作业地点应事先做好准备（如对于易燃车间应备好足够的自动灭火器），以便出现事故时，可将事故及时控制在发生地。

4. 管理措施

预防人为事故主要体现在职业适应性措施、作业标准化措施、安全教育措施和技能训练措施等，具体说明如下：

（1）职业适应性措施。所谓职业适应性是指人员从事某种职业应具备的素质条件，即所负的责任、所需的知识水平、技术水平、创造能力、灵活性，以及所需的体力状况、所接受的训练与应具备的经验等。对职业适应性要进行测试，测试后合格者才可上岗工作。对于特定职业（如航天员）还要进行人的心理及其他方面的严格考核和训练之后才能录用。

（2）作业标准化措施。在进行人为失误原因的调查时可以发现，造成人为失误经常是以下列三种原因：①不知道正确的操作方法；②为了省事，省略必要的操作步骤；③按自己的习惯操作。为了克服这些问题，应采取作业标准化规范人的行为。作业标准化应满足以下要求：①应明确规定操作步骤和程序（例如人力搬运作业时，应具体地规定出如何搬、运往何处等）；②不应给操作者增加负担（例如对操作者的技能和注意力不能要求太高），要使操作尽可能简单化、专业化、尽量采用自动化设备；③要符合现场的实际情况并制定切实可行的作业标准。因此，规定的作业标准一定要考虑人体运动、作业场所布置以及所使用的设备与工具等，这些都应符合人机学原理。

（3）教育与训练措施。这里所提及的教育是指安全教育，主要包括如下三个方面：①安全知识教育，就是要使操作者掌握有关事故预防的基本知识，使操作者了解和掌握生产操作过程中潜在的危险因素和防范措施等；②安全技能教育，就是在熟练掌握安全知识的基础上，使操作者学习与掌握保证操作安全的基本技能；③安全态度教育是指在既掌握了安全知识又掌握了安全技能之后，使操作者自觉运用安全知识和安全技能，变被动的"要我安全"为主动的"我要安全"。

（4）训练措施。这里所说的训练是指技能训练，主要包括两个方面：①安全技能训练，对操作要反复实践、反复训练，使之在遇到安全问题时能表现得果断与熟练；②生产技能训练，对生产技能也要反复训练、精益求精，要求熟练地掌握好生产技能。

综上所述，人为失误的预防主要包括技术措施与管理措施两个方面，上述第（1）~（3）点属于技术措施，它们分别针对人为失误之前、人为操作失误之后如何无害化与对后果进行控制方面的具体技术措施，第（4）点是针对管理而言的。显然，所有这些措施的基本依据都是基于安全人机工程学的基本原理，因此，认真学习安全人机工程学方面的专业基础知识是完全必要的。

习　题

1. 什么叫人为失误？它有哪几种类型？能否举例说明人为失误的各种分类方法？

2. 有些教科书将人为失误如此定义：人为失误，即人的行为失误，是指工作人员在生产、工作过程中所导致的实际实现的功能与所要求的功能不一致，其结果可能以某种形式给生产、工作带来不良影响的行为。换句话说，人为失误就是工作人员在生产、工作中产生的错误或误差。这个定义与本书所给出的是否一致？为什么？你认为应该如何去描述这个重要的概念呢？

3. 人为失误可能发生在计划制订、工程设计、制造加工、设备安装、设备使用、设备维修以至于管理工作等各种工作过程之中，在这样一种认识的前提下如何理解：①人的不安全行为本身是人为失误的特例；②管理失误也是一种人为失误，而且是一种更加危险的人为失误？请结合实例回答上述两个问题。

4. 北京东方化工厂储罐区所发生的1997年6月27日特大爆炸事故的主要原因是什么？你认为这起事故应吸取什么教训？

5. 1988年10月22日发生在上海高桥石油化工公司炼油厂小凉山球罐三区的液化气爆炸事故的教训是什么？造成这场事故的主要原因是什么？

6. 南京金陵石化公司炼油厂于1993年10月21日所发生的爆炸事故为什么认定爆炸着火源是手扶拖拉机排气管中的火星呢？从这起事故中应吸取什么教训呢？

7. TY154MB—2610号飞机失事的重要原因是阻尼插头 ш7 与 ш8 错插所致，请问这架飞机的 ш7 与 ш8 插头在设计上符合安全人机工程学原理吗？为什么？从这起重大事故中应吸取什么教训呢？

8. 运输公司七车队的何某为什么会在道路路况良好的路段上发生了汽车交通特大事故呢？由这起事故应吸取什么教训呢？

9. 阅读本书12.7节所介绍的沉船事故，特别是其中介绍船长及水手与海运公司在事故过程中的联系过程，请回答下面几个问题：

（1）如果你是海运公司的领导，你认为应该如何去处理上述事件？为什么？

（2）如果你是该船的船长，你认为应该如何处理上述事件？为什么？

（3）如果你是水手王某，你该如何处理上述事件？为什么？

（4）从事发当日早 6 时 25 分船长告知公司（船已搁浅）请求救助，到第 2 天早 7 时左右水手王某被从船里救出，整整花了 24 个多小时，你认为这样的救助及时吗？为什么？

（5）你认为这起事故哪些人应负责任？负什么责任？为什么？

（6）什么叫以人为本？在上述事故中你认为到底如何体现以人为本的思想？为什么？

（7）什么叫"安全第一"？在上述事故的处理中你认为到底如何体现"安全第一"的思想？为什么？

10. 这起 TNT 生产线硝化车间特大爆炸事故发生的原因是什么？应吸取些什么教训？为什么说这个车间"本质安全条件差"呢？能否对此说明一些理由？

11. 2001 年 7 月 17 日在上海沪东中华造船（集团）有限公司船坞工地发生的龙门起重机倒塌特大事故的原因是什么？应该吸取什么教训呢？

12. 1999 年 10 月 3 日贵州兴义市马岭河峡谷风景区发生的客运索道失控坠落事故的原因是什么？应该吸取什么教训呢？

13. 从 1996 年 5 月 21 日在河南省平顶山十矿发生的瓦斯爆炸特大事故中可以总结出许多方面的教训，你认为最重要的教训是什么？为什么？

14. 1991 年 12 月 22 日在皖北矿务局刘桥一矿 65 采区变电所发生的一场大火灾的原因是什么？应该吸取什么教训呢？

15. 2002 年 5 月 15 日湖南省武冈市红旗煤矿发生的特大透水事故的原因是什么呢？应该吸取些什么教训呢？

16. 简述近年来全国煤矿事故分布的状态。你认为乡镇煤矿的百万吨死亡率比国有重点煤矿高的原因是什么？你认为应该如何做才能使乡镇煤矿的安全状况变好？假如你是乡镇某煤矿的领导，你会如何去实现"安全第一"的思想？能否举例说明。

17. 什么是作业工作人员的硬件状态、心理状态和软件状态？对于人为失误应该采取哪些方面的措施呢？请结合实例说明。

18. 在煤矿事故分析中，矿井的作业环境，尤其是矿井的通风问题往往是诱发重大事故的重要原因之一。对于一般工业通风以及作业环境的分析，参考文献［539］~［582］都曾进行过深入细致的研究与讨论。作为例子，参考文献［564］曾对人在矿井热湿环境中的生理变化进行了细致的分析。请问你能否结合人在矿井作业的环境，尤其是结合瓦斯涌出、瓦斯浓度不断增加的过程，研究人的生理变化？

19. 当前，国内外已出版了许多人机工程学以及安全人机工程学方面的专著与教材，这对指导人们有效地进行人—机—环境系统的设计的确是非常宝贵的财富。能否谈一下你所接触的这方面专著与教材中，对你教育与启发最大的地方是什么？能否举出一二个由于人机界面设计不合理而造成重大事故的具体案例，来说明学习安全人机工程学基本理论的重要性呢？

第 *13* 章

绿色和智能化人—机—环境工程的分析与展望

13

进入 21 世纪后，地球环境生态的健康问题并不太乐观。近些年来，大量的研究表明：地球环境生态的恶化直接来自人类的生产活动。今天，再次重温 1972 年麻省理工学院 D. L. Meadows 团队发表的《增长的极限》一文，倍感亲切，报告中所表现出的对人类前途的"严肃的忧虑"，以及唤起人类自身觉醒、增强保护环境的责任感，是十分令人敬佩的。这篇报告中所阐述的"合理、持久均衡发展"的思想，为后人提出可持续发展的理念孕育了肥沃的土壤、奠定了坚实的基础。本章主要以"环保"与"智能化"为两大核心内容，分 7 节进行了简要的分析与展望。其中，13.1 节扼要讨论环境生态系统健康及可持续发展问题，显然这些内容与绿色环保密切相关；13.2 节提出了系统总体性能评价的四项指标，与本书 10.1 节相比，这里增加了"环保"这个重要指标[600]；其余 5 节都是展望未来人机环境系统工程发展的大趋势，可以看出，人—机—环境系统工程的发展前景十分美好，振奋人心！

13.1　环境生态系统健康与可持续发展

随着 20 世纪 60~70 年代之后，全球生态环境日益恶化，受到破坏的生态系统越来越多，人类社会面临着生存与发展的强大挑战，因此人们开始感到了环境生态问题的重要性。最近 20 年来，有关科学家们的大量研究已经证实：环境生态的恶化是由于人类采取了不可科学的生产活动所导致的，因此在讨论人—机—环境系统中的环境问题时，对环境生态系统的健康予以适当的关注是必要的。另外，生态环境的健康直接关系到人类的生存和人类社会的可持续发展。

13.1.1　三次重要的国际会议与生态系统健康概念的提出

生态系统健康（Ecosystem Health）的概念是 1988 年 D. J. Schaeffer 和 D. J. Rapport 首先提出的。1994 年，"第一届国际生态系统健康与医学研讨会"在加拿大首都渥太华召开。这次大会重点讨论并展望了生态系统健康学在地区和全球环境管理中的应用问题，同时宣告"国际生态系统健康学会"（International Society for Ecosystem Health，简称 ISEH）的成立。1995 年《Ecosystem Health》杂志创刊，D. J. Rapport 教授任主编。4 年以后，该杂志就成为 SCI 的源期刊。Rapport 教授是加拿大戈尔夫大学（University of Guelph）环境设计学院和西安大略大学（University of Western Ontario）医学院的教授。1996 年，ISEH 召开了"第二届国际生态系统健康学研讨会"，这次大会更明确了要解决复杂的全球性的生态环境问题需要综合自然科学和社会科学提出了创建生态系统健康学的建议。1999 年 8 月，"国际生态系统健康大会——生态系统健康的管理"在美国加州召开，这是一次非常成功的大会，它为生态系统健康理念的创建奠定了坚实的基础。这里必须指出的是，上述 3 次生态系统健康学会议的主席均由 Rapport 教授担任。

13.1.2　生态系统健康概念的内涵

生态系统健康是环境管理的一个新方法，也是环境管理的新目标。评价生态系统是否健康可以从活力（vigor）、组织结构（organization）和恢复力（resilience）3 个主要特征来定义。活力表示生态系统功能，可根据新陈代谢或初级生产力等来测量；组织结构根据系统组分间相互作用的多样性及数量来评价；恢复力也称抵抗能力，根据系统在胁迫出现时维持系统结构和功能的能力来评价，当系统变化超过它的恢复力时，系统立即"跳跃"到另一个状态。依据人类的利益，健康的生态系统能提供维持人类社区的各种生态系统服务，如食物、纤维、饮用水、清洁空气、废弃物吸收并再循环的能力等。通常，评价生态系统健康首先需要选用能够表征生态系统主要特征的参数，如生境质量、生物的完整性、生态过程、水质、水文、干扰等。但度量这些参数不是一件容易的事。在健康评价时，还要综合不同尺度、考虑生态系统的进化史。另外，生态系统健康主要关心的是功能紊乱的辨识、诊断方案及有效指标的设计等，因此它必然要涉及多个学科之间的交叉。

13.1.3　生态系统健康学研究的主要内容

生态系统健康学是 20 世纪 80 年代末在可持续发展思想的推动下，在传统的自然科学、社会科学和健康科学相互交叉和综合的基础上发展起来的一门新学科。因此，生态系统健康理应纳入可持续发展的框架中加以讨论。国际生态系统健康学会将"生态系统健康学"定义为"研究生态系统管理的预防性的、诊断的和预兆的特征，以及生态系统健康与人类健康之间关系的一门系统的科学"。作为一门新的学科，生态系统健康学面临的主要任务是如何有效地将生态学与社会科学和健康学结合起来。它的主要研究内容包括：生态系统健康的评价方法，生态系统健康与人类健康的关系，环境变化与人类健康的关系，各尺度生态系统健康管理的方法。生态系统健康评价需要分析人类对生态系统的压力、变化了的生态系统的结构与功能、生态系统服务的改变与社会的反应之间的联系。综上所述，生态系统健康学是一门很富有挑战性的新兴学科。

13.1.4　可持续发展概念的提出及实现循环经济的七大原则

面对人类生态环境的日益恶化，1987 年世界环境与发展委员会向联合国大会提交了《我们共同的未来》的研究报告，该报告中提出了"可持续发展"（sustainable development）的重要概念。1992 年联合国环境与发展大会通过并颁发了《21 世纪议程》，提出了具体实施可持续发展的具体实施手段。其中"清洁生产"被列为重要措施之一。到了 20 世纪中期，人类的活动对环境的破坏已经达到了相当严重的程度。这里应当指出的是，人们的认识经历了从"排放废物"到"净化废物"再到"利用废物"的过程。因此，到 20 世纪 90 年代便提出了将清洁生产、资源综合利用、生态设计和可持续消费等融为一体的循环经济的战略思想，并逐步形成了循环经济的七大基础原则，即：①大系统分析的原则；②生态成本总量控制的原则；③尽可能利用可再生资源的原则；④尽可能利用高科技的原则；⑤把生态系统建设作为基础设施建设的原则；⑥建立绿色 GDP 统计与核算体系的原则；⑦建立绿色消费制度的原则。循环经济以减量化（Reduce）、再利用（Reuse）、再循环（Recycle）作为其操作准则，简称"3R"原则。这里还应指出的是，推行循环经济技术的前提是产品的生态设计，而生态设计的基本出发点是应该从保护环境角度考虑，减少资源消耗，真正从源头开始实现污染预防，构筑新的生产与消费系统。近几年来，《中国人民共和国清洁生产促进法》、《中华人民共和国节约能源法》和《中华人民共和国循环经济促进法》（分别于 2003 年 1 月 1 日、2008 年 4 月 1 日和 2009 年 1 月 1 日起实施）的制定，标志着我国的"清洁生产"工作步入了规范化、法制化的轨道，也标志着对人类生存环境问题的重视。

13.2 人—机—环境系统总体性能评价的 4 项指标

13.2.1 总体性能的四项评价指标

在人—机—环境系统中，人本身是个复杂的子系统，机（例如计算机或其他机器）也是一个复杂的子系统，再加上各种不同的环境影响，便构成了人机环境这个复杂系统。面对这个如此庞大的系统，如何判断它是否实现了最优组合呢？这里给出安全、环保、高效和经济这 4 项评价指标，对于任何一个人机环境系统都是必须满足的综合效能准则。所谓"安全"是指在系统中不出现人体的生理危害或伤害。所谓"环保"是指爱护人类赖以生存的地球家园，不要破坏大自然的生态环境，不要污染地球大气层及外层宇宙空间。另外，还要使产品和所研制的系统满足绿色设计、清洁生产，有利于人类环境生态系统的健康发展[601]。要执行 1996 年 ISO 颁布的 ISO14000 系列标准。这个标准涉及大气、水质、土壤、天然资源、生态等环境保护方针在内的计划、运营、组织、资源等整个管理体系标准，它集成了世界各国在环境管理实践方面的精华；它有利于规范各国的行动，使其符合自然生态的发展规律，有利于地球环境的保护与改善，保障全球环境资源的合理利用，促进整个人类社会的持续正常发展；所谓"高效"是指使系统的工作效率最高，使用价值最大；所谓"经济"是在满足系统技术要求的前提下，尽可能投资最省，即要保证系统整体的经济性。

13.2.2 总体性能各指标的评价

人—机—环境系统工程的最大特色是，它在认真研究人、机、环境三大要素本身性能的基础上，不单纯着眼于单个要素的优劣，而是充分考虑人、机、环境三大要素之间的有机联系，从全系统的整体上提高系统的性能。图 13-1 给出了总体性能分析与研究的示意图，借助于该图，下面分别从安全、环保、高效和经济 4 个方面对总体性能进行评价。

1. 安全性的评价

在人—机—环境系统中，安全性能评价的基本方法有两种，一种是事件树分析法（即 ETA），又称决策树分析法（即 DTA），另一种是故障树分析法（即 FTA），这里仅讨论后一种方法。故障树分析法（又称事故树分析法）是 H·A·Watson（沃森）提出的，后来由美

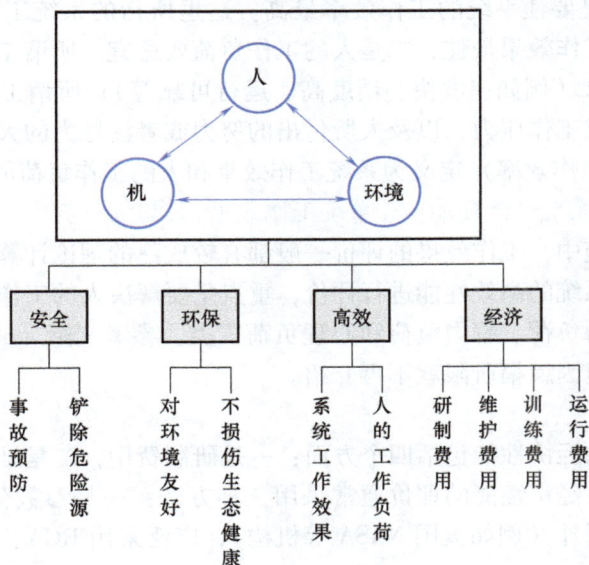

图 13-1　总体性能评价的四项指标

国航空航天局（NASA）做进一步发展并广泛地用于工程硬件（即机器）的安全可靠性分析。故障树分析法是一种图形演绎方法，它把故障、事故发生的系统加以模型化，围绕系统发生的事故或失效事件，做层层深入的分析，直至追踪到引起事故或失效事件发生的全部最原始的原因为止。对故障树可做定性评价与定量评价。因此故障树分析法主要由三部分组成：建树、定性分析和定量分析。其中建树是 FTA 的基础与关键。故障树的定性评价包括：①利用布尔代数化简事故树；②求取事故树的最小割集或最小径集；③完成基本事件的重要度分析；④给出定性评价结论。故障树的定量评价包括：①确定各基本事件的故障率或失误率，并计算其发生的概率；②计算出顶事件发生的概率，并将计算出的结果与通过统计分析得出的事故发生概率做比较，如果两者不相符，则必须重新考虑故障树图是否正确（也就是说要检查事件发生的原因是否找全，上下层事件间的逻辑关系是否正确），以及基本事件的故障率、失误率是否估计得过高或者过低等；③完成各基本事件的概率重要度分析和临界重要度（又称危险重要度）分析。

　　应该强调指出的是，在进行故障树分析时，有些因素（或事件）的故障概率是可以定量计算的，有一些因素都是无法定量计算的，这将给系统的总体安全性能的定量计算带来困难，这也正是人机环境系统安全性能评价比一般工程系统更困难、更复杂的原因。尽管如此，通过故障树分析法，仍然能够找出复杂事故的各种潜在因素，所以，故障树分析法是人们进行人机环境系统可靠性分析和研究的一种重要手段。而且随着模糊数学的发展，以往那些不能定量计算的因素，也将能借助于模糊数学进行量化处理，这就使得故障树分析法在人机环境系统安全性能的评价中发挥更有效的作用。

2. 环保指标的评价

　　应使所研制的产品满足绿色设计、清洁生产的规定指标，使所研制的人机系统不对环境生态系统造成干扰，不危及生态系统的健康。

3. 高效性能的评价

所谓"高效"就是要使系统的工作效率最高。这里所指的系统工作效率最高有两个含意:一个是指系统的工作效果最佳,二是人的工作负荷要适宜。所谓工作效果是指系统运行时实际达到的工作要求(例如速度快、精度高、运行可靠等);所谓工作负荷是指人完成任务所承受的工作负担或工作压力,以及人所付出的努力或者注意力的大小。因此,系统的高效性能(也即系统的工作效率)定义为系统工作效果和人的工作负荷的函数,即

$$系统高效性能 = f(系统工作效果,人的工作负荷) \tag{13-1}$$

在具体的评价实施中,工作效果的评价一般都有较成熟的理论计算方法与工程方法。因此,为了对人机环境系统的高效性能进行评价,重点是要解决人的工作负荷的评价问题。人的工作负荷可分为体力负荷、智力负荷和心理负荷三类。参考文献 [601] 较详细地讨论了测定与量化过程,这里因篇幅所限就不再介绍。

4. 经济性的评价

一般说来,系统的经济性能包括四个方面:一是研制费用,二是维护费用,三是训练费用,四是使用费用。对经济性能的评价通常采用三种方法:一是参数分析法,二是类推法,三是工程估算法。在国外(例如美国 NASA 等机构),广泛采用 RCA、PRICE 模型进行费用的估算。

5. 总体性能的综合评价指标

对总体性能的评价必须要考虑安全、环保、高效和经济4项评价指标。对于多目标非线性优化问题,一个常用的办法是引入加权因子,将多个指标综合为一个指标,这里定义综合评价指标 Q,其表达式为

$$Q = \alpha_1 \times (安全) + \alpha_2 \times (环保) + \alpha_3 \times (高效) + \alpha_4 \times (经济) \tag{13-2}$$

式中 α_1、α_2、α_3 与 α_4 分别为针对各个相应评价指标的加权系数,并且有

$$\alpha_1 + \alpha_2 + \alpha_3 + \alpha_4 = 1 \tag{13-3}$$

这里 α_1、α_2、α_3、α_4 的取值视具体情况而定。

13.2.3 "安全"与"环保"比"高效"与"经济"更重要

人类社会步入 21 世纪后,环境与持续发展问题仍然没有解决,仍然存在着许多问题,例如气候和化学循环的急速变化,支撑地区经济的自然资源的枯竭,外来物种的激增,疾病的传播,空气、水和土壤的恶化,因此对人类文明构成了史无先例的威胁。在这种生态环境形势问题严重的情况下,对于人机环境系统设计时所考虑的总体性能指标当然应当将"安全"与"环保"放到比"高效"与"经济"更重要的位置上。要提倡产品的绿色设计(Green Design,简称 GD)、发展循环经济、提倡健康文明的绿色消费方式;要重视发展的公平性,注意代际公平、代内公平,要树立起公平享有地球资源的道德意识;要坚持人类生态文明与可持续发展,使人类赖以生存的地球家园呈现出人与大自然和谐共存的美好景象。

13.3 数字化人—机--环境安全工程

随着计算机技术与网络技术的飞速发展,人机工程也逐渐步入了数字化的时代,无论是对于人机工程本身,还是对于人机界面设计,都拓展了一系列新的研究课题。

13.3.1　数字化人的体态模型

计算机技术的飞速发展使人机工程学进入了数字化的新时代。其中"数字人"的构建令人关注。因此，当代的建模技术、"数字人"的建模与发展值得关注。

人体的内部骨骼结构和表面拓扑直接影响到体态的定量与定性利用。作为一个工程工具，内部结构的精确性会影响人体态的测定。为了实现体态及其他人体测量学特征的仿真，需要建立人体测量学的数据库。如 1988 年美国陆军广泛应用的数据库 ANSUR88，包含了近9000 名军人的 132 种标准测量结果。因此，可以利用它们建立人的体态模型，并开发人的建模软件。另一个可以利用的人体测量学数据库是美国国家健康与营养测试协会 1994 年开发的数据库 NHANES Ⅲ。它包含 33994 个 2 个月的婴儿到 99 岁的老年人的测量数据。其他的数据库还有：包含 40000 个 7~90 岁日本人测量数据的 HQL-Japan 数据库（1992~1994年），包含 8886 个 6~50 岁的韩国人测量数据的 KBISS-Korea 数据库等。目前，人的模型共有 30~148 个自由度。肩与脊椎的详细模型可以考虑人的行为学。

13.3.2　人机环境系统的建模、分析与评价

传统的协调作用仅考虑了匹配分析，而不考虑产品使用或运作功能方面的协调问题。数字化人机工程学分析法填补了这方面的缺憾。利用数字化人机工程学模型可以分析和协调各功能的交互作用与界面，也可以利用它去分析作业场所与作业空间的设计。更为重要的是，人机工程仿真系统通过构筑虚拟环境和任务，通过人体模型，进行动态的人机工程动作、任务仿真，可以满足不同人机工程应用问题的分析，实现与 CAD、CAE 等软件的有效集成。例如用于工作地环境的布局。在人机仿真环境中，图形几何的生成和数字化信息可被用来模拟仿真工作地布局的关键部分。再如进行人体测量学的辨识，并利用人体姿态图像尺寸帮助辨识人体测量学的试验。

再如工作地的精确姿态图，大量的研究证明，数字姿态图可以成为重要的伤害事故表达方式。工作地的图像记录能够成为工作地设计师可靠的指南，并可以利用数字化工作地图进行设计过程中的评估。再如利用人机工程学模型进行维护与服务作业的分析，并为员工培训提供仿真环境或虚拟现实环境。另外，基于运动学、生理学等模拟人的工作过程，可以实现工作时的实时评价与分析，其中包括：可视度评价、可及度评价、舒适度评价、静态施力评价、脊柱受力分析、举力评价、力和扭矩评价、疲劳分析与恢复评价、决策时间标准、姿势预测等。例如，Transom 公司开发的 Transom Jack 人机工程软件，可以评价安全姿势、举升与能量消耗、疲劳与体能恢复、静态受力、人体关节移动范围等人机工程性能指标，并且已经用于航空、车辆、船舶、工厂规划、维修、产品设计等领域。

13.4　信息化人—机—环境安全工程

随着经济的全球化和社会的信息化，使得人们面临着更为广泛的活动范围和更多的合作机会，更多地采用动态协作的方式，群策群力、高效和高质量地完成共同的任务。因此，计算机支持的协同工作（Computer Supported Cooperative Work，简称 CSCW）的概念已在 20 世纪 80 年代提出了。协同工作的出现标志着计算机应用水平上了一个新的台阶，实现了计算

机从单纯支持个体工作到能够同时支持群体协同工作的转化。协同工作系统很好地适应了社会信息化、经济全球化和知识经济时代的要求，以及交互性、分布性和协同性等的特点，因而，它的应用领域相当广泛，例如协同编辑、电子会议、工业应用、科学协作、远程教学、工作流管理、远程医疗等。协同工作是一个多学科的新兴领域。

协同工作系统与传统应用系统之间既有差异，又有继承与发展。两者的不同点主要表现在：传统的分布式应用软件系统采用人-机的交互模式，即人和机器（应用软件）交互，而协同工作系统的主要交互模式为人-人交互，协作者通过协同工作系统和其他协作者交互。

除了上述的交互模式之外，不同点还表现在：

（1）分布式系统可支持多个用户，同时，又屏蔽了用户之间的感知和交互，用户感觉上认为他正在独占使用系统，系统的多个用户并非为了共同的任务或目标而形成有效的群体；而协同工作系统支持协作者感知群体的存在和活动，它们共同使用协同工作系统，以便完成共同的目标或任务。

（2）协同工作系统和分布式系统具有相似的节点网络分布结构，但在具体技术如协调控制、一致性和并发控制等方面有着区别。分布式系统中，"协调"是指对许多进程或线程的调度和控制，而该类系统的"协调"是指协调群体或群体活动之间的冲突。

（3）协同工作系统有着群体活动的动态性、人-人交互和工作模式等特性，而分布式系统则不考虑这些因素。

13.4.1 协同工作中的人与人间的交互

在协同的工作方式中，用户通过计算机彼此交互，其界面问题已经不是简单的人-计算机界面问题，而是复杂的人-计算机-人的界面。

（1）人-人交互界面。人-人交互主要通过协同工作系统界面体现。将这种界面称为人-人交互界面。人-人交互界面更直观体现协同工作系统的人-人交互方式，并易与传统应用系统的人机交互方式相对应。

（2）群体的组织设计。协同工作的出现不仅产生了一种全新的人-机界面形式，而且伴随着出现了一种全新的社会组织结构[602,603]。在该类系统中，网络的协同是借助于计算机达成的。因此在该类系统中，相关的组织设计就显得非常重要。

13.4.2 基于信息交互的界面设计

从人机界面的角度，可以将互联网理解为一个用户和其他用户的知识之间的抽象界面。因而网络界面设计是人机界面设计的一个延伸，是人与计算机交互方式的演变，是随计算机技术发展而发展的。随着技术的进步，人机交互方式日益朝着更友好、更便捷的方式发展。因此，人性化的设计是网络界面设计的核心，如何根据人的心理、生理特点，运用技术手段，创造简单、友好的界面，是网络界面设计的重点。

网站是储藏信息的产品，信息是联系供给者与用户间的媒介。信息的提供者利用自身的认知结构将知识转化为可以交流的信息储存在网络环境中，用户在特定的认知环境下为自己的目的获取信息，从而转化为自己的知识。而网页的目的是使最终用户更容易获取信息。

人是一切设计面所面对的主体，由于互联网具有无限的延伸性，数以万计的信息在网络上传递，互联网的用户也遍及多个国家、民族。不同的人群对信息的需求各不相同，他们的社会、文化背景、生活习惯等都不尽相同；而各种各样的网站发布者，对于他们的网站也都有各自发布的初衷。所以，如何利用人们在现实生活中熟悉的图形符号，表达界面信息，寻求那种使人亲近的元素，易于使用户产生共鸣的友好界面，应是人们努力的目标。

按照人机工程学的观点，行为方式是与人们的年龄、性别、地区、种族、职业、生活习俗、受教育程度等有关的，行为方式直接影响着人们对产品的操作使用，是设计者需要加以考虑或者利用的因素。同样，用户上网的浏览习惯、上网特点也是网络界面设计需要注意的。用户上网主要有两种方式：搜索和浏览。搜索过程包含了用户下意识的活动，而浏览则更多的是一个无意识的过程。他们通常都不是针对某一项专门的任务，更多的是由于好奇心与求知欲，而不是获取信息。另外，浏览本身或多或少地被局限于个人兴趣。因此，设计网络时要将注意力集中于内容选择和内容描述上。这里因篇幅所限对此不再讨论，感兴趣的读者可参阅人机界面设计的相关书籍。

13.5　虚拟场景下人—机—环境安全工程

"虚拟现实"（Virtual Reality）是人的想象力和电子技术等相结合而产生的一项综合技术，利用多媒体计算机仿真技术可以构成一种特殊环境，用户可以通过各种传感系统与这种环境进行自然交互，从而体验比现实世界更加丰富的感受。如今虚拟现实技术在军事领域、建筑工程、汽车工业、计算机网络、服装设计、医学、化工及体育健身场所等都得到了广泛的应用。

虚拟现实系统能和环境进行自然交互，它具有以下特征：

（1）自主性。在虚拟环境中，对象的行为是自主的，是由程序自动完成的，要让操作者感到虚拟环境中的各种生物是有"生命的"和"自主的"，而且各种非生物是"可操作的"，并且其行为符合各种物理规律。

（2）交互性。在虚拟环境中，操作者能够对虚拟环境中的生物及非生物进行操作，并且操作的结果能反过来被操作者准确地、真实地感觉到。

（3）沉浸感。在虚拟环境中，操作者应该能很好地感觉到各种不同的刺激。

虚拟设计系统按照配置的档次可分为两大类：一种是基于 PC 机的廉价设计系统，另一种是基于工作站的高档产品开发设计系统。两类系统的构成原理大同小异，系统的基本结构包括两大部分：一是虚拟环境生成部分，这是虚拟设计系统的主体；二是外围设备，其中包括各种人机交互工具及数据转换与信号控制装置。

虚拟设计可以在设计的初期阶段来帮助设计人员进行设计工作。它能够使设计人员从键盘和鼠标上解脱下来，使其可以通过多种传感器与多维的信息环境进行自然的交互，实现从定性和定量综合集成到环境之中得到感性与理性的认识，从而帮助深化概念，帮助设计人员进行创新设计。另外，它还可以大大地减少实物模型和样机的制造，从而减少产品的研发成本、缩短研发周期。

13.5.1　虚拟场景下人机工程的设计及工效学的评价

以设计制造一种新型汽车为例，人们自然会对这辆车的设计提出许许多多的要求。例如对汽车外形会提出美观条件的要求，另外还会提出驾驶安全、满足人机工程学的要求，以及维护与装配等方面的要求。另外，设计还要受到生产、时间及费用等互相制约条件的限制。在这种复杂的设计过程中，虚拟设计技术要比传统的 CAD 技术能更好地适应这些要求。上述的各种条件可以集成在虚拟设计的过程中，并且可以减少用于验证概念设计所需的模型个数。在设计过程的各个阶段，可以不断地利用仿真系统来验证假设，既可以减少费用及制造模型所占用的时间，同时又可以满足产品多样化的要求。英国航空实验室进行了一项用于概念验证的项目。研究人员研制开发了一个虚拟人机工程学评价系统，该系统由一个 VPL 生产的高分辨率 HRX Eyephone 头盔式显示器、一个 DataGlove 数据手套、一个 Convolvotron 三维音响系统和一台 SGI 工作站组成，另外系统还为用户提供一个真实的轿车坐舱。设计人员采用 CAD 系统创建了一辆 Rover400 型轿车的驾驶室模型，经过一定的转换后将这个驾驶室模型引入到一个虚拟人机工程学评价系统之中。借助这个系统，设计人员便可以精确研究轿车内部的人机工程学参数，并且必要时可以修改虚拟部件的位置，重新设计整个轿车的内部构造。另外，通过计算机建模和模拟标准的"虚拟"人体模型，还可以对处于虚拟环境中的人对物体的反应进行特定的分析。例如，它能够精确地预测人的行为，给出人的各关节角度是否在舒适范围内，是否超出舒适范围，以及是否超出人的承受范围，从而使设计最大程度地满足人机工程学对舒适性、功能性和安全性的要求。例如，应德国汽车工业联合会的要求所研制的取名为"Ramsis"的人机工程学模型系统就可以用来客观地评价汽车驾驶室的人机工程学性能。

13.5.2　人机工程学模型系统的研制与应用

21 世纪是产品竞争的时代，竞争的焦点是它的创新性，因此对于产品生命周期来说，虚拟产品设计、虚拟人体模型和评价标准越来越显得重要，并且成为虚拟产品开发（VPD）中的重要环节。随着计算机技术的发展，虚拟设计与评价正朝着全方位的数字化制造、能够提供仿真集成的整体解决方案发展，并且人能够参与到虚拟制造环境中去。例如在虚拟的汽车模型系统中，用户可以感觉到车厢空间的大小、颜色、材料等，也可以查看各种仪器的位置并摸索操作方法。另外，这个系统还装有转向盘和其他一些必要的设备，并配有力量反馈系统，以便考察汽车在不同路况下的行驶情况。另外，在现代航天工程中[604~608]，太空国际空间站的装配和航天员舱外行走都可以采用虚拟现实和视景系统进行太空装配的准备、训练和试验，以提高太空站装配工作的效率，以及航天员舱外行走的可靠性和安全性。

13.6　智能化人—机—环境安全工程

随着人机（计算机）系统研究工作的开展，人机结合的内涵在不断发展。研究人机智能结合的目的是，既要发挥各自智能的优势，又要互相弥补对方智能的不足，故人机智能结合系统是指人的创造性、预见性等高层智能同计算机低层智能相结合的系统。这种结合表明：人的创造性劳动可以交给计算机，使计算机按照人的意图创造性地进行工作。

13.6.1　人的智能模型与人机智能结合的必要条件

人的决策过程实质上是一个思维过程。图 13-2 给出了一种人机交互作用的决策结构。这是一个二维决策过程结构模型，这种模型把人在决策时的智能因素按智能高低划分为 4 个层次，按思维的先后次序分成了 4 个阶段。

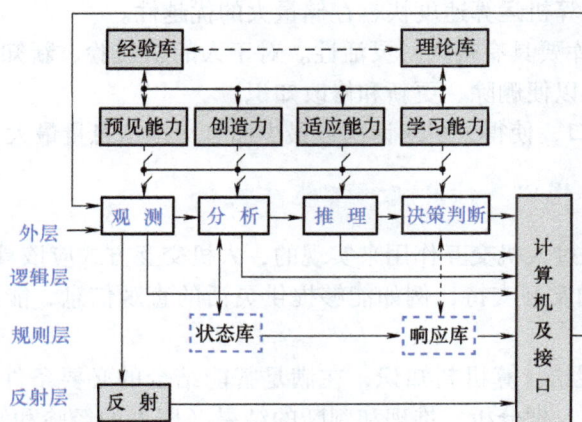

图 13-2 人机智能结构

这种模型不但能概括各种行为模型，而且也可以包括了人的心理活动。它有利于描述人机在线交互作用算法，使得人机智能密切结合起来[609]。

人的智能有三种局限性：

（1）人的可靠性差，特别是在疲劳时出错率大为增加。统计数据说明人在不大疲劳时，30min 内出现 0.1 次错误；疲劳时，1min 时则可出现 1 次差错。

（2）人担负的工作量过重时，会影响人的健康，而且在人高度紧张时，还会引起判断与操作的错误或者漏掉了主要信息。

（3）人的效率比计算机低得多，主要表现在接受信息效率低，反应迟钝（迟后 0.25 ~ 0.5s）而且计算速度慢。

综上所述，人承担的工作量应当尽量小，而且越少越好；计算机承担的工作量则是越大越好。为了弥补人的智能的局限性，使人能发挥高层智慧优势，人机智能结合系统必须具备下述必要条件：

1）人机工作任务按最大最小原则分配，所谓最大最小原则是指

$$\min_{\beta_i^h} \sum_{i=1}^{n} \beta_i^h E_i^h = A - \max_{\beta_i^c} \sum_{i=1}^{n} \beta_i^c E_i^c \tag{13-4}$$

其中 A、E_i^h 和 E_i^c 分别为任务的总工作量、人担负的工作量和计算机担负的工作量，$i = 1$，2，$\cdots$，n 是决策序号。β_i^c 和 β_i^h 分别定义为

$$\beta_i^c = \begin{cases} 1 & \text{计算机执行任务时} \\ 0 & \text{其他} \end{cases} \tag{13-5a}$$

$$\beta_i^h = \begin{cases} 1 & \text{人执行任务时} \\ 0 & \text{其他} \end{cases} \tag{13-5b}$$

这是一个人机排队系统中动态任务分配原则。为实现这一原则，可以将任务分为三类：可编程任务、部分可编程任务和不可编程任务。经计算机分配器鉴别后把任务分给计算机和人去完成。

2）计算机要有一定的智能处理能力。计算机不但要具有数据和信息预处理、查询能力，而且还要具有过程分析、事故分析、事后统计和知识处理能力，使它能够弥补人记忆能

力的不足，充分发挥计算机运算速度快、存储量大的优越性。

3）计算机的知识库要具有很大的灵活性。对于人的新经验、新知识和想法可以随时送入计算机的有关库中，以便删除、更新和修改知识。

4）要采用智能接口，使得人机对话次数最少而且交换信息量最大。

13.6.2　人机交互作用以及计算机的智能结构

人机智能结合是通过人机交互作用来实现的，人机交互方式应该具有如下三点功能：

（1）计算机对人的友好支持，例如能够提供灵活的直观信息，能用"自然语言"和图形进行对话。

（2）人不断地传授给计算机新知识，在满足智能结合的必要条件下，人的预见性与创造性可通过逻辑决策层，把分析、推理和判断的结果（即人的经验和知识）传授给计算机，以提高和丰富计算机的智能处理能力。

（3）人、机共同决策，包括在有些算法与模型已知时，靠人机对话确定某些参数，选择某些多目标决策的满意解等。

为了实现人、机智能结合系统，软件设计也应满足以下5点要求：

1）计算机应具有高档智能和知识层，例如知识库和推理机构。

2）计算机中存储的数据与知识应具有独立性和灵活性，便于用户删除、增补和修改。

3）库存内容是动态的、时变的，可随机存取任何知识与数据。

4）软件结构应具有灵活性，可任意更改知识结构，以适应新的情况。

5）知识和数据的存储应保证安全可靠，不易受干扰动和破坏。

根据上述人机智能结合的必要条件及对软件设计的要求，计算机的软件结构如图13-3所示。

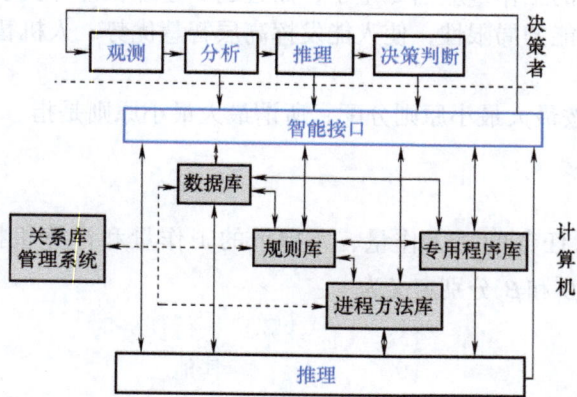

图13-3　计算机智能结构及其与人的联系

这里还应指出的是，在软件设计应满足的要求中，知识层包括知识库和推理机构。知识库又划分为数据库、规则库和进程方法库。

另外，还设有专用程序库，库中除存有公用子程序外，还要有应用程序，例如线性规则、非线性规则、多目标决策，以及参数估计和状态识别等算法程序。因此，这种结构能具备多功能的特征。

为了使得人机交互能自然地进行，其关键是提高计算机的智能，使其能实现对人的交互意图的理解，完成人要求它完成的工作，其主要工作可包括以下三方面：①对输入的理解和整合；②任务处理的智能化；③输出形式的自动化和优化。

13.7　基于认知神经科学的显示界面设计及多学科人—机—环境系统优化

国外对于人体科学、脑科学、认知神经科学、意识神经科学、工程心理学等都十分重视。以认知神经科学为例，20 世纪 70 年代诞生的认知神经科学是认知科学与神经科学的交叉学科，它是由杰出神经科学家 M. S. Gazzaniga 和认知心理学家 Miller 命名的。事实上，在这一领域的许多科研成果已用于人机环境系统中，对人的工效、脑力工作负荷、作业安全的评价与分析。例如脑电图（EEG）、脑磁图（MEG）、脑电的 β 波、α 波、θ 波和 δ 波、肌电（EMG）、皮电反应（GSR）、心电（EKG/ECG）、胃肠电（EGG）、眼电（EOG）、心率（HR）、心率变异性（HRV）、失匹配负波（MMN）、事件相关电位（ERP）、事件相关脑波振荡（EROs，英文全称为 event-related oscillations）、以及皮肤温度（TEMP）、脉搏（FPE/EPE）、眼睑动作、嘴唇动作等参数，作为分析人机环境系统工程问题中脑力工作负荷、人机交互中认知负荷变化、人驾驶疲劳特征、人的行为的评价数据等。国外航空事故的调查报告指出：60%~90% 的航空飞行事故都发生在飞行员脑力负荷强度大、应激水平高的飞行任务中。国外已将心率、心率变异性、皮电、眨眼次数（Eye Blink numbers）、脑电、心电、眼动、呼吸性窦性心律不齐功率（RSA）等成功地用于飞行员的脑力负荷研究和飞行驾驶安全的分析，EEG、ECG 和 EOG 已成为人机环境系统工程中对人的工效分析、行为分析的重要数据。另外，以人机交互界面为例，进入 21 世纪后，人们已经能够用眼睛控制的"眼标"，以及直接用大脑思维控制的"脑标"去操纵图形界面。例如 Eye-Typer300 系统便是一个由眼睛-视觉-控制的键盘系统，当人在 LED 上注视了一段时间后，就能输入信息，这种系统可以设计成用来操纵一些控制系统，如电视机、打印机和其他电器。对于现代人机环境系统的实验室平台来讲，除了应具有采集与测量微气候、物理环境的基本数据（例如环境气压、温度、湿度、噪声、振动、有机挥发物、气流流动、光照、粉尘、屏幕/环境亮度对比及 GPS 定位等）、人的生物力学数据（例如人肢体的受力力度、角度、扭矩、三个方向上运动加速度、倾角和方向等）和人的生理数据（例如表面肌电、心率、皮电、皮温、呼吸、心电、血氧、血容量搏动等），以及传统的人体建模、实时进行动作的捕捉、数据分析、力学评估（例如 JACK 人体仿真及建模系统），进行人机工效分析、完成产品的容纳度、可达性及虚拟现实设计；再如 FAB（Functional Assessment of Biomechanics）系统，可对人体开展无线传感、实时进行动作捕捉、数据分析及力学评估）的系统与设备之外，21 世纪初科研人员对人的眼动数据（例如眼睑动作、嘴唇动作、首次注视点、注视时间、注视顺序、眨眼频率、瞳孔直径的变化等）以及眼动追踪系统、对 EEG/ERP 脑事件相关电位系统及脑科学研究都格外重视。EEG/ERP 脑事件相关电位系统通过测量脑电信号，统计分析获取脑电的 β 波、α 波、θ 波和 δ 波，获得多个频段的功率、波峰频率及峰值功率值，可以从中提取出与脑认知事件相关的不同特征曲线，揭示大脑信息处理的过程和认知状态，可用于飞行员、驾驶员的注意力、事件辨别能力、心理负荷等方面的评价和分析，也可用于工程心理学和刑事案件的分析和侦破。此外，连续小波变换等时频分析方法已经成为考察 EROs 的有效方法。21 世纪初的试验研究已初步证实：脑波振荡这样的场电位可能直接参与了神经信息的加工过程，并且已经发现在心理过程中大脑不同区域活动的协调，利用了脑波这样的场电位。显然，上述这些研究对揭示人大脑的工作原理十分有益。这里还应说明一下脑磁图（MEG）为癫痫、脑肿瘤、脑血管畸形、帕金森氏症等病的术前定位所起到的关键作用。据官方统计，我国有 800 万人患有癫痫病。癫痫病人外科手术成功的关键是解决如下两个问题：一是给癫痫病灶精确定位，从而准确切除病灶；二是给病灶周围的重要功能区如感觉、运动、语音、记忆等部位精确定位，从而避免和减少这些功能区的组织损伤。MEG 是目前能同时解决这两个问题的最精确的方法，其定位误差不超过 2mm。它还能够将捕获的脑功能信号重合在 CT 或者核磁共振图上，形成清晰直观的定位影像图，分辨出原发病灶和继发病症，从而提高手术治疗的成功率。这里应特别指出的是，发展认知神经科学和脑科学不仅对人的防病治病带来福音，而且这些技术如果用于国防建设，这关系到国家领空的安全。这里我们以高超声速无人飞机为例，近年来美、俄等国正着眼于全球战略和本国安全利益的考虑，大力加强对高超声速无人机的研制，许多发达国家已基本锁定把加装先进的"智慧脑"作为无人机未来发展的一种必然选择。

为了进一步阐明这个问题，以下分五点对未来无人机的设计理念与目标进行概述：

（1）高隐身性。与现有的第五代战斗机的隐身设计理念完全不同，新型无人机的设计理念是要通过提高速度来达到隐身目的。以美国洛克希德·马丁公司 SR-72 高超声速无人机为例，其巡航速度已达到马赫数 6，它使对方根本来不及躲避，它使得目前世界各国的防空体系都无能为力，它完全可以在一小时内达到全球任何地点执行作战任务。由于无人机没有驾驶舱，体型较小，再加之各种隐身技术的运用，因此无人机的隐身性能非常高，以 2011 年 2 月美国亮相的 X-47B 无人机为例，在隐身性能方面它已超过了 F-117、B-2、F-22 和 F-35 等飞机。

（2）高超声速巡航高超声速巡航已作为第六代战斗机和新型无人机的设计目标。X-43 无人机曾在太平洋上空飞行时创造了接近 10 倍声速的飞行纪录；另外，X-51A 无人机目前美国仍在改进和试验中，它在临近空间（Near Space，指距地面 20～100km 的空域）和大气层内飞行所具备的这种飞行速度优势对打击"时敏目标"更有信心。

（3）高超机动性。高超机动性已是现代无人机设计的重要指标。所谓高超机动性，主要是指飞机在高速飞行状态下，机动动作的灵活性和敏捷性。以 SR-72 无人机为例，它采用涡喷发动机与超燃冲压发动机的组合循环推进系统，其巡航速度可达到马赫数 6，这已是当今最先进的一种推进技术。在机体结构和空气动力方面，它巧妙地使用了涡升力，有助于实现低速飞行。

（4）高防护能力。高防护能力已是现代无人机目前关注的指标。2011 年 12 月 4 日伊朗新闻媒体宣称，美军 RQ-170 隐身"哨兵"无人机被伊朗陆军电子战部队成功俘获。RQ-170 无人机的被俘获暴露了无人机的防护问题存在着明显的软肋，对此美国随即采取了加强无人机防御能力的措施。

（5）高智能作战能力。高智能作战能力也是现代无人机高度关注的设计目标。所谓高智能化就是要求无人机不仅能够按照指令或者预先编制的程序来完成既定的作战任务，而且对已知的威胁目标能做出及时和自主反应，还能对随时出现的突发事件做出及时反应。因此给无人机加装先进的"智慧脑"已经成为一种必然的选择。装上这种"智慧脑"，便使无人机能够具有较高程度的自动准确判断力、自动分析处理能力以及自动准确地控制能力，这种新型的"智慧脑"—机系统便构成了新形式下的人—机系统。在未来的战场上，或许会出现以无人战斗机、无人轰炸机、无人电子战飞机和无人预警机等构成的无人作战体系，如果这种场景出现，那么加装了聪明"智慧脑"的无人飞机会在空战中显示出更大的优势和作战能力。毫无疑问，对于复杂的人机环境系统工程问题，注意将现代最前沿的脑科学和认知神经科学用于对"人"的行为与认知研究[610]、全面建立"人"的较先进的数学模型，注意将现代各类"机"与"环境"的先进分析与计算工具密切结合起来，真正实现多学科的优化策略，充分发挥人机闭环系统的整体性能优势[611]，那么这样设计出的人机环境系统一定是最安全、最高效、对于环境最友好，而且人机环境系统具有最佳的经济性。

习　　题

1. 生态系统健康（Ecosystem Health）的概念是什么？请结合近年来世界人类生态环境的变化谈一下国际上提出生态系统健康概念的必要性。

2. 可持续发展的概念是什么？实现循环经济的七项原则是什么？

3. 人机环境系统总体性能的评价指标为什么由三项变为四项？为什么说在评价指标中"安全"与"环保"要比"高效"与"经济"更重要？

4. 在节约能源、科学用能方面，我国著名工程热物理学家、三元流两类流面分析的奠基人、原中国科学院主席团执行主席、中国科学院工程热物理研究所首任所长吴仲华先生提出了"能的梯级利用与总能系统"这个重要概念和科学用能思想，并于 1988 年在机械工业出版社出版了这方面的专门论著[612]。吴先生提出了 Integrated Energy System（简称 IES）这个重要概念，提倡 IGCC（Integrated Gasfication Combined Cycle，常译为整体煤气化联合循环）技术。该技术把煤的气化和净化技术、高性能的燃气轮机与汽轮机联合循环以及系统整体化等多种高新技术进行集成融为一体，因此 IGCC 后来被列入国家 863 计划并成为"十五""十一五"国家科技计划确立的重要方向。请结合吴仲华先生的科学用能思想谈一下总能系统的分析方法与工程热力学中常用的㶲分析方法之间的联系。

5. 为什么发展数字化人的体态模型十分重要？请结合可视化仿真技术和虚拟场景下汽车座舱设计，谈一下未来小汽车人性化个性设计的创意。

6. 在信息化人机环境安全工程的发展中，为什么协同工作中的人与人之间的交互非常重要？

7. 20 世纪 90 年代初，虚拟现实技术开始与航天技术相结合，使航天技术进入了一个新的阶段。事实上 20 世纪 90 年代初哈勃望远镜的成功修复在很大程度上是得益于虚拟现实仿真技术的支持。现给出三个空间碎片在某一瞬时的空间坐标 $(x_0, y_0, z_0, t_0)_i$，这里 $i=1$、2、3；另外给出一个飞行器在任意瞬时的运动规律 $f(\tilde{x}, \tilde{y}, \tilde{z}, t)=0$；如果认为 3 个空间碎片在太空中运动的规律符合理论力学课程中质点运动的规律（即运行轨道为 Kepler 轨道并且不考虑各种摄动力的作用），问该飞行器何时可能被这三个空间碎片中的一个击中？请绘出这道题目中上述运动物体（即飞行器与三个空间碎片）的运动图像。

8. 为什么说发展计算机智能技术的关键是要开展对人体科学[23,59]以及心智（mind）、智能（intelligence）和脑（brain）科学的深入研究？

9. 为什么在现代飞机座舱设计时首先必须考虑飞行员的脑力负荷问题？脑力负荷的分析与认知神经科学之间有什么关系？

10. 随着脑科学、影像技术和现代计算机技术的融合，在医学上已成功地将核磁共振结构成像技术（MRI）和 X 射线计算机断层扫描技术（CT）相结合、将正电子发射断层扫描技术（PET）和 CT 技术相结合，巧妙地实现了结构成像与生理功能成像的互补与结合，为精确确定患者病灶位置、开展有效手术提供了直接的依据，这对开展脑手术的病人来讲是件大喜事。另外，基于认知神经科学而发展的"智慧脑"技术，近年来在许多发达国家都发展得很快。许多国家都十分重视的高超声速无人飞机加"智慧脑"技术，在未来各国领空防御中这类飞行器会发挥重要作用。请回答为什么说无人机加"智慧脑"是一类广义人机系统？这类高超声速无人机的设计理念是什么？

11. 目前，临近空间高超声速飞行器已成为国际航空航天强国格外关注的研制热点，而这类飞行器急需研制组合循环动力（如涡轮基组合动力、火箭基组合动力和脉冲爆振发动机基组合动力）的发动机。在这类新型发动机的研制中，"机"的设计必须要符合人使用的三个主要特性（可操作性、易维护性和本质可靠性）；应努力做到"机宜人、人适机"，使人机之间达到最佳匹配，使人机系统的工效达到最高。因此，这类新型发动机的设计中，多学科、多目标优化问题十分突出。为配合优化问题的研究，王保国、黄伟光等以高性能航空涡扇发动机的多学科、多目标设计为主要研究对象，深入探讨这类发动机的优化设计方法，为相关专业的技术工程设计人员进行相应产品的设计提供指导。请回答为什么"机"的设计总要与安全人机工程学密切相关？另外，在"机"的设计方法中，为什么优化问题多属于多学科、多目标的？

[1]   隋鹏程，陈宝智，隋旭. 安全原理 [M]. 北京：化学工业出版社，2005.

[2]   钱学森，许国志，王寿云. 论系统工程：增订本 [M]. 长沙：湖南科学技术出版社，1988.

[3]   许国志，顾基发，车宏安. 系统科学与工程研究 [M]. 上海：上海科技教育出版社，2000.

[4]   钱学森，于景元，戴汝为. 一个科学新领域：开放的复杂巨系统及其方法论 [J]. 自然杂志，1990，13（1）：3-10.

[5]   陈信，龙升照. 人—机—环境系统工程学概论 [J]. 自然杂志，1985，8（1）：23-25.

[6]   龙升照，黄端生，陈道木，等. 人—机—环境系统工程理论及应用基础 [M]. 北京：科学出版社，2004.

[7]   钱学森. 创建系统学 [M]. 太原：山西科学技术出版社，2001.

[8]   Bertalanffy L V. General Systems Theory [M]. New York：George Braziller，1968.

[9]   摩特 J J，爱尔玛拉巴 S E. 运筹学手册 [M]. 王毓云，等译. 上海：上海科学技术出版社，1987.

[10]   维纳（Wiener）N. 控制论 [M]. 郝季仁，译. 北京：科学出版社，1963.

[11]   钱学森. 工程控制论 [M]. 北京：科学出版社，1958.

[12]   钱学森，宋健. 工程控制论 [M]. 修订版. 北京：科学出版社，1983.

[13]   宋健. 自动控制与系统工程 [M]. 北京：中国大百科全书出版社，1991.

[14]   Shanmon C E，Weaver W. The mathematical theory of communication [M]. Illinois：The University of Illinois Press，1949.

[15]   尼科利斯 G，普利高津 I. 非平衡系统的自组织 [M]. 徐锡申，等译. 北京：科学出版社，1986.

[16]   Haken H. Synergetics [M]. Berlin：Springer-Verlag，1978.

[17]   艾根 M，舒斯特尔 P. 超循环论 [M]. 曾国屏，沈小峰，译. 上海：上海译文出版社，1990.

[18]   托姆 R. 结构稳定性与形态发生学 [M]. 赵松年，等译. 成都：四川教育出版社，1992.

[19]   普利高津 I. 确定性的终结 [M]. 湛敏，译. 上海：上海科技教育出版社，1998.

[20]   哈肯 H. 协同学 [M]. 杨炳奕，译. 北京：中国科学技术出版社，1990.

[21]   哈肯 H. 高等协同学 [M]. 郭治安，译. 北京：科学出版社，1989.

[22]   托姆 R. 突变论 [M]. 周仲良，译. 上海：上海译文出版社，1989.

[23]   钱学森. 人体科学与当代科学技术发展纵横观 [M]. 北京：人民出版社，1996.

[24]   迈尔斯 F. 系统思想 [M]. 杨志信，葛明浩，译. 成都：四川人民出版社，1986.

[25]   谭跃进，高世楫，周曼殊. 系统学原理 [M]. 长沙：国防科技大学出版社，1996.

[26]   Ossenbruggen P J. Systems Analysis for Civil Engineering [M]. New York：John Wiley & Sons，1984.

[27]   顾培亮. 系统分析与协调 [M]. 天津：天津大学出版社，1998.

[28]   汪树玉，刘国华. 系统分析 [M]. 杭州：浙江大学出版社，2002.

[29]   苗东升. 系统科学精要 [M]. 北京：中国人民大学出版社，1998.

[30]   许树柏. 层次分析法原理 [M]. 天津：天津大学出版社，1988.

[31]   许国志. 系统研究 [M]. 杭州：浙江教育出版社，1996.

[32] 王安麟. 复杂系统的分析与建模 [M]. 上海：上海交通大学出版社，2004.

[33] 姜璐. 熵——系统科学的基本概念 [M]. 沈阳：沈阳出版社，1997.

[34] 黄敬仁. 系统分析 [M]. 北京：清华大学出版社，2002.

[35] 许国志. 系统科学与工程研究 [M]. 2版. 上海：上海科技教育出版社，2001.

[36] Sage A P. Systems Engineering—Methodology and Application [M]. New York：John Wiley & Sons，1977.

[37] 汪应洛. 系统工程 [M]. 北京：机械工业出版社，2002.

[38] 宋健，于景元. 人口控制论 [M]. 北京：科学出版社，1985.

[39] 谭跃进，陈英武，易进先. 系统工程原理 [M]. 长沙：国防科技大学出版社，1999.

[40] 汪应洛. 系统工程理论、方法与应用 [M]. 北京：高等教育出版社，1992.

[41] 周曼殊. 农业系统动力学 [M]. 济南：山东科学技术出版社，1988.

[42] 徐克绍. 系统工程原理与方法 [M]. 上海：上海科学普及出版社，1996.

[43] 吴祈宗. 系统工程 [M]. 北京：北京理工大学出版社，2006.

[44] 坦普曼 A B. 土木工程系统 [M]. 邢金有，隋允康，译. 大连：大连理工大学出版社，1992.

[45] 陈秉钊. 城市规划系统工程学 [M]. 上海：同济大学出版社，1991.

[46] 刘惠生. 管理系统工程教程 [M]. 北京：企业管理出版社，1991.

[47] 王慧炯. 系统工程学导论 [M]. 上海：上海科学技术出版社，1980.

[48] 高洪深. 社会经济系统工程 [M]. 北京：社会科学文献出版社，1990.

[49] 卢岚. 安全工程 [M]. 天津：天津大学出版社，2003.

[50] 崔克清，张礼敬，陶刚. 安全工程与科学导论 [M]. 北京：化学工业出版社，2004.

[51] 金龙哲，宋存义. 安全科学原理 [M]. 北京：化学工业出版社，2004.

[52] 程根银，倪文耀. 安全导论 [M]. 北京：煤炭工业出版社，2004.

[53] 梁宝林，陆印成，龙升照. 人—机—环境系统工程学 [M]. 北京：科学普及出版社，1987.

[54] 陈信，袁修干. 人—机—环境系统工程总论 [M]. 北京：北京航空航天大学出版社，1996.

[55] 袁修干，庄达民. 人机工程 [M]. 北京：北京航空航天大学出版社，2002.

[56] 陈信. 论人—机—环境系统工程 [M]. 北京：人民军医出版社，1988.

[57] 迪隆 B S. 人的可靠性 [M]. 牟致忠，谢秀玲，吴福邦，译. 上海：上海科学技术出版社，1990.

[58] 奥博尼 D J. 人类工效学及其应用 [M]. 岳从凤，孙仁佳，译. 北京：科学普及出版社，1988.

[59] 钱学森. 论人体科学 [M]. 北京：人民军医出版社，1988.

[60] 陈信，袁修干. 人—机—环境系统工程生理学基础 [M]. 北京：北京航空航天大学出版社，1995.

[61] 封根泉. 人体工程学 [M]. 兰州：甘肃人民出版社，1980.

[62] 赖维铁. 人机工程学 [M]. 武汉：华中工学院出版社，1983.

[63] 曹琦，等. 人机工程设计 [M]. 成都：西南交通大学出版社，1988.

[64] 谢燮正. 人类工程学 [M]. 杭州：浙江教育出版社，1987.

[65] 赵江洪. 普通人体工程学 [M]. 长沙：湖南科学技术出版社，1988.

[66] 陈毅然. 人机工程学 [M]. 北京：航空工业出版社，1990.

[67] 曹琦. 人机工程 [M]. 成都：四川科学技术出版社，1991.

[68] 丁玉兰，郭钢，赵江洪. 人机工程学 [M]. 北京：北京理工大学出版社，1991.

[69] 严扬，王国胜. 产品设计中的人机工程学 [M]. 哈尔滨：黑龙江科学技术出版社，1997.

[70] 赵铁生，王恒毅，李崇斌. 工效学 [M]. 天津：天津科技翻译出版公司，1989.

[71] 朱祖祥. 工程心理学 [M]. 上海：华东师范大学出版社，1990.

[72] 杨学涵. 管理工效学 [M]. 沈阳：东北工学院出版社，1988.

[73] 周一鸣. 拖拉机人机工程学 [M]. 北京：机械工业出版社，1988.

[74]　阮宝湘，邵祥华. 人机工程 ［M］. 南宁：广西科学技术出版社，2000.

[75]　郭青山，汪元辉. 人机工程设计 ［M］. 天津：天津大学出版社，1994.

[76]　朱祖祥. 人类工效学 ［M］. 杭州：浙江教育出版社，1994.

[77]　林赛 P H，诺曼 D A. 人的信息加工 ［M］. 孙晔，王甦，译. 北京：科学出版社，1987.

[78]　浅居喜代治. 现代人机工程学概论 ［M］. 刘高送，译. 北京：科学出版社，1992.

[79]　周一鸣，毛恩荣. 车辆人机工程学 ［M］. 北京：北京理工大学出版社，1999.

[80]　朱序璋. 人机工程学 ［M］. 西安：西安电子科技大学出版社，1999.

[81]　马江彬. 人机工程学及其应用 ［M］. 北京：机械工业出版社，1993.

[82]　王恒毅. 工效学 ［M］. 北京：机械工业出版社，1994.

[83]　马秉衡，戎诚兴. 人机学 ［M］. 北京：冶金工业出版社，1990.

[84]　李清壁，徐斌. 工效学概论 ［M］. 北京：人民卫生出版社，1983.

[85]　王继成. 产品设计中的人机工程学 ［M］. 北京：化学工业出版社，2004.

[86]　阮宝湘，邵祥华. 工业设计人机工程 ［M］. 北京：机械工业出版社，2005.

[87]　郭伏，杨学涵. 人因工程学 ［M］. 沈阳：东北大学出版社，2001.

[88]　刘金秋，石金涛，李崇斌，等. 人类工效学 ［M］. 北京：高等教育出版社，1994.

[89]　孙林岩. 人因工程 ［M］. 北京：中国科学技术出版社，2001.

[90]　徐军，陶开山. 人体工程学概论 ［M］. 北京：中国纺织出版社，2002.

[91]　庄达民，完颜笑如. 飞行员注意力分配理论与应用 ［M］. 北京：科学出版社，2013.

[92]　完颜笑如，庄达民. 飞行员脑力负荷测量与应用 ［M］. 北京：科学出版社，2014.

[93]　汪安圣. 心理学及其在工业中的应用 ［M］. 北京：机械工业出版社，1987.

[94]　顾宝德. 工效学基础 ［M］. 哈尔滨：黑龙江科学技术出版社，1981.

[95]　柯达公司人的因素研究组. 人类工效学 ［M］. 卢煊初，译. 北京：中国轻工业出版社，1990.

[96]　McCormick E J. Human Factors Engineering ［M］. 4th ed. New York：McGraw-Hill，1976.

[97]　Meister D，Rabidean G F. Human Factors Evaluation in System Development ［M］. New York：John Wiley & Sons，1965.

[98]　Weiner J S. Human Factors in Work，Design and Production ［M］. London：Taylor & Francis，1977.

[99]　Sheridan T B. Man Machine Systems ［M］. Cambridge：MIT Press，1974.

[100]　Saders M S. Human Factors in Engineering and Design ［M］. New York：McGraw-Hill，1985.

[101]　Woodson W E. Human Factors Design Handbook ［M］. New York：McGraw-Hill，1981.

[102]　Meister D. Human Factors：Theory and Practice ［M］. New York：John Wiley & Sons，1976.

[103]　Oborne D J. Ergonomics at Work ［M］. New York：John Wiley & Sons，1982.

[104]　侯静. 钱学森关注"人机关系"——访人—机—环境系统工程专家龙升照 ［N］. 科技日报，2001-12-14.

[105]　龙升照. 人—机—环境系统工程研究进展：第1卷 ［M］. 北京：北京科学技术出版社，1993.

[106]　龙升照. 人—机—环境系统工程研究进展：第2卷 ［M］. 北京：北京科学技术出版社，1995.

[107]　龙升照. 人—机—环境系统工程研究进展：第3卷 ［M］. 北京：北京科学技术出版社，1997.

[108]　龙升照. 人—机—环境系统工程研究进展：第4卷 ［M］. 北京：海洋出版社，1999.

[109]　龙升照. 人—机—环境系统工程研究进展：第5卷 ［M］. 北京：海洋出版社，2001.

[110]　龙升照. 人—机—环境系统工程研究进展：第6卷 ［M］. 北京：海洋出版社，2003.

[111]　龙升照. 人—机—环境系统工程研究进展：第7卷 ［M］. 北京：海洋出版社，2005.

[112]　袁修干. 人体热调节系统的数学模拟 ［M］. 北京：北京航空航天大学出版社，2005.

[113]　Mekjavic I B，Banister E W，Morrison J B. Environmental Ergonomics ［M］. London：Taylor & Francis，1988.

［114］　王保国，靳艳梅，刘淑艳. 车室内热环境的计算模型与数值模拟［J］. 人类工效学，2005，11（1）：1-4.

［115］　靳艳梅，王保国，刘淑艳. 车室内人体热舒适性的计算模型［J］. 人类工效学，2005，11（2）：16-19.

［116］　欧阳文昭. 安全人机工程学［M］. 武汉：中国地质大学出版社，1991.

［117］　刘潜. 从劳动保护工作到安全科学［M］. 武汉：中国地质大学出版社，1992.

［118］　刘东明，孙桂林. 安全人机工程学［M］. 北京：中国劳动出版社，1993.

［119］　白恩远，杨硕，王福生. 安全人机工程学［M］. 北京：兵器工业出版社，1996.

［120］　臧吉昌. 安全人机工程学［M］. 北京：化学工业出版社，1996.

［121］　石金涛，等. 安全人机工程［M］. 上海：上海交通大学出版社，1997.

［122］　谢庆森，王秉权. 安全人机工程［M］. 天津：天津大学出版社，1999.

［123］　前泽正礼. 安全工程学［M］. 北京：化学工业出版社，1989.

［124］　谢鸣一，等. 安全系统工程［M］. 北京：科技文献出版社，1988.

［125］　张金钟. 系统安全工程［M］. 北京：航空工业出版社，1990.

［126］　汪元辉. 安全系统工程［M］. 天津：天津大学出版社，1999.

［127］　刘志强，葛如海，龚标. 道路交通安全工程［M］. 北京：化学工业出版社，2005.

［128］　王武宏，孙逢春，曹琦，等. 道路交通系统中驾驶行为理论与方法［M］. 北京：科学出版社，2001.

［129］　欧阳文昭，廖可兵. 安全人机工程学［M］. 北京：煤炭工业出版社，2002.

［130］　张汝果，徐国林. 航天生保医学［M］. 北京：国防工业出版社，1999.

［131］　祁章年. 航天环境医学基础［M］. 北京：国防工业出版社，2001.

［132］　柯文棋. 现代舰船卫生学［M］. 北京：人民军医出版社，2005.

［133］　张立藩. 航空生理学［M］. 西安：陕西科学技术出版社，1989.

［134］　张国高，贺涵贞，张伟. 高温生理与卫生［M］. 上海：上海科学技术出版社，1989.

［135］　阿姆斯特郎 H G. 航空宇宙医学［M］. 朱德煌，缪其宏，译. 北京：中国人民解放军医学编译出版社，1964.

［136］　庞诚，顾鼎良. 高温环境与工作效率［J］. 自然杂志，1991，14（2）：129-133.

［137］　威肯斯 C D，李 J D，刘乙力，等. 人因工程学导论［M］. 张侃，等译. 上海：华东师范大学出版社，2007.

［138］　迪普伊，泽莱特. 全身振动对人体的影响［M］. 杨延篪，译. 西安：西安交通大学出版社，1989.

［139］　张汝果. 航天医学工程基础［M］. 北京：国防工业出版社，1991.

［140］　程天民. 防原医学［M］. 上海：上海科学技术出版社，1986.

［141］　陈信，袁修干. 人—机—环境系统工程生理学基础［M］. 北京：北京航空航天大学出版社，2000.

［142］　苏毅惠，叶继香，郎宏图. 伤亡事故分析与预防［M］. 北京：中国劳动出版社，1991.

［143］　亨利 E J. 可靠性工程与风险分析［M］. 吕应中，译. 北京：原子能出版社，1988.

［144］　叶义成，柯丽华，黄德育. 系统综合评价技术及其应用［M］. 北京：冶金工业出版社，2006.

［145］　盐见弘. 可靠性与维修性［M］. 姚普，译. 北京：机械工业出版社，1987.

［146］　钟群鹏，田永江. 失效分析基础［M］. 北京：机械工业出版社，1989.

［147］　黄祥瑞. 可靠性工程［M］. 北京：清华大学出版社，1990.

［148］　王凯全，邵辉. 事故理论与分析技术［M］. 北京：化学工业出版社，2004.

［149］　陈宝智. 安全原理［M］. 2版. 北京：冶金工业出版社，2002.

［150］ 隋鹏程，陈宝智．安全原理与事故预测［M］．北京：冶金工业出版社，1988．

［151］ 陈宝智．危险源辨识、控制及评价［M］．成都：四川科学技术出版社，1996．

［152］ 隋鹏程，等．矿山事故分析及系统安全管理［M］．北京：冶金工业出版社，2004．

［153］ 何学秋，林柏泉，程卫民，等．安全工程学［M］．徐州：中国矿业大学出版社，2000．

［154］ 林柏泉，周延，刘贞堂．安全系统工程［M］．徐州：中国矿业大学出版社，2005．

［155］ 肖爱民．安全系统工程学［M］．北京：中国劳动出版社，1992．

［156］ 张景林，崔国璋．安全系统工程［M］．北京：煤炭工业出版社，2002．

［157］ 林柏泉．安全学原理［M］．北京：煤炭工业出版社，2002．

［158］ 刘相臣，张秉淑．化工装备事故分析与预防［M］．北京：化学工业出版社，2003．

［159］ 井上威恭．最新安全科学［M］．南京：江苏科学技术出版社，1988．

［160］ 金磊，等．中国21世纪安全减灾战略［M］．郑州：河南大学出版社，1998．

［161］ 迟计，刘铁民．面向21世纪的安全科学技术［M］．北京：改革出版社，2000．

［162］ 白春华，何学秋，吴宗之．21世纪安全科学与技术的发展趋势［M］．北京：科学出版社，2000．

［163］ 江见鲸，徐志胜．防灾减灾工程学［M］．北京：机械工业出版社，2005．

［164］ 库尔曼 A．安全科学导论［M］．赵云胜，等译．武汉：中国地质大学出版社，1991．

［165］ 陆庆武．事故预测预防技术［M］．北京：机械工业出版社，1990．

［166］ 韦冠俊．安全原理与事故预测［M］．北京：冶金工业出版社，1995．

［167］ 徐德蜀．中国安全文化建设：研究与探索［M］．成都：四川科学技术出版社，1994．

［168］ 冯肇瑞，邱少贤，崔国璋．安全系统工程［M］．北京：冶金工业出版社，1993．

［169］ 甘心孟，沈裴敏．安全科学技术导论［M］．北京：气象出版社，2000．

［170］ 汪佩兰，李桂茗．火工与烟火安全技术［M］．北京：北京理工大学出版社，2004．

［171］ 霍然，胡源，李元洲．建筑火灾安全工程导论［M］．合肥：中国科学技术大学出版社，1999．

［172］ 范维澄，王清安，张人杰，等．火灾科学导论［M］．武汉：湖北科学技术出版社，1993．

［173］ 蔡瑞娇．火工品设计原理［M］．北京：北京理工大学出版社，2002．

［174］ 张国枢．通风安全学［M］．徐州：中国矿业大学出版社，2000．

［175］ 马念杰，王家臣，曹代勇．顶板灾害防治［M］．徐州：中国矿业大学出版社，2002．

［176］ 陈森尧．安全管理学原理［M］．北京：航空工业出版社，1996．

［177］ 吴穹，许开立．安全管理学［M］．北京：煤炭工业出版社，2002．

［178］ Petersen D．Safety Management［M］．New York：Aloray，1988．

［179］ 沈裴敏．安全系统工程理论与应用［M］．北京：煤炭工业出版社，2001．

［180］ 张艺林，蒋永明．化工企业安全管理学［M］．北京：化学工业出版社，1989．

［181］ 韩军，等．现代安全管理方法［M］．北京：机械工业出版社，1992．

［182］ 江见鲸，陈希哲，崔京浩．建筑工程事故处理与预防［M］．北京：中国建材工业出版社，1995．

［183］ 陈宝智，王金波．安全管理［M］．天津：天津大学出版社，1999．

［184］ 王振宇．工业企业安全管理学［M］．天津：天津科技翻译出版公司，1992．

［185］ 恽寿榕，赵衡阳．爆炸力学［M］．北京：国防工业出版社，2005．

［186］ 袁昌明，王金国，于飞．实用安全管理技术［M］．北京：冶金工业出版社，1998．

［187］ 林少宫．基础概率与数理统计［M］．北京：人民教育出版社，1963．

［188］ Olkin I，Glesev L J，Derman C．Probability Models and Applications［M］．New York：Macmillan Publishing Co.，1980．

［189］ Alder H L，Roessler E B．Introduction to Probability and Statistics［M］．San Francisco：W. H. Freeman and Company，1976．

［190］ 方开泰，许建伦．统计分布［M］．北京：科学出版社，1987．

[191]　周概容. 概率论与数理统计 [M]. 北京：高等教育出版社，1984.

[192]　王梓坤. 概率论基础及其应用 [M]. 北京：科学出版社，1979.

[193]　钱学森. 再谈开放的复杂巨系统 [J]. 模式识别与人工智能，1991（1）：1-4.

[194]　西蒙 H. 人工科学 [M]. 武夷山，译. 北京：商务印书馆，1987.

[195]　王寿云，于景元，戴汝为，等. 开放的复杂巨系统 [M]. 杭州：浙江科学技术出版社，1996.

[196]　陈信，龙升照. 人—机—环境系统总体分析方法 [J]. 自然杂志，1985，8（3）：40-43.

[197]　朗格 W. 袖珍工效学数据汇编 [G]. 黄金凤，译. 北京：中国标准出版社，1985.

[198]　Lucas W F. Modules in Applied Mathematics：Vol. 4—Life Science Models [M]. New York：Springer-Verlag，1983.

[199]　刘铁汉. 航空生物动力学 [M]. 西安：陕西科学技术出版社，1989.

[200]　中国标准化研究院，等. 中国成年人人体尺寸（GB/T 10000—1988）[S]. 北京：中国标准出版社，1989.

[201]　中国标准化研究院，等. 用于技术设计的人体测量基础项目（GB/T 5703—2010）[S]. 北京：中国标准出版社，2010.

[202]　中国标准化研究院，等. 人体测量术语（GB/T 3975—1983）[S]. 北京：中国标准出版社，1984.

[203]　天津大学数学系概率统计教研室. 应用概率统计 [M]. 天津：天津大学出版社，1990.

[204]　中国标准化研究院，等. 工作空间人体尺寸（GB/T 13547—1992）[S]. 北京：中国标准出版社，1992.

[205]　邵象清. 人体测量手册 [M]. 上海：上海辞书出版社，1985.

[206]　中国标准化研究院，等. 人体测量仪器（GB/T 5704—2008）人体测量仪器 [S]. 北京：中国标准出版社，2008.

[207]　Kane T R. Levinson D A. Dynamics：Theory and Applications [M]. New York：McGraw-Hill，1985.

[208]　Hanavan E P. A Mathematical Model of the Human Body [R]. [S. L.]：AD 608463，1964.

[209]　刘延柱，洪嘉振，杨海兴. 多刚体系统动力学 [M]. 北京：高等教育出版社，1989.

[210]　扎齐奥尔斯基，等. 人体运动器官生物力学 [M]. 吴中贯，等译. 北京：人民体育出版社，1987.

[211]　时学黄，郑秀瑗，冯莲丽. 运动生物力学译文集 I [M]. 北京：清华大学出版社，1985.

[212]　魏文仪，钱雪英，胡德贵. 运动生物力学译文集 II [M]. 北京：清华大学出版社，1989.

[213]　中国标准化研究院，等. 坐姿人体模板功能设计要求（GB/T 14779—1993）[S]. 北京：中国标准出版社，1994.

[214]　冯元桢. 生物力学 [M]. 北京：科学出版社，1981.

[215]　陶祖莱. 生物流体力学 [M]. 北京：科学出版社，1984.

[216]　马和中. 生物力学导论 [M]. 北京：北京航空学院出版社，1986.

[217]　Singleton W T. The Body at Work—Biological Ergonomics [M]. London：Cambridge University Press，1982.

[218]　周衍椒，张镜如. 生理学 [M]. 2版. 北京：人民卫生出版社，1983.

[219]　哈迪 R N. 温度与动物生活 [M]. 蔡益鹏，译. 北京：科学出版社，1979.

[220]　黑岛晨讯. 环境生理学 [M]. 朱世华，译. 北京：海洋出版社，1986.

[221]　切托 J C. 生物传热学基础 [M]. 徐云生，钱壬章，译. 北京：科学出版社，1991.

[222]　张文纪. 人体及动物生理学 [M]. 武汉：华中师范大学出版社，1986.

[223]　上海第一医学院. 人体生理学 [M]. 北京：人民卫生出版社，1980.

[224]　范少光，汤浩，潘伟丰. 人体生理学 [M]. 2版. 北京：北京医科大学出版社，2000.

［225］ 于吉人. 人体生理学 ［M］. 北京：北京医科大学出版社，2000.

［226］ 张汝果，魏金河. 航天医学基础 ［M］. 北京：科学技术文献出版社，1997.

［227］ Chapman A J. Heat Transfer ［M］. New York：Macmillan Publishing Co.，1984.

［228］ 杨世铭，陶文铨. 传热学 ［M］. 3 版. 北京：高等教育出版社，1998.

［229］ 王保国，刘淑艳，王新泉，等. 传热学 ［M］. 北京：机械工业出版社，2007.

［230］ Batchelor G K. An Introduction to Fluid Dynamics ［M］. Cambridge：Cambridge University Press，2000.

［231］ 普朗特. 流体力学概论 ［M］. 郭永怀，陆士嘉，译. 北京：科学出版社，1981.

［232］ 王保国，刘淑艳，黄伟光. 气体动力学 ［M］. 北京：北京理工大学出版社，北京航空航天大学出版社，西安：西北工业大学出版社，哈尔滨：哈尔滨工程大学出版社，哈尔滨工业大学出版社，2005.

［233］ Miller H A, Harrison D C. Biomedical Electrode Technology Theory and Practice ［M］. New York：Academic Press，1974.

［234］ 陈延航，沈力平，林真，等. 生物医学测量 ［M］. 北京：人民卫生出版社，1984.

［235］ 温宗源，王德汉. 人体心血管功能状态检查分析评价及应用 ［M］. 北京：人民军医出版社，1988.

［236］ Hudspeth A J. How the Ear's Works Work ［J］. Nature，1989，341：399.

［237］ Pickels J O. An Introduction to the Physiology of Hearing ［M］. 2nd ed. New York：Academic Press，1988.

［238］ 杨治良. 基础实验心理学 ［M］. 兰州：甘肃人民出版社，1988.

［239］ 《社会心理学》编写组. 社会心理学 ［M］. 天津：南开大学出版社，1990.

［240］ 杨博民. 心理实验纲要 ［M］. 北京：北京大学出版社，1989.

［241］ McCormick E J, Sanders M S. Human Factors in Engineering and Design ［M］. 5th ed. New York：McGraw-Hill，1982.

［242］ Boff K R, Kaufman L, Thomas J P. Handbook of Perception and Human Performance ［M］. New York：Wiley and Sons Publication，1986.

［243］ Anderson J R. Cognitive Psychology and its Application ［M］. New York：W. H. Freeman and Company，1990.

［244］ Adams J J. Application of human transfer functions to a design problem ［C］. ［S. L.］：Third Annual NASA—University conference on manual control，1967.

［245］ McRuer D T, Jex H R. A review of quasi-linear pilot models ［J］. IEEE Transactions on Human Factors in Electronics，1967，8：231.

［246］ Jex H R, McRuer D T. Study of fully-manual and augmented—manual control systems for the Saturn V booster using analytical pilot models ［R］. ［S. L.］ NASA CR—1079，1968.

［247］ Kleiman D L. An optimal control model of human response ［R］. ［S. L.］ NASA SP-215，1969.

［248］ Mckenzie R D, et al. Computerized evaluation of driver-vehicle-terrain systems ［R］. ［S. L.］：SAE Paper No. 670168，1967.

［249］ McRuer D T, Clement W, Magdaleno R E. Computer-Aided procedures for analyzing man-machine system dynamic interactions：Vol. 1，Vol. 2，Vol. 3 ［R］. ［S. L.］ WRDC-TR-89-3070，1989.

［250］ Palm III W J. Modeling, analysis, and control of dynamic systems ［M］. New York：John Wiley & Sons，1983.

［251］ Park J H, Kim C Y. Wheel slip control in traction control system for vechicle stability ［J］. Vehicle System Dynamics，1999，31：263-278.

［252］ Ro P I, Kim H. Improvement of high speed 4—WS vehicle handling performance by sliding mode control ［C］. ［S. L.］ Proceedings of the 1994 American Control Conference，1994，3（2）：1974-1978.

［253］ 龙升照. 人—机系统中人的 Fuzzy 概念的确定［J］. 模糊数学，1991（2）.

［254］ 龙升照，姜淇远，等. 人—机系统中人的模糊控制模型［J］. 宇航学报，1982（2）.

［255］ Long Shenzhao，Chen Hsin. Research on human fuzzy control model in man-machine-environment systems［C］.［S. L.］：The 33rd International Congress of Aviation and Space Medicine，1985：138-141.

［256］ 龙升照. 航天员的模糊控制模型及应用展望［J］. 航天控制，1990（2）：50-53.

［257］ 贺仲雄. 模糊数学及其应用［M］. 天津：天津科技出版社，1983.

［258］ 索洛多夫尼柯夫 D D. 自动调整原理［M］. 王众托，译. 北京：电力工业出版社，1960.

［259］ Kailath T. Linear System［M］. New Jersey：Prentice Hall，1980.

［260］ Kuo B C. Automatic control systems［M］. New York：Prentice-Hall，1975.

［261］ Chen C T. Introduction to linear system theory［M］. New York：Holt，Rinehat and Winston，1970.

［262］ 刘豹. 自动调节理论基础［M］. 上海：上海科学技术出版社，1963.

［263］ Fortmann T E，Hitz K L. 线性控制系统引论［M］. 北京：机械工业出版社，1980.

［264］ 古田胜久，等. 线性系统理论基础［M］. 朱春元，等译. 北京：国防工业出版社，1984.

［265］ 胡寿松. 自动控制原理［M］. 4 版. 北京：科学出版社，2001.

［266］ 须田信英，等. 自动控制中的矩阵理论［M］. 曹长修，译. 北京：科学出版社，1979.

［267］ 关肇直，陈翰馥. 线性控制系统的能控性和能观测性［M］. 北京：科学出版社，1975.

［268］ 刘豹. 现代控制理论［M］. 北京：机械工业出版社，1983.

［269］ Gibson J E. Nonlinear automatic control［M］. New York：McGraw-Hill，1963.

［270］ Atnerton D P. Nonlinear control engineering［M］. Van Nostrand：Rein-Hold Company Limited，1975.

［271］ 关肇直，韩京清，等. 极值控制与极大值原理［M］. 北京：科学出版社，1980.

［272］ Brogan W L. Modern control theory［M］. 2nd ed. NJ：Prentice Hall，1985.

［273］ 奥斯特隆姆 K J，威顿马克 B. 自适应控制［M］. 李清泉，译. 北京：科学出版社，1992.

［274］ 欣内尔斯 S M. 现代控制系统理论及应用［M］. 李育才，译. 北京：机械工业出版社，1980.

［275］ Bellman R E. Introduction to the mathematical theory of control processes：Vol. I，Vol Ⅱ［M］. New York：Academic Press，1967.

［276］ Berkovitz L D. Optimal control theory［M］. New York：Springer-Verlag，1974.

［277］ Boltyanskii V G. Mathematical methods of optimal control［M］. New York：Holt，Rineheart and Winston，1971.

［278］ Luenberger D G. Optimization by vector space methods［M］. New York：John Wiley & Sons，1969.

［279］ 吴沧浦. 最优控制的理论与方法［M］. 2 版. 北京：国防工业出版社，2000.

［280］ Ogata K. Modern control engineering［M］. 3rd ed. New Jersey：Prentice Hall Press，1997.

［281］ Anderson B D，Moore J B. Linear optimal control［M］. New Jersey：Prentice-Hall，1971.

［282］ Zadeh L A. Fuzzy algorithm［J］. Informat Control，1968（12）：94-102.

［283］ Wang L X. Adaptive fuzzy systems and control［M］. New Jersey：Pretice Hall Press，1994.

［284］ Kosko B. Neural networks and fuzzy systems［M］. New Jersey：Prentice Hall Press，1992.

［285］ 诸静. 模糊控制原理与应用［M］. 北京：机械工业出版社，1995.

［286］ 王士同. 模糊推理理论与模糊专家系统［M］. 上海：上海科学技术文献出版社，1995.

［287］ Graham D，McRuer D. Analysis of nonlinear control systems［M］. New York：John Wiley & Sons，1961.

［288］ Isidori A. Nonlinear control systems：an introduction［M］. New York：Springer-Verlag，1989.

［289］ 切莫达诺夫. 自动调节理论的数学基础［M］. 孙义鸽，译. 北京：化学工业出版社，1986.

［290］ 刘豹，王正欧. 系统辨识［M］. 北京：机械工业出版社，1993.

［291］ 方崇智，萧德云. 过程辨识［M］. 北京：清华大学出版社，1988.

［292］ 高为炳. 非线性控制系统导论［M］. 北京：科学出版社，1988.

[293] 伊西多. 非线性控制系统 [M]. 王奔，庄圣贤，译. 北京：电子工业出版社，2005.

[294] 格姆克列里兹. 最优控制理论基础 [M]. 姚云龙，尤云程，译. 上海：复旦大学出版社，1988.

[295] Slotine J-JE, Weiping Li. Applied nonlinear control [M]. New Jersey：Prentice-Hall, 1991.

[296] 胡跃明. 非线性控制系统理论与应用 [M]. 2 版. 北京：国防工业出版社，2005.

[297] 韩京清，许可康. 线性控制系统理论：构造性方法 [M]. 北京：科学出版社，2001.

[298] 郭雷. 控制理论导论：从基本概念到研究前沿 [M]. 北京：科学出版社，2005.

[299] 李国勇，谢克明. 控制系统数字仿真与 CAD [M]. 北京：电子工业出版社，2003.

[300] 李少远，李柠. 复杂系统的模糊预测控制及其应用 [M]. 北京：科学出版社，2003.

[301] 方述诚，汪定伟. 模糊数学与模糊优化 [M]. 北京：科学出版社，1997.

[302] 李士勇. 模糊控制、神经控制和智能控制论 [M]. 哈尔滨：哈尔滨工业大学出版社，1996.

[303] 胡德文. 非线性与多变量系统相关辨识 [M]. 长沙：国防科技大学出版社，2001.

[304] 李士勇，夏承光. 模糊控制和智能控制理论与应用 [M]. 哈尔滨：哈尔滨工业大学出版社，1990.

[305] 汪培庄. 模糊集合论及其应用 [M]. 上海：上海科学技术出版社，1983.

[306] 焦李成. 非线性传递函数理论与应用 [M]. 西安：西安电子科技大学出版社，1992.

[307] 古德温 G C，佩恩 R L. 动态系统辨识（试验设计与数据分析）[M]. 张永光，袁震东，译. 北京：科学出版社，1983.

[308] Hsia T C. 系统辨识与应用 [M]. 吴礼民，译. 长沙：中南工业大学出版社，1986.

[309] 韩光文. 系统辨识：状态模型和差分模型的统一辨识理论和方法 [M]. 武汉：华中理工大学出版社，1988.

[310] 蔡金狮. 动力学系统辨识与建模 [M]. 北京：国防工业出版社，1992.

[311] 赵平亚，余道蓉. 多维系统辨识 [M]. 上海：上海科学技术出版社，1994.

[312] 杨为民，盛一兴. 系统可靠性数字仿真 [M]. 北京：北京航空航天大学出版社，1990.

[313] 诸静. 控制理论十年回归与展望 [J]. 浙江大学学报，1993，27：1-7.

[314] 王子平. 自动控制系统的状态空间方法 [M]. 北京：国防工业出版社，1980.

[315] 李少远，蔡文剑. 工业过程辨识与控制 [M]. 北京：化学工业出版社，2005.

[316] 宫锡芳. 最优控制问题的计算方法 [M]. 北京：科学出版社，1979.

[317] 蔡宣三. 最优化与最优控制 [M]. 北京：清华大学出版社，1982.

[318] 布赖森，何毓琦. 应用最优控制——最优化·估计·控制 [M]. 钱浩文，等译. 北京：国防工业出版社，1982.

[319] 程国采. 航天飞行器最优控制理论与方法 [M]. 北京：国防工业出版社，1999.

[320] 程国采. 弹道导弹制导方法与最优控制 [M]. 长沙：国防科技大学出版社，1987.

[321] 居乃鵱. 装甲车辆动力学分析与仿真 [M]. 北京：国防工业出版社，2002.

[322] Willumeit H P. 车辆动力学——模拟及其方法 [M]. 孙逢春，译. 北京：北京理工大学出版社，1998.

[323] Williams D E, Haddad W M. Active suspension control to improve vehicle ride and handling [J]. Vehicle System Dynamics, 1997, 28：1-24.

[324] 熊光楞，沈娜，宋安澜. 控制系统仿真与模型处理 [M]. 北京：科学出版社，1993.

[325] 张学铭，李训经，陈祖浩. 最优控制系统的微分方程理论 [M]. 北京：高等教育出版社，1989.

[326] Zadeh L A. Fuzzy sets [J]. Information and Control. 1965, 8：338-353.

[327] Zadeh L A. Fuzzy algorithms [J]. Information and Control. 1968, 12：94-102.

[328] Zadeh L A. A rationale for fuzzy control [J]. Trans ASME, 1972, 94：3-4.

[329] Mamdani E H. Applications of fuzzy algorithms for simple dynamic plant [J]. Proc IEEE. 1974, 121：

1585-1588.

[330] Pappis C P, Mamdani E H. A fuzzy logic controller for a traffic junction [J]. IEEE Transaction, 1977, SMC-7 (10): 707-717.

[331] Werner J. Thermoregulatory models [J]. Scand J. Work Environment. Health, 1989, 15: 34-36.

[332] Wissler E H. A review of human thermal models. In: Environmental Ergonomics [M]. New York: Taylor & Francis Ltd., 1988.

[333] Crosbie R J. Electrical analog simulation of temperature regulation in man [J]. Transaction Biol Med Electronics, 1961, 8: 245-252.

[334] Jones B W, Ogawa Y. Transient Interaction between the Human and the Thermal Enviroment [J]. ASHRAE Transaction 98, 1992.

[335] Stolwijk J A. A mathematical model of physiological temperature regulation in man [R]. [S.L.]: NASA CR-1855, 1971.

[336] Kuznetz L H. A two-dimensional transient mathematical model of human thermoregulation [J]. Am. J. Physiol, 1979, 237 (5): 266-277.

[337] Shitzer A H. Model of thermoregulation in the human body [R]. NEW York: [s.n.] 1984.

[338] Werner J. Mathematical treatment of stracture and function of the human thermoregulation system [J]. Biol Cybernetics, 1977, 25: 93-101.

[339] Werner J, Buse M, Foegen M. Lumped versus distributed thermoregulatory control: results from a three-dimensional dynamic model [J]. Biol Cybernetics, 1975, 17: 53-63.

[340] Chato J C. Fundamentals of bioheat transfer [M]. New York: Springer-Verlag, 1989.

[341] Benedict R P. Fundamentals of temperature, pressure, and flow measurements [M]. 3rd ed. New York: John Wiley & Sons, 1984.

[342] Chato J C. Measurement of thermal properties of biology: analysis and applications [M]. New York: Plenum, 1985.

[343] Shitzer A, Eberhart R C. Heat transfer in medicine and biology: analysis and applications: Vol.1 & Vol.2 [M]. New York: Plenum, 1985.

[344] Werner J, Buse M. Temperature profiles with respect to inhomogeneity and geometry of the human body [J]. J Appl Physiol, 1988, 65 (3): 1110-1118.

[345] Pennes H H. Analysis of tissue and aterial blood temperatures in the resting human forearm [J]. J Appl Physiol, 1948, 1: 93-122.

[346] Fanger P O. Thermal comfort: analysis and applications in environmental engineering [M]. New York: McGraw-Hill Book Company, 1970.

[347] Johnson A T. Biomechanics & exercise physiology [M]. New York: John Wiley & Sons, 1991.

[348] McIntyre D A. Indoor climate [M]. London: Applied Science Publishers Ltd, 1980.

[349] Hemmel H T. Regulation of internal body temperature [J]. Annual Review of Physiology, 1968, 30: 641-719.

[350] Huckaba C E, Downey J A, Darling R C. A feedforward feedback mechanism for human thermoregulaton [J]. Chemical Engineering Symposium Series, 1971, 67 (144): 1-7.

[351] Werner J. Mathematical models of the thermoregulatory system. [M]. New York: McGraw-Hill, 1983, 83-92.

[352] Werner J. The concept of regulation for human body temperature [J]. J Thermal Biology, 1980, 5: 75-82.

[353] 魏润柏, 徐文华. 热环境 [M]. 上海: 同济大学出版社, 1994.

[354] Fanger P O. Thermal comfort [M]. Copenhagen: Danish Technical Press, 1970.

[355] 魏润柏，徐文华. 人·环境·服装 [M]. 上海：同济大学出版社，1988.

[356] 欧阳骅. 服装卫生学 [M]. 北京：人民军医出版社，1985.

[357] 赵荣义，范存养，薛殿华，等. 空气调节 [M]. 3 版. 北京：中国建筑工业出版社，1994.

[358] 巴赫基 L. 房间的热微气候 [M]. 傅忠诚，译. 北京：中国建筑工业出版社，1987.

[359] ASHRAE Handbook. Fundamentals (Physiological principles for comfort and health) [M]. Atlanta: ASHRAE Inc, 1985.

[360] Parsons K C. Human thermal environments [M]. New York: Taylor & Francis, 1993.

[361] Bergland L G. Thermal comfort: a review of some recent research, environmental ergonomics [M]. New York: Taylor & Francis, 1988.

[362] Maes C M. A computer program for calculating environmental thermal comfort [R]. Virginia: The Boeing Company, 1969.

[363] 库尼 D O. 生物医学工程学原理 [M]. 陈厚珩，杨国忠，译. 北京：科学出版社，1982.

[364] 涂守彦，等. 生物控制论 [M]. 北京：科学出版社，1980.

[365] Gagge A P, Burton A C, Bazett H C. A practical system of units for the description of the heat exchange of man with his environment [J]. Science, 1941, 94: 428-430.

[366] Fanger P O. Calculation of thermal comfort: Introduction of a basic comfort equation [J]. ASHRAE Trans, 1967, 73: 80-83.

[367] Fanger P O, McNall P E, Nevins R G. Predicted and measured heat losses and thermal comfort conditions for human beings [C]. [S.L.]: Symp. On Thermal Problems in Biotechnology, ASME, 1968.

[368] Fanger P O. Conditions for thermal comfort: introduction of a general comfort equation. In Hardy J D. Physiological and Behavioral Temperature Regulation [M]. Illinois: The University of Illinois Press, 1970.

[369] Nevins R G, Rohles F H, Springer W, et al. A temperature humidity chart for thermal comfort of seated persons [J]. ASHRAE Trans, 1966, 72: 283-291.

[370] McNall P E, Jaax J, Rohles F H, et al. Thermal comfort (thermally neutral) conditions for three levels of activity [J]. ASHRAE Transaction, 1967, 73.

[371] McNall P E, Schlegel J C. The relative effects of convection and radiation heat transfer on thermal comfort (thermal neutrality) for sedentary and active human subjects [J]. ASHRAE Transaction, 1968, 74: 131-143.

[372] 周衍椒，张镜如. 生理学 [M]. 3 版. 北京：人民卫生出版社，1990.

[373] Barnes R M. Motion and time study: design and measurement of work. [M]. 6th ed. New York and London: John Wiley & Sons Inc, 1969.

[374] 张秀芬. 驾驶职业卫生与健康 [M]. 赤峰：内蒙古科学技术出版社，1999.

[375] Dhillon B S. Human reliability (with human factors) [M]. Oxford: Pergamon Books Ltd, 1986.

[376] Hammer W. Product safety management and engineering [M]. New Jersey: Prentice Hall, 1980.

[377] Meister D. The problem of human-initiated failures. In Proceedings of the Eighth National Symposium on Reliability and Quality Control [C]. New York: IEEE. 1962.

[378] Green A E, Bourne A J. Reliability technology [M]. New York: John Wiley & Sons, 1972.

[379] Swain A D, Guttmann H E. Handbook of human reliability analysis with emphasis on nuclear power plant application [R]. Washington, D.C.: United States Nuclear Regulatory Commission, 1983.

[380] Danaher J W. Human error in ATC system operations [J]. Human Factors, 1980, 22: 535-545.

[381] Joos D W, Sabri Z A, Husseiny A A. Analysis of gross error rates in operation of commercial nuclear

power stations ［J］. Nuclear Engineering and Design, 1979, 52：265-300.

［382］　Dhillon B S. On human reliability- bibliography ［J］. Microelectronics and Reliability, 1980, 20：371-374.

［383］　静天魁. 劳动心理学 ［M］. 北京：煤炭工业出版社, 1990.

［384］　Williams H L. Reliability evaluation of the human component in man- machine systems ［J］. Electrical Manufacturing, 1958, 4：78-82.

［385］　Regulinski T L, Askren W B. Mathematical modeling of human performance reliability. In Proceedings of Annual Symposium on Reliability ［C］. New York：IEEE, 1969：5-11.

［386］　Gertman D I, Blackman H S. Human reliability and safety analysis data handbook ［M］. New York：John Wiley & Sons, 1994.

［387］　Swain A D. A method for performing a human- factors reliability analysis ［R］. New Mexico：Report SCR-685, Sandia Corporation, Albuquerque, 1963.

［388］　Roskam J. Airplane flight dynamics and automatic flight controls ［M］. Lawrence：DAR Corporation, 1995.

［389］　肖业伦. 飞行器运动方程 ［M］. 北京：航空工业出版社, 1987.

［390］　格林雪特 阿瑟 L. 飞行控制系统的分析与设计 ［M］. 长沙工学院, 译. 北京：国防工业出版社, 1978.

［391］　文传源. 现代飞行控制系统 ［M］. 北京：北京航空航天大学出版社, 1992.

［392］　Ansell J I, Phillips M J. Practical methods for reliability data analysis ［M］. New York：Oxford University Press, 1994.

［393］　Billinton R, Allan R N. Reliability evaluation of engineering systems ［M］. 2nd ed. New York：Prenum Press, 1992.

［394］　Dhillon B S, Singh C. Engineering reliability ［M］. New York：John and Wiley, 1981.

［395］　Elsayed E A. Reliability engineering ［M］. New York：Addision Wesley Longman, 1996.

［396］　Gnedenko B V, Belyayev Y K, Solovyev A D. Mathematical methods of reliability theory ［M］. New York：Academic Press, 1969.

［397］　Hoyland A, Rausand M. System reliability theory：model and statistical methods ［M］. New York：John Wiley & Sons, 1994.

［398］　Kapur K C, Lamberson L R. Reliability in engineering design ［M］. New York：John Wiley & Sons, 1977.

［399］　Kececioglu D. Reliability engineering handbook ［M］. New Jersey：Prentice Hall, 1991.

［400］　Ramakumar R. Engineering reliability：fundamentals and applications ［M］. New Jersey：Prentice Hall, 1993.

［401］　Ushakov I A. Harrison R A. Handbook of reliability engineering ［M］. New York：John Wiley & Sons, 1994.

［402］　梅启智, 廖炯生, 孙惠中. 系统可靠性工程基础 ［M］. 北京：科学出版社, 1987.

［403］　何国伟. 可靠性设计 ［M］. 北京：机械工业出版社, 1993.

［404］　陈家鼎. 生存分析与可靠性理论 ［M］. 合肥：安徽教育出版社, 1992.

［405］　索洛莫诺夫. 飞机机体的可靠性 ［M］. 航空工业部 601 研究所, 译. 北京：航空工业出版社, 1984.

［406］　陆廷孝, 郑鹏洲, 何国伟, 等. 可靠性设计与分析 ［M］. 北京：国防工业出版社, 1997.

［407］　胡昌寿. 可靠性工程——设计、试验、分析、管理 ［M］. 北京：宇航出版社, 1988.

［408］　曾声奎, 赵廷弟, 张建国, 等. 系统可靠性设计分析教程 ［M］. 北京：北京航空航天大学出版社, 2001.

[409] Ascher H，Feingold H. Repairable systems reliability ［M］. New York：Dekker，1984.

[410] 章国栋，陆廷孝，屠庆慈，等. 系统可靠性与维修性的分析与设计 ［M］. 北京：北京航空航天大学出版社，1990.

[411] 杨为民. 可靠性、维修性、保障性总论 ［M］. 北京：国防工业出版社，1995.

[412] 何明鉴. 航空发动机可靠性·维修性·故障诊断 ［M］. 北京：航空工业出版社，1998.

[413] Cipra R J，et al. On the dynamic simulation of large nonlinear mechanical systems：part I-an overview of the simulation technique，substructuring and frequency domain considerations；part II-the time integration technique and time response loop ［R］. ASME Paper 80-DET-66，80-DET-67，1980.

[414] Kane T R，Levinson D A. Dynamics：theory and application ［M］. New York：McGraw-Hill，1985.

[415] 周美玉. 工业设计应用人类工程学 ［M］. 北京：中国轻工业出版社，2001.

[416] 刘宝善. 飞天史话 ［M］. 北京：中国民航出版社，2003.

[417] 钱学森. 星际航行概论 ［M］. 北京：科学出版社，1963.

[418] American Society of Heating，Refrigerating，and Air-Conditioning Engineers （ASHRAE）. ASHRAE Fundamentals Handbook：fundamentals vol. ［M］. New York：ASHRAE，1989.

[419] ASHRAE. 1997 ASHRAE Handbook-Fundamentals ［M］. Atlanta：American Society of Heating，Refrigerating and Air-Conditioning Engineers，1997.

[420] Wyon D P，Sandberg M. Thermal manikin prediction of discomfort due to displacement ventilation ［J］. ASHRAE Trans，1990，96 （1）：19-23.

[421] Wyon D P，Larsson S，Forsgren B，et al. Standard procedures for assessing vehicle climate with a thermal manikin ［R］. ［S. L. ］SAE Technical Paper Series No. 890049，1989.

[422] Wyon D P，Tennstedt C，Lundgren I. A new method for the detailed assessment of human heat balance in vehicles-Volvo's thermal manikin ［R］. ［S. L. ］：SAE Technical Paper Series No. 850042，1985.

[423] Tanabe S，Arens E A，Bauman F S，et al. Evaluating thermal environments by using a thermal manikin with controlled skin surface temperature ［J］. ASHRAE Transaction，1994. 100 （2）：39-48.

[424] Guan Y，Hosni M H，Jones B W，et al. Literature review of the advances in thermal comfort modeling ［J］. ASHRAE Transactions，2003，109 （2）：908-916.

[425] 王保国，靳艳梅，张雅，等. 车室内热安全及人体热舒适性的研究与计算 ［C］//安全科学理论与实践. 北京：北京理工大学出版社，2005.

[426] Wang Bao Guo，Liu Shu Yan，Jin Yanmei，et al. Simulation and analysis of human thermal comfort ［J］. International Journal of Man-Machine-Environment System Engineering. 2007，1 （1）：39-48.

[427] 康兹 S A. 魏润柏. 人与室内环境 ［M］. 北京：中国建筑工业出版社，1985.

[428] Brewer D A，Hall J B. Effects of varying environmental parameters on trace contaminant concentration in the NASA Space Station Reference Configuration. In：Aerospace Environmental Systems ［C］. ［S. L. ］Proceeding of the 16th ICES Conference，1986.

[429] 国家煤矿安全监察局. 煤矿安全规程 ［M］. 北京：煤炭工业出版社，2001.

[430] 闵长江，等. 煤矿冲击矿压及防治技术 ［M］. 徐州：中国矿业大学出版社，1998.

[431] 钱鸣高，刘听成. 矿山压力及其控制 ［M］. 北京：煤炭工业出版社，1991.

[432] 赵全福，张景海. 煤矿安全手册：第五篇 ［M］. 北京：煤炭工业出版社，1992.

[433] 王丽琼，冯长根，杜志明. 有限空间内爆炸和点火的理论与实验 ［M］. 北京：北京理工大学出版社，2005.

[434] 董文庚，刘庆洲，高增明. 安全检测原理与技术 ［M］. 北京：海洋出版社，2004.

[435] NASA. Man-systems integration standards （NASA STD-3000）［S］. USA：National Aeronautics and Space Administration，1989.

［436］ Galer F. Applied-ergonomics handbook ［M］. New York：John Wiley & Sons, 1987.

［437］ 别洛夫 C B. 生产过程安全手册 ［M］. 王继宗，等译. 北京：机械工业出版社，1987.

［438］ 捷边基契叶夫 B K. 机床过载安全装置 ［M］. 汪一鹏，译. 北京：机械工业出版社，1959.

［439］ 景国勋，杨玉中，程卫民. 安全学原理 ［M］. 北京：国防工业出版社，2014.

［440］ Astrom K J, Eykhoff P. System identification-a survey ［J］. Automatica, 1971, 7：123-162.

［441］ Eykhoff P. System identification-parameter and state estimation ［M］. New York：John Wiley & Sons, 1977.

［442］ Goodwin G C, Payne B L. Dynamic system identification-experiment design and data analysis ［M］. New York：Academic Press, 1977.

［443］ Box G E, Jenkins G M. Time Series Analysis Forecasting and Control ［M］. ［S. L. ］Holden-Day Inc., 1970.

［444］ Pandit S M, Wu S M. Time Series Analysis with Applications ［M］. New York：John Wiley & Sons, 1983.

［445］ Ljung L, Soderstrom T. Theory and practice of recursive identification ［M］. Cambridge：MIT Press, 1983.

［446］ Den J L. Control problems of grey systems ［J］. Systems & Control Letters, 1982 (5)：288-294.

［447］ Den J L. The properties of multivariable grey model GM（1, n）［J］. The Journal of Grey System, 1989 (1)：25-42.

［448］ Dubois D, Prade H. Fuzzy sets and system：theory and application ［M］. New York：Academic Press, 1980.

［449］ Den J L. Modeling of the GM model of grey system. In：Grey System ［M］. China Ocean Press, 1988：40-53.

［450］ Liu S F, Lin Yi. An introduction to grey systems：foundations, methodologys and applications ［M］. Grove City：IIGSS Academic Publishers, 1988.

［451］ 朱宝璋. 关于灰色系统基本方法的研究和评论 ［J］. 系统工程理论与实践，1994, 14 (4)：52-60.

［452］ Barlow R E, Fussell J B, Singpurwalla N D. Reliability and Fault Tree Analysis. ［R］. ［S. L. ］SIAM, 1975.

［453］ Fussell J B, Henly E B, Marshall N H. MOCUS-a computer program to obtain minimal cut sets from fault trees ［R］. ［S. L. ］：ANCR-1156, 1974.

［454］ Fussell J B, Vesely W E. A new methodology for obtaining cut sets for fault trees. ［J］ Transaction. ANS, 1972, 15：262-263.

［455］ 蒋军成. 事故调查与分析技术 ［M］. 北京：化学工业出版社，2004.

［456］ 王述洋. 林业安全系统工程 ［M］. 哈尔滨：东北林业大学出版社，1993.

［457］ 冯肇瑞，崔国璋. 安全系统工程 ［M］. 北京：冶金工业出版社，1987.

［458］ 董立斋，巩长春. 工业安全评价理论与方法 ［M］. 北京：机械工业出版社，1988.

［459］ 宋毅，霍达. 现代系统工程学基础 ［M］. 北京：中国科学技术出版社，1992.

［460］ 崔国璋，韩军，周惠丰. 事故树分析与应用 ［M］. 北京：机械工业出版社，1986.

［461］ 黄玉珩. 系统可靠性实用计算方法 ［M］. 北京：科学出版社，1986.

［462］ 王时任，陈继平. 可靠性工程概论 ［M］. 武汉：华中工学院出版社，1983.

［463］ 陈健元. 机械可靠性设计 ［M］. 北京：机械工业出版社，1988.

［464］ 王述洋. 系统安全性评价原理和方法 ［M］. 哈尔滨：黑龙江科学技术出版社，1994.

［465］ 金星，洪延姬，沈怀荣，等. 工程系统可靠性数值分析方法 ［M］. 北京：国防工业出版社，2002.

[466]　张景林. 安全评价基础 [M]. 北京：兵器工业出版社，1991.

[467]　王金波，陈宝智，徐竹云. 系统安全工程 [M]. 沈阳：东北工学院出版社，1992.

[468]　Thoft- Christensen P, Murotsu Y. Application of structural systems reliability theory [M]. Berlin：Springer- Verlag, 1986.

[469]　Augusti G, Baratta A, Casciat F. Probabilistic method in structural engineering [M]. London：Chapman and Hall, 1984.

[470]　王秉刚. 汽车可靠性工程方法 [M]. 北京：机械工业出版社，1991.

[471]　刘松，等. 武器系统可靠性工程手册 [M]. 北京：国防工业出版社，1992.

[472]　戴树和，王明娥. 可靠性工程及其在化工设备中的应用 [M]. 北京：化学工业出版社，1987.

[473]　孟庆玉. 舰艇武器装备可靠性工程基础 [M]. 北京：兵器工业出版社，1993.

[474]　朱美娴. 防空导弹武器系统可靠性工程设计 [M]. 北京：宇航出版社，1994.

[475]　徐平，李金灿. 电控及自动化设备可靠性工程技术 [M]. 北京：机械工业出版社，1997.

[476]　许耀铭. 液压可靠性工程基础 [M]. 哈尔滨：哈尔滨工业大学出版社，1991.

[477]　刘建侯. 仪表可靠性工程和环境适应性技术 [M]. 北京：机械工业出版社，2003.

[478]　上山忠夫. 结构可靠性 [M]. 张英会，译. 北京：机械工业出版社，1988.

[479]　Carter A D. Mechanical reliability [M]. 2nd ed. [S. L.]：Macmillan World Publishing Corp. , 1986.

[480]　Saaty T L. The Analytic Hierarchy Process [M]. New York：McGraw- Hill Inc. , 1980.

[481]　McCullagh P, Nelder J A. Generalized linear models [M]. 2nd ed. London：Chapman and Hall, 1989.

[482]　陈希孺，王松桂. 线性模型中的最小二乘法 [M]. 上海：上海科技出版社，2003.

[483]　Bedford T, Cooke R. Probabilistic risk analysis：foundations and methods [M]. Cambridge：Cambridge University Press, 2001.

[484]　蔡文. 物元模型及其应用 [M]. 北京：科学技术文献出版社，1994.

[485]　蔡文，杨春燕，林伟初. 可拓工程方法 [M]. 北京：科学出版社，1997.

[486]　Peacock B, Karwowski W. Automotive ergonomics [M]. London：Taylor & Francis, 1993.

[487]　沈志云. 交通运输工程学 [M]. 北京：人民交通出版社，1999.

[488]　Naatanen R, Summala H. Road user behavior and traffic accidents [M]. Oxford：North- Holland, 1976.

[489]　社团法人交通工学研究会. 智能交通系统 [M]. 董国良，译. 北京：人民交通出版社，2000.

[490]　佐腾武. 汽车的安全 [M]. 吴关昌，陈倩，译. 北京：机械工业出版社，1988.

[491]　Failrclough S H. Monitoring Driver Fatigue via Driving Performance [J]. Ergonomics and Safety of Intelligent Driver Interfaces, 1997, 130 (2)：221-235.

[492]　武汉工学院，吉林工业大学. 汽车可靠性设计 [M]. 北京：机械工业出版社，1990.

[493]　金军，张殿业. 驾驶员适应性及可靠性 [M]. 北京：冶金工业出版社，1996.

[494]　王武宏，曹琦. 人因失误及其可靠性分析 [M]. 成都：西南交通大学出版社，1996.

[495]　高振海，管欣，郭孔辉. 驾驶员确定汽车预期轨迹的模糊决策模型 [J]. 吉林工业大学学报，2000, 30 (1)：7-10.

[496]　王保国，王宇. 影响车辆人—机—环境系统可靠性的主要因素分析 [C] // 人—机—环境系统工程研究进展：第 7 卷. 北京：海洋出版社，2005：308-312.

[497]　徐志胜. 人机环境系统可靠性研究 [M]. 徐州：中国矿业大学出版社，1995.

[498]　靳艳梅，王保国，刘淑艳，等. 载人车室内人体热舒适问题的数值模拟 [C] // 人—机—环境系统工程研究进展：第 7 卷. 北京：海洋出版社，2005.

[499]　Wang Bao Guo, Liu Shu Yan, Zhao Jin Long. Analysis and calculation on driver Reliability based on grey incidence clustering and fuzzy evaluation [J]. International Journal of Man- Machine- Environment System Engineering, 2007, 1 (1)：13-21.

［500］ 姜黎黎，王保国，刘淑艳，等. 人的可靠性研究中的定量分析方法及其评价［C］//人—机—环境系统工程研究进展：第 7 卷. 北京：海洋出版社，2005：82-86.

［501］ 温吾凡. 汽车人体工程学［M］. 长春：吉林科学技术出版社，1991.

［502］ 长春汽车研究所. 汽车驾驶员前方视野要求及测量方法（GB 11562—1994）［S］. 北京：中国标准出版社，1994.

［503］ 黄金陵，等. 汽车视野设计 CAD 系统开发及应用［J］. 汽车工程，1997，19（1）：20-28.

［504］ 陆化普. 城市交通现代化管理［M］. 北京：人民交通出版社，1999.

［505］ 郑祖武，李康，等. 现代城市交通［M］. 北京：人民交通出版社，1998.

［506］ 张玉芬. 道路交通环境工程［M］. 北京：人民交通出版社，2000.

［507］ 杨佩昆，张树升. 交通管理与控制［M］. 北京：人民交通出版社，1999.

［508］ Reason J. Human error［M］. Cambridge：Cambridge University Press，1990.

［509］ Wason P. The psychology of deceptive problems［J］. New Scientist，1974，68：382-385.

［510］ Parry G W. Suggestions for an improved HRA method for use in probabilistic safety assessment［J］. Reliability Engineering and System Safety，1995，49（1）：1-12.

［511］ Hollnagel E. Reliability analysis and operator modeling［J］. Reliability Engineering and System Safety，1996，52：327-337.

［512］ Swain A D. Overview and status of human factors reliability analysis［C］//Proceedings of 8th annual reliability and maintainability conference.［S. L.］：American Institute of Aeronautics and Astronautics，1969：251-254.

［513］ 王保国，刘淑艳，姜国义，等. 高精度格式与高分辨率格式及其在复杂流场计算中的应用［C］//中国工程热物理学会气动热力学会议论文集. 重庆：［s. n.］2006.

［514］ Nicogossian A E，Parker J F. Bone and mineral meta-bolism［R］.［S. L.］：Space Physiology and Medicine（NASA SP 447），1982：104-106.

［515］ 贾司光. 航空航天缺氧与供氧：生理学与防护装备［M］. 北京：人民军医出版社，1989.

［516］ 于志深，顾景范. 特殊营养学［M］. 北京：科学出版社，1991.

［517］ 张其吉，白延强. 航天心理学［M］. 北京：国防工业出版社，2001.

［518］ 王保国. Navier-Stokes 方程组的通用形式及近似因式分解［J］. 应用数学和力学，1988，9（2）：165-172.

［519］ 王保国，刘秋生，卞荫贵. 三维湍流高速进气道内外流场的高效高分辨率解［J］. 空气动力学学报，1996，14（2）：168-178.

［520］ Holmer I，Nilsson H，Bohm M，et al. Use of a thermal manikin to improve the cab climate［M］. Milan：AGENG，1994.

［521］ Unigraphics Solutions Inc. UG 实践应用初步培训教程［M］. 李维，何方，译. 北京：清华大学出版社，2002.

［522］ 王保国，卞荫贵. 关于三维 Navier-Stokes 方程的黏性项计算［J］. 空气动力学学报，1994，12（4）：375-382.

［523］ 王保国，卞荫贵. An LU-TVD finite volume scheme for solving 3-D Reynolds averaged Navier-Stokes equations of high speed inlet flows［C］. Hong Kong：First Asian Computational Fluid Dynamics Conference，1995，3：1055-1060.

［524］ 高歌，闫文辉，王保国，等. 计算流体力学：典型算法与算例［M］. 北京：机械工业出版社，2015.

［525］ 国家煤矿安全监察局人事司. 全国煤矿特大事故案例选编［M］. 北京：煤炭工业出版社，2000.

［526］ 刘贯学，等. 中国特大事故警示录［M］. 北京：中国劳动出版社，1995.

[527] 王建伦. 特大事故调查处理案例选编［M］. 北京：冶金工业出版社，1998.

[528] 国家质检总局特种设备事故调查处理中心. 特种设备典型事故案例集［M］. 北京：航空工业出版社，2005.

[529] 顾迪民，王怀建，金光振. 起重机械事故分析和对策［M］. 北京：人民交通出版社，2001.

[530] 安徽煤矿安全监察局. 以史为鉴、警钟长鸣——安徽煤矿典型事故案例分析［M］. 北京：煤炭工业出版社，2004.

[531] 闪淳昌. 特大事故案例选编［M］. 北京：煤炭工业出版社，2002.

[532] 王捷帆，李文俊. 中国煤矿事故暨专家点评集：上、下册［M］. 北京：煤炭工业出版社，2002.

[533] 郭金刚，等. 王庄煤矿事故案例及点评［M］. 北京：煤炭工业出版社，2005.

[534] 国家煤矿安全监察局煤矿监察二司. 全国小型煤矿特大事故案例选编［M］. 北京：煤炭工业出版社，2004.

[535] Roland H E, Moriarty B. System safety engineering and management［M］. New York：John Wiley & Sons. 1990.

[536] 吴超. 大学生安全文化［M］. 北京：机械工业出版社，2005.

[537] Kumamoto, Henley. Probabilistic risk assessment and management for engineers and scientists［M］. New York：IEEE Press, 1996.

[538] Hammer W, Price D. Occupational safety management and engineering［M］. New Jersey：Prentice Hall, 2001.

[539] БАТУРИН В В. ОСНОВЫ ПРОМЫШЛЕННОЙ ВЕНТИЛЯЦИИ［M］. МОСКВА：Издатель ство ВЦСПС ПРОФИЗДАТ, 1956.

[540] МАКСИМОВ Г А. ОТОПЛЕНИЕ И ВЕНТИЛЯЦИЯ［M］. МОСКВА：ГОСУ-ДАРСТВЕННОЕ ИЗДАТЕЛЬСТВО ЛИТЕРАТУРЫ ПО СТРОИТЕЛЬСТВУ И АРХИТЕКТУРЕ, 1955.

[541] ШЕРБАНЬ А Н. РУКОВОДСТВО ПО РЕГУЛИРОВАНИЮ ТЕПЛОВОГО РЕЖИМА ШАХТ［M］. МОСКВА：《НЕДРА》, 1977.

[542] Andrzej, Frycz. Klimatyzacja kopalň［M］. Šlask：Copyright by Wydawnictwo "Šlask", 1981.

[543] КДИМЕНКО А П. НЕПРЕРЫЙ КОНТРОЛЬ КОНЦЕНТРАЦИИ. ПЫЛИ［M］Издатель ство 《ТЕХНИКА》, 1980.

[544] СЕМЕНОВОЙ Т А, ЛЕЙТЕСА И Л. ОЧИСТКА ТЕХНОЛОГИЧЕСКИХ ГАЗОВ［M］. МОСКВА：ИЗДАТЕЛЬСТВО 《ХИМИЯ》, 1977.

[545] КОСТРЮКОВ В А. ОТОПЛЕНИЕ И ВЕНТИЛЯЦИЯ［M］. МОСКВА：ИЗДАТЕЛЬСТВО ЛИТЕРАТУРЫ ПО СТРОИТЕЛЬСТВУ, 1965.

[546] ФИЛЬНЕЙ М И. ПРОЕКТИРОВАНИЕ ВЕНТИЛЯЦИОННЫХ УСТАНОВОК［M］. МОСКВА：ИЗДАТЕЛЬСТВО 《ВЫСШАЯ ШКОЛА》, 1966.

[547] НИКОЛАЕВ М А. СИСТЕМА АВТОМАТИЧЕСКОГО УПРАВЛЕНИЯ УСТАНОВКАМИ ВЕНТИЛЯЦИИ ВОЗДУШНОГО ОТОПЛЕНИЯ И КОНДИЦИОНИРОВАННЯ ВОЗДУХА［M］. ЛЕНИНГРАД：ИЗДАНИЕ ВСЕСОЮЗНОГО Н АУЧНО-ИССЛЕДОВАТЕЛЬСКОГО ИНСТИТУТА ОХРАНЫ ТРУДА ВЦСПС, 1950.

[548] Derek J Croome-Gale, Brian M Roberts. Air conditioning and Ventilation of Buildings［M］.［S. L.］：Pergamon Press, 1975.

[549] Faye C McQuiston, Jerald D Parker. Heating, Ventilating and Air Conditioning Analysis and Design［M］. New York：John Wiley & Sons, Inc., 1977.

[550] Obering. Fritz Weber. Messen Regeln und Steuern in der Lüftungs-und Klimatechnik［M］. Düsseldorf：VDI-Verlag GmbH, 1965.

［551］　天津昇，户崎重弘．空気調和と暖房［M］．东京：株式会社パワー社出版部，昭和40年.

［552］　日本冷凍协会．空気調和装置の技术［M］．东京：日本冷凍协会出版部，昭和47年.

［553］　シヨコレＳＶ．建筑环境科学ハンドブック［M］．尾岛俊雄，円滿隆平，等译．东京：森北出版株式会社，1979.

［554］　林太郎，豪厄尔Ｂ．Ｈ，柴田真为，等．工业通风与空气调节［M］．贾衡，王世洪，等译．北京：北京工业大学出版社，1988.

［555］　伯奇斯特ＣＡ，卡恩ＪＥ，富勒ＡＢ．空气净化手册［M］．时友人，等译．北京：原子能出版社，1981.

［556］　科里蒂斯斯基ЯИ，等．纺织和轻工生产中的振动和噪声［M］．陈绎勤，高履泰，项端祈，译．北京：纺织工业出版社，1982.

［557］　嵇敬文．工厂有害物质通风控制的原理和方法［M］．北京：中国工业出版社，1965.

［558］　南非金矿通风协会．南非金矿通风［M］．马秉衡，等译．北京：冶金工业出版社，1984.

［559］　余恒昌．矿山地热与热害治理［M］．北京：煤炭工业出版社，1991.

［560］　黄元平．矿井通风［M］．徐州：中国矿业大学出版社，1986.

［561］　魏同．煤矿总工程师工作指南：中册［M］．北京：煤炭工业出版社，1990.

［562］　王新泉，田长青，蒋玉娥．暖通计算机应用程序设计［M］．成都：西南交通大学出版社，1996.

［563］　王新泉．安全工程师论坛（1999卷）［M］．西安：陕西科学技术出版社，1999.

［564］　王新泉．人在矿井热湿环境中的生理变化［J］．江苏煤炭，1987，3：9-13.

［565］　王新泉，王明贤，李振明，等．高速公路紧急事件处置现场视频无线传输系统的研究［J］．中国安全科学学报，2007，17（8）：120-125.

［566］　王新泉．纺织厂织造车间噪声对作业者听力损伤影响的数学分析［J］．中国安全科学学报，1993，10：421-425.

［567］　王新泉．离子交换纤维吸附净化有害气体的性能特点及研究现状［J］．郑州纺织工学院学报，1995，1：21-25.

［568］　姜春英，王新泉，田长春，等．单元组合式有害气体净化器的设计［J］．郑州纺织工学院学报，1996，1：36-38.

［569］　王新泉．单元组合式有害气体净化器设计的理论模型［J］．郑州纺织工学院学报，1996，2：25-27.

［570］　王新泉．单元组合式有害气体净化器的气体动力学特性的研究［J］．苏州丝绸工学院学报，1996，2：37-43.

［571］　王新泉，等．棉织机降低噪声的经济合理速度的研究［J］．郑州纺织工学院学报，1996，3：1-6.

［572］　王新泉，武明霞．棉纺织厂织造车间噪声特征［J］．环境科学与技术，1996，4：6-12.

［573］　王新泉，等．工业接触法测温类型及其感温变化规律的研究［J］．郑州粮食学院学报，1996，4：75-80.

［574］　王新泉．安全生产·安全标准·和谐社会［J］．机械工业标准化与质量，2007（10）.

［575］　王新泉．Research on the new materials and equipment for purifying harmful gases［C］//Process of 1998 Int. symp. on Safety Science and Technology, Bei jing China. 北京：［s. n.］，1998：312-318.

［576］　王新泉，等．电梯的设备技术参数对其运行状态影响的研究［J］．郑州纺织工学院学报，2001，1：32-38.

［577］　王新泉．安全标准是实现本质安全的基石［C］//中国百名专家论安全．北京：煤炭工业出版社，2008.

［578］　王新泉．电梯安全运行规律的理论分析［C］//2003中国（南京）首届城市与工业安全国际会议论文集．南京：东南大学出版社，2003：121-127.

[579] 王新泉. 有限空间空气与水热湿交换过程的数学模型 [J]. 郑州纺织工学院学报, 2001, 3: 9-15.

[580] 王新泉. 有限空间空气与水热湿交换过程的计算机数值模拟 [J]. 郑州纺织工学院学报, 2001, 4: 11-17.

[581] 王新泉, 田传胜, 刘辉, 董云霞. Study on Haulage System's Safety of Highway Tunnel Construction [J]. Progress in Safety Science and Technology (VOL. IV), 2005. 10: 848-851.

[582] 王新泉. Tourism safety and Its Corresponding Management System [J]. Progress in Safety Science and Technology (VOL. IV), 2005. 10: 2647-2651.

[583] 霍然, 董华, 范维澄. 大空间火灾烟气填充过程的盐水模拟研究 [J]. 中国科学技术大学学报, 1999, 29 (1): 38-42.

[584] 霍然, 金旭辉, 梁文. 大型公用建筑火灾中人员疏散的模拟计算分析 [J]. 火灾科学, 1999, 8 (2): 8-13.

[585] 霍然, 李元洲, 李坚. 火灾模型在火灾安全分析中的应用 [J]. 消防科学与技术 2000 (1): 8-10.

[586] 霍然, 李元洲, 金旭辉, 等. 大空间内火灾烟气充填研究 [J]. 燃烧科学与技术, 2001, 7 (3): 219-222.

[587] 胡隆华, 霍然, 王浩波, 等. 用产物 CO 浓度判别木垛燃烧从通风控制转为燃料控制的临界状态 [J]. 燃烧科学与技术, 2004, 10: 4.

[588] Hu L H, Huo R, Li Y Z, et al.. Experimental Study on the Burning Characteristics of Wood Cribs in a Confined pace [J]. Journal of Fire Sciences, 2004, 22.

[589] Hu L H, Huo R, Li Y Z, et al. Full- scale burning tests on studying smoke temperature and velocity along a corridor, Tunnelling and Underground Space Technology, 2005, 20 (3): 223-229.

[590] Zhang C F, Huo R, Li Y Z, et al. Stability of Smoke Layer Under Sprinkler Water Spray [C] // ASME's 2005 Summer Heat Transfer Conference. San Francisco: CA, 2005: 17-22.

[591] Hu L H, Huo R, Peng W, et al. Chow and H. B. Wang, On the maximum smoke temperature under ceiling in tunnel fires [J]. Tunnelling and Underground Space Technology, 2006, 21 (6): 650-655.

[592] 胡隆华, 霍然, 王浩波, 等. 公路隧道内火灾烟气温度及层化高度分布特征试验 [J]. 中国公路学报, 2006, 19 (6): 79-82.

[593] Huo Ran, Li Yuanzhou, Fan Weicheng, et al. Preliminary Studies on Mechanical Smoke Exhaust in Large Space Building Fires [C] // Proceedings of the 5th Asia- Oceania Symposium on Fire Science and Technology, Australia. Newcastle: [s. n.], 2001.

[594] 霍然, 李元洲, 金旭辉, 等. 大空间建筑内火灾烟气充填的研究 [J]. 自然灾害学报, 2000, 9 (1): 88-92.

[595] 史聪灵, 霍然, 李元洲, 等. 火灾环境下钢构件升温过程的模型研究 [J]. 中国工程科学, 2003, 5 (12): 45-50.

[596] 张靖岩, 霍然, 王浩波, 等. 竖井中烟气运动的非滞止状态产生的临界条件 [J]. 自然科学进展, 2005, 15 (4): 504-508.

[597] 霍然, 袁宏永. 性能化建筑防火分析与设计 [M]. 合肥: 安徽科学技术出版社, 2003.

[598] 霍然, 工程燃烧概论 [M]. 合肥: 中国科学技术大学出版社, 2001.

[599] 冯长根. 2004 年我国事故与灾害状况综述 [J]. 安全与环境学报, 2005, 5 (2): 1-11.

[600] 王保国, 黄伟光, 王凯全, 等. 人机环境安全工程原理 [M]. 北京: 中国石化出版社, 2014.

[601] 王保国, 王伟, 徐燕骥. 人机系统方法学 [M]. 北京: 清华大学出版社, 2014.

[602] Christopher D Wickens, Justin G Hollands, Banbury S, et al. Engineering psychology & human per-

formance [M]. 4th ed. New York：Pearson Education，2013.

［603］ 克里斯托费 D 威肯斯，贾斯廷 G 霍兰兹，西蒙·班伯里，等. 工程心理学与人的作业 [M]. 张侃，孙何红，等译. 北京：机械工业出版社，2014.

［604］ 王保国，黄伟光. 高超声速气动热力学 [M]. 北京：科学出版社，2014.

［605］ 王保国，蒋洪德，马晖扬，等. 工程流体力学 [M]. 北京：科学出版社，2011.

［606］ 王保国，高歌，黄伟光，等. 非定常气体动力学 [M]. 北京：北京理工大学出版社，2014.

［607］ 王保国，朱俊强. 高精度算法与小波多分辨分析 [M]. 北京：国防工业出版社，2013.

［608］ 王保国，刘淑艳. 稀薄气体动力学计算 [M]. 北京：北京航空航天大学出版社，2013.

［609］ 戴汝为. 人—机结合的智能科学和智能工程 [J]. 中国工程科学，2004，6（5）：24-28.

［610］ 唐孝威，郭爱克，吴思，等. 神经信息学与计算神经科学 [M]. 杭州：浙江科学技术出版社，2012.

［611］ 钱学敏. 钱学森科学思想研究 [M]. 西安：西安交通大学出版社，2010.

［612］ 吴仲华. 能的梯级利用与燃气轮机总能系统 [M]. 北京：机械工业出版社，1988.